Umwelt und Gesellschaft

Herausgegeben von

Christof Mauch und
Helmuth Trischler

Band 25

Barbara Wittmann

Intensivtierhaltung

Landwirtschaftliche Positionierungen im Spannungsfeld
von Ökologie, Ökonomie und Gesellschaft

Mit einer Tabelle

Vandenhoeck & Ruprecht

Gedruckt mit Unterstützung der Universität Regensburg sowie des Bundesministeriums für Bildung und Forschung und des Rachel Carson Center for Environment and Society, LMU München.

Die Arbeit wurde im Jahr 2019 unter dem Titel »Landwirt – Tier – Gesellschaft. Eine kulturwissenschaftliche Untersuchung subjektzentrierter Positionierungen von Intensivtierhaltern im Agrarraum Bayern« an der Fakultät für Sprach-, Literatur- und Kulturwissenschaften der Universität Regensburg eingereicht.

Bibliografische Information der Deutschen Nationalbibliothek:
Die Deutsche Nationalbibliothek verzeichnet diese Publikation in der
Deutschen Nationalbibliografie; detaillierte bibliografische Daten sind
im Internet über https://dnb.de abrufbar.

Umschlagabbildung: Küken in der industriellen Massentierhaltung © USDA NRCS Texas
(originally posted to https://flickr.com/photos/139446213@N03/25112103855)

Satz: textformart, Göttingen | www.text-form-art.de
Umschlaggestaltung: SchwabScantechnik, Göttingen
Druck und Bindung: ⊕ Hubert & Co. BuchPartner, Göttingen
Printed in the EU

Vandenhoeck & Ruprecht Verlage | www.vandenhoeck-ruprecht-verlage.com

ISSN 2198-7157
ISBN 978-3-525-31727-3

Inhalt

1. Intensivtierhaltung als kulturelle und gesellschaftspolitische Projektionsfläche

Die Zahl der landwirtschaftlichen Betriebe liegt in Deutschland zu Anfang des 21. Jahrhunderts bei nicht einmal 270.000[1]. Während in den 1950er Jahren noch rund ein Viertel der Erwerbstätigen in die agrarische Produktion eingebunden war, ist ihr Anteil 2017 auf 1,4 Prozent gesunken.[2] Umgekehrt proportional zum Rückgang der Höfezahlen und Beschäftigten ist der Beruf des Landwirtes jedoch eine medial präsente und kulturell aufgeladene Projektionsfläche geblieben, beziehungsweise – befeuert durch gegenwärtig drängende Fragen nach der Zukunft der Welternährung angesichts Klimawandel und Ressourcenverbrauch – wieder zu ihr geworden. Aus kulturhistorischem Blickwinkel betrachtet erfüllen die Konstruktion, Idealisierung oder auch Stereotypisierung von Berufsgruppen eindeutige Funktionen: So wurden und werden angesichts über Jahrhunderte hinweg in unterschiedlichen ökonomischen, politischen und nationalen Konstellationen tradierter »Bilder vom Bauern«[3] – beispielsweise als Träger konservativer Werte, gottesfürchtig-fromme Landbewohner[4], Bollwerk gegen den Kommunismus, rebellische Aufständler oder mutige Freiheitskämpfer – gesellschaftliche Fragen verhandelt und als beständige Transformationen plastisch. Derzeit wirkmächtige Diskurse über und Perspektiven auf Landwirtschaft sowie die in diesem Feld tätigen Akteure bilden hier keine Ausnahme und fallen je nach Betriebsform und Wirtschaftsweise unterschiedlich aus.

Auf Produktverpackungen und in Werbefilmen mit friedlich weidenden Kühen vor Alpenkulisse oder Fachwerkgehöften wird überwiegend auf idyllisierte Bilder einer heilen bäuerlichen Welt zurückgegriffen, die eine intakte Natur und harmonisches Zusammenleben von Menschen und Tieren suggerieren, was Konsumenten wiederum mithilfe bekannter Symboliken zum Kauf anregen

---

1 Vgl. Agrarpolitischer Bericht der Bundesregierung 2015. Kabinettfassung vom 20.05. 2015. Berlin 2015, 47.

2 Vgl. Deutscher Bauernverband (DBV), Situationsbericht 2018/19. Trends und Fakten zur Landwirtschaft. Berlin 2018, 16.

3 Vgl. zu unterschiedlichen historischen Instrumentalisierungen grundlegend die diesbezüglich nach wie vor aktuelle Zusammenstellung des Berliner Museums für Volkskunde von 1978: Theodor Kohlmann, Heidi Müller (Hrsg.), Das Bild vom Bauern. Vorstellungen und Wirklichkeit vom 16. Jahrhundert bis zur Gegenwart. Museum für Deutsche Volkskunde Berlin. Berlin 1978 sowie jünger: Daniela Münkel, Frank Uekötter (Hrsg.), Das Bild des Bauern. Selbst- und Fremdwahrnehmungen vom Mittelalter bis ins 21. Jahrhundert. Göttingen 2012.

4 Aus Gründen der besseren Lesbarkeit wird im Text überwiegend die männliche Form stellvertretend auch für weibliche und diverse Personen verwendet.

soll.[5] Gerade im Bereich der Bio-Branche verfangen diese Vorstellungen wenn auch nicht unbedingt in ökonomischer[6], so doch in Sozialkapital bildender Hinsicht, ist doch das Image der ökologischen Landwirtschaft trotz einer tendenziell auch hier zu verzeichnenden wachsenden Kritik an der Haltung großer Tierbestände[7] sehr viel stärker als im konventionellen Sektor mit Bauern als verantwortungsvollen Schützern der Umwelt und Produzenten hochwertiger Lebensmittel verknüpft.[8] Dabei verbinden sich Vergangenheit und Gegenwart angesichts im 19. Jahrhundert grundgelegter romantisch-schwärmerischer Projektionen von Bauern als Traditionsbewahrern und eben noch nicht in entfremdende Industrialisierungsprozesse eingebundene Berufsgruppe, die auch heute auf Bedürfnisse und Lebensstile breiter Bevölkerungsteile treffen, einem hektisch-virtualisierten, mobilen und flexibilisierten Alltag ein naturnahes Landleben als Sehnsuchtsort gegenüberzustellen.[9] In diese Kontexte eingebundene positive Vorstellungen einer bodenständigen, auch körperlich-performativen landwirtschaftlichen Tätigkeit werden kulturell weitaus mehr mit kleinstrukturierter oder ökologischer Wirtschaftsweise in Verbindung gebracht als mit dem Bereich Intensivtierhaltung, die vielmehr als Negativfolie nachhaltig-

---

5 Vgl. als Untersuchungen zur Darstellung von Landwirtschaft in der Werbung in Auswahl Kathrin Marth, »Auch ein blindes Huhn findet mal ein Korn …« Über die Werbewirksamkeit von Nutztieren, in: Johann Kirchinger (Hrsg.), Zwischen Futtertrog und Werbespot. Landwirtschaftliche Tierhaltung in Gesellschaft und Medien. Weiden 2004, 53–62 und Tobias Scheidegger, Der Boom des Bäuerlichen: neue Bauern-Bilder in Werbung, Warenästhetik und bäuerlicher Selbstdarstellung, in: Schweizerisches Archiv für Volkskunde 2/105, 2009, 193–219.

6 Wie in den Analyse-Kapiteln noch dargestellt wird, bleibt der Ausbau der ökologischen Landwirtschaft in Deutschland bislang hinter den politisch gesteckten Zielen zurück.

7 Angesichts des zunehmenden Ausbaus von Öko-Höfen zu Großbetrieben mit erheblichen Tierbeständen wird »Bio« gerade von Tierschützern häufig nicht (mehr) als nachhaltige Lösungsalternative zur konventionellen Haltung angesehen. Stattdessen werben entsprechende Verbände zumeist für vegane Ernährungsweisen, vgl. etwa Albert Schweitzer Stiftung für unsere Mitwelt, Leitbild. URL: https://www.albert-schweitzer-stiftung.de/ueber-uns/leitbild (21.04.2019) oder PETA stoppt Tierquälerei: vegan. URL: http://www.peta.de/lifestyle (21.04.2019).

8 Vgl. hierzu die Untersuchungen von Sabine Dietzig-Schicht unter biologisch wirtschaftenden Landwirten. Dies., Biobauern heute. Landwirtschaft im Schwarzwald zwischen Tradition und Moderne. Münster/New York 2016.

9 Ein Beispiel ist etwa der Erfolg der Zeitschrift »Landlust«, die seit ihrem Erscheinen 2005 zu einem Überraschungserfolg auf dem angesichts der Konkurrenz durch digitale Formate einbrechenden Zeitschriftenmarkt wurde. Zudem gibt etwa bei der 2014 durchgeführten Allensbach-Studie zum »Wohnen in Deutschland« die Mehrheit der Befragten an, am liebsten auf dem Land wohnen zu wollen, vgl. Allensbach/prognos/Sparda-Bank (Hrsg.), Sparda-Studie. Wohnen in Deutschland. Bundesweite Studie. o. O. 2014, 9. URL: https://www.prognos.com/fileadmin/pdf/publikationsdatenbank/140604_Spardastudie_Wohnen_i._D.pdf (13.03.2019). Vgl. zu Hintergründen und kulturwissenschaftlichen Erklärungen auch Mareike Egnolff, Die Sehnsucht nach dem Ideal. Landlust und urban gardening in Deutschland. Saarbrücken 2015.

keitsorientierter und gesundheitsbewusster Lebensstile[10] fungiert. Diese vermag eben nicht als »ganz Anderes« und damit als Gegenwelt zu Modernisierungs-, Technisierungs- und fortbestehenden Verstädterungsprozessen zu dienen, sondern sie konzentriert diese sogar und wird damit selbst zum Symbol all dessen, wovor Zivilisationskritiker bereits seit der Industrialisierung flüchten wollten. Vor allem der Intensivtierhaltung kommt hier eine zentrale Rolle zu, denn die Produktion tierischer Lebensmittel macht anders als etwa bei Kaffee, Bananen oder auch Kleidung ausbeuterische Produktionsverhältnisse und ökologische Folgen kapitalistischer Konsumgesellschaften nicht als Problem des globalen Südens, sondern innerhalb Deutschlands exemplarisch sichtbar: Die ethischen Ansprüche an die Landwirtschaft werden in Form von Bürgerinitiativen und Stallbauprotesten also auch deshalb so hitzig verhandelt, weil hier auf nationaler und lokaler Ebene ausgefochten und heruntergebrochen wird, was als internationales Beziehungsgeflecht kaum zu durchdringen ist: Intensivtierhaltung stellt damit einen bedeutenden Indikator für in Transformation befindliche gesellschaftspolitische Prozesse und ihre kulturellen Bewältigungsversuche dar.

Ebenfalls mit tradierten Bildern spielt das erstmals 2005 im deutschsprachigen Raum ausgestrahlte populäre RTL-TV-Format »Bauer sucht Frau«, das heiratswillige Landwirte in der Außendarstellung als unbeholfene und tölpelhafte Mitglieder einer rückständigen Gesellschaftsschicht darstellt.[11] Weiterhin wirkmächtig, wenn auch mit anderen Funktionen verbunden, ist hier das Stereotyp des dummen und ungebildeten Bauern, welches zurückgehend auf die Markierung von Standesunterschieden historisch gewachsen und bereits in mittelalterlichen wie frühneuzeitlichen Quellen zu finden ist.[12] Eine in seinen

10 Das ursprünglich auf Georg Simmel zurückgehende und von Max Weber weiter behandelte Lebensstil-Konzept wird zur Beschreibung kultureller Subjektivationen und Objektivationen in einer zunehmend pluralisierten Gesellschaft des 21. Jahrhunderts breit rezipiert. Es beschreibt Ausprägungen einer erheblichen Vielfalt an nebeneinander existierenden Wertorientierungen, Freizeitgestaltungen und Geschmackspräferenzen, die mittlerweile ausschlaggebender für die Bildung sozialer Gruppierungen sind als Berufs- und Bildungshintergründe. Grundlegend dazu Georg Simmel, Philosophie des Geldes. Frankfurt a. M. 1991 [1900], in dem er die Pluralisierung von Lebensstilen in der Moderne untersucht, und die Arbeiten Max Webers, der »Lebensführung« innerhalb sozialer Ordnungen unterscheidet, vgl. Ders., Die protestantische Ethik und der Geist des Kapitalismus, in: Ders., Gesammelte Aufsätze zur Religionssoziologie. Tübingen 1986 [1920], 17–206; aus unserem Fach dazu u. a. Elisabeth Katschnig-Fasch, Lebensstil als kulturelle Form und Praxis, in: Elisabeth List, Erwin Fiala (Hrsg.), Grundlagen der Kulturwissenschaft. Interdisziplinäre Kulturstudien. Tübingen/Basel 2004, 301–321.
11 Mit Einschaltquoten von wöchentlich etwa sechs Millionen Zuschauern nimmt die Sendung durchaus Einfluss auf die Fremdwahrnehmung von Landwirten in Deutschland, vgl. Sydney Schering, »Bauer sucht Frau« im Aufschwung. Auf: Quotenmeter. URL: http://www.quotenmeter.de/n/81473/bauer-sucht-frau-im-aufschwung (21.04.2019).
12 Vgl. dazu aus der breiten agrarhistorischen Forschungslandschaft Dorothee Rippmann, Bilder von Bauern im Mittelalter und in der Frühen Neuzeit, in: Münkel, Uekötter, Bild des Bauern, 21–60 oder Paul H. Freedman, Images of the medieval peasant. Stanford 1999.

Studien festgestellte, vergleichsweise höhere Ehelosigkeit landwirtschaftlicher Hofnachfolger interpretierte Pierre Bourdieu in seinem letzten, posthum erschienenen Werk »Junggesellenball«[13] als Indiz für den »Niedergang der bäuerlichen Gesellschaft«, die er nicht nur ökonomisch, sondern auch kulturell als zunehmend marginalisierte Berufsgruppe innerhalb der französischen Gesellschaft des ausgehenden 20. Jahrhunderts begreift. Damit in Zusammenhang steht der Verlust sozialen Prestiges im Zuge sich rasch verändernder Arbeits- und Gesellschaftsverhältnisse, die Landwirte und Landwirtinnen gegenüber einer vom Wirtschaftsaufschwung der westeuropäischen Länder der Nachkriegsjahrzehnte profitierenden städtischen Arbeiterschaft medial als fortwährend jammernde Subventionsempfänger und ihre Versorgungsleistung in von Wohlstand geprägten Verhältnissen als selbstverständlich erscheinen ließen.[14]

Zu diesem Bild der klagenden Landwirte und Landwirtinnen trat seit den Ökologie-Diskursen der 1970er und 80er Jahre eine weitere Dimension, die für die öffentliche Wahrnehmung der Berufsgruppe zentral geworden ist: Gleichzeitig mit dem Rückgang der Höfezahlen ging in den vergangenen Dekaden eine enorme Steigerung der Hektar- und Tierzahlen derjenigen Betriebe einher, die den Strukturwandel überlebten. Ernährte ein Hof 1950 noch durchschnittlich zehn Menschen, so hat sich deren Zahl aufgrund von leistungsfähigeren Maschinen, modernen Ställen, Dünge- und Pflanzenschutzmitteln, Züchtungsverfahren etc. heute auf 135 erhöht.[15] Allerdings wird diese Effektivitätssteigerung vor allem von Medien- und Verbraucherseite, in Teilen aber auch von wissenschaftlicher und politischer Richtung, kaum mehr positiv quittiert, sondern vielmehr von Technisierungs- und Modernisierungsskepsis sowie Zweifeln ob der Richtigkeit und Nachhaltigkeit dieses agrarischen Weges begleitet. Während also ein kultureller Paradigmenwechsel stattgefunden hat, der Anerkennung für landwirtschaftliche Entwicklung kaum mehr an Produktivität, sondern in erster Linie an nachhaltiges Wirtschaften bindet, fehlen bislang tragfähige politische und ökonomische Konzepte zur langfristigen Umsetzung dieser ökologischen, klimatischen, gesellschaftlichen und tierethischen Ansprüche.

Angesichts einer nicht mehr von Mangel – wie etwa noch zu Beginn des 20. Jahrhunderts und infolge der beiden Weltkriege der Fall –, sondern von

13 Pierre Bourdieu, Junggesellenball. Studien zum Niedergang der bäuerlichen Gesellschaft. Konstanz 2008.

14 Gesine Gerhard führt diese Wahrnehmung vor allem auf vom Bauernverband organisierte Forderungen und Proteste zurück: »In den Augen der Öffentlichkeit personifizierte insbesondere Bauernpräsident Rehwinkel diese fordernde Haltung. Seine lautstarken Warnungen an die Politiker, Wählerstimmen zu mobilisieren und Käuferstreiks oder Bauernproteste zu organisieren, falls die Forderungen der Bauern nicht erfüllt wurden, hinterließ in der Presse einen zunehmend negativen Eindruck der Bauern«, zit. aus: Dies., Das Bild des Bauern in der modernen Industriegesellschaft. Störenfriede oder Schoßkinder der Industriegesellschaft?, in: Münkel, Uekötter, Bild des Bauern, 111–130, hier 123.

15 Vgl. DBV, Situationsbericht 2018/19, 16.

Überfluss gekennzeichneten Ernährungssituation[16] stehen daher zumindest in den westlichen Industrienationen nicht mehr die Versorgung der Bevölkerung mit Nahrung *an sich*, sondern die *Art und Weise*, wie deren Produktion erfolgt, im Fokus des Interesses von Medien, Verbrauchern und damit auch der Politik. Umwelthistoriker Christof Mauch subsummiert zu den ökologischen Problematiken:

> With rising populations and the tendency towards cultivating high-yielding varieties, plant and livestock diversity is being lost irreversibly and at an ever faster speed. Growing in intensive monocultures also entails the use of herbicides and pesticides, which destroy many of the other plant and animal organisms in agricultural ecosystems.[17]

Gerade Tierwohlaspekte spielen neben Luft-, Gewässer- und Bodenverschmutzung sowie dem Beitrag der Landwirtschaft zum Klimawandel eine zentrale Rolle bei dieser stark präsenten öffentlichen Kritik an agroindustriellen Produktionsweisen – etwa im Zuge der jährlich zur Agrarmesse »Grüne Woche« in Berlin stattfindenden, gegen »Agrarfabriken« gerichteten »Wir haben es satt«-Demonstration[18] oder überwiegend negativer journalistischer Berichterstattungen[19]. Kulturell prägend sind dadurch mittlerweile Bilder von Nutztier[20] haltenden Betrieben, auf denen Tiere nicht mehr als eine austauschbare Ware sind, ohne dass ihnen als Lebewesen ein intrinsischer Wert zugestanden würde, was gerade bei jüngeren, überwiegend urban lebenden Menschen durchaus auch

---

16 Vgl. hierzu die Zahlen der etwa elf Millionen Tonnen Lebensmittel, die alleine in Deutschland jährlich weggeworfen werden: ISWA (Institut für Siedlungswasserbau, Wassergüte- und Abfallwirtschaft Universität Stuttgart), Ermittlung der weggeworfenen Lebensmittelmengen und Vorschläge zur Verminderung der Wegwerfrate bei Lebensmitteln in Deutschland. Gefördert durch das BMEL. Stuttgart 2012.

17 Christof Mauch, Slow Hope: Rethinking Ecologies of Crisis and Fear. RCC Perspectives: Transformations in Environment and Society. München 2019, 8.

18 Die seit 2011 jährlich stattfindenden Demonstrationen mit zehntausenden Teilnehmern verweisen auf die zunehmende gesellschaftliche Brisanz der Thematik. Vgl. »Wir haben es satt«. URL: http://www.wir-haben-es-satt.de/start/home/ (16.07.2019).

19 Vgl. Literaturverzeichnis Abschnitt »Zeitung, Rundfunk, Fernsehen« sowie die Kapitel 7.2 und 7.4.

20 Der Begriff des Nutztieres ist zugleich historisch untrennbar mit einem ihm immanenten Ökonomisierungs- und Warencharakter verbunden. Michaela Fenske formuliert hierzu: »Es benennt die Nutzenorientierung als wesentliches Ordnungsprinzip der westlichen Moderne.« Dies., Reduktion als Herausforderung. Kulturwissenschaftliche Annäherungen an Tiere in ländlichen Ökonomien, in: Lukasz Nieradzik, Brigitta Schmidt-Lauber (Hrsg.), Tiere nutzen. Ökonomien tierischer Produktion in der Moderne. Jahrbuch für Geschichte des ländlichen Raumes. Innsbruck u.a. 2016, 15–32, hier 20. Auch wenn der Begriff, wie die Kulturwissenschaftlerin schreibt, »die pluralen Realitäten, die flexiblen Aushandlungen in gesellschaftlichen Praxisfeldern [verdeckt]« (ebd.), ist er für diese Studie ebenso wie Zuschreibungen als »Masthühner«, »Zuchtschweine« etc. zentral, da gerade die agroindustrielle »Nutzbarmachung« von Tieren im Mittelpunkt steht.

zu konkreten Verhaltensänderungen und Anstieg der Esspraxen des Vegetarismus und vor allem Veganismus führt.[21]

Dieser Bewusstseinswandel in Bezug auf Umweltthemen und damit verbundener Agrarkritik ist kein neues Phänomen des 21. Jahrhunderts, sondern geht
vornehmlich – auch wenn bereits lebensreformerische und zivilisationskritische
Bewegungen um die vorletzte Jahrhundertwende diese in Teilen aufgriffen[22] –
auf die 1960er Jahre zurück. Als die US-amerikanische Biologin Rachel Carson
1962 in ihrem Werk »Silent Spring« auf den Einsatz und die Folgen umwelt-
schädigender Pestizide und Herbizide wie DDT oder Aldrin aufmerksam und
diese unter anderem für den Rückgang zahlreicher Tier- und Pflanzenarten
sowie giftige Rückstände in Boden und Gewässern verantwortlich machte, entstand durch anschließende öffentliche und mediale Diskurse zunehmend das
Bild vom konventionell wirtschaftenden Landwirt als rücksichtslosem Natur-
verschmutzer und -zerstörer.[23] Auch die Studentenunruhen und Proteste um
1968 hatten beginnende öffentliche Kritik an Politik- und Gesellschaftsordnung
der Nachkriegsjahrzehnte bedingt; seit der Ölkrise von 1973 und den darauf-
folgenden Rezessionen wurde der Glaube an uneingeschränktes Wirtschaftswachstum sukzessive erschüttert. Im Rahmen dieser wachsenden Sensibilität
für die Folgen eines zuvor weitgehend unreflektierten Konsums rückte auch die
Landwirtschaft in den Fokus der Aufmerksamkeit, wobei zunächst vor allem
Boden- und Gewässerverschmutzungen sowie die schädlichen Auswirkungen
der verwendeten Pestizide zur Etablierung der Ökologie-Bewegung mit ersten
Bio-Pionieren und alternativen Ladenkonzepten führten. Zu diesem bereits bestehenden Negativ-Image trugen zahlreiche, seit der ersten öffentlichen Debatte
um die industrialisierte Tierhaltung im Rahmen der Diskussion um Käfighüh-
ner zu Beginn der 1970er Jahre medial immer präsentere Berichterstattungen bei.
Nach wiederholten kurzzeitigen Thematisierungskonjunkturen, etwa in Folge

21 Vegan und vegetarisch lebende Menschen sind laut mehrerer dazu durchgeführter
Studien überwiegend weiblich, gut gebildet und in Städten lebend. Vgl. Angela Grube, Vegane
Lebensstile – Diskutiert im Rahmen einer qualitativen/quantitativen Studie. Stuttgart 2006;
Barbara Wittmann, Politisierte Ernährung. Vegane Lebensstile als kulturelle Positionierun-
gen, in: Manuel Trummer, Sebastian Gietl, Florian Schwemin (Hrsg.), »Ein Stück weit …«
Relatives und Relationales als Erkenntnisrahmen für Kulturanalysen. Eine Festgabe der
Regensburger Vergleichenden Kulturwissenschaft für Prof. Dr. Daniel Drascek zum 60. Geburtstag. Münster/New York 2019, 113–128.
22 Vgl. hierzu die Untersuchungen Jan Grossarths, der in seiner Dissertation die Ge-
schichte der Agrarkritik in Deutschland grundlegend nachzeichnet. Ders., Die Vergiftung der
Erde. Metaphern und Symbole agrarpolitischer Diskurse seit Beginn der Industrialisierung.
Frankfurt a. M. 2018.
23 Für ausführliche Beschreibungen der Auswirkungen von Carsons Werk und der Um-
weltbewegung auf die Landwirtschaft vgl. Mark Hamilton Lytle, The gentle subversive. Rachel
Carson, Silent Spring, and the rise of the environmental movement. New York u. a. 2007;
Joachim Radkau, Die Ära der Ökologie. Eine Weltgeschichte. München 2011, 124 ff.

der Hormonskandale der 1980er Jahre um Östrogene in Babynahrung, geriet die Nutztierhaltung vor allem seit Mitte der 1990er Jahre ausgehend von der BSE-Krise abermals stark in den Fokus[24] und nahm dann zu Beginn der 2000er Jahre breiten Raum in den Schlagzeilen ein.[25] Durch wiederkehrend aufgedeckte Tierhaltungsverstöße wie etwa den im Sommer 2019 medial breit transportierten Misshandlungen auf einem vergleichsweise großen Milchviehbetrieb im Allgäu[26] ist die Intensivtierhaltung in Deutschland zu einem journalistischen Dauerthema[27] geworden. Die Kulmination der eben nicht neuen, aber angesichts eines steigenden Bewusstseins für globale Zusammenhänge, Klimawandel-Problematiken und durch die Digitalisierung beschleunigten öffentlichen Diskussion um Landwirtschafts- und Ernährungsstile spiegelt sich zu Beginn des 21. Jahrhunderts anhand zahlreicher TV-Dokumentationen sowie Artikel von Online- und Printmedien über Nahrungsmittelskandale, die Herkunft tierischer Produkte

24 Vgl. Frank Waskow, Regine Rehaag, Ernährungspolitik nach der BSE-Krise. Ein Politikfeld in Transformation. Ernährungswende Diskussionspapier 6. Köln 2004; Markus Mauritz, Wenn nichts in der Zeitung steht, ist die Kuh gesund. Zur Rolle der Medien in Zeiten von BSE und anderen Katastrophen, in: Kirchinger, Futtertrog, 63–72; Sebastian Vinzenz Gfäller, »We legalized Müsli« – Die Formierung, Institutionalisierung und Legitimierung der Bio-Branche in Deutschland, in: Gunther Hirschfelder, Angelika Ploeger, Jana Rückert-John, Gesa Schönberger (Hrsg.), Was der Mensch essen darf. Ökonomischer Zwang, ökologisches Gewissen und globale Konflikte. Wiesbaden 2015, 273–290.

25 Frank Waskow und Regine Rehaag bemerken in ihrer Studie zur Ernährungspolitik nach der BSE-Krise hierzu: »Das ›Iron Triangle‹ [gemeint sind hiermit Allianzen und intransparente Verflechtungen zwischen Agrarpolitik, Landwirtschaftlichen Interessengruppen und Behörden] konnte sein Interessen- und Beziehungsgeflecht in der deutschen Agrarpolitik über ein Jahrhundert weitgehend ungestört wirken lassen. Im Zuge der BSE-Krise richtete sich die öffentliche Aufmerksamkeit zum ersten Mal auf dieses Beziehungsgeflecht und seine Aktivitäten. Das Iron Triangle geriet ins Kreuzfeuer der Kritik, angesichts der Schwächung konnte die Agrarwende als neues Politikkonzept lanciert werden.« Dies., BSE-Krise, 4 f.

26 Nach Bekanntwerden der Misshandlungen auf dem circa 1.800 Rinder haltenden Betrieb kündigten die mit diesem assoziierten Firmen ihre Zusammenarbeit, vgl. u. a. BR, Entsetzen über Tierquälerei in Allgäuer Milchviehbetrieb, ausgestrahlt am 10.07.2019. URL: https://www.br.de/nachrichten/bayern/entsetzen-ueber-tierquaelerei-in-allgaeuer-milchvieh betrieb,RVjYh2x (16.07.2019).

27 Vgl. in Auswahl zur medialen Präsenz des Themas: Jannis Brühl, Geheimsache Ekelessen, in: SZ 05.03.2014. URL: https://www.sueddeutsche.de/wirtschaft/streit-ueber-lebensmittel-pranger-geheim-sache-ekelessen-1.1903666 (16.07.2019); Jan Grossarth, Fleischkonzerne entdecken ihr Herz für Vegetarier, in: FAZ 28.04.2015. URL: https://www.faz.net/aktuell/wirtschaft/unternehmen/fleischunternehmen-entdecken-ihr-herz-fuer-vegetarier-13562332.html (17.06.2019); Jörn Kabisch, Ernährungstrend Veganismus: Aus Tiersicht für die Katz, in: taz 02.08.2014. URL: https://taz.de/!5036388/ (17.06.2019); Tanja Busse, Entsorgte Kälber: Bulle? Stirb!, in: Der Spiegel 25.04.2015. URL: https://www.spiegel.de/wirtschaft/service/tierhaltung-die-milchindustrie-entsorgt-maennliche-kaelber-a-10296 12.html (16.07.2019).

oder den Fleischkonsum der westlichen Industrienationen,[28] ebenso wie sich virtuelle Blogs und Foren häufen, in denen alternative Ernährungsformen diskutiert werden.[29] Der selbst als Agrarpublizist tätige Jan Grossarth bezeichnet die Art der medialen Berichterstattung als »reißerisch, denn es müssen Hefte verkauft werden«[30], weshalb sich Skandalisierungen auch hauptsächlich auf bereits mit dem moralischen Negativlabel »Massentierhaltung«[31] belegte Großbetriebe beziehen. Dass der ökonomisch bedingte journalistische Aufmerksamkeitskampf um Klickzahlen und Abonnenten mithilfe des Themas »Massentierhaltung« gelingt, fußt wiederum darauf, dass sie zum Symbol für eine Überfluss und Ausbeutung erzeugende, eine Fülle an ökologischen und klimatischen Negativfolgen bewirkende kapitalistische Konsumkultur der Länder des globalen Nordens geworden ist, anhand derer Fragen nach den zukünftigen Lebensgrundlagen der Menschheit verhandelt werden. Innerhalb einer digital vernetzten Gesellschaft rücken Zusammenhänge wie etwa der durch den Bedarf an tierischem Futter verursachte Flächenfraß für Sojaanbau in Südamerika[32], land grabbing-Problematiken in Afrika[33] oder der Ressourcenverbrauch unseres Fleischkonsums[34] zunehmend in das öffentliche Bewusstsein und machen deutlich, dass es bei der starken Kritik am System Intensivtierhaltung längst nicht nur um emotionale Dimensionen von Tierliebe geht. Daher ist zu erwarten, dass die Diskussionen um Landwirtschaft und Nahrungsmittelproduktion künftig gerade auch an-

28 Vgl. in Auswahl: Nicolai Kwasniewski, Die Wurst ist die Zigarette der Zukunft. Rügenwalder Mühle macht auf vegetarisch, in: Spiegel Online 05.04.2015. URL: https://www.spiegel.de/wirtschaft/ruegenwalder-muehle-verkauft-vegetarische-wurst-a-1023898.html (17.07.2019); Laura Lewandowski, Manche Leistungssportler mögen's vegan. Nowitzki, Hildebrand und Co, in: Spiegel Online 25.03.2015. URL: https://www.spiegel.de/gesundheit/ernaehrung/vegane-ernaehrung-nowitzki-und-co-verzichten-auf-fleisch-a-1025429.html (16.07.2019).

29 Vgl. in Auswahl: proveg (ehemals Vebu). URL: https://proveg.com/de/; vegan.eu. URL: http://www.vegan.eu; Anti-Vegan-Forum. URL: https://www.antiveganforum.com/forum/ (alle zuletzt abgerufen am 28.03.2020).

30 Jan Grossarth, Moralisierung und Maßlosigkeit der Agrarkritik. Gedanken zu Strukturen und Motiven in Mediendebatten und politischem Protest gegen die Agrarindustrie, in: Hirschfelder, Ploeger, Rückert-John, Schönberger, Mensch essen, 363–377, hier 365.

31 Da der Begriff »Massentierhaltung« verschiedenen definitorischen Schwierigkeiten unterliegt, auf die ich im Folgenden noch genauer eingehe, wird in der Studie von Intensivtierhaltung gesprochen. Wird er, wie hier, zur Wiedergabe der gesellschaftlichen und medialen Diskurse darüber verwendet, führe ich ihn in Anführungszeichen.

32 Vgl. Marion de Vries, Imke de Boer, Comparing environmental impacts of livestock products: A review of life cycle assessments, in: Livestock science 128, 2010, 1–11; Tobias Reichert, Schweine im Weltmarkt und andere Rindviecher. Die Klimawirkung der exportorientierten Landwirtschaft. Berlin 2013.

33 Vgl. Michael Reder, Hanna Pfeifer (Hrsg.), Kampf um Ressourcen. Weltordnung zwischen Konkurrenz und Kooperation. Veröffentlichungen des Forschungs- und Studienprojekts der Rottendorf-Stiftung an der Hochschule für Philosophie München. »Globale Solidarität – Schritte zu einer neuen Weltkultur« Bd. 22. Stuttgart 2012.

34 Vgl. Maria Müller-Lindenlauf, Ökobilanzen als Entscheidungshilfe für umweltbewusste Ernährung?, in: Hirschfelder, Ploeger, Rückert-John, Schönberger, Mensch essen, 159–172.

gesichts einer stetig wachsenden Weltbevölkerung[35] nicht abflauen, sondern noch sehr viel stärker an Relevanz gewinnen werden.

Trotz ihres mittlerweile nur noch geringen prozentualen Anteils an den Gesamtbeschäftigtenverhältnissen ergibt sich damit für die Landwirtschaft eine hohe gesellschaftliche Bedeutung – nicht nur volkswirtschaftlich hinsichtlich der Versorgung der Bevölkerung mit Nahrungsmitteln, sondern vor allem auch der Diskurse darüber, wie deren Erzeugung erfolgen beziehungsweise *nicht* erfolgen sollte. Für die landwirtschaftlichen Akteure – das zeigt der Befund meiner Studie eindeutig – ist dieses sich seit Jahrzehnten steigernde Spannungsverhältnis sehr präsent und wird gerade auf Seiten der Intensivtierhaltung als gesellschaftlicher Stigmatisierungsprozess der eigenen Berufsgruppe empfunden. Der schleswig-holsteinische Bauernverband gab 2014 unter dem bezeichnenden Titel »Bauern unter Beobachtung – wie man uns sieht und was wir tun können«[36] eine Handreichung mit Empfehlungen und Kommunikationsstrategien zum Umgang mit öffentlicher Kritik heraus, denn – so ein Fazit im Heft: »Es ist eben am einfachsten, denjenigen mit der höchsten Symbolkraft – und das ist der Bauer – an den Pranger zu stellen.«[37] In Analogie hierzu antwortete der damalige Bundeslandwirtschaftsminister Christian Schmidt (CDU) in einem Interview mit der ZEIT im Dezember 2014 nach der größten Überraschung in seiner bisherigen Amtszeit befragt: »Wie sehr die Landwirte inzwischen das Gefühl haben, an den Rand der Gesellschaft gedrückt zu werden.«[38] Ein Versuch, auf den anhaltenden öffentlichen Druck zu reagieren, bestand politisch im Jahr 2015 in der Gründung der »Initiative Tierwohl«, die aus einem Zusammenschluss von Vertretern aus Lebensmittelhandel, Fleisch- und Landwirtschaft sowie Tierschutzverbänden besteht und das Ziel einer tierwohlorientierteren Produktion verfolgt. Sowohl der Ausstieg einiger NGOs im Zuge der staatlichen Label-Entwicklung als auch Berichterstattungen, die dieses vor allem aufgrund der Freiwilligkeit der Teilnahme als zu lasch und wenig effektiv kritisierten, rückten dieses jedoch rasch in den Kontext einer der Agrarlobby untergeordneten Tierschutzpolitik.[39] Dieses

---

35 Diese wird 2050 auf zehn Milliarden prognostiziert, vgl. Population Division of the Department of Economic and Social Affairs of the United Nations Secretariat (Hrsg.), World Population Prospects. The 2010 Revision. World Population change per year (thousands) Medium variant 1950–2050. o. O. 2012.

36 Sönke Hauschild, Bauern unter Beobachtung – wie man uns sieht und was wir tun können. Rendsburg 2014. Hrsg. vom Bauernverband Schleswig-Holstein e. V.

37 Ebd., 9.

38 Stephan Lebert, Daniel Müller, Interview mit Bundeslandwirtschaftsminister Christian Schmidt, in: Die ZEIT 17.12.2014. URL: http://www.bmel.de/SharedDocs/Interviews/2014/2014-12-18-SC-Zeit.html (20.11.2019).

39 Vgl. zur Initiative Tierwohl die Informationen auf der Homepage http://initiative-tierwohl.de/ sowie die mediale Berichterstattung zu Ernsthaftigkeit und Vertrauenswürdigkeit der Kampagne. Vor allem der Ausstieg der zunächst beteiligten Tierschutzverbände und NGOs Ende 2016 sorgte für anhaltende Diskussionen.

Konstrukt einer homogenen, konventionell ausgerichteten und rein auf ökonomisches Gewinndenken fokussierten Landwirtschaft wird von Kritikern des Systems vor allem auf die Intensivtierhaltung und damit die praktizierenden Intensivtierhalter und -halterinnen übertragen. Während es für Aktivisten, ökologisch orientierte Parteienvertreter und teilweise auch Forschende der Human- und Critical-Animal Studies die Nutztiere aus tierquälerischen Haltungsbedingungen und ihrer Wahrnehmung als individualitätsloser Masse zu befreien gilt, wird den Intensivtierhaltern und -halterinnen selbst diese Individualität wiederum kaum zugestanden.

Dass sie überwiegend als Symbole und Ausführende eines moralisch verwerflichen Systems wahrgenommen werden, zeigten gerade auch Gespräche in meinem eigenen sozialen Umfeld. Berichte über die Offenheit der befragten Landwirte und Landwirtinnen, an Interviews teilzunehmen und mich durch ihre Ställe zu führen, ebenso wie meine Eindrücke von diesen, die keineswegs immer den medial transportierten Bildern von gequälten Tieren entsprachen, wurden hier häufig als nicht glaubhaft hinterfragt oder es stand zumindest die Annahme im Raum, dass nur diejenigen – vermutlich wenigen – Intensivtierhalter und -halterinnen ihre Türen geöffnet hätten, die nichts zu verbergen hätten und damit als Ausnahmefälle »Vorzeigebetriebe« seien. Diese Negativmanifestationen gegenüber Vertretern einer Berufsgruppe bilden wiederum die Wirkmächtigkeit medialer Bilder, zugleich aber auch ein soziales und kulturelles Bedürfnis nach Komplexitätsreduktionen ab, die eindeutige und damit für das Individuum Sicherheit und Orientierung stiftende Gut-Böse-Schemata entwerfen. Dies gilt gerade für einen so vielschichtigen, in globale Nahrungsregime[40] eingebundenen und mit ethischen Dimensionen von Verteilung, Ressourcennutzung und Umgang mit Mitlebewesen verknüpften Bereich wie die Agrarproduktion, die wissens- und informationstechnisch kaum mehr zu durchdringen ist. Über Herkunft und Herstellung von Nahrungsmitteln wird auch deshalb so viel diskutiert, weil sie moralische Fragen zur Konsumkultur und damit nicht nur politischen, sondern individuellen Verantwortlichkeit der Verbrauchenden aufwirft, was teilweise in für diese entlastenden, weil »Schuld« verlagernden Funktionen auf die Intensivtierhalter und -halterinnen als die eigentlich Verursachenden und damit noch Schuldigeren zurückprojiziert wird.

Dass damit ein gesellschaftlicher Anspruch nach individuell-ethischem Handeln kollektiv auf Vertreter einer Berufsgruppe übertragen wird, die sich in ökonomischen Zwängen befinden und Tierhaltung als Lebensgrundlage betreiben, sorgt für sowohl kulturell als auch politisch ungelöste Spannungsverhältnisse und bildet im Feld Intensivtierhaltung exemplarisch die Zunahme moralisierender Diskurse ab. Der darauf basierende offene »Wut-Brief« von »Bauer

---

40 Vgl. Ulrich Ermann, Ernst Langthaler, Marianne Penker, Markus Schermer, Agro-Food Studies. Eine Einführung. Köln u. a. 2018, v. a. 17 ff.

Willi«[41] – einem rheinländischen Landwirt, der mittlerweile zur Gallionsfigur einer nach öffentlicher Stimme suchenden Berufsgruppe geworden ist – sorgte 2015 nach breiter Online-Rezeption für starke mediale Beachtung.[42] In »Lieber Verbraucher« schreibt »Bauer Willi«:

Heute habe ich dermaßen die Schnauze voll. [...] mir werden in diesem Jahr wohl 25 % Gewinn fehlen. Wenn's reicht! Aber mir reicht's! Drum habe ich mich entschlossen, dir, dem Verbraucher diesen Brief zu schreiben:
Billig
Du, lieber Verbraucher, willst doch nur noch eines: billig. Und dann auch noch Ansprüche stellen! Deine Lebensmittel soll Gen-frei, glutenfrei, lactosefrei, cholesterinfrei, kalorienarm (oder doch besser kalorienfrei?) sein, möglichst nicht gedüngt und wenn, dann organisch. Aber stinken soll es auch nicht, und wenn organisch gedüngt wird, jedenfalls nicht bei dir. Gespritzt werden darf es natürlich nicht, muss aber top aussehen, ohne Flecken. Sind doch kleine Macken dran, lässt du es liegen. Die Landschaft soll aus vielen kleinen Parzellen bestehen, mit bunten Blumen und Schmetterlingen. Am liebsten wäre es Dir wahrscheinlich, wenn wir noch mit dem Pferd pflügen würden. Sieht doch so nett aus und Pferde findest du so süß! Und die Trecker würden dich auch nicht beim Joggen auf unseren Wirtschaftswegen behindern.[43]

Aus dem Abdruck gehen auf landwirtschaftlicher Seite wahrgenommene Entfremdungs-, Marginalisierungs- und Viktimisierungsprozesse hervor, die für die vorliegende Untersuchung zentral sind. Eine kulturwissenschaftliche[44] Forschungsrelevanz zum Thema Intensivtierhaltung besteht daher nicht nur in den über diese sichtbar werdenden Projektionen auf Landwirtschaft, Ernährung und Konsumkultur, sondern auch in ihrer Indikatorfunktion für gesellschaftspoliti-

---

41 Der Brief ist mittlerweile zu finden unter http://www.bauerwilli.com/lieber-verbraucher/ (21.11.2019).

42 Nachdem zunächst »Der Stern« den Brief abgedruckt hatte, wurde er von weiteren Medien rezipiert und vor allem in digitalen Netzwerken verbreitet. »Bauer Willi« avancierte in der Folge zu einem in deutschen Talkshow- und Medienformaten präsenten landwirtschaftlichen Vertreter. Vgl. in Auswahl Denise Wachter, Bauer Willi rechnet mit Billig-Kultur ab. So scheinheilig kaufen wir ein, in: Der Stern 30.01.2015. URL: https://www.stern.de/genuss/essen/landwirtschaft--bauer-rechnet-mit-verbrauchern-ab-3486086.html (01.09.2019); Günther Jauch: »Die Wut der Bauern – sind unsere Lebensmittel zu billig?«, ausgestrahlt auf ARD am 10.05.2015; Udo Pollmer, »Bauer Willi« und die Billig-Lebensmittel, in: Deutschlandfunk Kultur 15.05.2015. URL: https://www.deutschlandfunkkultur.de/landwirtschaft-bauer-willi-und-die-billig-lebensmittel.993.de.html?dram:article_id=319834 (01.09.2019).

43 Wachter, Bauer Willi.

44 Die Vergleichende Kulturwissenschaft firmiert an verschiedenen universitären Standorten unter unterschiedlichen Fachbezeichnungen wie Europäische Ethnologie, Kulturanthropologie oder Empirische Kulturwissenschaften, was auf die nationalsozialistische Vorbelastung durch die ehemals gemeinsame Bezeichnung als Volkskunde und die seit den 1970er Jahren sukzessive erfolgte Aufarbeitung und Loslösung von dieser fachlichen Vergangenheit zurückgeht. Es besteht also eine andere akademische Ausrichtung als bei aus den Sprach- und Literaturwissenschaften hervorgehenden kulturwissenschaftlichen Disziplinen.

schen Wandel und Transformationsprozesse, die sich am Anerkennungsverlust von hierüber verhandeltem Wachstumsdenken und Produktivitätssteigerungen ablesen lassen. Gleichzeitig werden in der Studie über den Blickwinkel der sozialen Positionierungen Bewältigungsstrategien von Individuen erforscht, die aus dem klassischen Raster von in den Sozialwissenschaften traditionell als stigmatisiert geltenden Gruppen fallen, also etwa Gender-, Ethnizitäts- oder Prekaritäts-bezogener Fragestellungen. Dass sich gesellschaftliche Ausschluss- und Ausgrenzungswahrnehmungen jedoch auch durch politisch linksgeprägte Diskurse ergeben, wird sowohl wissenschaftlich als auch medial kaum beachtet, zeigt sich aber am Beispiel der befragten Landwirte als Berufsgruppe mit dem Rücken zur Wand im Folgenden paradigmatisch.

2. Erkenntnisinteressen

Während sich mittlerweile zahlreiche interdisziplinäre Projekte und Untersuchungen möglichen Lösungsstrategien für die gegenwärtigen wie auch künftigen Probleme agrarischer Wirtschaftsweisen zugewandt haben – sich also mit »harten« Fakten wie etwa Stallbautechnik, Zucht und Genetik, Düngung, Emissionsschutz und Verbesserungen des Tierwohls beschäftigen –, sind nicht minder relevante »weiche« Faktoren noch wenig beleuchtet. Fragen nach der eigenen Verortung von Landwirten und Landwirtinnen in Bezug auf die genannten Problematiken, ihrer empfundenen Stellung in der Gesellschaft und vor allem auch ihrer Beziehung zu den gehaltenen Nutztieren stellen jedoch sowohl für künftige agrarpolitische Weichenstellungen als auch für die Vermittlung von Umwelt- und Tierschutzmaßnahmen an und durch Landwirte und Landwirtinnen essentielle Kategorien dar.

Als kulturwissenschaftlich ausgerichtete Arbeit nimmt die Studie innerhalb dieses gesellschaftlich hochrelevanten Themenfeldes eine auf die handelnden Personen ausgerichtete Perspektive ein[1] und geht der zentralen Forschungsfrage nach, *wie sich Nutztier haltende Landwirte und Landwirtinnen gegenüber der Kritik am System Intensivtierhaltung selbst positionieren.* Es geht im Folgenden daher nicht um bäuerliche Lebenswelten an sich, wie sie etwa Thomas Fliege 1998 in seiner ebenfalls europäisch-ethnologischen Dissertation unter anderem anhand der Kategorien von Familien- und Geschlechterkonstellationen, gelebter Religiosität sowie Arbeits- und Freizeitrhythmen untersucht hat.[2] Ebenso wenig möchte die Studie, auch wenn sie entlang der Verortung einer Berufsgruppe verläuft, den Arbeitsalltag der befragten Intensivtierhalter und -halterinnen erforschen, wofür es einer anderen Schwerpunktsetzung und Methodenwahl bedurft hätte. Anstelle den Fokus auf grundsätzliche Lebens- oder Landwirtschaftsstile der Interviewpartner und Interviewpartnerinnen zu legen – die zwar nicht ausgeblendet, aber auch nicht zentral gestellt werden – verortet sich die Untersuchung als problemzentrierter Beitrag zu einem gegenwärtig hochaktuellen, wenn auch bereits seit Jahrzehnten kontrovers diskutiertem gesellschaftspolitischen Sujet.

---

1 Gerade aufgrund der bislang kaum vorhandenen Forschungslage zu Werten, Einstellungen und Perspektiven konventioneller Landwirte – v. a. im Bereich der Intensivtierhaltung – möchte sich die vorliegende Studie weniger auf derzeit im Fach populäre Ansätze zur Sichtbarmachung nichtmenschlicher Akteure und Entitäten, sondern auf die befragten Subjekte konzentrieren und Raum für deren Aussagen lassen.

2 Thomas Fliege, Bauernfamilien zwischen Tradition und Moderne. Eine Ethnographie bäuerlicher Lebensstile. Frankfurt a. M./New York 1998.

Mit Blick auf kulturelle Beziehungsgeflechte sowie die Stellung von Gruppen und Individuen in der Gesellschaft wird danach gefragt, welche kollektiven Positionierungs- und Bewältigungsstrategien Mitglieder einer stark in der öffentlichen Kritik stehenden Berufsgruppe entwickeln und wie sie sich damit letztlich sozial verorten. Neben dieser fachlich-wissenschaftlichen Ausrichtung besteht zudem das anwendungsorientierte Erkenntnisinteresse, zu eruieren, welche Ansätze dazu beitragen können, den Dialog zwischen Kritikern und Praktizierenden der Intensivtierhaltung zu versachlichen und lösungsorientiert weiterzuentwickeln.

Zur Beantwortung der leitenden Fragestellung werden innerhalb der vier den Aufbau der Studie konturierenden Felder Gesellschaft, Ökonomie, Nutztiere und Umwelt zahlreiche weitere Aspekte beleuchtet: Wie positionieren sich die Interviewpartner und Interviewpartnerinnen gegenüber Politik, Medien und der eigenen Berufsvertretung? Welche Macht- und Wissenskonstellationen spielen aus der Perspektive der Landwirte und Landwirtinnen in die öffentliche Wahrnehmung ihres Berufs hinein und wie gehen sie damit um? Auf welche Weise wird finanzieller Druck narrativ verhandelt und welche Belastungen, aber auch Legitimationen gehen daraus hervor? Wie stellt sich das öffentlich überwiegend als unethisch definierte Verhältnis zu ihren gehaltenen Nutztieren aus der Perspektive der Landwirte und Landwirtinnen dar? Basiert dieses, wie von aktivistischer Seite angenommen, rein auf einer rational-ökonomisierten Beziehungsebene oder gibt es auch emotionale Komponenten? Beschäftigen sich die Befragten mit umwelt- und klimaschädigenden Folgen des Systems Intensivtierhaltung? Über welche informationstechnischen Kanäle werden diese benennende Untersuchungen rezipiert und selektiert? Welche Rückschlüsse auf innerlandwirtschaftliche Wissensweitergabe, Rechtfertigungsstrukturen und letztlich Bewältigungsstrategien bezüglich der Annahme oder Ablehnung von eigener ökologischer und tierethischer Verantwortung lassen sich daraus ableiten? Finden sich Abgrenzungs- und Distinktionsmechanismen oder präsentieren sich die Interviewpartner und Interviewpartnerinnen vornehmlich als einheitliche Berufsgruppe?

Zur Beantwortung dieser Fragen wurden mithilfe einer spezifisch kulturwissenschaftlich-ethnologischen Herangehensweise 29 mehrstündige qualitativleitfadengestützte Interviews mit Stallführungen auf Vollerwerbsbetrieben konventionell wirtschaftender, Schweine und/oder Geflügel haltender Landwirte und Landwirtinnen im Freistaat Bayern durchgeführt. Insgesamt nahmen 53 Personen an den Befragungen teil, da – sofern möglich – auch Familienangehörige und Angestellte in die Gespräche miteinbezogen wurden. Mit der Zusammenstellung des Samples wurde bewusst fokussiert, keine biologisch arbeitenden oder im Nebenerwerb wirtschaftenden Bauern in den Mittelpunkt zu stellen, sondern eben mit denjenigen Landwirten und Landwirtinnen zu sprechen, die am stärksten von der gesellschaftlichen Kritik an der intensivierten Tierhaltung betroffen sind.

Die Eingrenzung auf Schweine- oder Geflügelhalter erfolgte auf mehrerlei Gründen basierend: Zum Ersten aufgrund der gegenüber der Rinderhaltung stärker ausgeprägten Pionierrolle von Hühnern, Puten und Schweinen im Zuge des in den letzten Jahrzehnten erfolgten Strukturwandels, an denen seit den 1950er und vor allem 1960er Jahren erste Automatisierungs-, Technisierungs- und Spezialisierungstechniken agroindustrieller Produktionsmethoden ertestet wurden. Zweitens aufgrund der daraus entstandenen, seit Jahrzehnten formulierten und daher öffentlich verfestigten Verbindung dieser agrarwissenschaftlich unter »Veredelungswirtschaft«[3] subsummierten Tierarten mit dem Begriff der »Massentierhaltung«. So kam etwa eine an der Universität Hohenheim durchgeführte Online-Studie mit dem Titel »Massentierhaltung – was denkt die Bevölkerung?«[4] zum Ergebnis einer unter den Befragten wahrgenommenen signifikanten Verbindung des Begriffes »Tierquälerei« mit Schweinen und Hühnern, während Kühe kaum darunter assoziiert wurden.[5] Drittens war für eine Beschäftigung mit Schweine und Geflügel haltenden Betrieben schließlich ein diesbezüglich sehr viel stärkeres Forschungsdefizit ausschlaggebend, da sich Studien aus Vergleichender Kulturwissenschaft, Agrarsoziologie und Human-Animal-Studies bislang in Forschungen zu Nutztieren stärker mit Rinderhaltern bzw. dem Landwirt-Milchkuh-Verhältnis beschäftigten,[6] während Schweine und vor allem Geflügel noch kaum beleuchtet wurden.

Zur Nachzeichnung der Verortungs-, Argumentations- und Bewältigungsprozesse der Befragten wurde für die Untersuchung der Versuch unternommen, das im deutschen Forschungsraum bislang wenig rezipierte Begriffspaar von Position und Positionierung, die stets als situativ und damit auf andere Gesellschaftsmitglieder bezogener Meinungs- und Identitätsbildungsverlauf begriffen werden, in einer kulturwissenschaftlichen Arbeit fruchtbar zu machen. Allerdings verortet sich die Studie nicht durch einen theoretischen, sondern ausdrücklich

---

3 Als Veredelung wird in der Agrarwissenschaft die Fütterung von pflanzlichen Rohstoffen zur Produktion als höherwertig angesehener tierischer Rohstoffe bezeichnet, die zugleich energieaufwändiger ist. Vgl. dazu Horst Lochner, Johannes Breker, Agrarwirtschaft. Grundstufe Landwirt. 5. Aufl. München 2015, 506 ff.

4 Maike Kayser, Achim Spiller, Massentierhaltung – Was denkt die Bevölkerung? Ergebnisse einer Studie. ASG-Herbsttagung. Göttingen 11.11.2011. URL: https://www.uni-goettingen.de/de/document/download/.../ASG_MKayserASpiller.pdf (05.12.2019).

5 Gefragt nach einer Verbindung einzelner Tierarten mit »Massentierhaltung« führten die Teilnehmenden zunächst Masthühner und Legehennen an, gefolgt von Mastschweinen und Puten. Vgl. ebd. Folie 11 und 14.

6 Vgl. etwa Karin Jürgens, Milchbauern und ihre Wirtschaftsstile: Warum es mehr als einen Weg gibt, ein guter Milchbauer zu sein. Marburg 2013; Hajo Timmermann, Gerd Vonderach, Milchbauern in der Wesermarsch. Eine empirisch-soziologische Untersuchung. Bamberg 1993 oder Johann Kirchinger, »Denn ein Unterschied zwischen Menschen und Tieren soll schon sein.« Zum gegenwärtigen Gebrauch von Eigennamen in der landwirtschaftlichen Tierhaltung, in: Ders., Futtertrog, 89–140; Rhoda M. Wilkie, Livestock/Deadstock: Working with Farm Animals from Birth to Slaughter. Philadelphia 2010.

empirischen Fokus, der die Befragten selbst zu Wort kommen lässt und in ihrer Wahrnehmung der Realität ernst nimmt. Damit erfolgt zugleich eine eigene Positionierung als an ethnologische Untersuchungen angelehnte Forschungs-ausrichtung, die nahe am Menschen operiert.

3. Verortung innerhalb eines interdisziplinären Forschungsstandes

Über hauptsächlich tierethisch motivierte Abhandlungen hinausgehende Studien zum Feld der Intensivtierhaltung stellen trotz der in den letzten Jahren erstarkten Auseinandersetzung mit Mensch-Tier-Verhältnissen weitestgehend immer noch ein Desiderat der deutschsprachigen sozial- und kulturanthropologischen Forschungslandschaft, aber auch benachbarter Disziplinen dar. Auffallend sind hierbei einerseits die weitestgehende Randstellung von Nutztieren aus der Forschung über Landwirte und Landwirtinnen sowie andererseits die marginale Stellung von Landwirten und Landwirtinnen in der Forschung zu (Nutz-)Tieren. Da die Studie versucht, diese beiden Felder zusammenzudenken und vor allem auch, interdisziplinäre Forschungsergebnisse miteinzubeziehen, wird im Folgenden sowohl auf den Forschungsstand der Vergleichenden Kulturwissenschaft als auch angrenzender Disziplinen wie Umwelt- und Agrarsoziologie, Human-Animal- bzw. Multispecies Studies eingegangen.

3.1 Landwirtschaft in der Vergleichenden Kulturwissenschaft

Die Erforschung bäuerlicher Kulturen ist in der Fachtradition der Volkskunde mit einem unweigerlich schalen Nachgeschmack verbunden: Zum einen bedingen dies die ideologisch aufgeladene Verklärung ländlicher Lebenswelten und methodisch wie inhaltlich im Rahmen der germanischen Kontinuitätsprämisse nicht zu haltenden Untersuchungen zu »Bauern- und Brauchtum« aus dem 19. und frühen 20. Jahrhundert. Zum anderen die folgende Instrumentalisierung der Disziplin zur Verbreitung der NS-Propaganda, die sich ebenfalls auf das Bild des Bauern als »Lebensquell« und Stabilitätsgaranten des »Deutschtums« stützte.[1] Wer innerhalb des eigenen Faches an bäuerliche Lebenswelten denkt, dem kommt unweigerlich zunächst die umstrittene Gründerfigur der Volks-

---

1 Zum Zusammenhang von Volkskunde und NS-Ideologie vgl. auch ausführlich Fliege, Bauernfamilien, 29–50 und eine zusammenfassende Darstellung im Aufsatz Gunther Hirschfelder, Lars Winterberg, Das »Volk« und seine »Stämme«: Leitbegriffe deutscher Identitätskonstruktionen sowie Aspekte ihrer ideologischen Funktionalisierung in der »Volkskunde« der Weimarer Republik und des »Dritten Reichs«, in: Erik Fischer (Hrsg.), Deutsche Musikkultur im östlichen Europa: Konstellationen – Metamorphosen – Desiderata – Perspektiven. Berichte des Interkulturellen Forschungsprojektes »Deutsche Musikkultur im östlichen Europa«. Bd. 4. Stuttgart 2012, 22–44.

kunde, Wilhelm Heinrich Riehl, in den Sinn. Dass Riehl die Landbevölkerung im Zuge seines konservativ-reaktionären Weltbildes als »Mächte des Beharrens« in einer von Fortschritt und Industrialisierung geprägten Zeit des Wandels idealisierte,[2] ist Gegenstand zahlreicher Abhandlungen in kulturwissenschaftlichen Aufsätzen, Einführungswerken und Monografien.[3] Während sich zahlreiche volkskundliche Arbeiten zu Beginn des 20. Jahrhunderts im Zuge der Haus-, Geräte- und Erzählforschung ebenfalls häufig unter der Prämisse, germanische Kontinuitäten und vermeintliche Ursprünge des deutschen »Volkes« herauszufiltern, agrarischen Lebenswelten widmeten,[4] entwickelte sich das Fach während des Nationalsozialismus zum Mitbereiter der sogenannten »Blut- und Boden-Ideologie«.[5] Die Aufarbeitung dieser »bäuerlichen Volkskunde« spielte in den folgenden Jahrzehnten fachgeschichtlich eine bedeutende Rolle.[6] Empirisch-gegenwartsorientierte Untersuchungen traten in der zweiten Hälfte des 20. Jahrhunderts eher hinter die museale und objektzentrierte Erforschung[7] des Themas sowie historische Abhandlungen[8] zurück.

2 Vgl. Wilhelm Heinrich Riehl, Land und Leute. Naturgeschichte eines Volkes als Grundlage einer deutschen Socialpolitik. Bd. 1. Stuttgart 1853. Dennoch stellt die Art und Weise der Rezeption dieses bäuerlichen Idealbildes eine bis in die Gegenwart hinein durchaus wirkmächtige Figur dar, die auch zu Beginn des 21. Jahrhunderts Sehnsüchte von Natur- und Heimatverbundenheiten widerspiegelt.

3 Etwa Andrea Zinnecker, Romantik, Rock und Kamisol. Volkskunde auf dem Weg ins Dritte Reich. Die Riehl-Rezeption (= Internationale Hochschulschriften, 192). Münster u. a. 1996; Hans Moser, Wilhelm Heinrich Riehl und die Volkskunde. Eine wissenschaftsgeschichtliche Korrektur, in: Jahrbuch für Volkskunde, 1978, 9–66; Helge Gerndt, Abschied von Riehl – in allen Ehren, in: Jahrbuch für Volkskunde 2, 1979, 77–88.

4 Vgl. in Auswahl: Josef Weigert, Das Dorf entlang. Ein Buch vom deutschen Bauerntum. München 1919; Wilhelm Bomann, Bäuerliches Hauswesen und Tagewerk im alten Niedersachsen. Weimar 1927; Alexander Schöpp, Alte deutsche Bauernstuben. Innenräume und Hausrat. Berlin 1934.

5 Vgl. Richard Walther Darré, Das Bauerntum als Lebensquell der nordischen Rasse, München 1929; Hermann Schauff, Der deutsche Bauer in Dichtung und Volkstum. Bochum 1934; Hans Krieg, Deutsches Schicksal, der Bauer und das Reich. Stuttgart 1936.

6 Vgl. etwa in den grundlegenden Einführungswerken wie Wolfgang Kaschuba, Einführung in die Europäische Ethnologie. 4. Aufl. München 2012, 54–77 sowie ausführlich in Fliege, Bauernfamilien, 26–50.

7 Der vom Berliner Museum für Deutsche Volkskunde 1978 herausgegebene Ausstellungs-Begleitband »Das Bild vom Bauern« (Kohlmann, Müller, Bild vom Bauern) bietet hierzu einen historischen Überblick. In Auswahl zudem: Alfons Eggert, Landwirtschaftliche Maschinen in Westfalen. In Bildern und Beschreibungen 1900 bis 1950. Münster 1988; Ralf Vogeding, Lohndrescher und Maschinendrusch. Eine volkskundliche Untersuchung zur Mechanisierung einer landwirtschaftlichen Arbeit in Westfalen 1850–1970. Münster 1989; Jürgen Heinrich Mestemacher, Altes bäuerliches Arbeitsgerät in Oberbayern. Materialien und Erträge eines Forschungsvorhabens. München 1985.

8 Vgl. in Auswahl: Helene Albers, Zwischen Hof, Haushalt und Familie. Bäuerinnen in Westfalen-Lippe (1920–1960). Paderborn 2001; Gertrud Heß-Haberlandt, Bauernleben. Eine Volkskunde des Kitzbüheler Raumes. Innsbruck 1988; Renate Haftmeier-Seiffert, Bauern-

Vor allem avancierte der Bauer im Zuge der Neuorientierung des Faches Ende der 1960er, Anfang der 1970er Jahre innerhalb der kulturwissenschaftlichen Forschung vom ehemals »liebsten Kind«[9] wenn nicht zum Stief-, so doch zumindest zu einem vernachlässigten Sohn der Disziplin. Dies wurde mitbedingt durch den wirtschaftlichen Übergang zunächst zur Industrie-, später zur Dienstleistungs- und Informationstechnologiegesellschaft sowie die damit einhergehende Bedeutungsverschiebung vom primären hin zum tertiären Sektor, welche die Hinwendung zu städtischen Arbeiter-[10] und Unternehmenskulturen[11] sowie später zu postindustriellen, digitalisierten[12] und vor allem auch prekären[13] Berufswelten nachvollziehbar macht. Wenn Landwirtschaft auch niemals vollständig aus dem Blickfeld der Kulturwissenschaft/Europäischen Ethnologie verschwand, so fristete sie doch seit der Abwendung vom Kanon der »Tümlichkeiten«[14] in den letzten Jahrzehnten eher eine Randstellung mit lediglich vereinzelten Beiträgen. Einige kürzere Aufsätze zu bäuerlichen Kulturen stammen so aus dem Schweizer Fachzweig,[15] die aufgrund der Fokussierung auf deren kleinteiligere landesspezifische Agrarlandschaft und Nicht-EU-Mitgliedschaft auch regionale Sonderentwicklungen abbilden. Roland Girtlers 1987 erschienene Untersuchung

darstellungen auf deutschen Flugblättern des 17. Jahrhunderts. Frankfurt a. M. 1991; Dietmar Sauermann, Das Verhältnis von Bauernfamilie und Gesinde in Westfalen, in: Niedersächsisches Jahrbuch für Landesgeschichte 50, 1978, 27–44.

9 Kohlmann, Müller, Bild vom Bauern, 5.

10 Vgl. in Auswahl Albrecht Lehmann (Hrsg.), Studien zur Arbeiterkultur. Beiträge der 2. Arbeitstagung der Kommission »Arbeiterkultur« in der Deutschen Gesellschaft für Volkskunde in Hamburg vom 8.–12.05.1983. Münster 1984; Tübinger Vereinigung für Volkskunde (Hrsg.), Arbeiterkultur seit 1945 – Ende oder Veränderung? Tübingen 1991; Irene Götz, Andreas Wittel (Hrsg.), Arbeitskulturen im Umbruch. Zur Ethnographie von Arbeit und Organisation. Münster u. a. 2000.

11 Vgl. etwa Irene Götz, Unternehmenskultur. Die Arbeitswelt einer Großbäckerei aus kulturwissenschaftlicher Sicht. Münster u. a. 1997; Marta Augustynek, Arbeitskulturen im Großkonzern. Eine kulturanthropologische Analyse organisatorischer Transformationsdynamik in Mitarbeiterperspektive. München u. a. 2010.

12 Vgl. hierzu in Auswahl Gunther Hirschfelder, Birgit Huber (Hrsg.), Die Virtualisierung der Arbeit. Zur Ethnographie neuer Arbeits- und Organisationsformen. Frankfurt a. M./New York 2004; Irene Götz, Birgit Huber (Hrsg.), Arbeit in »neuen Zeiten«. Ethnografien und Reportagen zu Ein- und Aufbrüchen. München 2010.

13 Etwa Irene Götz, Barbara Lemberger (Hrsg.), Prekär arbeiten, prekär leben. Kulturwissenschaftliche Perspektiven auf ein gesellschaftliches Phänomen. Frankfurt a. M./New York 2009; Ove Sutter, Erzählte Prekarität. Autobiographische Verhandlungen von Arbeit und Leben im Postfordismus. Frankfurt a. M. u. a. 2013; Manfred Seifert, Irene Götz, Birgit Huber (Hrsg.), Flexible Biografien? Horizonte und Brüche im Arbeitsleben der Gegenwart. Frankfurt a. M. u. a. 2007.

14 Nach Kaschuba, Einführung, 93.

15 Vgl. Scheidegger, Boom; Ueli Gyr, Neue Kühe, neue Weiden. Kuhverkultung zwischen Nationaltherapie, Stadtevent und virtueller Viehwirtschaft, in: Zeitschrift für Volkskunde 99, 2003, 29–49.

zur Transformation der Lebenswelten von österreichischen Bergbauern[16] ist im Schnittpunkt von Agrarsoziologie und Kulturanthropologie angesiedelt.[17] Eine der umfangreichsten empirischen Untersuchungen aus dem eigenen Fach lieferte Thomas Fliege 1998 mit seiner Dissertation »Bauernfamilien zwischen Tradition und Moderne«[18], als deren Basis 36 generationenübergreifende Interviews auf 24 Vollerwerbsbetrieben in Oberschwaben dienten. Obwohl Flieges Untersuchungspartner überwiegend Milchvieh- und Schweinehaltung betrieben, fokussiert seine Studie weniger auf die Tierhaltung im Besonderen als vielmehr auf die Lebensstile der bäuerlichen Familien im Allgemeinen, wozu er die Bereiche Wohn- und Esskultur sowie Kleidungs-, Konsum-, Freizeitverhalten und Religiosität der Interviewpartner und Interviewpartnerinnen analysiert. Mit einer ähnlich ausgerichteten Fragestellung befasste sich Sabine Dietzig-Schicht 2016 in ihrer ebenfalls am Tübinger Institut abgefassten Dissertation »Biobauern heute. Landwirtschaft im Schwarzwald zwischen Tradition und Moderne«[19]. Die Verfasserin kategorisiert darin das Naturverständnis ihrer ökologisch wirtschaftenden Interviewpartner und macht zentrale Unterschiede auf der Basis von Verbandszugehörigkeiten aus. Dass beide Studien die Dichotomie von »Tradition und Moderne« dabei so zentral stellen, liegt an weiterhin wirkmächtigen Projektionen auf Landwirtschaft, was gerade angesichts des erheblichen Modernisierungs-, Technisierungs- und Intensivierungsprozesses, den diese in den letzten zweihundert Jahren durchlaufen hat, wunder nimmt.[20]

Christine Aka beschäftigt sich in ihren Aufsätzen »Sonderkulturen. Polnische Saisonarbeiter zwischen Container und Erdbeerfeld«[21] und unter dem bezeichnenden Titel »Jetzt mit Mindestlohn, da müssen die Langsamen eben weg«[22]

---

16 Vgl. Roland Girtler, Aschenlauge. Bergbauernleben im Wandel. Linz 1987.

17 Seine jüngeren Publikationen erinnern an Tendenzen einer romantisierenden Volkskunde des 19. Jahrhunderts – etwa wenn Girtler der modernen Landwirtschaft immer wieder die »richtigen« und »echten« bäuerlichen Lebenswelten Siebenbürgens gegenüberstellt. Vgl. Roland Girtler, Sommergetreide. Vom Untergang der bäuerlichen Kultur. Wien u.a. 1996, Ders., Echte Bauern. Der Zauber einer alten Kultur. Wien u.a. 2002, v.a. 26ff.

18 Vgl. Fliege, Bauernfamilien. Auch bäuerliche Selbstbilder spielen eine zentrale Rolle, erfragt Fliege doch vor allem die Aushandlungsprozesse und Bewältigungsstrategien zwischen »Tradition und Moderne«, also den Umgang mit ländlichen Veränderungsprozessen und den Folgen des agrarischen Strukturwandels.

19 Dietzig-Schicht, Biobauern.

20 Ob Kulturwissenschaftler – ausgenommen vielleicht vom Handwerk – auch bei anderen Berufen zu Beginn des 21. Jahrhunderts immer noch den Traditionsbegriff zentral stellen würden, ist zumindest zu bezweifeln.

21 Christine Aka, Sonderkulturen. Polnische Saisonarbeiter zwischen Container und Erdbeerfeld, in: Rheinisch-westfälische Zeitschrift für Volkskunde 52, 2007, 157–182.

22 Christine Aka, »Jetzt mit Mindestlohn, da müssen die Langsamen eben weg.« Temporäre Arbeitsmigration in der Landwirtschaft des Oldenburger Münsterlandes, in: Burkhart Lauterbach (Hrsg.), Alltag – Kultur – Wissenschaft. Beiträge zur Europäischen Ethnologie 2, 2015, 11–34.

mit ausländischen Arbeitskräften im Oldenburger Münsterland, also einem »hochintensiven Produktionsgebiet«[23]. Exemplarisch stellt sie darin vor allem die Bedeutung des Faktors Ökonomie für Angestellte wie Betriebsleiter heraus, der im weniger medial skandalisierten Feld des Gemüseanbaus ebenso zu Ausbeutung führt wie im hier fokussierten Bereich Intensivtierhaltung. Auch Judith Schmidt befasst sich mit Migrationsprozessen, die aus Saisonarbeit in der Landwirtschaft hervorgehen, fokussiert aber auf die Obstproduktion, bei der sie ebenfalls konstatiert: »Die Landwirte stehen unter enormen Anpassungsdruck«[24], was wiederum zum »Wunsch nach Planungssicherheit«[25] führt, der auch in der folgenden Analyse ganz zentral ist.

Ganz grundsätzlich lässt sich hervorgehend aus der einleitend beschriebenen gesellschaftlichen Relevanz der künftigen agrarischen Entwicklung seit wenigen Jahren wieder eine erstarkende Auseinandersetzung mit Landwirtschaft im Vielnamenfach feststellen, was sich vor allem an mehreren aktuell laufenden Forschungsprojekten spiegelt.[26] Eine Konjunktur erleben hier zunehmend Fragestellungen, die Landwirtschaftskritik und Esskulturentwicklung in ihrer Wechselwirkung beleuchten, so etwa der Sammelband »Was der Mensch essen darf«[27], das stärker soziologisch orientierte Einführungswerk »Agro-Food-Studies«[28], Alexandra Rabensteiner in »Fleisch. Zur medialen Neuaushandlung eines Lebensmittels«[29] oder das derzeit in Regensburg laufende Projekt »Zur Verdinglichung des Lebendigen«[30]. Mit ihrem Fokus auf Landwirtschaft als für

---

23 Ebd., 13.

24 Judith Schmidt, Zahnrad Saisonarbeit. Generationelle Ordnungsmuster in Erzählungen deutscher Landwirte über ihre polnischen und rumänischen Angestellten, in: Sarah Scholl-Schneider, Moritz Kropp (Hrsg.), Migration und Generation. Volkskundlich-ethnologische Perspektiven auf das östliche Europa. Münster/New York 2018, 171–192, hier 190.

25 Ebd., 189.

26 So beschäftigt sich ein Drittmittelprojekt an der Universität Basel unter der Leitung von Walter Leimgruber und Ina Dietzsch mit »Verhandeln, verdaten, verschalten. Digitales Leben in einer sich transformierenden Landwirtschaft«. Vgl. Homepage des Fachbereichs Kulturwissenschaft und Europäische Ethnologie in Basel: https://kulturwissenschaft.philhist. unibas.ch/de/forschung/medien-bilder-toene-filme-digitalisierung-im-alltag/ (22.02.2019). Daniel Best verfasst am Würzburger Lehrstuhl derzeit eine Promotion zum Feld des Weinbaus, Judith Schmidt beschäftigt sich in Mainz mit Obst-Bauern und ihren Saisonarbeitern.

27 Hirschfelder, Ploeger, Rückert-John, Schönberger, Mensch essen.

28 Ermann, Langthaler, Penker, Schermer, Agro-Food Studies.

29 Alexandra Rabensteiner, Fleisch. Zur medialen Neuaushandlung eines Lebensmittels. Wien 2017.

30 Im Regensburger Verbundprojekt »Verdinglichung des Lebendigen: Fleisch als Kulturgut« unter der Leitung von Gunther Hirschfelder und Lars Winterberg findet gemeinsam mit musealen Kooperationspartnern eine Erforschung tierischer Produktion und Fleischrezeption in historischer wie gegenwärtiger Perspektive statt. Vgl. https://www.uni-regensburg.de/ sprache-literatur-kultur/vergleichende-kulturwissenschaft/forschung/bmbf-projekt/index. html (23.07.2019).

die eigene Arbeit besonders anknüpfungsfähig erwiesen sich dabei die beiden ebenfalls auf Dissertationen beruhenden Werke »Biogas – Macht – Land«[31] von Franziska Sperling sowie Jan Grossarths »Vergiftung der Erde«[32]. In ersterem untersucht die Autorin die Folgen der Biogas-Politik in der bayerischen Region des Nördlinger Ries aus dem Blickwinkel verschiedener Akteursgruppen. Dabei werden Umweltschutzproblematiken, Pachtpreiserhöhungen und ein gestiegenes Konkurrenzdenken unter den befragten Landwirten und Landwirtinnen ebenso wie in meiner Analyse sehr deutlich. Agrarpublizist und Kulturwissenschaftler Grossarth zeichnet wiederum mithilfe der Auswertung journalistischer Artikel und populärwissenschaftlicher Bücher zu Landwirtschafts-Umwelt-Problematiken die Rolle von Metaphern im deutschen Diskurs um Agrarkritik nach.[33]

Bei den beschriebenen aktuellen Studien aus dem eigenen Fach liegen die Schwerpunkte vornehmlich auf pflanzlicher Produktion, Umwelt- und Migrationsfragen. Das gesellschaftlich breit verhandelte Feld der Intensivtierhaltung wurde dagegen bislang kaum beforscht. Dies ist gerade im Vergleich zur Popularität von empirischen Studien zu Selbstversorgung, urban gardening oder Solawi-Initiativen[34] auffällig, die als Mikrokosmos für Kulturwissenschaftler attraktiver zu sein scheinen als diejenigen Praktiken, die mit einer konventionell wirtschaftenden Produktionsweise die mehrheitliche Ausrichtung der Agrarwirtschaft ausmachen. Hier spiegelt sich ein Stück weit wider, was Lutz Musner als die verlorengehende Sicht auf »den Normalzustand und die Logiken des nicht-exotischen Alltags«[35] bezeichnete. Dass Intensivtierhaltung bislang von der kulturwissenschaftlichen Forschung wenig behandelt – und wenn überhaupt, so wie im Fall der niederländischen Anthropologin Barbara Noske eher

31 Franziska Sperling, Biogas – Macht – Land. Ein politisch induzierter Transformationsprozess und seine Effekte. Göttingen 2017.

32 Jan Grossarth, Die Vergiftung der Erde. Metaphern und Symbole agrarpolitischer Diskurse seit Beginn der Industrialisierung. Frankfurt a. M. 2018.

33 Dies war vor allem deshalb besonders hilfreich, weil Grossarth damit gewissermaßen eine in dieser Studie zusätzlich zur Analyse des Interviewmaterials nicht zu bewältigende mediale Diskursanalyse vorgelegt hat, deren Ergebnisse und Inhalte Grundlage für dargelegte Positionierungen der hier befragten Landwirte und Landwirtinnen bilden.

34 Vgl. in Auswahl: Anja Decker, Eine Tiefkühltruhe voller Fleisch. Selbstversorgerlandwirtschaft im Kontext sozialer Ungleichheit, in: Zeitschrift für Volkskunde 2/114, 2018, 213–236; Evelyn Hammes, Christiane Cantauw (Hrsg.), Mehr als Gärtnern. Gemeinschaftsgärten in Westfalen. Münster 2016; Lars Winterberg, Alltag – Gesellschaft – Utopie. Kulturelle Formationen solidarischen Landwirtschaftens, in: Manuel Trummer, Anja Decker (Hrsg.), Das Ländliche als kulturelle Kategorie. Aktuelle kulturwissenschaftliche Perspektiven auf Stadt-Land-Beziehungen. Bielefeld 2020, 185–208; Dieter Kramer, Zum aktuellen Verständnis von commons, Gemeinnutzen und Genossenschaften. Eine kulturwissenschaftliche Sicht, in: Kuckuck. Notizen zur Alltagskultur 1, 2015, 6–11.

35 Lutz Musner, Kultur als Textur des Sozialen. Essays zum Stand der Kulturwissenschaften. Wien 2004, 77.

abstrakt-diskursiv als »Entfremdung der Lebewesen«[36] verhandelt wird, ohne die Ausübenden selbst zu Wort kommen zu lassen, liegt vor allem daran, dass sie sich anders als städtische Imkerei, Bioläden oder integrative Kooperativen meist nicht im sozialen und politischen Nahraum geisteswissenschaftlicher Akademikerinnen und Akademiker befinden. Wie Michaela Fenske in einem gleichzeitigen Plädoyer für eine stärkere Auseinandersetzung mit entsprechenden Themen treffend formuliert, geht dies auch darauf zurück, dass »hinsichtlich der Beziehungen von Mensch und Tier in agrarischen Ökonomien teils auch in den Wissenschaften die gesellschaftlich weit verbreiteten Vorurteile vor[liegen].«[37] Schweine- und Geflügelställe mit tausenden gehaltenen Tieren symbolisieren eben jene Lebens- und Konsumwelten, von denen man sich nicht selten durch den eigenen Lebensstil eher abzugrenzen versucht. Mit einer starken Betonung des Faktors Ökonomie in der vorliegenden Untersuchung werden daher bewusst im Sinne Musners materielle Grundlagen als zentrales kulturformendes Moment und diejenige Landwirtschaftsausrichtung, welche für den Großteil der tierischen Produktion in Deutschland prägend ist, als das »Nicht-Exotische« in den Vordergrund gestellt.

3.2 Intensivtierhaltung im Kontext von Umwelt-, Agrarsoziologie und HAS

Auch im Bereich der Agrar- bzw. Umweltgeschichte und -soziologie finden sich nur vereinzelt Untersuchungen zu Intensivtierhaltung. Wichtige inhaltliche Anknüpfungspunkte bietet Hans Pongratz' 1992 veröffentlichte Untersuchung der Wahrnehmung des bundesdeutschen Ökologiediskurses durch Landwirte.[38] Dafür wertete er 40 in Ober- und Niederbayern getätigte Interviews aus und kommt zu den zentralen Erkenntnissen der Selbstwahrnehmung einer klaren

36 Barbara Noske, Die Entfremdung der Lebewesen. Die Ausbeutung im tierindustriellen Komplex und die gesellschaftliche Konstruktion von Speziesgrenzen. Wien 2008.
37 Vgl. Fenske, Reduktion, 21.
38 Vgl. Hans Pongratz, Die Bauern und der ökologische Diskurs. Befunde und Thesen zum Umweltbewusstsein in der bundesdeutschen Landwirtschaft. München/Wien 1992. Von Relevanz für den Forschungsstand sind auch die auf dieser Studie beruhenden Zeitschriftenaufsätze von Hans Pongratz, Bauern – am Rande der Gesellschaft? Eine theoretische und empirische Analyse zum gesellschaftlichen Bewusstsein von Bauern, in: Soziale Welt 38, 1987, 522–544; Der Bauer als Buhmann. Warum sich die Landwirte mit der Ökologie-Diskussion schwertun, in: Öko-Mitteilungen: Informationen aus d. Institut für Angewandte Ökologie 4, 1989, 34–36; Landwirtschaft und Gesellschaft. Wandel des gesellschaftlichen Umfelds der bäuerlichen Familien, in: Herrschinger Hefte: Schriftenreihe der Bildungsstätte des Bayerischen Bauernverbandes 10, 1990, 18–31; Möglichkeiten einer eigenständigen Regionalentwicklung, in: Zeitschrift für Agrargeschichte und Agrarsoziologie 1/39, 1991, 91–111, zus. mit Mathilde Kreil.

gesellschaftlichen Randposition und daraus resultierenden Resignationshaltung. Zudem beschäftigt sich Pongratz mit vorherrschenden konservativen Werthaltungen und einer – da das eigene, schützende Weltbild in Frage stellend – Ablehnungshaltung gegenüber Umwelt- und Tierschutzbewegungen wie auch der Partei Bündnis 90/Die Grünen.[39] Mit Bezug auf die Aufarbeitung des agrarischen Strukturwandels seien an dieser Stelle zudem die Arbeiten Heide Inhetveens und Mathilde Schmitts mit vor allem geschlechterbezogenem Fokus[40] sowie Ulrich Plancks und Joachim Ziches Werke zu bäuerlichen Familienstrukturen und Landjugend[41] erwähnt. Frank Uekötters Monografie »Die Wahrheit ist auf dem Feld. Eine Wissensgeschichte der deutschen Landwirtschaft«[42] fand als eines der Standardwerke zur deutschen Agrargeschichte im 20. Jahrhundert zentralen Eingang in die Untersuchung. Ebenso lieferte der Sammelband »Das Bild des Bauern«[43] wichtige kulturhistorische Hintergründe, in dem jedoch vor allem nicht-empirische Studien zu äußeren Fremdbildern auf den Berufsstand enthalten sind. Einblicke in gegenwärtige »Selbst- und Fremdwahrnehmung der Landwirtschaft« bot der gleichnamige, 2010 von Simone Helmle herausgegebene Band.[44]

Die Auswirkungen der industrialisierten Landwirtschaft spielen auch im Bereich der Umweltsoziologie und -geschichte eine prägnante Rolle – hat doch gerade das Bewusstsein für zunehmende ökologische Probleme, basierend zu erheblichen Teilen auf der Veränderung der agrarischen Produktion, zur Etablierung und Verankerung der Forschungsrichtung an den Universitäten bei-

---

39 Als weitere, zwar bereits über 20 Jahre zurückliegende, aber dennoch relevante Studie der empirischen Agrarsoziologie ist eine von Karl Friedrich Bohler und Peter Sinkwitz herausgegebene Untersuchung aus dem Jahr 1992 zu nennen. Vgl. Dies. (Hrsg.), Bauernfamilien heute. 7 Fallstudien. Fredeburg 1992.

40 Vgl. in Auswahl: Mathilde Schmitt, Landwirtinnen. Chancen und Risiken von Frauen in einem traditionellen Männerberuf. Opladen 1997; Heide Inhetveen, Mathilde Schmitt (Hrsg.), Pionierinnen des Landbaus. Uetersen 2000; Heide Inhetveen, Frauen in der kleinbäuerlichen Landwirtschaft. Opladen 1983.

41 In Auswahl: Ulrich Planck, Der bäuerliche Familienbetrieb zwischen Patriarchat und Partnerschaft. Stuttgart 1963; Ders., Joachim Ziche, Land- und Agrarsoziologie. Eine Einführung in die Soziologie des ländlichen Siedlungsraumes und des Agrarbereichs. Stuttgart 1979; Ulrich Planck, Landjugendliche werden erwachsen. Hohenheim 1983.

42 Frank Uekötter, Die Wahrheit ist auf dem Feld. Eine Wissensgeschichte der deutschen Landwirtschaft. 3. Aufl. Göttingen 2012. Als informatives Werk zu Hintergründen der agrarischen Entwicklung sei hier auch verwiesen auf Gunter Mahlerwein, Grundzüge der Agrargeschichte. Bd. 3: Die Moderne (1880–2010). Herausgegeben von Clemens Zimmermann. Köln u. a. 2016.

43 Vgl. Münkel, Uekötter, Bild des Bauern.

44 Vgl. v. a. Ralf Nolten, Ziel- und Handlungssysteme von Landwirten – eine empirische Studie aus der Eifelregion, 15–30 und Rieke Stotten, Christine Rudmann, Christian Schader, Rollenverständnis von Landwirten: Produzent oder Landschaftspfleger?, in: Simone Helmle (Hrsg.), Selbst- und Fremdwahrnehmungen der Landwirtschaft. Hohenheim 2010, 41–52.

getragen.[45] In ihrer Einführung in die Umweltgeschichte beschreiben Verena Winiwarter und Martin Knoll »Landnutzung, ob zu agrarischen oder forstlichen Zwecken« als

Kernthema der Umweltgeschichte, weil damit die großflächige und langfristige Umgestaltung von Ökosystemen verbunden ist, mit allen Konsequenzen für diese Ökosysteme, wie etwa Änderungen des Wasserhaushalts, Eingriffe in die Biodiversität und – über Ernährung und Arbeit – auch auf Lebenserwartung und Gesundheit von Menschen.[46]

Die Beschäftigung mit ökologischen Fragestellungen ist unmittelbar mit der Zerstörung und Ausbeutung ökologischer Ressourcen verknüpft, rekurriert also auf das Verhältnis von Mensch und Natur in historischer, gegenwärtiger wie zukünftiger Perspektive, wobei auch hier das Thema Intensivtierhaltung von zentraler Bedeutung ist. Tony Weis befasst sich in seiner gleichnamigen Monografie mit dem »global burden of industrial lifestock«[47] und setzt sich mit den ökologischen Problematiken auseinander, die aus dem Prozess der »meatification« unserer Ernährung hervorgehen. Annette Meyer und Stephan Schleissing verstehen als Standpunkt der jüngeren Umweltgeschichte, »die Vorstellung der Natur als ahistorische, organische Einheit durch ein komplexeres Bild eines sich ohne und mit Zutun des Menschen ständig wandelnden Ganzen«[48] aufzubrechen. Dementsprechend verbinden sich im Kontext Umwelt-bezogener Forschungsrichtungen zunehmend interdisziplinäre und internationale Perspektiven im Sinne von »environmental studies«[49], als deren Inhalte gerade auch Landnutzungsänderungen, Umgang mit Ressourcen, tierische Produktion etc. durch Landwirtschaft eine bedeutende Rolle spielen. Ein Hinterfragen bislang dominanter westlich-geprägter Geschichtsschreibungen hat in den historischen Disziplinen in den letzten Jahrzehnten zu einer zunehmend globaleren Perspektive geführt. Helmut Trischler bemerkt so zu hegemonialen Wissens- und Technologietransfers im Kontext der Landwirtschaft:

45 Einführend Matthias Groß, Die Natur der Gesellschaft. Eine Geschichte der Umweltsoziologie. München 2001; Radkau, Ära der Ökologie.

46 Verena Winiwarter, Martin Knoll, Umweltgeschichte. Eine Einführung. Stuttgart 2007, 148.

47 Tony Weis, The Ecological Hoofprint: The Global Burden of Industrial Livestock. New York 2013.

48 Annette Meyer, Stephan Schleissing, Einleitung, in: Dies. (Hrsg.), Projektion Natur. Grüne Gentechnik im Fokus der Wissenschaften. Umwelt und Gesellschaft, Bd. 12. Göttingen 2014, 7–12, hier 9.

49 Christof Mauch definiert: »Environmental humanities initiatives are based on the premise that today's ecological challenges – because they are unprecedented in scale and quality – cannot be met by the sciences or the humanities alone, and that a dialogue across borders and disciplines, and between academics and practitioners, is needed in working towards a future in which human harm towards the environment is limited.« Ders., Slow Hope, 40.

[...] the so-called Green Revolution was a global transfer of techno-scientific know-ledge developed by scientists in industrialised nations. Large-scale farming based on high-tech machines, specially developed cultivars and the ubiquitous use of synthetic insecticides manifested in engineered environments not just in the Global North but also in the Global South, in India and Brasil, China and Kenya, for example.[50]

Der Beitrag an aus der agrarindustriellen Landwirtschaft hervorgehenden ökologischen Auswirkungen wird unter anderem zusammen mit Schadstoff- und Plastikanreicherungen aus anderen Wirtschaftszweigen in den Umweltwissenschaften als »Great Acceleration« im Kontext der Diskurse um das sogenannte Anthropozän[51] verhandelt: »Along with the worldwide loss of biodiversity, synthetic pesticides are thus among the most significant markers that date the beginning of the Anthropocene.«[52] Angesichts dieser erheblichen Umwelt- und Klimaproblematiken weisen Untersuchungen auf die Notwendigkeit des Dialoges mit Landwirten und Landwirtinnen zur erfolgreichen Umsetzung von Schutzmaßnahmen hin. Bezüglich Akzeptanz und Erfolg des Wiesenvogelschutzes in der Wesermarsch arbeiten so etwa Gerd Vonderach, Christiane Döll und Heinz-Jürgen Ahlers die Bereicherung der Naturschutzprojekte durch die praktischen Kenntnisse und Erfahrungen der involvierten Landwirte heraus.[53]

Bezüglich des internationalen Forschungsstandes ist auf zahlreiche relevante Studien zu verweisen: In Auswahl sind unter der Leitung von Ernst Langthaler am Institut für die Geschichte des ländlichen Raumes in St. Pölten durchgeführte Forschungsprojekte zum Denken und Handeln landwirtschaftlicher Akteure in Österreich zu nennen,[54] Peter Schallberger hat sich mit den Posi-

---

50 Helmuth Trischler, Manufacturing landscapes: Artistic and scholarly approaches, in: Ders., Don Worster (Hrsg.), Manufacturing Landscapes: Nature and Technology in Environmental History. Special Issue, Global Environment 1/10, 2017, 5–20, hier 14.

51 Der Begriff versucht im Sinne einer neuen Epochenbeschreibung die erheblichen menschlichen Einflüsse auf die Umwelt zu fassen. Zur Datierung gibt es unterschiedliche Ansätze, wobei zumeist auf den Beginn der Industrialisierung im 19. Jahrhundert sowie Beschleunigungen der Prozesse seit Mitte des 20. Jahrhunderts Bezug genommen wird. Vgl. Reinhold Leinfelder, Paul Joseph Crutzen: The »Anthropocene«, in: Claus Leggewie, Darius Zifonun, Anne Lang, Marcel Siepmann, Johanna Hoppen (Hrsg.), Schlüsselwerke der Kulturwissenschaften. (= Edition Kulturwissenschaft. Bd. 7). Bielefeld 2012, 257–260 sowie Helmuth Trischler, The Anthropocene – A challenge for the history of science, technology, and the environment, in: N. T. M. – Journal of the History of Science, Technology, and Medicine 24/3, 2016, 309–335.

52 Trischler, Manufacturing, 14.

53 Vgl. Gerd Vonderach, Christiane Döll, Heinz-Jürgen Ahlers, Wiesenvogelschutz und Landbewirtschaftung in den Fördergebieten Stollhammer Wisch und Moorriem, in: Gerd Vonderach (Hrsg.), Naturschutz und Landbewirtschaftung. Münster u. a. 2002, 26–62.

54 Vgl. Ernst Langthaler, Balancing between autonomy and dependence. Family farming and agrarian change in lower Austria, 1945–1980, in: Günter Bischof, Fritz Plasser, Eva Maltschnig (Hrsg.), Contemporary Austrian Studies 21 (2012), special issue: Austrian lifes, 385–404; Ernst Langthaler, Sophie Tod, Rita Garstenauer, Wachsen, Weichen, Weitermachen.

tionierungen von Bauern in der Schweiz[55], J. D. van der Ploeg[56] im Zuge seiner Etablierung der »Landwirtschaftsstile«[57] mit Agrarstrukturen in den Niederlanden auseinandergesetzt.[58] Jakob Weiss unternahm zwischen 1992 und 1995 zusammen mit Brigitte Stucki im Schweizer Kanton Zürich eine umfangreiche Untersuchung mit qualitativen sowie quantitativen Erhebungen.[59] In seiner Ergebnislese kommt er ebenso wie Pongratz zum Fazit einer hohen Betroffenheit der Landwirte durch öffentliche Vorwürfe, bei der vor allem der Kategorie »Umwelt« ein hoher Stellenwert zukommt, was symptomatisch für agrarsoziologische Untersuchungen bis zur Jahrtausendwende ist, die überwiegend von Ökologiediskursen, aber noch wenig vom Thema Tierwohl geprägt sind. Einige Forschungsarbeiten des angloamerikanischen Raums beschäftigen sich mit der Entstehung des Systems Intensivtierhaltung, hervorzuheben ist dabei Deborah Fitzgerald, die diese Entwicklung in historischer Perspektive ausgehend von den USA der 1920er Jahre bis hin zur Übertragung der industrialisierten Pro-

Familienbetriebliche Agrarsysteme in zwei Regionen Niederösterreichs 1945–1985, in: Historische Anthropologie 3/20, 2012, 346–382.

55 Vgl. Peter Schallberger, Autres articles – Bauern zwischen Tradition und Moderne? Soziologische Folgerungen aus der Rekonstruktion eines bäuerlichen Deutungsmusters, in: Schweizerische Zeitschrift für Soziologie 3/25, 1999, 519–548.

56 Etwa Jan Douwe van der Ploeg, Born from within. Practice and perspectives of endogenous rural development. Assen 1994.

57 Die Betrachtungsweise der Farming-Styles etablierte sich seit den 1990er Jahren ausgehend von niederländischen Studien, deren Anliegen es war, die Vielfalt landwirtschaftlicher Wirtschaftsweisen zu kategorisieren und dabei auch die Haltungen und Einstellungen der Akteure zu berücksichtigen. Van der Ploeg definierte diese wie folgt: »Thus, a farming style is a specific pattern for tying together land, labour, cattle, machines, networks, knowledge, expectations and activities; this is done in a goal oriented, knowledgeable and coherent way. It is a particular pattern for combining, using and further developing agrarian resources, both social and material ones.« Ders., Farming styles research: The state of the art. Keynote lecture for the Workshop on »Historicising Farming Styles«, to be held in Melk, Austria, 21.–23.10.2010, 4. Vgl. zur Genese und Weiterentwicklung der Farming Styles insb. Ders., Styles of farming. An introductory note on concepts and methodology, in: Ders., Ann Long (Hrsg.), Born from within. Practices and perspectives of endogenous rural development. Assen 1994, 7–30; Monica A. M. Commandeur, Styles of pig farming. A techno-sociological inquiry of processes and constructions in Twente and The Achterhoek. Wageningen 2003; Karin Jürgens, Der Blick in den Stall fehlt. Erklären agrarsoziologische Konzepte wirtschaftliches Handeln der Bauern?, in: Der kritische Agrarbericht 2008, 140–144. Eine mögliche Übertragung des Konzeptes auf die vorliegende Untersuchung wurde zwar angedacht, allerdings geht es im Folgenden weniger um bestimmte Wirtschaftsweisen und Typisierungen als um eine kulturwissenschaftliche Erforschung von gesellschaftlich bedingten Positionierungen, weshalb die Rolle von Farming Styles nur bei besonders auffälligen Betrieben am Rande angeschnitten wird.

58 Für seine wertvollen Anregungen und Hinweise hierzu danke ich Ernst Langthaler.

59 Jakob Weiss, Das Missverständnis Landwirtschaft. Befindlichkeit, Selbstbild und Problemwahrnehmung von Bauern und Bäuerinnen in unsicheren Zeiten. Zürich 2000.

duktion auf die ehemalige Sowjetunion nachzeichnet.[60] Mit der Pionierrolle der industrialisierten Geflügelproduktion in der BRD habe ich mich selbst in einigen Aufsätzen auseinandergesetzt.[61] Ganz zentral für die vorliegende Untersuchung sind jedoch die Arbeiten der schottischen Soziologin Rhoda Wilkie, die sowohl inhaltlich als auch hinsichtlich ihrer ergebnisoffenen Ausrichtung einen bedeutenden Orientierungspunkt bildeten. In ihrem 2010 erschienenen Werk »Livestock/Deadstock: Working with Farm Animals from Birth to Slaughter«[62] spürt sie dem Umgang mit Nutztieren bei verschiedenen in der Landwirtschaft tätigen Akteuren nach. Wilkies Kategorisierungen[63] finden im Kapitel zu den Landwirt-Nutztier-Beziehungen starken Eingang, ihre Fruchtbarkeit für das Feld der Intensivtierhaltung stellte ebenso bereits ein internationales Forscherteam im Rahmen des EU-Forschungsprojektes »Welfare Quality« von 2004 bis 2010 heraus. Hierzu wurden qualitative wie auch quantitative Daten erschlossen und insgesamt in länderübergreifender Kooperation 480 Nutztier haltende Betriebe bezüglich ihrer Einstellungen und Beziehungen zu den Tieren befragt.[64]

Dass sich Mensch-Tier-Beziehungen in der Landwirtschaft bei praktisch orientierten Studien zumeist als differenzierter erweisen, als dies von tierethisch motiviert Forschenden häufig angenommen wird, zeigen neben Rhoda Wilkies Ansätzen auch einige deutschsprachige agrarsoziologische Studien. So kommt Johann Kirchinger in seinem Aufsatz zur Bedeutung von Kuhnamen[65], wofür er 14 Interviews mit Milchviehhaltern führte, zur Erkenntnis, dass sich über das Geben oder Nichtgeben von Namen keine unmittelbaren Rückschlüsse auf ein engeres bzw. nicht enges Verhältnis zu den Kühen ziehen ließen.[66] Als besonders

---

60 Vgl. Deborah Fitzgerald, Every farm a factory. The industrial ideal in american agriculture. New Haven 2003.

61 Barbara Wittmann, Vorreiter der Intensivtierhaltung. Die bundesdeutsche Geflügelwirtschaft 1948 bis 1980, in: Zeitschrift für Agrargeschichte und Agrarsoziologie 1/65, 2015, 53–74 sowie Dies., Vom Mistkratzer zum Spitzenleger. Stationen der bundesdeutschen Geflügelwirtschaft 1948–1980, in: Lukasz Nieradzik, Brigitta Schmidt-Lauber (Hrsg.), Tiere nutzen. Ökonomien tierischer Produktion in der Moderne. Innsbruck u. a. 2016, 134–153.

62 Wilkie, Livestock. Ihre von Hobbyfarmern über konventionelle Landwirte bis hin zu Schlachthofmitarbeitern reichende Untersuchungsgruppe ist dabei überwiegend auf Rinder spezialisiert, einige von ihnen hielten Schafe und wenige Schweine – womit sich abermals die bislang kaum erfolgte Erforschung von Schweine- und Geflügelhaltern weiterschreibt.

63 Vgl. Rhoda M. Wilkie, Sentient commodities and productive paradoxes: the ambiguous nature of human livestock relations in Northeast Scotland, in: Journal of Rural Studies 21, 2005, 213–230.

64 Informationen zum Projekt sind unter www.welfarequality.net einsehbar; vgl. zudem Bettina B. Bock, Unni Kjærnes, Marc Higgin, Joek Roex (Hrsg.), Farm Animal Welfare within the Supply Chain: Regulation, Agriculture, and Geography, Welfare Quality* Reports no. 8. Cardiff 2009.

65 Vgl. Kirchinger, Unterschied, 89–140.

66 Vielmehr stehen die Bezeichnungen der Tiere in Zusammenhang mit betriebswirtschaftlichen Maßnahmen wie der Teilnahme an Milchleistungsprüfungen, für die die Namensvergabe in einem institutionellen und den Landwirten vorgegebenen Rahmen notwendig ist.

anschlussfähig erwiesen sich die Studien von Karin Jürgens zum Umgang von Landwirten und Landwirtinnen mit ihren Milchkühen sowie zu Tierkeulungen im Zuge der Schweinepest in den 1990er Jahren.[67] Sie bilanziert hier eine hohe emotionale, bis hin zu Traumatisierungen reichende Betroffenheit ihrer Interviewpartner und Interviewpartnerinnen, die die massenhafte Tötung ihrer Schweine miterleben mussten. Zur Bedeutung der Untersuchung bemerkt Heide Inhetveen in ihrem Vorwort:

> Weiter wird hier deutlich gemacht, dass das Mensch-Nutztier-Verhältnis auch für die industrielle Tierhaltung wesentlich differenzierter und facettenreicher betrachtet werden muss, als eine schlichte tierschützerische Perspektive es bisher nahelegt. Nur wer die von den Landwirten und Landwirtinnen selbst getroffene Unterscheidung zwischen Schlachtung und Keulung nachvollzieht, nur wer die Systematik der Arbeitsteilung in der modernen Tierhaltung begreift, wird auch den Schock und die Verzweiflung der Familien angesichts des massenhaften Tiertodes auf den Höfen während der Schweinepest verstehen.[68]

Eine starke Auseinandersetzung mit tierischer Ausbeutung findet wiederum im Kontext der Human-Animal-Studies (HAS) statt, die sich seit etwa 25 Jahren vom anglo-amerikanischen Raum ausgehend als kritisch-analytische Disziplin etablierten und eine noch relativ junge interdisziplinäre Forschungsrichtung darstellen, die sich vorwiegend aus Sozial- und Geisteswissenschaftlern zusammensetzt.[69] Das zunehmende Interesse an den HAS entwickelte sich nicht zuletzt aufgrund der Konjunktur der Kritik an agroindustriellen Produktionsmethoden. Historikerin Mieke Roscher formuliert als Ziel der HAS, »das Verhältnis zwischen Mensch und Tier von Grund auf neu [zu]beleuchten.«[70] Während den HAS der Fokus auf Tiere gemeinsam ist, reichen die Ansätze der Studien von eher deskriptiven Herangehensweisen bis hin zu dezidiert aus einem tier-

67 Vgl. Karin Jürgens, Milchbauern und ihre Wirtschaftsstile: Warum es mehr als einen Weg gibt, ein guter Milchbauer zu sein. Marburg 2013; Dies., Emotionale Bindung, ethischer Wertbezug oder objektiver Nutzen? Die Mensch-Nutztier-Beziehung im Spiegel landwirtschaftlicher (Alltags-)Praxis, in: Zeitschrift für Agrargeschichte und Agrarsoziologie 2/56, 2008, 41–56 oder Dies., Vieh oder Tier? Dimensionen des Mensch-Nutztierverhältnisses in der heutigen Landwirtschaft, in: Karl S. Rehberg, Thomas Dumke, Dana Giesecke (Hrsg.), Die Natur der Gesellschaft. Verhandlungen des 33. Kongresses der Deutschen Gesellschaft für Soziologie in Kassel 2006. Frankfurt a. M. 2008, 5129–5144.

68 Heide Inhetveen, Vorwort, in: Karin Jürgens, Tierseuchen in der Landwirtschaft. Die psychosozialen Folgen der Schweinepest für betroffene Familien – untersucht an Fallbeispielen in Nordwestdeutschland. Würzburg 2002, X.

69 Vgl. Reingard Spannring, Karin Schachinger, Gabriela Kompatscher, Alejandro Boucabeille, Einleitung. Disziplinierte Tiere?, in: Dies. (Hrsg.), Perspektiven der Human-Animal Studies für die wissenschaftlichen Disziplinen. Bielefeld 2015, 13–28, hier 15.

70 Mieke Roscher, Human-Animal Studies, in: Docupedia-Zeitgeschichte 25.01.2012. URL: http://docupedia.de/zg/roscher_human-animal_studies_v1_de_2012, 2; doi: http://dx.doi.org/10.14765/zzf.dok.2.277.v1.

rechtlerischen Standpunkt heraus arbeitenden Forschungen, die bisweilen als CAS (Critical Animal Studies) abgegrenzt werden, wobei eine klare Trennlinie hier häufig schwer zu ziehen ist. Bei Letzteren wird bei der Untersuchung des Mensch-Tier- und vor allem Mensch-Nutztier-Verhältnisses überwiegend von Gewalt- und Herrschaftsbeziehungen ausgegangen,[71] im Vordergrund stehen also einseitige Ausbeutungsverhältnisse. Dies hängt unter anderem mit Analogien der Gründung der HAS zu derjenigen der Gender Studies zusammen, denn beide Richtungen haben ihren Ursprung in aktivistischen Bewegungen – so gingen zentrale Anstöße für die Entstehung der HAS von grundlegenden tierethischen Werken wie Peter Singers »Animal Liberation« (1975)[72] und Tom Regans »The case for Animal Rights« (1983)[73] aus –, denen sich teilweise auch die Forschenden selbst verpflichtet fühlen.[74] Ebenso wie die Offenlegung und Dekonstruktion von Sexismus einen Grundpfeiler der Gender Studies bildet, ist für die HAS der Begriff des Speziezismus zentral.[75] Er bezeichnet in Analogie zum Rassismus die Ungleichbehandlung und Herabwürdigung von Tieren aufgrund gezogener Grenzlinien anhand der biologischen Unterschiede von Menschen und Tieren.[76] Eine Auseinandersetzung mit dem Negativtopos »Massentierhaltung« erfolgt vornehmlich aus theoretisch-soziologischer oder

71 Vgl. Margo DeMello, Animals and society. An introduction to Human-Animal Studies. New York 2012; Chimaira – Arbeitskreis für Human-Animal Studies (Hrsg.), Human-Animal Studies. Über die gesellschaftliche Natur von Mensch-Tier-Verhältnissen. Bielefeld 2011; Birgit Pfau-Effinger, Sonja Buschka (Hrsg.), Gesellschaft und Tiere. Soziologische Analysen eines ambivalenten Verhältnisses. Wiesbaden 2013.

72 Peter Singer, Animal Liberation. A new ethics for our treatment of animals. New York 1975. Zu Deutsch mit dem Untertitel »Die Befreiung der Tiere«.

73 Tom Regan, The case for animal rights. Berkeley u. a. 1983.

74 Vgl. hierzu ausführlicher Karin Schachinger, Gender Studies und Feminismus. Von der Befreiung der Frauen zur Befreiung der Tiere, in: Spannring, Schachinger, Kompatscher, Boucabeille, Perspektiven, 53–74.

75 Der Speziezismus-Begriff wurde erstmals 1970 von Richard Ryder, einem britischen Psychologen, geprägt und erreichte vor allem durch Peter Singers Definition in seinem tierethischen Grundlagenwerk »Animal Liberation« Bekanntheit. Innerhalb der Tierrechtsbewegung bildet die Überwindung des Speziezismus als hierarchischer Ungleichheit aufgrund von (vermeintlichen) Artengrenzen das Ziel des Aktionismus. Vgl. Ken J. Shapiro, Animal rights versus humanism: The charge of speciesism, in: Journal of humanistic psychology 30, 1990, 9–37; Matthias Rude, Antispeziesismus. Die Befreiung von Mensch und Tier in der Tierrechtsbewegung und der Linken. Stuttgart 2013.

76 Hiermit in Zusammenhang steht vor allem eine Ablehnung der Sichtweise auf Tiere als »Defizitwesen«, die auf dieser Grundlage ausgebeutet werden dürfen. Vielmehr werden die Unterschiede etwa in Bezug auf den Gebrauch von Sinnesorganen oder Kommunikationsfähigkeiten als eigene Form von Weltaneignung durch das Tier gesehen, womit auch eine eigene Form von tierischer Agency verbunden ist, die nicht an anthropozentrischen Maßstäben gemessen wird. Vgl. bspw. die Aufsätze in: Carola Otterstedt, Michael Rosenberger (Hrsg.), Gefährten – Konkurrenten – Verwandte. Die Mensch-Tier-Beziehung im wissenschaftlichen Diskurs. Göttingen 2009.

theoretisch-tierethischer Perspektive,[77] bislang jedoch kaum mit empirischem Fokus, wodurch sich in entsprechenden Abhandlungen häufig vor allem eine Wiedergabe medial transportierter Bilder findet. Intensivtierhaltung ist innerhalb der Forschungsrichtung letztlich das zu Bekämpfende und daher vorwiegend negativ konnotiert.[78]

Dass die Ansätze der HAS auch eine Bereicherung des kulturwissenschaftlichen Forschungskanons darstellen, spiegelt sich anhand der aktuellen Konjunktur des Mensch-Tier-Themas im Fach, die in etwa zeitgleich zur wiederaufgelebten stärkeren Fokussierung auf Landwirtschaft stattgefunden hat. Noch 2015 konstatierte Jutta Buchner-Fuhs in einer Zusammenstellung anhand aktueller studentischer Examensarbeiten,[79] dass Ansätze der HAS zwar mittlerweile auch in die kulturwissenschaftliche Forschung diffundieren würden, aber »[a]usgewiesene Fachvertreter_innen, das könnte ebenfalls festgehalten werden, blenden den aktuellen Diskurs um die Human-Animal-Studies aus.«[80] Hierfür sei die im Humanismus zugrunde gelegte Definition der Kultur als Abgrenzung vom Tier als dem eben nicht Kultur schaffenden Wesen sowohl alltags- als auch forschungsprägend.[81] Eine Reihe von seit Buchner-Fuhs' Aufsatz entstandenen Publikationen und Sammelbänden – vor allem ausgehend vom Standort Würzburg mit einem dementsprechenden Forschungsschwerpunkt von Michaela Fenske[82] – bildet jedoch ab, dass die Diffusion von HAS-Ansätzen in die Kulturwissenschaft/Europäische Ethnologie letztlich doch sehr rasch erfolgt

77 Vgl. Klaus Petrus, Die Verdinglichung der Tiere, in: Chimaira – Arbeitskreis für Human-Animal-Studies (Hrsg.), Tiere. Bilder. Ökonomien. Aktuelle Forschungsfragen der Human-Animal-Studies. Bielefeld 2014, 43–62; Achim Sauerberg, Stefan Wierzbitza, Das Tierbild der Agrarökonomie. Eine Diskursanalyse zum Mensch-Tier-Verhältnis, in: Pfau-Effinger, Buschka, Gesellschaft und Tiere, 73–96; Noske, Entfremdung.

78 Besonders stark von CAS-Ansätzen geprägt sind dabei die Sammelbände Spannring, Schachinger, Kompatscher, Boucabeille, Perspektiven, sowie Gabriela Kompatscher, Reingard Spannring, Karin Schachinger, Human-Animal Studies. Eine Einführung für Studierende und Lehrende. Münster u. a. 2017. Gerade bei letzterem ist dies deshalb problematisch, weil die Human-Animal-Studies durch die CAS-Ausrichtung der Herausgeberinnen nicht differenziert genug betrachtet werden, da es im Feld durchaus auch weniger aktivistisch ausgerichtete Autoren gibt, die sich um ausgewogenere Sichtweisen bemühen. Moniert wurde dies u. a. auch in der Rezension von Wiebke Reinert in der Zeitschrift für Volkskunde 1/115, 2019, 134–136.

79 Vgl. Buchner-Fuhs, Jutta, Volkskunde/Europäische Ethnologie. Zur kulturwissenschaftlichen Erforschung des Mensch-Tier-Verhältnisses und der Mensch-Tier-Beziehungen, in: Spannring, Schachinger, Kompatscher, Boucabeille, Disziplinierte Tiere?, 321–358.

80 Ebd., 345.

81 Ebd., v. a. 341 ff.

82 Bspw. Michaela Fenske: Was Karpfen mit Franken machen. Multispecies Gesellschaften im Fokus der Europäischen Ethnologie, in: Zeitschrift für Volkskunde 2, 2019, 173–195; Dies., Wenn aus Tieren Personen werden. Ein Einblick in die Animal Studies, in: Schweizerisches Archiv für Volkskunde 109, 2013, 115–132; Dies., Sophie Elpers, Multispecies in the Museum = Ethnologia Europaea 2/49, 2020; Dies., Bernhard Tschofen (Hrsg.), Managing the Return of the Wild: Human Encounters with Wolves in Europe. London/New York 2020.

ist. Im Kontext agrarischer Ökonomien geht es daher in dieser Studie auch um die von Michaela Fenske angestoßenen Fragen,

> wie sich menschlich-tierliches Miteinander in Zeit und Raum jeweils konkret gestaltet, ob und wie Bindungen geschaffen werden, wie sich das Mit- und Gegeneinander in den Körper des anderen einschreibt, wie Menschen und Tiere miteinander kommunizieren, welche Sprache etwa Landwirte und Landwirtinnen für und mit ihren Tieren haben – und wie sich alle diese Aspekte im Zuge diverser Modernisierungsschübe verändert haben.[83]

Gerade im Kontext der Erforschung bäuerlicher Lebenswelten, die zwar lange Zeit den Hauptforschungsgegenstand der Volkskunde darstellten und die ohne die Haltung von Nutztieren nicht zu denken wären, wurde eben diesen Beziehungen von Menschen und Tieren eher wenig Raum gegeben.[84] Gleichwohl kann in der Kulturwissenschaft/Europäischen Ethnologie nicht von einer grundsätzlich-historischen »Tierblindheit« gesprochen werden: Vor allem in der Erzählforschung[85], als Motive auf symbolischen Repräsentationen[86], im Bereich Superstition der religiösen Volkskunde[87] ebenso wie in der Brauchforschung[88] spielten Tiere in der Fachgeschichte durchaus eine prominente Rolle.[89] Dennoch

---

83 Fenske, Reduktion, 21 f.

84 Vorwiegend wurde das Nutztier in älteren volkskundlichen Untersuchungen als Produzent tierischer Lebensmittel, eingebettet in religiöse Symbole bzw. Speisevorschriften, oder als wirtschaftlicher Faktor für die Arbeit auf den Höfen behandelt. Studien stammen zumeist aus dem Umkreis von Freilandmuseen wie Oliver Fok, Ulf Wendler, Rolf Wiese (Hrsg.), Vom Klepper zum Schlepper. Zur Entwicklung der Antriebskraft in der Landwirtschaft. Freilichtmuseum am Kiekeberg. Ehestorf 1994; Hermann Kaiser, Ein Hundeleben. Von Bauernhunden und Karrenkötern. Museumsdorf Cloppenburg. Cloppenburg 1993.

85 Vgl. in Auswahl Rudolf Schenda, Das ABC der Tiere. Märchen, Mythen und Geschichten. München 1995; Rolf W. Brednich, Die Spinne in der Yucca-Palme. Sagenhafte Geschichten von heute. München 1990 sowie zahlreiche Einträge zu verschiedenen Tierarten in der Enzyklopädie des Märchens.

86 Hierzu etwa Gaby Mentges, Der »König des Waldes« oder der Hirsch im Wohnzimmer. Anmerkungen zur Popularisierung eines Tiermotivs, in: Becker, Bimmer, Mensch und Tier, 11–24.

87 Vergleiche hierzu etwa den 40 Spalten umfassenden Eintrag zum »Schwein« im Handwörterbuch des Aberglaubens. Ludwig Herold, Art. Schwein, in: Eduard Hoffmann-Krayer, Hanns Bächtold-Stäubli (Hrsg.), Handwörterbuch des deutschen Aberglaubens Bd. 7. Berlin/Leipzig 1936, 1470–1510 oder Rüdiger Vossen, Antje Kelm, Katharina Dietze (Hrsg.), Ostereier – Osterbräuche. Vom Symbol des Lebens zum Konsumartikel. Hamburg 1987.

88 Vgl. in Auswahl Karl Braun, Der Tod des Stieres. Fest und Ritual in Spanien. München 1997; Susanna Kolbe, Da liegt der Hund begraben. Von Tierfriedhöfen und Tierbestattungen. Marburg 2014; Clifford Geertz, Deep play. Notes on the Balinese cockfight, in: Ders., Interpretation of Culture. Selected essays. New York 1973, 412–453.

89 Ebenso begegnen Tiere in der Nahrungsforschung als Lebensmittellieferanten, wodurch sich etwa anhand von Fleischverzehr und Fleischverzicht sowie religiösen Tabuisierungen bedeutende historische Entwicklungslinien nachzeichnen lassen. Vgl. dazu Gunther Hirschfelder, Karin Lahoda, Wenn Menschen Tiere essen. Bemerkungen zur Geschichte, Struktur

mangelte es bis zu Beginn der 1990er Jahre auch in unserem Fach an Arbeiten, die das Tier nicht in seiner rein symbolischen oder wirtschaftlichen Funktion lediglich am Rande mitberücksichtigten, sondern dieses explizit in den Mittelpunkt des Forschungsinteresses stellten. So bildeten der von Andreas C. Bimmer und Siegfried Becker 1991 herausgegebene Sammelband »Mensch und Tier. Kulturwissenschaftliche Aspekte einer Sozialbeziehung«[90] neben Buchner-Fuhs' 1996 erschienenem »Kultur mit Tieren. Zur Formierung des bürgerlichen Tierverständnisses im 19. Jahrhundert«[91], in dem sie anhand verschiedener Tierarten vom Schoßhund bis zum Kutschpferd die Transformation städtischer Blickweisen auf das Tier untersucht, bis vor kurzem einige der wenigen Vorstöße.

Seit einigen Jahren häufen sich diesbezügliche Studien allerdings signifikant: So erschien 2016 der von Lukasz Nieradzik und Brigitta Schmidt-Lauber herausgegebene Band »Ökonomien tierischer Produktion in der Moderne«, indem konstatiert wird, dass »die Nutzung von Tieren in wirtschaftlichen Kontexten in den Sozial-, Kultur-, Geschichts- und Literaturwissenschaften auffallend wenig erforscht [ist]. Die Arbeiten der Human-Animal-Studies befassen sich vorwiegend mit Heimtieren [...].«[92] Lukasz Nieradzik lieferte zudem mit seiner Dissertation zu Schlachthöfen einen wichtigen Beitrag zum historischen Umgang mit Nutztieren.[93] Einen Schwerpunkt der Erforschung von Mensch-Tier-Beziehungen bildet derzeit der genannte Standort Würzburg, wobei letzterer die »Vielheit unterschiedlicher Lebens- und Arbeitsgemeinschaften von Menschen, Tieren, Pflanzen sowie Materialitäten (inklusive Bauten, Technologien etc.)«[94] in

und Kultur der Mensch-Tier-Beziehungen und des Fleischkonsums, in: Jutta Buchner-Fuhs, Lotte Rose (Hrsg.), Tierische Sozialarbeit. Ein Lesebuch für die Profession zum Leben und Arbeiten mit Tieren. Wiesbaden 2012, 147–166 und Nan Mellinger, Fleisch. Ursprung und Wandel einer Lust. Eine kulturanthropologische Studie. Frankfurt a. M./New York 2003. Als ältere Studien bspw. Hans-Jürgen Teuteberg, Magische, mythische und religiöse Elemente in der Nahrungskultur Mitteleuropas, in: Nils-Arvid Bringéus u. a. (Hrsg.), Wandel und Volkskultur in Europa. Bd. 1. Festschrift für Günter Wiegelmann zum Geburtstag. Münster 1988, 351–373; Friedemann Schmoll, Kulinarische Moral, Vogelliebe und Naturbewahrung. Zur kulturellen Organisation von Naturbeziehungen in der Moderne, in: Rolf Wilhelm Brednich, Annette Schneider, Ute Werner (Hrsg.), Natur – Kultur. Volkskundliche Perspektiven auf Mensch und Umwelt. Münster u. a. 2001, 213–228.

90 Becker, Bimmer, Mensch und Tier.

91 Jutta Buchner, Kultur mit Tieren. Zur Formierung des bürgerlichen Tierverständnisses im 19. Jahrhundert. Münster u. a. 1996.

92 Nieradzik, Schmidt-Lauber, Tiere nutzen, 7.

93 Lukasz Nieradzik, Der Wiener Schlachthof St. Marx. Transformationen einer Arbeitswelt zwischen 1851 und 1914. Wien u. a. 2017.

94 Der Wortlaut ist dem Call for Papers zur Tagung »Ländliches vielfach! Leben und Wirtschaften in erweiterten sozialen Entitäten« entnommen, die vom 04.–06.04.2019 in Würzburg stattfand. URL: http://landkultur.blogspot.com/2019/01/programm-landliches-vielfach-wurzburg-4.html (23.07.2019).

den Fokus stellt, also unter Multispecies-Gesichtspunkten über die Erforschung von Mensch-Tier-Beziehungen hinausgeht.

Hier kann die kulturwissenschaftliche Forschung aktuelle Ansätze der HAS gerade durch ihre mikroperspektivische und nah an alltäglichen Lebens- und Arbeitswelten operierende Ausrichtung ergänzen. Denn – wie Michaela Fenske pointiert formuliert: »Was wir im derzeit allzu bereitwilligen kollektiven Verdrängen dieses Themas gerne übersehen, ist, dass die Beziehung zwischen Nutztieren und Menschen bis heute weit weniger eindeutig ist, als wir sie in unseren Narrationen entwerfen.«[95] Zusammenhänge von raum- und zeitspezifischer landwirtschaftlicher Produktion und kleinteiligere Einblicke in die praktisch-handlungsformenden Dimensionen von Mensch-Tier-Beziehungen vermögen hier teilweise vorherrschende Blickweisen von allein wirkmächtigen Dualismen oder Herrschafts- und Ausbeutungsverhältnissen – die sicherlich *ein*, aber nicht das alleine prägende Moment bilden – durch Tiefenbohrungen aufzubrechen. Meine Fokussierung auf das Feld der Intensivtierhaltung folgt dabei dem Anliegen, »die wirtschaftliche Nutzung von Tieren als multidimensionalen Komplex zu beschreiben und zudem als einen erkenntnistheoretischen Spiegel zu begreifen: Wer Tiere nutzt und über sie schreibt, trifft immer auch Aussagen über die Gesellschaft.«[96]

95 Fenske, Wenn aus Tieren, 128.
96 Nieradzik, Schmidt-Lauber, Tiere nutzen, 10.

4. Methodische Beschreibung

4.1 Annäherungen an das Feld:
Zugang und forscherische Reflexion

Der Zugang zu den Intensivtierhaltern und -halterinnen entwickelte sich bei meinen Berichten über das Promotionsprojekt im privaten wie im universitären Umfeld stets zum Ausgangspunkt zahlreicher Fragen: Wie konnte ich die Landwirte und Landwirtinnen dazu bringen, mit mir zu sprechen? Waren diese nicht völlig verschlossen? Wie lange vorher musste ich mich anmelden, damit die Intensivtierhalter und -halterinnen noch ihre Ställe in Ordnung bringen konnten? Hatten sie mich überhaupt in diese hineingelassen?

Diese Annahmen reflektieren ihrerseits gesellschaftlich dominante Bilder von Bauern und Bäuerinnen als zurückgezogenen und wenig gesprächsbereiten Menschen, die – gerade im Bereich Intensivtierhaltung – grundsätzlich etwas zu verbergen hätten. Entsprechende Projektionen erwiesen sich allerdings in der Praxis als weitgehend unbegründet. Zwar fanden sich auch unter den Landwirten und Landwirtinnen – wie bei empirischen Interviewerhebungen stets der Fall – zum Teil Personen, die einem Interview im Zusammenhang mit Audioaufnahmen ablehnend gegenüberstanden bzw. andere Gründe anführten, warum sie nicht teilnehmen wollten, allerdings kam es im Verlauf der Forschung zu keinem Zeitpunkt zu Schwierigkeiten, genügend Interviewpartner und Interviewpartnerinnen zu generieren.[1]

Beim Zugang zu und der Auswahl der Interviewpartner und Interviewpartnerinnen wurden unterschiedliche Wege beschritten: Etwa über die öffentliche Einsicht in die Auflistung von Betrieben auf den Homepages der bayerischen Landratsämter, die unter die Industrieemissionsrichtlinie 2010/75/EU der Europäischen Union[2]

---

1 Von den im ersten Schritt jeweils telefonisch kontaktierten Landwirten und Landwirtinnen erklärte sich die Mehrheit – bilanzierend etwa ¾ der Personen – zu einer Befragung bereit.

2 Durch diese 2010 verabschiedete Richtlinie werden Betriebe aus verschiedenen Industriezweigen auf den Einbau der neuesten Technologien zum Schutz der Umwelt sowie den Einhalt von Emissionsgrenzwerten hin überwacht und genehmigt. Hierunter fällt auch die Intensivtierhaltung, die im Rahmen der Richtlinie bei Geflügel ab 40.000 und bei Schweinen ab 2.000 Mastschweinen und 750 Muttersauen bemessen wird. Vgl. Europäische Union, Richtlinie 2010/75/EU des Europäischen Parlaments und des Rates vom 17.12.2010 über

fallen, Internetrecherchen[3] oder schlichtweg durch das Achten auf große Schweine- und Geflügelställe bei Auto- und Bahnfahrten. Auf die Generierung von Interviewpartnern und Interviewpartnerinnen durch die Anwendung des sogenannten Schneeballprinzips[4] wurde bewusst verzichtet, da keine geschlossenen Zirkel mit potenziell ähnlichen Positionierungen Eingang finden sollten. Ebenso stellten Kontaktanfragen an Verbände wie den Bayerischen Bauernverband keine Zugangspunkte dar, um weder auf »Vorzeigebetriebe«, noch verbandsgemäß ausgerichtete Positionierungen verwiesen zu werden. Auf diese Weise sollte eine möglichst zufällige und unabhängige Auswahl an Interviewpartnern und Interviewpartnerinnen innerhalb des regional und betriebsartspezifisch vorgegebenen Samples ermöglicht werden. Bei den telefonischen Anfragen[5] stieß der Hinweis darauf, den im öffentlichen Diskurs wenig zu hörenden Stimmen der Landwirte und Landwirtinnen selbst Aufmerksamkeit schenken zu wollen, zumeist auf sehr positive Resonanz und führte zu einer grundsätzlich hohen Offenheit gegenüber meinen Anfragen. Kam es zu Absagen, so wurden als Gründe mehrmals zu hohe psychische Belastungen durch das Thema genannt, was vor allem dann der Fall war, wenn Protestaktionen gegen eigene Stallbauten stattgefunden hatten.[6] In die Überlegungen zu Absagen miteingebunden werden muss sicherlich auch, dass einige Landwirte und Landwirtinnen – in Analogie zu den ausgeführten gesellschaftlichen Annahmen – tatsächlich einer

Industrieemissionen (integrierte Vermeidung und Verminderung der Umweltverschmutzung). URL: http://www.bmwfw.gv.at/Unternehmen/gewerbetechnik/Documents/Industrie-emissions-RL_2010-75-EU.pdf (24.10.2019), v. a. Anhang I, Unterpunkt 6.6 »Intensivhaltung oder -aufzucht von Geflügel oder Schweinen«.

3 Sowohl über Suchmaschinen-Recherche als auch etwa über Auflistungen von Tierschutzaktivisten zu in Bau oder Genehmigung befindlichen Ställen, die hier – teilweise mit der zumindest ethisch fragwürdigen Veröffentlichung von Namen und Wohnorten der Inhaber – verhindert werden sollen.

4 »Beim *Schneeballsystem* werden Personen, die man kennt, gefragt, ob sie Personen kennen, die bestimmte Kriterien für die Interviewteilnahme erfüllen, oder ob sie Personen kennen, die wiederum Personen kennen etc.« Cornelia Helfferich, Die Qualität qualitativer Daten. Manual für die Durchführung qualitativer Interviews. 4. Aufl. Wiesbaden 2011, 176. Auch Helfferich benennt die Gefahr eines zu homogenen Kreises bei diesem Zugangsweg.

5 Eine sich im Rahmen der Telefonanfragen als klassisch herausstellende Konstellation bestand darin, dass die Erstkontakte fast immer über Landwirtinnen zu Stande kamen, die auf den meisten Betrieben die Hörer abnahmen, was v. a. mit einer immer noch traditionelleren landwirtschaftlichen Arbeitsaufteilung und damit zusammenfallenden Zuständigkeit der Frauen für den Hausbereich zusammenhängt.

6 Teilweise führten auch nahende Betriebsaufgaben, Krankheit, Zeitmangel oder Verweise auf Verbandsvertreter und teilweise hiermit verbundene Ängste, nicht »geeignet« zu sein, zum Nichtzustandekommen von Interviews. Auch Landwirte, die aus genannten Gründen keine Interviews auf ihren Höfen durchführen wollten, erzählten mir allerdings in zum Teil langen – bisweilen therapeutisch anmutenden – Telefongesprächen von ihren Haltungen, Ängsten und Zukunftsunsicherheiten.

Öffnung ihrer Stalltüren für Außenstehende ablehnend gegenüberstanden bzw. hiermit Ängste vor einem Sichtbarwerden von Fehlverhalten oder betrieblichen Problemen verbunden waren. Gleichzeitig ist diesbezüglich anzumerken, dass es für eine nicht vorhandene Interviewbereitschaft vielerlei Gründe geben kann, die bei der Untersuchungsgruppe der Nutztier haltenden Landwirte und Landwirtinnen ebenso zu respektieren sind, wie in jedem anderen Feld und nicht zwangsläufig mit der Unterstellung eines »Verbergen-Wollens« verbunden werden können.

Da die Interviewpartner und Interviewpartnerinnen aufgrund des Forschungsschwerpunktes der Studie mit für sie überwiegend unangenehmen oder sogar verletzenden Kritikpunkten konfrontiert wurden, stellte der Umgang mit meiner eigenen Rolle als Forscherin eine besondere Herausforderung dar. Ebenso erforderten die Einordnung des Gehörten, Gesagten und Gesehenen sowie die daraus hervorgehenden Einflüsse auf die eigene, private und im Verlauf des Forschungsprozesses changierende Haltung gegenüber dem Themenkomplex eine andauernde selbstkritische Reflexion sowohl während der Erhebungen als auch vor allem bei der Auswertung des Materials.[7] Die Interaktionen zwischen mir und den Interviewpartnern und Interviewpartnerinnen möglichst ausführlich darzulegen, geschieht daher nicht aus einer – wie Bourdieu pointierte – »narzißtischen Reflexivität«[8] in den Sozialwissenschaften heraus, sondern aufgrund einer notwendigen Offenheit bezüglich der eigenen Position innerhalb eines spannungsreichen Forschungsfeldes.

Durch die eigene Sozialisation auf einem landwirtschaftlichen Betrieb bestand meinerseits bereits Wissen um bäuerliche Tätigkeitsfelder, berufsspezifisches Vokabular und nicht zuletzt auch gruppenbezogene Habitusformen. Eben diese biografische Nähe zu den Beforschten war allerdings nicht nur mit Erleichterungen verbunden, denn Betriebsform und -führung des biologisch wirtschaftenden und rein auf Ackerbau ausgerichteten Hofes meiner Familie und diejenigen der Intensivtierhaltung bilden innerlandwirtschaftlich entgegengesetzte Pole. Aus diesem Grund erwähnte ich meine eigene bäuerliche Herkunft bei Interviewanfragen zunächst nicht und ging darauf nur bei expliziter Nachfrage ein. Dies hing mit der Befürchtung zusammen, eventuell von den Interviewpartnern

---

7 Zumal aus einem europäisch-ethnologischem Fachhintergrund heraus, der traditionell eine starke Auseinandersetzung mit der Reziprozität zwischen Forschenden und Beforschten beinhaltet.

8 Pierre Bourdieu, Narzißtische Reflexivität und wissenschaftliche Reflexivität, in: Eberhard Berg, Martin Fuchs (Hrsg.), Kultur, soziale Praxis, Text. Die Krise der ethnographischen Repräsentation. Frankfurt a. M. 1993, 365–374, zitiert in: Brigitta Schmidt-Lauber, Das qualitative Interview oder: Die Kunst des Reden-Lassens, in: Silke Göttsch, Albrecht Lehmann (Hrsg.), Methoden der Volkskunde. Positionen, Quellen, Arbeitsweisen der Europäischen Ethnologie. 2. Aufl. Berlin 2007, 165–188, hier 182.

und Interviewpartnerinnen von vorneherein als »Öko« bzw. Befürworterin
von alternativen Haltungsformen und damit »Gegnerin« verortet zu werden,
was die Gesprächsbereitschaft eingeschränkt hätte. Ein weiterer Aspekt, der
eines ständigen Aushandlungsprozesses bedurfte, war das von den Befragten
vorausgesetzte Verständnis für ihre Lage bzw. eine angenommene Sympathie
ihnen als Nutztier haltenden Landwirten und Landwirtinnen gegenüber. Dies
erwies sich zwar einerseits als hilfreich in Bezug auf Offenheit, Vertrauens- und
Erzählbereitschaft der Interviewpartner und Interviewpartnerinnen, da ich weniger als Akademikerin und damit »von oben herab«-Forschende wahrgenommen wurde, was ein relativ unhierarchisches Aufeinanderzugehen erleichterte.
Andererseits kristallisierte sich damit einhergehend auch eine gewisse Erwar-
tungshaltung von Seiten der befragten Landwirte und Landwirtinnen heraus,
»auf ihrer Seite zu stehen«, bzw. ein positives Bild von ihnen zu zeichnen, was
in den Gesprächssituationen daher immer wieder als nicht von mir intendiert
betont werden musste. Interviewsituationen sind stets von spezifischen Interaktionen und Atmosphären zwischen Fragenden und Befragten geprägt. Gerade
das Erkenntnisinteresse der vorliegenden Studie, d. h. die Auseinandersetzung
mit offensiven Meinungen und Vorwürfen, rückte meine Sondierung durch die
Befragten allerdings nochmals stärker in den Mittelpunkt, als dies bei weniger
kritischen Themen der Fall ist.

Wie sah nun meine eigene Positionierung tatsächlich aus und nahm sie Ein-
fluss auf die Befragungen? Die Soziologin Cornelia Helfferich bezeichnet »[d]ie
Figur der vollständig neutralen Forschenden und Interviewenden [...] [als] eine
Fiktion«[9], denn

[i]n diese Kommunikationssituation bringen beide, die interviewende und die erzäh-
lende Person, ihre eigenen [...] Relevanzsysteme und Wirklichkeitskonstruktionen
ein. Auch wenn nur eine Person erzählt, ist der Text doch eine Ko-Produktion und
die Interviewenden sind Ko-Produzierende.[10]

Das heißt, von einer völligen Objektivität gegenüber den Interviewten kann ohnehin nie ausgegangen werden, was aber keinen Freifahrtsschein für einseitige
Perspektiven auf die Forschungssubjekte, Voreingenommenheit[11] oder die Über-

---

9 Helfferich, Qualität, 116.
10 Ebd., 80.
11 Mit den Schwierigkeiten der Interviewführung und Feldforschung mit und bei Landwirten in Großbritannien beschäftigen sich Hannah C. Chiswell und Rebecca Wheeler, die
hier vor allem auf Geschlechterdifferenzen zwischen Forscherinnen und Landwirten fokussieren. Meiner Ansicht nach werden hier allerdings weniger die Haltungen der Landwirte
als vielmehr eine vorurteilsbeladene Herangehensweise zweier Forscherinnen transparent,
die beständig Angst haben, sie könnten von älteren landwirtschaftlichen Junggesellen auf
abgelegenen Höfen belästigt werden. Vgl. Dies., »As long as you're easy on the eye«: Reflecting on issues of positionality and researcher safety during farmer interviews, in: Area 2/48,
2016, 229–235.

tragung (gesellschafts-)politischer Ansichten oder Ambitionen auf wissenschaftliche Forschung bedeuten muss. Vorauszuschicken ist daher in Anbetracht der
konfliktbehafteten öffentlichen Wahrnehmung des Themas, dass im Folgenden keine Suche nach »der« Wahrheit über Intensivtierhaltung erfolgt – weder
im Sinne eines Abgleichs mit medialen Darstellungen und zumeist negativen
Bildern derselben, noch im Sinne einer Abwägung zu »guter« oder »schlechter«
Landwirtschaft. Zielsetzung ist es, zu erheben, wie die Befragten mit der öffentlichen Kritik an ihrem Beruf umgehen, welche Strategien zu deren Bewältigung
sie entwickeln und Positionen sie einnehmen beziehungsweise ablehnen. Im
Mittelpunkt steht also, die Positionierungen der Interviewpartner und Inter-
viewpartnerinnen nachvollziehen und verstehen zu lernen, wobei mit »verste-
hen« keine zustimmende Inschutznahme, sondern ein Sich-Einlassen auf das
Gegenüber gemeint ist. Dass »Wahrheit« stets subjektiv interpretiert wird und
Menschen sowohl individuell als auch kollektiv in einen beständigen Prozess von
Sinnstiftung und -konstruktion eingebunden sind, stellt eine Grundannahme
jeglichen kultur- und sozialwissenschaftlichen Forschens dar. Respekt vor und
Ernstnehmen der Beforschten bilden die zentralen Pfeiler ethnologischen Arbeitens – gleichzeitig bedeutet dies nicht, sich mit seiner Untersuchungsgruppe
gemein zu machen und deren Interpretation der Realität zu übernehmen.[12] Ich
schließe mich in meiner Forschungsausrichtung Timo Heimerdingers wichtigem
Plädoyer für eine möglichst werturteilsfreie Wissenschaft an:

Ich weiß, dass ich als Forscherpersönlichkeit immer unweigerlich positioniert und
in meinen Themen, Ansätzen und Argumentationen enthalten bin, es objektive Erkenntnis daher nicht gibt und niemals vollständig geben kann. Aber ich denke nicht,
dass es sinnvoll ist, ob dieser Einsicht in die unabänderliche subjektive Verwickelt-

---

12 Die Betonung dieser Haltung ist auch dem Umstand geschuldet, dass sich die Studie
nicht in eine sogenannte kritische Wissenschaftsausrichtung einordnet, auch wenn sie sich
mit einem gesellschaftlich kritisch verhandelten Themenfeld befasst – was im vorliegenden
Forschungssetting auch zu einem Vertrauensverlust der Interviewpartner und Interviewpartnerinnen geführt hätte. Die in dieser Studie verwendete Sprache, die beispielsweise nicht
die häufig in den HAS gebräuchliche Schreibung von »nicht-menschlichen Tieren« aufgreift,
beruht daher auf meiner Ausrichtung, bestehende Diskurse zwar als durchaus fruchtbar auf-
zugreifen, gleichzeitig aber eine möglichst freie und nicht in bestimmte Forschungsgruppen
einordenbare Perspektive zu vertreten. Dies ist auch dem Anliegen geschuldet, zur Schaffung
einer gemeinsamen gesellschaftlichen Diskussionsgrundlage zum Thema Intensivtierhaltung
beizutragen, die über geistes- und sozialwissenschaftliche Diskurse hinausgeht. Obgleich
das Anliegen einer Sichtbarmachung von bestimmten Gruppen (hier Tieren) oder Sensibilisierung von Macht und Diskriminierung durch entsprechende sprachliche Konzepte wichtig
und nachvollziehbar sein kann, müsste meines Erachtens nach dennoch kritischer und vielfältiger darüber diskutiert werden, ob wir durch ein akademisches Setzen und Bewerten von
»sensibler« respektive »unsensibler« Sprache sowie deren gesellschaftlicher Transfusion nicht
auch zu Entfremdungsprozessen zwischen Wissenschaft und Bevölkerung und einer Wahrnehmung als hierarchischer Bevormundung beitragen.

heit gleich das Ideal der Werturteilsfreiheit als solches über Bord zu werfen und sich gewissermaßen hemmungslos moralischen oder wertenden Positionierungen hinzugeben. Ich plädiere im Gegenteil für den unablässigen Versuch, sich einer politischen oder moralischen Positionierung nach Möglichkeit zu enthalten oder zumindest intellektuell entgegenzustemmen – eine Aufgabe, die permanenter Anstrengung und Reflexion bedarf.[13]

In diesem Sinne wurde während des gesamten Forschungsverlaufes versucht, die Pluralität der eigenen Erfahrungen – angefangen vom landwirtschaftlichen Hintergrund, dem Aufwachsen auf einem ökologischen Betrieb über das Halten eigener Nutztiere und damit verbundenes, tiefer gehendes Wissen über deren Bedürfnisse und Verhalten bis hin zur selbst wahrgenommenen Ambivalenz als Tierliebhaberin und gleichzeitig Fleischesserin – als Bereicherung und Erweiterung mit in die Erhebung und Auswertung einfließen zu lassen. Selbstverständlich beeinflussten oder berührten oft sehr emotionale Gespräche, Erzählungen über psychologische Folgen der Konfrontation mit Bürgerinitiativen oder positive wie negative Eindrücke bei Stallbesichtigungen im Sinne von Sympathien oder Antipathien auf Forscherseite. Gerade das Innere der Ställe war für mich von sehr unterschiedlichen Emotionen begleitet, die ich im Kapitel zu Landwirt-Nutztier-Beziehungen eingehender beschreibe. Von anfänglicher, zum Teil großer Betroffenheit – nicht über den Umgang der Landwirte und Landwirtinnen mit ihren Tieren, sondern deren beengte, geschlossene Haltungssysteme gerade etwa im Vergleich mit meiner Hobby-Hühnerhaltung im Freien – entwickelte ich im Verlauf der Forschungen eine stärker entemotionalisierte und sicherlich auch als Gewöhnung zu bezeichnende Perspektive auf die Intensivtierställe. Auf diese Weise wurden der Blickwinkel und meine private Haltung gegenüber dem System der industrialisierten Tierhaltung zu einem ständigen, die Analyse begleitenden Reflexionsprozess.[14]

---

13 Timo Heimerdinger, Die Schädlichkeit der Nützlichkeitsfrage. Für das Ideal der Werturteilsfreiheit, in: Österreichische Zeitschrift für Volkskunde 81/120, 2017, 81–90, hier 86.

14 Vgl. dazu ausführlicher am Beispiel Barbara Wittmann, Herr L., das Ferkelchen und ich. Forschungserfahrungen und Mensch-Tier-Beziehungen im Feld landwirtschaftlicher Intensivtierhaltung, in: Michaela Fenske, Daniel Best, Arnika Peselmann (Hrsg.), Ländliches vielfach. (in Vorbereitung).

4.2 Erhebungs- und Auswertungsverfahren

> V. Y.: Sie fragen mich ja immer nach dem Ge-
> fühl. Mit dem hab ich nicht gerechnet, dass Sie
> solche Fragen stellen.
> I.: Was hätten Sie dann gedacht, dass ich frage?
> V. Y.: Dass Sie mehr so eine Liste abarbeiten
> hätte ich gedacht.[15]

Da die Vergleichende Kulturwissenschaft keine repräsentativ, sondern eine hermeneutisch-interpretierend[16] arbeitende Disziplin ist, deren Aufgabe in der Erforschung des Denkens und Handelns von zu bestimmten Zeit-, Raum- und Schichtspezifika enkulturierten Menschen besteht, stand für die Untersuchung nicht die Analyse einer möglichst großen Anzahl an Interviews im Vordergrund,[17] sondern das umfassende Verständnis von landwirtschaftlichen Positionierungen und sie bedingenden Faktoren.[18]

Aus diesen Gründen wurde als Erhebungsmethodik das Durchführen mehrstündiger qualitativer Interviews gewählt, die sich bei der reinen Gesprächssituation mit Audioaufnahme zwischen 1,5 und 4 Stunden und bei den Stallführungen zwischen einer halben und 1,5 Stunden bewegten. Gerade weil das behandelte Themenfeld ein gesellschaftliches Spannungsfeld aufreißt, waren

15 Alle verwendeten Initialen und Kürzel der Interviewpartner und Interviewpartnerinnen wurden anonymisiert und stimmen nicht mit den realen Vor- und Nachnamen überein. Dies gilt auch bei Abkürzungen von Ortsnamen.

16 Schmidt-Lauber zitiert die Weiterentwicklung der ursprünglich auf Hans-Georg Gadamer zurückgehenden philosophischen Begriffsdefinition zur Textdeutung durch die Kulturwissenschaften nach Welz als Ausdehnung auf die »sinnverstehende Deutung sozialen Handelns«. Schmidt-Lauber, Das qualitative Interview, 169. Vgl. zu Forschungsgegenstand und methodischem Instrumentarium der Vergleichenden Kulturwissenschaft auch: Christine Bischoff, Karoline Oehme-Jüngling, Walter Leimgruber (Hrsg.), Methoden der Kulturanthropologie. Stuttgart 2014; Helge Gerndt, Kulturwissenschaft im Zeitalter der Globalisierung. Münster 2002; Kaschuba, Einführung.

17 Diese Erklärung zum Hintergrund der fachlichen Vorgehensweise richtet sich an Lesende außerhalb der eigenen Disziplin – so wurde bei interdisziplinären Gesprächen gerade mit Naturwissenschaftlern immer wieder die Notwendigkeit ersichtlich, den Grund der Forschungen in die Tiefe und nicht in die Breite ausführlich zu erläutern. In Abgrenzung zu quantitativ arbeitenden Disziplinen wird hierbei nicht auf eine zahlenbasierte Erhebung mit höchstmöglicher Repräsentativität oder die Überprüfung von bereits vorab formulierten, zu falsifizierenden oder verifizierenden Hypothesen abgezielt.

18 Um deren Stimmen im Text zur Sprache kommen zu lassen, ist eine intensive Auseinandersetzung mit Erzählmustern und -topoi, wiederkehrenden Motiven sowie übergeordneten Diskursstrukturen und Argumentationslogiken nötig, weshalb sozialwissenschaftliche Erhebungsmethoden in Form von schriftlichen Befragungen oder Online-Umfragen für das Erkenntnisinteresse der vorliegenden Untersuchung sowie generell bei der überwiegenden Anzahl an Studien des Faches nicht geeignet sind.

Aufbau und Durchführung der Interviews mit Sensibilität zu behandeln, um die Landwirte und Landwirtinnen einerseits nicht vor den Kopf zu stoßen und andererseits dennoch kritische Punkte ansprechen zu können – was für mich teilweise eine Gratwanderung darstellte. Wie Cornelia Helfferich formuliert, sind »[d]ie Fragen [...] das große Einfallstor für unbewusste und unkontrollierte Beeinflussungen der Erzählpersonen, die dem eigentlichen Interviewziel zuwiderlaufen.«[19] Daher soll im Folgenden offengelegt werden, welche Fragen wieso und auf welche Weise gestellt wurden,[20] ebenso wie die nach eingehender Auseinandersetzung mit verschiedenen Interviewformen und Strukturierungsgraden erfolgte Wahl auf eine Mischform aus problemzentriertem und diskursivem Interview erläutert wird.

Bezüglich der Art der Interviewführung wurde eine Methodik mit teilstandardisierten Fragen und ein relativ hoher Strukturierungsgrad gewählt, auch wenn möglichst offene und wenig von den Forschenden eingebrachte (Nach-) Fragen bisweilen mit Blick auf eine möglichst geringe Beeinflussung der Interviewpartner und Interviewpartnerinnen als methodischer »Königsweg« des qualitativen Interviews angesehen werden.[21] Diese Vorgehensweise erwies sich allerdings als zu wenig konkret und ergiebig für die Forschungsziele: Anstelle von allgemeinen Fragestellungen wie etwa »Beschreiben Sie bitte die Beziehung zu Ihren Tieren« oder »Wie sehen Sie das Verhältnis von Umweltschutz und Landwirtschaft?« zeigten sich präzisere Fragen hinsichtlich der Positionierungen zu einzelnen Tierhaltungs- oder Umweltschutzmaßnahmen, politischen Vorschlägen oder Medienberichten als sehr viel aufschlussreicher, da sie Antworten generierten, die weniger von der sozialen Erwünschtheit in der Interviewsituation geprägt und näher an der Arbeitswelt der Interviewpartner und Interview-

---

19 Helfferich, Qualität, 44.

20 Dies wurde auch im Hinblick auf die seltene Auffindbarkeit von Fragenkatalogen und Erörterungen der konkreten Fragesituation abseits der viel dokumentierten Beschreibungen von Gesprächsatmosphären und Nähe-Distanz-Beziehungen in empirischen Studien angestrebt, was darauf zurückzuführen ist, dass deren Offenlegung angreifbar macht. Sie ist aber für den Nachvollzug des Forschungsprozesses mindestens ebenso wichtig, wie die mittlerweile im Zuge der Writing-Culture-Debatten selbstverständlich gewordenen grundsätzlichen Reflexionen der forscherischen Tätigkeit, ihrer Auswirkungen auf das Feld und Einschreibung in den Text.

21 Hierzu trägt die fachinterne Tradition der Erzählkulturforschung mit einem stärkeren Fokus auf der Generierung von (biografischen) Narrationen und weniger auf Argumentationen und Positionen bei. Die Abgrenzung vom standardisierten Interview durch die Sozialforschung beinhaltet bisweilen eine Betonung gewünschter, möglichst breit angelegter Fragestellungen und minimalinvasiver Eingriffe durch die Interviewenden, die eine Beeinflussung so weit wie möglich ausschließen sollen. Hierzu auch Günter May, Erzählungen in qualitativen Interviews: Konzepte, Probleme, soziale Konstruktionen, in: Sozialer Sinn 1/1, 2000, 135–151. URL: http://nbn-resolving.de/urn:nbn:de:0168-ssoar-4471, 135 ff. sowie Helfferich, Qualität, 114 ff.

partnerinnen angesiedelt waren. Zugleich wurde im Rahmen des angefertigten Leitfadens genügend Raum für übergeordnete Themen und ein flexibles, situationsangemessenes Einfließenlassen der Fragen in das Gespräch gewährleistet.[22]

Für die Studie wurde eine Mischform aus diskursivem Interview nach Carsten G. Ullrich[23] sowie problemzentriertem Interview (PZI) nach Andreas Witzel[24] angewandt. Der Fokus der Befragungen dreht sich in Analogie zur Definition des PZI[25] um eine »Orientierung an einer gesellschaftlich relevanten Problemstellung«[26]. Zwei für die vorliegende Untersuchung bedeutende Punkte, die auch beim PZI zentral sind, liegen im Miteinbringen des Vorwissens durch die Forschenden sowie einer stärker nachfrageorientierten Interviewsituation.[27] Witzel entkräftet dabei den Vorwurf, diesbezügliche Unterbrechungen oder Einflussnahmen seien problematisch, denn gerade durch die Nachfragen fühlt sich »[d]er Untersuchte […] ernstgenommen und quittiert das Bemühen des Interviewers – insofern es nicht formal aus einem non-direktiven ›hm‹ besteht –, sich auf seine

---

22 Vgl. die Anforderungen zur Durchführung leitfadengestützter Interviews bei Schmidt-Lauber, Das qualitative Interview, 175 ff.

23 Von diesem erstmals ausgeführt in: Carsten G. Ullrich, Deutungsmusteranalyse und diskursives Interview, in: Zeitschrift für Soziologie 6/28, 1999a, 429–447.

24 Erstmals grundlegend ausgeführt in: Andreas Witzel, Verfahren der qualitativen Sozialforschung. Überblick und Alternativen. Frankfurt a. M. 1982 sowie später u. a. weiterentwickelt in: Ders., Das problemzentrierte Interview, in: Gerd Jüttemann (Hrsg.), Qualitative Forschung in der Psychologie. Grundfragen, Verfahrensweisen, Anwendungsfelder. Heidelberg 1989, 227–256; Ders., Das problemzentrierte Interview [25 Absätze], in: Forum Qualitative Sozialforschung/Forum: Qualitative Social Research 1/1, 2000, Art. 22. URL: http://nbnresolving.de/urn:nbn:de:0114-fqs0001228.

25 Anfang der 1980er Jahre durch den Sozialforscher Witzel ausgearbeitet, zeichnet sich dieses vor allem durch die relativ hoch angesiedelte Notwendigkeit des theoretischen Vorwissens der Forschenden aus, welches auch für die vorliegende Erhebung zentral war. Dies ist in erster Linie bedingt durch die Themengebundenheit der durchgeführten Befragungen rund um das komplexe Feld der Intensivtierhaltung, das sich mit konkreten Fragen hierzu von offeneren Formen der Interviewführung, wie etwa beim narrativen Interview oder dem ero-epischen Gespräch, mit nur punktuell vom Forscher gesetzten Erzählanreizen, unterscheidet.

26 Witzel, Das problemzentrierte Interview [25 Absätze], Abs. 2. Ein Unterschied zur Definition nach Witzel liegt jedoch in der Wahl eines relativ stark ausgearbeiteten Fragenkatalogs, der der klassischen Vorstellung eines semi-strukturierten Leitfadeninterviews folgt. Das PZI verfolgt hingegen einen eher stützend vorhandenen Leitfaden und sieht den Frageverlauf als »gemeinsame Arbeit« in Form eines dialogischen Verständnisprozesses an.

27 Das Einbeziehen des eigenen Wissenshintergrundes meint hier die Notwendigkeit, sich im Rahmen des vorliegenden Untersuchungsrahmens selbst fundiert mit dem Ablauf von Maßnahmen, Haltungsformen, Gesetzgebungen usw. im Bereich der industrialisierten Nutztierhaltung auseinanderzusetzen und über Kritikpunkte sowie diskutierte Alternativen Bescheid zu wissen, um durch Gesprächsanreize und Nachfragen tiefgehende Inhalte generieren zu können. So war es beispielsweise unerlässlich, aktuelle Diskurse rund die Biogasförderung zu kennen, um dementsprechende Fragen stellen und Sinnzusammenhänge in Bezug auf das Sprechen sowie landwirtschaftliches Vokabular erschließen zu können.

Problemsicht einzulassen, mit der Bereitschaft, diesem Interesse entsprechend weitere Erzählsequenzen zu produzieren.«[28] Sensibel angewandt wurde zudem die sowohl im PZI als auch im diskursiven Interview vorkommende Fragetechnik der Konfrontation – Witzel beschreibt sie als »schärfste Form, beim Befragten Reflexionsprozesse über seine eigenen Aussagen zu provozieren.«[29] Hier obliegt es der Aufgabe der Forschenden, Fragetechniken abzuwägen und sich auf das Gegenüber einzulassen. Damit wird auch der Heterogenität von Interviewpartnern und -situationen Rechnung getragen, denn während es Befragte gibt, die bereits durch wenige Erzählanreize aufgefordert in langen Passagen antworten, weist Entwicklungspsychologe und Methodentheoretiker Günter Mey zu Recht auf die bislang wenig beleuchtete Diversität der Interviewten selbst hin,[30] die eher beschreibende, legitimierende oder dialogische Antwortarten präferieren können oder bestimmte Kommunikationsformen erlernt bzw. nicht erlernt haben. So müssen eher kurz ausfallende Antworten nicht unbedingt – wie in der methodischen Theorie bisweilen der Fall – als Fehler des Interviewenden oder misslungene Gespräche[31] gedeutet werden, vielmehr können sie auch Ausdruck biografischer, schichtspezifischer oder familieninterner Kommunikationsmuster sein, die als solche wiederum zu aufschlussreichen Analysepunkten werden können.

Einen Schritt weiter bei der Art der Fragestellung geht der Soziologe Carsten G. Ullrich in seiner Ausarbeitung der Form des diskursiven Interviews[32]:

Mit Unterstellungen, Zusammenfassungen und Konklusionen sowie Konfrontationen und vor allem Polarisierungen verfügt das diskursive Interview über ein breites Instrumentarium zur Generierung von Stellungnahmen und Begründungen. Die meisten dieser ›Kunstgriffe‹ sind in anderen qualitativen Interviewverfahren tabuisiert und gelten als Interviewfehler. Für das diskursive Interview sind sie dagegen nicht nur zentral, sondern auch legitim […].[33]

---

28 Witzel, Das problemzentrierte Interview [25 Absätze], Abs. 3.

29 Ebd., 249. Beispiel für eine Konfrontation wäre etwa die in den Interviews eingesetzte, durch den vorherigen Einschub abgemilderte Frage: »Etwas provokativ formuliert: Würden Sie sich als Massentierhalter bezeichnen?«, um Reflexionen über den Begriff selbst auszulösen.

30 Vgl. Mey, Erzählungen, 142 f.

31 Die relativ hohe »Erlaubtheit« ansonsten häufig tabuisierter Fragetechniken der beiden Interviewformen bedeutet allerdings nicht, dass keine Fragefehler erfolgten bzw. diese nicht wahrgenommen wurden. Hierzu zählen etwa die Vermeidung von Mehrfachfragen, d. h. mehrere Fragen in einer Frage, überladene Fragen oder die Häufung von Suggestivfragen, die in bestimmte Richtungen lenken und damit eine freie Darlegung der eigenen Sicht einschränken.

32 Die beiden hierzu grundlegenden Artikel sind Ullrich 1999a sowie Carsten G. Ullrich (1999b), Deutungsmusteranalyse und diskursives Interview. Leitfadenkonstruktion, Interviewführung und Typenbildung. Mannheim 1999.

33 Ullrich 1999a, 441.

Was Witzel als »spezifische Sondierungen« bezeichnet, führt Ullrich als »Befragungstechniken zur Evokation von Stellungnahmen und Begründungen«[34] ein, deren Erschließung im diskursiven Interview im Fokus steht.[35] Wie im Zitat formuliert, werden dabei auch bewusst Fragetechniken angewandt, die Ullrich als Konfrontation, Polarisierungen und bewusste Suggestivfragen bezeichnet und die in qualitativen Interviews ansonsten häufig als »Fragefehler« eingeordnet werden. Während die Konfrontation bereits ausgeführt wurde, beinhalten Polarisierungen Stellungnahmen zu konträren Sichtweisen auf einen Sachverhalt,[36] was sich angesichts der Problematisierungen im Bereich Landwirtschaft als sehr hilfreich darstellte.[37] Im Zuge des in der Studie angewandten Mischverfahrens aus PZI nach Witzel und diskursivem Interview nach Ullrich wurden im Sinne eines bestmöglich auf das Erkenntnisinteresse und die Interviewsituationen abgestimmten Vorgehens daher passende Bestandteile beider Interviewtechniken pragmatisch genutzt (PZI: Problemfokussierung, Einbeziehung von Forscherwissen, nachfrageorientierte Interviewsituation; Diskursives Interview: stark ausgearbeiteter Fragekatalog, Evokation von Stellungnahmen und Begründungen, spezielle, »tabuisierte« Fragestimuli).[38]

In die Interviewführung wurden zudem teilweise prägnante Medienausschnitte und -texte zu landwirtschaftlichen Berichterstattungen mit einbezogen, um Erinnerungsprozesse und spezifische Positionierungen der Befragten im Interviewverlauf anzustoßen.[39] Parallel wurden während der Erhebungsphase zudem die Berichterstattung in landwirtschaftlichen Zeitschriften und Online-Medien etwa in Foren und Social Media verfolgt sowie Lehr- und Fachbücher gesichtet, um die Interviews in den Kontext aktueller, übergeordneter Diskurse einordnen zu können. Als weiterer methodischer Bestandteil zur Quellenerhebung wurden neben der Interviewführung und den Gesprächen über mitgebrachte Medieninhalte auf der Mehrheit der Betriebe gemeinsame

---

34 Ullrich 1999a, 439.

35 Dazu werden bestimmte Stimuli-Arten eingesetzt, die sich gerade auch zur Erhebung von Problemstellungen, Widersprüchlichkeiten, Argumentationsmustern und konfrontativen Ansichten eignen. Vgl. zum diskursiven Interview auch Sabina Misoch, Qualitative Interviews. Berlin u. a. 2015, 98–110.

36 Vgl. ebd., 440 f.

37 Also etwa: »Tierschützer sagen ja, dass das Kupieren nicht nötig ist. Was sagen Sie dazu?« Durch die Auslagerung der kontrastierenden Sichtweise konnte so beispielsweise verhindert werden, dass einzelne Stellungnahmen durchweg als meine eigenen Ansichten oder Meinungen aufgenommen wurden.

38 Ebenso pragmatisch verfahren wurde mit für die Studie eher irrelevanten Bestandteilen (PZI: kaum ausgearbeiteter Fragekatalog, dialogisches Gespräch, Theoriegeleitetheit; Diskursives Interview: häufige Deutungsmusteranalyse, Typenbildung).

39 Vgl. zur Unterstützung durch nicht verbale Gesprächsanreize auch Schmidt-Lauber, Das qualitative Interview, 177.

Stallbegehungen durchgeführt. Dabei war es nicht Ziel der Besuche, eine teilnehmende Beobachtung im klassisch-ethnologischen Sinne durchzuführen,[40]
da die Zeiträume von halb- bis eineinhalbstündigen Stallführungen für eine
Beschreibung als »aktive Teilnahme am Alltag der interessierenden Gruppe«[41],
wie Brigitta Schmidt-Lauber sie definiert, ohnehin viel zu kurz gegriffen hätten.
Stattdessen sollte durch die Einblicke in die Ställe vor allem erreicht werden, zu
wissen, worüber man eigentlich schreibt und ein eigener Eindruck von zuvor
nur medial vermittelten Bildern generiert werden. Das Zusammenspiel von
Menschen, Tieren, Dingen und – in Futterform – auch Pflanzen[42] in der Inten-
sivtierhaltung wurde so für mich in den Stallanlagen praktisch sichtbar: Der
Nachvollzug täglicher Arbeitsabläufe, das Beschreiten von Wegroutinen, die
von Hygienemaßnahmen mit Waschbecken, Desinfizierwannen für Schuhe,
Duschen und Kleiderkammern über Futterkammern und Mischanlagen bis zu
den unterschiedlichen Abteilungen mit Aufzucht- oder Masttieren reichen, die
Eindrücke der Materialien wie Holz, Beton, Plastik, Stroh, Heu, Getreide in den
Betrieben, Licht und Farben sowie die Geräusche und Gerüche der Tiere – sie
alle sind Bestandteile des komplexen Beziehungsgeflechtes, das beim Besuch der
Stallanlagen wahrzunehmen ist und das Gesagte ergänzt.[43]
    Insgesamt belief sich die Gesamtzahl an für die Untersuchung ausgewertetem,
erhobenem Quellenmaterial auf 931 Seiten an Transkripten[44] und 50 Seiten an
Feldforschungstagebüchern und Protokollen.
    Die Auswertung des generierten Interviewmaterials erfolgte in Anlehnung
an die in den 1960er Jahren von Barney G. Glaser und Anselm L. Strauss in den

40 Dies hängt mit dem Erkenntnisinteresse der Studie zusammen, Positionierungen und
Deutungen der Nutztier haltenden Landwirte und Landwirtinnen und nicht eine Dokumentation von Handlungs- und Arbeitsabläufen zu generieren.
41 Vgl. Schmidt-Lauber, Das qualitative Interview, 169.
42 Gerade in den Multispecies Studies spielt die zentralere Stellung nicht-menschlicher
Akteure bzw. Aktanten im Sinne von zusammenhängenden Entitäten eine wichtige Rolle.
Vgl. dazu auch auf Grundlage der ANT: Bruno Latour, Eine neue Soziologie für eine neue
Gesellschaft. Einführung in die Akteur-Netzwerk-Theorie. Frankfurt a.M. 2007, speziell
für die HAS: Jason C. Hribal, Animals, Agency, and Class: Writing the History of Animals
from Below, in: Human Ecology Review 1/14, 2007, 101–112; Sven Wirth, Anett Laue, Markus
Kurth, Katharina Dornenzweig, Leonie Bossert, Karsten Balgar (Hrsg.), Das Handeln der
Tiere. Tierliche Agency im Fokus der Human-Animal Studies. Bielefeld 2016.
43 Die Dokumentation der Stallführungen wurde bereits während ihrer Durchführung
mithilfe von Notizen und – falls möglich – Audioaufnahmen festgehalten. Diese flossen
wiederum nach den Interviewterminen als Forschungstagebücher mit ein, die zu jedem der
einzelnen Gespräche abgefasst wurden und Stimmungen, Räumlichkeiten, Situation und
Gesprächsfluss sowie etwaige Besonderheiten beschreiben.
44 Dialekte der Befragten wurden zum Zweck der Verständlichkeit geglättet und an die
Schriftsprache angepasst, wobei jedoch keine vollständige Übertragung in Standardorthogra-
fie erfolgte, um für die Analyse relevante, regionalspezifische Ausdrücke oder Besonderheiten
bei der Wortwahl und Sprechweise nicht vollständig zu nivellieren.

USA zur Verankerung qualitativer Methoden in der Sozialforschung entwickelte Grounded Theory-Methode (GTM)[45]. Der Begriff der »Anlehnung« ist hier bewusst gewählt, da sich das Verfahren für die Kategorisierung des Materials als sehr dienlich herausstellte, allerdings auch Abweichungen von einem reinen Grounded-Theory-Ansatz stattfanden. Glaser/Strauss legten ihre Ausführungen zur GTM erstmals 1967 in »The Discovery of Grounded Theory. Strategies for Qualitative Research«[46] dar, um dem damals vorherrschenden Primat der quantitativen Forschung eine systematische qualitative Auswertungsmethode entgegenzusetzen und den Vorwurf interpretativer Beliebigkeit zu entkräften.[47] Da die GTM im Zuge dessen weiterentwickelt und in verschiedene Ansätze und Richtungen fortgeschrieben wurde, lässt sich kaum mehr von »einer« GTM sprechen. Daher ist vorauszuschicken, dass sich die folgende Auswertung vor allem auf das 1996 auf Deutsch erschienene »Grounded Theory: Grundlagen qualitativer Sozialforschung«[48] von Anselm Strauss und Juliet Corbin sowie die von Kathy Charmaz eingebrachten konstruktivistischen Weiterentwicklungen der GTM stützt,[49] da die beiden »Gründungsväter« Strauss und Glaser später zum Teil unterschiedliche Ansichten auf die Anwendung ihrer Methode übertrugen, was die definitorische Verwirrung nochmals verstärkte. Gerade ihre prinzipielle Offenheit als Forschungsstil macht die GTM für kulturwissenschaftliche Arbeiten zu einem attraktiven Ansatz.[50] Strauss betonte immer wieder die Übertragbarkeit und Abänderungsmöglichkeiten auf die Fragestellungen verschiedener qualitativ arbeitender Disziplinen hin und bestand damit sehr viel weniger als Glaser auf einer »Zementierung« der GTM nach ihrer ursprünglichen Ausarbeitung.[51]

Grundsätzlich sieht Strauss für die Bezeichnung einer Materialauswertung als GTM die Schritte des Kodierens, des theoretischen Samplings sowie des

45 Im Folgenden wird von Grounded Theory-Methode und nicht von Grounded Theory alleine gesprochen, um eine definitorische Abgrenzung zwischen der Anwendung als Methode, die für diese Arbeit zentral ist, und aufgestellten Theorien aufzuzeigen.

46 Barney G. Glaser, Anselm L. Strauss, The discovery of grounded theory: Strategies for qualitative research. New York 1967.

47 Vgl. hierzu ausführlicher Günter Mey, Katja Mruck, Grounded-Theory-Methodologie: Entwicklung, Stand, Perspektiven, in: Dies. (Hrsg.), Grounded Theory Reader. 2. Aufl. Köln 2011, 11–50, hier 13 ff.

48 Anselm L. Strauss, Juliet M. Corbin, Grounded Theory: Grundlagen qualitativer Sozialforschung. Weinheim 1996.

49 Hierzu vor allem: Kathy Charmaz, Constructing grounded theory. A practical guide through qualitative analysis. London 2006, sowie Dies., Grounded theory, in: Jonathan A. Smith (Hrsg.), Qualitative psychology: A practical guide to research methods. London 2003, 81–110.

50 Vgl. Monika Götzö, Theoriebildung nach Grounded Theory, in: Bischoff, Oehme-Jüngling, Leimgruber, Methoden, 444–458.

51 Vgl. Mey, Mruck, 16 ff.

Vergleichens als unwiederbringlich zu leisten an.[52] Dabei ist die GTM für die Kulturwissenschaft anschlussfähig, da sie sich über ihre Betonung des interpretativ-verstehenden Ansatzes in deren hermeneutische Ausrichtung einreiht.[53] Im Mittelpunkt der Methode als Ganzes stehen die Kodierungen und Kategorisierungen. Strauss/Corbin unterscheiden dabei in *offenes, axiales* und *selektives* Kodieren. Für die drei Kodiervorgänge ist kennzeichnend, dass sie nicht strikt nacheinander, sondern im Sinne eines iterativen Verfahrens nebeneinander erfolgen können, da die GTM die ständige Fortentwicklung bzw. Verwerfung einmal verfasster Kategorien betont.[54] Dies knüpft an die kulturwissenschaftliche Auffassung einer niemals völlig zu vermeidenden Subjektivität an, die Einfluss auf den Interaktions- und auch Auswertungsprozess nimmt und daher stets mit reflektiert werden muss.[55] Der Psychologe David L. Rennie schreibt hierzu:

52 Er definiert: »Erstens die Art des Kodierens. Das Kodieren ist theoretisch, es dient also nicht bloß der Klassifikation oder Beschreibung der Phänomene. Es werden theoretische Konzepte gebildet, die einen Erklärungswert für die untersuchten Phänomene besitzen. Das Zweite ist das theoretische Sampling. Ich habe immer wieder diese Leute in Chicago und sonst wo getroffen, die Berge von Interviews und Felddaten erhoben haben und erst hinterher darüber nachdachten, was man mit den Daten machen sollte. Ich habe sehr früh begriffen, dass es darauf ankommt, schon nach dem ersten Interview mit der Auswertung zu beginnen, Memos zu schreiben und Hypothesen zu formulieren, die dann die Auswahl der nächsten Interviews nahelegen. Und das Dritte sind die Vergleiche, die zwischen den Phänomenen und Kontexten gezogen werden und aus denen erst die theoretischen Konzepte erwachsen. Wenn diese Elemente zusammenkommen, hat man die Methodologie«, in: »Forschung ist harte Arbeit, es ist immer ein Stück Leiden damit verbunden. Deshalb muss es auf der anderen Seite Spaß machen.« Anselm L. Strauss im Gespräch mit Heiner Legewie und Barbara Schervier-Legewie, in: Mey, Mruck, Grounded Theory Reader, 68–78, hier 74.

53 Ihr Ziel besteht darin, nicht durch deduktives Herangehen am Material eine Hypothese oder Theorie zu überprüfen, sondern eine eigene Theorie aus dem erhobenen Material heraus zu generieren, also induktiv vorzugehen. Die Theoriebildung selbst unterscheidet Strauss dabei nach *materialen* und *formalen* Theorien, wobei sich erstere ausdrücklich auf den untersuchten Forschungsbereich beziehen und zweitere die Ausarbeitung grundlegender theoretisch-soziologischer Konstrukte verfolgen. Vgl. Barney G. Glaser, Anselm L. Strauss, Awareness of dying. Chicago 1995 [1965], 276. Diese ursprüngliche, relative starre Form der GT wird bisweilen als Kritik und vermeintlicher Grund für ihre Nicht-Anwendbarkeit bei einigen Forschungsausrichtungen herangezogen, wobei zu betonen ist, dass es eben nicht »die eine« Grounded Theory-Methodik gibt.

54 Vgl. Petra Muckel, Die Entwicklung von Kategorien mit der Methode der Grounded Theory, in: Historical Social Research 19, 2007, 211–231, hier 226.

55 Hier wird zudem vor allem im Vergleich zur Qualitativen Inhaltsanalyse nach Mayring (Philipp Mayring, Qualitative Inhaltsanalyse. Grundlagen und Techniken. 12. Aufl. Weinheim/Basel 2010) eine stärker induktive Herangehensweise deutlich. Wollny und Marx zeigen in einer am Beispiel arbeitenden Vergleichsanalyse im Rahmen qualitativer Patientenbefragungen auf, wie derselbe Abschnitt durch eine QI und eine GTM analysiert wird und dabei unterschiedlich gewichtete Ergebnisse entstehen. Dies., Qualitative Sozialforschung – Ausgangspunkte und Ansätze für eine forschende Allgemeinmedizin. Teil 2: Qualitative Inhaltsanalyse vs. Grounded Theory, in: Zeitschrift für Allgemeinmedizin 11/85, 2009, 467–476.

Glaser und Strauss haben immer darauf hingewiesen, dass eine Grounded Theory abhängig ist von den Perspektiven der sie entwickelnden Personen und dass unterschiedliche Forschergruppen, die mit den gleichen Dateninformationen arbeiten, zu verschiedenen Theorien gelangen können. Diese Besonderheit wird nach ihrer Auffassung dadurch kompensiert, dass die Perspektivenabhängigkeit akzeptabel ist, solange abstrakt-theoretische Schlußfolgerungen auf die ihnen zugrunde liegenden Dateninformationen zurückgeführt werden können.[56]

Petra Muckel stellt dem Argument der zu starken Subjektivität zudem gegenüber, dass

für diesen Ansatz [...] ein hohes Maß an methodisch vorgeschriebener permanenter Skepsis den eigenen Datenanalysen gegenüber [charakteristisch ist], die dadurch nicht nur wirksam gegen Einseitigkeit und subjektive Verzerrungen geschützt werden, sondern ihre besondere Dichte i. S. einer Polyphonie erlangen, was solcherart entwickelte Theorien auszeichnet.[57]

Abschließend noch einige kurze Bemerkungen zu Aspekten, die zunächst an der Eignung der GTM für die Auswertung der Studie zögern ließen[58] wie das *theoretical sampling*. Darunter wird das Auswählen neuer Interviewpartner und Interviewpartnerinnen nach Auswertung der bisher generierten Erhebungen verstanden, bei dem kontrastierende Fälle herangezogen und verglichen werden, bis eine »theoretische Sättigung« erreicht ist, d. h. keine grundlegend neuen

---

56 David L. Rennie, Die Methodologie der Grounded Theory als methodische Hermeneutik. Zur Versöhnung von Realismus und Relativismus, in: Zeitschrift für qualitative Bildungs-, Beratungs- und Sozialforschung 6, 2005, 85–104, hier 86.

57 Muckel, Entwicklung, 219.

58 Relevant ist zudem ein im Sinne eines Vorgehens nach GMT häufig als problematisch angeführter Punkt: Dieser bezieht sich auf den Widerspruch von *emergence* und *forcing*, der als grundlegender Unterschied zwischen den Weiterentwicklungen des GTM-Konzeptes von Glaser einerseits und Strauss/Corbin andererseits angesehen werden kann. Während Glaser auf einer *emergence*, also einem Entstehen oder Erscheinen der Theorie rein aus dem Interviewmaterial heraus besteht, d. h. Sekundärliteratur und theoretische Grundlagen sollen erst nach der Kode-Bildung herangezogen werden, sprechen sich Strauss/Corbin für eine weitaus liberalere Anwendung der GTM aus, der Glaser wiederum zum Vorwurf des *forcing* brachte. *Forcing* meint hier das Einbeziehen von Vorwissen im Sinne einer richtungsweisenden Beeinflussung als Widerspruch zu einem angestrebten induktiven Vorgehen. Vgl. hierzu ausführlich Udo Kelle, »Emergence« oder »Forcing«? Einige methodologische Überlegungen zu einem zentralen Problem der Grounded-Theory, in: Mey, Mruck, Grounded Theory Reader, 235–260. Dieser Vorwurf könnte daher auch für die durchgeführte Forschung geltend gemacht werden, die das Einbringen von Vorwissen gerade auch bei der Interviewführung betont. Dementsprechend fällt die eigene Einschätzung dieses Problems den Entgegnungen von Strauss/Corbin folgend aus, wonach mit dem Forschungsprozess einhergehende Theorie- und Sekundärliteraturbezüge nicht zwangsläufig zu einer Vorbeeinflussung führen müssen, sondern im Gegenteil eine höhere Sensibilität, tiefergehende Fragen und stärkeres Reflexionsniveau generieren können. Vgl. Anselm L. Strauss, Qualitative analysis for social scientists. Cambridge 1991 [1987], 38 ff.

Erkenntnisse mehr durch neues Interviewmaterial entstehen.[59] Während das Konzept der theoretischen Sättigung in der Sekundärliteratur immer wieder als kaum zu erreichendes Konstrukt kritisiert wird, das gerade im Rahmen von einzelnen Mikrostudien nicht erreicht werden und wenn überhaupt nur durch das Zusammenführen vieler Einzelstudien zu einem Thema gelingen kann – also somit bereits eine umfassende Entkräftung erfuhr[60] –, weicht die hier erfolgte, festgelegte Anzahl und das von vorne herein festgelegte Sample der Studie, nämlich konventionell wirtschaftende, auf Schweine- oder Geflügelhaltung spezialisierte Landwirte und Landwirtinnen, vom Ansatz der GTM ab. Dies liegt am sehr konkret definierten Erkenntnisinteresse und einer damit zusammenhängend klar umrissenen Zielgruppe für die Interviews, die bislang kaum erforscht wurde, weshalb Interviews mit weiteren landwirtschaftlichen Gruppen hier zur Verwässerung des Fokus geführt hätten. Allerdings steht das erfolgte Vorgehen dennoch nicht in Kontrast zur GTM und auch innerhalb des festgesetzten Samples bestand durchaus Spielraum.[61]

Die an die GTM angelehnte Auswertung erfolgte daher als flexibles hermeneutisches Verfahren und nicht als stures Festhalten an einem strengen Methodenkatalog, das für kulturwissenschaftliche Analysen ohnehin selten geeignet ist. Zwar kann die GTM durchaus als herausfordernder und zeitaufwändiger Prozess zur Analyse des Interviewmaterials angesehen werden, da sie zunächst anstelle einer Verkleinerung des Datenvolumens durch die Herstellung von Querbezügen und Memos dieses noch erweitert. Allerdings erlaubt eine Orientierung an der Methode bei Prozessen des Kategorisierens hinsichtlich ihrer analytischen Reichweite und Offenheit, aber vor allem dank des systematisch geordneten Vorgehens, eine fruchtbare kulturwissenschaftliche Übertragung, insofern diese nicht als starres Korsett missverstanden wird.

59 Vgl. Strauss, Corbin, Grounded Theory, 148 ff.

60 Vgl. hierzu grundlegend Ian Dey, Grounding grounded theory. San Diego 1999, sowie den Beitrag Inga Truschkat, Manuela Kaiser-Belz, Vera Volkmann, Theoretisches Sampling in Qualifikationsarbeiten: Die Grounded-Theory-Methodologie zwischen Programmatik und Forschungspraxis, in: Mey, Mruck, Grounded Theory Reader, 353–380.

61 Hatte ich beispielsweise für Wiesenhof produzierende Landwirte und Landwirtinnen interviewt, die hierzu ihre Ansichten wiedergaben, so wurde versucht, bei anschließenden Interviews vertragsunabhängige Landwirte und Landwirtinnen zu finden, die etwaige kontrastierende Positionen und Abgrenzungen definieren konnten.

5. Position und Positionierung: Sozialwissenschaftliche Definitionen und Anwendung in der Analyse

Im Sinne eines induktiven Vorgehens nach der GTM erfolgte die kulturwissenschaftlich-begriffliche Rahmung des Forschungsgegenstandes nach und nach aus den bereits durchgeführten Interviews heraus.[1] In Abgleich mit dem erhobenen Material erwies sich sukzessive das in der sozialwissenschaftlichen Theorie vor allem durch Stuart Hall und Pierre Bourdieu verwendete und im angloamerikanischen Raum in den letzten Jahren durch das Konzept der *positioning theory* breiter diffundierte Begriffspaar von Position und Positionierung

---

1 Während des Kodierungs- und Kategorisierungsprozesses wurden so auf der Suche nach einer definitorischen Bestimmung zunächst gängige fachinterne Begriffe, vor allem aus der Erzählforschung, auf ihre Übertragbarkeit für das durchgeführte Projekt hin beleuchtet. Inhaltliche Unschärfen, in andere Richtungen weisende Bedeutungen oder unklare disziplinäre Abgrenzungen erschwerten hier jedoch zunächst eine eindeutige Zuweisung und führten im Verlauf des Forschungsprozesses immer wieder zur Verwerfung angedachter Konzepte. So überschnitten sich »Selbstbilder« bzw. »Selbstwahrnehmungen« zu sehr mit psychologischen Begrifflichkeiten und wiesen ebenso wie »Identität« mit einer umfassenderen Blickrichtung auf Persönlichkeitskonstruktionen und hierauf Einfluss nehmender Faktoren zu weit weg von der themenzentrierten Fragestellung der Dissertation rund um das Spannungsfeld Intensivtierhaltung. Der von Oevermann entwickelte wissenssoziologische Begriff der »Deutungsmuster« ist ebenso wie der »Diskurs«-Begriff vor allem auf einer gesellschaftlichen Makroebene angesiedelt und wird überwiegend für das Verständnis kollektiver Praxisformen angewandt. Gegen die Auswertung der Interviews unter der Frage nach »Aushandlungen«, die derzeit Konjunktur im Fach haben (in Auswahl Katrin Bauer, Andrea Graf [Hrsg.], Raumbilder – Raumklänge. Zur Aushandlung von Räumen in audiovisuellen Medien. Münster/New York 2019; Rabensteiner, Fleisch; Wolfgang Kaschuba, Dominik Kleinen, Cornelia Kühn [Hrsg.], Urbane Aushandlungen. Die Stadt als Aktionsraum. Berlin 2015), sprach zum einen deren theoretische Unbestimmtheit – welche Akteure handeln was aus und wo liegen die Grenzen der meines Erachtens nach eher schwammigen und letztlich für sämtliche kulturellen Prozesse herangezogenen »Aushandlung«? (Auch die auf hohem theoretischen Niveau verfasste Studie Lars Winterbergs behandelt den zentralen Begriff der Aushandlung selbst nur in wenigen Sätzen. Vgl. Ders., Die Not der Anderen. Kulturwissenschaftliche Perspektiven auf Aushandlungen globaler Armut am Beispiel des Fairen Handels. Münster/New York 2017, 78). Zum anderen ist sie möglicherweise zu sehr mit einem aktiven Tun konnotiert, das für die maßgebend defensiven Positionierungen der Interviewpartner als eher passive Reaktionen auf ein äußeres Positioniert-Werden daher nicht geeignet erschien. Erzählforscherische Einteilungen in Narrationen, Topoi oder Argumentationen bilden zwar Bestandteile der Interviews, dem Schwerpunkt der Studie nach sind sie jedoch auf keines dieser Muster alleine zu reduzieren.

immer mehr als geeignetes Konzept, da es zu einem tiefgehenden Verständnis des auf Reaktion und Gegenreaktion beruhenden Umgangs mit Kritik an der Intensivtierhaltung beizutragen vermochte.

Bourdieu spricht von Positionen im Zuge seiner Definitionen von sozialen Feldern und Räumen, innerhalb derer sich Individuen oder Gruppen durch ihr soziales, kulturelles oder ökonomisches Kapital positionieren, letztlich also um Macht und Anerkennung kämpfen:

[A] field is a field of forces within which the agents occupy positions that statistically determine the positions they take with respect to the field, these position-takings being aimed either at conserving or transforming the structure of relations of forces that is constitutive of the field.[2]

Wie grundsätzlich bei Bourdieu geht es dabei vornehmlich um einen hierarchisch geprägten Prozess, um Standpunkte, von denen aus Individuen ihre Stellung in der Gesellschaft einnehmen und von denen aus sie Sinnzusammenhänge deuten. Dass Positionen dabei in der Entstehung befindlich sind, wird zwar bei Bourdieu durch den Begriff des aktiven »position-takings« angeschnitten, jedoch nicht eingehender nachgezeichnet. Ausführlicher und stärker an empirischen Beispielen arbeitend beschäftigte sich der britische Kulturwissenschaftler Stuart Hall mit der Formung von Positionen, wobei er deren Einnahme als wechselseitiges Spiel zwischen verschiedenen, letztlich in Identitätsbildungsprozesse eingebundenen Gruppen begreift. Von besonderer Bedeutung ist dabei das auch für die vorliegende Untersuchung zentrale gesellschaftliche »Positioniert-Werden« – also ein zunächst passiver Vorgang –, das auf jeweils zeit- und raumspezifischen kulturellen Mustern beruht. Hall zeichnet diese Vorgänge anhand ethnischer Konflikte im postkolonialen England nach und greift dabei exemplarisch immer wieder auf seine eigenen Erfahrungen als dunkelhäutiger jamaikanischer Einwanderer und Akademiker zurück:

Sie müssen irgendwo positioniert sein, um zu sprechen. Selbst wenn Sie sich nur positionieren, um diese Position später wieder aufzugeben, selbst wenn Sie es später zurücknehmen wollen: Sie müssen in die Sprache eintreten, um aus ihr herauszukommen. Es geht nicht anders. Das ist das Paradox der Bedeutung.[3]

Hall stellt hier den kommunikativen Akt als mit Bedeutung aufgeladenen Positionierungsprozess zentral, den Harré später mithilfe der *positioning theory* (PT) als Untersuchung linguistischer Sequenzanalysen von Reaktion und Gegen-

---

2 Pierre Bourdieu, The political field, the social science field, and the journalistic field, in: Rodney Benson, Erik Neveu (Hrsg.), Bourdieu and the journalistic field. Cambridge 2005, 29–47, hier 39.

3 Stuart Hall, Alte und neue Identitäten, alte und neue Ethnizitäten, in: Ders., Rassismus und kulturelle Identität. Ausgewählte Schriften 2. Hamburg 1994, 66–88, hier 77.

reaktion nachzeichnen möchte.[4] Für beide Konzepte ist die Analyse dessen entscheidend, wie bestimmte Positionen – die stets als fluide und im Wandel begriffen, also nicht als starre Haltungen gedacht werden – zustande kommen. Stuart Hall sieht Individuen und Gruppen permanent in historische und damit kulturelle Beziehungsgeflechte eingebunden, die diesen bereits ohne deren eigenes Zutun Positionen innerhalb der Gesellschaft zuschreiben – es besteht also durch ein äußeres »Positioniert-Werden« bereits eine Eingrenzung eigener Positionierungsmöglichkeiten, was für den hier gewählten Untersuchungsgegenstand ebenfalls determinierend ist. Nachzuzeichnen, ob diese zugeordneten Positionen allerdings akzeptiert, zurückgewiesen oder in Frage gestellt werden, weshalb und auf welche Weise dies geschieht, ist für ihn Aufgabe von Ethnologen und Kulturwissenschaftlern:

The question which remains is […] what the mechanisms are by which individuals as subjects identify (or not identify) with the ›positions‹ to which they are summoned; as well as how they fashion, stylise, produce and ›perform‹ these positions, and why they never do so completely, for once and all time, and some never do, or are in a constant, agonistic process of struggling with, resisting, negotiating and accommodating the normative or regulative rules with which they confront or regulate themselves.[5]

In Anlehnung an Hall, jedoch intensiver auf die Untersuchung von kommunikativen Akten übertragen, findet der Begriff der Positionierung im anglo-amerikanischen Raum seit den 1990er Jahren in Form des von den Sprachpsychologen Rom Harré, Bronwyn Davies und Luk van Langenhove entwickelten Konzeptes der positioning theory immer breitere Rezeption.[6] Zentral ist dabei der Ausgangspunkt, dass die soziale Welt durch Interaktionen konstruiert wird, die sich stets in unterschiedlichen zeitlichen und regionalen Formen ausprägen – psy-

---

4 Ausgehend von den Gender-bezogenen Studien Wendy Hollways, die den Begriff des positionings 1984 verwendete, um in dekonstruktivistischer Sichtweise auf die Produktion von Geschlecht in Konversationen aufmerksam zu machen. Vgl. Dies., Gender difference and the production of subjectivity, in: Julian Henriques, Wendy Hollway, Cathy Urwin, Couze Venn, Valerie Walkerdine (Hrsg.), Changing the subject: Psychology, social regulation and subjectivity. London 1984, 227–263.

5 Stuart Hall, Introduction: Who needs »Identity«?, in: Ders., Paul du Gay (Hrsg.), Questions of cultural identity. London 1996, 1–17, hier 14.

6 Sie wandten sich vor allem gegen ein damals innerdisziplinär immer stärker werdendes naturwissenschaftliches Verständnis der Psychologie und förderten stattdessen sozialkonstruktivistische Sichtweisen. Ausgeführt u. a. in: Bronwyn Davies, Rom Harré, Positioning: The discursive production of selves, in: Journal for the Theory of Social Behaviour 1/20, 1990, 43–63; Rom Harré, Positioning theory: moral dimensions of social-cultural psychology, in: Jaan Valsiner (Hrsg.), The Oxford Handbook of Culture and Psychology. New York 2012, 191–206; Rom Harré, Fathali M. Moghaddam, Cairnie Tracey Pilkerton, Daniel Rothbart, Steven Sabat, Recent advances in positioning theory, in: Theory and Psychology 1/19, 2009, 5–31; Rom Harré, Luk van Langenhove, Positioning« Theory: Moral contexts of intentional action. Oxford 1999.

chologische Phänomene also nicht durch allumfassende naturwissenschaftliche
Blickweisen auf den Menschen erklärbar sind. Sie werden erst in und durch Konversationen geformt, weshalb der Konversation als konkreter Interaktion und
damit als zu analysierendem Phänomen in der positioning theory ein zentraler
Stellenwert zukommt: »It is within conversations that the social world is crea-
ted, just as causality-linked things according to their properties constitute the
natural world. Within conversations, social acts and societal icons are generated
and reproduced.«[7] Durch die Betrachtung feiner symbolischer Interaktionen
in den Sprechakten werden Eigen- und Gruppenpositionierungen deutlich, da
kaum eine Art der Kommunikation ohne ständige Positionierungen durch den
Sprecher auskommt:

The study of local moral orders as ever-shifting patterns of mutual and contestable
rights and obligations of speaking and acting has come to be called ›positioning
theory‹. [...] In this technical sense a position is a complex cluster of generic personal
attributes, structured in various ways, which impinges on the possibilities of inter-
personal, intergroup and even intrapersonal action through some assignment of such
rights, duties and obligations to an individual as are sustained by the cluster. For
example, if someone is positioned as incompetent in a certain field of endeavor they
will not be accorded the right to contribute to discussions in that field.[8]

Ein besonders fruchtbarer und auf Ansätze der Vergleichenden Kulturwissenschaft übertragbarer Ausgangspunkt besteht in der Fokussierung auf Einzel-
situationen zur Untersuchung von Positionierungsprozessen, in die nicht nur
hierarchische Rollenmuster[9] Eingang finden, sondern daneben auch Faktoren
wie der Stellenwert vorhergegangener Interaktionen und Kommunikationen
zwischen den Beteiligten. Damit werden in der Interaktion durch Stellungnahmen, Erzähltes, Handlungen usw. nicht nur Identitätsbildungsprozesse sichtbar,
sondern auch jeweils neu erzeugt und ausgehandelt.[10]

---

7 Luk van Langenhove, Rom Harré, Introducing positioning zheory, in: Dies., Positioning
Theory, 14–31, hier 15.

8 Ebd., 1.

9 Die PT wurde als Erweiterung des Goffman'schen Rollenmodells entwickelt, da dieses
für die Erforschung menschlicher Interaktionen von Davies/Harré als zu eng und undyna-
misch angesehen wurde. Von diesem ausgeführt u. a. in: Ders., Interaktionsrituale. Über
Verhalten in direkter Kommunikation. 3. Aufl. Frankfurt a. M. 1994; Ders., Wir alle spielen
Theater. Die Selbstdarstellung im Alltag. 10. Aufl. München 2003. Während Goffman das
»Doing Identity«, also das Verhalten von Menschen in bestimmten Situationen vor allem auf
Rollenzuschreibungen reduziert – bekannt geworden in seinem Beispiel des Arzt-Patienten-
Gefüges – weisen Harré und van Langenhove auf weitaus mehr Einflussfaktoren in Kommu-
nikationssituationen hin, die sich ihrer Ansicht nach im Begriff der Positionierung genauer
als in dem der Rolle fassen lassen.

10 Davies, Harré, Positioning, hier v. a. 52 ff.

Rom Harré begreift die PT dabei nicht als deterministischen, sondern dezidiert interdisziplinären Ansatz zur Analyse von menschlicher Kommunikation, weshalb sie in den letzten Jahren über die Psychologie hinaus vermehrt Aufmerksamkeit aus den Kommunikations-[11], Erziehungs-[12] und Politikwissenschaften[13], aber auch der englischsprachigen Anthropologie[14] erfahren hat. Hier ist die Untersuchung von Konversationen gerade auch für die Auswertung von Interviews geeignet, indem durch Transkriptionen des Gesagten ideale Grundlagen für die Analyse der daraus hervorgehenden Positionierungen ebenso wie für eine eingehende Betrachtung der Forscher/Beforschten-Interaktion und dadurch mitbedingte Positionierungen geschaffen sind:

Positioning Theory, as we have briefly introduced the approach, is the study of the nature, formation, influence and ways of change of local systems of rights and duties as shared assumptions about them influence small scale interactions. Such shared assumptions are of course social representations of the moral orders in which the actors live. [...] Positioning Theory concerns conventions of speech and actions that are labile, contestable and ephemeral.[15]

Vor allem anhand der im letzten Satz erfolgten Betonung der Nicht-Beständigkeit und Fluidität dieser Sprech- und damit letztlich Positionierungsakte soll dabei nochmals als zentrale Annahme auch der vorliegenden Untersuchung herausgestellt werden: Menschen ordnen sich wie Hall betont als soziale Wesen zwangsläufig bestimmten Gruppen zu und nehmen im Zuge einer nötigen Komplexitätsreduktion der Welt Einteilungen und Zuschreibungen vor – in der

11 Vgl. in Auswahl: Deborah Wise, Melanie James, Positioning a price on carbon: Applying a proposed hybrid method of positioning discourse analysis for public relations, in: Public Relations Inquiry 2/3, 2013, 327–353; doi: 10.1177/2046147X13494966; Melanie James, A provisional conceptual framework for intentional positioning in public relations, in: Journal of Public Relations Research 1/23, 2008, 93–118.

12 Vgl. in Auswahl: Fiona Trapani, Teacher's secret stories: Using conversations to disclose team and individual stories of planning, in: Christine Redman (Hrsg.), Successful science education practices exploring what, why and how they worked. New York 2013, 283–301; Beth A. Herbel-Eisenmann, David Wagner, Kate R. Johnson, Heejoo Suh, Hanna Figueras, Positioning in mathematics education: Revelations on an imported theory, in: Educational Studies in Mathematics 2/89, 2015, 185–204.

13 Vgl. in Auswahl: Rom Harré, Fathali Moghaddam, Naomi Lee (Hrsg.), Global conflict resolution through positioning analysis. New York 2008; Fathali Moghaddam, Rom Harré (Hrsg.), Words of conflict, words of war: How the language we use in political processes sparks fighting. Santa Barbara 2010.

14 Vgl. in Auswahl: Pasi Hirvonen, Positioning in an inter-professional team meeting: Examining positioning theory as a methodological tool for micro-cultural group studies, in: Qualitative Sociology Review 4/9, 2013, 100–114; Don Handelman, Afterword: Returning to cosmology – thoughts on the positioning of belief, in: Social Analysis 1/52, 2008, 181–95.

15 Rom Harré, Fathali M. Moghaddam, Positioning theory and social representations, in: Gordon Sammut, Eleni Andreouli, George Gaskell, Jaan Valsiner (Hrsg.), The Cambridge Handbook of Social Representations. Cambridge 2015, 224–233, hier 229.

vorliegenden Studie sind die Positionierungen der Interviewpartner und Interviewpartnerinnen vom ihnen gemeinsamen Berufsfeld der Intensivtierhaltung
geprägt. Francisco Tirado und Ana Gálvez formulieren dazu:

Once a determined position has been taken, the individual perceives and interprets
the world from and through that strategic position. The concrete images, metaphors,
narrative lines and concepts are relevant to the particular discursive practice and
where they have been positioned.[16]

Dabei ist stets zu beachten, dass Positionen nicht statisch zu begreifen sind, sondern ständig neu geformt werden und sowohl von den persönlichen Erfahrungen der Interviewpartner und Interviewpartnerinnen sowie von der jeweiligen
Gesprächssituation abhängig sind: »But positions can and do change. Fluid positionings, not fixed roles, are used by people to cope with the situation they usually
find themselves in.«[17] Ebenso wie bei Stuart Halls Konzept der Positionierung
geht also auch die PT davon aus, dass Individuen sich im Verlauf ihrer Sozialisation zwar innerhalb kulturell erlernter Kategorien wiederfinden und durch
diese von außen positioniert werden, daraufhin jedoch stets Identifikationen
mit oder Ablehnungen derselben durch eben die Einnahme eigener Positionen
stattfinden. Stärker als Hall, der in seinen Untersuchungen der Identitätsbildung
von Migranten eher politisch-historische Prozesse im Blick hatte, fokussieren
die Sprachpsychologen der positioning theory auf kleinteiligere Strukturen,
die herausstellen, dass sich Subjekte stets Situationen, Stimmungen und vor
allem ihrem Gegenüber anpassen, womit sich auch ihre Positionierungen ändern
können:

They shift from one to another way of thinking about themselves as the discourse
shifts and as their positions within varying story lines are taken up. Each of these
possible selves can be internally contradictory or contradictory with other possible
selves located in different story lines. Like the flux of past events, conceptions people
have about themselves are disjointed until and unless they are located in a story. Since
many stories can be told, even of the same event, then we each have many possible
coherent selves.[18]

Damit spielen letztlich also auch Emotionen erheblich in Positionierungsprozesse hinein, Gefühle von Anerkennung und Ablehnung steuern maßgebend
mit – eine Perspektive, die durchaus auch an eine in den letzten Jahren erfolgte
stärkere Berücksichtigung der Bedeutung und kulturellen Bedingtheit von Emo-

16 Francisco Tirado, Ana Gálvez, Positioning Theory and Discourse Analysis: Some Tools
for Social Interaction Analysis, in: Forum Qualitative Sozialforschung/Forum: Qualitative
Social Research 2/8, 2007, Art. 1–31, hier Art. 22.
    17 van Langenhove, Harré, Positioning Theory, 17.
    18 Davies, Harré, Positioning, 57.

tionen im Fach anknüpft.[19] Bei der Analyse ist daher stets die Dynamik des Sprechaktes einzubeziehen, da die Aushandlung der Positionierungen immer auch vom zuvor Gesagten abhängig ist, das heißt, das Interview ist in seiner Gesamtheit als andauernde Reaktion und Gegenreaktion aufeinander bezogener Einheiten zu betrachten.

Für die vorliegende Studie möchte ich betonen, dass es im Folgenden weniger um letztlich eingenommene – und dennoch nicht unumstößliche – Positionen der Interviewpartner und Interviewpartnerinnen, sondern um den Vorgang der *Positionsfindung* selbst geht, weshalb auch vornehmlich der die Prozesshaftigkeit und relationale Dimension dieses Vorgangs betonende Begriff der *Positionierung* verwendet wird. Dabei nehme ich – wie Linda Supik dies auch als zentral für Stuart Halls Konzept herausstellt – vor allem die Reziprozität zwischen gesellschaftlicher und individueller Positionierung zum zentralen Ausgangspunkt der Untersuchung:

Stuart Hall stellt die Positionierung des Subjektes als identitätspolitische Handlung dar, die immer in einem gegebenen Rahmen stattfindet: Das Subjekt wird einerseits durch die umgebenden Verhältnisse historisch, sozial und kulturell *positioniert*, und andererseits positioniert es sich *selbst*. Positionierung hat so also immer einen aktiven und einen passiven Aspekt [...].[20]

---

19 Vgl. z. B. die Beiträge in Matthias Beitl, Ingo Schneider (Hrsg.), Emotional Turn?! Europäisch-ethnologische Zugänge zu Gefühlen und Gefühlswelten. Beiträge der 27. Österreichischen Volkskundetagung in Dornbirn vom 29. Mai bis 1. Juni 2013. Wien 2016.
20 Linda Supik, Dezentrierte Positionierung. Stuart Halls Konzept der Identitätspolitiken. Bielefeld 2005, 13.

6. Nutztierhaltung in Bayern: Zur Spezifik von Forschungsraum und Forschungssample

Allen befragten Interviewpartnern und Interviewpartnerinnen ist die Lage ihrer Betriebe im Agrarraum Bayern gemeinsam, der einerseits innerhalb Deutschlands die höchste Zahl landwirtschaftlicher Betriebe aufweist, andererseits aber weitaus kleinteiliger und vergleichsweise geringer intensiviert ist als norddeutsche und vor allem europäische Bezugsräume.

Dem Bundesland Bayern kommt innerhalb der touristischen Inszenierung Deutschlands ein besonderer Stellenwert zu, der neben Bildern von Bier und Oktoberfest in erster Linie durch die landschaftliche Kulisse des Freistaates geprägt ist, bei der die Nutztierhaltung eine bedeutende Rolle spielt. Ebenso wenig wie das Märchenschloss Neuschwanstein ohne seine imposante Alpenszenerie in bekanntem Maße verfangen würde, verzichten Werbe- und Urlaubsprospekte auf die Darstellung von grünen Bergwiesen mit beglocktem Allgäuer Braunvieh oder für den Almabtrieb aufwendig geschmückten Kuhherden. Bayern wird hier trotz seiner in den letzten Jahrzehnten erfolgten Entwicklung vom Agrar- zum Industrie- und Technologiestandort weiterhin stark mit seiner den Kulturraum prägenden Landwirtschaft in Verbindung gebracht. Dies spiegelt sich auch in den regelmäßig bäuerlich-traditionell inszenierten Außendarstellungen der in Bayern seit über 60 Jahren regierenden CSU, deren Arbeitsgemeinschaft Landwirtschaft die bäuerlichen Betriebe als »ein wichtiges gesellschaftspolitisches Element«, das »Herz und Seele unserer Heimat Bayern«[1] bildet, bezeichnet.

Tatsächlich arbeiten im Freistaat mit 94.400 Betrieben, die einen Anteil von 33 Prozent an der gesamten Höfezahl der Bundesrepublik ausmachen, deutschlandweit die meisten in der Landwirtschaft Erwerbstätigen[2] und der Umsatz durch Land- und Forstwirtschaft liegt mit knapp 15 Prozent[3] bundesweit ebenfalls am höchsten. Auch das prominente Bild der Milchkuh als Repräsentan-

---

1 AGL (Arbeitsgemeinschaft Landwirtschaft CSU), Über uns: Herzlich willkommen. URL: http://www.csu.de/partei/parteiarbeit/arbeitsgemeinschaften/agl/ueber-uns/ (09.05.2019).
2 Vgl. DBV, Situationsbericht 2014/15, 24.
3 Vgl. Bayerisches Staatsministerium für Ernährung, Landwirtschaft und Forsten (StMELF) (Hrsg.), Bayerischer Agrarbericht 2014: Fakten und Schlussfolgerungen. München 2014, 3.

tin Bayerns entspricht mit rund 1,2 Millionen Tieren durchaus der Realität. Dennoch hinterließen auch hier Auswirkungen von Strukturwandel und die Talfahrt der Milchpreise ihre Spuren: Während etwa zwischen 2011 und 2013 acht Prozent der Betriebe aufgaben,[4] steigen die Tierbestände der überlebenden Höfe kontinuierlich an und die Inszenierung der idyllischen Landschaftsromantik wird mittlerweile durch Weideprämien subventioniert[5] – auch um die gewünschte öffentliche Wirkung einer als heil wahrgenommenen Landwirtschaft in Tourismusregionen zu fördern.[6]

Wie steht es nun aber abseits der Almromantik um die beiden in der vorliegenden Studie untersuchten Bereiche der Schweine- und Geflügelhaltung? Ganz grundsätzlich stellt Deutschland einen der wichtigsten weltweiten Fleischproduzenten dar: Während die Bundesrepublik global nach den USA und China auf Rang drei der Schweinefleisch erzeugenden Länder liegt, produziert auch beim Geflügel nur Frankreich EU-weit mehr Hühnerfleisch.[7] Trotz des erheblichen Anstiegs der Intensivtierhaltung vor allem in Asien, Lateinamerika ebenso wie Teilen Osteuropas und Afrikas – weltweit nahm die Fleischproduktion in den letzten 50 Jahren um das Vierfache zu, bei Geflügelfleisch sogar um das Elffache[8] – spielt Deutschland damit im internationalen Vergleich auch weiterhin eine bedeutende landwirtschaftliche Rolle. Im Vergleich zu »Vorreiter«-Bundesländern der industrialisierten Tierhaltung wie Nordrhein-Westfalen und Niedersachsen, in denen gerade im Bereich der sogenannten Veredelungsindustrie eine hohe Konzentration zu verzeichnen ist, ist der Freistaat allerdings eher kleinteilig strukturiert und zeichnet sich durch insgesamt mehr Betriebe mit weniger Stückzahlen pro Tier aus, wobei auch hier die Tendenz eindeutig in Richtung des spezialisierten Großbetriebes geht. Anders als bei der Rinderhaltung ist die Rolle Bayerns bei der Schweine- und Geflügelhaltung vergleichsweise geringer: Deutschlandweit werden 58 Prozent aller Schweine in Niedersachsen und Nordrhein-Westfalen und mit 53 Prozent über die Hälfte allen Geflügels alleine in Niedersachsen gehalten.[9]

---

4 Vgl. StMELF, Bayerischer Agrarbericht 2014, Rinder.

5 StMELF (Hrsg.), Anlage zu IV der Gemeinsamen Richtlinie zur Förderung der AUM in Bayern. Bayerisches Kulturlandschaftsprogramm (KULAP) Merkblatt B60 – Sommerweidehaltung (Weideprämie). München 2019, 1.

6 Vgl. Bayerische Staatsregierung, Pressemitteilung BStMELF: Brunner baut Bergbauern-Förderung aus. 30.07.2014. URL: http://www.bayern.de/brunner-baut-bergbauernfoerderung-aus/ (10.03.2018).

7 Vgl. BMEL, Nutztierhaltung. URL: https://www.bmel.de/DE/Tier/Nutztierhaltung/nutztierhaltung_node.html (31.07.2019).

8 Vgl. Wissenschaftlicher Beirat für Agrarpolitik beim BMEL, Wege zu einer gesellschaftlich akzeptierten Nutztierhaltung. Gutachten. Berlin 2015, 5.

9 DBV, Situationsbericht 2018/19. Betriebe und Betriebsgrößen.

Die Bestandszahlen in der Nutztierhaltung variieren innerhalb Deutschlands stark. Das Statistische Bundesamt erfasste 2018 im Bereich der Schweinehaltung eine durchschnittliche Betriebsgröße von 1.200 Tieren. Allerdings »war ein deutlicher Unterschied zwischen den östlichen und westlichen Bundesländern festzustellen. [...] Die größten Betriebe lagen in Sachsen-Anhalt (durchschnittlich rund 5.400 Tiere) und Mecklenburg-Vorpommern (durchschnittlich rund 5.200 Tiere).«[10] Laut Agrarbericht von 2018 hielten in Bayern circa 5.100 Betriebe insgesamt rund 3,3 Millionen Schweine – die durchschnittliche Zahl an Mastschweinen lag eben aufgrund der immer noch sehr viel kleinteiligeren und heterogeneren Landwirtschaftsstruktur bei 649 Tieren pro Halter, was im Vergleich mit anderen Bundesländern eher niedrig anzusetzen ist.[11] Innerhalb der Schweinehaltungsbetriebe ist nochmals zwischen den Sparten der Zuchtsauen-, Ferkelaufzucht- und Mastschweinbetriebe zu unterscheiden. Hier zeigen sich im zeitlichen Vergleich erhebliche durch den landwirtschaftlichen Strukturwandel bedingte Veränderungen: Noch 1990 lag die durchschnittliche Zahl an Mastsauen pro Betrieb in Bayern bei rund 40 Tieren, in der Ferkelerzeugung bei 16 Muttersauen, 2015 war sie auf 99 Zuchtsauen pro Betrieb angestiegen, die Tierzahl hat sich also fast verfünffacht – dass sie dennoch vergleichsweise niedrig liegt, hat wiederum mit der bundesweit höchsten Betriebsdichte des Freistaates zu tun; es produzieren noch weitaus mehr auch kleinere und mittlere Höfe als etwa in den konzentrierten Regionen Nordwestdeutschlands.[12] Allerdings lassen sich auch innerhalb Bayerns Regierungsbezirke mit besonders hoher Intensivtierhaltungsdichte ausmachen, die daher bei den Befragungen besondere Schwerpunkte bildeten: Hier spielte im Bereich der Schweinehaltung vor allem Niederbayern mit einer Konzentration auf den Landkreisen Landshut und Passau eine wichtige Rolle, wo bereits 2007 jeweils mehr Schweine gemästet wurden als in den gesamten Regierungsbezirken Oberpfalz und Oberfranken zusammen.[13]

Bei der bayerischen Geflügelhaltung – Interviews wurden sowohl auf Hühner-, Puten- und Entenmast- als auch Aufzucht- und Legehennenbetrieben durchgeführt – lassen sich ähnliche Tendenzen zu weniger und dafür größeren Betrieben ausmachen. Während die Anzahl der Legehennenbetriebe 2016 bei rund 20.500 mit insgesamt rund 4,6 Millionen gehaltenen Tieren lag – auch hier halbierte sich die Zahl der Betriebe seit 1999 –, werden die Dimensionen der In-

---

10 Statistisches Bundesamt, Land- und Forstwirtschaft, Fischerei. Viehbestand, 4, 03.11. 2018. URL: https://www.destatis.de/DE/Themen/Branchen-Unternehmen/Landwirtschaft-Forstwirtschaft-Fischerei/Tiere-Tierische-Erzeugung/Publikationen/Downloads-Tiere-und-tierische-Erzeugung/viehbestand-2030410185324.pdf?blob=publicationFile&v=5.
11 StMELF, Bayerischer Agrarbericht 2018: Tierische Produktion. Schweine.
12 Ebd.
13 Vgl. o.A., Niederbayern: Mäster und Ferkelerzeuger starten durch, in: topagrar 6, 2007, 4–9.

tensivtierhaltung gerade im Bereich der Masthühner deutlich: Rund 870 Betriebe halten 5,4 Millionen Tiere – auf lediglich 21 von ihnen sind alleine 2,1 Millionen Hühner zu finden.[14] Schwerpunkte der Geflügelhaltung liegen in Niederbayern und der Oberpfalz, wo im nördlichen Regensburger Raum mehrere große Brütereien und Aufzuchtbetriebe der Geflügelbranche angesiedelt sind. Auch Landwirte und Landwirtinnen aus dem Bereich der Putenmast wurden befragt, hierunter fallen bayernweit etwa 450 Betriebe mit rund 900.000 Tieren,[15] der Schwerpunkt der Branche liegt im Landkreis Rosenheim/Oberbayern.

Bei der Untersuchung wurden zwar Interviews in allen sieben bayerischen Regierungsbezirken durchgeführt, um regionale Tendenzen herausarbeiten zu können, allerdings lag ein besonderer Fokus auf den Gegenden mit hoher Intensivtierhaltungsdichte. Diese sind vor allem das bereits angesprochene Niederbayern und Teile der Oberpfalz sowie die bayerischen Grenzräume mit Baden-Württemberg, etwa Schwäbisch-Hall und Ansbach,[16] während das Allgäu, in dem zum einen die Milch- und Almwirtschaft dominiert, zum anderen aufgrund der Struktur kleinräumiger Erbteilungsgebiete (noch) weniger agroindustrielle Landwirtschaft vorherrscht, kein Bestandteil der Betriebsbefragungen war und auch die nördlichen und östlichen Regionen Frankens weniger stark beforscht wurden.

Eben seine im gesamtdeutschen Raum erhebliche landwirtschaftliche Bedeutung mit einem Drittel der produzierenden Höfe und die gleichzeitig vergleichsweise noch kleinstrukturierten und heterogenen Betriebsformen machen Bayern als Agrarraum besonders interessant: Gerade für eine kulturwissenschaftliche Arbeit ist dabei die Wahrnehmung des Spagats zwischen der politischen Betonung eines gewünschten Erhalts bayerischer Familienbetriebe einerseits und andererseits den Veränderungen hin zu immer weniger aber dafür größeren Höfen infolge ökonomischen Drucks auch im Freistaat von besonderer Relevanz, da Prozesse des Strukturwandels hier noch stärker im Werden befindlich und damit nachzeichenbar sind als in nordwest- und ostdeutschen Vergleichsregionen. Dass nicht nur an Standorten wie Vechta und Cloppenburg,[17] sondern auch für die bayerischen Intensivtierhalter und -halterinnen Konkurrenzkampf, öffentliche

---

14 StMELF, Bayerischer Agrarbericht 2018: Tierische Produktion. Geflügel.

15 Ebd.

16 Bereits in ihrer Untersuchung zur Konzentration der Nutztierhaltung in Deutschland von 2012 konstatierten Helmut Bäurle und Christine Tamásy die bayerisch-schwäbischen und fränkischen Landkreise nördlich der Donau als weitere Zentren der Schweinehaltung. Vgl. Dies., Regionale Konzentrationen der Nutztierhaltung in Deutschland. Institut für Strukturforschung und Planung in agrarischen Intensivgebieten. Vechta 2012.

17 Die niedersächsischen Landkreise weisen deutschlandweit die höchste Dichte an gehaltenen Nutztieren auf und sind daher innerlandwirtschaftlich zu Symbolregionen der Intensivtierhaltung und mit dieser verbundenen Problemen geworden. Vgl. Wissenschaftlicher Beirat, Nutztierhaltung, 28 ff.

Negativthematisierungen und Kritik an den Auswirkungen der agroindustriellen Produktion stark zu spüren sind, zeigt die folgende Analyse deutlich.

Zum Sample: Für die vorliegende Studie wurden in 29 Interviews insgesamt
30 Betriebsleiter und -leiterinnen befragt, wobei sich die Gesamtzahl der Personen auf 53 beläuft, da auch Familienangehörige und Angestellte mit in die
Gespräche einbezogen wurden. An den Interviews nahmen 39 Männer und
14 Frauen teil, da bis auf zwei Ausnahmen die Betriebsleitung in den Händen
von Männern lag und nicht in allen Fällen Partnerinnen anwesend sein konnten bzw. vorhanden waren. Acht der 30 Betriebsinhaber verfügten über ein
agrarwirtschaftliches Studium, während 22 eine landwirtschaftliche Gesel-
len-Ausbildung, in den meisten Fällen mit anschließendem Meister, absolviert
hatten. Das Alter der Befragten bewegte sich zwischen 21 und 65 Jahren, wobei
zwölf Interviewpartner und Interviewpartnerinnen der Altersgruppe 21 bis 35,
27 Interviewpartner und Interviewpartnerinnen derjenigen zwischen 35 und
55 Jahren sowie 14 Interviewpartner und Interviewpartnerinnen der Gruppe ab
56 Jahren angehörten. Der Großteil der befragten Landwirte und Landwirtinnen
bezeichnete ihre Höfe als Familienbetriebe, da sich diese zum einen in den meisten Fällen generationenübergreifend zurückverfolgen lassen und zum anderen
häufig auch Ehepartner bzw. weitere Verwandte wie Eltern oder ältere Kinder auf
den Betrieben mitarbeiteten. Auf den größeren Betrieben des Samples waren zudem Mitarbeiter außerhalb der eigenen Familie angestellt, deren Zahl zwischen
einem Lehrling oder einer Teilzeitkraft pro Betrieb bis hin zu 45 Beschäftigten[18]
variierte.

Insgesamt wurden 17 dem Schweine- und 12 dem Geflügelbereich zugeord-
nete Betriebe aufgesucht; ein Interviewpartner hielt beide Tierarten und ein
Betriebsleiter hatte seinen Ferkelaufzucht-Betrieb zum Zeitpunkt der Befragung
bereits aufgegeben, war aber weiterhin in der Landwirtschaft und als Ferkelring-
Berater tätig. Innerhalb der Spezialisierung auf Schwein und Geflügel sind die
besuchten Höfe nochmals zu differenzieren: Es wurden fünf Masthuhnhalter,
drei Legehennenhalter, eine Junghennenaufzucht, zwei Putenhalter sowie ein
Entenmast-Betrieb interviewt. Dazu kamen sieben Mastschweine-Betriebe, drei
Ferkelaufzucht-Betriebe und sieben sowohl Aufzucht als auch Mast Betreibende
in integrierter Form. Trotz des von vorne herein festgelegten Samples auf konventionell wirtschaftende Vollerwerbs-Betriebe unterschieden sich Hektar- und
Tierzahlen der Höfe stark, was sich wiederum auf Faktoren wie sichere oder un-
sichere Zukunftsaussichten, das Vorhandensein mehrerer Standbeine, innerhalb
der konventionellen Wirtschaftsweise vorzufindende alternative Haltungsformen oder den generellen Landwirtschaftsstil der Betriebsinhaber zurückführen
ließ. So betrieben bis auf einen Interviewpartner alle Höfe sowohl Ackerbau

---

18 Dies betraf eine Legehennenhaltung, in der auch Sortierung, Verpackung und Verkauf
stattfanden.

als auch Tierhaltung, der Anbau konzentrierte sich hierbei zumeist auf Mais, Weizen, Gerste, Roggen und in einigen Fällen Kartoffeln – die bewirtschafteten Hektarzahlen der Betriebe bewegten sich zwischen 27 und 2.170. Letztere Zahl stellt allerdings eine Ausnahme dar, da der betreffende Landwirt auf einer zweiten Hofstelle in Sachsen einen weiteren Betrieb bewirtschaftete. Die Hektarzahl auf seinem bayerischen Hof lag bei 170.[19]

Eine ähnliche Bandbreite war im Tierhaltungsbereich zu verzeichnen: Bei der Ferkelaufzucht lag die Anzahl der gehaltenen Muttersauen zwischen 75 (Betrieb finanziert sich durch Aufzucht und Mast) und 700 Zuchtsauen mit 350 wöchentlich verkauften Ferkeln. In der Mast hielten die besuchten Betriebe zwischen 500 und 6.000 Schweine, wobei die vergleichsweise geringe Zahl von 500 Schweinen nur durch mehrere Standbeine und ein sehr erfolgreiches Hofladenkonzept der betreffenden Familie zu finanzieren ist. Dieser wie auch weitere vergleichsweise kleine Betrieb wurden aufgrund von Protestaktion gegen geplante Stallbauten mit in das Sample aufgenommen – zwar entspricht er nicht den institutionellen Kriterien einer Intensivtierhaltung, jedoch wurde er von Bevölkerungsseite aus als solcher kategorisiert, was wiederum aus kulturwissenschaftlicher Perspektive besonders forschungsrelevant ist. Die Mehrzahl der Interviewpartner und Interviewpartnerinnen bewegte sich in einem Rahmen zwischen 1.400 und 3.000 Schweinen. Während die Anzahl gehaltener Puten zwischen 18.500 und 35.000 lag, bei den Enten bei 26.000 und im Bereich Junghennen bei 100.000, variierten vor allem Legehennen- und Masthuhnhaltung stark: Die Tierzahl bei Legehennen für die Eierproduktion bewegte sich zwischen 27.000 und 280.000. Mit einer Höhe zwischen 27.000 und 300.000 Tieren weicht die Anzahl gehaltener Masthühner ebenso stark voneinander ab: Gründe liegen hier in den Produktionssystemen – während zwar alle Masthuhn-Betriebe angaben, Vertragspartner der den Markt dominierenden Firma Wiesenhof[20] zu sein, fielen

---

19 Die Höchstzahl der rein in Bayern bewirtschafteten Hektarfläche pro Betrieb lag bei 400, wobei in dieser Größenordnung jeweils ein sehr hoher Anteil an Pachtfläche hinzugerechnet werden muss, für deren Bewirtschaftung in den meisten Fällen Fremdarbeitskräfte benötigt wurden.

20 In Gesprächen zur Zusammensetzung des Samples wurde die Vertragspartnerschaft mit Wiesenhof von Kollegen und Bekannten immer wieder besonders hinterfragt und als Kriterium für vorgegebene Antworten und eine Kontrolle der Interviewpartner durch Wiesenhof angenommen. Dazu sei betont, dass die Interviewanfragen bei Wiesenhof-Vertragspartnern ebenso spontan zustande kamen wie beim Rest der Landwirte und hier keine Rückversicherung durch Wiesenhof eingeholt werden musste. Eine Beschränkung der Meinungsfreiheit wird hier durch die öffentliche Negativberichterstattung wesentlich stärker angenommen als sie in der Praxis der Fall ist. Rhoda Wilkie bemerkte zu ihren Untersuchungen unter Landwirten in Großbritannien – und ich schließe mich dieser Aussage an: »Drawing such clear-cut distinctions between factory farms and family farms also seems less straightforward in practice. [...] Thus, it seems that many factory farms are likely to be operated and overseen by owners of family farms.« Wilkie, Livestock, 9.

drei von ihnen unter das sogenannte »Privathof«-Programm, in dem höhere Tierschutz-Standards gelten.[21]

21 Während der erste der »Privathof«-Betreiber zufällig unter die Auswahl für die Studie fiel, wurden die beiden weiteren aufgrund der im ersten Interview getroffenen aufschluss-reichen Aussagen im Sinne der Grounded Theory-Methode gezielt gesucht, um ähnliche Einstellungen oder Abweichungen von den restlichen Untersuchungspartnern analysieren zu können. Aus dem gleichen Grund ergab sich aus den Aussagen von Landwirten und Land-wirtinnen, die ihre Schweine auf konventionellen Spaltenböden halten und im Gespräch Kommentare zur Strohhaltung abgaben, die Intention, im Rahmen des Samples Interview-partner und Interviewpartnerinnen zu finden, die ihre Schweine auf Stroh halten, um auch deren Sichtweisen miteinfließen zu lassen. Hierunter fielen drei der aufgesuchten Betriebe. Zudem wurden als Erweiterung der Befragungsgruppe ein ehemaliger Schweine-Halter, der mittlerweile als Berater des Ferkelerzeugerrings tätig ist, sowie ein ohne vorherige Landwirt-schafts-Ausbildung gewerblich tätiger Junghennen-Halter interviewt, ebenso wie verschie-dene landwirtschaftliche Zusammenkünfte im Rahmen von Informationsveranstaltungen und Organisationen besucht und protokolliert wurden. Auf diese Weise sollten möglichst umfassende Einblicke in die verschiedenen Sparten und Bereiche der Nutztierhaltungen ge-wonnen und Vergleichsmöglichkeiten geschaffen werden.

7. Gesellschaftliche Positionierungen: Intensivtierhaltung als soziale Angriffsfläche

Da meine Fragestellungen ganz zentral auf öffentlicher gesellschaftlicher Kritik an der Intensivtierhaltung aufbauen, widmet sich das erste Hauptkapitel der Reziprozität von äußerem Positioniert-Werden und subjektiven Positionierungen, es geht also wesentlich um soziale Verortungen und ihre kulturelle Bedingtheit: Wie fühlen sich die befragten Landwirte und Landwirtinnen wahrgenommen und worauf basieren diese Projektionen, welche Macht- und Wissensnetzwerke nehmen in diesem Prozess Einfluss, auf welche Weise generieren marginalisierte Individuen positive Identitätsbildungsstrategien, die gesellschaftlichen Anerkennungsverlust bewältigen?

Damit ist bereits vorausgeschickt, was im Folgenden anhand von exemplarischen Fallbeispielen und Interviewausschnitten als elementares Ergebnis herausgestellt wird, nämlich das starke Empfinden einer sozialen Ausgrenzung und Stigmatisierung, die ich im Sinne eines anhaltenden moralischen Anerkennungsverlustes deute. Gabriele Fischer definiert: »Grundlage für gesellschaftliche Anerkennung stellt der jeweilige Beitrag des Einzelnen zu ›kulturellen Standards‹ der Gesellschaft dar«[1], diese unterliegen einem zeitlichen Wandel, denn »diese Standards werden als Ergebnisse von gesellschaftlichen Aushandlungsprozessen in spezifischen historischen Situationen verstanden.«[2] Für das untersuchte Feld ist daher vorauszuschicken: Die Regression von Wertschätzung gegenüber dem Berufsfeld der konventionellen Landwirtschaft im Allgemeinen und der Intensivtierhaltung im Besonderen ist kein neues Phänomen des 21. Jahrhunderts, sondern steigert sich seit Jahrzehnten sukzessive,[3] sie hat angesichts aktueller Debatten um Klimawandel und Ressourcenverbrauch sowie beschleunigt durch digitale Vernetzungsmöglichkeiten aber aktuell einen Kulminationspunkt erreicht, der wiederum an kulturelle Entwicklungen und Transformationen rück-

---

1 Gabriele Fischer, Anerkennung – Modus des Ausschlusses oder eigenmächtige Praxis der Selbstaufwertung? Eine praxeologische Perspektive auf Anerkennung in sozialen Hierarchien, in: Mechthild Bereswill, Christine Burmeister, Claudia Equit (Hrsg.), Bewältigung von Nicht-Anerkennung. Modi von Ausgrenzung, Anerkennung und Zugehörigkeit. Weinheim/Basel 2018, 133–151, hier 135.
2 Ebd.
3 Während Landwirten in den 1950er und 60er Jahren zunehmend eine Zuschreibung als beständig fordernde Subventionsempfänger zukam, führten Skandalisierungen von Käfighaltung, Hormonbelastungen und später vor allem der BSE-Krise bereits seit den 1970er Jahren zu anhaltender Kritik an der Industrialisierung der Nutztierhaltung. Vgl. ausführlich Uekötter, Wahrheit, sowie Wittmann, Vorreiter, und Wittmann, Mistkratzer.

gekoppelt ist, die es zu analysieren gilt. Anhand der Untersuchung von passiven und aktiven Positionierungen gerät daher vornehmlich in den Blick, was, wie der Sozialphilosoph und Anerkennungstheoretiker Axel Honneth formuliert, »im Lichte der herrschenden Normen soziale Zustimmung erfährt«[4].

7.1 Begriffsbeleuchtungen

Obgleich »Massentierhaltung« zu Beginn des 21. Jahrhunderts zu einem der diskursmächtigsten Schlagworte medialer, politischer und damit innergesell-schaftlicher Auseinandersetzungen um die Zukunft der Landwirtschaft ge-worden ist, bleiben genaue Definitionen – nicht zuletzt aufgrund immer weiter wachsender Bestandszahlen und damit schwer festzusetzender Grenzen – sowie eingehende wissenschaftliche Auseinandersetzungen mit dem Begriff bislang aus.[5] Seine erstmalige Verwendung wird immer wieder auf den ehemaligen Fernseh-Moderator und Frankfurter Zoo-Direktor Bernhard Grzimek im Jahr 1970 zurückgeführt – ob Grzimek tatsächlich die Wortschöpfung vornahm, sei an dieser Stelle zumindest bezweifelt.[6] Klar ist jedoch, dass der Begriff im Laufe der 1970er Jahre seine mediale Konjunktur in Deutschland aufnahm und 1975 in Form der sogenannten »Massentierhaltungsverordnung« sogar

4 Axel Honneth, Anerkennung. Eine europäische Ideengeschichte. Berlin 2018, 186.

5 Vgl. Maike Kayser, Katharina Schlieker, Achim Spiller, Die Wahrnehmung des Begriffs »Massentierhaltung« aus Sicht der Gesellschaft, in: Berichte über Landwirtschaft. Zeitschrift für Agrarpolitik und Landwirtschaft 3/90, 2012, 417–428, hier 417.

6 Zwar finden sich in verschiedenen agrarwissenschaftlichen Texten immer wieder Verweise auf eine erstmalige Verwendung durch Grzimek im Jahr 1970 im Zusammenhang mit der Käfighuhn-Debatte, allerdings wird in keiner der Studien eine tatsächliche Quelle, ein Beleg oder Verweis auf eine konkrete Sendung oder Ausführung angegeben (vgl. Achim Spiller, Marie von Meyer-Höfer, Winnie Sonntag, Working Paper: Gibt es eine Zukunft für die moderne konventionelle Tierhaltung in Nordwesteuropa? Department für Agrarökonomie und Rurale Entwicklung Georg-August-Universität Göttingen, Oktober 2016, 9. URL: https://www.econstor.eu/bitstream/10419/147501/1/87129009X.pdf). Meine vergangenen Untersu-chungen zur deutschen Geflügelwirtschaft ergaben bislang, dass der Begriff bereits zu Beginn des Jahres 1970 im Zusammenhang mit gesellschaftlicher Kritik an Geruchsbelästigungen durch die Stallanlagen in der Verbandszeitschrift »Deutsche Geflügelwirtschaft« anzutreffen ist – er zu diesem Zeitpunkt also bereits Eingang in Diskurse zum Thema gefunden haben musste (»Nun stimmt es in der Tat, daß die modernen Massentierhaltungen nicht gerade Wohlgerüche verströmen. Man muß aber berücksichtigen, daß diese Betriebe eine wichtige volkswirtschaftliche Funktion erfüllen und nur deshalb eine Massenproduktion betreiben, weil wir im Zeitalter der Massengesellschaft leben«, Schriftleitung, Mit gerechtem Maß mes-sen!, in: Deutsche Geflügelwirtschaft 47, 1970, 1561). Von Grzimek wurde das Thema Käfig-huhn erst ab 1973 behandelt, Ausgangspunkt war seine am 13.11.1973 hierzu ausgestrahlte Sendung »Ein Platz für Tiere«, die ein erhebliches Medien- und nachfolgend auch politi-sches Echo mit sich brachte. Vgl. hierzu ausführlich Wittmann, Vorreiter, und Wittmann, Mistkratzer. Die erstmalige Verwendung des Begriffes bedürfte also nochmals einer ein-gehenderen Erforschung.

Eingang in die politische Amtssprache fand.[7] Eine Definition nach wissenschaftlichen Standards ist nach wie vor schwierig vorzunehmen, da von Seiten der Tierschutzbewegung wie der Landwirtschaft in Bezug auf Zahlen und vor allem auch seine ideologische Aufladung unterschiedlich mit ihm operiert wird. Während die Food and Agriculture Organization of the United Nations (FAO) Intensivtierhaltung 1995 mit einer Besatzdichte von 10 Großvieheinheiten pro Hektar und Systemen mit weniger als 10 Prozent Futtertrockenmasse aus dem eigenen Betrieb (landless livestock production systems, kurz LL) definierte, gab die EU 2003 Intensivhaltung (intensive livestock farming) bei Geflügel ab Bestandsdichten von 40.000 an[8] und bestätigte diese zahlenbasierte Orientierung 2017 nochmals mit Werten von 2.000 Tieren in der Schweinemast, 750 Tieren in der Zuchtsauenhaltung und weiterhin 40.000 Tieren im Bereich Masthuhn.[9] Die englischsprachigen Begriffe beziehen sich hier auf das deutsche Äquivalent der Intensivtierhaltung – eine Entsprechung zur Negativassoziation »Massentierhaltung« lässt sich am ehesten in der Bezeichnung »factory farming« finden, dennoch sind die länderspezifischen Konnotationen und vor allem kritischen Assoziationen unterschiedlich ausgeprägt. Grundsätzlich ist allerdings vorauszuschicken, dass die deutschen Diskurse um Intensivtierhaltung kein singuläres Phänomen darstellen: Während sich öffentliche Negativthematisierungen auch in anderen europäischen Ländern wie England[10], Frankreich, Belgien oder Polen finden und in den USA[11] ebenso Trends zu organic farming

7 Verordnung zum Schutz gegen die Gefährdung durch Viehseuchen bei der Haltung von Schweinebeständen (Massentierhaltungsverordnung – Schweine). 09.04.1975, in: Bundesgesetzblatt Teil 1, Nr. 40. Ausgegeben in Bonn am 15.04.1975; vgl. auch Kayser, Schlieker, Spiller, Wahrnehmung, 417.

8 Vgl. FAO (Hrsg.), World livestock production systems. Current status, issues and trends. FAO animal production and health. Paper 127. Rom 1995, 12, URL: http://www.fao.org/3/a-w0027e.pdf; EU Joint Research Council (Hrsg.), Integrated pollution prevention and control (IPPC). Reference document on best available techniques for intensive rearing of poultry and pigs. o. O. 2003, ii. URL: http://www.umweltbundesamt.de/sites/default/files/medien/419/dokumente/bvt_intensivtierhaltung_zf_1.pdf (15.09.2018).

9 Germán Giner Santonja, Konstantinos Georgitzikis, Bianca Maria Scalet, Paolo Montobbio, Serge Roudier, Luis Delgado Sancho, Best Available Techniques (BAT) Reference Document for the Intensive Rearing of Poultry or Pigs. Science for Policy report by the Joint Research Centre (JRC), the European Commission's science and knowledge service. EUR 28674 EN, European Union 2017, xxxi. Im deutschen Gesetz zur Umweltverträglichkeitsprüfung der Fassung von 2017 wird ebenfalls von »Anlagen zur Intensivhaltung« gesprochen und je nach Tierart von unterschiedlichen Grenzwerten ausgegangen, die zudem standort-spezifisch einer Umweltprüfung unterzogen werden können (bspw. bei Legehennen ab 15.000, Mastgeflügel ab 30.000, Muttersauen ab 590 Tieren). Bundesministerium der Justiz und Verbraucherschutz, Gesetz über die Umweltverträglichkeitsprüfung (UVPG). Anlage 1 Liste »UVP-pflichtige Vorhaben«. BGBl. I 2017, 7. Nahrungs-, Genuss- und Futtermittel, landwirtschaftliche Erzeugnisse, 1443–1465.

10 Vgl. hierzu grundsätzlich Wilkie, Livestock.

11 Vgl. die dazu nachgezeichneten Diskurse in Fitzgerald, Every farm.

und veganen Lebensstilen mitbedingen, sind dementsprechende Debatten in weniger industrialisierten und ökonomisch schwächeren Regionen – etwa den jüngeren EU-Mitgliedsstaaten – zumeist (noch) weniger zu finden.[12]

Im Gegensatz zu den institutionalisierten Zahlen beziehen sich verschiedene Tierschutzverbände bereits bei weit geringeren Bestandsdichten auf »Massentierhaltung« und definieren diese vor allem über tierethische Probleme wie Platzmangel, eingeschränkte Beweglichkeit, Hochleistungszucht, kurze Lebenszeiten etc. So schreibt etwa die vegan-aktivistische Albert-Schweitzer-Stiftung: »Die meisten Tiere werden gewaltsam den Haltungsformen angepasst« und »[w]esentliche Grundbedürfnisse der Tiere werden ignoriert.«[13] Der Deutsche Tierschutzbund nähert sich auf seiner Homepage einer Unterscheidung zwischen »Intensivtierhaltung« und »Massentierhaltung« an, indem bei letzterer grundsätzlich die hohen Bestandszahlen kritisiert werden: »Obwohl damit meistens ein und dasselbe gemeint ist, werden mit dem Begriff ›Massentierhaltung‹ meist hohe Tierzahlen pro Betrieb und mit ›Intensivtierhaltung‹ mehr die wirtschaftlich orientierte Tierhaltung mit hohen Besatzdichten und hoher Mechanisierung bezeichnet.«[14] Der Verein »PETA« – von seinem Grundverständnis her allgemein gegen jegliche Form der Tierhaltung – kritisiert: »Der Begriff Massentierhaltung ist dabei irreführend, denn auch Tiere in kleinen Ställen ›beim Bauern nebenan‹ leiden oftmals wie ihre Artgenossen in den Megaställen.«[15]

Mehrere sowohl statistische Umfragen als auch Web- und medienanalytische Studien aus dem Agrarwissenschafts-Standort Göttingen haben dargelegt, dass die gesellschaftliche Konnotation von »Massentierhaltung« an die Definition der Tierschutzverbände anknüpft und als eindeutig negativ und nicht auf Zahlen beruhend, sondern grundsätzlich systemkritisch ausfällt.[16] Dabei stellen sie fest,

---

12 Vgl. zu Einstellungen innerhalb der EU European Commission, Attitudes of consumers towards the welfare of farmed animals. Special Eurobarometer. 2005. URL: https://ec.europa. eu/commfrontoffice/publicopinion/archives/ebs/ebs_229_en.pdf (01.08.2019).

13 Albert Schweitzer Stiftung, Massentierhaltung. URL: https://albert-schweitzer-stiftung. de/massentierhaltung (26.09.2018).

14 Deutscher Tierschutzbund, Was ist Massentierhaltung bzw. Intensivtierhaltung? URL: https://www.tierschutzbund.de/information/hintergrund/landwirtschaft/was-ist-massentierhaltung/ (26.09.2018).

15 PETA, Tierhaltung in Deutschland – der mechanisierte Wahnsinn. URL: https://www. peta.de/grausamkeitantieren (26.09.2018).

16 Vgl. etwa Justus Böhm, Maike Kayser, Beate Nowak, Achim Spiller, Produktivität vs. Natürlichkeit – Die deutsche Agrar- und Ernährungswirtschaft im Social Web, in: Maike Kayser, Justus Böhm, Achim Spiller (Hrsg.), Die Ernährungswirtschaft in der Öffentlichkeit – Social Media als neue Herausforderung der PR. Göttingen 2010, 103–139; Friederike Albersmeier, Achim Spiller, Die Reputation der Fleischwirtschaft in der Gesellschaft: Eine Kausalanalyse, in: Schriften der Gesellschaft für Wirtschafts- und Sozialwissenschaften e. V. 45, 2010, 181–193; Maike Kayser, Justus Böhm, Achim Spiller, Die Agrar- und Ernährungswirtschaft in der Öffentlichkeit – Eine Analyse der deutschen Qualitätspresse auf Basis der Framing-Theorie, in: Yearbook of Socioeconomics in Agriculture 1/4, 2011, 59–83.

dass »[k]aum ein anderer Begriff aus dem Gebiet der Land- und Ernährungswirtschaft […] so omnipräsent [ist], wenn moderne Produktionssysteme mit
intensiver Tierhaltung diskutiert werden.«[17] In ihren Befragungen wurden als
freie Assoziationen mit dem Begriff »Massentierhaltung« am häufigsten »grausam«, »Geflügel«, »Quälerei«, »Krankheiten« und »Enge« genannt.[18]

Gerade Agrarwirtschaftsverbände versuchen aufgrund seiner negativen Be-
setzung, »Massentierhaltung« durch neutraleres Vokabular zu ersetzen, der DBV
spricht von einem »eher ideologische[n] Begriff denn Realität.«[19] Eine 2016 veröffentlichte und vom Parlamentarischen Beratungsdienst in Auftrag gegebene
Studie zur Verwendung des Begriffes in der Gesetzgebung kommt in Hinblick
auf den Bestimmtheitsgrundsatz, der eine Festlegung konkreter Zahlen zur
Definition von »Masse« erfordern würde, zu dem Schluss, dass »[e]ine einheitliche Legaldefinition des Begriffs ›Massentierhaltung‹, die alle gesetzlichen
Regelungen mit Bezug zur Tierhaltung umfasst, […] daher nicht möglich [ist].«[20]

Aufgrund der dargelegten definitorischen Unklarheit des Begriffes wird
»Massentierhaltung« in der vorliegenden Studie, auch da pejorativ, bei der Auswertung und Analyse vermieden, findet aber hinsichtlich der Positionierungen
der Interviewpartner und Interviewpartnerinnen teilweise dennoch Eingang
bezüglich seiner erheblichen Wirkmacht auf die Akteure.

7.2 Die Ebene der Wahrnehmungen:
Marginalisierung und mediale Bilder

> I. U.: […] der Stellenwert ist ganz unten von
> der Landwirtschaft, das ist einfach kein ansehn-
> licher Beruf anscheinend in der Bevölkerung.

Das erste Hauptkapitel widmet sich vor Auseinandersetzungen mit einzelnen
Konfliktfeldern wie Ökonomie, Tier- und Umweltschutz zunächst dem grundsätzlichen Verhältnis von Intensivtierhaltung und Gesellschaft. Das heißt konkret: Fühlen sich die interviewten Landwirte und Landwirtinnen von der öf-

---

17 Kayser, Schlieker, Spiller, Wahrnehmung, 417.
18 Vgl. ebd., 420.
19 DBV, Pressemeldungen. Die Größe deutscher Tierbestände ist in Europa nur Mittelmaß. 24.01.2011; vgl. aus innerlandwirtschaftlicher Sicht auch i.m.a., Massentierhaltung –
was ist das? URL: http://www.bauernverband-uer.de/fileadmin/mediapool/Wissenswertes/
3-Minuten-Infos/3Min_Tierhaltung_2009.pdf (16.01.2019).
20 Marc Lechleitner, Möglichkeiten und Grenzen einer gesetzlichen Definition des Begriffs »Massentierhaltung«. (Wahlperiode Brandenburg, 6/19). Potsdam 2016: Landtag Brandenburg, Parlamentarischer Beratungsdienst. URL: http://nbn-resolving.de/urn:nbn:de:0168-
ssoar-50869-0 (24.09.2018).

fentlichen Kritik an ihrem Beruf überhaupt betroffen und beschäftigen sie sich mit dieser? Oder handelt es sich dabei um eine überwiegend medial geführte Debatte, welche die Akteure selbst weitgehend unberührt lässt? Die Antwort – so viel sei bereits vorausgeschickt – liegt in einem eindeutigen: Ja, es herrscht große Betroffenheit.

Das Redebedürfnis der befragten Landwirte und Landwirtinnen stellte sich während der gesamten Erhebungsphase als hoch heraus und selbst die wenigen nicht zu einem Interview bereiten Personen, welche telefonisch kontaktiert wurden, nutzten die anonymere Gesprächssituation häufig dazu, mir von ihrer Frustration und Enttäuschung über mediale Darstellungen zu berichten.[21]

Die im Folgenden zuerst betrachteten Interviewausschnitte beziehen sich in Anlehnung an Hall also auf das Erleben passiven Positioniert-Werdens, welches deshalb zuerst analysiert wird, weil es wiederum in Reaktion hierauf aktive eigene Positionierungsprozesse hervorbringt und formt. Der erste Block beschäftigt sich daher mit allgemeinen Wahrnehmungen der Landwirte und Landwirtinnen und beruht vorwiegend auf ihrer Einordung medialer Rezeptionen, während anschließend eine Beschäftigung mit dem tatsächlichen Erleben im persönlichen Umfeld erfolgt.

Marginalisierung und Opfer-Narrative

In den Interviewsituationen wurden die Landwirte und Landwirtinnen zunächst darum gebeten, zu erläutern, wie sie sich als Intensivtierhalter und -halterinnen gesellschaftlich wahrgenommen fühlen. Es geht damit um einen sozialen Anerkennungsprozess, den Christine Scharf-Haggenmiller wie folgt umschreibt: »Das ›Wert-sein‹ von Arbeit stellt eine Beziehung zwischen Arbeitenden und Bewertenden her und führt gleichzeitig zu einer Gewichtung des eigenen Tuns für das Selbst und durch die bewertende Umgebung.«[22] Dieser gesellschaftliche Wertzuschreibungsvorgang gegenüber ihrem Berufsfeld fällt den fast kollektiven Aussagen der Befragten nach äußerst negativ aus und subsummierte sich zur Beschreibung einer marginalisierten und teilweise viktimisierten Rolle, also einer eindeutigen Randposition. Exemplarisch im folgenden Zitat von Interviewpartner I. G., Inhaber eines schwäbischen Ferkelmastbetriebes ausgedrückt:

Und, und was wir halt jetzt die letzten fünf Jahre erleben, muss man so sagen, eigentlich machen wir alles falsch, wenn man die öffentliche Diskussion anschaut. Also

---

21 Einige angefragte Landwirte erzählten mir ihre Sichtweisen in 15- bis 40-minütigen, nicht transkribierten Telefonaten, wollten aber eine direkte Interviewsituation vermeiden.
22 Christine Scharf-Haggenmiller, Arbeit. Anerkennung? Geschlecht! Strategische Identitäten türkischer Migranten der zweiten Generation im Vergleich. Münster/New York 2017, 77.

wir machen … wir quälen Tiere, wir verpesten die Luft, wir verpesten die Böden, also wir machen alles fezzad[23] hi (lacht). Also eine Situation, wo mir gefällt, ist das nicht!

Anhand des schwungvoll-dialektal beigefügten Satzteils »wir machen alles fezzad hi«, begleitet von Lachen, versuchte I. G. im Interview zwar, dem Gesagten eine humorvolle Ebene zu verleihen, allerdings verweist bereits der anschließende Satz auf die persönliche Belastung in Folge der Negativzuschreibungen. Festzuhalten ist dabei auch der zeitliche Verweis auf eine Verschärfung der Situation innerhalb der letzten fünf Jahre – vom Interview ausgehend also seit 2012, was an Alexandra Rabensteiners kulturwissenschaftliche Untersuchungen zu einer breiteren medialen Thematisierung des Fleischkonsums anknüpft. Sie verortet ein Erstarken überwiegend problemzentrierter Berichterstattungen zu den globalen Auswirkungen der tierischen Produktion nach 2011 seit Erscheinen der belletristisch äußerst erfolgreichen und dem Essstil des Veganismus zur Bekanntheit verholfenen Bücher »Eating animals«[24] von Jonathan Safran Foer und »Anständig essen«[25] von Karen Duve in Deutschland. Auch wenn wie einleitend ausgeführt vor allem seit dem letzten Drittel des 20. Jahrhunderts immer wieder Konjunkturen der Skandalisierung von Intensivtierhaltung stattfanden und diese daher mittlerweile kulturell Gedächtnis-bildend[26] wirken, stützen die Aussagen der Landwirte und Landwirtinnen zu einer breiteren und stärkeren Einnahme des Themas im öffentlichen Raum Rabensteiners Studien zum Anstieg der medialen Berichterstattung seit 2011 und einer darauf erheblich Einfluss nehmenden Diffusion durch das Internet.[27]

Auch die Wahrnehmungen von V. und S. Y., die als Vater und Sohn gemeinsam einen Masthuhnbetrieb in Schwaben bewirtschaften, lesen sich ganz ähnlich wie im eben zitierten Ausschnitt:

S. Y.: Also aktuell ist es halt so, die bösen Landwirte, die machen alles schlecht, was man schlecht machen kann. Die fahren zu große Bulldogs[28], die machen alles kaputt,

---

23 Das dialektale Adjektiv »fetzerd«, »fezzad« (bayr.-schwäbischen) kann hier mit »Wir machen alles so richtig kaputt/mit Fleiß kaputt« übersetzt werden.

24 Jonathan Safran Foer, Eating animals. Boston 2009, dt. Erstausgabe August 2010.

25 Karen Duve, Anständig essen. Ein Selbstversuch. Berlin 2011.

26 Grundlegend hierzu sind die Arbeiten Aleida und Jan Assmanns, welche die Bedeutung kollektiver Rezeptionen vor allem für das Geschichtsbewusstsein herausarbeiteten. Seit Jahrzehnten bestehende Negativ-Schlagzeilen zu Hormonskandalen, BSE-Krisen und Ekelfleisch etc. wirken dabei ebenfalls kulturell Gedächtnis-bildend und verfestigen eine kollektive Negativwahrnehmung der Landwirtschaftsentwicklung hin zu Intensivierung und Spezialisierung. Vgl. u. a. Aleida Assmann, Erinnerungsräume. Formen und Wandlungen des kulturellen Gedächtnisses. 3. Aufl. München 2006.

27 Vgl. Rabensteiner, Fleisch, 76 f.

28 Fast alle Interviewpartner benutzten die in Bayern für Traktoren geläufigere Bezeichnung als »Bulldog«.

die machen das Grundwasser kaputt, die haben ... die tun ... kehren den Dreck in die Straße raus, die haben zu viele Tiere, den Tieren geht es schlecht, die tun zu viel düngen, zu viel spritzen.

V. Y.: Negativ.

S. Y.: Man kann nichts mehr schlechter machen, also alles, was geht, machen die.

Wie im vorangegangenen Interviewausschnitt werden auch hier dichotome Begriffspaare verwendet – während I. G. die Landwirte der negativen Seite von »richtig/falsch« zuordnet, bezieht sich S. Y. auf »gut/schlecht«. Den Adjektiven ist damit eine ganz eindeutig abwertende moralische Fremdpositionierung[29] der Berufsgruppe inhärent. Analog finden sich in beiden Zitaten ähnliche Verben – S. Y. spricht zweimal von »kaputtmachen«, I. G. von »hi machen« (Dialekt für »kaputtmachen«) – Landwirtschaft wird damit also als aktive Zerstörerin von Umwelt und Ressourcen verortet. S. Y. konkretisiert als zentrale Angriffspunkte »zu viel« an Tierbestand, Düngemittel- und Pestizideinsatz, was wiederum nicht mehr auf die gesamte Branche, sondern konkret auf den hier im Fokus stehenden Bereich der konventionellen Intensivtierhaltung abzielt. In der Art und Weise der Vorwürfe bildet sich ein gesellschaftlicher Transformationsprozess ab, der Produktivitätssteigerung zunehmend einer kritischen Beleuchtung unterzieht und der ökonomischen eine moralische Bewertungsebene an die Seite stellt, an deren unterem Ende sich die befragten Landwirte und Landwirtinnen befinden. Im Zuge der seit den 1960er Jahren sukzessive gesteigerten Wirkmacht von Themen des Umwelt-, Tier- und später auch des Klimaschutzes wird der Wert von Landwirtschaft anders als innerhalb des Berufes selbst kulturell nicht mehr an ihrer produktiven Leistung, sondern am Grad ihres schonenden Umgangs mit den sie umgebenden Entitäten bemessen. Arbeit und Anerkennung hängen damit immer von jeweiligen historischen Ausprägungen gesellschaftlicher Prioritäten ab: »Leistungen und Verdienste werden entwertet, andere aufgewertet. Was früher Anerkennung vermitteln konnte, kann nun Missachtung oder Gleichgültigkeit auf sich ziehen.«[30]

Mit einer diffusen Anzahl an Vorwürfen sah sich auch die 25-jährige Hofnachfolgerin eines Masthuhnbetriebes mit 33.000 Tieren konfrontiert:

T. S.: Ich habe oft das Gefühl, dass die Landwirtschaft generell für vieles als Sündenbock auch dastehen muss. Egal ob das jetzt Wasserfragen, Grundwasser, ob das jetzt irgendwie Tier ... oder das Insektensterben ist, ja, ob das jetzt Tierhaltung ist. Irgendwie, die Bauern sind immer die Bösen und manchmal habe ich das Gefühl, das ist eigentlich allen ganz recht. Ja? Und die einzigen Leidtragenden sind die Bauern,

---

29 Pasi Hirvonen spricht hierbei von »moral positioning«. Ders., Positioning, 105.

30 Ursula Holtgrewe, Stephan Voswinkel, Gabriele Wagner, Für eine Anerkennungssoziologie der Arbeit. Einleitende Überlegungen, in: Dies. (Hrsg.), Anerkennung und Arbeit. Konstanz 2000, 9–28, hier 9.

aber die sind ja auch so wenige und unsere Lobby ist ja auch wirklich nicht stark und so funktioniert das.

T. S. impliziert damit, dass es andere oder zumindest weitere Verursacher der angesprochenen Problematiken gibt, die nicht oder weniger stark zur Verantwortung gezogen werden – eine innerlandwirtschaftliche Verteidigungsnarration, die auch im Umwelt-Kapitel zuhauf begegnen wird. Diese Entwicklung ist ihrer Ansicht nach auf die mit circa zwei Prozent der Gesamtbeschäftigten geringe Anzahl noch aktiver Landwirte und Landwirtinnen zurückzuführen, die als marginalisierte Gruppe besonders prädestiniert für Angriffe von außen seien.[31] Im Zitat greift T. S. die moralische Fremdpositionierung ihrer Berufsgruppe als »die Bösen« auf und nimmt zugleich eine daraus resultierende Selbstpositionierung als »Leidtragende« und »Sündenböcke« vor – die stete gegenseitige Bedingtheit des gesellschaftlichen Fremd- und persönlichen Selbstpositionierungsprozesses wird an diesem Beispiel deutlich sichtbar, denn die Umlenkung der Vorwürfe in einen innerlandwirtschaftlichen Opferdiskurs als viktimisierte Gruppe tritt bei der Analyse immer wieder zu Tage. H. C., 59-jähriger Betreiber eines Schweinemastbetriebes, formulierte diesbezüglich drastisch:

Und das Ganze kann alles sein, wie es will. Das ganze Tierwohl, wo bleibt dem Bauern sein Wohl? Das muss ich immer sagen. Wir sind permanent gegängelt, permanent gemobbt und alle wissen es besser als der Bauer. Das ist sowas von krass.

Der Landwirt überträgt die für ihn Diskurs-bestimmenden Diskussionen um mehr Tierwohl[32] auf eine seiner Meinung nach fehlende gesellschaftliche Sorge um das »Bauernwohl«. Er greift damit eine grundsätzlich häufig thematisierte Reihung auf, in der das Tier über dem Menschen zu stehen scheint – die Landwirte und Landwirtinnen vertreten hier überwiegend die kulturell erlernte und traditionell wirkmächtige umgekehrte Hierarchie, welche von Tierrechtsaktivisten als willkürlicher und Ausbeutung legitimierender Speziezismus kritisiert wird – und verwehrt sich gleichzeitig gegenüber einer von ihm wahrgenommenen ständigen Zurechtweisung von außen. Dass H. C. dies mit »permanent gegängelt, permanent gemobbt« umschreibt, gibt bereits einen Hinweis auf die erhebliche emotionale Belastung der befragten Intensivtierhalter und -halterinnen. Während sich das »Gegängelt-Werden« auf ein Einschränken der bäuerlichen Entscheidungskompetenzen und bürokratische Kontroll-Strukturen bezieht, geht mit dem Begriff »Mobbing« eine eigene Positionierung als Minderheit

---

31 Auf den im Interviewmaterial häufig zu findenden Verweis einer fehlenden landwirtschaftlichen Lobby sowie die gegenteilige Auffassung von Tierschützern und weiteren Akteursgruppen wird als scheinbares argumentatives Paradoxon noch gesondert eingegangen.
32 Was genau von den Interviewpartnern hierunter verstanden wird, erfolgt als eingehende Erläuterung im Kapitel zu den Landwirt-Nutztier-Beziehungen.

einher, die psychischer Gewalt ausgesetzt ist. Damit knüpft die Wortwahl von H. C. nahtlos an den eben aufgegriffenen Opferdiskurs – hier als *Mobbing-Opfer* – an. Das starke Bild einer »Opferung«, dem aus kulturwissenschaftlicher Perspektive auch die Ebene einer religiös-rituellen Bedeutung inhärent ist, ist gerade mit Blick auf das in historischen Opfer-Diskursen fast stets vorhandene Spannungsfeld zwischen Heroisierung und Viktimisierung interessant[33] – es »wird« (sich) geopfert. Das Opfer-Motiv der Landwirte und Landwirtinnen ist hier kein neues Phänomen des 21. Jahrhunderts, sondern tritt in verschiedenen agrarsoziologischen Untersuchungen des 20. Jahrhunderts auf, wobei es in diesem Kontext vorwiegend um eine ökonomische »Opferung« der Landwirtschaft zugunsten der Industrie geht.[34] Als innerlandwirtschaftlich seit Jahrzehnten tradiertes Erzählmotiv übertrugen die befragten Intensivtierhalter und -halterinnen Opfer-Bilder immer wieder zur Verdeutlichung ihrer derzeitigen gesellschaftlichen Stellung als marginalisierte und viktimisierte Gruppe eben nicht nur in ökonomischer, sondern gerade auch sozialer Hinsicht.

Ein Landwirt, der zum Zeitpunkt des Interviews kurz vor der Pensionierung stand und mehrere Jahrzehnte Entwicklung resümierte, ordnete die Kritik ebenfalls hochbetroffen ein:

O. P.: Wir werden und sind einfach so eine diskriminierte Branche, die wo überall … weil da einfach jeder an jedem Eck aneckt […]. Und in dem größeren Maßstab ist es halt so, das ist nicht leicht, dass wir immer in der Kritik stehen und ein Punkt ist noch nicht vorbei, da kommt der nächste schon.

Bereits in der ersten telefonischen Interviewanfrage griff P., der gemeinsam mit einem anderen Landwirt einen Legehennenbetrieb mit insgesamt 280.000 gehaltenen Hühnern betreibt, auf diese Ausdrucksweise zurück. Sie scheint bei ihm also narrativ bereits eingeübt zu sein – hier ein Ausschnitt aus dem zugehörigen Feldforschungstagebuch:

Anruf am Samstagabend, 30.01.16, bei Herrn P. und telefonische Erklärung zum Promotionsprojekt; sofortige Bereitschaft zum Gespräch, bereits am Telefon Aussage: ›Hierbei handelt es sich ja um eine diskriminierte Branche.‹

Die »diskriminierte Branche« bezieht P. dabei in erster Linie auf den Bereich der Hühnerhaltung. Als Besitzer von einem der größten Legehennenbetriebe Bayerns gab er im Interview wiederholt an, sein Berufszweig sei seit den Debatten um das Käfighuhn in den 1970er Jahren die am längsten und stärksten

---

33 Vgl. hierzu v. a. mit einer Perspektivierung auf die theologische Grundlegung Bernd Janowski, Michael Welker (Hrsg.), Opfer. Theologische und kulturelle Kontexte. Frankfurt a. M. 2000.
34 Agrarsoziologische Werke, in denen dies besonders deutlich wird, sind z. B. Pongratz, ökologische Diskurs, v. a. 160 ff.; Gerhard, Bild des Bauern.

kritisierte Branche innerhalb der landwirtschaftlichen Nutztierhaltung.[35] Ganz
ähnliche Prozesse sowohl des gesellschaftlichen Positioniert-Werdens als auch
der daraus resultierenden Selbstpositionierung stellte Thomas Fliege bei seinen
Befragungen im schwäbischen Raum fest. Er konstatierte eine selbstempfundene
Randständigkeit seiner landwirtschaftlichen Interviewpartner innerhalb der
Gesellschaft sowie geringes Sozialprestige als konstituierende Faktoren für deren Eigenwahrnehmung, was nahtlos an die Ergebnisse dieser Studie anknüpft.
Allerdings spielten hierbei im Untersuchungszeitraum Mitte der 1990er Jahre
weniger eine öffentliche Tierhaltungskritik als vielmehr die Wahrnehmung der
»Landwirtschaft als ›Produzentin‹ teurer Überschüsse und als ›Verursacherin‹
schadstoffbelasteter Lebensmittel«[36] eine zentrale Rolle.

Aus den Aussagen der Befragten geht damit grundsätzlich eine sehr negative
Einschätzung der eigenen Position als Intensivtierhalter und -halterinnen innerhalb des sozialen Raumes hervor – die befragten Landwirte und Landwirtinnen
sahen sich ganz überwiegend als gesellschaftlich marginalisierte, hinsichtlich
ihres Einflusses kaum relevante und medial diskriminierte Berufsgruppe an, was
wiederum eigene Viktimisierungs-Positionierungen bedingt und mittlerweile
eine Jahrzehnte andauernde Wahrnehmungs-Konstante bildet.

Von medialen Bildern und schwarzen Schafen

Eine ganz wesentliche Verantwortung für diese negative Fremdpositionierung
ihres Berufes schrieben die interviewten Landwirte und Landwirtinnen medialen Darstellungen zu. Hierzu zählten sie nicht nur die häufig als besonders
provozierend empfundenen Meinungsäußerungen von Usern über Web-basierte
Kanäle, sondern ebenso die klassische Berichterstattung zur Nutztierhaltung
in regionalen und überregionalen Zeitungen sowie öffentlich-rechtlichem und
privatem Rundfunk.

Wahrgenommen wurde eine grundsätzlich hohe mediale Konjunktur des
Themenfeldes Landwirtschaft, die aus Sicht einiger Interviewpartner und Interviewpartnerinnen im Widerspruch zur zahlenmäßigen Bedeutung und politischen Vertretung der immer kleiner werdenden Berufsgruppe steht, während
die gesamtgesellschaftliche Bedeutung von Themen wie Ökologie und Klimawandel von den Interviewpartnern und Interviewpartnerinnen kaum miteinbezogen wurde:

---

35 Tatsächlich nahm die Kritik an der modernen Intensivtierhaltung in Deutschland anhand massiver Auseinandersetzungen zum Thema »Käfighuhn« ab 1973 an Fahrt auf. Vgl.
hierzu Wittmann, Mistkratzer.
36 Fliege, Bauernfamilien, 277.

I. F.: Aber wenn man überlegt, wie viel von unserer Berichterstattung im Fernsehen oder von unseren täglichen Nachrichten eigentlich die Landwirtschaft betreffen, müsste es eigentlich mehr Vertreter von der Branche in der Politik geben. Um das irgendwie abzubilden oder irgendwie ... Weil das ist ja ... Kommt einem ja vor, wie das Hauptthema in den Medien. Oder eins der Hauptthemen auf jeden Fall.

Die Häufigkeit der Berichterstattung, gepaart mit darin enthaltenen überwiegend negativen Bewertungen, wurde von den Interviewpartnern und Interviewpartnerinnen als äußerst belastend empfunden. Landwirt N., der als Berater beim Bayerischen Ferkelerzeugerring eine große Bandbreite an Schweine haltenden Betrieben aufsucht, schätzt den psychologischen Druck durch die mediale Berichterstattung höher als den ökonomischen Druck ein:

I.: Was würden Sie dann grundsätzlich dazu sagen, wie es den Landwirten geht mit diesen ganzen Themen von mir auf der Liste?
I. N.: Momentan schlecht. Der Preisdruck ist nicht einmal das Maßgebende, der war mit eine Rolle jetzt. Aber das Ganze drum rum, wie die Presse mit der Landwirtschaft umspringt. Die Themen Tierhaltung, die Themen Fleischkonsum, dann wie sie angegriffen werden, dann die Einbrüche und das wird dann auch noch legitimiert ... und das kann es einfach nicht sein!

Verschiedene Untersuchungen lassen darauf schließen, dass es sich hierbei nicht nur um subjektive Wahrnehmungen der Befragten handelt, sondern dieses Bild durchaus der realen Medienlandschaft entspricht. Agrarwissenschaftlerin Maike Kayser führte so 2012 in ihrer Dissertation »Die Agrar- und Ernährungswirtschaft in der Öffentlichkeit« aus, dass »die Berichterstattung über die Agrar- und Ernährungswirtschaft [...] in den klassischen Medien seit Jahren auf einem hohen Intensitätsniveau [ist].«[37] Für ihre Studie analysierte Kayser 5.903 Artikel aus den größten deutschen Tageszeitungen und stellte fest: »Es zeigt sich, dass gerade die Ausrichtung auf die Produktivität vielfach kritisiert und gleichzeitig auf die positiven Aspekte einer natürlichen Lebensmittelproduktion hingewiesen wird.«[38] Besonders negativ wurde dabei der Bereich Intensivtierhaltung behandelt.[39] Eine Studie zur TV-Berichterstattung der Kommunikationsagentur Engel & Zimmermann kam 2017 ebenfalls zu dem Ergebnis, dass von 498 Ausstrahlungen rund um den Themenkreis Landwirtschaft und Ernährung ca. ein Drittel bereits im Titel eine negative Tendenz aufwiesen. Als besonders kritisch positionierten sich hierbei die öffentlich-rechtlichen Sender, mit 71 Beiträgen wurden Fleischproduktion und Fragen der Tierhaltung am häufigsten aufge-

---

37 Maike Kayser, Die Agrar- und Ernährungswirtschaft in der Öffentlichkeit. Herausforderungen und Chancen für die Marketing-Kommunikation. Göttingen 2012, 29.
38 Ebd., 35.
39 Vgl. ebd., 31.

griffen[40] – mit diesen Aspekten der Landwirtschaft beschäftigt sich also mindestens eine Sendung pro Woche.

Der Fokus auf einer einseitigen Skandalisierung der konventionellen Nutztierhaltung wurde von den Landwirten und Landwirtinnen daher immer wieder thematisiert und als unsachliche Darstellung bewertet:

H. A.: Und da gibt es nur schwarz-weiß, also und … da denkst dir manchmal schon: Halleluja, also … die wenn da so ein Thema aufbauschen wollen, das schaffen die! Da wird so viel … pff … medial … weiß ich nicht … so viel, so viel Druck in den Medien aufgebaut!

Als Reaktionen auf die äußeren Negativ-Positionierungen fallen immer wieder zwei Motive auf: Zum einen die in circa der Hälfte der geführten Interviews auftauchenden »schwarzen Schafe«. Dabei handelt es sich um eine als kleine Minderheit eingestufte Gruppe an Nutztier haltenden Berufskollegen, die aus Sicht der Interviewpartner und Interviewpartnerinnen tatsächlich schlecht mit den Lebewesen umgehen bzw. überfordert sind. Dass es Landwirte und Landwirtinnen gibt, die nicht den Tierschutz-Vorschriften entsprechend handeln, wurde von den Befragten grundsätzlich nicht in Frage gestellt und diesbezüglich auch immer wieder ein unzureichendes Einschreiten von Seiten der Behörden bemängelt, die hier prekärerweise zum Teil ihre Augen verschließen würden. Gründe für ein Nicht-Einschreiten wurden entweder in einer *zu bedeutenden* Betriebsgröße der »schwarzen Schafe« oder – kontrastierend hierzu – *zu geringen* Zukunftsfähigkeit gesehen, worunter die Landwirte und Landwirtinnen ältere auslaufende Betriebe, Inhaber mit psychischen Problemen oder einer generellen Überforderung zählten:

I. F.: Auf der anderen Seite, was ich zum Beispiel jetzt mit der Düngeverordnung … war schon lange die Sperrfrist. Man darf keine Gülle fahren. Und dann weiß ich dann halt vom Betrieb oder von Betrieben, die haben halt dann Gülle gefahren. Und wenn man dann so sagt … das ist bei meinem Onkel im Ort. Und dann sage ich: ›Ja, warum sagt denn da keiner was?‹ Sagt der: ›Ja, nein, das sind doch eh alles Alkoholiker. Die wissen es nicht besser. Die können es nicht besser. Die sind schon zu alt. Die …‹ Irgendwie so, aber eigentlich ist es ja der falsche Weg. Also, das schaut …
I.: Also, das ist dann so, dass man halt da die Augen zudrückt?
I. F.: Ja, es schaut jeder weg.

Die Bedeutung der »schwarzen Schafe« und deren Einfluss auf das gesellschaftlich schlechte Image der Intensivtierhaltung wurde von den Interviewpartnern

---

40 Vgl. Engel & Zimmermann AG, TV-Berichterstattung in der Lebensmittelbranche: Jede dritte Sendung bereits im Titel tendenziell kritisch. 02.03.2017. URL: https://engel-zimmermann.de/2017/03/tv-berichterstattung-in-der-lebensmittelbranche-jede-dritte-sendung-bereits-im-titel-tendenziell-kritisch/ (22.10.2018).

und Interviewpartnerinnen immer wieder im Zusammenhang mit medial vermittelten Bildern betont. Als ein zur Verdeutlichung dieser Problematik heran-
gezogener Fall fungierte in den Interviews mehrmals der sogenannte »Bayern-
Ei«-Skandal, welcher 2015 bundesweit für Schlagzeilen gesorgt hatte und durch
Recherchen der Süddeutschen Zeitung sowie des Bayerischen Rundfunks aufgedeckt worden war.[41] Mehrere Geflügelwirtschaft betreibende Interviewpartner
und Interviewpartnerinnen beschrieben den Inhaber der Firma als »schwarzes
Schaf« par excellence, dessen unmoralisches Handeln in Form von Vertuschung
des Salmonellen-Befalls von Eiern, Überbesatz der Ställe, mangelnder Hygiene
usw. über Jahre hinweg behördlich toleriert und möglicherweise auch unter
politischem Wissen vertuscht worden sei.[42] Unabhängig voneinander äußerten
sich diesbezüglich mehrere Landwirte und Landwirtinnen:

H. B.: Ich sag jetzt mal, das gibt immer die schwarzen Schafe überall auch. Wenn man
jetzt den Pohlmann anschaut, das Bayern-Ei. Da war der Vater schon ein …
F. B.: Darf man eigentlich gar nicht aufnehmen. (lacht)
H. B.: Ein Mafioso und der Sohn ist nicht anders … Und wenn man dann schon einen
Skandal hat mit Salmonellen und wenn man dann nochmal gleich danach wieder mit
dem gleichen Schmarrn weitermacht wieder …
F. B.: Ja und das kommt halt dann in den Medien und dann sind halt alle schlecht, das
ist halt das Problem, nicht?
H. B.: Ich war da selbst schon einmal unten in dem Betrieb und hab ihn mir angesehen
und da habe ich gesagt: Ja, da brauchst du dich nicht wundern …
F. B.: Pfiadi God![43]
H. B.: Wenn man nicht wäscht und nicht desinfiziert jahrelang und die Anlage …
F. B.: Verdreckt die ganze Anlage …
H. B.: Und dann kommen die neuen Hühner so wie man es sieht im Fernsehen auf die
alten toten Hühner drauf … Und sowas tut man halt einfach nicht.

41 Vgl. hierzu die Berichterstattung BR, Bayern-Ei. Chronologie des Skandals, ausgestrahlt am 04.12.2015. URL: https://www.br.de/mediathek/video/bayern-ei-chronologie-
des-skandals-av:5888d69ff7ce2800122610d6; Philipp Grüll, Frederik Obermaier, Bayern-
Ei-Skandal: Behörden schlampten offenbar bei Aufklärung, in: SZ 25.01.2017. URL: https://
www.sueddeutsche.de/bayern/staatsanwaltschaft-bayern-ei-skandal-behoerden-schlampten-
offen-bar-bei-aufklaerung-1.3348743 (24.10.2018). Die Google-Suche unter dem Stichwort
»Bayern-Ei« bringt über 16 Millionen Treffer zu Tage und unterstreicht damit die Reichweite
der Berichterstattung.
42 Die Familie Pohlmann war vor der Firmengründung von »Bayern-Ei« bereits wegen
Verstößen gegen das Tierschutzgesetz zu Haftstrafen verurteilt worden. Die Involvierung
des zuständigen Amtstierarztes sowie mehrerer Behördenvertreter in die Vertuschung der
Zustände ist mittlerweile unstrittig. Zur Rolle des Bayerischen Umweltministeriums wurde
ein Untersuchungsausschuss im Bayerischen Landtag einberaumt, bei dem CSU und Opposi-
tionsparteien allerdings zu unterschiedlichen Ergebnissen kamen. Vgl. Bayerischer Landtag,
Schlussbericht Untersuchungsausschuss Bayern-Ei GmbH. Drucksache 17/22311.17.05.2018.
URL: https://www.bayern.landtag.de/fileadmin/Internet_Dokumente/Sonstiges_A/091-
Schlussbericht_Online_Version_300518.pdf (24.10.2018).
43 Eigentlich bayr.-dialektale Verabschiedungsform, hier Ausdruck der Entrüstung.

Das Ehepaar B. thematisiert hier also eine durchaus reale Grundlage der medialen Berichterstattung, deren Skandalisierung auf einem auch von den Interviewpartnern und Interviewpartnerinnen als solches bewertetem Versagen beruht. F. und S. X., Inhaberin und Hofnachfolger eines Legehennenbetriebes, kamen ebenfalls – ohne mein Zutun im Interview – auf »Bayern-Ei« zu sprechen:

F. X.: Aber Pohlmann war da schon bekannt. Wir haben die Junghennen geliefert gekriegt, da haben die Fahrer gesagt: ›Oh, wir waren gestern wieder beim Pohlmann. Da hinten haben sie ausgestallt. Vorne haben wir die Jungen schon wieder rein.‹
S. X.: Nicht einmal gewaschen oder irgendwas.
F. X.: 140er-Meter-Ställe und nichts gewaschen, nichts. Da haben die schon gesagt, da tut doch keiner ein verrecktes Huhn raus. Das wird so lange auf dem Gitter liegen gelassen, bis es durchgetreten ist.

Das Erzählmotiv des »schwarzen Schafes«, von dem sich die befragten Landwirte und Landwirtinnen durchweg abgrenzten und damit gleichzeitig eine Selbstpositionierung als gesetzeskonforme und integre Tierhalter vornahmen, tauchte in den Interviewpassagen immer wieder auf und wird daher auch in den folgenden Kapiteln in unterschiedlichen Zusammenhängen nochmals begegnen. Dazu deuten sich hier bereits weitere rote Fäden der Analyse an, nämlich zum einen eine überwiegend resignative Haltung der Interviewpartner und Interviewpartnerinnen, welche selbst ebenfalls trotz ihres Wissens nicht einschreiten oder Meldungen bei Behörden durchführen, zum anderen Entlastungsfunktionen durch Verweise auf ähnliche Strukturen auch außerhalb der Landwirtschaft. So wurden beispielsweise die »schwarzen Schafe« als überzeitliche Kontinuitäten und »Normalitäten« einer jeden Berufsgruppe eingeordnet, die immer eine gewisse Gefahr negativer Fremdpositionierung mit sich brächten:

L.: Also ich muss mir halt immer denken: Es gibt bestimmt immer ein paar schlechte Betriebe. Aber die gibt es in jedem Berufszweig. Aber in der Landwirtschaft ist das einfach so, dass da … das kommt halt immer überall. Wenn jetzt irgendwie eine andere Firma Scheiße baut … mei, da juckt es eigentlich weniger einen.

I. O.: Also … und es gibt genauso wie es überall anders in … wie es jetzt eine gute Floristin gibt und eine, wo ich mir denke, naja … hat jetzt vielleicht den Beruf nicht so … genauso gibt es halt einfach leider Gottes auch bei den Bauern das so, es ist so. Und agratt[44] zu denen kommen sie [meint Tierschutzaktivisten] halt dann auch. Und … also da … wo ich mir jetzt denke, das ist halt oft einmal schade, wo ich mir denke, wenn sie halt einfach vielleicht besser dahinter wären, dann würde man solche Filme jetzt halt einfach auch weniger sehen.

Neben dem Motiv des »schwarzen Schafes« ergibt sich angesichts der Bewertung der medialen Darstellungen noch eine weitere zentrale Argumentation, nämlich

---

44 Bayr.-dialektal: genau.

eine beständige Beeinflussung der Bevölkerung durch aus landwirtschaftlicher Sicht nicht realitätsgemäße Bilder. Interviewpartnerin F. B. berichtete dazu über ihre Junghennenaufzucht:

> F. B.: Weil letztes Mal … wer war jetzt da draußen, wo sie gesagt haben: ›Mei, sind das schöne Hühner.‹ Dann hab ich gesagt: ›Ja, und, warum?‹ War jetzt für mich normal wie sie ausgeschaut haben. Aber manchmal, wenn jemand kommt, dann sagen sie: ›Oh, sind das schöne Hühner …‹ Weil die immer das Bild aus dem Fernsehen, ohne Federn und das alles in den Augen haben und das ist halt das, nicht?

Frau B. kritisiert, dass die Bevölkerung angesichts der überwiegenden Negativ-berichterstattung eben diese skandalisierten Bilder als »Normalität« in den Intensivtierställen annehmen würde, was den eigenen Erfahrungen und Arbeits-weisen der Landwirte und Landwirtinnen widerspricht. Interviewpartner Ö. stellt Ähnliches im Bereich der Schweinehaltung fest:

> Und dann ist halt jetzt die letzten Jahre dieser überregionale Aspekt dazugekommen, dass ich sage, wenn in Plusminus oder wie die Sendungen heißen, oder Report Mainz, wenn da über Stunden irgendwas kommt, was die moderne Landwirtschaft oder vor allem die moderne Tierhaltung negativ diskutiert und nur einseitig, also … Wenn dann einmal 20 Minuten nur über Ferkeltötung kommt, total aus dem Zusammen-hang gerissen, ich zeige keine Geburt, ich zeige keine Ferkel an der säugenden Sau, sondern nur diesen Passus Ferkeltöten, der zweifelsohne anfällt, der auch in großen, in so großen Betrieben dann vielleicht auch nicht unerhebliche Stückzahlen sind … das lasse ich schon alles zu. Aber das ist halt einseitige Berichterstattung und keine objektive Reportage.

Keiner der Interviewpartner und Interviewpartnerinnen ordnete die mediale Berichterstattung als ausgewogen oder objektiv gegenüber der konventionellen Landwirtschaft und hier insbesondere der Intensivtierhaltung ein. Stattdessen überwogen Einschätzungen eines Schwarzweiß-Bildes, das in Presse und TV vermittelt werde und nicht dem Maßstab eines qualitativen Journalismus ent-spreche, was auf Seiten der Befragten wiederum zu einem erheblichen Vertrau-ensverlust in die Medien generell führt. Eben diese Enttäuschungen und daraus resultierende – in der Studie als für das Verständnis der Positionierungsprozesse zentral herausgearbeitete – Vertrauensverluste führen wiederum zum Rückzug in eigene, innerlandwirtschaftliche Kanäle, wie auch aus folgender Erzählung von Masthuhnhalter H. R. und seiner Frau hervorgeht:

> H. R.: Da ist es über artgerechte Tierhaltung gegangen, da waren sie mal da. Taff, oder wie heißt das? Auf Pro 7, waren mal mit dem Fernsehen da. Aber das ist schon lange her, da war ich noch jung.
> F. R.: Ich glaube, das war noch mit den Weidehähnchen.
> H. R.: Wie haben die denn geheißen? Das war auch was, da hab ich mir die Hörner wieder zugestoßen. Ich war ganz stolz auf mein Ding und da sind die gekommen, ein paar so junge Reporter und eine Tierschützerin dabei und der Wiesenhof-Chef war

dabei. Dann hat der sein Statement abgegeben, die haben da drinnen herumgefilmt. Die Tierschützerin ist nicht in den Stall gegangen, weil sie schaut sich sowas nicht an … I.: Ach krass. H. R.: Und dann hab ich noch ein bisschen was geredet und dann ist das … mei ist dann so ein Artikel, das dauert ja immer nur so drei Minuten dann sag ich jetzt mal so. Und der letzte Satz, zum Schluss kommt die Tierschützerin dran und die sagt halt dann: ›Ja die Bilder waren jetzt alle gestellt, die Ställe waren extra sauber ausgeräumt, normalerweise schaut das ganz anders aus‹ und dann war die Sendung aus. Dann denkst dir wieder: Geh, habt's mich doch alle gern!

Als Motive für die Negativberichterstattung nahmen die Interviewpartner und Interviewpartnerinnen einerseits höhere Verkaufszahlen durch Skandalisierungen, die mehr Aufmerksamkeit bei den Zuschauern generieren würden, also ökonomische Gründe an, andererseits eine politische Nähe vieler Journalisten zur Partei Bündnis 90/Die Grünen – auf beides wird unter Kapitel 7.4 noch ausführlich eingegangen.

Mit Blick auf mediales Positioniert-Werden spielt innerhalb einer digitalisierten Gesellschaft vor allem auch das Internet als Schauplatz von Auseinandersetzungen um den Problemkomplex Intensivtierhaltung eine entscheidende Rolle. Dabei zielten die Aussagen der Landwirte und Landwirtinnen weniger auf journalistische Beiträge im Netz ab, sondern auf Darstellungen durch Tierschutzorganisationen auf diversen Plattformen sowie Bewertungen und Kommentare in den sozialen Medien, vor allem auf Facebook. Die Art und Weise der Kommunikation über ihr Berufsfeld in den sozialen Medien nimmt dabei für die Interviewpartner und Interviewpartnerinnen eine neue Dimension der Aggressivität an – Kommunikationswissenschaftler Kai Hafez bezeichnet diese als »Zivilitätsverluste«[45] im digitalen Raum –, die sich in direkten Beleidigungen und Beschimpfungen äußert, was bei einigen Befragten Ängste vor tätlichen Angriffen auslöst:

S. T.: Mhm, und da sind dann Kommentare, da wenn du dann durchliest, da kriegst du echt Angst teilweise. Von Massenkrematorium und Tierschänder und lauter so Sachen, was da drinnen steht.

Eine qualitative netzbasierte Untersuchung der Vergleichenden Kulturwissenschaft in Regensburg von 35 Webaufritten zum Thema Vegetarismus und Veganismus 2014/15 kam bezüglich der Kommunikationsstrukturen in Foren und Social Media-Kanälen ebenfalls zum Ergebnis stark aufgeladener, hitziger Diskussionen mit aggressiver Tonart gegenüber Landwirtschaft und Lebens-

45 Er bezieht sich hier auf den durch die Anonymität des Internets begünstigten Anstieg von Hasskommentaren und Beleidigungen in der Online-Kommunikation. Vgl. Ders., Hass im Internet. Zivilitätsverluste in der digitalen Kommunikation, in: Communicatio Socialis 3/50, 2017, 318–333.

mittelhandel, die bis hin zur Freude über Unfalltode von Bauern und Jägern reichten.[46] Agrarwissenschaftlerin Maike Kayser bemerkte bei ihrer Social Web-Analyse einen Anstieg der Einträge zur Agrar- und Ernährungswirtschaft von ca. 300 Einträgen pro Woche Mitte 2007 auf 700 Einträge Mitte 2009 und stellt gegenüber der auch in Print und TV vorherrschenden Negativberichterstattung fest: »Im Vergleich zu den neuen sozialen Medien berichten die Printmedien jedoch vergleichsweise positiver über die Branche, deren Praktiken und Ziele im Internet noch viel deutlicher kritisiert werden.«[47] Unmittelbar aus der Kommunikation im Internet wiedergegebene Fremdpositionierungen durch Begriffe wie »Tierschänder«, »Tierquäler«, »Verbrecher« etc., die sich weniger auf eine wie in den klassischen Medien stärker auftretende systembezogene Kritik an der konventionellen Intensivtierhaltung richten, sondern die Landwirte und Landwirtinnen individuell-persönlich als Verantwortliche für Tierleid ansprechen und beleidigen, wurden von den Befragten deswegen als belastendste Form der medialen Fremdzuschreibungen eingeordnet, weil sie die eigene Identität und vor allem auch moralische Integrität angreifen.

Angesichts dieser medialen Negativthematisierung der Intensivtierhaltung äußerten einige Interviewpartner und Interviewpartnerinnen Erleichterung über Agenda Setting durch andere gesellschaftspolitische Gegenstandsfelder, die Aufmerksamkeit von der Landwirtschaft nehmen:

H.M.: Wir können grad um an Trump froh sei, weil der ist dann wieder (lacht) eine Ablenkung in den Medien.

I. W.: Mittlerweile werden so viele Schweine durch das Dorf getrieben, also: Heute ist das, morgen ist das, und so weiter und so fort. Ich bin immer froh, wenn was anderes ist. Also mit den Flüchtlingen, hat uns geholfen. Da hatten wir da ein Thema gehabt. Jetzt die Regierungsbildung.

Durch die Betonung von Ablenkungen in Form weiterer öffentlichkeitsrelevanter Themen kann eine Bewältigungsstrategie der Landwirte und Landwirtinnen im »Warten« auf ein Vorüberziehen aktueller Skandale festgehalten werden, wodurch dennoch im besten Fall lediglich der Druck weniger wird. Diese Strategie des »Aussitzens« bescheinigt Agrarhistoriker Frank Uekötter dem DBV als dominante Haltung beim Umgang mit gesellschaftlicher Kritik an der Landwirtschaftsentwicklung im 20. Jahrhundert.[48] Angesichts wiederkehrender Lebensmittelskandale, etwa der Kulmination um BSE in den 1990er Jahren sowie der zunehmenden Sichtbarkeit globaler Folgen der industrialisierten Landwirtschaft

---

46 Vgl. die zusammenfassende Darstellung der Untersuchung in: Wittmann, Politisierte Ernährung.

47 Kayser, Agrar- und Ernährungswirtschaft, 147.

48 Vgl. Uekötter, Wahrheit, v. a. Kapitel 7.1 »Ökologische Probleme in ökologischen Zeiten«, 393–401 und 422 ff.

zu Beginn des 21. Jahrhunderts kann diese jedoch bilanzierend als gescheitert und auch für die Bauern selbst nicht zielführend subsummiert werden.

7.3 Die Ebene der Erfahrungen: Von sozialer Akzeptanz bis zum Stallbauprotest

> H. T.: Die meinen ja alle, der Widerstand,
> das ist gegen so eine anonyme Fabrik.
> Aber es steckt eine Familie dahinter.
> Und das, das reflektieren die Leute nicht.

Während zunächst die *Wahrnehmungen* der Intensivtierhalter zur gesellschaftlichen Position ihrer Berufsgruppe analysiert wurden, geht es im Folgenden um ihre unmittelbar-persönlichen *Erfahrungen*. Die öffentliche Kritik war für die Mehrheit der Befragten auch im eigenen sozialen Nahbereich, wozu Nachbarn, Bekannte, die dörfliche Gemeinschaft etc. zählen, spürbar und verharrt damit nicht bei entfernten medialen Angriffen. Insgesamt hatten bereits zwei Drittel der Landwirte und Landwirtinnen Konfrontationen aufgrund des ausgeübten Berufes erlebt, besonders stark fielen diese bei Protestaktionen zur Verhinderung von Stallbauten aus. Lediglich auf zwei Betrieben wurde von den Interviewpartnern und Interviewpartnerinnen geäußert, kaum von negativen Assoziationen rund um das Thema Intensivtierhaltung tangiert zu sein. Um die jeweils unterschiedlichen Gründe für und den Umgang mit positivem bzw. negativem äußeren Positioniert-Werden herausarbeiten zu können, werden im Folgenden vier Betriebe im Sinne qualitativ-kulturwissenschaftlicher Fallanalysen kontrastierend beleuchtet.

Singuläre soziale Akzeptanz

Die beiden Betriebe M. und W. bilden innerhalb des Samples aufgrund ihrer hohen Akzeptanz im persönlichen Umfeld und eher geringen Belastung durch äußere gesellschaftliche Kritik Ausnahmen. Die Voraussetzungen dafür gestalten sich bei beiden Betrieben unterschiedlich: Während im Fall M. vor allem eine starke Bindung an dörfliche Netzwerkstrukturen zu einer hohen »social embeddedness«, also sozialen Einbettung beiträgt, war bei Betrieb W. die innerhalb des konventionellen Bereichs ausgebaute Strohhaltung ihrer Mastschweine ausschlaggebend für eine positive Fremdpositionierung. Während der Gespräche auf den Höfen fiel auf, dass beide Familien die kritische öffentliche Meinung gegenüber der Intensivtierhaltung zwar durchaus ebenfalls wahrnahmen, hierauf aber weitaus weniger emotional reagierten und sich in geringerem Maß davon tangiert fühlten, als dies bei den übrigen Interviewpartnern und Interviewpartnerinnen der Fall war.

Familie M.

In die Gesprächssituation auf Betrieb M. in Niederbayern waren vier Familienmitglieder eingebunden: Der 58-jährige Hofinhaber H. M., seine Ehefrau F. M. sowie der 30-jährige Hofnachfolger S. M. und seine Partnerin J. M., die aufgrund der Betreuung des gemeinsamen Kindes nur phasenweise am Interview teilnehmen konnte. Der Schwerpunkt des Betriebes liegt mit 1.500 gehaltenen Tieren auf der Schweinemast, zusätzlich wird Ackerbau mit Anbau von vor allem Mais, Weizen und Raps betrieben. Sowohl H. M. als auch F. M. stammen aus landwirtschaftlichen Familien – während H. M. ursprünglich geplant hatte, den elterlichen Schweinemast-Betrieb zu übernehmen, den jetzt sein Bruder bewirtschaftet, änderte sich dieses Vorhaben mit dem plötzlichen Tod seines Schwiegervaters und er führte stattdessen den Betrieb seiner Frau weiter. Hier war in den 1970er Jahren die Milchkuhhaltung aufgegeben worden, wonach eine immer stärkere Spezialisierung auf Mastschweine erfolgte, die seit 1991 die Haupteinkommensquelle des Hofes bilden. Während H. M. vor allem im Außenbereich tätig ist, übernimmt seine Ehefrau die Büroarbeit – eine Aufteilung, die sich so auf zahlreichen Betrieben fand und klassische geschlechtliche Rollenmuster von Zuständigkeiten für Haus und Hof tradiert. Auch Hofnachfolger S. M. absolvierte eine landwirtschaftliche Ausbildung, war aber zum Zeitpunkt des Interviews als Angestellter bei einer agrarwirtschaftlichen Institution tätig, für die er Schweine haltende Betriebe in der Region berät. Auf diese Weise finanziert sich S. M. bis zur Hofübergabe durch seinen Vater mit einem separaten Einkommen und ist nicht darauf angewiesen, seinen Lohn ebenfalls aus dem elterlichen Betrieb heraus erwirtschaften zu müssen. Im Gespräch betonte die Familie, dies bewusst angestrebt zu haben, da man eine weitere Expansion und Steigerung der Tierzahlen sowie damit einhergehende Verschuldungen vermeiden wollte. So erklärte Betriebsleiter H. M., für die Zukunft keine weiteren Wachstumspläne zu haben:

I.: Und den Druck von Wachsen oder Weichen … wie geht es euch da mit diesem Thema?
H. M.: Mit dem haben wir abgeschlossen. (lacht laut) Mit Wachsen und Weichen oder Wachsen oder Weichen. (lacht)
S. M.: Wir haben jetzt zum Beispiel eine gute Alternative finde ich. Zumindest jetzt für die nächsten Jahre.
H. M.: Ja, zum Beispiel unser Generationsproblem jetzt, haben wir eben gesagt, wir tun jetzt nicht nochmal einen Stall bauen.
S. M.: Auf Biegen und Brechen, grad dass es …

H. M.: Nochmal pachten und …, dass wir einen Betrieb zusammenkriegen, wo wir zwei einigermaßen besch… Arbeit haben und Einkommen vielleicht auch haben. Mit Mordsinvestitionen, sondern ja, wir betreiben es jetzt so weiter. Der S. hat seine Anstellung. Und das ist irgendwie … also nicht schlecht! Das Wachsen, das sagen wir, das ist jetzt bei uns auch schon ein bisschen a so … aber noch nicht so schlimm wie in Landshut droben, in Hohenthann oder wo. […] Aber jetzt wir selber, wir sagen: Wir möchten jetzt nicht unbedingt da immer wachsen und wachsen.

Sowohl H. M. als auch seine Frau und sein Sohn waren sich darin einig, dass ständiges Wachstum zu steigendem Arbeits- und Schuldendruck führe, weshalb sie sich dafür entschieden hätten, dass nicht zwei Generationen gleichzeitig auf ein Einkommen aus dem Betrieb angewiesen sein sollten. Der mit der Schweinemast erzielte Gewinn wurde als ausreichend groß beschrieben, um eine Familie zu ernähren und den Hof zukunftsfähig zu erhalten, bis er anschließend an S. M. übergeben werde. Allerdings gab es in der Vergangenheit durchaus unterschiedliche Phasen von Investitions- und Expansionstätigkeiten:

Zwischen 1991 und 2007 hat H. M. seine Tierzahl mehr als verdoppelt und Ställe mehrmals um- oder neugebaut. Ebenso liegt die Genehmigung für einen weiteren Stall vor, welche die Familie allerdings lediglich vorausschauend eingeholt hat, um etwaigen zukünftigen rechtlichen Verschärfungen zuvorzukommen – hier zeigt sich ein auch in zahlreichen weiteren Interviews aufscheinendes langfristiges Planen, welches den Blick weniger auf kurzfristige Investitionen, sondern die nächsten Generationen richtet.

Grundsätzlich zeigte sich während des Gespräches immer wieder eine offene Diskussionskultur bezüglich möglicher Zukunftsszenarien auch innerhalb der Familie selbst, die vor allem durch die Partnerin des Sohnes angestoßen wurde, welche in einer Tierarztpraxis tätig ist und sich wiederholt kritisch bezüglich der derzeitigen Form der Intensivtierhaltung äußerte, allerdings auch die Unwirtschaftlichkeit alternativer Konzepte betonte: »J. M.: Ich würde gerne die Schweine da über die Wiese laufen lassen, aber … dann wird's einfach a bissl unrentabel die Geschichte.« Zwar waren sich sowohl S. M. als auch sein Vater der Negativthematisierung ihres Berufes in der Öffentlichkeit durchaus bewusst, allerdings fiel eine hohe Gelassenheit den Angriffen gegenüber auf, die sich sowohl bezüglich der Medien generell als auch den von mir mitgebrachten Artikeln und Berichterstattungen zeigte, welche von Familie M. lediglich sachlich dekonstruiert wurden. Diese sich durch das Interview ziehende Haltung, die aus der Gesamtzahl der befragten Landwirte und Landwirtinnen stark hervorstach, basiert auf zwei wesentlichen Faktoren: Zum einen grenzten sich die Interviewpartner und Interviewpartnerinnen von einer eigenen Definition als »Massentierhalter« ab, die sie als schlechten Umgang mit den gehaltenen Tieren auslegten:

H. M.: Ich habe mir gedacht, wenn die Frage kommt, dann sage ich: Massentierhaltung ist für mich, wenn ich diese wirklich nicht tiergerecht und schlechte Haltung habe.

S. M.: Schlechte Haltungsbedingungen einfach.
H. M.: Genau. Dann kann ich sagen, das ist Massentierhaltung.
I.: Fühlt ihr euch dann von dem Begriff angegriffen, wenn ihr das hört?
S. M.: (kurze Pause) Der Begriff ist generell … bei den Leuten ein schlimmes Wort.
Ich meine, Massentierhaltung ist kein schönes Wort nicht.
H. M.: Ja genau.
S. M.: Ich meine, ich sehe uns nicht als Massentierhalter.

Indem sich beide hier von einer »Massentierhaltung« distanzieren, nehmen sie
zugleich eine Selbstpositionierung als verantwortungsvolle Tierhalter vor, die
bestmöglich mit ihren Schweinen umgehen – das Wort wird von den Landwirten und Landwirtinnen also über die Art und Weise der Haltung und nicht die
Tierzahl definiert. Diese positive Bestärkung der eigenen Betriebsführung spielt
sicherlich eine Rolle bei der Einordnung der geringen Tangiertheit von Familie
M. in Hinsicht auf gesellschaftliche Intensivtierhaltungskritik. Allerdings äußerten mehrere Interviewpartner und Interviewpartnerinnen ähnliche Strategien
der Abgrenzung und Selbsteinordnung als »gute Tierhalter« – was daher bei
Familie M. zum anderen ausschlaggebend war, ist ihr auffallend hoher Grad
an sozialer Einbettung, der für eine weitreichende Akzeptanz im persönlichen
Umfeld und daher geringe Belastung durch äußere mediale Angriffe sorgt. So
wurde bereits meine Eingangsfrage von den Interviewten mit Blick auf soziale
Kontakte beantwortet:

I.: Wie fühlt ihr euch als Landwirte wahrgenommen von der Gesellschaft?
[…]
H. M.: Also ich finde das Image und so von der Landwirtschaft nicht so schlecht.
Und sagen wir mal … ich gehe jetzt von uns, von F., von unserem Ort aus und so. Da
sind wir voll akzeptiert! Und ja … wir sind an unserem … also in F., am Hauptort,
gibt es überhaupt keinen Bauern nicht mehr. Und bei uns ist jetzt, sind jetzt noch wir
und dann ist noch ein kleiner Milchviehbetrieb, ja und unsere Nachbarn. Also drei
praktisch. Aber ich finde das Image nicht so schlecht. Und man wird schon akzeptiert
und wahrgenommen.

Hier geht H. M. zunächst auf die Wahrnehmung als Landwirt innerhalb des
eigenen Ortes, annähernd 8.000 Einwohner groß und nur noch geringfügig von
der Landwirtschaft geprägt, ein. Im Folgenden erläuterte H. M. diese Einbettung
anhand zahlreicher Beispiele, die von Schul- über Vereinsstrukturen bis hin zu
Nachbarschaftsverhältnissen und Hobbies reichen. Deutlich wurde dabei, dass
H. M. diese sozialen Kontakte keineswegs als selbstverständlich ansieht, sondern
er und seine Frau gezielt daran arbeiten, sich gesellschaftlich einzubringen und
auch außerlandwirtschaftliche Beziehungen zu pflegen:

H. M.: Und der A. [anderer Sohn], der ist in die staatliche Wirtschaftsschule in Passau
gegangen. Und da war ich vier Jahre lang Elternbeiratsvorsitzender. Das hat … gehört
auch zu dem, dass man … ich war da voll akzeptiert da drin als Landwirt. Und ich
habe auch bei der Wahl, bei der Vorstellung gesagt … ja … Name und so … und ich

lasse mich wählen oder aufstellen wegen den Kindern natürlich, aber auch wegen dem, weil wir Bauern werden immer weniger und wir möchten uns ein wenig in die Gesellschaft einbringen. Haben die voll akzeptiert.

Auch von sozialem Engagement berichtete die Familie wiederholt:

H. M.: Aber man muss sich da einfach integrieren in die außerlandwirtschaftlichen Leute!
F. M.: Ja! Das stimmt.
H. M.: Mit dem Kindergarten schauen, dass man mal im Elternbeirat dabei ist. Dann ist man schonmal ... hat man schon ein bisschen Einfluss und Informationen. Ja ... dann ist eh klar ... gibt es eh immer was zum Transportieren. Wenn man ihnen bei den Festen ... ja, dann musst du halt mit dem Bulldog und mit dem Anhänger die Biertischgarnituren fahren und so. Und a so ist man da voll integriert.

F. und H. M. haben über Jahrzehnte hinweg versucht, sich in bestehende Strukturen »zu integrieren« und gesellschaftliche Aufgaben wie Elternbeirat, Mithilfe bei Festen und Tätigkeiten in Vereinen anzunehmen, worauf sie nun wiederum die eigene Akzeptanz in ihrem Umfeld – gerade auch als Landwirte und Landwirtinnen – zurückführen. Darüber hinaus erzählte H. M. von Begegnungen am nahegelegenen Golfplatz, den er immer wieder zur Entspannung aufsuche:

H. M.: Und da spiele ich oft mit fremden Leuten. Meistens älteren Leuten. Und irgendwann gebe ich dann einmal einen Hinweis, dass sie merken, dass ich ein Bauer bin. Sage ich halt: Mh ja ... der Abschlag war nicht schlecht für a so an alten Bauern. (alle lachen) Und dann springen die sofort auf und fragen mich: Ja, hast du einen Hof und Landwirtschaft und so? Und dann reden wir da. Aber NUR ... ich habe noch NIE etwas Negatives erlebt! Noch nie! Die sind alle positiv eingestellt. Das sind meistens ... ja ... wie soll ich sagen? Pensionierte Doktoren oder Architekten oder so, die wo in Bad Griesbach ... die kommen da, ja machen viele Urlaub und tun dann Golf spielen. Und ich fahre dann da rüber auf den Golfplatz und sage: Ich möcherte ... also an der Rezeption ... ob sie nicht jemanden haben, wo ich mitspielen kann. Weil ich mag nicht alleine spielen. Und dann habe ich da wirklich öfter Kontakt. Und ich habe da noch nie ein negatives Erlebnis gehabt!

Landwirt H. M. präsentierte sich sowohl in der Interviewsituation selbst als auch in den währenddessen ausgeführten Erzählungen als offene und kommunikationsfreudige Person, was dazu beiträgt, sich auch über das bekannte Umfeld hinaus positiv zu positionieren und Sozialbeziehungen herzustellen. H. M. verfolgt dies durchaus als bewusste Strategie und verortet dieses aktive Vorgehen als generelle Öffentlichkeitsarbeit für die eigene Berufsgruppe. Ein Verlass auf vorhandene Netzwerkstrukturen, die dem Individuum Stabilität und Orientierung verleihen, wird wissenschaftlich auch als »social embeddedness« – soziale Eingebettetheit – bezeichnet, ein Begriff, der auf den Historiker Karl Polanyi zurückgeführt wird[49] und später von Mark Granovetter hinsicht-

---

49 Karl Polanyi, The great transformation. Boston 1944.

lich seiner Bedeutung für menschliches Handeln adaptiert wurde.[50] Dieses vor
allem von der Wirtschaftsgeografie zur Erklärung von stabilen Handels- und
Wirtschaftsbeziehungen fruchtbar gemachte Konzept erlaubt es, das Eingehen
von Vertrauensverhältnissen und den Stellenwert der persönlichen Akzeptanz
innerhalb sozialer Entitäten zu erklären, die im Fall von Familie M. von hoher
Relevanz sind. Die Erfahrungen des Betriebsleiters im eigenen Umfeld wurden
als überwiegend positiv herausgestellt oder nach erfolgten Diskussionen letztlich
positiv *gedeutet*, da der bewusste Versuch unternommen wird, andere Meinungen nicht per se als Angriffe zu gewichten:

H. M.: Ja, aber man muss denen immer sachlich argumentieren und man muss denen
ihre Meinung eigentlich zuerst einmal aufnehmen und nicht abwehren. Und dann …
S. M.: Genau. Einfach sachlich bleiben. Und nicht irgendwie …
H. M.: Genau. Oder wenn heute einer sagt: ›Ja, ich bin Vegetarier, ich esse kein Fleisch.‹
Ja, ist ja dein Recht! Das darfst du ja!

Immer wieder betonte H. M., Konflikte vermeiden und stattdessen auf Offenheit
und Verständnis setzen zu wollen, sodass also auch Kritik an der Intensivtierhaltung – wie sie etwa durch die Schwiegertochter auch im engsten Umfeld geäußert
wird – nicht als Angriff auf die eigene Persönlichkeit angesehen und abgewehrt,
sondern kommunikativ ausgehandelt wird. Das Erklären landwirtschaftlicher
Sachverhalte gegenüber außerlandwirtschaftlichen Personen wird von H. M.
angesichts seines hohen Grades an sozialer Einbindung seit Jahrzehnten eingeübt, was wiederum zu einer als positiv empfundenen eigenen gesellschaftlichen
Position und daher geringen emotionalen Belastung beiträgt.

Familie W.

Ein zweiter Familienbetrieb, der sich als auffällig hinsichtlich seiner minima-
len Tangiertheit durch gesellschaftliche Kritik erwies, befand sich im Untersuchungsraum Mittelfranken. Hier bewirtschaftet Familie W. seit mehreren
Generationen – der Hofname lässt sich bis ins Jahr 1688 rückverfolgen – eine
Zuchtsauenhaltung mit Ferkelaufzucht und anschließender Mast. Auch die
Ehefrau von Betriebsinhaber H. W. wuchs auf einem Bauernhof auf, das Paar
hat zwei gemeinsame Kinder, der älteste Sohn absolvierte zum Zeitpunkt des
Interviews eine Fremdlehre, arbeitete aber bereits auf dem Hof mit und möchte
diesen in Zukunft übernehmen. Bewirtschaftet werden 150 Hektar Ackerland,
zusätzlich zur Zuchtsauenhaltung von 75 Tieren auf dem ursprünglichen Hof-

---

50 Mark Granovetter, Economic action and social structure: The problem of embeddedness, in: American Journal of Sociology 91, 1985, 481–510.

gelände im Dorf wurden in Außenlage vor dem Ort ein Holz-Strohstall für circa 500 Mastschweine und eine Biogasanlage gebaut. Damit stellt der Hof zum einen hinsichtlich der Tierzahl einen der kleinsten besuchten Betriebe dar, zum anderen wurde nur ein weiterer Interviewpartner befragt, der in der Schweinemast reine Strohhaltung betreibt. Bei diesem stellte sich trotz gleich »niedriger« Tierzahl die Frage der Akzeptanz in Folge eines langjährigen Bürgerprotestes jedoch völlig anders dar,[51] wodurch sich zeigt, dass die innerhalb des konventionellen Samples alternativere Haltungsform an und für sich kein genereller Garant gegen Angriffe von außen ist – was von der Öffentlichkeit als »Massentierhaltung« und damit negativ klassifiziert wird, hängt nicht von offiziellen institutionellen Grenzwerten ab, sondern von jeweils zeit- und raumspezifischen Konstellationen, ist also kulturell bedingt.

Während bei Familie W. Vater und Sohn den Ackerbau, die Biogasanlage und die Pflege der Mastschweine unter sich aufteilen, ist Frau W. für die Zuchtsauenhaltung und das Abferkeln zuständig. Sie ließ dabei im Gespräch einen hohen emotionalen Bezug zu ihren Tieren erkennen, was sich etwa im steten Austesten unterschiedlicher Haltungsbedingungen und Methoden bei der Aufzucht, vor allem aber der Beschreibung von intensivem Körperkontakt äußerte:

H.W.: Man macht halt immer Versuche. Man probiert ja immer irgendwas.
F.W.: Ja. Und ich hab für die zwei Schweine, für die zwei Mutterschweine sehr viel Zeit aufgewendet. Also ich mein nach dem fünften Tag sind sie … die kommen ja eine Woche bevor sie abferkeln da rein. Und eigentlich hab ich gemeint ohne Stroh, aber das ist nicht gegangen, weil die Abferkelställe sind ohne Stroh. Und dann hab ich ein Stroh rein, dann sind sie auch immer ruhiger geworden und dann ab dem fünften, sechsten Tag, wenn ich dann rein bin, dann haben sie erst einmal hergeschaut, dann hab ich erst einmal hinter dem Ohr gekrault.
S.W.: Mhm, die hat man immer kraulen müssen dann.
F.W.: Dann hab ich da unten gekrault und dann hab ich noch am Buckel kraulen müssen.

Auf diese vergleichsweise enge Beziehungsebene zu den gehaltenen Tieren wird in Kapitel 9.5 noch näher eingegangen, da sie einerseits signifikant für die interviewten Zuchtsauen-Betriebe mit mehrjährigen Lebensspannen der Muttertiere und andererseits geschlechtsspezifisch zu deuten sind. Zwar ließen auch Ehemann und Sohn von Frau W. Tierwohl-orientierte Perspektiven im Interview erkennen, allerdings standen in ihren Aussagen ökonomische Aspekte stärker im Vordergrund. So betonte die Familie, dass die bisherige Größe des Hofes nicht

---

51 Ausführlicher dargestellt in Barbara Wittmann, Stallbauproteste als Indikatoren eines kulturellen Anerkennungsverlustes konventioneller Landwirtschaft, in: Manuel Trummer, Anja Decker (Hrsg.), Das Ländliche als kulturelle Kategorie. Aktuelle kulturwissenschaftliche Perspektiven auf Stadt-Land-Beziehungen. Bielefeld 2020, 155–172.

zukunftsfähig sei und bei einer Weiterführung durch den Sohn ausgebaut werden müsse. In diese Überlegungen spielen ein gerade in der Zuchtsauenhaltung
und Ferkelaufzucht hoher Arbeitswand hinein – gekennzeichnet durch viel Zeit
bei den trächtigen Tieren, häufiges nächtliches Abferkeln und intensive Pflege
der neugeborenen Jungferkel –, der auch von zahlreichen anderen Interviewpartnern und Interviewpartnerinnen genannt wurde und parallel mit wiederkehrenden Preiskrisen in der Ferkelerzeugung für viele Betriebe ausschlaggebend
zur Umstellung auf reine Mast war.

Das Familie W. kennzeichnende innovative Austesten verschiedener Hal-
tungsmöglichkeiten äußerte sich vor allem im Bau des zum Zeitpunkt des
Interviews bereits seit über 15 Jahren betriebenen Strohstalls. Zum Aufbau und
Eindruck des Stalles wurde im Feldforschungstagebuch notiert:

Er macht durch das Stroh sofort einen sehr viel weniger technisierten und ›kalten‹
Eindruck als bei meinem zuvorigen Stallbesuch auf Spaltenboden. Auch der Geruch
des Strohs überdeckt den typischen Schweinegeruch und macht den Aufenthalt angenehm (was ich mir auch für die Arbeit im Stall angenehmer vorstelle). […] Kurz
zum Aufbau: In der Mitte des Stalles ist ein Gang, in dem Stroh liegt, das später
eingestreut werden kann. Links und rechts vom Mittelgang sind die Schweinekoben,
in denen sich jeweils zwölf Schweine befinden. Sie sind je nach Alter in den Koben
zusammen untergebracht. Die Einstreu ist mit Stroh getätigt, zudem befindet sich im
hinteren Teil der Koben ein abgetrennter Bereich, der verdunkelt ist und in den sich
die Tiere zurückziehen können. Aussehen tun die Schweine nicht anders als auch in
anderen Betrieben (zumindest für mich als Laien), auch sie haben Markierungen auf
dem Rücken, für diejenigen, die bald zum Schlachten gebracht werden, Marken an
den Ohren und auch Kratzer auf der Haut (die aber bei Schweinen durch das fehlende
Fell nicht ungewöhnlich sind und v. a. von gegenseitigen Keilereien kommen). Die
Schweine sind recht scheu und weichen erst einmal in den hinteren Teil zurück, als
wir kommen. Mir fällt auf, dass sie sensibel und lärmempfindlich reagieren. Ich weiß
nicht, ob sich die Schweine tatsächlich auf dem Stroh glücklicher fühlen, es kommt
aber sicherlich ihrem Wühl- und Spieltrieb sehr entgegen, eine bewegliche Bodenflä-
che zu haben und keine Spalten.

Als ausschlaggebend für die Entscheidung zum Bau eines Strohstalles nannte
H. W. ein angenehmeres Gesamtklima, Tierwohlgründe, aber auch die erheblich
geringeren Kosten und für ihn attraktivere Optik eines Holzstalls. Der Interviewpartner berichtete, von Seiten landwirtschaftlicher Berater aus sei er vor
dem Umstieg auf Stroh gewarnt worden, zumal alternative Haltungsformen zum
damaligen Zeitpunkt innerhalb des Berufes kaum als erwägenswert in Betracht
gezogen wurden. H. W. betonte jedoch seine Zufriedenheit mit dem gewählten
System, in dem durch Technikeinsatz und Kreislaufwirtschaft versucht werde,
den grundsätzlich höheren Arbeitsaufwand mit Stroh so gering wie möglich zu
halten: Mithilfe des Aufklappens der Kobengitter ist es möglich, das Stroh mit
dem Frontlader aus dem Stall direkt in die dahinter befindliche Biogasanlage zu
befördern und damit zur Energieerzeugung beizutragen. Der Betrieb nimmt an

der Initiative Tierwohl[52] teil, deren Kriterien die Haltungsbedingungen ohnehin bereits entsprachen. Eine Umstellung auf Bio-Erzeugung war für Familie W. bislang keine Option, da der Betrieb auf das Einkommen aus der Biogasanlage mit angewiesen ist, für deren Energiepflanzengewinn die geringeren Ernteerträge aus biologischer Wirtschaft zusammen mit der Notwendigkeit, das Futter für die gehaltenen Tiere selbst zu erzeugen, ihrer Einschätzung nach nicht ausreichen und daher ressourcentechnische Schwierigkeiten mit sich bringen würde.

Die grundsätzliche öffentliche Kritik an der Intensivtierhaltung nimmt die Familie durchaus wahr, wie Hofnachfolger S. W. ausführt:

> Wenn ich gesagt hab, ich bin Bauer oder so und hab Schweine und dann: Ohhh, Gott ... Die denken halt sofort an das, was sie im Fernsehen sehen, nicht? Sofort ... da wird nicht irgendwie drüber nachgedacht. Du versuchst dich dann natürlich schon zu erklären ..., wenn du am Handy Fotos hast oder so ... aber bei manchen, das merkst du gleich, wenn da so ... Ja so 16-, 17-jährige Mädchen, die wo ... oder 18-Jährige, keine Ahnung, die irgendwas im Fernsehen sehen und eh kein Fleisch essen ...

S. W. bezieht sich hier auf eine Personengruppe, die sich aus den Kriterien »jung, weiblich, vegetarisch« zusammensetzt und der er eine höhere Aufnahmebereitschaft für Tierhaltungskritik zuschreibt. Tatsächlich belegen zahlreiche Studien der Esskulturforschung, dass Vegetarismus und Veganismus stärker von Frauen präferiert werden, die zudem meist über hohe Bildungsabschlüsse verfügen, im urbanen Umfeld leben und der Altersgruppe 15 bis 35 Jahre zugehörig sind.[53] Dennoch greift F. W. im Anschluss an die Aussagen ihres Sohnes auf, dass der Betrieb der Familie in der Außenwahrnehmung zumeist als positiver Vorzeigehof eingeordnet würde, weshalb sie selbst weniger stark von kritischen Meinungen betroffen seien. Der Strohstall der Familie W. wurde angesichts seines Vorzeigecharakters für eine Tierwohl-orientiertere Haltungsform auch im BR-Sendeformat »Unser Land« ausgestrahlt, woraufhin die Bekanntheit des Betriebes in der Region stieg und zahlreiche wertschätzende Reaktionen folgten. F. W. bemerkt dazu: »Weil der Stall ist halt auch ... der ist so, wie er im Fernsehen gezeigt worden ist, da hat man nichts spielen müssen. Der ist halt einfach angenehm und schön anzuschauen.«

Wiederholt wurde im Interview auf eine anerkennende Fremdwahrnehmung von außen rekurriert, die auch in der medialen Berichterstattung weiter transportiert wurde und damit der Negativthematisierung, mit welcher sich

---

52 Eingehender wird deren Akzeptanz durch die Landwirte noch in Kapitel 8.5 behandelt.

53 Vgl. z. B. Anette Cordts, Achim Spiller, Sina Nitzko, Harald Grethe, Nuray Duman, Fleischkonsum in Deutschland. Von unbekümmerten Fleischessern, Flexitariern und (Lebensabschnitts-)Vegetariern. Hohenheim 2013. URL: https://www.uni-hohenheim.de/uploads/media/Artikel_FleischWirtschaft_07_2013.pdf (16.10.2018); Tamara M. Pfeiler, Boris Egloff, Examining the »Veggie« personality: Results from a representative German sample, in: Appetite 120, 2017, 246–255.

die Mehrheit der Interviewpartner und Interviewpartnerinnen konfrontiert sieht, entgegensteht. Insgesamt lässt sich daher angesichts der Erfahrungen der Familie W. bilanzieren, dass ihnen aufgrund ihrer Stallform eine überwiegend wohlwollende öffentliche Beurteilung zukommt und sie trotz Biogasanlage, eines für die Region hohen Hektarbetrages im Ackerbau und des konventionellen Spaltenbereichs auf der Hälfte des Betriebes aufgrund des Holz-Strohstalles als fortschrittlicher und tierwohlorientierter Hof wahrgenommen werden, der keine Stigmatisierung als »Massentierhaltung« erfährt. In den Aussagen der Interviewpartner und Interviewpartnerinnen wird allerdings deutlich, dass keine grundsätzlichen Abgrenzungsversuche von Berufskollegen betrieben werden, die über gängige Spaltenbodenställe und höhere Tierzahlen verfügen:

F. W.: Das sagen wir, wo das Fernsehen da war auch immer. So quasi: Ihr seid die Guten, ihr habt Stroh und die anderen sind die Schlechten …
S. W.: Ja ich mein, wenn jemand halt so gebaut hat, der kann halt jetzt nicht anders.
H. W.: Nein, das hängt alleine daran, wie es der Betreiber betreibt.
F. W.: Genau. Das hängt vom Betreiber ab. Ich mein …wie gesagt … die Masse … ich glaube nicht, dass wir einen Maststall mit 2.000, 3.000 Mastplätzen so mit dem System betreiben könnten. Da wäre es schon schwieriger, oder? Muss man sagen: Es wäre vielleicht machbar, aber schwieriger. Die Größenordnung und … wenn der Verbraucher so billiges Fleisch will, dann ist halt das das Einfachste …

Die Fremdpositionierung des eigenen Betriebes als »die Guten« ist Familie W. zwar bewusst, sie wird jedoch nicht als Eigenpositionierung geäußert – stattdessen versuchten die Interviewpartner und Interviewpartnerinnen, die Haltungsformen ihrer Berufskollegen zu rechtfertigen und zu erklären, indem im Gespräch immer wieder der ökonomische Druck und das System des Lebensmittelhandels aufgegriffen wurden. Hier spielt zudem eine Rolle, dass der ältere Zuchtsauen- und Ferkelaufzuchtbereich auf dem ursprünglichen Hofgelände noch im Betonboden-Spaltensystem gebaut wurde und bislang lediglich bei der neueren Mastanlage Stroheinstreu verwendet wird – die Familie positionierte sich daher durchaus als dem gängigen konventionellen Bereich zugehörig.

Anhand der Darstellung der beiden Fallbeispiele M. und W. wurden zwei bedingende Ursachen positiver Fremdpositionierung deutlich: Zum einen durch eine starke soziale Einbettung im persönlichen Umfeld, zum anderen durch die Einführung eines tierwohlorientierteren Strohstallsystems. Beide Betriebe stachen damit aus der Mehrheit der emotional durch die Kritik an der Intensivtierhaltung stärker betroffenen Interviewpartner und Interviewpartnerinnen heraus, da sie sich weder persönlichen Angriffen ausgesetzt sahen noch als durch die mediale Berichterstattung besonders tangiert zeigten. Auf unterschiedliche Weise gelingt den befragten Personen hier »Anerkennung als Medium sozialer Integration«[54] und damit eine Selbstermächtigung, die zur Bewältigung einer

---

54 Holtgrewe, Voswinkel, Wagner, Anerkennungssoziologie, 9.

von weiteren Landwirten und Landwirtinnen vergleichsweise stark belastend
empfundenen Situation führt.

Kulminationen durch Stallbauproteste: Die Fälle T. und L.

Kontrastierend hierzu werden nun die Erfahrungen zweier Betriebe – sowie
einfließend auch vergleichbare Erläuterungen weiterer Interviewpartner und
Interviewpartnerinnen – geschildert, gegen deren Stallbaupläne sich Bürgerinitiativen oder anderweitige massive Kritik entzündet hat. Dazu muss angemerkt
werden, dass die Auswahl an befragten Interviewpartnern und Interviewpartnerinnen, deren Erlebnisse an dieser Stelle ausgeführt hätten werden können, wesentlich höher war als zu den positiven Berichten im vorhergegangenen Kapitel.
So befanden sich unter den besuchten Höfen sieben Fälle von Protesten gegen
Stallneubauten – teilweise durch Initiativen in den Ortschaften selbst, teilweise
durch räumlich weiter entfernte Organisationen –, die sich meist über mehrere
Jahre hinweg zogen und von den Interviewpartnern und Interviewpartnerinnen
stets als extrem belastende Situationen empfunden wurden.

Fallbeispiel T.

Unter diese Kategorie fällt der Fall von Familie T., die das etwa 3,5 Stunden
dauernde Interview zu großen Teilen dazu nutzte, die Geschichte des Kampfes
um die Erweiterung ihres Schweinemastbetriebes aus der eigenen Perspektive
zu schildern, wodurch dem Interview eine fast schon psychologische Funktion
des Gehört-Werdens zukam, was wiederum die hohe emotionale Betroffenheit
durch das Erlebte widerspiegelt.

Sowohl Betriebsleiter H. T. als auch seine Ehefrau F. T. waren zum Zeitpunkt
des Interviews 48 Jahre alt. Die beiden haben drei Söhne, von denen der 19-jäh-
rige Hofnachfolger S. T. eine landwirtschaftliche Ausbildung absolvierte. Der Betrieb liegt in der stark auf die Schweinehaltung konzentrierten niederbayerischen
Region Landshut, deren Tierdichte und in einigen Orten des Landkreises relativ
hoher Nitratgehalt im Grundwasser[55] auf lokaler Ebene seit Jahren kritisch von
der Öffentlichkeit verfolgt wird. Ackerbaulich bewirtschaftet werden 45 eigene
und 75 zugepachtete Hektar. Kurz bevor stand bei der Befragung zudem die

---

55 Drei Wasserversorgungswerke im Landkreis meldeten Messwerte über 40 Milligramm
Nitrat pro Liter Grundwasser, sieben lagen über der Grenze von 50 Milligramm, was von
Einwohnern und lokaler Presse breit diskutiert wurde. Vgl. hierzu etwa: Andreas Scheuerer,
Nitratbelastung in Niederbayern »besonders kritisch«, in: Passauer Neue Presse 06.10.2017.
URL: https://www.pnp.de/nachrichten/bayern/2682321_Nitratbelastung-in-Niederbayern-
besonders-kritisch-Karte.html (15.11.2018).

Fertigstellung des jahrelang umkämpften Stallneubaus in Randlage des Ortes, wodurch eine Erweiterung der bestehenden rund 1.200 Plätze auf insgesamt 220 Zuchtsauen, 1.000 Ferkel und 1.800 Mastschweine im sogenannten »geschlossenen System« stattfindet, bei dem die selbst aufgezogenen Ferkel später auch auf dem Betrieb gemästet werden.

Die Entscheidung zur Expansion des Hofes sah H. T. aufgrund des Nachfolgewunschs seines Sohnes als unumgänglich an:

> Weil irgendeinen Weg haben wir gesucht, dass wir weiterhin Bauern bleiben können und er hat gesagt, er steigt ein. (meint Sohn) Und dann war die … die Ding klar, wir müssen was machen, weil für zwei Familien wird es so nicht gehen. Und wenn einer weitermacht, dann müssen wir … hopp oder top. Was anderes gibt es da nicht.

Der Ausbau wurde also von der Familie als einzige Möglichkeit angesehen, um den Miteinstieg von S. T. in die Landwirtschaft finanziell stemmen zu können – andere Optionen wie etwa das Angestelltenverhältnis des Sohnes bis zur Hofübergabe beim oben beschriebenen Beispiel M. oder weitere Standbeine wurden aufgrund der Spezialisierung des Betriebes im Bereich der Schweinhaltung nicht als sinnvoll erwogen. Die Redewendung »hopp oder top« stellt eine Analogie zur im Zuge des Strukturwandels in der Landwirtschaft häufig bemühten »Wachsen oder Weichen«[56]-Dichotomie dar, der H. T. hier ebenfalls folgt und sich aus der Angst heraus, ansonsten zur Aufgabe gezwungen zu werden, für »wachsen« entschieden hat. Sowohl eine erhebliche finanzielle Belastung infolge der Investition als auch die Streitigkeiten um den Bau wurden aufgrund des Wunsches, einen zukunftsfähigen Betrieb an die nächste Generation weiterzugeben, in Kauf genommen:

F. T.: Bis wir in die Rente kommen, zahlen wir hin.

H. T.: Ja, den Bau an sich, ja. Aber für uns war es alternativlos. Herinnen [innerhalb der Ortschaft] können wir uns nicht mehr weiterentwickeln. Wir haben … wir hätten sogar mit der Tierhaltung zurückfahren müssen, weil 2017 läuft die Übergangsfrist jetzt aus. Wir müssten dann was tun. Also entweder abstocken oder sonst irgendwas.

F. T.: Oder aufhören.

H. T.: Oder dann auch aufhören. Und wenn du dich nicht weiterentwickeln kannst, dann ist das … vielleicht nicht in unserer Generation, aber in der nächsten nachher der Todesstoß. Irgendwann musst du nachher aufhören.

Immer wieder schien in den Aussagen des Ehepaares zum einen die Angst vor einer drohenden Unrentabilität des Hofes auf, der sich seit Mitte des 19. Jahrhunderts in Besitz der Familie befindet, zum anderen wird der aus dem kapitalistischen Wirtschaftssystem resultierenden Logik, nach dem zum Überleben auf dem Markt ständige Anpassung und Wachstum notwendig sind, gefolgt: So gab

---

56 Vgl. hierzu Uekötter, Wahrheit, 370 sowie anschließend das Kapitel zum landwirtschaftlichen Strukturwandel.

H. T. an, auch bei der eigenen Hofübernahme ausgebaut zu haben und »in der Entwicklung nicht stehen bleiben« zu wollen – eine auf ökonomischem Druck basierende Sichtweise, die Agrarsoziologin Karin Jürgens mit dem Landwirtschaftsstil »je mehr du reingibst, desto mehr bekommst du raus«[57] umschreibt.

Nach der Planung reichte H. T. 2012 seinen Stallneubau zur Genehmigung ein – bis zu deren Umsetzung vergingen drei Jahre, in denen die Familie massiven Protesten ausgesetzt war. Zu deren Veranschaulichung holte der Landwirt bereits zu Beginn des Interviews die Sammlung der Berichterstattung, Artikel und Gerichtsakten rund um den Fall mit auf den Tisch, die aufgrund ihrer Anzahl und Bandbreite auch auf mich äußerst eindringlich wirkte und wie folgt im Feldforschungstagebuch festgehalten wurde:

Dazu bringt H. T. zwei Ordner voll mit Zeitungsausschnitten und Berichterstattungen über den Stall herein, die mich völlig schockieren, denn mit solch einem Berg an Medienmaterial hätte ich niemals gerechnet, auch wenn ich selbst zuvor über das Internet auf die Familie im Zuge dieser Berichte gestoßen bin. Ich kann zunächst nicht glauben, dass so viel über den Stall berichtet wurde und zeige meine Fassungslosigkeit ganz offen […].

Während des gesamten 3,5-stündigen Gespräches zog H. T. immer wieder einzelne Blätter aus den Ordnern, um das Gesagte zu untermauern. Hier spielten aus Sicht der Familie vor allem diffamierende Artikel des lokalen Zeitungshauses sowie Aktionen der formierten Bürgerinitiative eine große Rolle, deren Vorgehensweise als respektlos und bewusst manipulierend empfunden wurde. Wie einleitend wiederholt ausgeführt, geht es letztlich nicht darum, den »Wahrheitsgehalt« von Aussagen zu überprüfen oder die »Richtigkeit« einer der Perspektiven zu verifizieren. Stattdessen möchte die Studie nachvollziehen, weshalb von den Intensivtierhaltern und -halterinnen bestimmte Positionierungen eingenommen werden und welches subjektive Empfinden hier zu Grunde liegt. Wie stellt sich also »die Wahrheit« aus Sicht der Befragten dar und weshalb kommt es dazu?

Dass der geplante Stall nicht einfach zu genehmigen sein würde, war der Familie bereits früh bewusst, da es in der von Intensivtierhaltung geprägten Region auch bei anderen Betrieben bereits zu Problemen gekommen war. Aus diesem Grund hatten sie frühzeitig eine Informationsveranstaltung im eigenen Ort durchgeführt, um den Einwohnern zu erklären, wie und wo der neue Stall entstehen sollte:

H. T.: Das war eine Woche vor der Gemeinderatssitzung, weil wir gesagt haben … Und wir haben dann gesagt, die Gemeinde … also die Ortsansässigen, die sollen es von uns erfahren und nicht aus der Zeitung von sonst irgendwas.

F. T.: Und dann haben wir das gemacht, ist eigentlich ganz gut gelaufen, gell?

---

57 Jürgens, Der Blick, 142.

H. T.: Mhm, das ist gut gelaufen. Und wie gesagt, dann war die Redakteurin, hat dann auch den ersten Bericht gebracht. Und der ist für uns eigentlich gut geschrieben gewesen. Und dann hat es vier Wochen gedauert, oder ...
F. T.: Nein ... 14 ...
H. T.: Nein, 14 Tage hat es gedauert, und dann ist der volle Hammer von der Stadtredaktion gekommen. Also volle Kanne dagegen.
I.: Aber von der gleichen Zeitung?
H. T.: Von der gleichen Zeitung, aber das eine war Landkreisredaktion, hat einen sehr objektiven und humanen Bericht gebracht, also so, wie ich es ihr erklärt habe. Und die von der Stadt, die hat weder mit mir geredet, die Redakteurin, noch hat die ... die hat sich halt nur auf das verlassen, was ihr halt die anderen erzählt haben. Und der ist volle Kanne dagegen gelaufen.

Zur hohen emotionalen Belastung beschreibt Familie T. weiter:

F. T.: Ja, da hast du schon immer Angst gehabt, wenn die Zeitung gekommen ist.
H. T.: Ich weiß Zeiten, wo du wirklich nichts anderes mehr getan hast, als Berichtigungen geschrieben, geschaut, dass du die Leute erwischt, die da ... ja.

Die Familie machte einen der wichtigsten Parameter für den mehrere Jahre währenden Kampf um den Stallbau in der Berichterstattung der lokalen Presse aus, die aus Sicht der Betroffenen fast ausschließlich negativ geprägt war. Ebenso hoch wurde der Einfluss der Politik auf die Gegenkampagne gewichtet, da verschiedene Parteimitglieder, darunter Bürgermeisterkandidaten, Stadträte und Landtagsabgeordnete, den Fall in Wahlkämpfen aufgegriffen hatten. Familie T. schreibt dabei Politikern quer über Parteigrenzen hinweg eine Instrumentalisierung des Genehmigungsverfahrens zu, um sich gegenüber der Intensivtierhaltung insgesamt ablehnend zu positionieren. Dennoch wurde die Hauptverantwortung auf eine Bündnis 90/Die Grünen-Politikerin aus der Region projiziert: »Da ist im Nachbarort ... wollte eine in den Landtag rein, von den Grünen. Und die hat halt das als Wahlkampfthema hergenommen.« Die Familie führt weiter aus:

H. T.: Ja, das ist aber von der Couleur her untersch... völlig Wurst gewesen, da sind FDP-Stadträte dabei gewesen, da waren Bürger für Landshut dabei, die haben ... also es war ...
I.: ... durchgehend.
H. T.: Querbeet. Jeder hat gemeint, er kann das für sein ... politisches Fortkommen da nutzen ...

Die Kampagne der Bürgerinitiative richtete sich thematisch vor allem gegen die vermutete Geruchsbelästigung durch Schweineställe, in deren Folge eine Minderung der Grundstückswerte befürchtet wurde, ebenso war aber auch eine grundsätzliche Kritik an der Intensivtierhaltung und der hohen Mastschweine-Dichte im Landkreis zu verzeichnen, in deren Folge eine weitere Beeinträchtigung des Grundwassers und Tierschutzverstöße befürchtet wurden. Familie T. berichtete, es habe von Seiten der Initiatoren keinerlei Dialogbereitschaft gegeben und das Gespräch mit den Landwirten sei nicht gesucht worden, worüber H. T. sich besonders enttäuscht zeigte:

H. T.: [I]ch kann es sogar beweisen, ich habe zweimal dem Bürgermeister eine E-Mail geschrieben, dass ich es ihm anbiete, ich würde mitten in Landshut eine Bürgerversammlung halten.
I.: Und da kam nichts?
H. T.: Da ist keine Reaktion gekommen, null. Die wollten das nicht. [...] Nein, wir haben den Eindruck gehabt, die wollten das nicht, weil dann aufkommen würde, was sie an Lügen alles verbreitet haben. Die haben zum Beispiel auch Unterschriften gesammelt mit dem, dass der Stall direkt an Landshut drangebaut wird. Also die haben komplett einen falschen Standort drin gehabt.

An späterer Stelle führt das Ehepaar weiter aus: »Also es ist wirklich mit Angst und mit Lügen ist da gearbeitet worden« und beschreibt den Ablauf des Bürgerprotestes:

H. T.: Und wenn du dir die Bürgerinitiativen alle anschaust, die laufen alle nach dem gleichen Schema ab. Das heißt erstens: Verbündete suchen, dann Druck aufbauen gegen die Familie, dann Einspruch einlegen beim Landratsamt, Einwendungen bringen, das ganze Zinnober, bis runter bis zur Petition ...
F. T.: Unterschriften.
H. T.: Im Landtag. Das ist alles genau minutiös aufgelistet in einem Leitfaden gegen Massentierhaltung vom BUND Deutschland. Den kannst du dir runterladen und wenn du dir den durchgelesen hast, dann weißt du, wie so eine Bürgerinitiative arbeitet.

Herr und Frau T. sahen im Vorgehen der Bürgerinitiative ein klar taktisch motiviertes System, das auf der Empfehlung von bundesweit agierenden Umweltorganisationen aufbaut. Immer wieder fielen während des Interviews – wie im eben genannten Zitat »mit Angst und Lügen« – Ausdrücke, die auf eine aus Sicht der Befragten unwahrheitsgetreue Informationskampagne durch Politiker und die Initiative abzielten. In langen Erzählungen führte das Ehepaar aus, dass etwa der Standort des geplanten Stalles in den Medien wiederholt falsch angegeben worden sei, um durch eine proklamierte Stadtnähe auch die Einwohner Landshuts zu mobilisieren, oder im Zuge des Gerichtsverfahrens, das schlussendlich positiv für Familie T. ausfiel und zur Genehmigung des Stalles führte, immer wieder versucht worden sei, Gutachten zu manipulieren oder neu einzufordern. Diesen Ablauf bezeichnete H. T. als »Zermürbungstaktik«, von der schließlich die gesamte Familie psychisch betroffen war:

H. T.: Und das ist einfach immer dieses Hinauszögern, diese Zermürbungstaktik, immer wieder was Neues bringen. Dass du nie eine Ruhe kriegst. Ich hab ... wir haben 1,5 Jahre lang keine Ruhe nicht gekriegt. Weil immer wieder vom Landratsamt ... ach ... jetzt ist das wieder zu machen. Ja ... wo ich kriege ich denn jetzt das Gutachten wieder her? Oder wer ist da der Ansprechpartner?

Die Situation steigerte sich mit der Zeit bis hin zu Vandalismus auf der Bau-
stellen-Fläche, auf der mehrmals Beschädigungen von Fahrzeugen und Geräten
stattfanden:

S. T.: Oder die Laderscheibe haben sie einmal eingeschmissen.
H. T.: Ja eine Laderscheibe, war mal eingeschmissen. [...]
S. T.: Dann Dachlatten haben sie einmal eine angesägt. Da haben wir eine Güllegrube
gemacht und da haben wir halt so einen Balken gebraucht, dass du halt eine Böschung
hast, dass der ganze Hang nicht daherkommt. [...]
H. T.: Ja, da haben wir oben die Kamera drauf getan. Die haben wir oben wieder
reingedrückt.
N. T.: Mit dem Frontlader.
H. T.: Haben den sauber eingespreitzt. Du hast von herunten auf die Kamera nicht hin-
können. Dann haben sie den Masten umgerissen. Die haben da richtig Kraft gebraucht,
haben die Kamera runtergerissen und haben sie auf der Straße so zusammengehauen,
dass bloß noch kleine Brösel übergeblieben sind.

Als furchterregend wurden zudem Online-Kommentare wahrgenommen, die
sowohl auf der Social Media-Plattform Facebook als auch unter Medienartikeln
zum Stallbau im Internet zu finden waren und Bedrohungen enthielten. Die
hiermit verbundene Angst verstärkte sich für Familie T. vor allem mit der Beeinträchtigung der drei Söhne im Zuge mehrerer als persönliche Angriffe gewerteter
Erlebnisse in der Schule. Sowohl der Hofnachfolger S. T. als auch die Eltern berichteten von Auseinandersetzungen mit Lehrern und Mitschülern angesichts
der mit fortschreitender Zeit immer öffentlichkeitswirksamer ausgetragenen
Kämpfe um den Stallneubau. Dass auch ihre noch minderjährigen Söhne unter
der angespannten Situation zu leiden hatten, wurde von H. und F. T. wie auch
von diesen selbst immer wieder als besonders belastend beschrieben:

S. T.: Die [Lehrerin] hat irgendwie in Religion so ein Thema angesprochen, irgendwie
... Leben und ... dann hat sie einen Film über Massentierhaltung eingelegt. Und dann
hab halt ich ... Ja, was das soll und alles? Hab halt das mehr richtiggestellt. Dann hat
halt sie zu mir gesagt: ›Ja, dann kannst du ja ein Referat darüber halten und das alles
berichtigen.‹ Nachher hab halt ich ein Referat vorbereitet und hab das alles berichtigt.
Und die hat mich halt dann vor den Schülern auch richtig auflaufen lassen. Richtig ...
ja ... die hat mich halt einfach auflaufen lassen und das war alles zurückzuverfolgen
auf unseren ... Stallbau. Und dann haben wir nachgeforscht und dann haben wir
herausgefunden, dass Verwandte oder Bekannte von ihr in ...
F. T.: Die Eltern.
S. T.: Oder die Eltern in der Siedlung wohnen, die wo halt nicht weit von dem Standort
weg ist. Und so haben wir das zurückverfolgen können und die hat dann über die
Klasse ... die hat sogar meine eigenen Klassenfreunde, sag ich jetzt mal ... so über
mich aufgehetzt, dass die ... die auch gegen mich gehetzt haben zum Schluss raus.
I.: Aber haben die dich dann die ganze Zeit angesprochen oder wie ...?
S. T.: Ja, die haben mich dann schon ... ich bin in der Schule dann schon so quasi als
Massentierhalter dagestanden.

[...]

H. T.: Die Firmgruppe, die Firmgruppe hat sie dann auch aufgehetzt. Und dann ... so quasi den Freund, der wo vom Dorf da ist: Warum, dass da nicht gegen die Massentierhaltung gearbeitet wird? Warum dass die das so hinnehmen? Das kann man doch nicht lassen und ... hat halt versucht, die Firmgruppe gegen ihn und seinen Freund ...

In Anbetracht der zahlreichen Ausführungen zu persönlichen Beleidigungen und Angriffen ist zu hinterfragen, ob jegliche durch die Familie wahrgenommenen Anfeindungen auch als solche intendiert waren, oder ob sie durch die Betroffenen schließlich in Folge der langen Auseinandersetzungen stets als solche interpretiert wurden; also bewusste »Hetze« schließlich auch bereits in einer grundsätzlichen Beschäftigung mit dem Thema Intensivtierhaltung gesehen wurde. So merkten H. und F. T. an, durch den Kampf um den Stallbau empfindlicher und misstrauischer gegenüber Menschen allgemein geworden zu sein, was beide mit Bedauern werteten:

F. T.: Aber was geblieben ist ... was geblieben ist, haben wir jetzt erst einmal geredet ... das Misstrauen gegen Leute. Du schaust sie ganz anders an die Leute. Du hast zuerst einmal ...
H. T.: Also wenn du einen neuen Menschen kennenlernst, da bist du früher unbedarft auf den zugegangen. Oder du ... der hat dir ja noch nichts getan und ... wir haben jetzt mit so viel Leuten zu tun gehabt, die wir nicht kennen, da wo es von Haus aus ... ja ... eine negative ... gegenüber gekriegt hast. Und das ist bei uns hängen geblieben. Also dass wir jetzt nicht mehr vom Guten ausgehen.
F. T.: Unbedarft ...
H. T.: Vom Guten ausgehen, wenn wir einen kennenlernen, sondern gleich einmal ... uhhh ... wie ist der ...
I.: Misstrauisch.
F. T.: Misstrauisch, ja.
H. T.: Wie ist der überhaupt eingestellt? Also das ist schon auch schwierig.
F. T.: Man ist empfindlicher geworden, ja.

Sowohl aus der Atmosphäre der Interviewsituation selbst als auch den Äußerungen der Interviewpartner und Interviewpartnerinnen ging klar die hohe psychische Belastung der gesamten Familie durch den jahrelangen Streit um den Stallbau hervor, die auch nach dessen Beendigung noch nicht verarbeitet war und Spuren im zwischenmenschlichen Umgang hinterlassen hat. Ebenso verfestigte sich eine erhebliche Enttäuschung gegenüber medialen und politischen Vertretern, die H. und F. T. wiederholt als Menschen bezeichneten, denen es nur um das »eigene Weiterkommen« ginge. Insgesamt lässt sich ein völliger Vertrauensverlust gegenüber Parteien und Medien, aber auch der öffentlichen Meinungsbildung und dem eigenen Umfeld feststellen, das als manipulier- und lenkbar wahrgenommen wird:

H. T.: Nein, aber auch von der Wahrnehmung von den Leuten her … die lassen sich von einer Stimmung aufhetzen, ohne, dass sie irgendeinen Fakt wissen! Und das ist … das ist so krass! Ich habe mir nie gedacht, dass es sowas gibt!

Weiter im Interview führt er aus:

H. T.: Dass sie sagen, ja wie wäre das, wenn das gegen meine Familie gehen würde? Das realisieren die gar nicht. Das ist anonym gegen irgendjemanden und den kenne ich ja sowieso nicht und da kann ich …
S. T.: Die denken da nicht dran.

Hier steht Familie T. in völligem Gegensatz zur embeddedness der Familie M., deren starke soziale und regionale Einbettung zu Vertrauen in die und positiven Wahrnehmung der Interaktionen vor Ort führt. Auch bei Familie T. ließen sich jedoch klare Bewältigungsstrategien identifizieren, die einen zukunftsorientierten Umgang mit dem Erlebten ermöglichen. Zum einen engagieren sich Herr und Frau T. beim Verein »Heimatlandwirte«[58], einem bäuerlichen Zusammenschluss des Landkreises, der es sich zum Ziel gesetzt hat, aus einer innerlandwirtschaftlichen Perspektive heraus Öffentlichkeitsarbeit zu Intensivtierhaltung und Agrarwirtschaft zu betreiben. Beide Ehepartner sahen gerade aus dem regionalen Druck in der Landshuter Gegend heraus eine Notwendigkeit darin, offensiv Aufklärung über landwirtschaftliche Arbeitsweisen zu forcieren. An weiteren Stellen des Interviews wurden zudem eine als Tatenlosigkeit und Zögerlichkeit eingeschätzte Führung durch den Bauernverband sowie die Passivität zahlreicher Landwirte und Landwirtinnen moniert, die die Bedeutung des »Öffnens« nach außen nicht erkennen würden.

Eine weitere Strategie zur Bewältigung des vergangenen Protests bestand klar in einer eindeutigen Zuordnung der Schuld für die Eskalation an die Gegnerseite. Wie bereits angemerkt, ist das Ziel der vorliegenden Untersuchung nicht, letztendliche Wahrheiten zu benennen, sondern die Deutungen der Interviewpartner und Interviewpartnerinnen zu analysieren, wobei zu erkennen ist, dass eigenes Fehlverhalten an keiner Stelle des Gesprächs in Betracht gezogen, sondern alleine den Protestierenden attestiert wurde. So subsummiert H. T. das Erlebte:

H. T.: Und das ist halt das Traurige eigentlich, dass … einer, der wo … also ein Betrieb, der alle Vorgaben erfüllt, der im Vorhinein alles geprüft hat und sich an alle Gesetze gehalten hat, an den Pranger gestellt wird und über Medien und was weiß ich, was es alles gibt … über's Ausrichten und was weiß ich noch alles … in die kriminalisierte Ecke gestellt wird. Und das ist das Schlimme eigentlich. Das ist eigentlich der Hauptvorwurf, den ich eigentlich habe.

---

58 Online unter: https://www.heimatlandwirte.de/ueber-uns/ (18.09.2018). Der Zusammenschluss besteht aus ca. 140 Mitgliedern, auf ihn wird auch in Kapitel 10.4 noch eingegangen, da ich im Zuge der Feldforschungen mehrere Versammlungen des Vereins besuchte.

Was aus dem Zitat hervorgeht, ist eine Selbstpositionierung als gesetzestreue Bürger, die im Zuge der Planungen keine staatlichen Regelungen übertreten und damit keine Schuld auf sich geladen haben, damit also zu Unrecht in der »kriminalisierte[n] Ecke« stehen. Während der Landwirt also von legislativen Grundlagen ausgeht, basiert die Angriffshaltung der Protestierenden auf einer moralischen Schuldfrage, bei der Intensivtierhaltung unabhängig vom Betreibenden per se als unethisch angesehen und damit auch außerhalb des gesetzlichen Rahmens für kritikwürdig gehalten wird. Nicht nur aufgrund der Dominanz des Themas Stallbau war es im Verlauf des Gespräches mit Familie T. schwierig, Inhalte zu Tierwohl- und Tierschutzfragen oder der Beziehung der Interviewpartner und Interviewpartnerinnen zu ihren gehaltenen Schweinen zu erheben: Häufige schnelle Wechsel zurück zum roten Faden des Bürgerprotests wiesen hier auf eine eher abwehrende Haltung hin, die einer ethischen Auseinandersetzung mit der Intensivtierhaltung auswichen und diese auf die Ebene des Genehmigungsverfahrens zurückholten. Ob diese Selbstpositionierung auch vor dem erlebten Prozess bereits vorhanden war oder erst im Verlauf des öffentlichen Streits entstand, kann rückblickend nicht mehr nachvollzogen werden, in jedem Fall nahm bei Familie T. im Verlauf der Auseinandersetzungen die negative Haltung gegenüber Vertretern von Umwelt- und Tierschutzanliegen zu und ist im Vergleich mit weiteren befragten Landwirten und Landwirtinnen als besonders ablehnend zu werten. So äußerte sich H. T. zum Leitfaden des BUND für Protestaktionen: »Das ist Volksverhetzung meines Erachtens.«

Der Protest hat also in der Konsequenz nicht zu Dialog oder einem gemeinsamen Erarbeiten von Lösungsmöglichkeiten für alle Beteiligten, sondern zu mehr Verschlossenheit gegenüber den Argumenten des jeweils anderen geführt. In diesem Sinne ist auch die Öffentlichkeitsarbeit, der sich H. und F. T. nun widmen, *nicht als Dialog* über Tierschutzfragen und -verordnungen zu sehen, *sondern als Darlegung der eigenen Position* gegenüber der Bevölkerung. Diese vor allem aus dem Stallbau-Ablauf erwachsene Selbstpositionierung als Opfer einer politischen und medialen Kampagne hat sich im beschriebenen Fall verfestigt. Durch die explizite Negativberichterstattung, Art des Protestes und Abwehr von Gesprächsbereitschaft wurde hier ein Aufeinanderzugehen verhindert – eine Entwicklung, die auch für Umwelt- und Tierschutz schlussendlich als Verlust bewertet werden muss.

Fallbeispiel L.

Als zweite Fallanalyse werden im Folgenden der Verlauf und die Bewertung eines Bürgerprotests durch Landwirt H. L. dargelegt, dessen Voraussetzungen und Ausprägungen sich wesentlich von Familie T. unterschieden. Grundsätzlich muss angemerkt werden, dass sich alle sieben von Protesten gegen Stallbauten betroffenen Fälle durch jeweils andere Initiatoren, Abläufe und Ausgangslagen als sehr different erwiesen: Während die Gegeninitiativen teilweise aus politischen Dynamiken wie etwa Gemeinderatsbeschlüssen oder schwierigen Genehmigungsverfahren heraus entstanden, waren wieder andere Landwirte und Landwirtinnen eher Ziel der Kritik durch Tierschutzorganisationen oder von regionalen umweltpolitischen Zusammenschlüssen. Ebenso stark unterschieden sich der Grad der Proteste und die Zeitspannen, die von wenigen Monaten bis zu sieben Jahren reichten.

Beim Betrieb von H. L. handelt es sich hinsichtlich des biografischen Hintergrundes um eine Ausnahme, die in keinem der weiteren Interviews in ähnlicher Form auftrat: Der Anfang 30-jährige Landwirt erbte keinen bereits durch die Eltern geführten Betrieb, sondern baute sich seinen Hof selbst auf. Zwar berichtete H. L., sein Vater habe im Nebenerwerb noch einige wenige Hektar Ackerland aus einem früher in Familienbesitz befindlichen kleinen Hof bewirtschaftet, dies habe allerdings nur einen unwesentlichen Teil zum Einkommen der Familie beigetragen. Kontakt mit landwirtschaftlichen Tätigkeiten hatte der Interviewpartner allerdings von Kindheit an durch die Mitarbeit auf dem nahe gelegenen Bio-Betrieb des Onkels, was für ihn im Rückblick ausschlaggebend für die eigene Berufsentscheidung war: »Und dann hab ich gesagt: Bürojob und habe viele Praktika gemacht, auch andere, außerlandwirtschaftliche. Und dann habe ich gesagt: ›Nein, ich will Landwirt werden. Das andere ... da gehe ich kaputt im Büro.‹ Das würde nie gehen.« H. L. absolvierte daher eine Ausbildung zum Landwirtschaftsmeister, worauf seine Eltern mit Skepsis reagierten, da die zukünftige Übernahme eines Betriebes für ihn nicht absehbar und eigene Fläche kaum vorhanden war. Nach einigen Jahren der beruflichen Mitarbeit auf anderen Höfen wurde der Wunsch des Interviewpartners nach Selbstbestimmung immer stärker und er suchte nach einer Möglichkeit zur eigenen Betriebsführung. Hierbei stellte vor allem die Finanzierung eine wesentliche Herausforderung dar, weshalb die Entscheidung bei der Wahl der Betriebsausrichtung auf Zuchtsauenhaltung und Ferkelaufzucht fiel, bei der in Relation etwa zur Rinder- und Mastschweinehaltung weniger Bedarf für eine große Hoffläche besteht. Die Präferenz für den Bereich der Nutztierhaltung wurde von H. L. damit begründet, sich lieber im Stall als auf dem Traktor aufzuhalten und im Umgang mit den Tieren stehen zu wollen, weshalb reiner Acker- oder Gemüsebau für ihn ebenfalls nicht in Frage kamen.

Zwar gab der Interviewpartner an, zeitweise Unterstützung durch eine 450-Euro-Kraft und Lehrlinge aus dem Betrieb des Onkels zu erhalten, die vor allem während der arbeitsintensiven Abferkel-Perioden bei ihm tätig sind, in denen eine 24-Stunden-Überwachung der trächtigen Muttersauen nötig ist – während der Betriebsführung zeigte H. L. mir die dazu auf dem Stallgelände eingerichteten Räumlichkeiten mit Küche und Bett, welche eine ständige Präsenz vor Ort ermöglichen –, allerdings wurden auch die erhebliche Verantwortung und Arbeitsbelastung für ihn selbst während des Gespräches immer wieder deutlich:

Das Ziel war immer, dass es alleine laufen muss. Genauso ist auch das Ziel immer gewesen, die Frau oder Freundin soll gar nicht auf dem Betrieb mitarbeiten. Sie darf, aber sie muss nicht! Die haben alle … jeder hat seinen eigenen Job, wenn sie den gerne machen, sollen sie ihn weitermachen, gar kein Problem. Und der Betrieb muss so alleine auch laufen.

Eine selbstverständliche Miteinbeziehung von Familienangehörigen oder Partnerin, wie sie in den vorherigen Fallanalysen dargestellt wurde, kam für H. L. also nicht in Frage – hier drückt sich möglicherweise seine Sozialisation außerhalb eines landwirtschaftlichen Betriebes mit in Angestelltenverhältnissen tätigen Eltern aus, die nicht durch kollektive Mitarbeit auf einem generationenübergreifenden Hof geprägt war. Dennoch griff H. L. im Verlauf des Interviews immer wieder auf, dass er den Betrieb im Rückblick von vorne herein größer planen würde, um sich einen Angestellten leisten zu können, der ihn entlaste, was aus dem derzeitigen Einkommen heraus für ihn nicht möglich sei:

Weil einfach … du brauchst … wenn ich mal zum Beispiel Urlaub habe oder wenn ich mal krank bin, gibt es ja auch einmal, jetzt wenn du krank bist, musst du in den Stall gehen, hilft nichts. […] Dann geht es mit dem Beschäf… mit dem Angestellten auch. Aber dann brauchst du halt eine Größe, wo ich sage, da puh … muss es rumpeln.

Die Arbeitsbelastung ist für H. L. nach eigener Aussage enorm hoch: Urlaub oder längere Ausflüge seien ebenso wie krankheitsbedingte Erholungszeiten kaum gegeben, dazu komme, dass ein psychisches »Abschalten« durch generell zwar hilfreiche moderne Techniken wie der Übertragung von Kamera-, Fütterungs- oder Stallklimadaten auf Smartphone und Heim-Computer auch abseits des Betriebes nur schwer möglich sei. Das rund um die Uhr auf die Führung des Hofes Konzentriert-Sein resultiert bei H. L. aus der hohen finanziellen Belastung durch für die Verwirklichung seines Berufswunsches aufgenommene Kredite, welche zu einer erheblichen Verschuldung des Interviewpartners führten:

Also der Stall ist zu 90, zu 95 Prozent fremdfinanziert. Die Fläche, alles … ich habe alles kaufen müssen. Und ich sage das ganz offen, weil ich sage: Juckt mich nicht. Die anderen sagen: Die reden vom Neid angeblich, heißt es ja immer. Ich sage: Das gibt keinen Neid, weil wenn jeder mein Konto sieht, dann sagt ein jeder: Ist der bescheuert? Wie kann man denn sowas machen? Aber ohne Risiko geht es heute nicht mehr.

Ähnlich wie schon im Fall von Familie T. werden systemische Zusammenhänge kapitalistisch-ausbeuterischer Arbeitsverhältnisse – zu der wie im Fall von H. L. gerade auch Selbstausbeutung ohne Rücksicht auf psychische und physische Gesundheit zählt – kaum hinterfragt, sondern verinnerlicht: Die Höhe der Arbeitsbelastung und oftmals zu erheblichen Verschuldungen führende Investitionen werden durch die Zuversicht auf ein dadurch ermöglichtes Überleben des eigenen Betriebes auf dem von hohem Konkurrenzdruck geprägten Markt legitimiert, gleichzeitig dient die sich keineswegs immer bewahrheitende Formel »Leistung = Sicherheit« der Selbstvergewisserung innerhalb eines bedrohlichen ökonomischen Szenarios. Dazu kommt, dass gerade auf »Ein-Mann-Betrieben« wie im Fall von H. L. der Erfolgsdruck und die hohe individuelle Verantwortung nicht im Familienkollektiv bewältigt werden können, sondern auf einer Person lasten.

Neben dem Druck durch die Rückzahlung der Bankenschulden war für H. L. der erlebte Protest gegen seinen Stall ein wesentliches Thema des Gespräches – die reichhaltige Berichterstattung dazu im Internet hatte mich überhaupt erst auf den Betrieb des Interviewpartners aufmerksam gemacht. Im Fall von H. L. speiste sich der Protest aus zwei Richtungen: Zum einen kam es zu Initiativen aus der umliegenden Bevölkerung, die vor allem Geruchsbelästigung befürchtete, zum anderen waren aufgrund der eigentlich als Öffentlichkeitsarbeit zur Förderung der landwirtschaftlichen Transparenz angebrachten Webkamera auf die Stallbuchten verschiedene überregionale Tierschutzorganisationen auf den Betrieb aufmerksam geworden. Zunächst zur Gruppe der regionalen Akteure: Ebenso wie bei Familie T. gründeten die Protestaktionen bei H. L. auf dem Bekanntwerden der Baupläne durch eine Informationsveranstaltung, die vom Interviewpartner selbst durchgeführt worden war, um Dialog mit der Bevölkerung herzustellen:

Wir haben einen Infotag gemacht gehabt. Ich hab dann irgendwann zamgepackt mit meinem Vater und hab gesagt: ›Jetzt langt es. Jetzt nicht mehr. Also wir ziehen das jetzt knallhart durch ohne die Bürger.‹ Weil es war verheerend, also es war Wahnsinn.

Derartige Erfahrungen wurden von den Interviewpartnern im Verlauf der gesamten Untersuchung immer wieder geäußert: Häufig mündeten von Landwirten und Landwirtinnen selbst initiierte Informationsveranstaltungen in Atmosphären, die von Animositäten und Gegnerschaft bestimmt waren und zukünftige Gesprächsbereitschaft auf beiden betroffenen Seiten verhinderten, anstatt sie zu befördern. An dieser Stelle daher ein kurzer Ausschnitt zu einem ähnlichen Bericht der Landwirte I. Ä. und I. E.,[59] die im Rahmen eines kooperativ angelegten Projektes auf einer gemeinsam angekauften Fläche einen Rinder- und Schweinestall errichten wollten, um den ebenfalls gemeinsam geführten Hofladen mit eigenen Produkten versorgen zu können. Besonders interessant ist dabei, dass der Betrieb zwar konventionell geführt wird, aber die Schweine ebenso wie bei Familie W. auf Stroh und die Kühe in Mutterkuhhaltung mit Weidegang gehalten werden. Dennoch war auch dieser vergleichsweise tierschutzorientiert und innovativ konzipierte Betrieb Ziel eines mehrere Jahre

---

59 Der Fall wird im Aufsatz Wittmann, Stallbauproteste genauer beschrieben.

andauernden Gerichtsprozesses und Bürgerprotestes, der ebenfalls nach einer Informationsveranstaltung stärker entflammte:

I. E.: Gleich nach dem Zeitungsartikel da im Juli, Anfang August, haben wir dann so eine Informationsveranstaltung machen wollen.
I. Ä.: Und da waren wir dann in so einem kleineren Ausflugslokal. Da waren dann 150 Leute in dem Nebenzimmer, hauptsächlich gestanden. Die haben uns niedergebrüllt. Drei Stunden lang. Das war ... also ...
I. E.: Ja, ich mein, sowas kann man sich wohl sparen. Würden wir heute nie mehr machen! Weil du kannst, wenn die Leute schonmal hysterisch sind und gegen uns sind, kannst sowieso keinem mehr vernünftig irgendwas ... der hat gar kein Interesse mehr an irgendwelchen Fakten. Da kannst du hundert Mal sagen: Das sind wenige Tiere und das ist klein und andere Ställe sind zehnmal so groß.
I. Ä.: Und dann plärrt wieder einer hinten raus: ›Lügner‹.
I. E.: Bauern sind Lügner und ihr baut ja doch.

Ebenso wie H. L. berichteten die beiden Landwirte von fehlender Sachlichkeit und hoher Emotionalität beim Zusammentreffen mit Stallbaugegnern, die in beleidigenden Angriffen auf die Veranstalter und daraus resultierendem Abwenden von der Öffentlichkeit mündeten. Die gesellschaftlich und politisch immer wieder durch verschiedene Parteien und Organisationen angeforderte Transparenz der konventionellen Intensivtierhaltung kann daher nicht per se als erfolgversprechendes Vorgehen hinsichtlich einer stärken Akzeptanz dieser Landwirtschaftsform gewertet werden – den Berichten der Interviewpartner zufolge führten sie eher im Gegenteil zu einem Aufkochen von Ängsten und Abwehrreaktionen, die I. E. als »hysterisch« klassifiziert. Alle Befragten, die mit derartigen Negativerfahrungen konfrontiert waren, bereuten daher im Rückblick ihre ursprüngliche Transparenz und gaben an, dass sie die Stallbaupläne nunmehr unter Ausschluss der Öffentlichkeit einreichen und vorantreiben würden, um eine Eskalation zu vermeiden. Auch H. L. bemerkt:

Und dann sind anscheinend da dann Mieter ausgezogen da von jemanden, weil es eben gestunken hat. Da hab ich noch gar keine Viecher im Stall gehabt. Lauter so Sachen! Also ... Ja ... das ist alles nicht so leicht gewesen. Aber ... mein Gott! Heute würde ich es anders machen. Ich würde heute keine ... viele sagen, man muss so einen Infoabend oder sowas machen, aber ich würde es heute nicht mehr machen. Ganz normal ... es ist mein Recht, was ich auf meinem Grund mache ... egal wie ... ich würde den Antrag machen, würde ihn abgeben, Stillschweigen. Fertig!

Neben der teilweisen Paradoxie der Vorwürfe wird deutlich, dass die Sichtweise, welche das »Recht, was ich auf meinem Grund mache« gegenüber den Sorgen und Ängsten der Anwohner in den Vordergrund stellt, sich aus den Protesten heraus erst verfestigt und gebildet hat. Während die Art und Weise landwirtschaftlicher Produktionsweisen also einerseits zu einem gesamtgesellschaftlichen (Reiz-) Thema geworden ist, das von großen Teilen der Bevölkerung als kollektiv zu beantwortende Frage angesehen wird, betonten die landwirtschaftlichen Akteure andererseits ihre individuellen Freiheiten als Besitzer der entsprechenden Flächen.

Das Motiv der Anwohnerproteste speiste sich bei H. L. wie bei allen anderen untersuchten Verlaufsformen aus der Sorge um eine Beeinträchtigung der eigenen Lebensqualität, allen voran von Geruchsbelästigung, aber auch Ängsten vor Grundwasserverschmutzung und Nagetierbefall:

Also im Dorf war es hauptsächlich Stinken. Massentierhaltung. Die Ratten von da laufen nach A. rauf. Und die Fliegen. Nachher hab ich gesagt: ›Ja, das wäre ein weiter Weg.‹ (lacht) Wir müssen Schadnager … wird alles bekämpft, also man muss ja. Es gibt ja einen Plan, man muss es ja alles vorlegen heute. Also sind Hirngespenster. Hirngespenster.

Aus der Sicht von H. L. wie auch aller anderen befragten Landwirte und Landwirtinnen sind die gegenwärtigen behördlichen Vorschriften zu Emissions-, Gewässer- und Schadstoffschutz völlig ausreichend und gewährleisten damit auch das Wohl der Anwohner, welche hingegen, wie aus den beschriebenen Protestabläufen hervorgeht, eben kein Vertrauen in die diesbezüglichen Regelungen und gesetzlichen Vorgaben zu haben scheinen. Hier stehen also rechtliche Behördenvorgaben subjektivem Empfinden gegenüber. Tatsächlich berichteten alle Interviewpartner und Interviewpartnerinnen, die von Protesten betroffen waren, dass es nach Beendigung der Stallbauten zu keinerlei Angriffen oder Beschwerden von Seiten der Bewohner mehr gekommen sei – diese hatten sich also in allen Fällen auf eine Verhinderung der Ställe bezogen und resultierten nicht aus Geruchsbelästigung *nach* dem tatsächlichen Vorhandensein der Anlagen. So führte H. L. in Analogie zu mehreren ähnlichen Zitaten weiterer Landwirte und Landwirtinnen für die Periode nach dem Stallbau aus:

Und eine Familie ist dann ganz am Schluss gekommen, oder … nach einem, nach zwei Jahren sowas, sind die gekommen und haben gesagt: ›Wir haben zwar auch unterschrieben auf der Liste, wir waren auch gegen den Stall, aber wenn das jetzt so ist, wie er jetzt gerade ist … bist du voll?‹ Dann hab ich gesagt: ›Ja, wir sind komplett voll, seit eigentlich zwei Jahren. Es wird nicht mehr stinken als es jetzt ist.‹ Nachher haben sie gesagt: ›Nein, dann tut uns das leid. Wir haben das nicht gewusst, wir haben uns da aufhetzen lassen. Im Endeffekt riecht man es nicht.‹

Während also der Stall selbst für die Anwohner nicht zu den befürchteten Beeinträchtigungen geführt hat und dem Interviewpartner gegenüber keinerlei Beschwerden mehr geäußert wurden, sind die psychische Beeinträchtigung und belastende Beziehungen zu ehemaligen Gegnern im Dorf bestehen geblieben: »Du bist nur noch das Gespräch in der Ortschaft. Nur noch! Und das nicht nur einen Tag, sondern dein Leben lang. Da geht es dein Leben lang drum.« Früher im Interview führt er aus:

Und da haben halt Leute unterschrieben, die zu mir gut geredet haben und zu mir gesagt haben: ›Ahh, das gibt es ja nicht, ein junger Kerl will das machen und den lassen sie nicht.‹ Dann denk ich mir: Sie haben da unterschrieben! Was reden sie jetzt eigentlich mit mir? Und dann kommt man irgendwohin: Feuerwehr, Burschenverein, Dorffest oder was, was gibt es? Es gibt immer einen Schweinsbraten. Und den essen sie alle. Aber bitte nicht vor meiner Haustüre produzieren.

H. L. greift hier zum einen die persönlichen Enttäuschungen über das Verhalten seiner ehemaligen Freunde und Bekannten auf, die bei ihm ebenso wie bei Familie T. zur Etablierung eines generell negativeren und weniger vertrauensvollen Menschenbildes beigetragen haben. Zum anderen betonte der Interviewpartner die Ambivalenz des Verbraucherverhaltens, die darin bestehe, einerseits die Produktionsweisen der Intensivtierhaltung zu kritisieren und andererseits den eigenen (Fleisch-)Konsum nicht zu reduzieren. Die bilanzierende Anmerkung »Aber bitte nicht vor meiner Haustüre produzieren« verweist auf die höhere Protestbereitschaft von Bürgern bei einer unmittelbaren regionalen Betroffenheit, welche auch Menschen zu mobilisieren vermag, die sich ansonsten weitestgehend unpolitisch verhalten und nicht zu Demonstrationen bereit sind. Franziska Sperling beschreibt dies in ihrer kulturwissenschaftlichen Studie zu Biogasanlagen als sogenanntes Nimby-Syndrom: »Die Menschen sind für neue Infrastrukturmaßnahmen wie zum Beispiel den Bau neuer Straßen, aber sagen, ›not in my backyard‹, also ›nicht in meinem Hinterhof‹.«[60] Was vor allem für Energiewende-Projekte erforscht wurde, gilt hier auch für den Bau von Stallanlagen: »Menschen nehmen direkte Veränderungen in ihrer Umgebung kritisch wahr und sind bereit, gegen diese Veränderungen zu protestieren.«[61] Kennzeichnend ist dabei, dass sich dieser Protest auf die eigenen Rechte, den eigenen Nahraum bezieht, also weitestgehend entsolidarisiert von gesamtgesellschaftlichen Prozessen abläuft und eigenes individualisiertes Handeln wiederum wenig kritisch hinterfragt.[62]

Diese sind daher von der zweiten Gruppe an Akteuren abzugrenzen, mit denen sich H. L. aufgrund seines Web-Auftrittes konfrontiert sah und die vor allem aus Tierschutz- und Veganismus-Aktivisten bestand. Ebenso wie bei der Info-Veranstaltung lag der Gedanke einer hofeigenen Homepage, die durch Bilder, Texte und eine Live-Webkamera Einblicke in die Betriebsabläufe bieten sollte, darin begründet, Wünschen nach einer stärkeren Transparenz der konventionellen Intensivtierhaltung nachzukommen und Öffentlichkeitsarbeit zu betreiben. Die Kamera wurde auf eine Abferkelbucht gerichtet, in der sich laufend Muttersauen mit Ferkeln befinden. Die Homepage von H. L. erregte die Auf-

---

60 Sperling, Biogas, 205.
61 Ebd.
62 Vgl. hierzu auch Marg Stine, Franz Walter (Hrsg.), Die neue Macht der Bürger. Was motiviert die Protestbewegungen? Bonn 2013.

merksamkeit von mehreren Tierschutzverbänden, die Verlinkungen zur Kamera auf ihren eigenen Web-Auftritten einrichteten, um den Besuchern ebenfalls Einblicke in die aus ihrer Sicht untragbaren Bedingungen der Intensivtierhaltung zu gewähren. Daraufhin erfolgte ein sogenannter »shitstorm«[63], infolgedessen H. L. sich persönlichen Beleidigungen und konkreten Bedrohungen ausgesetzt sah, die über E-Mail-Adresse, Facebook-Auftritt, das Gästebuch der Homepage sowie in nicht-digitaler Form an die Privatadresse des Interviewpartners eingingen. Zu Ablauf und Akteuren berichtet er:

Und das war immer: Veganer, Tierschützer. Und meistens waren es ältere Frauen. Wir wissen nicht, warum. Entweder sind die daheim, wissen nicht, was sie tun sollen. Die haben Zeit … ich weiß es nicht. Ich kann es nicht sagen.

Weiter im Interview:

I.: Und was schreiben die dann da?
H. L.: (atmet hörbar aus) Eines weiß ich noch: Das KZ … das KZ mit goldenen Kronleuchtern und so … das sollten wir doch lieber daheim einbauen und nicht da im Stall oder was. Das interessiert sie nicht. Und dann sollten wir ins Ausland gehen, also … die … die ganz die primitiven Dinger … ich bring es schon gar nicht mehr zusammen. Das ist ja auch schon … fast zehn Jahre wieder her. Ich habe es glaube auch nicht … nein, ich habe es nicht da.
I.: Aber das ist ja psychisch dann schon auch …
H. L.: Da … da gehst du durch die Hölle!

H. L. nimmt hier eine Einteilung der überregionalen Gegner in die Kategorie »ältere Frauen« vor, die sich als Tierschützerinnen oder Veganerinnen auszeichneten und nach Einschätzung des Interviewpartners aus Langeweile heraus agieren – eine inhaltliche Auseinandersetzung mit der Kritik und damit ernstzunehmende Grundlage für die Vorwürfe wird von H. L. kaum in Betracht gezogen. Diese Einschätzung speist sich zudem aus der Aggressivität der Angriffe, die bis in Vergleiche mit den Konzentrationslagern des nationalsozialistischen Regimes und unmittelbare Bedrohungen des Lebens des Interviewpartners mündeten – das Heranziehen von Parallelen zwischen den Ställen für Intensivtierhaltung und dem Holocaust taucht in tierschützerischen Argumenten häufig auf,[64] ver-

---

63 Als »shitstorm« wird eine Flut von Negativ-Reaktionen auf eine Berichterstattung im Internet hin bezeichnet, zumeist im Feld der Social-Media-Kanäle auftretend. Vgl. zu einem ähnlich gelagerten Fall eines Landwirtes, der eine Live-Kamera in seinem Schweinestall anbrachte und danach massiver Kritik ausgesetzt war, die Berichterstattung der FAZ, Christina Hucklenbroich, Webcam im Schweinestall führt zu Shitstorm auf Facebook, 19.01.2013. URL: https://blogs.faz.net/tierleben/2013/01/19/webcam-im-stall-133/ (27.11.2018).
64 Vgl. hierzu insbesondere die Ausführungen des Soziologen Marcel Sebastian, der sich mit NS-Vergleichen im Kontext der Tierrechtsbewegung auseinandersetzt: Ders., Holocaust-Vergleich, in: Arianna Ferrari, Klaus Petrus (Hrsg.), Lexikon der Mensch/Tier-Beziehungen.

wiesen wird hierbei vor allem auf das bewusste und planhafte Töten der Tiere im Zuge eines technisiert-anonymen Systems:

H.L.: Also wir haben gewusst, da kommt was. Dass es so extrem wird, hätten wir nie geglaubt. Also Veganer, Tierschützer ... wir haben ... ich hab in der Nacht Schiss gehabt bei der Abferkelung.
I.: Wirklich?
H.L.: Also ich hab echt Angst gehabt, dass jemand kommt. Wir haben die Hunde draußen, die bellen die ganze Zeit. Aber ich war mir nicht mehr sicher. Und dann bin ich auch in der Nacht ...
I.: Aber warum? Sind da richtige Drohungen gekommen, oder wie?
H.L: Ja, da ist alles gekommen. ›Also passen Sie auf, wer hinter Ihnen läuft, wenn Sie da in der Nacht über den Hof laufen, nicht, dass Sie einmal abgestochen werden‹ und lauter so Drohungen ...
I.: Was??
H.L.: Also man hat dann mit der Polizei geredet. Und das war schon extrem. Und ist beschimpft worden ... also vom Übelsten.
I.: Über was ist das dann gelaufen? Die Homepage?
H.L.: Facebook.
I.: Ach so Facebook.
H.L.: Homepage haben sie zwar auch schalten können, da sind auch E-Mails gekommen. Ich glaube, jeden Tag an die dreißig E-Mails.

Die Schärfe der Beleidigungen, den Grad der Angriffe bis hin zu Morddrohungen, das Einschalten der Polizei und die Ängste, sich auf dem Hofgelände zu bewegen, fasst H.L. mit »da gehst du durch die Hölle« zusammen – eine Metapher, mit der der Interviewpartner ein Höchstmaß an erlebten psychischen Belastungen auszudrücken versucht. Diese Situation beruhigte sich erst, als H.L. den Link auf die Kamera vom Facebook-Auftritt seines Betriebes nahm, diese selbst für einige Zeit abschaltete und unerlaubte Verlinkungen zu Tierschutzorganisationen entfernen ließ. Generell ist die Haltung von H.L. gegenüber Umwelt- und Tierschützern aufgrund der negativen Erfahrungen ebenso wie bei Familie T. nachhaltig erschüttert und von Frustration gekennzeichnet, die sich vor allem auch aus den negativen Reaktionen auf Betriebe speist, die eigentlich Dialogbereitschaft und Transparenz signalisieren wollten: »Die sagen: ›Mei[65], ihr ändert euch eh nicht.‹ Wir sagen: ›Ja, ihr ändert euch auch nicht.‹ Und was will man dann machen? Ich kann nicht von heute auf morgen den Stall umbauen. Das geht nicht.« H.L. greift hier das Bild des »verbohrten« Tierschützers auf, der keinen Willen zum Überdenken seiner Sichtweise an den Tag legt – gleichzeitig

Bielefeld 2014, 150–152. Sebastian kritisiert dabei ein stark simplifiziertes Bild des Holocaust und die gezielte Provokation durch das Aufgreifen des gesellschaftlich als »das Böse« schlechthin fungierenden NS-Regimes.

65 »Mei« ist ein in bayrischen Dialekten häufig gebrauchtes Füllwort, das zumeist Sätze oder Satzteile einleitet und hier unübersetzt bleibt.

zieht der Interviewpartner aber auch in Betracht, dass die Gegenseite ähnlich über die Landwirtschaft denkt, was dazu führt, dass kein Raum für Veränderungen entstehen kann.

Der Verlauf der Proteste gegen die Stallbauten von Familie T. und H.L. weist sowohl Gemeinsamkeiten als auch wesentliche Unterschiede auf: Während beide Fälle circa drei Jahre dauerten, sich vor allem aus den Sorgen der Anwohner vor Geruchsbelästigung und einer Minderung ihrer Lebensqualität heraus entspannen sowie einen Ausgangspunkt in durch die Landwirte und Landwirtinnen selbst veranstalteten Informationsabenden fanden, ging die Richtung des Protestes bei Familie T. vor allem in eine institutionelle und behördliche Ebene über, mündete in mehreren Gerichtsverfahren und Prozessen um die Genehmigung des Stalles selbst. Dazu kommt, dass im Familienbetrieb auch die drei Söhne des Ehepaares durch die Erlebnisse belastet wurden, wozu insbesondere die schulische Situation beitrug. Im Fall von H.L. wurde kein juristischer Rechtsstreit ausgefochten, allerdings führten auch bei ihm die angespannte Atmosphäre im Ort sowie vor allem die persönlichen Angriffe und Bedrohungen zu starken psychischen Auswirkungen und Ängsten. Anders als bei Familie T. wurde die Kritik an der Intensivtierhaltung bei ihm in eine überregionale Ebene überführt, da verschiedene Tierschutzorganisationen die Live-Kamera des Landwirtes auf ihren Homepages verlinkten. Hier kamen also zu den regionalen Anwohner-Protesten auch deutschlandweit Gegner hinzu, die sich vor allem digital vernetzten. Auf beiden Betrieben wird nach wie vor die Notwendigkeit zu einer stärkeren Öffentlichkeitsarbeit der konventionellen Intensivtierhalter und -halterinnen gesehen, um die eigene Sichtweise nach außen zu tragen. Dennoch ist in beiden untersuchten Fällen klar eine mittlerweile erhebliche Abgrenzung von Tierschutz- und Umweltorganisationen auszumachen, die sich aus den erlebten Angriffen, Beleidigungen und Bedrohungen speist, welche ein zukünftiges Vertrauensverhältnis von Seiten der Landwirte und Landwirtinnen aus versperren.

Die Proteste haben in keinem der beiden Fälle – wie auch bei keinem der fünf weiteren Betriebe – zu einer Aufgabe der Stallbauten oder einem Abweichen von den Plänen geführt, da alle behördlichen Vorschriften zu Emissions-, Gewässer- und geltenden Tierschutzvorschriften eingehalten worden und daher juristisch nicht zu beanstanden waren. Stattdessen resultierten sie in erheblichen psychischen Folgen für die Betriebsleiter und deren Familien, deren belastende Konsequenzen in den Interviewsituationen noch deutlich spürbar waren, was abermals die Bedeutung sozialer Anerkennung unterstreicht: »Das existenzielle Angewiesen-Sein auf eine positive Resonanz umfasst immer auch die Möglichkeit, wenig Anerkennung zu erfahren oder ganz von dieser ausgeschlossen zu sein.«[66]

---

66 Mechthild Bereswill, Christine Burmeister, Claudia Equit, Einleitung, in: Dies. (Hrsg.), Bewältigung von Nicht-Anerkennung. Modi von Ausgrenzung, Anerkennung und Zugehörigkeit. Weinheim/Basel 2018, 7–14, hier 7.

Eben das Ausbleiben dieser Anerkennung nicht nur ihnen als Lebensmittel-produzenten, sondern ganz grundsätzlich als Menschen im gesamtgesellschaft-lichen Sozialgefüge gegenüber, ist damit wiederum auch die zentrale Kompo-nente für von der Mehrheit der Interviewpartner und Interviewpartnerinnen empfundene marginalisierte, stigmatisierte und viktimisierte eigene Positionen. Axel Honneth formuliert, dass das Individuum

aufgrund seines Begehrens nach sozialer Anerkennung dem Urteil der Gesellschaft hilflos ausgeliefert ist: Von dem Bedürfnis getrieben, vom generalisierten Anderen aller Gesellschaftsmitglieder Bestätigung zu erlangen, muss der Einzelne versuchen, sich gemäß der sozial etablierten Standards zu verhalten [...].[67]

Das Gefühl eines der äußeren Bewertung gegenüber »Ausgeliefertseins« wurde in den Beispielen zu Stallbauprotesten immer wieder ersichtlich – diesem mora-lischen sozialen Urteil setzten die Interviewpartner und Interviewpartnerinnen juristisch-rechtliche Handlungsmöglichkeiten entgegen, die ihnen zwar einen gerichtlichen, jedoch keinen gesellschaftlichen Anerkennungs-Erfolg zuteil-werden ließen. Dazu kam in allen Fällen eine sich verstärkende Trotz- und Abwehrhaltung gegenüber als unsachlich und unmoralisch angesehenen Um-welt- und Tierschützern. Angesichts der Frage nach einer zukünftigen Verbes-serung der als problematisch angesehenen Aspekte der Intensivtierhaltung, für die eine Zusammenarbeit von Landwirten und Landwirtinnen sowie Tier- und Umweltschützern unerlässlich ist, muss das Vorgehen letzterer im Rahmen der Protestaktionen – zumindest was Teile der Bewegungen anbelangt – als nicht zielführend bewertet werden. Anhand der Interviews kann klar bilanziert werden, dass die Bürgerinitiativen zu einer Erhöhung der Spannungen und Verstärkung der gegenseitigen Abwehr beigetragen haben, anstatt nach Dialog und gemeinsamen Lösungen zu suchen, die möglicherweise für beide Seiten zu Kompromissen hätten führen können. Mit Blick auf agrarpolitische Fragestel-lungen, etwa wie die Akzeptanz der Landwirte und Landwirtinnen gegenüber Tier- und Umweltschutzregelungen verbessert werden kann, muss daher in Hinsicht auf Protestaktionen klar die Notwendigkeit eines in Ton und Vorgehen respektvolleren Umgangs herausgestellt werden, wenn hier auf gesellschaftlicher, politischer, ökonomischer und vor allem ethischer Ebene für Mensch und Tier Lösungen gefunden werden sollen, die nicht in einer erzwungenen Aufgabe von landwirtschaftlichen Betrieben liegen.

---

67 Honneth, Anerkennung, 185 f.

Ländlicher Raum: Zwischen Schutz-Imagination und Transformation

Nachdem nun exemplarisch sowohl zwei kaum von der gesellschaftlichen Kritik
an ihrem Beruf als auch zwei massiv davon betroffene Fälle ausführlich dargestellt wurden, bleibt nach den ebenfalls im Material zu findenden Zwischen-
tönen zu fragen. Diese rekurrieren wiederum stark auf die Rolle des ländlichen
Raumes, der für die Interviewpartner und Interviewpartnerinnen sowohl einen
sozialen Sicherheitsraum suggeriert als auch Unsicherheiten im Zuge von beständigen Transformationsprozessen generiert. Manuel Trummer bemerkt dazu:

> Unter dem Druck globaler Veränderungen in der Land-, Energie- und Ernährungs-
> wirtschaft durchlaufen nicht nur die Alltagspraxen in den ländlichen Räumen selbst,
> sondern auch deren kulturelle Imaginationen einen grundlegenden Wandel. Demo-
> graphie, Strukturwandel, Peripherisierung bilden innerhalb dieser Transformationen
> die Argumente, an denen sich das Ländliche ebenso festmacht wie an medialen Ima-
> ginationen idyllischer Dörfer und intakter Gemeinschaften [...].[68]

Während auf Strukturwandel und den Druck globaler Veränderungen im anschließenden Ökonomie-Kapitel noch intensiver eingegangen wird, wurden
an den eben ausgeführten Beispielen der Stallbauproteste die Brüchigkeiten
vermeintlich »intakter Gemeinschaften« auf dem Land sehr deutlich. Negative Erfahrungen der Intensivtierhalter und -halterinnen im eigenen Umfeld
überwogen hier bei weitem: Dennoch traten derart massive Bedrohungen und
Angriffe nur in Fällen von Bürgerinitiativen und aktivistischem Protest auf,
persönliche Kritik fiel ansonsten in weitaus abgeschwächterer Form aus.

So wurde auf elf der befragten Betriebe angegeben, zwar auf Probleme der
konventionellen Tierhaltung angesprochen zu werden, jedoch noch keinerlei
Beleidigungen oder Anfeindungen erlebt zu haben. Mastschweinehalter I. Ö.,
dessen Betrieb sich ebenso wie derjenige von Familie T. innerhalb der für seine
hohe Intensivtierhaltungsdichte in der Kritik stehenden Region Landshut befindet, berichtete:

> Das ist eher ein generelles Problem. Mei, ich werde vielleicht hinter vorgehaltener
> Hand vielleicht ... weiß ich nicht. Aber dass ich jetzt direkt persönlich angegriffen
> worden bin ... nein, noch nie.

Die kulturwissenschaftliche Analyse fördert hier immer wieder Unterscheidungen der Interviewpartner und Interviewpartnerinnen zwischen städtischer
und ländlicher Bevölkerung hervor – letztere wird dabei als der Landwirtschaft
noch weniger stark entfremdet verortet. H. D., der einen Ferkelaufzuchtbetrieb

---

68 Manuel Trummer, Das Land und die Ländlichkeit. Perspektiven einer Kulturanalyse
des Ländlichen, in: Zeitschrift für Volkskunde 2/114, 2018, 187–212, hier 188.

besitzt, führte die geringe Konfrontation mit dem Thema Intensivtierhaltung im persönlichen Umfeld auf »das Land« zurück:

> Ja, in den Medien nimmt man es schon wahr. Also wir, heraußen so unter Land und Leuten bei uns im Gemeindebereich oder wenn ich unterwegs bin, eigentlich nicht. Das sind einzelne Personen, die einfach grün angehaucht sind. Da wird dann schon immer so ein wenig diskutiert auch.

Der Interviewpartner verortet den ländlichen Raum einerseits als weniger stark von den Auseinandersetzungen um Umwelt- und Tierschutz geprägt, stellt andererseits aber fest, dass »grün angehaucht[e]« Personen durchaus präsent und gleichzeitig für diesbezügliche Diskussionen verantwortlich seien. Die Zuschreibung einer eher städtisch orientierten »Grünen«-Wählerschaft durch die Landwirte und Landwirtinnen entspricht durchaus der Realität: So gaben bei der bayerischen Landtagswahl im Oktober 2018 26,1 Prozent der Wähler in Großstädten, aber nur 15,3 Prozent der ländlichen Bevölkerung der Partei Bündnis 90/Die Grünen ihre Stimme,[69] was jedoch nicht nur auf Stadt-Land-Unterschiede, sondern auch auf demografische Verhältnisse einer eher konservativ orientierten, alternden Landbevölkerung und einer Abwanderung jüngerer und progressiver orientierter Menschen in die Städte zurückzuführen ist. So legen zudem Studien zum Image der Landwirtschaft immer wieder dar, dass persönliche Nähe zu Bauern Akzeptanz und Wertschätzung der agrarwirtschaftlichen Produktion erhöhen, diese aber gleichzeitig aufgrund der seit Jahrzehnten sinkenden Hofzahlen immer weniger werden.[70] Dementsprechend verwiesen einige der befragten Landwirte und Landwirtinnen auf das Vertrauensverhältnis von Freundes- und Bekanntenkreisen in eine verantwortungsvolle Wirtschaftsweise auf dem eigenen Betrieb, berichteten aber auch hier von grundsätzlich präsenten kritischen Reaktionen.

Indem »das Land« hier als Sicherheit vermittelnder Nahraum fungiert, suggeriert es den Interviewpartnern und Interviewpartnerinnen zugleich Schutz vor Angriffen und Kritik. Dass hier vor allem die *Imagination* als Orientierung stiftende bekannte soziale Bezugsfläche im Vordergrund steht, verdeutlichen sowohl die analysierten Stallbauproteste in ländlichen Regionen als auch in Kapitel 8 festgestellte innerlandwirtschaftliche Konkurrenzverhältnisse, die Isolation und Vereinzelung vorantreiben. Kritik an der Intensivtierhaltung und Formationen des Widerstands sind eben – auch wenn sie einige Interviewpartner und Inter-

---

69 Vgl. hierzu die von der SZ erstellten Grafiken und Berechnungen in: Jana Anzlinger, Katharina Brunner, Christian Endt, Landtagswahl: Ein Bayern, zwei Welten. SZ 15.10.2018.
70 Vgl. hierzu Simone Helmle, Images der Landwirtschaft. Weikersheim 2011, insbes. 74 ff. sowie Katrin Zander, Doreen Bürgelt, Folkhard Isermeyer, Inken Christoph-Schulz, Petra Salamon, Daniela Weible, Erwartungen der Gesellschaft an die Landwirtschaft. Thünen-Institut. Braunschweig 2013.

viewpartnerinnen als solche verorteten – keine urbanen Phänomene, sondern finden gerade in den betroffenen Räumen selbst statt. Die Belastung durch Konfrontationen erhöht sich für die Landwirte und Landwirtinnen damit gerade aus dem eingeschränkten dörflichen Sozialraum heraus. Aus der Analyse ging so kein Unterschied der persönlichen Erfahrungen in Bezug auf die Stadtnähe der Betriebe hervor, wie sie Hans Pongratz noch 1992 in seiner ebenfalls in Bayern durchgeführten Befragung konventioneller Landwirte erörtert:

> Deutlichere Auswirkungen zeigt der Faktor Stadtnähe. Ich führe das auf die stärkere Konfrontation der stadtnahen Bauern mit ökologischen Ansprüchen ›aus der Stadt‹ zurück: In persönlichen Begegnungen mit Stadtbewohnern sehen sie sich öfter direkt ökologischer Kritik ausgesetzt. Dieser Kontakt muß nicht zu einem höheren Umweltbewußtsein führen. In meiner Untersuchungsgruppe waren die stadtnahen Bauern in der Regel besser über ökologische Fragen informiert. Sie zeigten freilich teilweise auch eine besonders ausgeprägte Abwehrhaltung.[71]

Angriffe und Proteste fanden sowohl bei Landwirten, deren Betriebe in geringer Entfernung zu größeren Städten lagen, als auch bei Dorf- und Einzelhoflagen statt. Hier spielten vielmehr die regionalen Dynamiken per se – etwa bereits vorhandenes Unbehagen an der starken Schweinehaltungsdichte im Raum Landshut – wie auch Akteure und Verlauf der Initiativen eine Rolle als Stadt-Land-Unterschiede. Dass die »social embeddedness« zahlreicher Interviewpartner und Interviewpartnerinnen eher gering ausfiel, geht auf grundsätzliche Transformationsprozesse des Ländlichen zurück, so sprach Landwirtin F. J. den Verlust von sozialen Beziehungen und Gemeinschaft durch entleerte Ortskerne, Wirtshausschließungen und Pendler-Verhalten an: »Also die Dörfer sterben aus! Die …, wenn ich dran denke, was früher bei uns im Dorf los war, was … wie es jetzt ist, das ist SO viel anders geworden! Sind Schlafdörfer!« Die Aussagen der Interviewpartnerin betten sich in Problematiken sogenannter »shrinking regions«[72] ein, die von den Kultur- und Sozialwissenschaften vor allem unter dem Fokus von materiellem als auch sozialem Infrastrukturverlust beforscht werden, womit Vereinsamung und Isolation als gesellschaftliche Entwicklungen zu Themen auch des ländlichen Raumes werden.

---

71 Pongratz, ökologische Diskurs, 248.
72 Manuel Trummer, Zurückgeblieben? »Shrinking Regions« und ländliche Alltagskultur in europäisch-ethnologischer Perspektive – Forschungshorizonte, in: Alltag – Kultur – Wissenschaft. Beiträge zur Europäischen Ethnologie 2, 2015, 149–164; für das ehemalige Ostdeutschland v. a. die Arbeiten von Leonore Scholze-Irrlitz, etwa: Dies., Der ländliche Raum als ethnologischer Erkenntnisort – Verlust und Innovation: Das Beispiel Uckermark/Brandenburg, in: Gisela Welz, Antonia Davidovic-Walther, Anke Weber (Hrsg.), Gemeinde und Region als Forschungsformate. Frankfurt a. M. 2011, 213–232; Dies., Perspektive ländlicher Raum. Leben in Wallmow/Uckermark, in: Berliner Blätter 45, 2008, Sonderheft.

Grundsätzlich lässt sich feststellen, dass die befragten Landwirte und Landwirtinnen, die keinerlei Protestaktionen oder Bürgerinitiativen erlebten, zwar ebenfalls zum Teil persönlich mit Kritik an ihrem Beruf konfrontiert sind, sie diese aber auf bestimmte – zumeist politisch links-grün orientierte – Personen eingrenzen, während »das Land« generell als schutzbietender Raum vor massiven Angriffssituationen konturiert wird. Dieser Wahrnehmung widersprechen allerdings die tatsächlichen Erlebnisse der von Protesten Betroffenen, die hinsichtlich ihrer Stadtnähe keinerlei signifikant unterschiedliche Verlaufsformen aufwiesen und im Zuge der geplanten Stallneubauten auch im ländlichen Raum zu ablehnenden Reaktionen im Freundes- und Bekanntenkreis führten. »Das Land« wird damit mehr in seiner funktionalen Versicherung für die Akteure »innerhalb der Raumkonstellationen einer sich beschleunigenden, globalisierenden Moderne«[73] deutlich, denn als tatsächlicher sozialer Verlässlichkeitsfaktor.

7.4 Die Ebene der Verantwortlichen: Gegner, Verbände und Vernetzungen

Nachdem nun die Wahrnehmungen und Erfahrungen der Interviewpartner und Interviewpartnerinnen bezüglich der Kritik an ihrem Berufsfeld ausführlich in den Blick genommen wurden, geht es im Folgenden um die aus Sicht der Landwirte und Landwirtinnen für diese Kritik Verantwortlichen. Im Mittelpunkt stehen also nicht mehr die in den vorherigen Kapiteln behandelte Wahrnehmung des äußeren, *gesellschaftlichen Positioniert-Werdens*, letztlich also Reaktionen auf einen passiven Vorgang, sondern *aktive Positionierungen der Landwirte und Landwirtinnen zu den am Diskurs beteiligten* Gruppen und Akteuren. Während der Interviews wurde ausnehmend deutlich, dass die befragten Landwirte und Landwirtinnen in großer Übereinstimmung Akteurs- und Interessensgruppen identifizieren, welche sie für die teils hitzig geführten Debatten um die Zukunft der Intensivtierhaltung sowie Emotionalisierung der Auseinandersetzungen verantwortlich machen. Dabei wird bei der Analyse zwischen *Räumen der Vernetzung*, die von den Interviewpartnern und Interviewpartnerinnen angenommene Bündnisse zwischen Medien, NGOs und Politik fokussieren, und *Räumen von Macht und Wissen* unterschieden, in denen deren Positionen aus Sicht der Befragten weitergegeben werden und damit zur Etablierung bestimmter gesellschaftlicher Meinungsbilder beitragen. Gleichzeitig erfolgen eine *Beleuchtung innerlandwirtschaftlicher Vernetzungen und der Rolle des Bauernverbandes*, da diese als selbstbestätigende Macht-Wissens-Komplexe zu einem Rückzug in eigene Kanäle beitragen.

---

73 Trummer, Das Land, 204.

»Gegenbündnisse«: Vernetzung und Deutungshoheiten

Bei der Auswertung der Haltungen gegenüber Vertretern von Umwelt- und Tierschutzinteressen war grundsätzlich eine starke Homogenität festzustellen – nämlich maßgebend ablehnende Positionierungen. Zusammenschlüsse, die hier immer wieder genannt wurden, waren »PETA – People for the ethical treatment of animals«[74], »Soko Tierschutz«[75], die unter den Landwirten und Landwirtinnen vor allem für Einbrüche in Ställe bekannt sind, der »Bund für Umwelt- und Naturschutz Deutschland (BUND)«[76] sowie die Partei Bündnis 90/Die Grünen. Wie bereits aus den Fallbeispielen zu Stallprotesten hervorging, werden Akteure des Tier- und Umweltschutzes von den Landwirten und Landwirtinnen mehrheitlich als Gegner und Feindbilder wahrgenommen – ihnen wird zugleich ideologiegeleitetes wie ökonomisch orientiertes Vorgehen zugeschrieben. Vorwürfe der Befragten richteten sich dabei vor allem auf die als bewusst unsachlich wahrgenommenen Kampagnenaktionen verschiedener Initiativen, die damit eine gezielte Skandalisierung der Intensivtierhaltung in der Bevölkerung intendieren und keinen Raum für Differenzierungen lassen würden:

H. A.: Aber das sind eben so Sachen, so Schlagwörter und … da werden auch diese NGOs, also weiß ich nicht … Bund Naturschutz und wie auch immer … die hauen da voll drauf und wollen sich da unbedingt profilieren mit so was. Und wissen aber gar nicht, was sie anrichten. Oder es ist dene Leut' einfach schlichtweg egal. Da wird so ein Feindbild aufgebaut und dann ist das furchtbar!

Den Umwelt- und Tierschutzorganisationen wurde dabei überwiegend eine auf Langfristigkeit ausgerichtete Strategie zugeschrieben, die eben nicht an einem Erhalt bäuerlicher Wirtschaftsweisen, *sondern deren Aufgabe* interessiert sei. Anhand dieser Fremdpositionierung der als Gegenseite angesehenen Organisationen werden auch Abwehrhaltungen gegenüber einer Auseinandersetzung mit den entsprechenden Argumenten der Aktivisten legitimiert und gerechtfertigt. Zusätzlich zu diesem bescheinigten Schwarzweißdenken der Gegner, die zumeist als kompromisslose Ideologen eingeordnet wurden, findet sich im Material häufig die Ansicht, die eigentliche Triebfeder der Vereine bestehe im Sammeln von Spendengeldern:

I. Ä.: Und denen geht es ja nicht ums Tierwohl, denen geht es ja nur … das sind Wirtschaftsorganisationen, denen geht es um ihren Spendenetat und um ihre Kohle. Ich

---

74 Informationen auf der Vereinshomepage: Über PETA. URL: https://www.peta.de/ueberpeta (05.12.2018).
75 Soko Tierschutz ist mit ca. 20 Aktivisten sehr viel kleiner als PETA. Vgl.: Über uns. URL: https://www.soko-tierschutz.org/ueber-uns (05.12.2018).
76 Vgl. BUND, Über uns. URL: https://www.bund.net/ueber-uns/ (05.12.2018).

meine, da werden richtige Gelder umgesetzt! Und die Presse steht da dahinter und die machen das mit, weil das interessiert den Verbraucher und mit solchen Schlagzeilen, da kann ich Zeitungen verkaufen.

Indem die Landwirte und Landwirtinnen eine wirtschaftliche Interessengeleitetheit der NGOs unterstellen, entziehen sie diesen zugleich die moralische Legitimation und kehren deren ursprüngliche Argumentation um: Nicht der Intensivtierhalter ist von Profitgier getrieben, wie etwa »Aktion Tier«[77] oder PETA[78] auf ihren Homepages ausführen, sondern die Umwelt- und Tierschützer selbst. Immer wieder finden sich ähnlich gerichtete Zitate, die Parallelen zwischen Journalismus und NGOs herstellen, was sowohl Vorgehensweise als auch gewünschte öffentliche Aufregung durch die Berichterstattung betrifft. Vermutet wurde hier von den Landwirten und Landwirtinnen eine Art Bündnis, bei dem Journalisten Bild- und Filmmaterialien von Aktivisten beziehen, dies ohne eigene Prüfung weiterverwenden und damit der Agenda der Organisationen zu Hilfe kommen. Studien zur politischen Präferenz von deutschen Journalisten geben den Landwirten und Landwirtinnen zumindest diesbezüglich Recht, als dass sich laut einer Umfrage von 2010 die Mehrheit der Befragten mit 26,9 Prozent der Partei Bündnis 90/Die Grünen, gefolgt von 15,5 Prozent der SPD nahestehend fühlten.[79] Eine dänische Studie der Syddanmark Universitetet kam im internationalen Vergleich von 17 Ländern zum Ergebnis, dass in den meisten Redaktionen durchschnittlich dreimal so viel links und grün orientierte Personen arbeiten, wie dies im Rest der Bevölkerung der Fall ist,[80] was im Sinne Foucault'scher Macht-Wissens-Zusammenhänge[81] zu einer Dominanz ähnlicher Meinungen im Journalismus führt.

Zudem wurde wie im folgenden Zitat wiederholt die Perspektive der Befragten deutlich, sich als marginalisierte Berufsgruppe mit einer immer geringer werdenden Personenzahl besonders für mediale Skandalisierungen zu eignen:

J. St.: Jeder möchte jeden Tag das meiste verkaufen. Auf die Automobilindustrie kann man nicht draufhauen. Obwohl die vielleicht einen Abgasskandal haben. Was ich eh

---

77 Die Organisation spricht auf ihrer Homepage von der »Profitgier der Produzenten«, vgl. Aktion Tier. Menschen für Tiere e. V., Landwirtschaftliche Massentierhaltung. URL: https://www.aktiontier.org/themen/nutztiere/massentierhaltung/ (05.12.2018).

78 PETA fordert: »Tierhaltern den Geldhahn zudrehen« und berichtet über Einkommen und Subventionen von Landwirtschaftsbetrieben. PETA, Das System Tierquälerei. URL: https://www.peta.de/undercover-bei-bundestagsabgeordneten (05.12.2018).

79 Vgl. statista, Parteipräferenz von Politikjournalisten in Deutschland (August 2010). URL: https://de.statista.com/statistik/daten/studie/163740/umfrage/parteipraeferenz-von-politikjournalisten-in-deutschland/ (09.12.2018).

80 Vgl. Erik Albæk, Nael Jebril, Arjen van Dalen, Claes de Vreese, Political Journalism in comparative perspective. New York 2014.

81 Besonders ausführlich zum Macht-Konzept in Michel Foucault, Überwachen und Strafen. Die Geburt des Gefängnisses. Frankfurt a. M. 1994.

nicht glaube, dass das so ist. Aber die sind halt große Arbeitgeber, die können wir
nicht ganz so in die Mangel nehmen. Also suchen wir uns irgendjemand aus, der nicht
so stark ist.

J. St. kommentiert hier auf einen auf »den« Medien lastenden Druck, hohe Verkaufszahlen generieren zu müssen und daher möglichst plakative Stories auf-
zugreifen – wiederholt zeigt sich also die stark ökonomisch geprägte Sichtweise
der Landwirte und Landwirtinnen zur Erklärung des Movens ihrer Kritiker.
Interpretativ ist dies dahingehend zu deuten, dass sich viele der Befragten selbst
innerhalb eines erheblichen finanziellen Spannungsverhältnisses befinden,
wie im Ökonomie-Kapitel noch ausführlich beleuchtet wird. Eigene Tätigkeits-
spielräume und die Art der Wirtschaftsweise werden hauptsächlich durch ökonomischen Druck bestimmt und gerechtfertigt. Diese Perspektive übertragen
die Interviewpartner und Interviewpartnerinnen auf die Beweggründe der
Medien- und Tierschutzvertreter, weshalb neben dem offensichtlichen Grund,
durch Journalismus Geld verdienen zu müssen, ebenfalls vorhandene Trieb-
federn wie Aufklärung und Informationsweitergabe negiert werden – bestärkt
von negativen Erfahrungen mit der Presse.

Die in Berichterstattungen zur Intensivtierhaltung kursierenden Bild- und
Filmaufnahmen sahen die befragten Landwirte und Landwirtinnen mehrheitlich als nicht der Realität in den Ställen entsprechend und gezielte Negativ-
beeinflussungen an. Dabei wurde auf bewusste Manipulationen des Materials
und grundsätzliche Fragen der Perspektivität hingewiesen. Dies widerspricht
dabei nicht den Ausführungen zu den in Kapitel 7.2 angesprochenen »schwarzen
Schafen«, deren Fehlverhalten nach Meinung der Interviewpartner und Interviewpartnerinnen durchaus offengelegt und sanktioniert werden sollte, sondern
hieran knüpft vielmehr die Perspektive einer eben geringen Anzahl an »schwarzen« gegenüber der Mehrheit an zu Unrecht kritisierten »weißen Schafen« an,
denen sich die Befragten zugehörig fühlten:

I. Ä.: Und mit solchen Schlagworten und mit so Aktionen, wie so verdeckte Filme
drehen, auch teilweise dann Zustände anders darstellen wie sie wirklich sind … ich
sage immer, ich kann auch einen ganz grausamen Tierfilm, kann ich auch in meinem
Stall drehen. Wenn es halb dunkel ist und ich schiebe irgendwo den Mist drinnen rein
und schmeiße da eine Sau hin, dann kann ich das auch wunderbar schlecht darstellen,
dass ich da den Leuten suggeriere, dem Tier geht es da furchtbar schlecht. Das wird
gequält. Das ist alles immer eine Anschauungssache.

H. Q.: Und ja … das ist dann immer, weil die zeigen dann auch bloß immer Aus-
schnitte. Ich kann auch in einem … wenn ich jetzt zum Beispiel in einen Stall … bei
uns in den Stall reingehe und will da ein Gedränge fotografieren, ist das wunderbar.
Ich laufe einmal in den Stall hinter, treibe die Tiere ans Ende, mache ein Foto und
sage: ›Ja, Massentierhaltung, ist ja furchtbar.‹ Drehe ich mich aber rum, ist der ganze
Stall leer. Das ist dann … aus welcher Perspektive … was will ich halt bezwecken?

Beide Zitate fokussieren auf in der Bildforschung grundlegende Annahmen der Unmöglichkeit einer völligen Objektivität von menschlichen Zeugnissen durch Schrift, Bild und Film, die etwa auch im Falle einer Fotografie niemals völlig neutral sein können, sondern stets durch den Blickwinkel des Herstellenden geformt sind.[82] Wie Interviewpartner I. Ä. anspricht, werden gerade im Bereich filmischer Darstellungen durch Hell-Dunkel-Kontraste aber auch Musik- und Toneinspielungen etc. gezielt Stimmungen beim Betrachter hervorgerufen,[83] die beim Thema Intensivtierhaltung häufig negative Atmosphären erzeugen. Obwohl sowohl I. Ä. als auch H. Q. von tierschutzkonformen Haltungsbedingungen in ihren Ställen überzeugt sind, ist ihnen eine grundsätzliche eigene Angreifbarkeit durch die Art und Weise der Vermittlung aufgenommenen Materials bewusst. Damit sind bei den Befragten Ängste verbunden, selbst in dementsprechenden Berichten aufzutauchen:

H. A.: Ja, oder sie präsentieren Bilder, so Schocker-Bilder aus dem Internet und von außen wird dann dein Stall abgebildet. Also vor so etwas muss man sich fürchten. Aber das ist halt auch … ich sage, richtig kriminelle Energie.

Dass Tierschutz- und Umweltorganisationen häufig Aufnahmen von in Deutschland mittlerweile verbotenen Käfiganlagen oder anderweitig nicht mehr existenten Haltungsformen abbilden würden, fand sich im Material wiederholt als Kritik. Wiederum wird die Fremdpositionierung der Gegenseite durch die Zuschreibung von »kriminelle[r] Energie« deutlich – auch hier ist die Übertragung von Begrifflichkeiten, welche ursprünglich die »Gegner« an die Landwirte und Landwirtinnen richten, auffällig.[84] Ähnlich wie im Fall der vermuteten ökonomischen Motive des Spendensammelns erfolgt eine Selbstermächtigung, indem negative Zuschreibungen rückprojiziert werden. Diese Sichtweise ist eng mit der Bewertung von aktivistischen Aufnahmen zugrunde liegenden Stalleinbrüchen verknüpft, die von den Interviewpartnern und Interviewpartnerinnen einhellig als Verbrechen eingestuft wurden:

V. S.: Das jüngste Urteil vom Landgericht in Magdeburg … Dass die Einbrüche in die Ställe legal sind. Also wenn der Staat seine Kontrollfunktion an Privatleute abgibt, dann sind wir ja rechtsstaatlich am Ende. Ich sehe ein, dass von mir aus jeden zweiten Tag der Amtstierarzt kommt und kontrolliert, ja, das reicht doch so. Unangemeldet natürlich. Aber dass irgendein Privatmann, der sich zum Tierschützer ernennt, das Recht hat, meine Ställe zu betreten, das hat mit Rechtsstaatlichkeit nichts mehr zu tun. Das macht mir auch Angst, ja.

---

82 Vgl. Stuart Hall, Kodieren/Dekodieren, in: Roger Bromley, Udo Göttlich, Carsten Winter (Hrsg.), Cultural Studies. Grundlagentexte zur Einführung. Lüneburg 1999, 92–112, hier 94 ff.
83 Vgl. hierzu u. a. die medienwissenschaftlichen Grundlagen von Knut Hickethier, Einführung in die Medienwissenschaft. Stuttgart 2010, insb. 81 ff. »Bild und Bildlichkeit«.
84 Vgl. hierzu die Ausführungen in Kapitel 7.2, in denen sich die Interviewpartner als »Verbrecher« beschuldigt fühlen.

V. S., Inhaber eines Masthuhnbetriebes, bezieht sich hier auf ein im Oktober 2017 gesprochenes Urteil des Landgerichts Magdeburg gegen Aktivisten der Organisation »Animal Rights Watch«, die in eine Schweinezucht eingebrochen waren und dort gefilmt hatten. Die Richter verhängten trotz Tatbestandes des Hausfriedensbruchs nach Paragraf 34 StGB Straffreiheit, da staatliche Kontrollen versagt und Missstände durch die Tierschützer aufgezeigt worden seien.[85] Mehrere Interviewausschnitte zielen in dieselbe Richtung, so die Aussagen von Legehennen-Betriebsinhaber O. P.:

Das wäre ja schlimm, wenn jeder bei jedem einbrechen könnte und sich holen, was er braucht. Bei uns dürfen die das. Und das finde ich nicht richtig. Zählt bei mir alles unter dem Begriff diskriminierte Branche, weil die mit uns alles machen dürfen, weil sie da wissen, wenn im Regensburger Landgericht drinnen Verhandlung ist … Die Richter sind ja dann auch schon wieder … wenn fünf drinnen sind, drei dabei … Freund von Hofreiter, nicht?

Auch an dieser Stelle verwendet der Interviewpartner den von ihm häufig aufgegriffenen Ausdruck »diskriminierte Branche«. Ebenso wie V. S. kritisiert er eine Schutzlosigkeit der Landwirte und Landwirtinnen, mit denen »die […] alles machen dürfen« – tatsächlich fielen Urteile zu Stalleinbrüchen in der Vergangenheit unterschiedlich aus: Während wie im oben genannten Beispiel die Tierschützer nicht belangt wurden, verhängte das Oberlandesgericht Stuttgart im September 2018 eine Strafe wegen Einbruchs in eine Geflügelanlage und die Große Koalition aus CDU und SPD einigte sich im Koalitionsvertrag 2018 auf die Einführung einer künftig stärkeren Ahndung entsprechender Vorfälle,[86] was von der Wochenzeitung »Die ZEIT« als »Trophäe für die Massentierhalter«[87] betitelt wurde. Der Umgang mit Stalleinbrüchen stellt sich daher in der Realität differenzierter dar, als dies aus Sicht der Landwirte und Landwirtinnen der Fall ist. Bei der Argumentation von O. P. wird jedoch ein weiterer Baustein der Vernetzung auf Seiten der als Gegner klassifizierten Gruppen erkenntlich, in die sich eine politische Dimension mischt. Mit seiner Bezeichnung der Richter als »Freunde von Hofreiter« bezieht sich der Interviewpartner auf den bayerischen Bundestagsabgeordneten Anton Hofreiter, Mitglied der Partei Bündnis 90/Die

---

85 Nach Widerspruch durch die Staatsanwaltschaft bestätigte auch das OLG Naumburg den Freispruch nochmals. Vgl. zum Urteil auch Kritik und Gegenpositionierungen durch den damaligen Bundesagrarminister Christian Schmitt und den DBV. Redaktion fleischwirtschaft.de, Urteil. Tierschützer bleiben straffrei, in: Fleischwirtschaft.de 15.10.2017. URL: https://www.fleischwirtschaft.de/wirtschaft/nachrichten/Stalleinbruch-Tierschuetzer-bleiben-straffrei-35578 (06.12.2018).

86 Koalitionsvertrag zwischen CDU, CSU und SPD. 19. Legislaturperiode, 86: »Wir wollen Einbrüche in Tierställe als Straftatbestand effektiv ahnden.«

87 Anne Kunze, Fritz Zimmermann, Purer Aktionismus. Der Koalitionsvertrag will plötzlich Stalleinbrüche ahnden. Wieso? Ein politisches Lehrstück, in: Die ZEIT 01.08.2018.

Grünen und unter den befragten Landwirten und Landwirtinnen als besonders starker Kritiker der Intensivtierhaltung prominent.[88] Klar geht damit auch eine Einreihung der politischen Partei in als Gegenseite positionierte Organisationen und Gruppen einher. Diese bilden damit ein Dreierbündnis bestehend aus: Tier- und Umweltschutzaktivisten – Journalisten – Bündnis 90/Die Grünen. Durch gegenseitige Vernetzungen wird hier nach Ansicht der Landwirte und Landwirtinnen ein Ausbau der eigenen Ansichten in der Bevölkerung vorangetrieben. Während den Medien dabei überwiegend ökonomische Gründe zugeschrieben werden, spielen nach Ansicht der Befragten politisch vor allem das Ziel der Wählergewinnung und die Verlagerung des Themenspektrums auf die Landwirtschaft – bedingt durch den Wegfall des originär grünen »Atomkraft-Bereichs« – eine Rolle:

H. A.: Also wenn wir jetzt bei den Grünen sind, die haben halt eher das Wählerklientel, die da sehr kritisch sind oder vielleicht im Bereich Veganer. Die hören nur das gerne, wenn da auf die Landwirtschaft sauber draufgedroschen wird.

Es wird hier also ein bewusst planvolles, manipulatives Steuern der Bevölkerung angenommen, wodurch die Gegenseite moralisch verurteilt wird. Differenziertere Aussagen in Bezug auf Umwelt- und Tierschutzorganisationen äußerten die Interviewpartner und Interviewpartnerinnen nur sehr vereinzelt. B. K., Geschäftsführer eines Masthuhnbetriebes, gab an, bewusst einem Naturschutzverein beigetreten zu sein, um hier in Dialog zu treten:

Ich bin zum Beispiel bei mir daheim auch im Bund Naturschutz. Da gibt es natürlich Kontroversen. Ich bin auch gefragt worden, warum ich da überhaupt dazu gegangen bin. Ich bin selber auch Jäger. Durch das, dass ich Landwirt bin und mich auch ein bisschen mit dem Forst auskenne, ist immer wichtig das Miteinander. Es gibt natürlich diese Extremisten, auch in der Landwirtschaft gibt es die, genauso wie im Bund Naturschutz, diese ganz … die gegen alles sind. Wichtig ist halt immer, dass man dem Anderen zuhört und dem seine Meinung einmal anhört und vielleicht dann auch die eigene dann entsprechend anpasst.

Die Erfahrungen von B. K. stehen in Kontrast zur Mehrheit der Interviewpartner und Interviewpartnerinnen – er zieht die Grenzen nicht zwischen Landwirten und Aktivisten, sondern den Extremen auf beiden Seiten, die »gegen alles sind«. An dieser Stelle wird also eine Lösungsstrategie im aktiven Aufeinanderzugehen sichtbar, der sich auch H. Q. anschließt:

Da gibt es gewaltige Unterschiede. Und die machen auch teilweise … wie gesagt, gerade das jetzt mit dem Privathof, wo dann der Tierschutzbund gesagt hat: ›Okay, gut, wir müssen auch mal mit den … mit der Agrarindustrie wenn man so will … zusam-

---

88 Anton Hofreiter verfasste 2016 das Buch »Fleischfabrik Deutschland: Wie die Massentierhaltung unsere Lebensgrundlagen zerstört und was wir dagegen tun können«.

menarbeiten und dann verändert man was.‹ Das war ein richtiger Schritt. Weil nur
gemeinsam erreicht man auch was. Und wenn man nur auf dem anderen rumhackt,
ja … das ist dann wie im Kindergarten. Dann bocken die (lacht). Passiert gar nichts.

H. Q. speist seine Erfahrungen aus der Kooperation mit dem Deutschen Tierschutzbund, der das »Privathof«-Konzept der Firma Wiesenhof[89], welches Herr
Q. betreibt, unterstützt. Für ihn sind die Organisationen also nicht per se Gegner,
sondern teilweise durchaus auch Interessengruppen, mit denen Zusammenarbeit
möglich ist. Dennoch ist anzumerken, dass diese beiden Ansichten Ausnahmen
innerhalb des Samples darstellten. Insgesamt nahmen die Interviewpartner
und Interviewpartnerinnen eine starke Vernetzung zwischen politischen (»Die
Grünen«), aktivistischen (Tier- und Naturschützer) sowie medialen und zum
Teil auch juristischen Akteuren an, die zur Negativbeeinflussung der Gesellschaft ihnen gegenüber beitragen.

Gefühlte Bedeutungslosigkeit: Räume von Macht und Wissen

Dem beschriebenen Netzwerk gegenüber fühlen sich die Intensivtierhalter und
-halterinnen als weitestgehend *machtlos* positioniert, was in der Selbstwahrnehmung als marginalisierter Gruppe und der Einschätzung von ungleichen
Macht- und Deutungshoheiten begründet liegt. Dabei fällt auf, dass sich die
Argumentation der oben benannten Akteure – welche von einer einflussreichen
und mächtigen Agrarlobby ausgehen – und diejenige der Befragten – welche
wiederum das Gegenteil annehmen – fundamental widersprechen und völlige
Gegenerzählungen bilden. So geht aus den Homepages verschiedener Vereine
und politischer Vertreter eindeutig eine Selbstpositionierung als »die Schwächeren« gegenüber starken landwirtschaftlichen Interessensvertretungen hervor:
Der Naturschutzbund Deutschland, NABU, schreibt von einer »aggressiven
und vollkommen unsachlichen Stimmungsmache der Agrarlobby«[90], die Partei
Bündnis 90/Die Grünen subsummierte das Vorgehen der Bundesregierung zur
Ferkelkastration mit den Worten »Agrarlobby ist Koalition wichtiger als Tierwohl«[91] und auf der Homepage von PETA ist zu lesen: »CDU und FDP bedienen
die Interessen der Agrarlobby.«[92] Der Begriff »Agrarlobby« ist innerhalb der

---

89 Hierauf wird in den Kapiteln 8.3 und 9.3 noch ausführlich Bezug genommen.
90 NABU, Der lange Arm der Agrarlobby. URL: https://www.presseportal.de/pm/6347/
3557477 (08.12.2018).
91 Bündnis 90/Die Grünen, Ferkelkastration. Agrarlobby ist Koalition wichtiger als Tierwohl. URL: https://www.gruene-bundestag.de/agrar/agrarlobby-ist-koalition-wichtiger-als-
tierwohl.html (08.12.2018).
92 PETA, Über 80 % befürworten Undercover-Recherchen und Tierschutzkontrollen.
URL: https://www.peta.de/Emnid-Umfrage-Undercover-Recherchen-Tierschutzkontrollen
(08.12.2018).

Kritik an der konventionellen Landwirtschaft omnipräsent. Eine Recherche der Süddeutschen Zeitung im September 2017 machte diese als Vernetzung zwischen Politikern, Deutschem Bauernverband und Agrarfirmen aus: »Auffällig viele CDU/CSU-Abgeordnete aus dem Agrarausschuss des Bundestages besetzen Posten in Agrarfirmen und Finanzkonzernen.«[93] Friedrich Ostendorff und Veiko Heintz fassen im Kritischen Agrarbericht 2015 Futter-, Düngemittel-, Pflanzenschutz-, Fleischindustrie, Zucht- und Verarbeitungsunternehmen ebenso wie Versicherungsgesellschaften und landwirtschaftliche Vertreter unter »Agrarlobby«.[94] Ein besonders großer Einfluss auf die Landwirtschaftspolitik wird dabei dem DBV zugeschrieben, welchem die Organisation »LobbyControl« bescheinigt: »Dem Verband ist es immer wieder gelungen, staatliche Initiativen zum Schutz von Verbrauchern und Tieren sowie der Umwelt zu verhindern bzw. zu verwässern.«[95]

Während also Kritiker der Intensivtierhaltung überwiegend von einer mächtigen Agrarindustrie ausgehen, die erfolgreich strengere Natur- und Umweltschutzvorgaben verhindert, monieren die befragten Landwirte und Landwirtinnen eine Schwächung ihrer Interessensvertretung in den letzten Jahren und Jahrzehnten sowie ein gleichzeitiges Erstarken der als Gegner positionierten Organisationen. Ausschlaggebend sind für die Interviewpartner und Interviewpartnerinnen dabei der seit Jahrzehnten erfolgende zahlenmäßige Rückgang ihrer Berufsgruppe und eine Fortsetzung des landwirtschaftlichen Strukturwandels – beides führe zu einem Bedeutungsverlust des primären Sektors sowohl in Politik als auch Gesellschaft. Diesbezügliche Zitate finden sich im Material zuhauf und bewegen sich dabei zwischen mehreren Ebenen, auf denen ein Einflussverlust konstatiert wird. V. St., Inhaber eines Schweinemastbetriebes, blickt als Landwirt, der kurz vor der Betriebsübergabe steht, auf mehrere Jahrzehnte Entwicklung zurück:

Ich weiß ja noch, wo ich Landwirtschaft gelernt habe und so oder wie ich da angefangen habe, wie viele landwirtschaftliche Betriebe, dass in unserer Gemeinde da noch gearbeitet haben oder mit einem Vollerwerb und wie viele es heute noch gibt. Und das ist noch lange nicht das Ende. Das ist zwar einerseits schade. Also verlieren wir auch in der Gemeinde, geht es ja schon im Gemeinderat an. Sagen wir, die Landwirtschaft verliert immer mehr Einfluss. Das ist eigentlich, das sind alles die Schattenseiten. Da ist … haben wir eine Nachbargemeinde, das ist eine ländliche Gemeinde, keinen einzigen Landwirt haben wir da.

93 Markus Balser, Moritz Geier, Jan Heidtmann, Silvia Liebrich, Wie Lobbyisten bestimmen, was wir essen, in: SZ, 15.09.2017.
94 Vgl. Friedrich Ostendorff, Veikko Heintz, Man kennt sich, man schätzt sich, man schützt sich … Einblicke in das Netzwerk aus Agrar- und Ernährungswirtschaft, Spitzenverbänden und Politik, in: Kritischer Agrarbericht 2015, 53–58.
95 LobbyControl, LobbyPedia: Deutscher Bauernverband. URL: https://lobbypedia.de/wiki/Deutscher_Bauernverband#cite_note-5 (08.12.2018).

Während V. St. sich hier auf die lokale Ebene bezieht, geht Schweinemast-Betreiber I. F. in einem weiteren Zitat auf den europäischen Kontext und vorhandene Lobby-Mächte ein. Der Interviewpartner, selbst Kreisobmann seines örtlichen Bauernverbandes, schildert eine Führung im Brüsseler EU-Parlament:

Ich meine, wir waren mal in Brüssel und haben da mal eine Führung bekommen bei einer Vertretung vom Deutschen Bauernverband. Und der hat dann halt ein bisschen erklärt, was die Lobbyarbeit da betrifft. Und der sagt: Aber es sind ja weit über 1.000 oder 1.200 Lobbyverbände da registriert. Und er sagt: Sie sind schon gut vernetzt dort und ja halt versuchen, da irgendwie die Kontakte zu halten. Also, auf der Seite, oder wenn man das so sieht, ist da schon bestimmt auch politischer Einfluss mit da. Oder es sind schon Kontakte da, weil es, ich sage mal, gewachsene Strukturen sind. Aber er sagt halt auch oder der uns da geführt hat, hat halt auch gesagt: Die anderen Verbände, also irgendwelche NGOs, die sind halt finanziell deutlich besser gestellt in manchen Fällen. Gerade wenn irgendwie so ein Skandal ist. Dann haben die natürlich immer für irgendwelche Kampagnen oder irgendwas schneller mal liquide Mittel, um da was zu machen. Und sagt: Da erreichen die halt auch wahnsinnig viele Leute, auch wenn die oft mal wenig sachlich …

Er bestätigt zwar die von Seiten des Umwelt- und Tierschutzes angenommene ausgeprägte Vernetzung des DBV auf politischer Ebene, gibt aber gleichzeitig die Argumentation des von ihm als Experten akzentuierten Verbandsvertreters wieder, nach der auch große NGOs über erheblichen Einfluss und finanzielle Mittel verfügten. Dabei spricht I. F. eine bessere und professionellere Campaigning- und Werbestrategie der entsprechenden Organisationen an, die wesentlich publikumswirksamer Öffentlichkeitsarbeit betrieben. Auch diese Ansicht findet sich in den Interviewausschnitten wiederholt:

H. C.: (seufzt) Ich bin immer der Meinung, dass also der normale bäuerliche Landwirt gar nicht so viel Zeit hat, sich damit so intensiv auseinanderzusetzen. Und dass wir einfach von den Leuten unterlaufen werden. Und diese NGOs und das Ganze dermaßen populistisch gut aufgezogen wird. Die Leute haben, die das einfach auch können. Die können Werbung machen. Das ist auch irgendwo eine Werbung für sie. Und der Landwirt, der möchte ja eigentlich bloß seine Arbeit machen. Und weiter gar nichts.

Auch innerlandwirtschaftliche Versuche von Agrar-Bloggern oder (über-)regionalen beruflichen Zusammenschlüssen, um eigene Positionen gezielt medial und gesellschaftlich einzubringen, wurden gegenüber den Strategien der als mächtiger angesehenen Natur- und Tierschützer als kaum wirkmächtig eingeschätzt. Klar geht also aus dem Interviewmaterial hervor, dass sich die Landwirte und Landwirtinnen als gesellschaftlich unbedeutende Berufsgruppe positioniert fühlen, deren politischer und diskursiv-meinungsbildender Einfluss gering ist. Die Wahrnehmung der Befragten unterscheidet sich hier nicht von den Ergebnissen Hans Pongratz', der den bayerischen Bauern bereits Ende der 1980er Jahre in einem bezeichnenderweise mit »Bauern – am Rande der Gesellschaft?«

überschriebenen Aufsatz bescheinigte: »Insgesamt deuten die Ergebnisse dieser Studie auf soziale Marginalisierungsprozesse sowohl in der tatsächlichen sozialen Lage großer Gruppen von Bauern als auch in ihrer Wahrnehmung und Interpretation durch die Betroffenen hin.«[96] Der Soziologe fasst dies ähnlich wie in Bourdieus »Niedergang der bäuerlichen Gesellschaft«[97] in Frankreich als »Bewußtsein einer untergehenden Kultur«[98] zusammen. Die Wahrnehmung befragter Landwirte und Landwirtinnen weist also eine erhebliche Kontinuität auf, die im Vergleich der beiden Studien einen Zeitraum von circa dreißig Jahren umfasst, in denen sich die Selbstpositionierung der Landwirte und Landwirtinnen nicht verbessert hat.

Ein Verständnis dieses Prozesses knüpft wesentlich an sozialwissenschaftliche Theorien zu Macht und Deutungshoheiten an, wie sie vor allem Michel Foucault und Antonio Gramsci konzeptualisiert haben. Catrin Neumayer stellt in ihren »Grundlagentexten der Cultural Studies« Foucaults plural ausgerichtetes Machtverständnis heraus, das sich auch auf das von Bündnissen und Gegenbündnissen zur Verbreitung eigener Positionen ausgerichtete Feld der Intensivtierhaltung übertragen lässt: »Somit spricht Foucault nicht von Macht, sondern im Plural von Machtverhältnissen, unter welchen die globalen Allianzen moderner Medien- und Kulturindustrien verstanden werden können [...].«[99] Grundlegend ist für Foucault in diesem Zusammenhang die Weitergabe bestimmter Wissensinhalte, die von verschiedenen am Ausbau oder Erhalt ihrer Macht interessierten Akteuren im Sinne ihrer Deutungen verbreitet werden. Wissen ist daher niemals völlig neutral, sondern stets in Gehalt und Distribution gesteuert: »Eher ist wohl anzunehmen, daß die Macht Wissen hervorbringt (und nicht bloß fördert, anwendet, ausnutzt); daß Macht und Wissen einander unmittelbar einschließen; daß es keine Machtbeziehung gibt, ohne daß sich ein entsprechendes Wissensfeld konstituiert.«[100]

Bei der getätigten Analyse kommt in diesem Zusammenhang vor allem den Medien als »Vierter Gewalt« eine besondere Rolle zu:

T.S.: Und ich würde mir wünschen, dass den Menschen mehr bewusst wäre, dass die Medien kein von Gott gesandtes Instrument sind, um die Wahrheit zu verbreiten. Nicht zwangsläufig, ja, sondern oft genug das Gegenteil der Fall ist. Und ich würde mir einfach auch mal wünschen, dass die Leute sich mehr selber damit auseinandersetzen und nicht immer nur das ankucken und dann glauben, dass das so ist. Oder sich nur mit einschlägigen Meinungen auseinandersetzen, weil die Meinung passt ihnen gerade

---

96 Pongratz, Rande der Gesellschaft, 540.
97 Bourdieu, Niedergang.
98 Pongratz, Rande der Gesellschaft, 540.
99 Catrin Neumayer, Grundlagentexte der Cultural Studies im Macht-Wissens-Kontext: Ein Überblick. München 2011, 7.
100 Foucault, Überwachen, 39.

gut rein, und dann lesen sie halt auch nur, wo es schon in die Richtung geht. Aber überhaupt nicht mit der Gegenseite.

Die Interviewpartnerin spricht hier eine erfolgende Beeinflussung der Bevölkerung im Sinne Foucault'scher Wissensregime durch mediale Berichterstattungen an, deren Wahrheitsgehalt sie in Frage stellt. T.S. fokussiert dabei eine in demokratischen Meinungsbildungsprozessen notwendige Beschäftigung mit verschiedenen Positionen und kritische Abwägung von Inhalten, welche aus ihrer Sicht im Bereich Intensivtierhaltung zu wenig erfolgen. Damit dockt sie an eine zu Beginn des 21. Jahrhunderts im digitalen Medienzeitalter auch von Soziologen und Gesellschaftswissenschaftlern[101] konstatierte Polarisierung der politischen Meinungsbildung und einen gleichzeitigen Verlust der Fähigkeit zur Auseinandersetzung mit kontrastierenden Ansichten an, die Kommunikationswissenschaftler Wolfgang Schweiger vor allem auf die Digitalisierung zurückführt:

Der Nachrichten- und Informationskosmos im Internet befindet sich im Umbruch – mit beunruhigenden Folgen für die Demokratie. Lange waren journalistische Medien, alternative Angebote und die öffentliche Kommunikation unter Bürgern getrennt. In Facebook, YouTube, Google und Co. vermischen sie sich. Nachrichten, Verschwörungstheorien und Hasskommentare stehen direkt nebeneinander. Das überfordert die Medienkompetenz vieler Bürger. Obwohl sie das Nachrichtengeschehen kaum überblicken, fühlen sie sich gut informiert. Gleichzeitig bleiben die Meinungslager unter sich (Filterblase) und schaukeln sich gegenseitig auf (Echokammer). Das trägt zur verzerrten Wahrnehmung der öffentlichen Meinung durch den Einzelnen bei, verändert die Meinungsbildung und verschärft die Polarisierung der Gesellschaft.[102]

Gleichzeitig konstatiert Schweiger eine Minderung journalistischer Qualität infolge des Transformationsprozesses in Richtung digitaler Medien, mitbedingt vor allem durch finanzielle Einsparungen ausgehend von Verlagerungen der Werbeeinnahmen und Abonnentenzahlen:

Dieser ökonomische Druck führt seit Jahren zu ständigen Einsparungen bei fast allen Nachrichtenmedien, die mit Einbußen bei der journalistischen Qualität und Unabhängigkeit einhergehen. Das bleibt auch dem Publikum nicht unbemerkt und

---

101 Vgl. hierzu bspw. Ulrich Becks prominente Theorien, die eine Polarisierung v. a. auf neoliberale Entwicklungen und Prekarisierungsprozesse zurückführen, die Abstiegsängste fördern: Ders., Risikogesellschaft. Auf dem Weg in eine andere Moderne. Frankfurt a. M. 1986, dies stützend Ingo Mörth, Doris Baum (Hrsg.), Gesellschaft und Lebensführung an der Schwelle zum neuen Jahrtausend. Gegenwart und Zukunft der Erlebnis-, Risiko-, Informations- und Weltgesellschaft. Linz 2000 oder die aufschlussreiche Untersuchung von Melanie Nagel am Beispiel Stuttgart 21. Dies., Polarisierung im politischen Diskurs. Eine Netzwerkanalyse zum Konflikt um »Stuttgart 21«. Konstanz 2014.
102 Klappentext zu Wolfgang Schweiger, Der (des)informierte Bürger im Netz. Wie soziale Medien die Meinungsbildung verändern. Wiesbaden 2017.

verstärkt den Bedeutungs- und Vertrauensverlust journalistischer Nachrichten sowie den Aufstieg sozialer und alternativer Medien weiter.[103]

Dieser Vertrauensverlust in die Medien ist zwar bei den Interviewpartnern und Interviewpartnerinnen aufgrund der Kritik an ihrer Berufsausübung besonders stark ausgeprägt, er bildet aber generelle gesellschaftliche Entwicklungen ab, in deren Zuge sich Teile der Bevölkerung nicht ausgewogen durch die öffentlich-rechtliche Berichterstattung informiert fühlen. Diese kulminierten in den 2010er Jahren in die Etablierung des historisch zwar nicht neuen, aber wieder an Popularität gewonnenen Begriffs der »Lügenpresse«, welcher vor allem von politisch rechtsgerichteten Gruppierungen und Parteien wie den »Pegida«-Demonstranten und AfD-Anhängern aufgegriffen wird,[104] um Medien gezielte Desinformation vorzuwerfen. Unter den befragten Landwirten und Landwirtinnen konnten keine derart gerichteten politischen Radikalisierungen festgestellt werden – auch Statistiken zum Wählerverhalten von Berufsgruppen bestätigen eine weiterhin traditionelle Stimmenmehrheit für die CSU, auf deren Gründe noch eingegangen wird. Während für einen Teil der Bevölkerung Bewältigungen postmoderner Transformationsprozesse in Folge von neoliberalen Ausbeutungsstrukturen, Digitalisierung und Identitätskrisen in der Hinwendung zu populistisch-vereinfachenden Meinungsbildern und Parteien bestehen, fangen NGOs wiederum Vertrauensverluste in Medien und Politik teilweise von linker Seite her auf. Susanne Marell führt dazu aus, dass es NGOs »mit ihrer Arbeit […] über viele Jahre geschafft [haben], eine enorme Glaubwürdigkeit innerhalb der Gesellschaft aufzubauen.«[105] Wie zuvor beschrieben werden Nichtregierungsorganisationen auf Seiten der Interviewpartner und Interviewpartnerinnen gerade aufgrund negativer Erlebnisse in Bezug auf Glaubwürdigkeit und Kommunikation als eben nicht vertrauenswürdig positioniert. Ihre Reaktion auf einen durchaus weitgreifenden medialen, politischen und sozialen Vertrauensverlust besteht daher – so nicht nur das Ergebnis dieser, sondern auch weiterer agrarsoziologischer Studien – in Resignation und Rückzug in innerlandwirtschaftliche Informationskanäle.

---

103 Ebd., VII.
104 Der Begriff lässt sich bis in das 19. Jahrhundert nachverfolgen und spielte im Zuge verschiedener Diskurse wie etwa der Propagierung von Feindbildern im Ersten und Zweiten Weltkrieg eine Rolle. Vgl. zur Begriffsgeschichte Volker Lilienthal, Irene Neverla, »Lügenpresse«. Anatomie eines politischen Kampfbegriffs. Köln 2017 sowie zu dessen neuerer Instrumentalisierung Schweiger, Der (des)informierte Bürger, insb. 69 ff.
105 Susanne Marell, NGOs – Vertrauensverlust als Hinweis auf Identitätskrisen?, in: Lars Rademacher, Nadine Remus (Hrsg.), Handbuch NGO-Kommunikation. Wiesbaden 2018, 65–73, hier 65. Sie bezieht sich dabei auch auf Umfragen des Edelman Trust Barometer, bei dessen Untersuchungen zum gesellschaftlichen Vertrauenswert von Politik, Medien, Wirtschaft und NGOs letzteren seit Jahren stets der erste Rang zukommt, vgl. URL: https://www.edelman.de/trust-2019/ (15.07.2019).

Daher ist zu hinterfragen, ob sich die Landwirte und Landwirtinnen nicht ebenso stark in »Filterblasen« bewegen und damit gleichfalls unter die von ihnen kritisierte Voreingenommenheit – hier gegenüber Journalisten und Aktivisten – fallen. Zumindest was den Vorwurf der eben zitierten Interviewpartnerin T. S. hinsichtlich eines unausgewogenen Meinungsbildungsprozesses betrifft, »sich nur mit einschlägigen Meinungen auseinander[zu]setzen« und »überhaupt nicht mit der Gegenseite«, kann aus dem analysierten Material heraus bilanziert werden, dass Ähnliches für die Intensivtierhalter und -halterinnen selbst gilt: Eingehendere oder unvoreingenommene Auseinandersetzungen mit den Argumenten der »Gegner« waren nur in geringer Zahl vorzufinden, stattdessen überwog eine abwehrende Haltung, die sich auf Vorwürfe von Manipulation, Unkenntnis und ein Hinterfragen von wissenschaftlichen Erkenntnissen vor allem im Umweltbereich stützt.

Als abschließender Raum von Macht und Wissensweitergabe wird unter diesem Kapitel der von den Interviewpartnern und Interviewpartnerinnen häufig angesprochene Schulunterricht betrachtet, den Lina Franken in ihrer Dissertation »Unterrichten als Beruf«[106] insbesondere unter den Aspekten räumlicher Ordnungen und gouvernementaler Strukturen untersucht hat. Dabei bezieht sie sich ebenso wie Foucault auf die Schule als Teil eines Disziplinarsystems, das »definiert, wie kontrolliert und überwacht wird, was sagbar ist, was relevant ist und was gelernt werden soll. Hier wird Wissen mit Macht verschränkt, in einen Diskurs diszipliniert und kanalisiert.«[107] Den Einfluss der schulischen Ordnung auf bestimmte Denk- und Sichtweisen nehmen die Befragten als wichtige Institution der gesellschaftlichen Meinungsbildung ebenfalls wahr. Auch hier fällt diese aus Perspektive der Interviewpartner und Interviewpartnerinnen zu ihren Ungunsten aus:

H. Q.: Ja, bei uns ist zum Beispiel dann so ein katholischer Pastoralreferent oder wie sich das nennt, ja der macht im Religionsunterricht in der Grundschule tut der Massentierhaltung thematisieren und zeigt dann die ganzen Filme. Da kommen die Kinder heim, die Vier-, Fünfjährigen und sagen: Ich will kein Fleisch mehr essen. Das war auch ein interessantes Gespräch, was ich dann mit dem mal geführt habe. Weil mein Patenkind hat das dann eben erzählt und war total schockiert, was ich denn für ein böser Mensch bin (lacht).

Mehrere Landwirte und Landwirtinnen berichteten von ähnlichen Erlebnissen, bei denen eine ihrer Meinung nach unangemessene schulische Beeinflussung durch die Lehrkräfte stattfand. Kritisiert wurde dabei stets die Macht des Lehrpersonals, persönliche politische Ansichten im System Schule weitergeben zu

---

106 Lina Franken, Unterrichten als Beruf. Akteure, Praxen und Ordnungen in der Schulbildung. Frankfurt a. M. 2017.
107 Ebd., 55.

können. Ehepaar F. und M. J. bezieht sich konkret auf die Problematik gouvernementaler Einflussnahme – also nach Foucault einer institutionell sanktionierten Machtausübung:

M. J.: Die beeinflussen die Meinung! Bewusst oder unbewusst!
F. J.: Bewusst oder unbewusst, denke ich auch, ja!
M. J.: Ist an und für sich nicht schlecht, weil das ist auch eine Erziehungsperson und alles. Die erzieht die Kinder mit, also und das ist mit Sicherheit auch nicht verkehrt, aber … die müssen dann einfach auch die Verantwortung wissen.
F. J.: Genau! Weil ich sehe es jetzt mit unserem Großen. Die Kleine ist zwei Jahre alt und die wollen probieren, bis sie in die Schule kommt nach Deutschland zu kommen. Weil sie nicht wollen, dass sie in diesem türkischen Regime in die Schule gehen. Die haben Angst vor Gehirnwäsche! Aber das Gleiche passiert mit unseren Kindern Richtung Landwirtschaft auch kann man sagen! Ne, es ist nicht alles Bio! Und wenn man dann ausgegrenzt wird, da steht die Woche auch ein riesen Artikel im Wochenblatt, dass Kinder ausgegrenzt werden, wenn sie sagen, wir haben Landwirtschaft daheim.

Mithilfe der Parallele einer »Gehirnwäsche« drückt F. J. ihre Empörung über die Bewertung der konventionellen Landwirtschaft in Schulen besonders drastisch aus. Die Interviewpartner und Interviewpartnerinnen räumen damit schulischen Räumen eine Verbindung zu den im vorherigen Kapitel beschriebenen »grünen« Netzwerkstrukturen ein, die dem Machtausbau bestimmter Interessensgruppen dienen. Analog kommt auch Lina Franken zu dem Schluss, dass »[d]en Lehrenden als Akteuren […] eine zentrale Bedeutung für Form und Inhalt der Schulbildung zu [kommt]«[108], da »Umsetzung als Interpretation der Ordnungen […] den Lehrenden weitgehend selbst überlassen [ist] und […] dementsprechend mit sehr unterschiedlichen Bewertungen und Prioritäten [erfolgt].«[109] Für die Intensivtierhalter und -halterinnen wird hierdurch eine Machthierarchie plastisch, welche die Marginalisierung ihres Berufes verstärkt:

I. Sch.: Und das geht uns ja überall so, ob das Pfarrer sind, ob das Lehrer sind, ob das Politiker sind, die einfach … ich sag mal in der Gesellschaft eine vorgehobene Stellung haben, dass die genau auf den Mainstream aufspringen, mit der gleichen Dummheit und Naivität in die Bresche reinschlagen, ohne es zu hinterfragen.

In Analogie zur im vorherigen Kapitel ausgeführten politisch-grünen Präferenz von Medienvertretern weitet I. Sch. dieses aus seiner Sicht einseitig meinungsbildende Netzwerk auf weitere Personen aus, die »in der Gesellschaft eine vorgehobene Stellung haben«. Anhand der Analyse zeigt sich, dass sich die Befragten viel mit Deutungshoheiten über ihr Berufsfeld auseinandersetzen und ihnen der Zusammenhang von Macht und Wissensweitergabe stark bewusst ist. Die Interviewpartner und Interviewpartnerinnen versuchen also – bedingt

---

108 Ebd., 441.
109 Ebd., 444.

durch die Positionierung als marginalisierte Gruppe –, Herkunft und Ursachen
der gegen sie gerichteten Vorwürfe zu dekonstruieren. Gleichzeitig erlaubt die
Fokussierung auf einflussnehmende Gruppen und Netzwerke, dass eine Auseinandersetzung mit eigener Verantwortung kaum stattfindet und problematische
Aspekte der Intensivtierhaltung als medial und politisch aufgebauschte Skandalisierungen verortet werden, die nicht durch tatsächlichen Handlungsbedarf bedingt sind, sondern aus ideellen und ökonomischen Interessen heraus entstehen.
Zwar sind einige der von den Interviewpartnern und Interviewpartnerinnen
ausgeführten Netzwerkstrukturen im Bereich der Medien sicherlich tatsächlich
von politischen Präferenzen geprägt und bestehen in Schulen Macht-Wissensho-
heiten mit einer Dominanz kritisch geprägter Perspektiven, gleichzeitig erlaubt
es die ausgeprägte Beschäftigung mit der Fremdpositionierung ihrer »Gegner«
den Landwirten und Landwirtinnen aber auch, sich *mehr mit den Verantwortlichen* für bestehende Negativdiskurse zu Intensivtierhaltung zu beschäftigen,
als mit den vorgebrachten Inhalten.

Rückzug in eigene Kanäle: Innerlandwirtschaftlicher Austausch und die Rolle des Bauernverbands

Während zunächst untersucht wurde, welche Räume von Macht und Wissen
die Interviewpartner und Interviewpartnerinnen ihren »Gegnern« zuschreiben, wird im Folgenden auf Vernetzungen innerhalb der landwirtschaftlichen
Akteursgruppen eingegangen, die ebenfalls zur Weitergabe bestimmter Argumentationslogiken und Verteidigungshaltungen beitragen.

Hier spielen zunächst der Deutsche bzw. Bayerische Bauernverband eine
zentrale Rolle, die sich selbst als »Anwalt und Sprachrohr der deutschen Bauernfamilien«[110] verstehen. Der Bayerische Bauernverband ist einer von 18 Landes-
verbänden und zählt circa 150.000 Mitglieder[111] – bei einer Gesamtzahl von
über 223.000 in der bayerischen Landwirtschaft Beschäftigten (hierunter zählen
Betriebsinhaber, Familienangehörige ebenso wie Fremdarbeitskräfte)[112] vertritt
der BBV also einen erheblichen Anteil der Landwirte und Landwirtinnen. Aus
den Interviews ging eine ambivalente Haltung der Befragten zum Bauern-
band hervor. Während die meisten Intensivtierhalter und -halterinnen zwar angaben, Mitglied im Verband zu sein und dies durch die generelle Notwendigkeit
einer Berufsvertretung begründeten, wurde zugleich viel Kritik an dessen Arbeit
geäußert. So drückte Legehennenhalter H. I. drastisch aus:

---

110 DBV, Der DBV. URL: https://www.bauernverband.de/dbv (16.01.2019).
111 Vgl. BBV, Der Verband im Überblick. URL: https://www.bayerischerbauernverband.
de/der-bbv/der-verband-im-ueberblick (16.01.2019).
112 Vgl. StMELF (Hrsg.), Bayerischer Agrarbericht 2018: Arbeitskräfte.

Den kannst du ja sowieso in die Pfeife rauchen. Sage ich auch jedem. Jeder, der kommt, weil sie nur lauter Schwätzer sind. Die wo alle irgendwo gut sitzen und schauen, dass sie ihre Polster nicht verlieren. Da läuft überall ein wenig was raus.

Häufig angesprochen wurde eine Uneindeutigkeit der Ausrichtung des Verbandes, der sich – so die Aussagen mehrerer Landwirte und Landwirtinnen – nicht entscheiden könne, wen er eigentlich vertritt. Hier bezogen sich die Befragten vor allem auf Spannungen zwischen großen und kleinbäuerlichen Betrieben und daraus resultierende Unzufriedenheiten der Mitglieder. I. F., selbst Ortsobmann des Verbandes, fasst zusammen: »Die einen sagen: ›Das bringt ja eh nichts. Die machen eh nur etwas für die Großen.‹ Die Großen sagen: ›Ja, die machen nur etwas für die Kleinen.‹« Wie schon vorhergehend bemerkt, wird die Lobbymacht des Bauernverbandes von den Interviewpartnern und Interviewpartnerinnen eher gering eingeschätzt – hier widersprechen sich die Sichtweisen von NGOs und Landwirten eklatant. Als eine Berufsvertretung unter vielen, deren Anzahl zumal von Jahr zu Jahr geringer wird, sehen die Befragten den DBV als politisch wenig einflussreich, auch dies wieder Indiz für die gefühlte Marginalisierung der Landwirte und Landwirtinnen. Ferkelzüchter H. D. führt aus:

Der Bauernverband, also oder die, wo im Bauernverband drinnen arbeiten, die tun mir ja fast eher leid. Die kriegen die Prügel von den Bauern und kriegen die Prügel von den Anderen. Aber die haben ja eigentlich keine Marktmacht. Die großen, Tönnies zum Beispiel, das sind Player, die haben Lobby. Die verhandeln. Aber die einzelnen Bauern oder auch unsere Vertretung im Bauernverband zum Beispiel? Darum sind ja viele Bauern auch rausgegangen vom Bauernverband.

Die Aussage von H. D. ist paradigmatisch für die Haltung derjenigen Interviewpartner und Interviewpartnerinnen, die Mitglieder im BBV sind. Einerseits wird auf Probleme der Vertretung eingegangen, andererseits wiegt für die Befragten das Argument, sonst keinerlei Lobby mehr zu besitzen, gegenüber einem möglichen Austritt stärker. Typisch auch die Bemerkungen von H. D. zum geringen Einfluss des DBV gegenüber weiteren »Playern« im Feld der Ernährungswirtschaft wie beispielsweise dem größten deutschen Schlachtunternehmen Tönnies, welches als wesentlich mächtiger positioniert wird. Als häufigster Kritikpunkt der Interviewpartner und Interviewpartnerinnen am DBV tauchte immer wieder das Versäumnis einer guten Öffentlichkeitsarbeit auf. Der Bauernverband habe – so zahlreiche Aussagen – über Jahrzehnte hinweg keine Kommunikation mit den Verbrauchern aufgebaut und so erheblich zur Entfremdung von der Landwirtschaft beigetragen. Stattdessen hätten sich Verbandsvertreter bewusst gesellschaftlichen Diskussionen verschlossen:

H. M.: Aber da gebe ich schon einen Teil unserer Berufsvertretung, also dem Bauernverband schuld. Weil die haben dieses Thema vernachlässigt. Aber … und zwar nicht jetzt, sondern vor ungefähr sechs, acht Jahren. Da ist das aufgekommen. Und dann hätten die … haben die immer diese sachlichen Auseinandersetzungen mit den

Tierschützern vermieden oder es ist einfach so weitergelaufen, bis dass auf einmal das Ministerium, also das Landwirtschaftsministerium gesagt hat: Wir steigen jetzt auf die Schiene auf. Auf die … Wähler, die Verbraucher auch, das sind zehnmal so viele Wähler wie die Landwirte oder zwanzigmal so viel.

Aus Sicht von H. M. hätte also durch eine frühzeitigere Auseinandersetzung mit den Argumenten der Gegenseite durch den DBV der öffentliche Diskurs um die Intensivtierhaltung mitgesteuert und auf einer sachlicheren Ebene ausgetragen werden können. Zusätzlich teilten mehrere Befragte die Ansicht, der Verband habe viel zu spät die Relevanz der Digitalisierung begriffen und Selbstrepräsentationen etwa durch Social-Media-Kanäle zunächst verschlafen.

Trotz dieser teils skeptischen Aussagen trägt der Bauernverband etwa durch sein Fortbildungsangebot, lokale Versammlungen oder Internetauftritte ebenso zur innerlandwirtschaftlichen Vernetzung bei wie verschiedene Fachzeitschriften, regionale Zusammenschlüsse, Maschinenringe, Erzeugergemeinschaften oder digitale Foren etc., in denen fachlicher und persönlicher Austausch stattfindet. Auf Seiten der Interviewpartner und Interviewpartnerinnen finden sich also ebenfalls Strukturen, die sich als Macht-Wissens-Zusammenhänge interpretieren lassen, auch wenn diese von den Befragten als weniger einflussreich und meinungsprägend eingeschätzt werden. Die Positionierungen der für diese Studie interviewten Landwirte und Landwirtinnen kommen ebenso wenig individuell isoliert zu Stande, wie dies bei den zuvor beleuchteten Kritikern der Fall ist. Stattdessen ist auch ihr Prozess der Meinungsbildung eingebettet in ein Konglomerat aus sozialer Zugehörigkeit, kulturellen Faktoren und medialen Einflüssen, welche sich freilich anders zusammensetzen als etwa im Fall der Tier- und Umweltschutz-Akteure. Auf diese Weise bilden sich auch innerhalb der Gruppe der Intensivtierhalter und -halterinnen bestimmte Argumentationslogiken und -strategien aus, die anschließend mündlich oder schriftlich weiter tradiert werden. Im transkribierten Material finden sich zahlreiche in Form und Wortlaut ähnliche Rechtfertigungen und Erklärungen, quellenübergreifende Antwortnarrative und erzählerische Motive, die sich sicherlich zum einen aus den beruflichen Erfahrungen, zum anderen aber auch aus innerlandwirtschaftlichem Austausch und der Weitergabe bestimmter Positionierungen ergeben – damit also sozial geformt sind.

Für die vorliegende Untersuchung konnte aus Umfangsgründen keine zusätzlich parallel verlaufende systematische Analyse von landwirtschaftlichen Medien erfolgen. Dennoch wurden die Berichterstattungen der bekanntesten Fachzeitschriften, einschlägige Internet-Foren und Facebook-Gruppen sowie Auftritte des Bauernverbandes stets mitverfolgt, um die Aussagen der Interviewpartner und Interviewpartnerinnen in Gesamtzusammenhänge einordnen zu können. So ist etwa in der vom Bauernverband Schleswig-Holstein 2014 herausgegebenen Handreichung »Wie man uns sieht und was wir tun können«, die Landwirten und Landwirtinnen Kommunikationsstrategien für die Öffentlichkeit zur Verfügung stellen möchte, davon die Rede, den »Wirkungen von Schweigespirale, Boulevardisierung und Agenda-Setting, von Nichtregierungsaposteln und Bürgerverteidigungsinitiativen zu begegnen.«[113] Die abwertenden Formulierungen und normative Haltung erinnern dabei an die in den vorhergegangenen Kapiteln behandelten Fremdpositionierungen kritischer Akteursgruppen durch die Landwirte und Landwirtinnen. Bauernverbandspräsident Joachim Rukwied bemängelte wiederholt eine einseitige mediale Thematisierung der Intensivtierhaltung, wozu in der Zeitschrift »topagrar« im April 2015 zu lesen war:

In letzter Zeit hat man den Eindruck, dass der Deutsche Bauernverband (DBV) in der öffentlichen Debatte zur Landwirtschaft kaum noch vorkommt. DBV-Präsident Rukwied sagt, er habe zu allen Themen Interviews gegeben. Die wurden dann nur nicht gesendet. Seine Aussagen würden offenbar nicht zu der Meinung der Medien passen.[114]

»Topagrar« ist nach Aussage des Verlages die landwirtschaftliche Fachzeitschrift mit der höchsten Auflage – 2018 lag sie bei 100.255 Exemplaren.[115] Während das Artikelspektrum überwiegend aus fachlich relevanten Berichterstattungen zu ackerbaulichen oder tierhalterischen Entwicklungen besteht, finden sich immer wieder auch Argumentationen, die strukturelle Ähnlichkeiten zu Interviewausschnitten aufweisen. So steht im Artikel »Bauern müssen Massentierhaltung neu definieren« von 2013: »Die Tierschutzverbände verfolgen dabei eine Strategie: Sie wollen Spendengelder einsammeln, und das funktioniert nur über aufmerksamkeitsstarke Kommunikation, sprich Kampagnen.«[116] Der »i.m.a – information.medien.agrar e. V.«, zuständig für die Bildungskommunikation des Deutschen Bauernbandes, gibt die sogenannten »3-Minuten-Infos« zu einzelnen Getreidesorten, Tierarten aber auch Themen wie »Agrarchemie – geht's auch ohne?«, »Landwirtschaft und Biodiversität« oder »Subventionen für Landwirte« heraus. Sie sind laut Homepage »wichtige Argumentationshilfen – beispielsweise für den Umgang mit Schulklassen und bei Gesprächen und Diskussionen mit der

---

113 Sönke Hauschild, Bauern unter Beobachtung – wie man uns sieht und was wir tun können. Rendsburg 2014. Hrsg. vom Bauernverband Schleswig-Holstein e. V., 23.
114 Alfons Deter, Rukwied: »Meine Aussagen werden aus TV-Berichten rausgeschnitten«, in: topagrar 23.04.2015. URL: https://www.topagrar.com/management-und-politik/news/rukwied-meine-aussagen-werden-aus-tv-berichten-rausgeschnitten-9545319.html (16.01.2019).
115 Vgl. Media-Daten topagrar 2018. URL: http://www.top-mediacenter.com/fileadmin/media/top_Mediadaten_2018.pdf (16.01.2019).
116 Alfons Deter, Die Bauern müssen Massentierhaltung neu definieren, in: topagrar 30.10.2013. URL: https://www.topagrar.com/management-und-politik/news/die-bauern-muessen-massentierhaltung-neu-definieren-9578035.html (16.01.2019).

Öffentlichkeit.«[117] Hier wird also gezielt Wissen weitergegeben, welches später wiederum gesellschaftlich vermittelt werden soll.

Gerade im Untersuchungsraum Bayern spielt die Fachzeitschrift »Bayerisches landwirtschaftliches Wochenblatt« als Berufsmedium eine bedeutende Rolle. Mit 88.920 wöchentlich verkauften Exemplaren »erreicht [sie] nahezu alle landwirtschaftlichen Betriebe in Bayern«[118]. Im April 2018 war im Blatt unter der Überschrift »Kritik, was sag ich denen jetzt?« eine Argumentationshilfe für konventionelle Betriebsleiter abgedruckt, »was auf besonders häufig genannte Vorwürfe erwidert werden kann.«[119] Dabei wird für Kritikpunkte – etwa zu Glyphosat, EU-Agrarsubventionen oder Überdüngung – eine »faktische« und eine »emotionale« Antwortstrategie mitgeliefert. Eine ernsthafte Auseinandersetzung mit »Gegenargumenten« oder wissenschaftlichen Studien, die nicht zur Verteidigung der eigenen Wirtschaftsweise herangezogen werden können, findet dabei nicht statt.

Neben Fachzeitschriften finden sich auch im Bereich Landwirtschaft zahlreiche Portale der digitalen Vernetzung, die während des Untersuchungszeitraumes sowohl an Zahl als auch an Umfang gewannen. Gerade als Reaktion auf die zugenommene öffentliche Kritik betreiben bäuerliche Akteure eigene Blogs oder Facebook-Auftritte, um Verbrauchern ihre Sichtweisen näherzubringen und Einblicke in Betriebsabläufe zu geben. So basiert etwa die Facebook-Seite »Massentierhaltung aufgedeckt, so sieht es in deutschen Ställen aus«, welche im Januar 2019 über 12.900 Abonnenten aufwies, auf einer Initiative von Agrarwirtschaftsstudierenden der Hochschule Osnabrück.[120] Zwar verdeutlichen entsprechende Seiten den Anstieg und Bedeutungszuwachs landwirtschaftlicher Öffentlichkeitsarbeit, zugleich geht aus zahlreichen Kommentaren und Foreneinträgen aber auch hervor, dass sie häufig von Landwirten und Landwirtinnen selbst besucht werden, also vor allem der gegenseitigen Vernetzung und Bestärkung dienen. Dies exemplifizieren etwa Besuche auf der Facebook-Seite »Bauernwiki – Frag doch mal den Landwirt«, die mit über 33.900 Followern eine der größten Reichweiten besitzt.[121] Unter der Rubrik »Die zehn größten Irrtümer der Tierhaltung« finden sich hier zahlreiche auch in den Interviewaussagen vorhandene Argumentationsstrategien – so wurde der Beitrag »kleine Betriebe sind besser als

117 Bauernverband Uecker-Randow e. V., 3-Minuten-Informationen. URL: http://www.bauernverband-uer.de/wissenswertes/3-minuten-informationen/ (16.01.2019).
    118 Dlv, Bayerisches Landwirtschaftliches Wochenblatt. URL: https://www.dlv.de/media/media-finder/bayerisches-landwirtschaftliches-wochenblatt.html (16.01.2019).
    119 Simon Michel-Berger, Kritik, was sag ich denen jetzt?, in: Bayerisches Landwirtschaftliches Wochenblatt 06.04.2018.
    120 Facebook-Auftritt »Massentierhaltung aufgedeckt«. URL: https://www.facebook.com/massentierhaltung/ (20.01.2019).
    121 Facebook-Auftritt »Bauernwiki – Frag doch mal den Landwirt«. URL: https://www.facebook.com/pg/fragdenlandwirt/ (20.01.2019).

große; FALSCH – es kommt auf das Management an« 107 Mal »geliked«, also von den Besuchern für positiv befunden. Da sich kaum Negativbewertungen finden, liegt die Annahme nahe, dass unter den Besuchern ein großer Teil Landwirte und Landwirtinnen sind – teilweise wird dies durch entsprechende Kommentare zu Erfahrungen auf dem eigenen Betrieb belegt.[122] Eine tatsächliche Auseinandersetzung mit oder eine selbstkritische Perspektive auf Umwelt-, Klima- und Tierschutzproblematiken findet auch hier kaum statt – die landwirtschaftliche Öffentlichkeitsarbeit besteht mehr in der Positivdarstellung der eigenen Wirtschaftsweisen als einem dialogischen Aufeinander-Zugehen. Ebenso wie auf Seiten ihrer »Gegner« sind ein Hinterfragen eigener Standpunkte und tatsächlich ergebnisoffene Diskussionen eher die Ausnahme als die Regel.

Die hier nur im Sinne eines kleines Exkurses und nicht systematisch erfolgten Einblicke in innerlandwirtschaftliche Kommunikationsebenen – sei es über Verbände, Zeitschriften oder digitale Medien – verdeutlichen, dass sich hier ebenfalls Wissensbestände bilden, die zur Tradierung bestimmter Argumentationslogiken führen, welche wiederum der positiven Selbstpositionierung des eigenen Berufes dienen. Dazu kommt als weiteres zentrales Element der persönliche Austausch über freundschaftliche Beziehungen, Versammlungen, Vereine oder anderweitige regionale Zusammenkünfte.[123]

Die Aussagen der Interviewpartner und Interviewpartnerinnen sind also eingebettet in bestimmte Berufsdiskurse, innerhalb derer sich eigene Erfahrungen mit kollektiv weitergegebenen Anschauungen vermischen, wodurch sich die häufig sehr ähnlichen Interviewaussagen der Befragten erklären lassen. Indem diese selbstbestätigenden innerlandwirtschaftlichen Kanäle als Rückzugsorte einer öffentlich kritisierten und – so die Empfindung – stigmatisierten Berufsgruppe dienen, findet durch sie zugleich eine weitere Ebene der Entfremdung zwischen landwirtschaftlicher und nichtlandwirtschaftlicher Bevölkerung statt, die bestehende Kommunikationsschieflagen fortschreibt. Ebenso wie ihre Kritiker sind die Intensivtierhalter und -halterinnen damit Teil von – allerdings kaum selbsthinterfragten – Macht-Wissens-Gefügen, die nach Foucaults Verständnis ohnehin nur als gleichzeitig-plurale Formen existieren:

Macht ist nur im Plural zu verstehen; eine Gesellschaft ist kein einheitliches Gebilde, in dem nur eine einzige Macht herrscht [...], sondern ein Nebeneinander, eine Verbindung, eine Koordination und auch eine Hierarchie verschiedener Mächte, die dennoch ihre Besonderheit behalten.[124]

---

122 Vgl. Facebook-Auftritt »Bauernwiki – Frag doch mal den Landwirt«: Die zehn größten Irrtümer der Tierhaltung. URL: https://www.facebook.com/pg/fragdenlandwirt/posts/?ref=page_internal (20.01.2019).

123 Während der Interviewerhebungen wurden immer wieder auch Versammlungen und landwirtschaftliche Veranstaltungen besucht, die hierüber Aufschluss gaben.

124 Michel Foucault, Dits et Ecrits. Schriften. Bd. 4. Frankfurt a. M. 2005, 228 f.

7.5 Die Ebene der Verteidigung:
Technischer Fortschritt und Legalität

Aus der Analyse des gesellschaftlichen Positionierungsprozesses geht eindeutig hervor, dass sich die befragten Intensivtierhalter und -halterinnen in einem permanenten Verteidigungsmodus befinden – eine Situation, die es verhindert, dass sich die Landwirte und Landwirtinnen konstruktiv mit Kritik an ihrer Wirtschaftsweise auseinandersetzen, da sie in erster Linie mit deren Abwehr beschäftigt sind. Dennoch scheinen im Material – wenn auch wenige – Stellen auf, an denen diese brüchig werden: Widersprüchlichkeiten und Irritationen treten so etwa hervor, wenn eine eigene Einordnung als kleinerer Familienbetrieb erfolgt, gleichzeitig aber Ausrichtungen auf Masse verteidigt werden.

Systembezogene Positionierungen: Fortschrittlichkeitsparadigmen und Größenwahrnehmung

Dieses defensive Moment findet sich in fast jedem Einzelaspekt der Antworten auf den Fragenkatalog der Interviews, wird aber im übergeordneten Kontext anhand leitender systembezogener Argumentationslinien zum Komplex Intensivtierhaltung deutlich, welche im Festhalten an einem Fortschrittlichkeitsparadigma sowie in der Zurückweisung der Negativassoziationen großer Bestandszahlen bestehen. Die Positionierungen beziehen sich damit auf eine Verteidigung des Systems in seiner grundsätzlichen Ausrichtung, bilden daher den generellen Rechtfertigungsbogen der Interviewpartner und Interviewpartnerinnen und tragen zur Aufrechterhaltung einer positiven Selbstwahrnehmung bei.

Eine bedeutende Positionierung der Befragten zum derzeitigen Stand der industrialisierten Nutztierhaltung bestand darin, die Fortschrittlichkeit des jetzigen Systems zu betonen. Dazu taucht in den Quellen immer wieder der Vergleich mit einer für das Tierwohl schlechteren Vergangenheit auf, der gegenüber sich heutige Stallbauten und Haltungsbedingungen, worunter Hygienemaßnahmen, Klima-, Licht-, Fütterungs- und Platzanpassungen etc. fallen, wesentlich verbessert hätten. Damit geht zugleich die Ablehnung einer »früher war alles besser«-Perspektive bzw. jeglicher Verklärungen zurückliegender Zeiten einher, die teilweise in der nicht-landwirtschaftlichen Bevölkerung tradiert werden. M. J., Besitzer eines Ferkelaufzuchtbetriebes, führt aus:

> Und wenn man auch mit älteren Leuten redet und dann fragt, wie war das dann früher bei euch mit den Muttersauen, mit allem, ne? ›Ah ja … Eber … die haben wir unter der Treppe gehabt. Da haben wir einfach ein Brett hingemacht, da konnte der nicht raus, ne. Da war so eine Schräge noch, hat er gerade reingepasst. Und wenn er sich geduckt hat, hat er umgedreht. Konnte sich umdrehen.‹ Und mit den Schweinen war

es genauso, ne. Wenn irgendwo noch ein Loch war, dann sagt er: Passt noch eine rein. Aber die waren irgendwie auf Stroh. Weil irgendwo musst du ja den Mist auffangen. Und das … ist das Bild, was viele dann im Kopf haben und denken: Na das ist idyllisch, das ist romantisch, das ist schön! So muss es sein!

Die Haltung des Ebers in einem provisorischen Bretterverschlag dient in diesem Beispiel auf der einen Seite der Veranschaulichung kaum vorhandener Tierschutz-Standards in einer nicht näher definierten Vergangenheit, auf der anderen Seite ist sie ein Verweis auf kleinbäuerliche Landwirtschaftsstrukturen mit geringen Tierbeständen, die hier nicht als idyllisch-harmonische Mensch-Tier-Beziehung, sondern pragmatisch-raue Versorgungsnotwendigkeit gezeichnet werden. Auch B. K., Leiter eines Masthuhnbetriebes, bezieht sich auf die Modernisierung des Lebensmittel produzierenden Systems, in das er Verarbeitung und Handel miteinschließt:

Das sind aber die falschen Bilder dann, an das erinnern sie sich dann: Ja die Oma hat doch im Obstgarten noch zwanzig Hühner gehabt und drei Gänse und sonst noch was und die hat dann immer selber geschlachtet. Haben wir genauso daheim, aber ganz ehrlich: Ich wenn sehe, wie wir teilweise … die Oma geschlachtet hat und wie es da abgelaufen ist, was du halt als Kind einfach live miterlebt hast, und siehst dann das, diese Heimschlachtung zuhause, so wie es viele im … vor zig Jahren im Kopf gehabt haben, das kannst du heute gar nicht mehr machen! Wenn ich heute hergehe und nehme heute hundert Hennen und haue denen den Kopf herunter und rupfe die dann vor Ort und haue die dann in die Aldi-Tüte rein und gebe die dann einem anderen in die Hände: Ja wo funktioniert denn das heute noch? Und du hast halt einfach durch Hygiene-Vorschriften, durch sonstige … musst du dich an bestimmte Sachen einfach halten. Wenn wir jetzt dann die Ställe hernach anschauen, also ganz ehrlich … in den Ställen, die wenn gereinigt sind, wenn fertig sind, sie sind sauberer wie im Krankenhaus! Die werden dreimal gewaschen, werden dreimal desinfiziert! Da kannst … da findest du keinen Keim mehr da drinnen!

Der Interviewpartner geht hier vor allem auf wesentlich verbesserte Hygieneleistungen ein, welche ein Hauptargument der positiven Entwicklung der Nutztierhaltung bilden. In der komparativen Kontrastierung mit »Omas Zeiten« – also einer zwei Generationen zurückliegenden Zeitspanne – zieht B. K. eine damals schlechtere Lebensmittelqualität für die Verbraucher heran, welche sich durch die Einführung von strengeren Hygienemaßnahmen stark verbessert habe. Der Vergleich »sauberer wie im Krankenhaus« wird an dieser Stelle vom Interviewpartner nicht im Sinne einer kritischen Argumentationslinie genutzt, wie dies von Seiten zahlreicher NGOs geschieht, die etwa Antibiotikaresistenzen oder zwar sterile, aber verhaltensbiologisch nicht adäquate Bodenbeläge in den Ställen angreifen, sondern dient der Garantie qualitativ einwandfreier Produkte. Auch I. Ä., der einen Schweinemastbetrieb besitzt, nimmt diese Perspektive ein:

Wir haben die Diskussion gehabt, da ist auch … ja, zehn Kilometer südlich, war jetzt lange in der Diskussion, ein Hähnchenmaststall auch mit 39.500, da hat dann einer gesagt, der hat auch eine kleine Landwirtschaft: ›Ja mei, wir haben frühers auch immer 100 Giggalan[125] gehabt, die hat man im Frühjahr, wenn die letzten Rüben aus dem Rübenkeller heraus waren, hat man die in den Rübenkeller runter und die hat man da drin gefüttert, die haben nie ein Tageslicht gesehen und da war eine Luft – furchtbar – und wenn die hundert heraußen waren, dann hat man halt den Mist da wieder raufgegabelt.‹ Weil da geht es heute den 39.500 mit Sicherheit tausend Mal besser wie den hundert in dem Rübenkeller! Und das ist alles ein Schmarrn! Aber das kommt halt nur daher, weil da kann man Schlagzeilen reißen und da kann man irgendjemanden durch den Dreck ziehen und ein Geld damit verdienen. Und der einzelne Landwirt hat einfach da keine Möglichkeit, dass er da dagegen ankommt. Und der Verbraucher ist so weit weg, solange das alles im Supermarkt da ist, ist ja das auch scheißegal.

Bei I. Ä. wird sehr deutlich, dass das Argument einer schlechter bewerteten Vergangenheit – auch hier wiederum als unklar definiertes »Früher«, das aufgrund der angeführten Kindheitserinnerungen in der zweiten Hälfte des 20. Jahrhunderts liegen muss – zugleich der Verteidigung heutiger Haltungsformen dient. Zwar sind Größe und Bestandszahlen der Betriebe angestiegen, allerdings seien damit auch erhebliche Verbesserungen des Tierwohls einhergegangen, so die Position der Interviewpartner und Interviewpartnerinnen, weshalb hohe Zahlen alleine kein negativ zu bewertendes Merkmal moderner Nutztierhaltung darstellten. Am Ende des Zitats zeigen sich schließlich wieder die bereits ausführlich diskutierten Negativpositionierungen der Interviewpartner und Interviewpartnerinnen gegenüber »den« Medien sowie Kritik am Verbraucherverhalten. In öffentlichen landwirtschaftlichen Selbstpositionierungen erweist sich das Argument einer schlechteren Vergangenheit ebenfalls als prägnant – so etwa in einem Artikel der »topagrar« von April 2016:

Die Haltungs-, Klima- und Fütterungsbedingungen seien mit enormem Aufwand in den zurückliegenden 60 Jahren mit Begleitung von Wissenschaft, Forschung und Beratung kontinuierlich verbessert worden. Frühere Haltungsbedingungen waren in allen Belangen sehr viel schlechter für die Tiere, auch wenn diese Formen der Tierhaltung heute immer wieder positiv und idealisiert dargestellt werden.[126]

Interessanterweise werden Vergleiche zur Vergangenheit in der Tierhaltung im Interviewmaterial nur angestellt, wenn diese der Verteidigung des derzeitigen Standes dienen und als Negativbeispiel fungieren. So kamen Aspekte wie die frühere Anbindehaltung bei Milchkühen, dunkle und feuchte Schweinekoben

---

125 Bayr.-dialektaler Ausdruck für Masthühner.
126 Alfons Deter, »Nach Tierwohl rufen aber nichts bezahlen wollen«, in: topagrar 28.04.2016. URL: https://www.topagrar.com/management-und-politik/news/nach-tierwohl-rufen-aber-nichts-bezahlen-wollen-9603415.html (23.04.2018).

oder brutale Hausschlachtungen wiederholt zur Sprache, während ebenfalls vor einigen Jahrzehnten noch gängige Sommerweidehaltung, Austriebe oder längere Wachstumsperioden und damit Lebensdauern der Nutztiere kaum behandelt und falls doch, so in ihrer Sinnhaftigkeit in Zweifel gezogen wurden. Abschließend ein Zitat von H. Z., der mit über 60 Jahren auf eine weite Entwicklungsspanne im Schweinemastbereich zurückblickt:

> Sicher müssen wir immer daran arbeiten, dass wir Fortschritte machen, aber es geht halt einfach auch nicht von heute auf morgen, sicher müssen wir … heute geben wir den Schweinen schon mehr Platz als vor zehn, 15 Jahren.

Der Interviewpartner bezieht sich ebenfalls auf ein wirkmächtiges Fortschrittsparadigma in der Nutztierhaltung, welches in den letzten Jahren und Jahrzehnten nicht nur zu beständigem Wachstum, sondern auch zu einer kontinuierlichen Steigerung der Sorge um das Tierwohl geführt habe. Was bei dieser Argumentation von kaum einem der Landwirte und Landwirtinnen anerkannt oder bedacht wurde, ist, dass die Beschäftigung mit dem tierischen Verhaltensspektrum und Bedürfnissen der Nutztiere nicht aus der Agrarwirtschaft bzw. Agrarwissenschaft heraus erfolgte und damit sozusagen als Begleitprodukt mit der generellen Fortschrittlichkeit des Systems einherging, sondern vor allem infolge des erheblichen tierschützerischen Drucks von außen. Auf die Ausblendung ethologischer Aspekte und eine einseitige Fokussierung auf Leistungssteigerung, die mit Tierwohl gleichgesetzt wird, geht das folgende Hauptkapitel zu den Landwirt-Nutztier-Beziehungen noch ausführlich ein.

Zusammenfassend stellt sich also eine hohe Akzeptanz der Befragten gegenüber Modernisierungs- und Technisierungsprozessen in der Nutztierhaltung heraus, die als kontinuierliche Verbesserung auch für die Tiere selbst angesehen werden, zu deren Untermauerung stets der Vergleich mit einer als negativer bewerteten Vergangenheit dient. Wie nachfolgend zu sehen sein wird, ist dieses Fortschrittsparadigma allerdings *stark partikulär* und wird ausschließlich zur defensiven Verteidigung *der Tierhaltung* herangezogen. In Bezug auf die ökonomische Situation erfolgt ganz überwiegend eine vollkommen gegenteilige Einschätzung – Vergleiche mit der Vergangenheit dienen hier komplementär der Herausstellung eines besseren, weil finanziell erfolgreicheren »Frühers«. Anders als bei der Entwicklung für die Tiere wird hier die Entwicklung hin zu einem permanenten Wachstumsdruck durchaus als negativ und ausbeuterisch wahrgenommen und eben nicht verteidigt, sondern auch von innen heraus kritisch verfolgt – allerdings dennoch überwiegend resignativ und widerstandslos hingenommen.

Als wichtigstes und am häufigsten genanntes Argument zur Verteidigung hoher Bestandszahlen in der Nutztierhaltung wurde von den Interviewpartnern und Interviewpartnerinnen Kritik an der öffentlichen Gleichsetzung von »Masse = schlecht« angeführt. Stattdessen zählten die Befragten Vorteile auf, die bei ge-

wissen Betriebsgrößen auch mit dem Tierwohl verbunden seien, da hierfür durch
modernere Investitionen mehr Sorge getragen werden könne. Zugleich ist aus
Sicht der Landwirte und Landwirtinnen der Betriebsleiter in seinen charakter-
lichen Eigenschaften ausschlaggebend für einen gewissenhaften Umgang mit
Tieren und Umwelt – nicht die Größe seines Hofes. Der Einsatz des Individuums
wurde in den Interviews grundsätzlich über systembezogene Fragestellungen
gestellt, was zugleich mit einer hohen Verantwortungsübertragung auf Einzel-
personen bzw. Tendenz zur arbeitswirtschaftlichen Selbstausbeutung sowie
einem bäuerlichen Selbstverständnis als Lenker des eigenen Geschicks einhergeht, der in Abgrenzung etwa zu in Angestelltenverhältnissen tätigen Personen
eigenständige Entscheidungen trifft. So führten V. und T. S., die als Vater und
Tochter gemeinsam eine Hühnermast betreiben, aus:

T. S.: Das Allerwichtigste ist immer dieser eine Mensch, der es macht. Und dann kann
der konventionell super machen und den Viechern geht es gut. Und der kann Bio
Scheiße machen, weil er eigentlich das …, warum auch immer.
V. S.: Weil er kein Gefühl für die hat.
T. S.: Weil er keinen Bock hat und kein Gefühl oder, ja. Und das ist eigentlich das
Wichtige auch, mit der Menge der Tiere. Wenn wir immer gleich Massentierhaltung
so verteufeln und wir wollen kleinstrukturierte oder kleinbäuerliche Betriebe, das
geht eigentlich in die falsche Richtung, finde ich. Weil, wie jetzt zum Beispiel bei
uns, mit den Fußballenläsionen, dass wir da null Prozent haben, das hat auch mit
unseren Wärmetauschern zu tun. Einfach, weil wir den Stall so schön trocken fahren
können. Mit 500 Gockeln könnten wir uns so eine Maschine überhaupt nicht leisten.
Also brauchen wir erst mal überhaupt die Menge, damit wir uns diese professionelle
Technik, ob das jetzt ein Wärmetauscher ist oder die Sprühkühlung oder was auch
immer, damit wir uns das leisten können und dann können wir den Viechern ein
Klima bieten und einen Stall, der ist optimal und der ist besser als jeder Misthaufen,
wo die fünf Hennen rumrennen.

Im Zitat werden zwei Argumentationsstränge deutlich: Zum einen spielt aus
Sicht der Landwirte und Landwirtinnen für die Qualität der Haltung nicht in
erster Linie die Betriebsgröße, sondern das »Gefühl« des Betriebsleiters für seine
Tiere eine Rolle – diesem »Gefühl« kommt der Einschätzung der Interviewpartner und Interviewpartnerinnen nach eine zentrale Bedeutung zu, was zugleich
zeigt, dass Mensch-Tier-Beziehungen auch im Kontext der Intensivtierhaltung
über eine rein ökonomische Ebene hinausgehen. Zum anderen geht T. S. am Beispiel der Klimasteuerung des eigenen Maststalles darauf ein, dass der Einsatz
moderner Technik, der mit mehr Tierwohl verbunden wird, erst durch das aus
einem großen Betrieb erworbene Kapital möglich sei. Diese Haltung wird von ihr
als »optimal« – ebenfalls wieder im Stilmittel des Vergleichs zum »Misthaufen,
wo die fünf Hennen rumrennen« – bezeichnet. Die fortschrittliche Ausstattung
der Intensivtierhaltungsställe ist in fast allen Interviews als Argument pro Größe
zu finden und läuft als roter Faden durch das Quellenmaterial:

H. D.: Ja, also das ist eigentlich super. Also, auch ein großer, ein richtig großer Betrieb, wenn er gut geführt ist, nicht wie in der LPG irgendwie, sondern die Privatisierten, da gibt es Top-Betriebe. Und selbst … Da finde ich, kriegt Massentierhaltung einen anderen Ding. Deren Einzeltier geht es vielleicht besser wie bei irgendeinem alten Junggesellen in irgendwelchen uralten Stallungen. Und man muss sagen, die heutige Technik wo es einfach gibt, mit Lüftung und mit Heizung in den Ställen drinnen und mit der Alarmanlage und mit Fütterungscomputer und … Das ist alles top. Die Voraussetzungen sind top. Maßgebendlich ist dann die … Wie sie geführt werden, die Betriebe. Und wenn der Betriebsleiter da top ist, und hat gute Leute, dann ist es eigentlich meiner Meinung nach egal, wie groß er ist.

Der Landwirt verweist wiederum auf die Rolle des Betriebsleiters, der »top« sein müsse und ausschlaggebend für eine gute Führung des Hofes sei, ebenso wie wiederum die Betonung moderner Technik auffällt. Fortschrittlichkeit und Technisierung dienen im Material der positiven Selbstpositionierung, während damit einhergehend häufig eine Abwertung kleinerer Betriebe mit weniger moderner Ausstattung stattfindet, denen kontrastierend zur öffentlichen Meinung eher weniger Tierwohlorientierung zugestanden wird. Hierzu führten einige Interviewpartner und Interviewpartnerinnen aus, dass durch den hohen Kapitaleinsatz und daraus hervorgehenden Druck der Gewinnoptimierung auch ein sorgfältigerer Umgang – da finanziell auf diese angewiesen – mit den gehaltenen Tieren stattfinde:

J. St.: Und ob jetzt da 500 drin sind oder 5.000. Wahrscheinlich geht es den 5.000 Schweinen besser als wie den 500. Weil die 500, die stehen vielleicht in einem Stall drin, der ist 30 Jahre alt, der ist abbezahlt. Das passt schon … Der wirtschaftliche Druck ist nicht da. Wenn aber jetzt heute einer 5.000 hat, der hat wahrscheinlich vielleicht zwei Millionen Euro auf der anderen Seite von der Bilanz, das muss passen. Der wenn da zu hohe Verluste hat, was die Tierschützer sagen, da sind soundso viel Tote immer drin, das hält der gar nicht lange aus, weil dann wird er versteigert.

Dieselbe Argumentation findet sich bei I. Ü., Hofnachfolger auf einem Putenmastbetrieb:

Also ich bin da … da bin ich mir ganz sicher, die großen Betriebe behandeln die Tiere besser wie die kleinen Betriebe. Weil es einfach a so ist, der große Betrieb, der kann sich das nicht leisten, dass er da schludert. Weil da quasi ein paar Cent einfach total viel ausmachen. Und bei einem kleinen Betrieb … mein Gott, da geht er halt einmal einen Tag nicht durch oder so. Also nur als Beispiel. […] Das ist das, was mich schon stört! Dass die kleinen und großen Betriebe nicht mit dem gleichen Maß gemessen werden.

Deutlich geht aus den Zitaten die Dichotomisierung zwischen »großen« und »kleinen« Betrieben hervor. Die Aussagen der Landwirte und Landwirtinnen sind hier als direkte Reaktion auf gesellschaftliche Wertungen zu interpretieren, bei denen kleine Höfe den »Massentierhaltungsställen« vorgezogen werden und als positives Ideal dienen. Die Interviewpartner und Interviewpartnerinnen nehmen nun eine Umkehrung dieser Anschauung vor, indem auf erstere negative und auf letztere positive Tierwohl-Assoziationen bezogen werden. Bemerkenswert ist dabei, dass gerade der wirtschaftliche Druck als Garant für das Wohl der gehaltenen Nutztiere angesehen wird – je höher die Kapitalinvestition, desto größer die Sorge der Betriebsleiter um die Tiere, so die Argumentation, »weil da quasi ein paar Cent total viel ausmachen«. Dass diese Perspektive den mit gestiegener Tierzahl ebenfalls höheren Mehraufwand etwa für kranke Einzeltiere, aufgrund von Tierarzt-Kosten früher durchgeführte Nottötungen oder anderweitige dem Tierwohl nicht förderliche und vor allem das Verhaltensspektrum betreffende Einsparungen ausblendet, wird unter dem Gesichtspunkt der Mensch-Tier-Beziehungen noch eingehender beleuchtet. Das Betonen der Verbindung von Tierwohl und Wirtschaftlichkeit ist aus der Perspektive der Interviewpartner und Interviewpartnerinnen logisch und findet sich als Funktion der Abwehr von Vorwürfen der Tierquälerei und schlechter Haltungsbedingungen seit Jahrzehnten in agrarwissenschaftlichen Diskursen, kann damit also als wichtiger Bestandteil des innerlandwirtschaftlichen Wissensgefüges gedeutet werden.[127] Die Einbettung der Argumentationsstrategie in berufsinterne Narrative zeigen beispielsweise ganz ähnliche Formulierungen in der Fachzeitschrift »Bayerisches landwirtschaftliches Wochenblatt«. Hier ist unter dem Titel »Kritik, was sage ich denen jetzt?« zu lesen:

Vorwurf: ›Landwirte sind Massentierhalter, für die vor allem der Profit und nicht das Tierwohl zählen.‹
Fakt: Wie gut es den Tieren geht, liegt in erster Linie am Tierhalter und nicht an der Bestandsgröße. Außerdem hat ein durchschnittlicher deutscher Veredlungsbetrieb im Mittel der Jahre 2014–2017 ein Unternehmensergebnis von rund 55.000 € erzielt (Quelle: Land-Data). Davon müssen eine Landwirtsfamilie und meist zwei Altenteiler leben sowie die notwendigen betrieblichen Investitionen bestritten werden. Nur wer Einkommen erzielt, kann dauerhaft existieren.
Emotional: Landwirte sind ausgebildete und erfahrene Tierhalter, Privatpersonen nicht immer. Bis zu 50 % aller Hunde und Katzen in Deutschland sind übergewichtig (Quelle: Bundesverband Praktizierender Tierärzte). Jeder Tierhalter muss Probleme in seinem Bereich lösen.[128]

Die parallelen Rechtfertigungen in der Fachzeitschrift und bei den Interviewaussagen sind hier geradezu eklatant: Sowohl die Relevanz der Rolle des Betriebsleiters anstatt der Betriebsgröße für das Tierwohl als auch die Antriebskraft des ökonomischen Drucks werden aufgegriffen. Dazu kommt, dass unter der Rubrik »emotional« mit dem Satz »Jeder Tierhalter muss Probleme in seinem Bereich lösen« wiederum die Abwehr einer Einmischung von außen deutlich herauszu-

---

127 Vgl. dazu Wittmann, Mistkratzer.
128 Michel-Berger, Kritik.

lesen ist. Gleichzeitig stellt die Argumentationslinie »Tierwohl = ökonomisches Wohl« keine Systemfragen, da sich das Tierwohl in dieser Perspektive rein auf krankheitsbedingte Faktoren, nicht aber auf Zucht, Lebensdauer, verhaltensbiologische Aspekte etc. bezieht. Dass finanzieller Druck von den Interviewpartner und Interviewpartnerinnenn als Tierwohl-relevant eingeordnet, hier also eine starke Gewichtung auf ökonomische Beweggründe gelegt wird, unterstreicht zugleich die perspektivische Ausrichtung der Befragten, für die das Fortbestehen ihrer Betriebe zentral ist und wohinter andere Blickwinkel zurücktreten.

Betriebsindividuelle Positionierungen: Gesetzestreue und Familienbetriebsmodell

Neben diesen dargestellten Verteidigungslinien tauchen im Material zahlreiche Aussagen auf, die sich nicht auf systemische Positionierungen, sondern die positive Einordnung des eigenen Betriebs beziehen. Die Defensive wird damit von der Makro- auf die Mikroebene geholt, kreist statt um die grundsätzliche Verantwortung der Landwirtschaft um die *persönliche Verantwortung der Betriebsleiter*, deren Bedeutung für die Interviewpartner und Interviewpartnerinnen damit nochmals herausgestellt wird. So meint H. B., der sich auf die Aufzucht von Junghennen spezialisiert hat: »Tierschutz ist für mich kein Thema, weil ich glaube, dass ich alles richtig mache.« Ähnlich positioniert sich H. A.: »Aber solange ich sagen kann, ich gehöre nicht dazu oder ich versuche mein Bestes, lass ich mir da keinen Vorwurf machen!« Beide Landwirte wehren Kritik an der industrialisierten Tierhaltung ab, indem sie von korrektem Verhalten auf dem eigenen Hof berichten. Die einzelnen landwirtschaftlichen Akteure und nicht das Stallsystem sind also maßgebend für die Einhaltung des Tierwohls – der »gute Betreiber« ist zentral. Als solcher wird von den Interviewpartnern und Interviewpartnerinnen ein Landwirt definiert, der viel Zeit in den Ställen verbringt, erkennt wenn es einem Tier schlecht geht und vor allem ökonomisch erfolgreich ist. In diesem Zusammenhang spielte auch das sogenannte Familienbetriebsmodell trotz Ausrichtung auf Intensivtierhaltung eine Rolle: Vor allem im Geflügelbereich tätige Landwirte und Landwirtinnen erzählten von schockierten Reaktionen auf die Höhe ihrer Tierzahlen – diese liegen hier für eine Rentabilität des Betriebes wesentlich höher als bei der Rinder- oder Schweinehaltung:

F. X.: Sagst du 27.000, dann kriegen die bald einen Herzinfarkt! Sagst du, du hast so und so viel Bullen oder Schweine, selbst 1.000 Schweine werden nicht als Massentierhaltung bezeichnet gegenüber den Hühnern. Ja. Und es ist halt dieser Begriff Massentierhaltung ist meiner Meinung nach heute immer noch nicht definiert.

Dabei gab die Interviewpartnerin an, sich mit 27.000 gehaltenen Legehennen am unteren Rand der Bestandszahlen in der Branche zu bewegen und als kleiner

Familienbetrieb zu gelten, weshalb eine Einstufung als »Massentierhaltung« für sie nicht nachvollziehbar sei. Ebenso bezieht sich H. D. in seiner Ausrichtung auf die Familie:

H. D.: Massentierhaltung? Massentierhaltung ist für mich unser Betrieb nicht. Wir sind ein Familienbetrieb. Bis dato jetzt eigentlich noch so keine Angestellte. Aber selbst, wenn ein Lehrling jetzt da ist und noch ein Helfer, sage ich jetzt einmal, dann sind wir auch noch keine Massen… Dann sind wir immer noch ein Familienbetrieb. Weil die wo bei uns arbeiten, die essen bei uns auch mit. Und hocken mit am Tisch und … Wir sind ein Familienbetrieb.

Der Begriff des Familienbetriebes ist in der öffentlichen Diskussion ebenso wenig konkret definiert wie derjenige der »Massentierhaltung«. Er nimmt jedoch innerhalb agrarökonomischer und -soziologischer Diskurse eine zentrale Bedeutung ein und wurde von der Forschung wiederholt zu fassen versucht. So verstehen Planck/Ziche den bäuerlichen Familienbetrieb als soziales Gefüge, das auf Wechselwirkungen und verschiedenen Funktionen der Mitglieder in sozial-biologischen, sozial-ökonomischen (Haushalt), technisch-wirtschaftlichen (Betrieb) und juristisch-wirtschaftlichen (Unternehmen) Bereichen beruht.[129] Kennzeichnend definiert die Agrarsoziologie zudem das Ziel der generationenübergreifenden Weitergabe sowie eine Tendenz zur arbeitswirtschaftlichen Selbstausbeutung.[130] Interviewpartner H. D. bezieht sich in seiner Aussage auf eine positive gesellschaftliche Konnotation des Familienbetriebes in Abgrenzung zur »Massentierhaltung«, wobei für ihn vergemeinschaftende Praktiken wie zusammen zu Mittag zu essen ausschlaggebend sind. Diese Selbstpositionierung als Familienbetrieb wurde von den Befragten häufig vorgenommen – sie dient gerade gegenüber dem Vorwurf der »Massentierhaltung« als Aufwertung und Zuordnung zu einem öffentlich gewünschteren Bereich der Landwirtschaft. Eine weitere Ebene wird im Zitat von T. S. deutlich:

Gestern zum Beispiel, bestes Beispiel, wir haben gestern relativ spät unsere Küken gekriegt, was eine totale Ausnahme war. In 25 Jahren Hühneraufzucht war das noch nie der Fall. Und dann sind wir schon erst um viertel, halb elf vom Stall runtergekommen. Und dann haben wir kurz noch ein bisschen zusammengesessen und dann war ja für mich so Bettgehzeit und da hat der Vater gesagt: ›Ich schaue jetzt nochmal in den Stall hoch.‹ Da habe ich gesagt: ›Jetzt komm, weil sich da jetzt in der halben Stunde was geändert hat.‹ Nein, meinem Vater ist das ein Bedürfnis, nach dem Einstallen nochmal in den Stall raufzuschauen. Und was war? Prompt war was. Es ist ein Schlauch

---

129 Ulrich Planck, Joachim Ziche, Land- und Agrarsoziologie. Eine Einführung in die Soziologie des ländlichen Siedlungsraumes und des Agrarbereichs. Stuttgart 1979, 296 ff.
130 Vgl. zu dieser Thematik v. a. Konrad Hagedorn, Das Leitbild des bäuerlichen Familienbetriebes in der Agrarpolitik, in: Zeitschrift für Agrargeschichte und Agrarsoziologie 1/40, 1992, 53–86.

abgegangen und Wasserlache im Stall. Wenn das die ganze Nacht über gelaufen wäre, dann hätten wir eine schöne Überschwemmung gehabt am nächsten Tag.

Die Erzählung vom Vater, der auch nach einem langen und intensiven Arbeitstag in der Nacht noch einmal den Hühnerstall aufsucht, um nach dem Rechten zu sehen und damit eine Überschwemmung verhindert, stellt sehr anschaulich die Definition eines »guten Betreibers« dar. Ausschlaggebend sind Fleiß und Einsatzbereitschaft des Individuums, dem als Belohnung dafür der Erfolg des Betriebes zuteilwird. Deutlich wird dabei ebenfalls die im Zuge des »Familienbetrieb-Konzeptes« beschriebene Neigung zu einem selbstausbeuterischen Arbeitspensum, das etwa die Agrarhistoriker Rita Garstenauer, Ulrich Schwarz und Sophie Tod in ihrer bezeichnenderweise mit »Alles unter einen Hut bringen« betitelten Studie zu Familienbetrieben in Niederösterreich beschreiben.[131] Von den Interviewpartnern und Interviewpartnerinnen wird dieses hohe Arbeitspensum in den meisten Fällen sowohl als kennzeichnend für die landwirtschaftliche Wirtschaftsweise per se, als auch überdurchschnittliche Einsatzbereitschaft bäuerlicher Betriebsleiter gedeutet. Die kulturwissenschaftliche Arbeitsforschung beschäftigt sich in diesem Zusammenhang mit zunehmend feststellbaren Verinnerlichungen kapitalistischer Marktlogiken: Vor allem Untersuchungen, die sich mit Prekarisierungsprozessen auseinandersetzen, kommen zum Ergebnis, dass sozialer Abstieg und Scheitern oft nicht im System, sondern in persönlichem Versagen begründet werden. Elisabeth Katschnig-Fasch bilanziert zu Gesprächen mit Arbeitslosen: »Sie alle schrieben sich die Situation selbst zu, so, als ob sie selbst das gesellschaftliche Leitbild beschädigt hätten.«[132] Einer ähnlichen Logik folgt die Argumentation der Interviewpartner und Interviewpartnerinnen, die anhand der Betonung der Rolle des Betriebsleiters sowohl gesellschaftliche Kritik an einer falschen Richtung des Systems Intensivtierhaltung per se als auch durch ein Herausstellen der eigenen fleißigen und vorbildlichen Arbeitsweise abwehren.

Im Kontext dieser Betonung der verantwortungsvollen Betriebsführung wurde von den Interviewpartnern und Interviewpartnerinnen immer wieder die eigene Gesetzestreue angeführt. Diese wird in Abgrenzung zu den unter Punkt 7.2 behandelten »schwarzen Schafen« herangezogen, im Gegensatz zu denen sie sich an Vorschriften halten und bestehende Regelungen umsetzen würden. Auch aus dieser Argumentation geht klar das reaktive Positionieren der Interviewpartner und Interviewpartnerinnen hervor, welches als defensive

---

131 Vgl. Rita Garstenauer, Ulrich Schwarz, Sophie Tod, Alles unter einen Hut bringen. Bäuerliche Wirtschaftsstile in zwei Regionen Niederösterreichs 1945–1985, in: Historische Anthropologie 3/20, 2012, 383–426.
132 Elisabeth Katschnig-Fasch, Das Janusgesicht des neuen kapitalistischen Geistes, in: AAS Working Papers in Social Anthropology 11, 2010, 1–11, hier 4.

Haltung gegenüber den stets im Raum stehenden Vorwürfen zur sogenannten Massentierhaltung entsteht:

I. Sch.: Ich muss mich doch nicht für etwas Legales rechtfertigen. Ich bewege mich im Gesetz. Ich muss mich nicht hinstellen und erklären, warum mein Stall stinkt. Ich weiß auch, dass der stinkt. Aber der ist genehmigt. Unsere Gesellschaft hat die Gesetze geschaffen und ich halte mich ans Recht. Und dann muss ich mir nicht von dir ans Bein pinkeln lassen. Da musst du die Gesetze ändern. Ich bin im Recht und muss mich nicht rechtfertigen, weil ich was gemacht habe, was legal ist.

I. Sch. spricht in diesem Ausschnitt mit »du« nicht mich als Interviewerin, sondern einen fiktiven Gegner an, vor dem er sich mit dem Hinweis auf die Legalität seiner Arbeitsweise eigentlich nicht »rechtfertigen [muss]«, was er aber dennoch im gesamten Absatz macht. An dieser Stelle wird eine Grenzverschiebung des hier veranschaulichten Prinzips Verantwortung deutlich: Während oben noch auf die persönliche Verantwortung der Betriebsleiter für einen guten Umgang mit den Nutztieren verwiesen wurde, wird eine von den Kritikern gewünschte Veränderung des Systems als Verantwortung an die gesamte Gesellschaft zurückgewiesen, welche »die Gesetze geschaffen« habe. Individuelle Verantwortung besteht so laut der Argumentation von I. Sch. lediglich darin, sich an bestehendes Recht zu halten und nicht darüber hinaus – also etwa in der eigeninitiativen Hinterfragung von Schieflagen durch die Landwirte und Landwirtinnen selbst. Über diese Perspektive zeigen sich abermals die stark defensiven und reaktiv geprägten Positionierungen der Mehrheit der Landwirte und Landwirtinnen, die im Quellenmaterial weniger als Agierende denn als Reagierende deutlich werden. Die Funktion der Abgrenzung von den »schwarzen Schafen« über das Anführen des rechtlichen Rahmens wird in mehreren Zitaten ersichtlich:

H. A.: Wenn ich natürlich in Anführungszeichen einen solchen Saustall habe, das was wirklich keiner sehen darf, okay, dann muss ich wirklich Angst haben. Aber ich meine, wir können auch dann … kannst ja einen Blick reinschmeißen! Aber ich sage mal, ich kann mir da nichts vorwerfen! Und ich versuche, die gesetzlichen Vorgaben, alles so gut wie es geht einzuhalten. Dass es mal irgendwo eine Kranke gibt oder auch einmal eine Tote, das ist ganz logisch. Das liegt in der Natur der Sache. Ich meine, das kann man nie verhindern!

Der Interviewpartner betont die Einhaltung gesetzlicher Vorgaben auf dem eigenen Betrieb, die Transparenz nach außen hin ermögliche. Diese Vergewisserung der eigenen Vorbildhaftigkeit und das damit einhergehende Gefühl, »richtig« zu handeln, sind für eine positive Selbstpositionierung entscheidend. Auf diese Weise ist eine Bewältigung der stets präsenten öffentlichen Kritik an der Intensivtierhaltung auf persönlich-individueller Ebene möglich und das gerade für die bäuerlichen Interviewpartner und Interviewpartnerinnen wichtige identitätsstiftende Moment der beruflichen Tätigkeit kann aufrechterhalten werden.

Ausnahmen in der Regel: Schlaglichter des Zweifels

Bisher lesen sich die vorgestellten Kapitel als Beschreibung einer Berufsgruppe, die so stetig von der eigenen Marginalisierung und öffentlichen Infragestellung betroffen ist, dass sich die Akteure in einem permanenten Verteidigungsmodus befinden, innerhalb dessen kaum Zeit für ein Innehalten und Reflektieren der eigenen Positionierungen bleibt. Daher stellt sich unter dem Kapitel »Gesellschaft und Intensivtierhaltung« abschließend die Frage, ob nicht doch auch ein eigenes Unbehagen oder kritische innerlandwirtschaftliche Stimmen bezüglich der Entwicklungen des Berufes zu finden sind?

Tatsächlich zeigten sich – auch wenn dies bei kaum einem Interviewpartner oder einer Interviewpartnerin die Grundlinie der Positionierung darstellte – an einigen Stellen Verunsicherungen und skeptische Verlautbarungen. Sie traten allerdings eher punktuell als leichte Wirbel im beherrschenden Strom des Verteidigungsflusses auf und sind daher weitaus weniger prägnant im Material zu finden. Herr Z., der einen Schweinemastbetrieb in der Oberpfalz besitzt, merkt so etwa zu Fragen des Tierschutzes an:

Also ich hab auch an und für sich für eine bestimmte Tierschutzsache schon ein Verständnis dem gegenüber. Also das muss man ja auch sehen und mei, ein Stadtmensch hat auch nicht ganz das Gefühl wie es bei dem Tier ist, und vielleicht sind wir auch ein bisschen ... dadurch, dass man immer mit den Tieren umgeht auch ein bisschen abgestumpft, also man darf, man soll da auch gegenüber sich selbst nicht ganz unkritisch sein. Man muss da sicher was tun.

Der Landwirt zieht also eine gewisse Abstumpfung durch den täglichen Umgang mit den Nutztieren in Betracht und hält Verbesserungen bei Fragen des Tierwohls durchaus für angemessen. Bei ihm zeigt sich keine völlige Abwehr der Forderungen von NGOs, sondern er hat »schon ein Verständnis dem gegenüber«. Auch V.S., der gemeinsam mit seiner Tochter Masthühner hält, sieht einige Vorwürfe als berechtigt an:

V.S.: Ja, aber du musst auch sagen: Nicht jede Kritik ist unberechtigt! An der Landwirtschaft.
T.S.: Ja. Aber du kannst auch nicht alles pauschalisieren ...
V.S.: Wir kennen unsere Schwachpunkte. Und wir versuchen ja auch, die zu beseitigen. [...] Also, ich verstehe zum Beispiel Verbraucher, die sagen: ›Antibiotika in der Tiermast ist doch furchtbar.‹ Das verstehe ich.

Als einer der wenigen Interviewpartner und Interviewpartnerinnen setzte sich V.S. mit Kritik an der Intensivtierhaltung auch aus der Perspektive der Gegenseite auseinander und war nicht hauptsächlich mit deren Abwehr beschäftigt. Auffällig war bei diesem Interview, dass die 25-jährige Hofnachfolgerin sich durch Kritik von außen weitaus mehr tangiert zeigte als ihr Vater, der hierauf gelassener reagierte. Eine ähnliche Konstellation zeigte sich auch bei weiteren Familieninterviews mit mehreren beteiligten Generationen. Dies ist möglicherweise zum einen auf die stärkere Konfrontation einer jüngeren landwirtschaftlichen Generation mit digitalen Netzwerken, zum anderen auf die zeitlich noch näher liegende Beschäftigung mit und daher auch Rechtfertigung der eigenen Berufswahl zurückzuführen.

Hauptsächlich allerdings – und hier auch vermehrt – waren kritische Stimmen gegenüber der Gesamtentwicklung der Landwirtschaft zu vernehmen, wenn sich die Aussagen auf den Bereich der Ökonomie bezogen, was bereits auf die zentrale Bedeutung des anschließenden Hauptkapitels verweist. Dabei stand jedoch anders als bei den Argumenten ihrer »Gegner« die eigene, also *menschliche und damit nicht tierische oder ökologische Ausbeutung* im von permanentem Druck gekennzeichneten System Intensivtierhaltung im Mittelpunkt, das in durchaus zum Teil hinterfragte kapitalistische Logiken eingebettet ist. So stellte beispielsweise Interviewpartner J. St. heraus:

Wir wollen gar nicht so viel! Wenn wir bloß 500 Schweine braucherten und bloß fünf Hektar Kartoffeln, dann wären wir viel glücklicher. Wir wollen das gar nicht so, wie wir das machen. Aber es ist einfach der wirtschaftliche Druck. Es geht nicht anders. Weil irgendjemand macht es. Und wenn wir es nicht machen, unsere Grenzen sind offen.

Mit den Worten »wir wollen das gar nicht so, wie wir das machen« offenbart der Landwirt sehr deutlich, dass er die eigene Betriebsentwicklung nicht als richtigen Weg für seine Familie ansieht, da »der wirtschaftliche Druck« ebenso wie die hohe Arbeitsbelastung nicht zu Zufriedenheit führten. Mit weniger Tier- und Hektarzahlen »wären wir viel glücklicher«, so die prägnante Aussage von J. St., der allerdings im Interview gleichzeitig an anderer Stelle als Verteidiger einer modernen und wachstumsorientierten Landwirtschaftsentwicklung auftrat. Ebenso tauchten beispielsweise im Gespräch mit Mastschweinehalter I. Sch. in Hinblick auf seine Bewertung des landwirtschaftlichen Strukturwandels, aber auch auf die Zukunft der Agrarwirtschaft Widersprüchlichkeiten auf – einerseits sieht er sich selbst eindeutig auf der »Gewinnerseite« des Strukturwandels und ist von der Richtigkeit des eigenen Weges im Sinne von beständigen Modernisierungen und Erweiterungen überzeugt:

[D]as kann man ja nicht wegdiskutieren und dann sagt man, wir machen es wieder kleiner?! Jedes Handy … Lichtschalter werden programmiert … und wir in der Landwirtschaft sollen wieder zu Spaten und Schaufel greifen, oder was? Wir sind hochtechnisiert und ich habe auch keine Lust, es anders zu machen.

Andererseits finden sich im Transkript auch Momente der Irritation, in denen I. Sch. die Gesamtentwicklung der Landwirtschaft kritisch hinterfragt:

Aber das Höher, Schneller, Weiter kriegen wir ja aufgezwungen, aber das tut uns nicht gut. Auch wenn ich jetzt in dem Rad mitspiele, ganz klar, aber es tut uns nicht gut. Aber das tut uns in allen Gesellschaftsbereichen nicht gut, immer größer. Zentrales Krankenhaus irgendwo, tut eigentlich niemandem gut. Aber man macht es trotzdem, zentralisieren, größer, höher, weiter. [...] Also so alles nicht durchdacht und auch nicht langfristig und wider dem besseren Willen aus finanziellen Gründen.

Wie können diese scheinbar widersprüchlichen Aussagen ein und derselben Interviewpartner interpretiert werden? Während etwa I. Sch. nicht auf die Annehmlichkeiten und praktischen Vorteile, die Modernisierung und Technisierung im Arbeitsalltag mit sich bringen, verzichten möchte und er diese als positive Entwicklung für den einzelnen Landwirt einordnet, sieht der Interviewpartner ein grundsätzliches gesellschaftliches Wachstumsparadigma – dem er sich selbst ebenfalls untergeordnet hat – durchaus ambivalent. Der Prozess, den die Intensivtierhaltung durchlaufen hat, sei nicht nachhaltig und fragwürdig – dass er dennoch selbst als Akteur dieses Systems weitermacht, bildet das Gefühl der meisten Interviewpartner und Interviewpartnerinnen ab, *keine Wahlmöglichkeiten* zu haben: Sie werden entweder zum Teil des kapitalistischen, von Konkurrenz geprägten Agrarmarktes und wenden dessen Logiken – das Wachstumsparadigma – selbst an, oder können die nötigen Einnahmen nicht mehr erwirtschaften.

Dazu kommt, dass sich anhand dieser Zitate zeigt, was in den theoretischen Abhandlungen zur Positioning Theory immer wieder betont wird, nämlich die Prozesshaftigkeit des Interviews selbst – auch während der Durchführung eines qualitativen Interviews finden Reflexionen, unterschiedliche und teils uneindeutige Positionierungen sowie Reaktionen auf das Gegenüber statt. Widersprüchliche Aussagen innerhalb eines Interviews sind daher als Teil des Positionierungsprozesses selbst zu verstehen und stellen meiner Erfahrung nach eher die Regel als die Ausnahme dar. Aus den Transkripten der vorliegenden Studie lassen sich daher weniger unumstößliche *Positionen*, denn durchaus in Bewegung befindliche und gerade aus bestehenden Unsicherheitsverhältnissen resultierende *Positionierungen* ablesen.

Wie anschließend noch dargelegt wird, reflektieren die Interviewpartner und Interviewpartnerinnen die Folgen des agrarischen Strukturwandels, das damit zusammenhängende »Höfesterben« und anhaltende Preiskrisen – kurz die ökonomische Entwicklung des primären Sektors – am stärksten und kritischsten, da sie hiervon unmittelbar selbst betroffen sind, während sich ihre »Gegner« eben hierfür am wenigsten interessieren, was wiederum Marginalisierungs- und Viktimisierungswahrnehmungen, das Gefühl, nicht wertgeschätzt zu werden, fortschreibt. Die Positionierungen der Interviewpartner und Interviewpartnerinnen sind also nicht völlig frei von Zweifel und Skepsis gegenüber der Entwicklung landwirtschaftlicher Wirtschaftsweisen, auch wenn diese im Material sehr viel dezidierter gesucht werden müssen, als dies bei den in Fülle vorhandenen

Verteidigungsaussagen der Fall ist. Sie drehen sich allerdings hauptsächlich um finanzielle und arbeitsintensitätsbezogene Ausbeutungslogiken, die wiederum im öffentlichen Diskurs um Intensivtierhaltung, der sehr viel stärker auf Umwelt, Klima und vor allem die gehaltenen Tiere fokussiert, eine untergeordnete Rolle spielen, was aneinander vorbeilaufende Diskussionen und Kommunikationsschieflagen befördert. Damit lässt sich auch bei der Untersuchung von agrarischen Prozessen zu Beginn des 21. Jahrhunderts weiterhin feststellen, was Frank Uekötter als »gedrückte Stimmung« beschreibt, die »seit den 1950er Jahren zu den Konstanten der bundesdeutschen Agrargeschichte«[133] gehört.

7.6 Gesellschaft und Intensivtierhaltung: Ein zunehmender moralischer Anerkennungsverlust

Unter dem Kapitel »Gesellschaft und Intensivtierhaltung« wurde versucht, die Selbst- und Fremdpositionierungen der Interviewpartner und Interviewpartnerinnen auf verschiedenen Ebenen zu analysieren. Ich deute diese in erster Linie als einen seit Jahrzehnten zunehmenden *moralischen Anerkennungsverlust* – in gleichem Maße, wie die Landwirtschaft ihre Produktion gesteigert und einem Wachstumsparadigma gefolgt ist, sank das gesellschaftliche Vertrauen in eine qualitative und vor allem ethische Lebensmittelherstellung. Der Soziologe Dietmar J. Wetzel definiert, dass »Anerkennung [...] für eine soziale Leistung gegeben [wird], die sich sozial als Erfolg darstellen lässt.«[134] Eben dies ist den Interviewpartnern und Interviewpartnerinnen allerdings aufgrund der starken öffentlichen Kritik am System Intensivtierhaltung nicht möglich – »[u]nd dennoch bleibt das ›Verlangen nach Anerkennung‹ ein grundlegendes Bedürfnis«[135], dessen Nichteinlösung die im Material zentralen Marginalisierungs- und Viktimisierungsempfindungen der Befragten bedingt. Diese zunehmend vor allem moralische Frage der landwirtschaftlichen Produktion bildet wiederum einen kulturellen Wandel ab, der sich nicht zuletzt an vermehrt auf (vermeintliche) Nachhaltigkeit ausgerichteten Lebensstilen[136], Trennlinien in Form bewussten und unbewussten Konsums[137] und Diskussionen um individuelle Freiheit im Zuge von Klimawandel-Debatten manifestiert. Die moderne Intensivtierhaltung

---

133 Uekötter, Wahrheit, 388.
134 Dietmar J. Wetzel, Soziologie des Wettbewerbs. Ergebnisse einer wirtschafts- und kultursoziologischen Analyse der Marktgesellschaft, in: Markus Tauschek (Hrsg.), Kulturen des Wettbewerbs: Formationen kompetitiver Logiken. Münster u. a. 2013, 55–73, hier 68.
135 Ebd.
136 Vgl. zum Konzept des Lebensstils und seiner Bedeutung in den Sozialwissenschaften v. a. Rudolf Richter, Die Lebensstilgesellschaft. Wiesbaden 2005. Dazu auch: Katschnig-Fasch, Lebensstil.
137 Vgl. dazu exemplarisch am Beispiel Veganismus Wittmann, Politisierte Ernährung.

wird nicht mehr nach ihrer Produktivität, sondern ihrer Ethizität bewertet, zu Beginn des 21. Jahrhunderts immer wirkmächtigere individuell-persönliche Moralansprüche werden auf das kollektiv-ökonomische Handeln einer Berufsgruppe übertragen. Der soziale Anerkennungsverlust der Interviewpartner und Interviewpartnerinnen fungiert als »Platzanweiserin, als eine Form der symbolischen Zuordnung zu gesellschaftlichen Positionen.«[138]

Auf Seiten der Landwirte und Landwirtinnen führt eben die Tatsache, dass die eigene Leistung sowohl ideell als auch finanziell kaum Anerkennung und Wertschätzung erfährt, wiederum zu erheblichen sozialen und systemischen *Vertrauensverlusten* – das Verhältnis ist reziprok: Mit der auch durch verschiedene wissenschaftliche Studien gestützten Annahme, die Medien, und hierunter vor allem der öffentliche Rundfunk, würden zur Negativthematisierung des Berufes beitragen, geht die Einschätzung einer generellen Unglaubwürdigkeit journalistischer Tätigkeiten einher. Zugunsten höherer Verkaufszahlen würden durch permanente Skandalisierungen und einseitige Berichterstattungen, mitbedingt durch eine politisch-grüne Verortung der mehrheitlichen Medienmacher, nicht-realitätsgetreue Darstellungen von deutschen Intensivtierhaltungen erzeugt, so die Perspektive der Befragten. Gleichzeitig findet eine Abgrenzung von sogenannten »schwarzen Schafen« der Branche als Mitverantwortlichen für das schlechte Image des Berufes statt, bei denen tatsächlich untolerierbare Stallbedingungen herrschten.

Die Untersuchung der *Wahrnehmungen* weist damit klar auf eine hohe Betroffenheit der Landwirte und Landwirtinnen hin, die sich medial falsch dargestellt und überwiegend ungerechtfertigterweise als Hauptverantwortliche für gegenwärtige Probleme des Umwelt-, Tier- und Klimaschutzes angeprangert sehen. Als eine Ursache wurde immer wieder die zahlenmäßig geringe Bedeutung der in der Landwirtschaft Beschäftigten angeführt, wodurch sowohl der eigene Einfluss als Wählergruppe gegenüber der Politik als auch die öffentliche Gegenwehr gering ausfalle – eine Perspektive, die an in älteren agrarsoziologischen Studien festgestellte Wahrnehmungen als gesellschaftliche Randgruppe anknüpft. Darstellungen als rückständige Berufsgruppe, stets undankbare Subventionsempfänger, rücksichtslose Umweltzerstörer und tierquälerische Ausbeuter subsummieren sich hier seit Mitte des 20. Jahrhunderts[139] und kulminieren schließlich zu Beginn des 21. Jahrhunderts durch digitale Vernetzung und Klimawandel-Szenarien, an denen der Landwirtschaft ebenfalls erhebliche Mitschuld gegeben wird. Die Studie weist mit dieser Untersuchung von *Anerkennungsverlusten* bei einer bislang von der sozial- und geisteswissenschaftlichen Forschung kaum in den Blick genommenen Gruppe von Menschen auch auf Leerstellen der wissenschaftlich dominanten Perspektive hin, die Marginalisierung und Nicht-

---

138 Fischer, Anerkennung, 133.
139 Vgl. hierzu ausführlicher Münkel, Uekötter, Bild des Bauern und Uekötter, Wahrheit.

Anerkennung traditionell vor allem als Gender-, Migrations- und Prekaritäts-
bezogen thematisiert, dabei aber Ausgrenzungsgefühle derjenigen unterschätzt,
die sich vorwiegend durch ein politisch linkes Spektrum viktimisiert fühlen.[140]

Auf der Ebene der *Erfahrungen* wurden verschiedene Betriebe in Form von
exemplarischen Fallbeispielen vorgestellt. Grundsätzlich erzählten circa zwei
Drittel der Interviewpartner und Interviewpartnerinnen von bereits im persönlichen Umfeld erlebten Angriffen gegenüber dem eigenen Beruf. Als zwei
singuläre und herausstechende Ausnahmen darstellende Betriebe, die hiervon
kaum betroffen sind, wurden die Fälle M. und W. beleuchtet. Bei Familie M.
ließ sich ein sehr hoher Grad von social embeddedness, also sozialer Einbettung in lokale Netzwerkstrukturen feststellen, die von den Familienmitgliedern
bewusst gesucht und forciert wird – so etwa durch Vereinsmitgliedschaften,
soziales Engagement und Öffentlichkeitsarbeit. Während die Interviewpartner
und Interviewpartnerinnen diese zahlreichen persönlichen Kontakte für ihre
geringe Tangiertheit von Kritik an der Intensivtierhaltung verantwortlich machten, war bei Betrieb W. die eigene Verortung als alternativ wirtschaftender Hof
innerhalb des konventionellen Haltungsbereiches ausschlaggebend. Der Holz-
Strohstall für Mastschweine generiert hier ein akzeptiertes öffentliches Bild der
Familie und führt – da sozial erwünscht – zu gesellschaftlicher Anerkennung.
In starkem Kontrast stehen die von Protesten gegen ihre Stallbauten betroffenen Betriebe T. und L. – exemplarisch für sieben von 30 besuchten Höfen, auf
denen ähnliche Erfahrungen gemacht wurden. Besonders im Fall T. war durch
die Miteinbeziehung der drei Kinder in die Auseinandersetzungen eine erhebliche psychische Belastung der Familienmitglieder festzustellen, die durch den
mehrere Jahre währenden Streit sowie das öffentlich in der Region nachverfolgte
Gerichtsverfahren um die Genehmigung bedingt wurde. Auch bei L. war der
Protest zunächst lokal beschränkt, bis es durch die Anbringung einer Stall-
kamera zur digitalen Ausweitung und Anschuldigungen durch überregional
tätige Tierschutzorganisationen kam, die bis hin zu Morddrohungen reichten.
Auf beiden Betrieben geht aus diesen negativen Erfahrungen eine eindeutige
Fremdpositionierung von NGOs und weiteren Gegnern als manipulativ, unsachlich und nicht an Dialog interessiert hervor, was zu einer Verhärtung der Fron-
ten auch für die Zukunft beiträgt. Während die Mehrheit der nicht von Stallprotesten betroffenen Interviewpartner und Interviewpartnerinnen zwar nicht
von derart massiven Auseinandersetzungen berichtete, waren die Erfahrungen
der meisten Landwirte und Landwirtinnen dennoch grundsätzlich von einem
starken Gefühl des negativen Positioniert-Werdens geprägt. Der ländliche Raum

---

140 Vgl. dazu auch den Aufsatz von Bernd-Jürgen Warneken, Rechts liegen lassen? Über das
europäisch-ethnologische Desinteresse an der Lebenssituation nicht-migrantischer Unter-
und Mittelschichten, in: Timo Heimerdinger, Marion Näser-Lather (Hrsg.), Wie kann man
nur dazu forschen? Themenpolitik in der Europäischen Ethnologie. Wien 2019, 117–130.

fungiert hier zwar einerseits – da Sicherheit durch Bekanntheit suggerierend – stabilisierend, gesellschaftliche Transformationsprozesse, Bürgerinitiativen und Proteste verdeutlichen aber, dass Kritik an der Intensivtierhaltung ebenso stark ein rurales wie ein urbanes Phänomen ist.

Als für diese Wahrnehmungen und Erfahrungen *Verantwortliche* machten die Interviewpartner und Interviewpartnerinnen ein Netzwerk aus Macht-Wissens-Strukturen, bestehend aus (gesetzeswidrig vorgehenden) Natur- und Tierschutz-organisationen, einseitigen Journalisten, voreingenommenen Politikern und teilweise auch Juristen fest. Ein erheblicher Kritikpunkt am Vorgehen ersterer, der von den Landwirten und Landwirtinnen dabei immer wieder genannt wurde, betraf das aus ihrer Sicht illegale nächtliche Einbrechen in Ställe. Die öffentlich gezeigten Aufnahmen aus diesen Stalleinbrüchen werden von den Interviewpartnern und Interviewpartnerinnen als bewusst manipuliert eingeschätzt, um Negativbilder zu generieren. Dadurch verfestigt sich für die befragten Landwirte und Landwirtinnen die Wahrnehmung eines Bündnisses zwischen NGOs und Medien, was wiederum die Reziprozität der Anerkennungsbeziehungen abbildet, denn in gleichem Maße, wie fehlende Wertschätzung der eigenen Berufsgruppe gegenüber konstatiert wird, geht den Interviewpartnern und Interviewpartnerinnen Anerkennung für journalistisches Arbeiten und die Interessen von Nichtregierungsorganisationen verloren. Die Lobbymacht des Bauernverbandes oder einer von der Gegenseite als mächtig titulierten Agrarindustrie wird in Zweifel gezogen, da die politische Linie der meisten Parteien aus Sicht der Interviewpartner und Interviewpartnerinnen durch »grünes« Gedankengut beeinflusst sei, durch das sich erfolgreich Wählerstimmen generieren ließen und welches auch auf weitere »Räume der Macht«, wie etwa die Wissensweitergabe in Schulen, bezogen wird. Während also die Kritiker als starkes und mächtiges Netzwerk mit politischem Einfluss fremdpositioniert werden, bestätigt sich für die Landwirte und Landwirtinnen zugleich die Selbsteinschätzung als schwache, isolierte Berufsgruppe, die zudem ständiger öffentlicher Anprangerung ausgesetzt ist, was schließlich *zu Überforderung und Resignation* führt. Diese Argumentation ist dabei eingebettet in innerlandwirtschaftliche Wissenstradierungen durch den Bauernverband, agrarwirtschaftliche Fachzeitschriften, das eigene Ausbildungssystem, digitale Vernetzungsmöglichkeiten und persönlichen Austausch etwa auf Versammlungen etc. Punktuelle Einblicke in untersuchte Medienformate zeigen hier parallel auftretende Muster und Bewältigungsstrategien, die innerhalb der Berufsgruppe aus Gründen der Selbstbestätigung und -ermächtigung weitergegeben werden. Diese befördern wiederum angesichts des Rückzugs in Sicherheit und Orientierung stiftende Kanäle *Entfremdungsprozesse* zwischen landwirtschaftlicher und nicht-landwirtschaftlicher Bevölkerung.

Im Zuge der gesamten Untersuchung wurden permanent Ebenen der *Verteidigung* deutlich, da sich die Befragten in einem ständigen Defensivmodus befinden und Rechtfertigungsdruck ausgesetzt sehen. Hier lässt sich zwischen systembezogenen und betriebsindividuellen Verteidigungsstrategien unterscheiden: Die Gesamtentwicklung der Intensivtierhaltung wird übergreifend durch folgende Argumentationsstränge gerechtfertigt:

1. Vergleiche mit einer als für das Tierwohl schlechter bewerteten Vergangenheit; die Landwirte und Landwirtinnen folgen hier einem Fortschrittsparadigma, bei dem es gelungen sei, durch technische Leistungen und Hygienemaßnahmen das gesamte Haltungssystem zu verbessern. Dabei konnotieren die Befragten kaum, dass längst ein gesellschaftlicher Wertewandel stattgefunden hat, durch welchen diese Erfolge nicht mehr verfangen und vor allem nicht als solche anerkannt werden.

2. »Größe ≠ schlecht«; Aspekte von Tierwohl und Umweltschutz werden hier als Verantwortung des Betriebsleiters und nicht des Gesamtsystems definiert – ihm wird damit von den Interviewpartnern und Interviewpartnerinnen der maßgebende Einfluss auf Qualitätsfragen zugeschrieben. Bemerkenswert ist zudem, dass ökonomischer Druck als positives Kriterium für Tierwohl angeführt wird, da die Höfe durch diese Abhängigkeitsverhältnisse stärker dazu angehalten seien, sich sorgfältig um die Nutztiere zu kümmern: Die Verinnerlichung des nachfolgend ausführlich behandelten Wachstums- und Leistungsdenkens deutet sich hier bereits an. Gleichzeitig wird über diese Argumentation eine Positivpositionierung größerer gegenüber kleineren Betrieben vorgenommen, wodurch eine Umdeutung der diesbezüglich überwiegend gegenteiligen medialen Darstellung stattfindet.

Auf der betriebsindividuellen Ebene verteidigen sich die Interviewpartner und Interviewpartnerinnen vornehmlich über eigene Positionierungen als gewissenhafte und verantwortungsvolle Landwirte und Landwirtinnen, auf die die gesellschaftlichen Vorwürfe gegenüber der Intensivtierhaltung daher nicht zuträfen. Betont werden das eigene gute Gewissen und die Einhaltung der gesetzlichen Vorschriften, wobei häufig eine Selbstpositionierung als Familienbetrieb – gerade innerhalb des bayerischen Forschungsraumes besonders populär und wirkmächtig – vorgenommen und damit einem gesellschaftlich positiv bewerteten Leitbild gefolgt wird. Unbehagen und Momente des Zweifels bezüglich der Entwicklung der Intensivtierhaltung ließen sich eher vereinzelt, denn prominent feststellen und waren dann überwiegend auf ökonomische Verhältnisse bezogen.

Grundsätzlich war festzustellen, dass die Betonung von Tierwohl, Umwelt- und Klimaschutz im öffentlichen Diskurs vor allem der kaum thematisierten ökonomischen und arbeitsintensiven Situation der Landwirte und Landwirtinnen selbst gegenüber als unverhältnismäßig wahrgenommen wird, wodurch sich die ohnehin bereits vorhandenen Gefühle von Marginalisierung und Diskriminierung nochmals erheblich verstärken. Dass tier- und umweltethisches Wirtschaften dabei gerade von der Landwirtschaft so stark gefordert wird, hängt möglicherweise nicht nur damit zusammen, dass sie mit Ressourcen arbeitet und ökologische Probleme schafft, die die gesamte Gesellschaft betreffen, sondern die tierische Produktion, anders als dies bei zahlreichen Industriezweigen mittlerweile der Fall ist, nicht ausgelagert in Ländern des globalen Südens stattfindet – sie die Verbraucher also näher und unmittelbarer mit Herkunft und Folgen ihres Konsums konfrontiert. Das Ausbleiben von Anerkennung und eines respektvollen Umgangs mit ihnen als (ebenfalls ausgebeuteten) Menschen einerseits sowie gesellschaftliche Transformationen einer zunehmenden Hinterfragung von kulturellen Wachstums- und Leistungsparadigmen andererseits, für die die Intensivtierhalter und -halterinnen exemplarisch stehen und welche sie – trotz der darin immanenten problematischen Selbstausbeutung, die im Folgenden deutlich werden wird – weiterhin auch verteidigen, sind daher die konturierenden Ebenen der bestehenden Konfliktlinien und Kommunikationsschieflagen. Das Forschungsfeld dient damit als Indikator zeitlichen und räumlichen Wertewandels und macht »[i]n Bezug auf Anerkennungspraktiken innerhalb hierarchischer Strukturen [...] [deutlich]: Gesellschaftliche Anerkennung wird dann nicht erwähnt, wenn sie vorhanden ist.«[141]

141 Fischer, Anerkennung, 142.

8. Ökonomische Positionierungen: Intensivtierhaltung als kulturelles Leistungsparadigma

Intensivtierhaltung konturiert den Beruf der Interviewpartner und Interviewpartnerinnen, das heißt, sie stellt Arbeitsgrundlage und Einkommensquelle dar und ist damit eingebunden in ökonomische Prozesse, die für das Verständnis der Landwirt-Nutztier- und Landwirt-Umwelt-Beziehungen basal sind. Aus diesem Grund sowie dem in den Interviews stets präsenten Stellenwert finanzieller Aspekte wird dem Faktor Ökonomie in der Untersuchung ein eigenes Hauptkapitel gewidmet, da er aus meiner Sicht maßgeblich für die Positionierungen der Befragten ist – ohne Kenntnis der häufig angesprochenen Verschuldungen, monetären Risiken und des Preisdrucks auf dem Agrarmarkt lassen sich Aussagen und Praxen der Akteure kaum umfassend interpretieren und verorten. Im Folgenden wird daher nachgespürt, »welche Erfahrungen die Individuen in gegebenen gesellschaftlichen Strukturen und wirtschaftlichen Verhältnissen machen, welche Strategien und Praktiken sie dabei entwickeln und welche Formen gemeinschaftlichen Handelns [...] sie konstituieren.«[1] Diese Perspektivierung folgt den Ausführungen des Kulturwissenschaftlers Lutz Musners, der eine stärkere Berücksichtigung ökonomischer Grundlagen in sozial- und geisteswissenschaftlichen Untersuchungen fordert:

Die Textur des Sozialen, d.h. die lebensweltliche Dimension der vielen Vermittlungen zwischen Kapital und Gesellschaft, die uns so selbstverständlich umgibt wie die Atmosphäre, manifestiert sich in vielerlei Zusammenhängen: in Geschlechterrollen ebenso wie in der Organisation der Arbeit, in den Objekten und Ritualen des täglichen Lebens, in den Architekturstilen, in den Repräsentationsformen des Politischen und in gruppenspezifischen Subkulturen.[2]

Die Positionierungen der Intensivtierhalter und -halterinnen sind bezüglich ihrer »Organisation der Arbeit« eingebettet in subjektive Interpretationen von kapitalistischen Marktlogiken und objektiv vorhandene Zwänge, die damit also die Basis des eigenen Handelns und Erzählens darstellen und demzufolge nicht nur aus betriebswirtschaftlichen, sondern auch aus geisteswissenschaftlich orientierten Blickrichtungen von zentraler Bedeutung sind. In »Kultur als Textur

---

1 Karl Braun, Claus-Marco Dieterich, Johannes Moser, Christian Schönholz, Vorwort, in: Dies. (Hrsg.), Wirtschaften. Kulturwissenschaftliche Perspektiven. Tagungsband zum 41. Kongress der Deutschen Gesellschaft für Volkskunde (dgv) 2017 in Marburg. Marburg 2019, 11–12, hier 11.
2 Musner, Kultur als Textur, 89.

des Sozialen« kritisierte Musner 2004 sowohl für die englischsprachigen Cultural Studies als auch die deutschsprachigen Kulturwissenschaften im Gegensatz zu älteren Vertretern der Wirtschafts- und Kulturraumforschung[3] eine »Obsession des Symbolischen«[4], wodurch eine Entkoppelung von tatsächlich sozial relevanten Themen und die Tendenz entstünden, Kultur aus sich selbst heraus zu erklären, ohne »harte Fakten« wie politische Rahmensetzungen oder Zwänge, die aus ökonomischem Denken resultieren, mit zu berücksichtigen. Die kulturwissenschaftliche Arbeitsforschung hat nunmehr seit einigen Jahren eben diese systembedingten Auswirkungen infolge von Digitalisierung, Globalisierung und vor allem konkurrenzgeprägten Wirtschaftssystemen verstärkt in den Blick genommen. Alexander Engel bemerkt dazu:

Erst ab den 1970er, vor allem 1980er Jahren erfüllten sich Bekenntnisse zu einer an Konkurrenz orientierten Wirtschaft mit einem schärferen Geist, was den Übergang zum ›Zeitalter des Neoliberalismus‹ markiert. Ökonomische Neoliberalisierung wird in der Regel als radikale Deregulierung und Privatisierung ökonomischer Verhältnisse [...] verstanden.[5]

Daraus resultierende gesellschaftliche Transformationen, die in Ansprüchen von flexiblen, selbstverantwortlichen Arbeitnehmern münden, denen gleichzeitig das Versprechen von Selbstverwirklichung durch die berufliche Tätigkeit gegeben wird, werden mittlerweile wissenschaftlich breit beforscht.[6] Die jüngere Arbeitskulturforschung beschäftigt sich jedoch vor allem mit Veränderungen im Übergang von fordistischen zu postfordistischen Verhältnissen mit einer Konzentration auf urbanen Dienstleistungs-, Kreativwirtschafts- und zunehmend auch prekären Tätigkeitsfeldern[7] – wie sich diese Prozesse auf dem Land vollziehen und der primäre Sektor von Veränderungen im Wirtschaftssystem betroffen ist, wird dagegen kaum in den Fokus genommen. Dazu kommt, dass

---

3 Zu nennen wären hier etwa die Arbeiten Günter Wiegelmanns, Hans-Jürgen Teutebergs oder von Heinrich L. Cox, die gerade die Reziprozität zwischen der Ausprägung von Wirtschaftsformen und kulturellen Subjektivationen und Objektivationen in ihrer historisch-regionalen Gewordenheit herausstellten. Bspw. Hans-Jürgen Teuteberg, Günter Wiegelmann, Der Wandel der Nahrungsgewohnheiten unter dem Einfluß der Industrialisierung. Göttingen 1972; Heinrich L. Cox, Matthias Zender (Hrsg.), Gestalt und Wandel: Aufsätze zur rheinisch-westfälischen Volkskunde und Kulturraumforschung. Bonn 1977.
  4 Musner, Kultur als Textur, 78.
  5 Alexander Engel, Konzepte ökonomischer Konkurrenz in der *longue durée*. Versprechungen und Befürchtungen, in: Karin Bürkert, Alexander Engel, Timo Heimerdinger, Markus Tauschek, Tobias Werron (Hrsg.), Auf den Spuren der Konkurrenz. Kultur- und Sozialwissenschaftliche Perspektiven. Münster/New York 2019, 45–85, hier 78.
  6 In Auswahl Götz, Seifert, Huber, Flexible Biografien; Hirschfelder, Huber, Virtualisierung der Arbeit; Manfred Seifert (Hrsg.), Die mentale Seite der Ökonomie. Gefühl und Empathie im Arbeitsleben. Dresden 2014; Tauschek, Kulturen des Wettbewerbs.
  7 Bspw. Sutter, Prekarität.

sich die konstatierte schwindende Trennung zwischen Arbeit und Freizeit sowie daraus resultierende Prozesse der »Subjektivierung von Arbeit«[8] vor allem
auf Vergleiche innerhalb des 20. Jahrhunderts beziehen. Die Landwirtschaft
konnte nach dem Zweiten Weltkrieg allerdings mit dem steigenden Wohlstand
der Industriearbeiter nicht Schritt halten und war durch die Anpassungen und
Einbindungen in EWG-Binnenmärkte früh »fortschreitender Intensivierung
durch leistungsstarke Betriebe bei gleichzeitigem Verschwinden unrentabler
Produktionsstätten«[9] ausgesetzt – Richtpreise und fehlgeleitete Subventions-
politik konnten diese Entwicklung nur bedingt abschwächen und führten in der
Folge ihres Nicht-Gelingens noch viel stärker zum Ruf nach deregulierten, freien
Märkten.[10] Die Aussagen meiner Interviewpartner und Interviewpartnerinnen,
die fast kollektiv den Weg eines Einfügens in Wachstums- und Leistungsansprüche eines kapitalistischen Imperativs gegangen sind, interpretiere ich daher im
Folgenden weniger als Flexibilisierungs- und Subjektivierungsprozesse, sondern
als Weiterführung einer im 20. Jahrhundert in diesem Bereich *gar nicht erst
erfolgten Ent-Subjektifizierung* von Arbeit auf den Höfen. Daher sind Musners
Bemerkungen, der befürchtet, dass »wir unsere Aufmerksamkeit zu sehr auf das
[richten], was als hybrid, diasporisch, translokal und transhistorisch erscheint«[11],
nach wie vor aktuell, denn darunter ist leicht zu übersehen, »was gleich, starr
und träge bleibt.«[12] Wie bereits im Kapitel »Intensivtierhaltung und Gesellschaft«
deutlich wurde, lässt sich eine Kontinuität der agrarwirtschaftlichen Entwicklung trotz stetig steigender Tier- und sinkender Höfezahlen sowohl in Bezug auf
den weiterhin anhaltenden Wachstumsdruck als auch anhaltende Marginalisierungsprozesse und pessimistische Zukunftsperspektiven feststellen, welche nun
seit mehreren Jahrzehnten elementare Befunde agrarsoziologischer Forschungen
bilden. Als ganz zentral werte ich in diesem Zusammenhang den sowohl im Öko-
nomie- als auch im Mensch-Tier-Kapitel immer wieder aufscheinenden Begriff
der *Leistung*, der sowohl die menschliche als auch die tierische Einpassung in
das System Intensivtierhaltung konturiert und zu einem stark verinnerlichten
Anspruch der Interviewpartner und Interviewpartnerinnen an sich selbst und
ihre Betriebe geworden ist.

---

8 Manfred Seifert, Die mentale Seite der Ökonomie: Gefühl und Empathie im Arbeitsleben. Eine Einführung, in: Ders. (Hrsg.), mentale Seite, 11–30, hier 14.
  9 Mahlerwein, Grundzüge, 173.
  10 Ebd., 171 ff. und Uekötter, Wahrheit, ab 330.
  11 Musner, Kultur als Textur, 82.
  12 Ebd.

8.1 Tierhaltung als Lebensgrundlage und arbeitswirtschaftliche Selbstausbeutung

Eine zunächst fast redundant erscheinende, aber dennoch – auch mit Blick auf das folgende Hauptkapitel zu Landwirt-Nutztier-Beziehungen – notwendig festzuhaltende Selbstpositionierung der Interviewpartner und Interviewpartnerinnen besteht in der Betonung, Intensivtierhaltung zum Einkommenserwerb zu betreiben. Damit grenzen sich die Landwirte und Landwirtinnen gegenüber Haus- oder Hobbytierhaltern ab, die ihre Tiere aus überwiegend emotionalen Gründen besitzen. Dass die Befragten den Grund ihrer Nutztierhaltung immer wieder herausstellten, kann als unmittelbare Reaktion auf eine gesellschaftliche Infragestellung der Tierhaltung aus ökonomischem Anreiz heraus interpretiert werden – was über Jahrhunderte hinweg als selbstverständlich galt, muss nun gerechtfertigt werden, so die Perspektive der Landwirte und Landwirtinnen:

F. X.: Aber Geld darfst mit den Tieren jetzt, darfst du Geld nicht erwähnen. Weil sie so auf die Stimmung aus sind. Das ist für die Menschen unerklärlich, wie man mit Tieren Geld verdienen kann. […] Also ist jetzt ganz knallhart und provozierend gesagt. Aber so ist es.
S. X.: Profitgierig. Sagen sie immer zu uns …

Der Satz »[d]as ist für die Menschen unerklärlich, wie man mit Tieren Geld verdienen kann« fasst für Legehennenhalterin F. X. die Diskrepanz zwischen dem eigenen Standpunkt und dem ihrer Kritiker zusammen – sie basiert auf einem, so meine These, kulturell neu ausgehandelten Mensch-Tier-Verhältnis. Ebenso wie Alexandra Rabensteiner von einem zunehmenden Rechtfertigungsdruck der »Fleischesser« zu Beginn des 21. Jahrhunderts ausgeht und eine über Jahrtausende tradierte Form der Esskultur in den westlichen Industrienationen im Verlust ihrer Selbstverständlichkeit begriffen sieht,[13] gilt dies für die der Fleischproduktion zugrunde liegende Nutztierhaltung. Eine Wandlung eben dieses Verhältnisses lässt sich auch wissenschaftsgeschichtlich anhand der Etablierung der Human-Animal-Studies bzw. Multispecies Ethnography nachzeichnen, weist diese Entwicklung doch ebenfalls auf eine Transformation der Blickweisen auf menschliche und nicht-menschliche Lebewesen hin. Sie fußt zum einen auf neueren Forschungsergebnissen der Biologie, die bisherige Gattungsgrenzen stärker in Frage stellen und die Leidens- und Emotionsfähigkeit von Tieren betonen,[14]

---

13 Vgl. Rabensteiner, Fleisch.
14 Vgl. Volker Sommer, Die Meinigkeit des Schweins. Über die Gefühle der Tiere, in: Das Plateau 136, 2013, 4–22; Clive D. L. Wynne, Monique Udell, Animal Cognition. Evolution, Behaviour and Cognition. New York 2013; Judith Benz-Schwarzburg, Verwandte im Geiste – Fremde im Recht. Sozio-kognitive Fähigkeiten bei Tieren und ihre Relevanz für Tierethik und Tierschutz. Erlangen 2012.

zum anderen auf den bereits beleuchteten Prozessen im Lauf des 20. Jahrhunderts, die durch Ökologie- und Tierschutzbewegungen zur Problematisierung von Ausbeutungsverhältnissen beigetragen haben. So schreiben Spannring et al. in ihrer Einleitung zum Sammelband »Disziplinierte Tiere« in einer aktivistisch ausgerichteten Haltung, die für zahlreiche Forscher der HAS und CAS gilt:

Die Integration nichtmenschlicher Tiere in die Wissenschaften soll zu einer kritischen Überprüfung ihres bisherigen Status sowie einem besseren Verständnis des menschlichen Umgangs mit ihnen führen und damit auch zu einer gesellschaftlichen Sensibilisierung und Befreiung der nichtmenschlichen Tiere von Kommodifizierung und Ausbeutung beitragen.[15]

Der aus diesem veränderten kulturellen Mensch-Tier-Verhältnis hervorgehende Vorwurf landwirtschaftlicher »Profitgier« findet sich auch in Interviewpassagen von I. Ä., der im Zuge seiner Stallbaupläne mit einer Bürgerinitiative und mehreren Gerichtsverfahren konfrontiert war:

Und eine Landwirtschaft ist ein ganz normales Wirtschaftsunternehmen wie jeder Handwerksbetrieb oder wie jeder Industriebetrieb. Ich meine, das haben sie … das war ja immer ein großer Vorwurf bei uns, das haben wir vorher vergessen, unser … wie haben sie immer gesagt … nicht Gewinnsucht, sondern …? Ja schon auch … Profitgier! Ja ich meine kein Mensch tut was ohne Profitgier! Jeder, der in die Arbeit geht, der hat eine Profitgier, weil jeder muss von irgendwas leben!

Beide zitierte Interviewpartner sehen sich dem Vorwurf der »Profitgier« ausgesetzt, weil sie mit der Landwirtschaft Geld verdienen möchten. I. Ä. bezieht sich hier auf die grundsätzliche Erwirtschaftung von Geld zum Lebensunterhalt, während anzunehmen ist, dass seine Gegner unter »Profitgier« eher eine Definition verstehen, wie sie auch im Duden zu finden ist, nämlich »das rücksichtslose Streben nach Profit«[16]. Die Blickrichtungen von Landwirten und ihren Kritikern divergieren also einmal mehr weit auseinander: Anstelle von erheblichen Gewinnmaximierungen und einem »Reich-Werden« durch die Ausbeutung von Tieren, wie dies auf diversen tierrechtsaktivistischen Plattformen suggeriert wird, stehen für die Landwirte und Landwirtinnen alltägliche Versorgungspraxen im Mittelpunkt: Die Ernährung ihrer Familien und das Weiterführen ihrer zum Teil seit Generationen bewirtschafteten Höfe durch die Nutztierhaltung sind für die Befragten zentral und oft genug – wie aus den folgenden Aussagen noch hervorgehen wird – durch Verschuldungen, geringe Preisspannen und hohe Investitionskosten gefährdet. Dem öffentlich-medialen Konstrukt einer

---

15 Spannring, Schachinger, Kompatscher, Boucabeille, Einleitung, 24.
16 Duden, Profitgier. URL: https://www.duden.de/rechtschreibung/Profitgier (27.01.2019).

anonymen, habgierigen »Agrarlobby«[17] stehen einzelne Betriebsleiter mit individuellen Einkommenssituationen gegenüber. Interviewpartner I. K. bringt dazu kulturwissenschaftlich prägnante Aspekte wie Heimatverbundenheit[18] und Traditionsbewusstsein mit ins Spiel, die für ihn mit der Weiterführung bäuerlicher Betriebe in seiner Region verbunden sind:

Warum meinen Sie, dass so viele Höfe zusammenfallen? Gehen Sie mal Richtung Cham, gehen Sie mal Oberviechtach, Schönsee, dahinter, was da alles zusammenfällt! Die Dörfer! Und ich will meine Heimat, über 400 Jahre Familie hier erhalten! Und möchte einen Betrieb weitergeben, der produktiv leben kann!

Das Überleben seines Hofes im Zuge eines vom landwirtschaftlichen Strukturwandel betroffenen Berufes bildet für ihn ein identitätsstiftendes Element der – hier oberpfälzischen – Heimat und deren Kulturlandschaft. Hermann Bausinger definiert Heimat als

Nahwelt, die verständlich und durchschaubar ist, als Rahmen, in dem sich Verhaltenserwartungen stabilisieren, in dem sinnvolles, abschätzbares Handeln möglich ist – Heimat also als Gegensatz zu Fremdheit und Entfremdung, als Bereich der Aneignung, der aktiven Durchdringung, der Verlässlichkeit.[19]

Gerade angesichts der behandelten Marginalisierungs- und Entfremdungsprozesse wirkt Heimat hier als Stabilitätsfaktor. Damit verbunden ist ein Verantwortungsgefühl gegenüber dem Familienbesitz und einer generationenüberdauernden Hofweitergabe, womit neben ökonomischen auch zentrale emotionale Gründe der Betriebsführung sichtbar werden, die für die Studie ganz zentral sind, denn sie führen zur Kompensation von Wachstumsanpassungen durch Mehrarbeit, die bei zahlreichen Interviewpartnern und Interviewpartnerinnen durchaus als *Selbstausbeutung* zu interpretieren ist. So werden Trennungen zwischen Arbeit und Freizeit kaum gezogen, was auch damit zu tun hat, dass gerade der Bereich Tierhaltung weder Wochenende noch Feierabend kennt – hierzu führten die Landwirte und Landwirtinnen etwa Berichte zu kranken Tieren, Abferkelungen etc. aus, die keine geregelten Arbeitszeiten zulassen:

---

17 Ebd., bspw. »Profitgier der Produzenten«, vgl. Aktion Tier. Menschen für Tiere e. V., Landwirtschaftliche Massentierhaltung. URL: https://www.aktiontier.org/themen/nutztiere/massentierhaltung/ (05.12.2018).
18 Vgl. zur Spezifik und Problematik des Heimatbegriffes: Hermann Bausinger, Heimat und Globalisierung, in: Österreichische Zeitschrift für Volkskunde 104, 2001, 121–135; Konrad Köstlin, »Heimat« als Identitätsfabrik, in: Österreichische Zeitschrift für Volkskunde 99, 1996, 321–338; Markus Tauschek, Zur Relevanz des Begriffs Heimat in einer mobilen Gesellschaft, in: Kieler Blätter zur Volkskunde 37, 2005, 63–85.
19 Hermann Bausinger, Kulturelle Identität – Schlagwort und Wirklichkeit, in: Ders., Konrad Köstlin (Hrsg.), Heimat und Identität. Probleme regionaler Kultur. Neumünster 1980, 9–24, hier 20.

F. O.: Landwirtschaft ist ja einfach so ein Punkt, entweder hast du das als dein Hobby mit dabei oder ansonsten brauchst du es ja gar nicht machen, gell. Entweder machst du das so mit Leib und Seele, als ... gell, weil ... da wo ich einfach sage: Ja ... man hat halt einfach nicht dann seinen Urlaub oder nicht auch einmal sein Wochenende, wo man einfach sagt: Ja, man fährt jetzt einfach einmal mit den Kindern 14 Tage fort oder ... egal was ...

Im Sinne einer in den Human-Animal Studies breit erfolgenden Agency-Forschung[20] wird hier deutlich, dass trotz der gerade im System Intensivtierhaltung erheblichen Einschränkung tierischer Handlungsmacht die gehaltenen Nutztiere das Leben der Landwirte und Landwirtinnen ihrerseits maßgebend konturieren und strukturieren – eine meiner Interviewpartnerinnen bemerkte so bei meiner telefonischen Anfrage, ihr Leben richte sich nach dem »Sauenkalender«, werde also durch die Abferkelungen ihrer Schweine rhythmisiert. Mit der hohen Arbeitsbelastung auf den Betrieben geht auch einher, dass auf den meisten besuchten Höfen sofern vorhanden die Partner bzw. Partnerinnen beruflich miteingebunden waren, also kein zweites Einkommen außerhalb der Landwirtschaft erwirtschaftet wird, sondern Denken in Vollerwerbsstrukturen die Ernährung der gesamten Familie aus dem Betrieb heraus meint. Durch die Einbindung von Familienmitgliedern muss also kein Gehalt an Angestellte gezahlt werden – diese häufig eher traditionellen Rollenbilder, bei denen Frauen zumeist die auf den Höfen anfallende Büroarbeit verrichteten, erhöhen allerdings wiederum die auf dem Betrieb lastende ökonomische Verantwortung und richten den Fokus fast ausschließlich auf die Weiterführung des Bestehenden.

8.2 »Die Leistung muss passen«: Der landwirtschaftliche Strukturwandel

Um die Positionierungen der Interviewpartner und Interviewpartnerinnen rund um das Feld »ökonomischer Druck« nachvollziehen zu können, ist eine Beleuchtung der Entwicklungen im Rahmen des agrarischen Strukturwandels notwendig. Ganz klar liest sich aus den Quellen heraus nämlich auch zu Beginn des 21. Jahrhunderts die Angst der Befragten, im Zuge des fortbestehenden »Höfesterbens« zur Betriebsaufgabe gezwungen zu werden. »Wachsen oder Weichen«, so die Bilanz der Untersuchung, ist für die bayerischen Landwirte und

---

20 »Agency« wird im Deutschen mit Handlungsfähigkeit/Handlungsmacht übersetzt und bezieht sich in der sozialwissenschaftlichen Forschungslandschaft stark auf Bruno Latours Akteur-Netzwerk-Theorie (ANT), die vor allem in den Human-Animal-Studies sowie der jüngeren Objektforschung breite Anwendung gefunden hat, da Latour Handlungsmacht nicht nur beim Menschen sieht. Vgl. zur ANT grundlegend: Latour, neue Soziologie, sowie zur Forschung in den HAS Wirth et al., Das Handeln.

Landwirtinnen längst kein abgeschlossenes Phänomen der zweiten Hälfte des 20. Jahrhunderts, sondern ständige Alltagsrealität und Bedrohungsszenario. Die Interviewpartner und Interviewpartnerinnen versuchen, eben diese Anforderungen durch die Verinnerlichung eines Leistungsimperativs zu kompensieren, unter dessen Blickwinkel sowohl Mensch als auch Tier fallen, weshalb ich ihn für ein Verständnis des Systems Intensivtierhaltung zentral stelle.

Kulturwissenschaftlerin Nina Verheyen hat sich in »Die Erfindung der Leistung« mit der Etablierung von Begriff und Anspruch auseinandergesetzt: Leistungsgesellschaften gab es

in gewisser Weise auch schon in der Antike, im Mittelalter und in der Frühen Neuzeit. Eine klarere und jüngere historische Tendenz ist nur erkennbar, wenn es um Staaten geht, die gezielt rechtliche Grundlagen und politische Instrumente schaffen, um die Lebenschancen aller Bürgerinnen statt an Herkunft explizit an ›Leistung‹ zu binden, und die sich diskursiv darüber verständigen, was damit gemeint ist und wie es ermittelt wird. In diesem Sinne ist die heutige Bundesrepublik eine Leistungsgesellschaft, deren Grundzüge sich maßgeblich im 19. Jahrhundert herausbildeten.[21]

Der Übergang von Herkunft zu Leistung ist dabei stark an Prozesse der Identitätsbildung gekoppelt, die das Individuum in – bei den Landwirten und Landwirtinnen stark zu verzeichnende – Tendenzen der Selbstdisziplinierung und kompetitive Logiken einbinden. Leistung definiert sich als »aus den Anstrengungen oder dem Aufwand einer einzelnen Person resultierendes Handlungsergebnis, das unter den Bedingungen formaler Chancengleichheit erbracht und von anderen erwünscht wird, der Gesellschaft also nützt und von ihr entsprechend belohnt werden sollte.«[22] Dieser kulturelle Imperativ geht mit dem Versprechen einher, durch Fleiß und Ehrgeiz alles erreichen zu können, wodurch systemische Grenzen und Marktmächte weitestgehend ausgeblendet werden. Letztere sind den Interviewpartnern und Interviewpartnerinnen zwar durchaus bewusst, ebenso wie gerade ihre Wahrnehmung, für die erbrachte Leistung nicht entsprechend – weder durch gesellschaftliche Anerkennung noch finanziell – entlohnt zu werden für die resignativen Stimmungen zentral ist. Dennoch haben die Landwirte und Landwirtinnen Leistungsansprüche sowohl an sich selbst als auch in Bezug auf ackerbauliche Erträge und Nutztiere stark verinnerlicht. Die folgende Auswahl an Zitaten, die den Begriff »Leistung« enthalten, ließe sich seitenweise fortsetzen:

H. L.: Aber … die Leistung muss passen! Wenn die Leistung nicht passt, dann kann man ja … also die letzten zwei Jahre waren wirklich jetzt extrem. Aber ohne Leistung bist du halt weg. Das geht leider nicht. Aber das ist überall so. Das ist in jedem Job.

---

21 Nina Verheyen, Die Erfindung der Leistung. München 2018, 65.
22 Ebd., 11 f.

M. U.: Hm … immer wieder investiert. Geld aufgenommen, produziert, mehr Leistung, höhere Leistung, höhere Qualität, mehr Geld für's Ferkel gekriegt.

I. V.: Und ich sage immer, wenn die Leistung der Äcker draußen, im Acker, die Erträge
steigen, wenn die Leistung der Tiere, wenn die Tiere gute Leistung bringen, dann geht
es halt gut. Ich muss schauen, dass es den Tieren gut geht. Und dann haben wir Leistung. Ich freue mich drüber, wenn sie da sind. Und dann der Geldbeutel auch. Also
wenn die keine Leistung haben, dann kann ich es vergessen.

Bei der Untersuchung des Systems Intensivtierhaltung wird die Bedeutung von
Leistung als einer »im Alltag ebenso mächtigen wie unentdeckten Kategorie«[23]
in ihrer kulturellen Wirkmacht permanent transparent: »Das gilt ganz besonders
in heutigen, häufig als neoliberal bezeichneten Zeiten, in denen das Leistungs-
paradigma besonders massiv um sich zu greifen und dem Einzelnen unter die
Haut zu kriechen scheint.«[24]

In der Landwirtschaft werden diese Veränderungen unter dem Begriff des
ländlichen Strukturwandels subsummiert: Vor allem seit der zweiten Hälfte des
20. Jahrhunderts setzten in Westeuropa eine sukzessive Rationalisierung, Spezialisierung und Intensivierung der Landwirtschaft nach zunächst vorwiegend
amerikanischem Leitbild ein, die das Prinzip der Leistungssteigerung verfolg-
ten – Maßnahmen, die spätestens seit 1958 unter der Leitung des EWG-Rats-
präsidenten Sicco Mansholt zu offiziellen Förderrichtlinien des Europäischen
Wirtschaftsraumes wurden.[25] Orientierte sich die deutsche Agrarpolitik hier
anders als etwa die frühe niederländische und dänische Ausrichtung an Großbetrieben zunächst der offiziellen Grundlinie gemäß noch an einer Verbindung
der Modernisierung mit dem gleichzeitigen Erhalt von kleinbäuerlichen Familienbetrieben, so erwies sich diese aufgrund des Preisdrucks durch gewerbliche
Konkurrenz und laufende Betriebserweiterungen, ausländische Importe und
Kostensteigerungen in der Realität zunehmend als unhaltbar.[26]

Gemäß dem vielzitierten Motto »Wachsen oder Weichen«[27] verringerte sich
die Zahl der in der Landwirtschaft Erwerbstätigen in Deutschland zwischen
1949 und 2015 von 4,8 Millionen[28] auf heute noch knapp 650.000 und liegt
damit zu Beginn des 21. Jahrhunderts bei unter zwei Prozent im Verhältnis zu
den Gesamtberufstätigen.[29] Gleichzeitig mit dem Rückgang der Hofzahlen ging

23 Verheyen, Erfindung der Leistung, 11.
24 Ebd.
25 Vgl. hierzu ausführlicher: Henning Türk, Das Bild des Bauern in der Kommission der
Europäischen Wirtschaftsgemeinschaft in der Ära Sicco Mansholt (1958–1972), in: Münkel,
Uekötter, Bild des Bauern, 179–198.
26 Vgl. Michael Kopsidis, Agrarentwicklung. Historische Agrarrevolutionen und Entwicklungsökonomie. Stuttgart 2006, 41 ff.
27 Vgl. Uekötter, Wahrheit, 370.
28 Vgl. DBV, Situationsbericht 2014/15, 15.
29 Vgl. Agrarpolitischer Bericht der Bundesregierung 2015, 47.

im betrachteten Zeitfenster eine enorme Steigerung der Hektar- und Tierzahlen derjenigen Betriebe einher, die den Strukturwandel überlebten. Ernährte ein Hof 1950 noch durchschnittlich zehn Menschen, so hat sich deren Zahl aufgrund von leistungsfähigeren Maschinen, modernen Ställen, Dünge- und Pflanzenschutzmitteln sowie Züchtungsforschungen heute auf 144 Personen gesteigert.[30] Der kurz vor der Übergabe an seinen Sohn stehende Schweinemast-Betreiber V. St. resümiert diese Entwicklungen:

V. St.: Da waren wir schon in der Landwirtschaftsschule, das war Anfang der Siebziger. Da hat es einen EU-Agrarkommissar auch gegeben, heute haben wir einen Hegen, oder Hogen, oder wie heißt er? Der Sicco Mansholt. [...] Ja, man braucht mindestens 100 Hektar für einen Getreidebaubetrieb. Das war ein Aufschrei ... für einen Getreidebaubetrieb. Ich weiß noch, mein Vater, die haben alle ... Den haben wir heute schon lange überholt. Ich sage einmal rein vom Getreidebau.
I.: Ja, ich weiß schon. Da hat es ja damals auch Demonstrationen dann ... Ich weiß die Bilder, wo sie dann nach Bonn sind, die Bauern ... Gegen diese EWG-Agrarpolitik dann.
V. St.: Ja, ja freilich. Der hat da ... Aber der hat im Prinzip die Wahrheit, wie ich vorher gesagt habe, die Wahrheit ausgesprochen. Aber wir tun uns halt manchmal hart mit der Wahrheit.

In seinem Rückblick auf über fünfzig Jahre Landwirtschaftsentwicklung bewertet V. St. die in den 1960er und 70er Jahren hochumstrittenen Aussagen Mansholts zur Notwendigkeit der Steigerung von Hektar- und Produktivitätszahlen als »Wahrheit«. Im Interview betonte der Landwirt zugleich, sich auf dem eigenen Betrieb an eben diese Wahrheit angepasst zu haben – zusätzlich zu den 40 Hektar Eigenbesitz werden auf dem Hof noch über 100 Hektar zugepachtete Fläche bewirtschaftet. Dabei sah V. St. das damit zusammenhängende Arbeitspensum und den ökonomischen Druck durchaus kritisch, hielt eine Steigerung der Zahlen für ein erfolgreiches Übergeben an die nächste Generation aber dennoch für unerlässlich – Anpassungen der Landwirte und Landwirtinnen an kapitalistische Leistungs- und Wachstumsparadigmen sind hier paradigmatisch.

Bezüglich der zukünftigen Entwicklung unterschieden sich die Einschätzungen der Interviewpartner und Interviewpartnerinnen teils erheblich: Während circa zwei Drittel der Befragten kein Ende des »Wachsen oder Weichen«-Prinzipes in absehbarer Zeit annahmen, äußerten andere Landwirte und Landwirtinnen die Vermutung – hier waren keinerlei alters-, geschlechts- oder betriebsspezifische Kriterien für Tendenzen bei den Antworten erkennbar –, politisch und gesellschaftlich würden zunehmend Beschränkungen des Wachstums-Paradigmas initiiert und diesbezügliche gesetzliche Vorgaben vorangetrieben:

---

30 Vgl. DBV, Situationsbericht 2014/15, 16.

I. G.: Ich glaube, dass es in die Richtung geht. Also das Wachstum wird nicht aufhören.
I.: Also auch nicht, dass mehr Bewusstsein, dass man nicht nur die Großen haben
will …?
I. G.: Nein. Die Lippenbekenntnisse zur bäuerlichen Landwirtschaft, das ist oft ein
Lippenbekenntnis und das Gegenteil wird dann politisch gemacht. Also das ist das,
eigentlich die Erfahrung, wo ich die letzten Jahre so …

Kontrastierend hierzu bemerkt I. Ö.:

Auf der anderen Seite bin ich schon auch der Meinung, dieses Wachstum in die Größe,
wie wir es vielleicht die letzten zwanzig Jahre gehabt haben, wird jetzt irgendwo sein
Ende finden oder gefunden haben. Das geben schon ganz andere Faktoren vor. Einfach
… Genehmigung wird schwieriger, Fläche ist einfach nicht da … einfach auch der
gesellschaftliche Druck sage ich jetzt mal, wenn einer jetzt nochmal so groß einsteigt.
Es ist ja fast nirgends mehr möglich.

Zwar lassen sich aus dem Material heraus keine eindeutigen Zuschreibungen
hinsichtlich der Zukunftprognosen der Interviewpartner und Interviewpartnerinnen festmachen, allerdings finden Positionierungen umso stärker mit
Blick auf die Bewertung des Strukturwandels sowie vor allem dessen Ursachen statt. Gerade die Erfahrungen der Landwirte und Landwirtinnen und
ihre Einschätzungen bezüglich der Maßnahmen, die zu Beschleunigungen des
»Höfesterbens« führen, werden daher im Folgenden auch mit Fokus auf gesellschaftsrelevante Fragestellungen und mögliche agrarpolitische Empfehlungen
der Studie eingehend beleuchtet. Dabei finden sich immer wieder Paradoxien in
der Argumentation – etwa wenn Größe wie vorhergehend ausgeführt als positiv
für das Tierwohl dargestellt und nun bezüglich des Strukturwandels von den
teilweise gleichen Interviewpartnern und Interviewpartnerinnen als ökonomische Negativentwicklung verortet wird. Ich deute diese Widersprüchlichkeiten
zum einen als in fast jeglichen Interviewstudien auftretende Inkongruenz von
Erzählungen, da menschliche Aussagen kaum je von völliger Logik und Strin-
genz geprägt sind, sondern je nach Stimmung, Gegenüber und vor allem eben
gefühlter Positionierung changieren. Zum anderen verdeutlichen sie aber auch
eine durchaus innerlandwirtschaftlich vorhandene Verunsicherung bezüglich
der Entwicklung der letzten Jahrzehnte, die gleichzeitig aber von erlernten Verteidigungsstrategien und Defensivreaktionen überlagert wird.

Negative Positionierungen und der Faktor Zeit:
Beispiel Ferkelerzeugung

> I. Sch.: Ob das eine Düngeverordnung ist,
> ob das eine Baurichtlinie ist, fördert den
> Strukturwandel. Das glauben die immer
> nicht.

Ganz grundsätzlich äußerte sich die Mehrheit der befragten Landwirte und Landwirtinnen bedauernd gegenüber dem Geringerwerden der eigenen Berufszahlen, dem Fortbestehen des »Höfesterbens« und der Aufgabe zahlreicher Betriebe auch im eigenen Umfeld – lediglich auf fünf von 30 Betrieben überwogen positive Ansichten, zu deren Gründen im anschließenden Kapitel Stellung genommen wird. Wie bereits ausgeführt werden zum einen auf gesellschaftspolitischer Ebene der schwindende Einfluss bäuerlicher Interessen, zum anderen aber auch auf emotionaler Ebene eine Veränderung bekannter ländlicher und dörflicher Strukturen und damit der Verlust sozialräumlicher Vergemeinschaftung, die sowohl inner- als auch außerlandwirtschaftlich Isolation und Vereinzelung vorantreiben, negativ bewertet.

Besonders ausgeprägt zog sich das Thema Strukturwandel durch das Interview mit Ehepaar J., die zu dessen Zeitpunkt die Übergabe ihres Ferkelerzeuger-Betriebes an die nächste Generation planten. Die Problematik war für die Befragten deshalb so relevant, weil sich der Hof zum einen in der ohnehin in Bezug auf Gesamtbayern infrastrukturell und ökonomisch schwächeren Region Oberfranken[31] befindet, deren politische Vernachlässigung die Interviewpartner und Interviewpartnerinnen immer wieder anmerkten, zum anderen weil die Sparte der Ferkelerzeugung in den letzten Jahren von einem besonderen Rückgang der Betriebszahlen betroffen war:

M. J.: Es ist nicht schön und das war früher … vieles war schöner. Weil wenn ich dran denke, als ich gekommen bin, da haben wir noch ein paar Hektar, 1,5 Hektar oder sowas, Rüben gehabt, da hat man die anderen Leute vom Dorf auch auf dem Feld gesehen! Man trifft keine mehr! Ja, oder es sind Leute da mit dem Schlepper irgendwo

---

31 Die grenznahen oberfränkischen Landkreise werden sowohl in Statistiken zu Arbeitslosenquoten, Wirtschaftsleistung als auch Bevölkerungsrückgang immer wieder als strukturschwächste Regionen Bayerns angeführt. So wird etwa für den Landkreis Wunsiedel zwischen 2012 und 2032 eine Abnahme der Bevölkerung um 18 Prozent prognostiziert, während München im gleichen Zeitraum einen Zuzug um 15 Prozent erwartet. Vgl. Bayerisches Staatsministerium des Innern, für Bau und Verkehr, Regionalisierte Bevölkerungsvorausberechnung. München 2015. URL: https://www.statistik.bayern.de/statistik/demwa/00932.php (28.01.2019).

unterwegs und … ein paar Kilometer weiter nach links noch einmal eine, ne, aber man redet nicht mehr. Man hat auch die Zeit nicht mehr tagsüber. Ich setze mich tagsüber NIE oder stelle mich NIE irgendwo hin und rede mit jemandem.

Herr und Frau J. bezogen sich hier zunächst auf die sozialen Folgen ländlichen Strukturwandels, die für sie in einer zunehmenden Isolation der noch vorhandenen Dorfbewohner und einem Verschwinden kollektiver Gemeinschaften bestehen. Bereits in Kapitel 7.3 wurden diese Transformationsprozesse im Zuge von »shrinking regions« und damit verbunden die Brüchigkeit bestehender ländlicher Strukturen thematisiert.[32] Negativ bewertete Phänomene von Vereins- und Wirtshausschließungen, schlechten Verkehrsanbindungen und aussterbenden Ortskernen hängen für Ehepaar J. eng mit der Aufgabe landwirtschaftlicher Betriebe zusammen:

M. J.: Ferkelerzeuger sind wir die letzten!
F. J.: Sind wir die letzten, ja! Im ganzen […] Eck!
M. J.: Da gibt es hier in dieser Ecke, also im Westen vom Coburger Raum nicht mehr viel!
F. J.: Die letzten sind gestorben mit dieser Schweinehalte-Verordnung, die da kam 2012. Da haben die letzten dann noch … paar haben nochmal umgebaut und dann kamen diese schlechten Preise und die haben dann zugemacht, obwohl sie nochmal umgebaut hatten. […]
M. J.: Das ist ja auch ein weng[33] das, was uns so weh tut von der Politik her, ne. Die sagen immer bayerischer Weg, ne. Kleinere Betriebe, jeden ein wenig unterstützen. Ende vom Lied ist, wir sehen zu, dass wir die Gesetze so machen, dass die Kleinen so schnell wie möglich aufhören. Ich meine, das wird nie öffentlich gesagt, aber es wird einfach so gemacht.

Ebenso wie die Mehrheit der Interviewpartner und Interviewpartnerinnen kritisieren die beiden, dass sich die Bayerische Staatsregierung öffentlich zwar stets für einen Erhalt von Familienbetrieben und heterogene landwirtschaftliche Strukturen ausspreche, dies fände jedoch in der politischen und ökonomischen Realität keine Umsetzung. Im Koalitionsvertrag zwischen CSU und Freien Wählern 2018 ist wiederholt vom bayerischen Familienbetrieb die Rede: »Wir gehen den Bayerischen [sic] Weg in der Landwirtschaft weiter. Dabei liegt uns insbesondere der bäuerliche Familienbetrieb am Herzen.«[34] Hier herrscht nach überwiegender Meinung der Landwirte und Landwirtinnen eine erhebliche Diskrepanz zwischen mündlichen Verlautbarungen und tatsächlicher ökonomischer

---

32 Vgl. dazu Trummer, Zurückgeblieben; Cordula Endter, Mobilität als begrenzte Ressource im ländlichen Raum oder wie ältere Ehrenamtliche eine Buslinie betreiben, in: Markus Tauschek, Maria Grewe (Hrsg.), Knappheit, Mangel, Überfluss. Kulturwissenschaftliche Positionen im Umgang mit begrenzten Ressourcen. Frankfurt a. M. 2015, 291–307 sowie für das ehemalige Ostdeutschland v. a. die Arbeiten von Leonore Scholze-Irrlitz.
33 Dialektal für »ein wenig«.
34 Koalitionsvertrag für die Legislaturperiode 2018–2023. CSU/Freie Wähler, 25.

Entwicklung. Damit knüpfen die Interviews an bereits vor mehreren Jahrzehnten durchgeführte agrarsoziologische Untersuchungen an, deren Parallelität gerade in Bezug auf Einschätzungen zur ökonomischen Situation geradezu eklatant ist. So äußerten etwa 25 für eine Studie der Landwirtschaftlichen Rentenbank befragte Vollerwerbslandwirte im Jahr 1988 fast einhellig, die »öffentlichen Bekundungen zum bäuerlichen Familienbetrieb seien reine Augenwischerei.«[35] Als entscheidenden Faktor für die Zunahme von Betriebsaufgaben machten die Landwirte und Landwirtinnen in den Interviews immer wieder auch strengere Tierschutz- und Umweltauflagen ohne ausreichende zeitliche Rahmenbedingungen und Unterstützungsmaßnahmen für kleinere Betriebe fest. Neue Gesetze zugunsten von Natur und Tierwohl förderten den Strukturwandel, so die vielfach geäußerten Erfahrungen der Befragten – im Folgenden anhand der Entwicklungen im Bereich Ferkelerzeugung paradigmatisch beleuchtet.

Laut Bayerischem Agrarbericht verringerte sich die Zahl der bayerischen Zuchtsauen- respektive Ferkelaufzuchtbetriebe zwischen 1980 und 2017 von 56.000 auf 2.200 Höfe, gleichzeitig stieg die Tierzahl von durchschnittlich 8 auf 107 gehaltene Zuchtsauen an.[36] Die Interessengemeinschaft der Schweinehalter Deutschlands e. V. (ISN) stellt ebenso wie Herr J. einen nochmals erheblichen Rückgang seit 2012/13 heraus, der vor allem kleinere und mittlere Betriebe betroffen habe, die sich Anpassungen an die neu verabschiedeten Regelungen der Tierschutz-Nutztierverordnung nicht leisten hätten können.[37] Für die nicht-agrarwissenschaftlichen Leser sei dies nochmals näher erläutert: Bis 2012 wurden trächtige Muttersauen in bestehenden Altställen üblicherweise vom Zeitpunkt des Deckens bis zur Abferkelung in Einzelbuchten gehalten, woraufhin die noch gängige, aber ebenfalls tierschutzrechtlich umstrittene Kastenstand-Haltung erfolgt. Dass die Tiere isoliert voneinander untergebracht werden, wird landwirtschaftlich damit begründet, dass ein Absterben der Embryonen wahrscheinlicher ist, wenn die Muttersauen Gefährdungen durch Rangkämpfe und Verletzungen ausgesetzt sind – hier wird also mit dem Schutz und der Gesundheit der Schweine, letzten Endes jedoch ökonomisch argumentiert. Basierend auf der EU-Richtlinie 2008/120/EG wurde dieser Haltungszyklus 2008 europaweit mit Verweis auf das Verhaltensspektrum der Tiere verboten: »Sauen

35 Dorothee Meyer-Mansour, Monika Breuer, Bettina Nickel, Belastung und Bewältigung. Lebenssituation landwirtschaftlicher Familien. Studie im Auftrag der Landwirtschaftlichen Rentenbank. Frankfurt a. M. 1990, 34.

36 Vgl. StMELF (Hrsg.), Bayerischer Agrarbericht 2018: Tierische Produktion. Schweine.

37 Deutschlandweit gaben laut ISN innerhalb eines Jahres nach Inkrafttreten der Verordnung über 22 Prozent der Betriebe mit unter hundert Sauen auf, wofür hohe Investitionskosten verantwortlich gemacht werden, welche für die nun vorgegebene Gruppenhaltung nötig sind. Vgl. ISN, Deutschland: Zahl der Betriebe mit Schweinehaltung um 7,5 % gesunken – 15 % weniger Sauenhalter! 25.06.2013. URL: https://www.schweine.net/news/deutschland-zahl-der-betriebe-mit-schweinehaltung.html (28.01.2019).

pflegen soziale Kontakte zu anderen Schweinen, wenn sie über ausreichend Bewegungsfreiheit und ein stimulierendes Lebensumfeld verfügen. Die ständige
strikte Einzelhaltung von Sauen sollte daher verboten werden.«[38] Nach einer
vierjährigen Übergangsfrist wird seit 2013 ab der vierten Trächtigkeitswoche die
Gruppenhaltung der Muttertiere vorgeschrieben, was den Umbau der Ställe von
Einzelbuchten zu großräumigen Flächen mit Liege-, Fress- und Beschäftigungs-
bereichen erforderlich machte. Das heißt, gerade kleinere Betriebe hatten hier
zwischen einer Rentabilität der Investitionskosten und der Zukunftsfähigkeit
ihrer Höfe abzuwägen – eine Entscheidung, die für zahlreiche Landwirte und
Landwirtinnen letztlich in der Aufgabe ihrer Zuchtsauenhaltung bestand:

H. T.: Das hat dann nicht nur einen Strukturwandel gegeben, das war ein absoluter
Strukturbruch. […] Und das waren auf einen Schlag von einem Tag auf den anderen
11.000 Zuchtsauenplätze weniger in Bayern. Die hat ein einziger Betrieb in Mecklenburg-Vorpommern auf der grünen Wiese auf sieben Hektar gebaut. Das war ein
Holländer. Und da geht die Reise hin. Mit diesen Gängelungen, mit diesen Vorgaben,
mit diesen überzogenen Vorgaben werden wir die bäuerliche Landwirtschaft kaputt
machen. Und dann geht es aber wirklich dann da hin, wo man … wo sie eigentlich
nicht hin wollten. Aber das kapieren die nicht!

H. T. stellt hier einen unmittelbaren Zusammenhang zwischen dem Inkrafttreten der Neuerungen der Nutztierverordnung und dem Strukturwandel in
der Ferkelerzeugung her, wobei er erstere als »Gängelungen« und »überzogene
Vorgaben« bezeichnet, die Großbetriebe weiter stärken würden. Das widersprüchliche Verhältnis von strengeren Tier- und Umweltschutzauflagen und
einem dadurch bedingten »Höfesterben« war ein ständig präsentes Thema der
Interviews. Aus Sicht der Landwirte und Landwirtinnen stimmen hier politisch
und gesellschaftlich vorhandene Wünsche nach kleinstrukturierten Familienbetrieben einerseits und Tierwohl-Ansprüchen andererseits zumindest in ihrer
bisherigen Umsetzung nicht überein. Familie W. berichtet dazu von Erfahrungen
in ihrer mittelfränkischen, traditionell Zuchtsauen-haltenden Region:

H. W.: Ich mein früher hast du ja bei uns wahnsinnig viel … gerade in der fränkischen
oder hohenlohischen Gegend, da hast du ja sehr viele kleine Schweinehalter gehabt.
Die Betriebe haben ja davon gelebt, von der Veredelung, dass sie nur ihre zwanzig oder
vierzig oder fünfzig Zuchtsauen gehabt haben und das ist eigentlich … momentan ist
das alles weg. Wir waren ja ein riesen Ferkelexportgebiet. Und momentan kommen
also schon viele Ferkel von Holland, von Dänemark, die mit dem LKW hierhergefahren
werden und da gemästet werden. […]
I.: Ist das dann billiger?

---

38 Amtsblatt der Europäischen Union, Punkt 10 der RICHTLINIE 2008/120/EG DES
RATES vom 18. Dezember 2008 über Mindestanforderungen für den Schutz von Schweinen.

H. W.: Naja, da sind eben die Auflagen immer mehr geworden und es wird weniger verdient und dann sind halt die ganzen Leute, die kleineren Betriebe haben alle aufgehört. So still und leise sind dann die gestorben quasi.

Zwar sind die Auflagen in den von H. W. genannten Nachbarländern bezüglich der Gruppenhaltung dieselben, da EU-weit verordnet, allerdings konnten sich die hier existierenden, bereits stärker industriell ausgerichteten Agrarbetriebe Investitionskosten eher leisten und die Nachfrage nach hohen Ferkelbeständen leichter bedienen. Letztere führte zusätzlich zu einem Marktvorteil von großen Betrieben, die eine hohe Menge an Ferkeln aus demselben Betrieb an Mäster liefern können – im Gegensatz zum Ankauf von Ferkeln aus mehreren kleineren Betrieben können dadurch etwaige Gesundheits- und Hygienerisiken durch unterschiedliche Herkünfte und damit gegenseitige Ansteckungsgefahren vermieden werden. Die Umstellung zur Gruppenhaltung, der Anstieg der Bestandsgrößen und vor allem auch wiederkehrende Preiskrisen in den letzten Jahren führten für die bayerischen Zuchtsauenhalter zu erheblichen finanziellen Problemen. Der Verfall der Preise geht dabei auf gestiegene Futter- und Heizkosten, Konkurrenz durch den vor allem dänischen und holländischen, aber auch osteuropäischen Markt sowie Billig-Vermarktungsstrategien der größten deutschen Fleischkonzerne zurück[39] – die Preise pro verkauftem Ferkel lagen etwa in den Jahren 2008, 2011 und 2014 wiederholt unter 40 Euro,[40] was für die Landwirte und Landwirtinnen ein Verlustgeschäft bedeutete: Die Agrarmarkt Informations-Gesellschaft mbH (AMI) gibt Kosten von mindestens 60 Euro pro Tier an, um damit Gewinn zu erzielen.[41] Ein weiterer Faktor, der für zahlreiche Landwirte und Landwirtinnen gerade im Bereich der Ferkelerzeugung zu Schwierigkeiten führt, ist, dass eine erhebliche Planungsunsicherheit für die Zukunft besteht – denn auch die Themen Ferkelkastration, Ringelschwanz-Kupieren und das Fortbestehen des Kastenstandes sind mit Neuinvestitionen und Umstellungen verbunden:

---

39 Vgl. Alfons Deter, Ferkelerzeuger stecken in schlimmster Krise seit Jahren. 25.08.2011, in: topagrar online. URL: https://www.topagrar.com/management-und-politik/news/ferkel-erzeuger-stecken-in-schlimmster-krise-seit-jahren-9406226.html (10.03.2019); o. V., Tierhaltung: Mit dem Rücken an der Wand, in: Agrarheute 8, 2008, 104 f.
40 Vgl. Agrarbörse, Die Entwicklung der Ferkelpreise in der Jahresübersicht. URL: http://www.agrar-boerse.de/Aktuelles/Jahrespreise-Ferkel/body_jahrespreise-ferkel.html (30.01.2019).
41 AMI, Ferkelerzeugung im Oktober nicht rentabel. 25.10.2017. URL: https://www.ami-informiert.de/news-singleview?tx_aminews_singleview%5Baction%5D=show&tx_aminews_singleview%5Bcontroller%5D=News&tx_aminews_singleview%5Bnews%5D=4387&cHash=068410280ea1b3e4a83d3cf5fc04eb69 (30.01.2019).

H. T.: Ich glaube auch, dass das nächste dann kommt, wenn jetzt dann 2019 das Schwanzkupierverbot und das Kastrierverbot kommt, dann werden wir noch einen stärkeren Bruch kriegen. Also dann wird, sag ich mal, die Hälfte nochmal aufhören.

Für die Landwirte und Landwirtinnen stehen neue Auflagen und damit verbundene nötige Investitionskosten in unmittelbarem Zusammenhang – Umwelt- und Tierschutz sind nicht in erster Linie eine Willens-, sondern eine Kostenfrage. Für notwendig werden daher neben finanziellen Unterstützungen für Stallumgestaltungen vor allem auch lange Übergangsfristen erachtet, in denen Umstrukturierungen der Betriebe stattfinden können. Der *Faktor Zeit* spielte in den Interviews eine bedeutende Rolle: »I. K.: Nur das geht nicht von heute auf morgen, sowas umzustellen. Weil du das Kapital nicht hast. Und dann hast du die Ruine draußen stehen.« O. P., der seit über fünfzig Jahren im Bereich Legehennen tätig ist, bemerkte zum Übergang von der Käfig- auf Bodenhaltung[42]:

Und dann haben Sie da die Anlagen drinnen und bewirtschaften das und können das nicht in einem halben Jahr abtragen, die Kosten. Und dann kann man nicht zu Ihnen sagen: Jetzt ist das nicht mehr ok und das nicht mehr ok und dann sperrt man Ihnen da den Laden zu, da stehen Sie da und schauen Sie recht dumm und haben die Kostenstelle am Hals. Und so war es halt da bei uns. […] Aber da braucht man dann immer eine Frist. Man kann das nicht von heute auf morgen. So Dinge, die auf Biegen und Brechen gemacht werden … heute entscheiden und morgen anders … das ist noch nie gut gegangen.

Der Legehennenhalter betonte zugleich immer wieder, die Entscheidung zur Abschaffung der Käfighaltung[43] grundsätzlich zu begrüßen und die damalige Richtungsweisung der rot-grünen Bundesregierung – die Haltung wurde in Deutschland bereits mehrere Jahre vor dem EU-weiten Verbot untersagt – als richtig anzusehen. Allerdings habe er kurz vor Bekanntwerden des Gesetzes in eine neue Stallanlage investiert, deren Kosten durch die Neuregelung nicht mehr gedeckt werden konnten und den Betrieb in finanzielle Schwierigkeiten brachten. Zwar ist die Aussage »von heute auf morgen« für einen Zeitraum von neun Jahren seit Beginn der »Agrarwende«[44] 2001 bis zur endgültigen Frist auf Bodenhaltung 2010 für nicht-landwirtschaftliche Leser zunächst irritierend – bezogen

---

42 Vgl. Presseinformationen des BMEL Nr. 299 vom 29.12.2009. URL: http://www.bmel. de/SharedDocs/Pressemitteilungen/2009/299-LI-Ab2010keineEierAusKaefighaltung.html (15.05.2014) sowie die TierSchNutztV Abschnitt 3 § 13 »Anforderungen an Haltungseinrichtungen für Legehennen«. URL: https://www.jurion.de/Gesetze/TierSchNutztV/13 (15.05.2014).

43 In sogenannten Kleinvolieren war diese weiter erlaubt.

44 Unter der rot-grünen Regierung (1998–2005) wurde eine Ökologisierung der deutschen Agrarpolitik eingeleitet. Vgl. Peter H. Feindt, Christiane Ratschow, »Agrarwende«. Programm, Maßnahmen und institutionelle Rahmenbedingungen. Hamburg 2003.

auf das langfristige, meist generationenbezogene Denken der Interviewpartner und Interviewpartnerinnen und die Abzahlung von Ställen, deren Kosten sich im sechs- bis siebenstelligen Bereich bewegen, ist sie aus landwirtschaftlicher Perspektive jedoch nachvollziehbar. An dieser Stelle zeigt sich eine *berufsspezifische Zeitwahrnehmung*, die auf Langfristigkeit ausgelegt ist und auf den Faktor Zeit als unterschiedliche »kulturelle Ordnungsleistung«[45] verweist. Was als langsam oder schnell erscheint, richtet sich nicht nur nach metrischem Maßstab, sondern »es geht um die subjektiven zeitlichen Befindlichkeiten und mit konkreten Zeitpraktiken verbundenen kulturellen Wertigkeiten«[46] – im Fall der bäuerlichen Untersuchungsgruppe um den Wert des generationenübergreifenden Denkens. Aus dieser Sicht heraus lassen sich auch unterschiedliche Perspektiven von Tier- bzw. Umweltschützern und Intensivtierhaltern auf Übergangsfristen erklären, die in Medien und Politik fast um jede Auseinandersetzung zu Neuregelungen zu finden sind: Während etwa auf »veggie-post.de« zu lesen ist: »Große Koalition will Verbot der Ferkelkastration hinauszögern«[47], was weiter im Text als »Kniefall vor der Agrarlobby«[48] bezeichnet wird oder Elisabeth Raether in »Die ZEIT« von einem »systematischen Verplempern«[49] schreibt, beschwerten sich die Interviewpartner und Interviewpartnerinnen über nicht ausreichende Umstellungszeiträume. Was aufgrund der drängenden Problematiken rund um Tier-, Umwelt- und Klimaschutz der einen Seite als »lang« und beständige Verzögerung erscheint, ist den Landwirten und Landwirtinnen aufgrund hoher Investitionskosten und Rückzahlungsspannen als Zeitraum für Betriebsumstellungen zu kurz.

In Bezug auf die gesellschaftsrelevante Ausrichtung der Studie ist demzufolge zu bemerken, dass für zukünftige agrarwissenschaftliche Weichenstellungen die Erfahrungen der Landwirte und Landwirtinnen bei neuen Regularien stärker berücksichtigt werden sollten. Solange keine tragfähigen ökonomischen Lösungen auch für kleinere und mittlere Betriebe bei strengeren Umwelt- und Tierschutz-Vorgaben gefunden werden, setzen sich die am Beispiel Ferkelerzeugung ausgeführten Folgen, nämlich die Hofaufgaben der öffentlich immer wieder als Pendant zur sogenannten Massentierhaltung aufgeführten kleinbäuerlichen

---

45 Daniel Drascek, »Die Zeit der Deutschen ist langsam, aber genau.« Vom Umgang mit der Zeit in kulturvergleichender Perspektive, in: Christian Scholz (Hrsg.), Identitätsbildung: Implikationen für globale Unternehmen und Regionen. München/Mering 2005 (= Strategieund Informationsmanagement, Bd. 16), 15–20, hier 15.

46 Ebd., 18.

47 Veggie-Post, Verrat am Staatsziel Tierschutz. Große Koalition will Verbot der Ferkelkastration hinauszögern. 06.11.2018. URL: https://veggy-post.de/verrat-am-staatsziel-tier schutz-grosse-koalition-will-verbot-der-ferkelkastration-hinauszoegern/ (30.01.2019).

48 Ebd.

49 Elisabeth Raether, Ferkelkastration: Der Schmerz zählt nicht. 07.11.2018, in: Die ZEIT. URL: https://www.zeit.de/2018/46/ferkelkastration-betaeubung-tierrechte-union-spd-bundestag (30.01.2019).

Landwirtschaften fort, da sich letztere hohe Umbaukosten nicht leisten können. Sollen diese tatsächlich unterstützt und erhalten werden, ist hier sowohl politisch als auch von aktivistischer Seite aus eine auf Planbarkeit und Langfristigkeit ausgerichtete Strategieänderung und stärkere Einbeziehung des Praxiswissens landwirtschaftlicher Akteure dringend zu empfehlen.

Positive Positionierungen und der Faktor Subventionen

Auf fünf von 30 Betrieben äußerten sich die Interviewpartner und Interviewpartnerinnen grundsätzlich positiv zum Verlauf des landwirtschaftlichen Strukturwandels – auffällig ist dabei, dass diese Höfe entweder dem Landwirtschaftsstil des »large farmers« oder des »machine man« zuzuordnen waren. Während Karin Jürgens erstere durch das Motto »größer sein als die anderen«[50] beschreibt, sind zweitere durch eine hohe Technikaffinität und den Einsatz stets neuester Maschinen gekennzeichnet.[51] Im Gegensatz zu den eben behandelten Aussagen herrschte hier eine diametral umgekehrte Wahrnehmung bezüglich der politischen Förderung kleinerer und mittlerer Betriebe: Sie wird als zu hoch eingestuft. Bemerkenswert ist zudem, dass diejenigen Landwirte und Landwirtinnen, die die Aufgabe kleinerer oder konkurrenzschwächerer Betriebe im Zuge des Strukturwandels begrüßten, zugleich für die Abschaffung von Subventionen waren.

Der 41-jährige Landwirt M. U., Betreiber eines Mastschweine- und Ferkelaufzuchtbetriebes, hält 700 Zuchtsauen auf der derzeitigen Hofstelle, wodurch er wöchentlich 350 Ferkel verkauft, bewirtschaftet 95 Hektar Ackerfläche und plant weiterhin einen Maststall für 1.400 Schweine, gegen den zum Zeitpunkt des Interviews ein erheblicher Protest von Seiten der Gemeinde stattfand – bereits auf dem Weg zum Betrieb begegneten mir am Straßenrand immer wieder großflächig bedruckte Plakate, die gegen den Interviewpartner gerichtet waren. Herr U. wirkte im Gespräch sehr selbstbewusst und war aufgrund zahlreicher getätigter Investitionen von der Überlebensfähigkeit seines Hofes überzeugt – im Feldforschungstagebuch ist zu diesem Eindruck vermerkt: »Herr U. ist für mich das Idealbild eines dynamischen, modernisierungsorientierten Landwirtes, der nach der Wachstums-Devise agiert und darauf auch stolz ist.« Während im vorherigen Kapitel von den Landwirten und Landwirtinnen zu wenig Unterstützung für kleinere und mittlere Betriebe kritisiert wurde, ist nach Ansicht von M. U. ebenso wie der übrigen hier behandelten Interviewpartner und Interviewpartnerinnen die Förderung für ebendiese zu viel:

M. U.: Also man fördert Kleinstrukturierte, Familienbetriebe, die können AFP-Förderprogramme abschöpfen. Aber Emissionsbetriebe – puh, müssen wir vorsichtig sein!

---

50 Jürgens, Der Blick, 142.
51 Vgl. van der Ploeg, Styles of farming.

Aber der Markt sagt: Ich will nur das. Der U., der bringt 350 Ferkel jede Woche zam,
das ist bei mir eine Mastkammer. Was will ich mit drei Herkünften? Der Huber, der
Maier, der Schmitt, die bringen zusammen auch die 350, die sind alle gesund, aber der
hat einmal irgendeine Grippe dringehabt, die sind immun. Jetzt kommen sie mit den
anderen zusammen, jetzt fangen die zum Husten an. […] Aber die Staatsregierung sagt
knallhart: Nein, sowas wie du da, so groß … das ist schon … puh. Nichts Bayerisches
mehr, das ist schon … im Hinterkopf sagen sie: Ja, der ist wettbewerbsfähig, der kann
mit Kanada, mit Amerika, mit Spanien mittlerweile, das sind unsere größten Konkurrenten, oder mit Holland mithalten. Das ist … das ist die Krux dabei.

Der Landwirt personifiziert hier »de[n] Markt«, der die Größe seines Betriebes
im Gegensatz zu kleineren Höfen bevorzuge. Er entspreche daher den ökonomischen Anforderungen, werde aber gleichzeitig von politischer Seite als zu groß
und daher nicht förderungswürdig angesehen, was er wiederum als »nichts Bayerisches mehr« herunterbricht und damit regionalspezifisch verortet.[52] Auffällig
ist zudem eine vorgenommene Abgrenzung vom Familienbetrieb, auf welche
sich die Mehrheit der Interviewpartner und Interviewpartnerinnen trotz ihrer
Intensivtierhaltung als positive Selbstpositionierung bezog:

Ich bin ein klassischer Massentierhalter. Da stehe ich auch dazu. Ich habe die Em-
missionsschutzgrenze überschritten. Ich bin in einem Bereich drin, wo eigentlich in
Anführungszeichen kein klassischer Familienbetrieb mehr ist, wo Mann, Frau, Opa
so einen Laden schmeißen. Das, was eigentlich das … das bäuerliche Bild in Bayern
das sein sollte.

Er bescheinigt sowohl Gesellschaft als auch Politik eine Bevorzugung des Familienbetriebes, wobei letztere diesen jedoch lediglich als Wahlkampfthema
preise, eigentlich aber um die ökonomischen Schwierigkeiten kleinerer Höfe
wisse. Interviewpartner M. U. grenzt sich von einer Positivpositionierung des
Familienbetriebes ab – implizit wird hier auch kritisch auf die darin enthaltene
Tendenz zur arbeitswirtschaftlichen Selbstausbeutung eingegangen –, indem er
im Gespräch vor allem auf die Entlastung der eigenen Familie durch Anstellung
von Fremdarbeitskräften verweist, was aber wiederum erst ab einer gewissen
Betriebsgröße ökonomisch möglich sei.

---

52 Das im Zitat angesprochene AFP (Agrarinvestitionsförderprogramm) ist hauptsächlich für Baumaßnahmen vorgesehen und möchte laut Homepage des Bayerischen Landwirt-
schaftsministeriums »einen Beitrag zu einer wettbewerbsfähigen, nachhaltigen, umwelt-
schonenden, tiergerechten und multifunktionalen Landwirtschaft […] leisten und somit die
Wirtschaftskraft nachhaltig […] stärken. Die Verbesserung des Verbraucher-, Tier-, Umwelt-
und Klimaschutzes wird dabei besonders berücksichtigt.« Im Rahmen des Förderprogramms
findet ein Auswahlverfahren statt, woraufhin bis zu 25 Prozent der Investitionskosten übernommen werden können. StMELF, Förderwegweiser – Einzelbetriebliche Investitionsförderung EIF – Teil A: Agrarinvestitionsförderprogramm. URL: http://www.stmelf.bayern.de/
agrarpolitik/foerderung/003649/index.php (30.01.2019).

Betriebe wie derjenige von M. U., die eine Umweltverträglichkeitsprüfung nachweisen müssen, also über bestimmte Tierzahlen hinausgehen, sind mittlerweile von bestimmten Förderprogrammen ausgeschlossen, was der Interviewpartner als politische Maßnahme zur Drosselung der Bestandsgrößen ansieht, die wieder zurückgefahren werden sollen: »Weil das von der Regierung her alles so gewollt ist. Die ganzen Auflagen, was wir in der Tierhaltung kriegen, die ganzen Vorschriften, die wollen uns wieder nach unten drücken.« Die Modernisierung und Vergrößerung des eigenen Betriebes positioniert der Landwirt als fortschrittlichen Weg, weswegen er sich auch im Verlauf des Interviews mehrmals positiv hinsichtlich der eigenen Zukunftsaussichten äußerte. Auch I. Ü., 26-jähriger Hofnachfolger auf einem Putenmastbetrieb mit 35.000 gehaltenen Tieren, war der Meinung, kleinere Betriebe würden zu sehr geschützt:

I.: Wir haben ja das Thema Strukturwandel zwischendurch schon immer mal wieder angesprochen, dass in den letzten Jahren und Jahrzehnten viele Landwirte aufgehört haben …
I. Ü.: Aber das ist zu langsam.
I.: Zu langsam?
I. Ü.: Also nicht, weil ich jetzt da alles haben möchte, aber es geht um das, das ist einfach zu langsam. Der Strukturw… das meine ich eben, der wird von der Politik komplett gebremst, der Strukturwandel. Und das Problem ist, irgendwann werden sie es mal nicht mehr bremsen können. Und wenn das eintritt, dann werden da ganz viele auf die Schnauze fallen.

In völligem Kontrast zu den Interviewpartnern und Interviewpartnerinnen im vorhergegangenen Kapitel sieht I. Ü. den Strukturwandel nicht als zu schnell, sondern »zu langsam« an – er verfolgt dabei ebenso wie M. U. die Argumentation, dieser werde politisch »gebremst«. An späterer Stelle erläutert er genauer:

I. Ü.: Die Quersubventionen, wo es einfach auch in keinen anderen Bereichen gibt. Dass der Kleine quasi immer gestärkt wird und der Große immer versucht wird … ja, der ist ja eh schon so groß. Das ist was, wo unbedingt aufhören muss. […] Ich finde einfach, es wird viel zu vielen Landwirten sugger… gesagt, dass ihr Hof zukunftsfähig ist. Es wird zu viel verhätschelt, wie bei den Subventionen, du brauchst keinen Stall bauen und so und dein Hof ist ja schon … also … obwohl er wirklich klein ist, der Hof, der kann nie von dem Hof leben!

I. Ü. spricht sich für eine Abschaffung von Agrarsubventionen an Betriebe aus, die nicht »zukunftsfähig« und damit zu klein seien. Hier wird seiner Meinung nach insbesondere von der bayerischen Politik ein falsches öffentliches Bild erzeugt, das nicht realitätsgemäß sei. Im Interview kommt er wiederholt auf die Dichotomie groß/klein zu sprechen, wobei sich der Putenhalter eindeutig zugunsten eines Wachstumsparadigmas positioniert und ebenso wie M. U. eine Bevorzugung kleinerer Höfe moniert, deren Förderung er aus wirtschaftlicher Sicht für unsinnig hält. Interviewpartner I. Sch., der jährlich über 11.000 Ferkel

verkauft, 250 Hektar Ackerfläche bewirtschaftet und zusätzlich seinen Mastbereich ausbaut, richtete sich ebenfalls gegen als unrentabel angesehene Subventionszahlungen an kleine Betriebe, die wie schon bei I. Ü. gleichzeitig als
unfähige und schlechte Wirtschafter klassifiziert werden:

> I. Sch.: Nur wer die Kosten zu 100 Prozent im Griff hat, der kann überleben. Das
> Prinzip, die 25 Prozent der Besten …, fährt sich nie tot. Aber dann wird da die Ent-
> wicklung nie anders sein. Macht auch keinen Sinn, einen Schlechten zu unterstützen,
> weil der kann es ja eh nicht. Was da für Millionen an Fördergeldern verblasen werden.
> Wo eigentlich, wenn man ehrlich ist, wo man sagt: Das könnte man sich sparen, der
> packt das trotzdem nicht. Aber … er hat ja ein Anrecht drauf und […]. Wir haben
> 120 Prozent Selbstversorgung beim Schwein, das ist zu viel. Ich plädiere halt darauf,
> dass … ich muss so gut sein, dass ich bei denen 90 Prozent wo übrig sind … es hören
> genug auf, es werden genug aufhören, das regelt der Markt. Und das macht mir jetzt
> … nicht die Riesensorge.

In beiden Zitaten, vor allem aber der Aussage von I. Sch., wird der Glaube an eine
»Belohnung« der »Besten« durch das kapitalistische Wirtschaftssystem deutlich.
»[D]as regelt der Markt« ist die Devise von I. Sch., was ihm ausdrücklich »nicht
die Riesensorge« macht. Beide hier zitierte Landwirte stellen kaum Kritik am
System des »Wachsens oder Weichens« an, welches ihr eigenes Überleben bis-
lang gesichert hat, sondern vertreten eine Denkhaltung, die Betriebsaufgaben
infolge des Strukturwandels einem Unvermögen der Betriebsleiter zuschreibt.
Diese Einordnung knüpft an zahlreiche agrarsoziologische und Studien der
Arbeitskulturforschung an, die den Wert eines hohen Arbeitsethos' innerhalb
bäuerlicher Berufsgruppen betonen, in dessen Kontext betriebswirtschaftliches
Versagen als individuelles Versagen eines nicht ausreichend fleißigen, arbeit-
samen sowie innovationsoffenen Kollegen gedeutet wird. Dorothee Meyer-Mansour fasste dazu bereits 1988 zusammen: »Eine angespannte wirtschaftliche
Betriebslage wird in den bäuerlichen Familien traditionell zuerst einmal mit
vermehrter Arbeit und Konsumverzicht beantwortet.«[53] Hans Pongratz bemerkt:
»Vor allem die bäuerliche Arbeitsmoral ist lebendig geblieben«[54] und ordnet
»die hohe zeitliche und körperliche Beanspruchung«[55], was auch die hier vorliegenden Untersuchungsergebnisse unterstreichen, als charakteristisch für die
Landwirtschaft ein. Gerade aus diesem Kontext heraus entstehen Tendenzen,
»die Problemlage zu individualisieren, d. h. als persönliche Schuld zu erleben«[56]
und nicht als Systemkritik zu formulieren.

---

53 Dorothee Meyer-Mansour, Agrarsozialer Wandel und bäuerliche Lebensverhältnisse,
in: Agrarsoziale Gesellschaft e. V. (Hrsg.), Ländliche Gesellschaft im Umbruch. Göttingen
1988, 240–260, hier 256.
54 Pongratz, ökologische Diskurs, 184.
55 Ebd., 158.
56 Meyer-Mansour, Agrarsozialer Wandel, 258.

Die Personifizierung »des Marktes«, der alles regelt, während gleichzeitig an die Selbstverantwortlichkeit des Individuums appelliert wird, sich innerhalb dieses Marktes behaupten zu können, schließt an aktuelle Forschungen zu den Auswirkungen neoliberaler Wirtschaftsordnungen auf kulturelle Muster an, die zu Entsolidarisierung und Vereinzelung führen, während gleichzeitig die Rollen von gewerkschaftlichem Zusammenhalt, Wohlfahrtsstaat und »weichen« Faktoren jenseits monetären Gewinn-Denkens in den Hintergrund treten.[57] Hier ist auf *Mechanismen der Selbstregulation und -disziplinierung* zu verweisen, die im Werk Michel Foucaults zu neoliberalen Machtstrukturen zentral sind und in der kulturwissenschaftlichen Forschungslandschaft als biopolitische Gouvernementalitätsregime breitere Anwendung gefunden haben.[58] So schreiben etwa Pieper/Panagiotidis/Tsianos von einem »Flexibilisierungsimperativ und dem Subjektivierungsimperativ, die immer Selbstökonomisierung und Überschreitung der eigenen Grenzen als verwertbare kommodifizierte Größe fordern.«[59] Individuen, die in postfordistische globalisierte Marktlogiken eingebunden sind – wie hier die Interviewpartner I. Sch. und I. Ü. – müssen nicht mehr von außen reguliert und angespornt werden, sie haben die kapitalistische Logik des Eigenverantwortungs- und Subjektivierungsimperativs längst verinnerlicht und zum Anspruch an sich selbst erhoben. Da eine Trennung von Arbeit und Freizeit innerhalb landwirtschaftlicher Lebens- und Berufswelten allerdings historisch kaum je stattfand, weil sie nicht in industriepolitische Fordismus-Entwicklungen eingebunden waren, die diese überhaupt erst hervorbrachte, deute ich diese Prozesse hier *nicht als Subjektivierung, sondern als niemals stattgefundene Ent-Subjektivierung von Arbeit*: Bäuerliche Identität war und ist stark an Hof und Besitz gekoppelt, weshalb Selbstdisziplinierung und -ausbeutung hier keine jüngeren, sondern kontinuierliche Grundpfeiler des Wirtschaftens darstellen. Allerdings führte der spätestens seit den 1950er Jahren im Zuge von EWG-Erweiterungen und »Grünem Plan«[60] bestehende ökonomische Anpassungsdruck, zu

---

57 Vgl. etwa die Ergebnisse der Untersuchungen von Sutter, Prekarität, oder Katschnig-Fasch, Janusgesicht.

58 Vgl. Michel Foucault, Das Subjekt und die Macht, in: Hubert L. Dreyfus, Paul Rabinow, Michel Foucault. Jenseits von Strukturalismus und Hermeneutik. 2. Aufl. Weinheim 1994, 243–261; Sabine Hess, Johannes Moser (Hrsg.), Kultur der Arbeit – Kultur der neuen Ökonomie. Graz 2003; Klaus Schönberger, Stefanie Springer (Hrsg.), Subjektivierte Arbeit. Mensch, Organisation und Technik in einer entgrenzten Arbeitswelt. Frankfurt a. M./New York 2003.

59 Marianne Pieper, Efthimia Panagiotidis, Vassilis Tsianos, Regime der Prekarität und verkörperte Subjektivierung, in: Gerrit Herlyn, Johannes Müske, Klaus Schönberger, Ove Sutter (Hrsg.), Arbeit und Nicht-Arbeit: Entgrenzungen und Begrenzungen von Lebensbereichen und Praxen. München 2009, 341–357, hier 355.

60 Das als »Grüner Plan« bezeichnete Landwirtschaftsgesetz von 1955 hatte zum Ziel, die Produktivität der deutschen Landwirtschaft erheblich zu steigern, eine der prominentesten Auswirkungen war die sogenannte Flurbereinigung zur Vereinheitlichung und Zusammenlegung von Flächen. Vgl. Mahlerwein, Grundzüge, 172.

einer Zeit also, als weite Teile der Gesellschaft noch von Wirtschaftsaufschwung und nivellierter Mittelstands-Sicherheit[61] profitierten, in der Landwirtschaft zu einer früheren und dadurch tiefergehenderen Verankerung von Wachstums- und Leistungsparadigmen, die im Interviewmaterial dauerpräsent waren.

Im Gespräch mit V. und J. St., die als Vater und Sohn einen Schweinemast-betrieb mit 1.400 Tieren bewirtschaften, fielen die Technikbegeisterung des Hofnachfolgers sowie dessen ebenfalls starke Ablehnung von Subventionszah-lungen an Landwirte und Landwirtinnen ebenfalls auf. Grundsätzlich ergibt sich damit auch aus den Aussagen der restlichen in diesem Kapitel beleuchteten Interviewpartner und Interviewpartnerinnen ein Zusammenhang zwischen Technikaffinität und Akzeptanz des Strukturwandels. Wer eine Begeisterung für moderne Maschinen, agrarische Digitalisierung und Innovationen aufwies, so das Ergebnis der Analyse, akzeptierte die damit einhergehenden Strukturver-änderungen wie die Bewirtschaftung immer größerer Flächen und Tierbestände als selbstverständliches Nebenprodukt der Technisierung. Zugleich findet eine Selbstpositionierung als fortschrittlich, technikbegabt und zukunftsfähig statt, die parallel Landwirte und Landwirtinnen abwertet, die diese Innovationen langsamer oder weniger stark annehmen:

J. St.: Wenn die Landwirtschaft größer wird, dann kann sie auch eine bessere Technik hernehmen. So wie jetzt im Ackerbau GPS oder bei Tierhaltung. Die können sich ja dann halt auch Spezialisten einstellen. Somit steigt auch das Tierwohl, steigt auch in einem größeren Bestand. Da fühlen sich die Tiere wahrscheinlich wohler. [...]
I.: Aber wo endet das dann?
V. St.: Bitte?
I.: Aber wo endet das dann? Das endet ja nie.
J. St.: Das gibt es nicht. Ein Wachstum ist immer da. Wie ein Wirtschaftswachstum muss es immer geben dann. Und es gibt auch da in der Landwirtschaft ... Es geht immer weiter. Das hört nicht auf.
V. St.: Naja, Wachstum ist ...
I.: Aber die Fläche ist ja begrenzt. Irgendwo muss es ja aufhören.
V. St.: Ja, das ..., die Fläche ist begrenzt ...
J. St.: Es gibt dann halt gewisse natürliche Grenzen, wird es halt dann geben ... Es gibt halt dann einen Bach und wieder mal einen Graben. Und da ist es halt dann gar[62].

Sehr deutlich geht aus dem Gespräch mit J. und V. St. eine Fortschrittsgläubig-keit der Landwirte hervor, die der Sohn stärker verinnerlicht hat als sein Vater.

---

61 Helmut Schelskys Modell ist wissenschaftlich nicht unumstritten und wurde für seine Verwischung auch im Wirtschaftsaufschwung der BRD bestehender sozialer Ungleichheiten kritisiert; dennoch ist es zur Beschreibung der gerade im Bereich der Alltagskultur auf-tretenden zeitlichen Differenzen hilfreich. Vgl. Hans Braun, Helmut Schelskys Konzept der nivellierten Mittelstandsgesellschaft und die Bundesrepublik der 50er Jahre, in: Archiv für Sozialgeschichte 29, 1989, 199–223.

62 Dialektal für »zu Ende«.

Im Interview betonte J. St. immer wieder die Optimierungen von Ackerbau und Tierhaltung durch GPS-Technik, Automatisierung und Computereinsatz, welche sich nur größere Betriebe – wie der eigene – leisten könnten. Auf die von mir im Sinne des problemzentrierten Interviews nach Witzel provokativ gestellte Frage nach einer Endlichkeit des Wachstums antwortet J. St., »ein Wirtschaftswachstum muss es immer geben« – eine Begrenzung durch natürliche Ressourcen wie etwa durch den Volkswirt Niko Paech[63] oder den Soziologen Harald Welzer[64] auch im populärwissenschaftlichen Diskurs kritisch angestoßen, wurde erst durch meinen äußeren Einwurf in Betracht gezogen. Der technische Fortschritt ist dabei Auslöser und Motor zugleich:

I.: Und vor dem Strukturwandel habt ihr dann nicht Angst?
J. St.: Nein.
V. St.: […] Da brauche ich dementsprechend Flächen. Und der Betrieb, der wo modernste Technik einsetzen kann, KANN, und wenn das der Betriebsleiter auch will oder mag muss ich sagen, dann kann der wesentlich effizienter … Da sind wir wieder beim Nitrat. Es soll ja eigentlich das Optimum an Ertrag erreicht werden, aber mit möglichst wenig Aufwand. Das müsste das Ziel sein. Und das kann ich nur mit modernster Technik, nicht mit so … was früher passiert ist, einfach so Pi mal Daumen. Es ist halt so. Und dadurch läuft eigentlich unsere gesellschaftliche Diskussion aneinander vorbei. Ist meine Meinung. Oder wie siehst du das? Und solange … Ich sage immer, das werden wir nicht aufhalten, das kann kein Politiker aufhalten. Da müssten wir höchstens eine Planwirtschaft haben. Solange es einen technischen Fortschritt gibt, gibt es auch einen Strukturwandel. Das ist ganz klar. Das ist die Macht der Technik.

V. St. sieht die »Macht der Technik« als unaufhaltbar an, welche höchstens durch »Planwirtschaft« verzögert werden könne – im Interview machten beide Interviewpartner allerdings deutlich, dass sie jegliche politische Einmischung in die Landwirtschaftsentwicklung als Eingriff in Marktmechanismen ablehnen. Sowohl »der Markt« als auch »die Technik« werden von den Befragten im Sinne von Naturgewalten beschrieben, die durch systemische Akteure höchstens gesteuert, aber nicht aufgehalten werden können. Grundsätzlich ist anzumerken, dass Techniken der Digitalisierung unter den Interviewpartnern und Interviewpartnerinnen eine geringere Rolle spielten als zu Beginn der Studie angenommen. Viele der Befragten zögerten ob deren Anschaffung angesichts der

---

63 Paech spricht in seinen Studien die Endlichkeit des Wachstumsparadigmas und ein notwendiges Umdenken im Sinne von Nachhaltigkeitskonzepten an, vgl. etwa Ders., Suffizienz und Subsistenz: Therapievorschläge zur Überwindung der Wachstumsdiktatur, in: Ders., Hartmut Rosa, Friederike Habermann, Frigga Haug, Felix Wittmann, Lena Kirschenmann (Hrsg.), Zeitwohlstand: Wie wir anders arbeiten, nachhaltig wirtschaften und besser leben. München 2013, 40–51.

64 Hier spielen vor allem Zusammenhänge von Klimawandel, Wirtschaftswachstum und Transformationsprozesse eine Rolle. Vgl. z. B. Harald Welzer, Bernd Sommer, Transformationsdesign. Wege in eine zukunftsfähige Moderne. München 2014.

hohen Investitionskosten für neue Maschinen und Anlagen und nahmen eine abwartende Haltung ein. Diese Ergebnisse stimmen mit innerlandwirtschaftlichen Berichterstattungen überein, die eine weniger starke Begeisterung von Landwirten und Landwirtinnen gegenüber neuen digitalen Möglichkeiten feststellen, als von Industrie-, Verbands- und Politikvertretern zunächst angenommen. So ist etwa auf Agrarheute im Januar 2019 von einer »Ernüchterung« beim Precision Farming zu lesen, im Artikel wird Maschinenbauhersteller Michael Horsch mit den Worten zitiert: »Betriebe mit den höchsten Reinerträgen haben ein Minimum an Digitalisierung.«[65]

Sehr dominant war im Interview mit »machine man« J. St. und V. St. zudem die Kritik an Subventionszahlungen – auch hier wird die Positionierung hinsichtlich eines Überlebens der größten und technisch innovativsten Betriebe deutlich:

J. St.: Aber in der Gesellschaft wird einem vorgehalten: Ihr kriegt so und so viel Prämien. Man steht im Internet, wir können raussuchen, wieviel Prämien, dass wir kriegen. Warum steht denn der Hartz-IV-Empfänger nicht drin? Der kriegt auch Geld. Und wir stehen drin. Also deswegen sage ich, es muss raus. Wir kriegen irgendwas über 30.000 Euro. Davon bleiben uns aber gerade 7.000 oder 8.000, was wir Eigentumsfläche haben. Das andere geben wir ja weiter.
V. St.: Aber wir werden gebrandmarkt in der Gesellschaft. Weil das musst du am Stammtisch hören.

An anderer Stelle im Interview:

J. St.: Aber bei uns braucht es das nicht. Also, bei uns im südlichen Landkreis Deggendorf bis Straubing hoch, da braucht es keinen Euro Förderung. Weil wenn da jemand

---

65 Anke Fritz, Michael Horsch: Digitalisierung lohnt sich im Ackerbau nicht, in: Agrarheute 22.01.2019. URL: https://www.agrarheute.com/management/michael-horsch-digitalisierung-lohnt-ackerbau-551105 (14.04.2019). Ähnlich aufschlussreich auch die Aussage eines kulturwissenschaftlichen Fachkollegen, der bezüglich eines ursprünglich angedachten Forschungsprojekts zur Digitalisierung in der Landwirtschaft und deren Nichtanwendung im tatsächlichen Feld davon sprach, selbst auf die Werbe- und Ausstellungsdarstellungen der Hersteller »hereingefallen« zu sein (Diskussion nach dem Vortrag von Daniel Best im Rahmen der Tagung »Stadt, Land – Schluss. Das Ländliche als Erkenntnisrahmen für Kulturanalysen.« 1. Workshop der dgv-Kommission Kulturanalyse des Ländlichen. Regensburg/Oberpfälzer Freilichtmuseum Neusath-Perschen, 13. bis 15.09.2018). Nichtsdestotrotz sind die Ergebnisse laufender Studien etwa an der Universität Basel zu »Verhandeln, verdaten, verschalten. Digitales Leben in einer sich transformierenden Landwirtschaft« ebenso wie agrarwissenschaftliche Untersuchungen zu Chancen und Risiken der »Landwirtschaft 4.0«, wie sie etwa in einem Positionspapier der DLG ausführlich und abwägend gerade hinsichtlich des finanziellen Aufwandes für kleinere und mittlere Betriebe behandelt werden (vgl. DLG, Digitale Landwirtschaft – Chancen, Risiken, Akzeptanz. Ein Positionspapier der DLG. Frankfurt a. M. 2018), mit Spannung zu erwarten, gehen die Anwendungen doch in jedem Fall mit Transformationsprozessen des ländlichen Raumes einher.

die 300 Euro braucht, dann muss er heute noch mit dem aufhören. Weil dann stimmt etwas nicht.

V. St.: Ja, das gehört mit zu den besten Lagen Europas.

J. St.: Wenn da jemand Landwirtschaft nicht betreiben kann, der es ein bisschen gelernt hat, dann muss er sofort aufhören. Weil das gibt es nicht. Die braucht man da nicht.

V. St.: Ich meine, das finde ich schon, für benachteiligte Betriebe im Bayerischen Wald, Voralpenland, Alpenland oder Mittelgebirgsland, dass man die Landschaft offen hält, dass da der Staat oder das ist eigentlich eine gesamtgesellschaftliche Aufgabe, dass man da ein bisschen was macht. Weil sonst würde das alles verbuschen und das wäre für den Fremdenverkehr dann nicht mehr interessant. Da habe ich absolut Verständnis.

J. St.: Ja, das ist etwas anders. Aber auf dem besten Standort braucht es das nicht. Das gehört sofort weg, genauso wie jede Stallbauförderung. Alles weg. Braucht es nicht.

Subventionen und Unterstützungsmaßnahmen werden grundsätzlich abgelehnt und allenfalls als Zahlungen an Landwirte und Landwirtinnen in geografisch benachteiligten Regionen akzeptiert. Auch hier macht sich Leistungsdenken innerhalb eines kapitalistischen Systems bemerkbar, als dessen Verfechter sich J. St. hier positioniert. Negative Erfahrungen mit Vorwürfen »am Stammtisch«, wo man »gebrandmarkt« werde, und das Offenlegen der Zahlungen an landwirtschaftliche Betriebe im Internet tragen zur Ablehnung des Förderungssystems durch die Interviewpartner und Interviewpartnerinnen bei, da sie wiederum die bestehenden Marginalisierungsempfindungen fortschreiben. Bilanzierend lassen sich also Zusammenhänge zwischen bestimmten Landwirtschaftsstilen und Positionierungen der Interviewpartner und Interviewpartnerinnen zum agrarischen Strukturwandel herstellen: Gerade besonders technikaffine und wachstumsorientierte Betriebsleiter sahen Hofaufgaben kleinerer und mittlerer Betriebe häufiger als »natürliche« Entwicklungen innerhalb eines kapitalistischen Wirtschaftssystems an, was aber gleichzeitig nicht bedeutet, dass nicht auch innerhalb dieser Interviews teilweise Widersprüchlichkeiten und Brüche auftraten: Je nach Kontext wurde auch hier stellenweise Bedauern über Entsolidarisierung, Konkurrenzkampf und psychischen Druck geäußert – verortet allerdings als Nebenprodukte einer grundsätzlich nicht aufzuhaltenden Entwicklung.

8.3 Wachsen oder weichen?
Ökonomischer und psychischer Druck

> I. Sch.: Ich soll es besser machen, ja mit was?
> Von was?
> Das ist das Problem, da ist einfach ... Existenz-
> angst dahinter! Und das unterschätzen die!

Im Folgenden werden exemplarisch weitere Fallbeispiele vorgestellt, die Einblicke in einzelne Betriebssituationen zu geben versuchen und verdeutlichen,
welch zentrale Bedeutung ökonomischer Druck im Spannungsfeld Intensivtierhaltung einnimmt. Vorauszuschicken ist dabei, dass innerlandwirtschaftlich
seit Jahrzehnten »Opfer«-Narrative eingeübt wurden, die das nach außen schei-
nende Bild einer einerseits ständig »jammernden« Berufsgruppe zementieren,
die andererseits im Verhältnis zur Bevölkerungsmehrheit unter anderem über
erheblichen Grundstücks- und Wohnraumbesitz verfügt. Während die Tradierung entsprechender Narrationen kulturwissenschaftlich durchaus relevant ist
und die Aussagen zur finanziellen Lage zwar als subjektive Wahrnehmungen
ernst zu nehmen, gleichzeitig aber auch in Bezug zu niedrigeren Einkommens-
verhältnissen zu setzen sind, ist dennoch nicht von der Hand zu weisen, dass die
Landwirtschaft von einem seit Jahrzehnten anhaltenden Strukturwandel und in
dessen Zuge von beständigen Hofaufgaben gekennzeichnet ist. Die Konstante
ähnlicher Tendenzen und resignativer Stimmungen unter Landwirten und Landwirtinnen beruht daher auf realen Ängsten. So schreibt etwa die Agrarsoziologin
Dorothee Meyer-Mansour 1988 davon, »daß zwei stark belastende Faktoren vom
heutigen Landwirt zu vereinbaren sind.«[66] Darunter fällt »ein permanenter ökonomischer Druck und Zwang zum ständigen Risikoverhalten mit der großen Gefahr materieller, familiärer und persönlicher Verluste.«[67] Gleichzeitig herrschten
»nur gering vorhandene Handlungsspielräume auf den Agrarmärkten«[68] – ein
Ergebnis, das sich auf meine Untersuchungen zwischen 2016 und 2019 übertragen lässt. Als zentral werte ich auch hier die *Kompensation des Preis- und
Wachstumsdrucks durch selbstausbeuterische Arbeitsbelastung*, die – im Gegensatz zu Paradigmen postmoderner Arbeitswelten im Zuge von Flexibilisierungs-
und Subjektivierungsentwicklungen – in der Landwirtschaft gerade nicht mit
den damit verknüpften Versprechungen von individueller Selbstverwirklichung
und mehr persönlicher Freiheit einhergehen. Eigene Handlungs- und Entschei-

---

66 Meyer-Mansour, Agrarsozialer Wandel, 248.
67 Ebd.
68 Ebd.

dungsspielräume werden von den Interviewpartnern und Interviewpartnerinnen als stark eingeschränkt wahrgenommen, was zum einen durch kapitalistische Wachstums- und Leistungsanforderungen, zum anderen durch die hohe selbstauferlegte Verantwortung des Hoferhalts bedingt wird. Damit gilt auch für die Intensivtierhalter und -halterinnen, was der Sozialpsychologe Heiner Keupp grundsätzlich für Arbeits- und Lebenswelten des beginnenden 21. Jahrhunderts postuliert:»Im fortgeschrittenen Kapitalismus übernehmen die Beherrschten das Geschäft ihrer Beherrschung selbst.«[69]

Verschuldungen: Hofbeispiel X.

In mehreren Interviews kamen Landwirte und Landwirtinnen auf finanzielle Drucksituationen durch bestehende Verschuldungen – meist zustande gekommen durch sechs- oder siebenstellige Investitionen in Stallneu- oder umbauten – zu sprechen.[70] Landwirt I. N., der als Berater für den Ferkelerzeugerring tätig ist und daher Einblicke in zahlreiche Betriebssituationen besitzt, merkte zum Thema Verschuldungen an:»Da sind schon Betriebe da, die wo … an der Bank gewaltig dranhängen! Die sind nur noch Knecht von der Bank.«

Als Beispiel dient im Folgenden Hof X., bei dem ebenso wie im in Kapitel 8.2 angesprochenen Fall von O. P. die Umstellung von der Käfig- auf Bodenhaltung zu erheblichen finanziellen Problemen geführt hat. Landwirtin F. X. übernahm den Legehennenbetrieb von ihrem Vater, der den Hof seit 1961 auf diesen Betriebszweig spezialisiert hatte. Gleichzeitig bewirtschaftet ihr Ehemann in der Nähe eine von seinen Eltern übergebene Bullenmast. Zwei Söhne absolvierten eine Landwirtschaftsausbildung und möchten die Betriebe zukünftig weiterführen. Zusätzlich ist eine seit mehreren Jahrzehnten auf dem Betrieb tätige Fremdarbeitskraft angestellt. F. X. besaß zum Zeitpunkt des Interviews 27.000 Legehennen, bewirtschaftete 250 Hektar – hauptsächlich zugepachtete Fläche – ackerbaulich, die Ernteerträge werden überwiegend an die eigenen Hühner verfüttert, und betrieb zusätzlich ein Mähdrescher-Lohnunternehmen. Die Vermarktung und Auslieferung der Eier organisiert die Familie ebenfalls selbst, sie werden im Umkreis von dreißig Kilometern an verarbeitendes Gewerbe wie Hotelketten, Gastronomie und Krankenhäuser verkauft. Für F. X. war der auf dem Betrieb lastende finanzielle Druck der rote Faden des Gesprächs – auch bei den Themen Tierwohl oder Umweltschutz kam sie immer wieder auf eine aus

---

69 Heiner Keupp, Das erschöpfte Selbst auf dem Fitnessparcours des globalen Kapitalismus, in: Seifert, mentale Seite, 31–50, hier 46.

70 Während einige Interviewpartner dadurch vorhandene Belastungen nur am Rande des Gesprächs streiften und sich dazu nicht näher äußern wollten, gingen andere Personen wiederum sehr intensiv auf ihre ökonomischen Verhältnisse ein.

ihrer Sicht prekäre ökonomische Situation zurück, die eine erhebliche Herausforderung darstellt. Ausgangspunkt für diese Entwicklung war das Verbot der Käfighaltung von Legehühnern:

F. X.: Aber die Wandlung war eine harte Nuss. Oder ist eine harte Nuss. Das 2008, das hängt mir immer noch nach.
I.: Mit der Käfighaltung?
F. X.: Das Problem ist, weil 94 der Betrieb verdoppelt worden ist. Und 2003 ist gesagt worden, dass alles verboten ist. Und das war noch nicht mal abbezahlt.
I.: Ach so, ihr habt da den Stall quasi gebaut gehabt oder wie?
S. X.: Ja. 94.
F. X.: Ja, wir haben 94 …
S. X.: 2008 alles abgerissen. Und neu gebaut.
F. X.: Und waren auf 31.000 Hühner oben. Und wir haben die genauso selbst vermarktet und wir haben viele Krankenhäuser und verarbeitende Betriebe, die haben nicht nach Bodenhaltung gefragt. Die wollten Eier aus der Region und mit guter Qualität. Und dann ist mir, habe ich das halt auch hinausgezögert, bis gar nichts mehr anders gegangen ist und dann haben wir achtund…, er [meint Sohn] war da auf Fremdlehre fort. Haben wir dann alles innerhalb von einem halben Jahr umgestellt. Einen Stall neu hingestellt. Und sind aber dann halt nur auf 17.000 Hennenplätze noch gekommen. Klar, ich konnte dann gut vermarkten. Ich musste nichts mehr Überschussware abgeben oder so, also an Händler. Aber letztendlich, es waren halt Wahnsinnsschulden. Was wir früher, 94 den Stall in DM gebaut haben, hat das nicht einmal in Euro mehr gelangt dann. Und das ist was, ja, was einfach richtig hart ist.

F. X. gab im Interview zu, die Umstellung auf Bodenhaltung bis kurz vor Ende der Übergangsfrist »hinausgezögert« zu haben, was jedoch auf Grundlage noch bestehender Verschuldungen für den 1994 neu gebauten Legehennenstall geschehen sei, der zu diesem Zeitpunkt noch nicht abgezahlt war. Da ein Umbau des Altstalles logistisch kaum möglich und finanziell noch aufwändiger gewesen wäre, entschied sich die Familie zum Abriss des erst 14 Jahre alten Gebäudes und baute für die Bodenhaltung nochmals neu – auch hierfür war wiederum die Aufnahme von »Wahnsinnsschulden«, wie F. X. dies ausdrückt, nötig. Sowohl der abgerissene Alt- als auch der Neustall waren also durch Bankenschulden belastet, dazu kam, dass durch das vorgegebene Platzangebot auch die Tierzahl um fast die Hälfte verringert werden musste, da keine weitere Baufläche vorhanden war. Zwar habe sie für den Stallneubau eine staatliche Förderung erhalten, die auch »dringend gebraucht« wurde, jedoch habe diese die erhebliche Verschuldung kaum auffangen können.

Im Interview thematisierte F. X. in Anwesenheit von Hofnachfolger S. X. auch die Weitergabe dieses Drucks an ihre Söhne und damit an die nächste Generation. Beide seien von Kindheit an mit in die landwirtschaftliche Arbeit hineingewachsen:

Und das finde ich auch, was ich als Mutter, sage ich jetzt, schlimm finde, dass wir
unsere Söhne so ... Wir haben sie nicht manipuliert, aber wir haben so viel die Weichen gestellt, hier auf dem Betrieb durch die Ställe, durch die Umstellung, dass er
eigentlich gar nicht aufhören kann und oben jetzt mit dem Bullenmaststand, dass sie
einfach mitziehen müssen und das tut mir ... denke ich mir, die könnten ein gutes
Geld verdienen, weil in der Landwirtschaft so viele Leute wie die gesucht werden
[meint Fremdarbeit; Anm. d. Verf.]. Könnten sie auch ihren Beruf ausüben und gut
Geld verdienen und müssten nicht diesen Schlamassel da ... Wenn ich sehe, was ich
im Monat Löhne ausbezahle, bleibt für mich als Betriebsleiter nichts, muss ich ehrlich
sagen. Ich bin froh, wenn es rundläuft, aber ... Und ich weiß es von vielen Kollegen,
dass es ähnlich ist.

F. X. macht sich Vorwürfe, eine Situation zu hinterlassen, in der die Söhne
»mitziehen müssen« und »eigentlich gar nicht aufhören« können. Mit der landwirtschaftlichen Ausbildung sei es für diese einfacher, als Fremdarbeitskraft
auf einem anderen Hof angestellt zu werden, als selbst die Verantwortung eines
Betriebsleiters übernehmen zu müssen. Zusätzlich kämen die in der Gemüse-
bau-intensiven Region hohen Pachtpreise als weiterer erschwerender Faktor
hinzu, was die Legehennenhalterin zusammen mit der Verschuldungssitua-
tion als »Schlamassel« umfasst. Aufgrund der bereits beschriebenen, für landwirtschaftliche Akteure typischen generationenübergreifenden Perspektive und
eines damit einhergehenden hohen Verantwortungsbewusstseins gegenüber den
Hofnachfolgern wiegt die als prekär wahrgenommene Lage für F. X. besonders
schwer. Dies wird gerade im Vergleich mit der Vergangenheit deutlich:

Ich bin im Moment auf dem Trip, ich möchte mich lieber einmal fangen, nicht immer mehr, weil bei uns die Pachtpreise auch durch den Himmel gehen. Und ja, aber
irgendwo von was müssen wir leben. Und meine Eltern haben früher mit 12.000 Hühnern und 60 Hektar besser gelebt wie ich. Also rein ... hätte das Imperium nicht ...,
ist kein Imperium, Entschuldigung, aber für mich ist es schon ... Da hätte mein Vater
schon etliche Hallen abgerissen und wieder gebaut. Also das, das ist ja nicht von irgendwas gekommen. Die haben das verdient. Uns vergeht das im Moment.

An dieser Stelle zeigt sich, was bereits im Kapitel »Intensivtierhaltung und Gesellschaft« als scheinbar paradoxe Argumentation, die immer wieder in den
Interviews auftritt, angeschnitten wurde: Während der Vergleich mit der Vergangenheit mit Blick auf Tierwohl-Aspekte der Untermauerung von Fortschrittlichkeit und als Systemverteidigung dient, fällt er hinsichtlich der ökonomischen
Entwicklung negativ aus. F. X. ist nicht die einzige Interviewpartnerin, die durch
den Verweis auf bessere Einkommensverhältnisse der vorigen Generationen herausstellte, dass Gewinnspannen geringer und der ökonomische Druck größer
geworden seien. Derzeit ist das Ziel der Landwirtin, sich zu »fangen«, es bestehen
keine Erweiterungspläne – der Erhalt des Vorhandenen ist für sie Verantwortung
und Herausforderung genug, was auch durch die Wortwahl »Imperium« noch-

mals verdeutlicht wird. Gleichzeitig sieht sich die Befragte immer wieder öffentlicher Kritik an den Tierzahlen – die aus ihrer Sicht für den Legehennenbereich niedrig sind – ausgesetzt und berichtet von Gesprächen mit Kunden, die eine sehr gute wirtschaftliche Situation der Intensivtierhaltungsbetriebe annehmen:

F. X.: Und wenn du das dann halt so da draußen hörst: ›Ihr habt große Bulldog und alles.‹ Ja, habe ich gesagt: ›Leck mich.‹ Ehrlich. Die, das wird halt auch finanziert wie sie ihr Leasingauto finanzieren. Wer hat denn 170.000 Euro auf der Bank, um sich einfach mal so einen Bulldog zu kaufen? Also die ganzen aktiven Landwirte tun sich glaube ich damit im Moment schwer!

Blickweisen von außen würden die Kredit- und Verschuldungslagen zahlreicher agrarischer Betriebe verkennen, so F. X., und zu einer gesellschaftlichen Perspektive beitragen, die den Landwirten und Landwirtinnen unterstelle, viele Nutztiere bedeute gleichzeitig maximalen Profit. Bezeichnenderweise antwortete sie als eine von sehr wenigen Interviewpartnern und Interviewpartnerinnen auf die Frage nach emotionalen Aspekten in ihrer Mensch-Tier-Beziehung, diese seien nicht vorhanden – gegenüber der finanziellen Situation trete für sie alles andere in den Hintergrund; auch dies wiederum resultierend aus der permanenten Beschäftigung mit der Verringerung der Schuldenlast des Hofes.

Planungsunsicherheit: Hofbeispiel G.

Soziologe Urs Stäheli definiert ökonomisches Handeln als »zukunftsbezogenes Handeln«[71] und schreibt dazu:

Das Ökonomische besteht also nicht zuletzt darin, entsprechende zukunftsbezogene Subjektivierungsweisen herzustellen – oder anders: ein Subjekt zu schaffen, das gegen die Verlockungen unmittelbaren Genusses oder unmittelbaren Konsums gefeit ist; das Zukunft ›aushalten‹ kann.[72]

Das ökonomische Handeln der Interviewpartner und Interviewpartnerinnen ist bedingt durch den Anspruch der generationenübergreifenden Hofweitergabe in erster Linie auf Langfristigkeit ausgerichtet, die »Verlockungen unmittelbaren Genusses« sind daher unter den landwirtschaftlichen Befragten kaum von Relevanz, was sich auch in der starken Überlagerung von Freizeit und Arbeitszeit bemerkbar macht. Zukunft »aushalten« können ist in der Landwirtschaft aufgrund des vorherrschenden Denkens in weiten Zeitspannen sozial tradiert und

---

71 Urs Stäheli, Hoffnung als ökonomischer Affekt, in: Inga Klein, Sonja Windmüller (Hrsg.), Kultur der Ökonomie. Zur Materialität und Performanz des Wirtschaftlichen. Bielefeld 2014, 283–300, hier 283.
72 Ebd.

eingeübt – diesen berufsbezogenen kulturellen Mustern steht allerdings in der derzeitigen Ausprägung der Intensivtierhaltung eine von den Interviewpartnern und Interviewpartnerinnen häufig problematisierte Planungsunsicherheit gegenüber.

Die Landwirte und Landwirtinnen verwiesen dabei auf laufende Veränderungen vorhandener Gesetze und Auflagen, weshalb Einschätzungen zu zukunftsgemäßen Stallbauten und Neuinvestitionen aktuell besonders schwierig vorzunehmen seien. Das Fortbestehen von Kastenständen, Spaltenböden oder auch ein stabiler Absatzmarkt für Bio-Produkte stellen Unsicherheitsfaktoren dar, gleichzeitig könnten Ställe nicht einfach nach bestehenden Verbraucherwünschen und -umfragen gebaut werden, wenn diese später mangels tatsächlichen Absatzes keine Rentabilität und sichere Einkommensquelle garantieren würden, so der Tenor der Befragten. Ein Interviewpartner, für den sich diese Fragen sehr konkret stellten, war der 38-jährige I. G., der innerhalb des Befragungssamples einen der kleinsten Betriebe bewirtschaftete. Nach der Übernahme des Hofes von seinen Eltern im Jahr 1999 mit damals sechs Hektar Fläche, 12 Milchkühen und 25 Zuchtsauen erweiterte er diesen auf 27 Hektar Ackerbau, 140 Zuchtsauen und einen mittlerweile noch zusätzlich angepachteten Stall mit 20 Sauen und 250 Aufzuchtferkeln. Letzteren übernahm er von einem Nebenerwerbslandwirt, der den Betrieb aufgrund der wiederkehrenden Preistiefs in der Schweinehaltung aufgeben wollte. I. G. betonte, er habe sich im Gegensatz zu seinem Vater bewusst für die Hinwendung zum Vollerwerb entschieden:

Mein Vater war schon ein Zuerwerbsbetrieb und ich hab ... weil der hat immer gesagt: Machen wir Nebenerwerb und dann habe ich immer gesagt: Entweder bin ich ein gescheiter[73] Bauer oder gar keiner! Das war immer meine Aussage. Und wir haben jetzt immer geschaut, dass wir weiterkommen [...].

Ein »gescheiter Bauer« ist für I. G. also nur ein Landwirt, der von seinem Betrieb leben kann, weshalb er in den letzten beiden Jahrzehnten die Expansion des Hofes verfolgte. Aufgrund der hohen Arbeitsbelastung – während seine Frau die Büroarbeit übernimmt, ist er weitestgehend alleine für die Bewirtschaftung zuständig – und wiederkehrender Preiskrisen in der Ferkelerzeugung bezeichnete Herr G. seine Tätigkeit als Berufung, »weil sonst tätest es wahrscheinlich nicht.« Dennoch gab der Interviewpartner auch an, es sei ihm wichtig, sich Zeit für das Aufwachsen seiner vier Kinder zu nehmen, was ihm als Landwirt durch eine freie Arbeitseinteilung eher möglich sei als etwa einem Angestellten, und zu den schönen Seiten seines Berufes zähle. Trotz des kontinuierlichen Ausbaus seines Betriebes sieht sich I. G. für eine wirtschaftliche Überlebensfähigkeit des Hofes noch nicht als groß genug an:

---

73 Dialektal, hier Bedeutung »richtig, vollwertig«.

Also wir haben jetzt einen Maststall geplant gehabt. Der Plan wäre genehmigt für 850 Mastplätze, dass wir mit 100 Sauen selber mästen können. Wäre uns jetzt durch die Erschließung ... der Stallplatz, weil dann hätten wir noch ein wenig größer gebaut ... wäre uns zu teuer gekommen. Also uns war das Risiko jetzt zu groß. Also wenn man halt sieht, das war eine ganz einfache Rechnung. Der durchschnittliche Deckungsbeitrag bei der Mastsau die letzten fünf Jahre zurück oder sieben Jahre, zehn Jahre zurück, liegt irgendwo bei 25 Euro. Wenn ich das dann über die Mastschweine gerechnet hätte, dann hätten wir 65.000 Euro Deckungsbeitrag gehabt aus dem Stall und 60.000 Kapitaldienst. Und das war ... das ist dann eine Rechnung, wo man dann ... Kann ich dann nicht ...

I. G. spricht hier wieder die bereits erläuterte Problematik der Reziprozität zwischen Ferkelaufzucht- und Mastbetrieben an – wenn letztere sich vergrößern und mehr Tiere benötigen, werden auch erstere vor allem aufgrund von Hygienestandards zu größeren Bestandszahlen gezwungen. Daher wollte der Interviewpartner einen Maststall bauen, der es ihm erlaubt hätte, die aufgezogenen Ferkel auch selbst bis zur Schlachtung zu mästen. Aus der Berechnung der Gewinnspanne nach Abzug der Ausgaben für Futter-, Strom-, Wasser-, Tierarztkosten etc. mit circa 25 Euro pro verkauftem Tier ergibt sich für I. G. jedoch eine Einnahmenkalkulation, die nur knapp über den Tilgungszahlungen für den benötigten Bankkredit liegt. Der geringe Preis für den Verkauf der Ferkel ist für den Landwirt ein zu großes »Risiko«, ein weiteres besteht in der Unsicherheit, welche Art von Stall zukunftsfähig ist:

Und was halt dann zusätzlich noch kommt bei den Schweinen, du weißt ja nicht, was die Haltungsauflagen machen. Kommt in fünf Jahren jemand und sagt: Ja ohne Stroh ist das Schwein weniger wert oder was weiß ich? Das weißt du ja momentan nicht, das ist ja das Schwierige, also wenn ich das sehe ... wir haben Ställe gehabt, die waren zehn Jahre alt, die haben wir alles wieder rausgerissen und umgebaut, weil wir es einfach machen haben müssen.

Die Anlage, die I. G. »rausgerissen und umgebaut« hat, bezieht sich auf die in Kapitel 8.2 behandelte Neuauflage der Nutztierverordnung zur Gruppenhaltung von Zuchtsauen, in deren Folge auch der Befragte seinen Stall umgestalten musste. Dieses Risiko bezüglich der Kontroverse um Spaltenböden nochmals auf sich zu nehmen, ist nach Meinung mehrerer Interviewpartner ein Grund dafür, dass Neubauten gescheut werden. Ebenso wie bei I. G. wurde dabei auf die Langfristigkeit der Planung und den Zeitraum zur Rückzahlung der aufgenommenen Beträge verwiesen, die bei Intensivtierhaltungsställen üblicherweise mehrere Jahrzehnte umspannen:

I. G.: Es gibt in Deutschland keinen Stall, der wo unter 20 Jahre finanziert ist, weil sich das nicht rechnet. Und jetzt baust du einen Stall, den finanzierst du auf 20 Jahre und nach zehn Jahren weißt du nicht, ist er nicht eigentlich schon überholt, weil du schon wieder was machen musst! Das kann ja nicht ... nicht die Lösung sein!

Einen Stallbau aufzunehmen ist aus Sicht der Landwirte und Landwirtinnen Aufgabe einer Generation – auch hier zeigt sich wieder das Dilemma zwischen auf einige Jahre angelegten Übergangsfristen im Tierschutzbereich und den auf Jahrzehnte ausgerichteten Planungen der Interviewpartner und Interviewpartnerinnen. In den Gesprächen wurde daher wie im Fall G. häufig die Ambivalenz zwischen notwendigen Innovationen einerseits und Unsicherheiten bezüglich der zukünftigen Ausrichtung der Nutztierhaltung in Deutschland andererseits thematisiert. I. G. hatte bereits eine Umstellung auf biologische Landwirtschaft in Betracht gezogen – auch hier stehen für ihn aber der erhöhte Platz- und damit Flächenbedarf für die gleiche Anzahl an Tieren und dafür nötige hohe Abriss- und Neubaukosten nicht im Verhältnis zum dadurch erzielten Gewinn:

Wir haben uns auch schon mal überlegt, was gäbe es für Alternativen? Wie gesagt, ob mit Bio oder sonst was, aber … Mit Bio ist die Diskussion für mich beendet, wenn ich sage, ich muss das jetzt alles wegreißen und mache das komplett neu, weil das von den Quadratmetern und vom Ding her gar nicht mehr geht. Wir haben jetzt eigentlich noch keine Alternative gefunden, wo wir gesagt haben, das wäre jetzt das, was … wo man mit Sicherheit auch ein Geld verdienen kann mit dem gleichen Arbeitseinsatz […], mei sicherlich gibt es Direktvermarktung und sonstige Sachen. Das musst du auch wollen und musst auch einen Absatz haben. Das ist einfach … bei uns am freien Land draußen vielleicht nicht ganz so einfach, wie wenn du irgendwo in der Großstadt bist.

Der Weg einer Direktvermarktung ist für den Interviewpartner in seiner sehr ländlich strukturierten Region aufgrund erwartbarer Absatzschwierigkeiten nicht erwägenswert, ebenso wie weitere Alternativen zur Schweinehaltung für ihn zumindest zum Zeitpunkt der Befragung nicht absehbar waren. Als Familienvater mit vier Kindern beschrieb der Landwirt daher mit wiederkehrenden Preistiefs in der Ferkelaufzucht verbundene ökonomische und psychische Krisen:

Sicherlich gibt es da so Phasen, wie wenn jetzt da die letzten … das aktuelle Wirtschaftsjahr gut ist, dann geht man gerne in den Stall, aber manchmal ist es halt so, wenn du dann sagst: Herrgott, jetzt läuft es wieder nicht und jetzt ist wieder was gewesen! Und dann kriegst du die Abrechnung und sagst: Jetzt habe ich eigentlich gar kein Geld verdient […].

Anhand von Fall G. zeigen sich aus finanziellem Druck resultierende Belastungen der Landwirte und Landwirtinnen, für die sich eine von verschiedenen NGOs und Parteien geforderte Umstellung der agrarischen Produktion auf Bio-Landbau oder anderweitige Alternativformen häufig weitaus komplexer darstellt, als dies von außen betrachtet zunächst erscheint. Begrenzungen durch vorhandene Fläche, zu geringes Kapital oder Befürchtungen von Vermarktungsschwierigkeiten wurden immer wieder als Hindernisse genannt. Planungsunsicherheiten kombiniert mit Ängsten vor hohen Verschuldungen und Investitionen, die sich später als unrentabel erweisen könnten, sind hier als ökonomische Faktoren für die Interviewpartner und Interviewpartnerinnen weitaus relevanter als ideelle Ablehnungen von biologischer Wirtschaftsweise oder strengeren Tier- und Umweltschutzvorschriften.

Zwischen Abhängigkeit und Entlastung: Die Wiesenhof-Vertragspartner

Eine Gruppe an Interviewpartnern und Interviewpartnerinnen, auf die ich während des Forschungsprozesses in meinem Umfeld immer wieder angesprochen wurde, stellten die für das Unternehmen Wiesenhof[74] produzierenden Landwirte und Landwirtinnen dar. Aufgrund des Marktmonopols der Firma fielen alle befragten Masthuhn-Betreiber, also insgesamt fünf Höfe, unter diese Vertragspartnerschaften. Das wesentliche Thema, welches meine Bekannten und Kollegen beschäftigte, war dabei die angenommene Abhängigkeit der Landwirte und Landwirtinnen – so waren die Reaktionen darauf, dass ich hier keinen Unterschied zum restlichen Sample wahrnehmen konnte, die »Wiesenhof«-Landwirte und -Landwirtinnen ebenso spontan und unbefangen auf Interviewanfragen reagierten und nicht zuerst beim Unternehmen dafür Erlaubnis einholen mussten, überwiegend von Ungläubigkeit und häufigem skeptischen Nachfragen gekennzeichnet. Dies ist wiederum auf das öffentliche Negativ-Image von Wiesenhof zurückzuführen, wozu Kulturwissenschaftler Markus Schreckhaas, der die Prozesse der Skandalisierung in den Sozialen Medien analysierte, schreibt:

Eine breit angelegte mediale Berichterstattung und Kampagnen seitens verschiedener Tierschutzorganisationen führten dazu, dass die Causa Wiesenhof landesweit bekannt wurde und sich skandalisierende Beiträge über Wiesenhof im Bewusstsein größerer Bevölkerungskreise verankerten [...].[75]

Die bestehenden, mit dem Unternehmen verknüpften Assoziationen von Tierquälerei und Ausbeutung waren den Wiesenhof-Vertragspartnern durchaus bewusst, wurden aber anknüpfend an die in 7.4 behandelten Macht-Wissens-Strukturen als bewusst forciert und ungerechtfertigt zurückgewiesen. So bemerkten V. und T. S., die als Vater und Tochter gemeinsam eine Masthuhnaufzucht betreiben:

---

74 Die PHW-Gruppe/Lohmann AG ist das größte Geflügelaufzucht und -verarbeitungsunternehmen Deutschlands, die bekannteste ihrer Marken heißt Wiesenhof mit einem Jahresumsatz von 1,4 Milliarden Euro. Vgl. dazu PHW-Gruppe, Unternehmen. Kennzahlen. URL: https://www.phw-gruppe.de/unternehmen/kennzahlen (14.03.2019). Das Unternehmen stand wegen Tierschutz-Verstößen, illegalen Schlachtabfall-Transporten und schlechten Mitarbeiter-Bedingungen immer wieder medial in der Kritik.
75 Markus Schreckhaas, Soziale Netzwerke und das Problem mit der Ethik, in: Hirschfelder, Ploeger, Rückert-John, Schönberger, Mensch essen, 261–271, hier 264.

V. S.: Aber Sie wissen schon, was eine der Ursachen für das negative Image ist?

I.: Viele. Aber was meinen Sie? (Lachen)

V. S.: [...] Das gesamte Fleisch in Deutschland geht eigentlich als no name-Produkt über die Ladentheke. Und das ist natürlich dann Zielscheibe.

I.: Also dass es von anderer Seite aus quasi ...?

V. S.: Ja, für jeden Tierschützer ist Wiesenhof Synonym für Massentierhaltung. Und böse Menschen. Und der Einzelhandel legt ja auf erfolgreiche Marken nicht unbedingt den größten Wert. Die haben oft ihre Handelsmarken, die wollen ja kein Wiesenhof-Produkt ins Regal legen, die ...

I.: Ja, sondern ihr eigenes.

V. S.: Wollen ihr Landjunker und ihr Bauernglück und wie sie alle heißen. Und von daher kommt diese Marke natürlich massiv unter Druck. Aber das hat keinen ..., also aus meiner bäuerlichen Sicht, hat das keinen realen Hintergrund. Ich bin seit 25 Jahren mit denen liiert. Und ich kann eigentlich überwiegend von einem sehr fairen Umgang berichten.

I.: Also Ihr habt auch nicht irgendwie das Gefühl, dass man, was weiß ich, einseitig eben abhängig ist oder solche Sachen?

V. S.: Naja, abhängig ist man schon in gewisser Weise.

T. S.: Ja, aber nicht einseitig.

V. S.: Nein, die brauchen uns und wir brauchen sie.

Die Etablierung des negativen Wiesenhof-Images führt V. S. also auf gezielte, von der Lebensmittelhandelskonkurrenz mitgetragene mediale Kampagnen zurück, wodurch sich abermals von zahlreichen Landwirten und Landwirtinnen angenommene Bilder mächtiger »Gegenbündnisse« verdeutlichen. Die von mir in das Interview eingebrachte Abhängigkeit wird von Familie S. zwar nicht abgestritten, aber als gegenseitige Abhängigkeit umformuliert – man arbeite seit über 25 Jahren gut mit dem Unternehmen zusammen. Diese Haltung knüpft an die Aussagen aller weiteren Interviewpartner und Interviewpartnerinnen an, die als Wiesenhof-Vertragspartner produzieren – es herrschte Einigkeit darüber, von der Firma gut beraten und, wie V. S. dies formulierte, »fair« behandelt zu werden. Selbstverständlich konnte und kann ich nicht überprüfen, ob – wie von außen häufig unterstellt – die Landwirte und Landwirtinnen nichts anderes sagen *dürfen*, meiner Wahrnehmung während der Interviews nach wirkten ihre Aussagen jedoch nicht eingeübt oder kontrolliert; das Gespräch mit Familie S. kam etwa äußerst spontan nach einem abendlichen Anfrage-Anruf bereits am nächsten Tag zustande, wurde aufgrund seiner Kurzfristigkeit von Wiesenhof also sicherlich nicht erst »abgesegnet«. Dass die medialen Berichterstattungen und Abhängigkeits-Bilder nicht nur bei der nicht-landwirtschaftlichen Bevölkerung Wirkmacht besitzen, sondern gerade auch innerhalb der Berufsgruppe tradiert werden, sprachen mehrere Interviewpartner und Interviewpartnerinnen an:

H. R.: Ja, das ist bei den Bauern untereinander schon auch so. Also hast du ... Die Frage ist jetzt nicht: ›Hast du einen Giggerl-Stall gebaut, sondern hast du für Wiesenhof ge-

baut?‹ Weißt du, das ist schon … ›Hast du für Wiesenhof gebaut oder für irgendjemand anderen?‹ […] Ja, weil bei Wiesenhof bist ja du Leibeigener. Den Ruf hat man schon, nicht? Vertragsmäster und so … und dass du halt keine eigenen Entscheidungen treffen darfst. Das ist so. Und das mag ja der typische Bauer nicht, weil der ist ja eigenständig. Insofern hat das eher einen negativen Ruf bei uns. Nicht jetzt das andere, sondern einfach das ist der Grund. Dass man nicht werken kann …
I.: Und was sagst du da dazu?
H. R.: Etwas Besseres gibt es nicht. […] Man kann nicht alles selber im Griff haben. Man meint das zwar, aber man hat nicht alles selber im Griff. Und so schaut zweimal im Durchgang der Tierarzt vorbei. Einmal ist Pflicht, muss er kommen. Und der Außendienstler kommt einmal im Durchgang vorbei, das ist auch Pflicht. Und ein jeder geht durch den Stall durch und ein jeder weiß irgendwas. Und durch die Kontrollen, die man sowieso hat, … also hab ich mindestens drei Leute pro Durchgang im Stall drinnen, die eine Ahnung haben. Da kann der Fehler nicht so groß werden. Und das kommt den Tieren zu Gute. Das kommt der Tiergesundheit zu Gute. Einer sagt: ›Hey, da ist es zu hell.‹ Der andere sagt: ›Die Luft ist nicht die beste.‹

H. R. geht hier auf ein auch innerlandwirtschaftliches Negativ-Image des Unternehmens ein, das sich nicht auf Vorwürfe der Tierquälerei bezieht, sondern auf eine Wahrnehmung als »Leibeigener«, die gerade Werten wie bäuerlicher Selbstständigkeit und Entscheidungsfreiheit entgegenstehe. Wiesenhof-Vertragspartner V. Y. nimmt ebenfalls auf die Skepsis seiner Berufskollegen Bezug:

V. Y.: Das Argument wird mir auch entgegengebracht. Erst vor ein paar Tagen ist mir einer, hat zu mir einer so gemeint. Ich sage meistens gar nicht viel dazu. In welcher Branche sind wir völlig frei, unabhängig? Nirgendwo!
S. Y.: Wenn jetzt einer in die Arbeit geht, der ist ja dann auch an seinen Arbeitgeber gebunden, mit Kündigungsfrist etc. Und man macht ja da keinen Vertrag nicht für 50 Jahre.

Beide Betriebsinhaber konterkarieren in den Zitaten traditionelle Berufsvorstellungen eines freien, unabhängigen Bauern – indem sie dieses für landwirtschaftliche Identitäten zentrale Motiv untergraben, findet zugleich eine Rechtfertigung und Aufwertung der eigenen Vertragspartnerschaft statt. Durch das Hinterfragen historisch gewachsener Wertigkeiten und eines auch darauf basierenden bäuerlichen Stolzes[76] als unrealistische und unzeitgemäße Rollenbilder erfolgt auch eine teilweise Befreiung von der in den zuvor thematisierten Fallbeispielen zentralen, auf den Betriebsinhabern lastenden Verantwortung. H. R. geht so im Zitat auf entlastende Funktionen ein, die sich für ihn aus der Unterstützung durch Wiesenhof-»Außendienstler« ergeben, da dichtere Kontrollen und Beratungen stattfinden. Dazu berichteten auch V. und S. Y.:

---

76 Vgl. zur Bedeutung von Freiheit und Unabhängigkeit in Bauernaufständen und Reformbewegungen sowie daraus gewachsenen Wertigkeiten ausführlich Münkel, Uekötter, Bild des Bauern.

V. Y.: Aber ich bin bei Wiesenhof und da ist jeden Tag einer gekommen, und hat nach mir geschaut praktisch und hat mir erzählt, was ist. Also das war sehr hilfreich. Und Tierärzte gibt es auch und Tierarzt habe ich gerade bei Wiesenhof, wenn du in der Integration bist, dann MUSS der Tierarzt kommen und muss die anschauen und den Tierarzt, den wir da haben, das ist ein, der kommt vom Norddeutschen runter […]. Das ist echt ein Profi und der sagt dir auch, was Sache ist. Und ist auch sehr modern, macht schon probiotisch und Milchsäurebakterien, das machen die anderen … da haben die anderen noch gar nichts gehört davon.
I.: Also fühlt ihr euch da gut aufgehoben vom System her?
V. Y.: Ja, da waren wir auf jeden Fall gut aufgehoben. Gerade wenn man anfängt und man hat keine Ahnung nicht.
S. Y.: Und wenn sie es einem schon zwanzig Mal erklärt haben und man fragt zum 21. Mal, dann erklärt er es halt nochmal, das ist kein Thema.

Die Betonung des Wortes »Profi« drückt eine Verlässlichkeit des Wissens von Wiesenhof-Tierärzten und -Beratern aus, die ebenfalls zu Entlastung auf Seiten der Landwirte und Landwirtinnen beiträgt – sie müssen nicht mehr selbst für alles Experte sein und Verantwortung übernehmen, sondern können diese bisweilen abgeben. Eine Möglichkeit, die den übrigen Interviewpartnern und Interviewpartnerinnen kaum gegeben ist, für die jegliche falsche Entscheidung zugleich das Bedrohungsszenario der Hofaufgabe in Verbindung mit der alleinigen »Schuldigkeit« für das Ende meist seit Jahrhunderte während Familientätigkeiten beinhaltet. Die Vertragspartnerschaften bedeuten für die befragten Wiesenhof-Produzenten daher nicht nur Zwang, sondern teilweise auch psychische Entspannung.

Zugleich zeigen sich aber freilich auch mit den Wiesenhof-Verträgen einhergehende Negativfolgen, die etwa Beispiele der »Alternativlinien« des Unternehmens verdeutlichen: So suchte Inhaber H. R. für seinen niederbayerischen Ackerbau- und Zuchtsauenbetrieb nach Agrarwissenschafts-Studium und Übernahme des elterlichen Hofes ein weiteres Standbein und entschied sich 2002, einen stärker Tierwohl-orientierten Geflügelstall mit großzügigem Freilauf, Wintergarten und Beschäftigungsmöglichkeiten zu errichten, in dem über das Bio-»Weidehähnchen«-Konzept von Wiesenhof Masthühner vermarktet werden sollten. Aufgrund erheblicher Absatzschwierigkeiten im Verkauf musste die Linie 2007 wieder eingestellt werden.[77] H. R. bemerkte dazu im Interview:

---

77 Wiesenhof-Chef Peter Wesjohann gab dazu in einem Interview mit der FAZ 2012 an: »Sie kosteten doppelt so viel wie die normalen Hähnchen. Wir konnten gerade mal 20.000 in der Woche absetzen. Als die Vogelgrippe kam, stellten wir es dann ganz ein.« Jan Grossarth, Wiesenhof-Chef Wesjohann: Den Menschen fehlt einfach das Geld fürs Bio-Huhn. 24.09.2012, in: FAZ. URL: https://www.faz.net/aktuell/wirtschaft/unternehmen/wiesenhof-chef-wesjohann-den-menschen-fehlt-einfach-das-geld-fuers-bio-huhn-11900673p2.html?pr intPagedArticle=true#pageIndex_1 (14.03.2019).

I.: Und als ihr die Weidehähnchen gemacht habt … wie ist es euch da gegangen, als das nicht mehr gelaufen ist?

H. R.: Ja … du kriegst halt da ein Schreiben von Wiesenhof: Das wurde leider eingestellt. Ein halbes Jahr vorher haben wir noch den Bayerischen Tierschutzpreis gekriegt dafür. Da waren wir sieben … oder zehn Weidehähnchen-Halter. Ja, dann ist es eingestellt worden. Und der Stall …

F. R.: Da war doch der letzte Stall schon hingestellt.

H. R.: Ja, du hattest frisch investiert. Das waren sechs-, siebenhunderttausend … Nein, das waren noch Mark. Sechs-, siebenhunderttausend Mark. In Mark haben wir gebaut. Aber ist ja egal, es war damals ein Geld. Wie wenn ich heute eine Mille sag …

Der Landwirt, der im Gespräch angab, dass er mit dem »Weidehähnchen«-Konzept in seinem Arbeitsalltag durch ein aus seiner Sicht merkbar gestiegenes Tierwohl und damit auch für ihn selbst angenehmere Tätigkeiten im Stall wesentlich glücklicher gewesen sei, stand angesichts von Verschuldungen durch den kurz zuvor gebauten Stall mit Einstellung der Linie vor erheblichen wirtschaftlichen Schwierigkeiten: »Das war finanziell ein Scheiß und einfach für die Psyche nicht gut.« Mittlerweile ist er nach einigen Zwischenjahren rein konventioneller Haltung Teil der Wiesenhof »Privathof«-Linie[78] geworden, die ebenfalls mehr Tierwohlstandards aufweist, jedoch keinen Freilauf der Hühner mehr beinhaltet und dadurch etwas günstiger produziert werden kann als das Vorläufermodell der »Weidehähnchen«. Auch hier sorgt sich H. R. jedoch bereits wieder um einen möglichen geringen Absatz der Produkte[79] und damit darum, abermals zur Rückkehr in die rein konventionelle Mast gezwungen zu werden, die er als arbeits- und tierwohlbezogenen Rückschritt ansieht. Im Bei-

---

78 Nähere Informationen unter: https://www.wiesenhof-privathof.de/.

79 Diese sind derzeit den von mir recherchierten Informationen nach weitestgehend unbegründet, da die »Privathof«-Linie ökonomisch erfolgreich ist. So gab Wiesenhof zur Ausweitung der »Privathof«-Produkte im Wurst-Segment 2018 an: »Die Reaktionen von Handel und Verbrauchern sind durchweg positiv. Die steigenden Absatzzahlen belegen eindeutig: Immer mehr Verbraucher greifen zu unseren Privathof-Produkten.« Dies veranlasste die PHW-Gruppe dazu, einen Produktionsanteil von 60 Prozent im »Tierwohl«-Bereich anzustreben, der bereits jetzt bei einem Drittel der Gesamtproduktion liege. Vgl. Norbert Lehmann, Wiesenhof setzt auf Tierwohl-Geflügel, in: Agrarheute 15.02.2018. URL: https://www.agrarheute.com/management/agribusiness/wiesenhof-setzt-tierwohl-gefluegel-542656 (14.03.2019). In der Agrarzeitung ist von einer Verdreifachung der Schlachtzahlen in diesem Segment zwischen Anfang 2016 und Mitte 2017 zu lesen, vgl. Mareike Scheffer, Wiesenhof. Hähnchen-Wiener mit Tierschutzlabel, in: Agrarzeitung 19.04.2018. URL: https://www.agrar-zeitung.de/nachrichten/wirtschaft/wiesenhof-haehnchen-wiener-mit-tierschutzlabel-82259?crefresh=1 (14.03.2019). Der Anteil der Landwirte, die für die Linie produzieren, steigerte sich laut Unternehmen von zwölf Betrieben im Jahr 2011 auf 37 Betriebe im Jahr 2018. Vgl. Steffen Bach, Wiesenhof tanzt auf vielen Hochzeiten, in: Die Fleischwirtschaft 15.11.2018. URL: https://www.fleisch-wirtschaft.de/produktion/nachrichten/Gefluegel-Wiesenhof-tanzt-auf-vielen-Hochzeiten-37968 (14.03.2019).

spiel von Familie R. bilden sich durchaus vorhandene ökonomische Abhängigkeitsverhältnisse und einschneidende Begrenzungen des landwirtschaftlichen
Entscheidungsspielraumes durch die Vertragspartnerschaft ab, welche die Art
der eigenen Wirtschaftsweise vorgibt. Dies wurde vom Interviewpartner so
allerdings nicht thematisiert, sondern als Schuld eines dissonanten Verbraucherverhaltens umgewertet, durch das die teurere Tierwohl-Linie eingestellt werden
musste. Vielmehr stellte H. R. ebenso wie die weiteren Wiesenhof-Produzenten
die bereits ausgeführten entlastenden Funktionen durch die Zusammenarbeit
mit dem Unternehmen heraus, wie etwa von der Mühe einer Suche nach geeigneten Absatzmärkten für die eigenen Produkte befreit zu sein und einen Teil des
Futters für die Masthühner geliefert zu bekommen. Dies führe für ihn, so H. R.,
zu weniger eigenen Arbeitsschritten, mehr Freizeit und *sinkender individueller
Verantwortung* – Komponenten, die gerade in den zuvor vorgestellten Fallbeispielen, die Verschuldungen und Zukunftsunsicherheiten eben durch ein Mehr
an eigener Arbeitsleistung und häufig daraus resultierender Selbstausbeutung
auszugleichen versuchen, kaum vorhanden sind.

Alle Familien der vorgestellten Fallbeispiele haben in unterschiedlicher Weise
mit den bestehenden ökonomischen Verhältnissen zu kämpfen – während für
Legehennenhalterin F. X. hohe Verschuldungen zu starker Belastung führen,
sieht sich I. G. mit Planungsunsicherheit und Wachstumsdruck konfrontiert. Die
Wiesenhof-Vertragspartner wiederum sind zugleich den Entscheidungsspiel-
raum beschränkende, aber auch individuell-entlastende Abhängigkeitsverhältnisse eingegangen. Zu Abschluss des Kapitels sei nochmals auf Ferkelringberater
I. N. sowie ein informelles Gespräch mit einem Landwirtschaftsamts-Mitarbeiter
eingegangen:[80] Beide erzählten mir von zahlreichen psychischen Erkrankungen
wie Burn-out – das Sighard Neckel und Greta Wagner als »soziales Leiden an
Wachstum und Wettbewerb«[81] bezeichnen – und Depressionen unter den mit
ihnen in Kontakt stehenden Landwirten und Landwirtinnen:

I.: Ja, aber das sagt halt zu mir keiner. Zu mir sagt kein Landwirt: ›Übrigens brauche
ich Antidepressiva, dass ich es noch packe.‹
I. N.: Sagt dir keiner. Ja, ich nehme es selber. Ich habe 2010 einen Burn-out gehabt.
Zwar nicht so, dass ich jetzt schon in der … Mühle war. Aber ich habe da […]. Ich bin
Feuerwehrvorstand, ich habe meinen Hof und gehe in die Arbeit. Und 2010 haben
wir ein Feuerwehrfest gehabt, ein großes Fest. Und das ist mir zu viel geworden. Die
Landwirtschaft, in die Arbeit gehen, und das Fest. Und im Herbst 2010 hat es mir den
Schalter rausgehauen. Hat … jetzt geht es dahin, jetzt kippt der Schalter. Und seitdem

---

80 Dieses wurde nicht transkribiert, sondern lediglich im Feldforschungstagebuch festgehalten. Vgl. Feldforschungsnotizen zur Vorbesprechung eines Hoffestes der Heimatlandwirte Landshut.
81 Sighard Neckel, Greta Wagner, Burnout. Soziales Leiden an Wachstum und Wettbewerb, in: WSI (Wirtschafts- und Sozialwissenschaftliches Institut)-Mitteilungen 7/67, 2014,
536–542.

habe ich da … nehme ich was. Da hat es mir einfach die Nerven beieinander gehauen und … ist so.
I.: Und Sie glauben, das ist bei vielen Landwirten?
I. N.: Das ist bei mehreren als man meint. […] Geht nicht spurlos vorbei. Genauso der Betrieb, wo ich gesagt habe, der wo alles aufgebaut hat, da wo die Familie leidet, da ist sie auch … momentan ist sie … eine Zeit ist die schon weg jetzt, weil es ihr zu viel wird. Und da weiß ich einige, da wo ich weiß, das … da geht es nicht so ohne Weiteres.

Wie im Zitat angemerkt ging keiner der Interviewpartner und Interviewpartnerinnen mir gegenüber auf eigene psychische Erkrankungen oder Medikamenteneinnahmen ein – I. N. stellt hier eine Ausnahme dar. Dennoch kamen in den Interviews immer wieder generell hohe psychische Belastungen zur Sprache, die vor allem im Zusammenhang mit den in Kapitel 7.3 beschriebenen Protesten gegen Stallbauten sowie hier ausgeführten finanziellen Schwierigkeiten thematisiert wurden. So kommentierte Masthuhnhalter I. K.: »Es gibt immer weniger, die das aushalten. Und deswegen haben auch immer mehr Bauern ein Burn-out, die arbeiten, das sind die Fleißigsten der Welt, das sind die Besten, aber die halten das nicht mehr aus!« Das Aufgreifen des Burn-out-Syndroms ist hier deshalb von kulturwissenschaftlicher Relevanz, weil – wie Bröckling formuliert – »der Burnout-Patient nicht nur medizinischer Fall, sondern vor allem Sozialfigur«[82] ist. Neckel und Wagner stellen heraus, dass

[a]us dem Blickwinkel der Soziologie […] Burnout ein subjektives Leid dar[stellt], für das die medizinische Behandlungsdiagnose einer Krankheit nicht entscheidend ist, da sich in ihm über individuelle Belastungen hinaus gesellschaftliche Probleme, insbesondere des modernen Berufslebens, manifestieren […].[83]

Die Beschreibung der bedingenden Ursachen liest sich wie eine Subsummierung der im Feld Intensivtierhaltung festgestellten Ergebnisse: »Rastloser beruflicher Einsatz, eine starke Identifikation mit der Arbeit und Frustration über die geringe Anerkennung des eigenen Tuns standen typischerweise Pate beim körperlichen und psychischen Zusammenbruch.«[84] Bei den Interviewpartnern und Interviewpartnerinnen spielen sowohl die zugenommene gesellschaftliche Kritik an der Intensivtierhaltung und damit stark angegriffene bäuerliche Identitäten als auch ökonomischer Druck durch Verschuldungen, Preistiefs und dennoch hohe Arbeitsbelastung ineinander. Meyer-Mansour kam in ihren Untersuchungen ebenfalls zum Ergebnis, dass »verbunden mit dem erhöhten wirtschaftlichen Wettbewerbsdruck in der landwirtschaftlichen Produktion und den als bedrohlich erlebten Abhängigkeiten von anonymen Agrarmärkten

82 Ulrich Bröckling, Der Mensch als Akku, die Welt als Hamsterrad. Konturen einer Zeitkrankheit, in: Sighard Neckel, Greta Wagner (Hrsg.), Leistung und Erschöpfung. Burnout in der Wettbewerbsgesellschaft. Berlin 2013, 179–200, hier 179.
83 Neckel, Wagner, Burnout, 537.
84 Ebd., 536.

[...] dies eine psychische Belastung in den Familien entstehen [läßt], die kein Ventil – keine Entlastung – findet.«[85] Meyer-Mansour, Breuer und Nickel verwiesen zudem bereits 1988 darauf, dass zu eben diesen psychischen Belastungen in landwirtschaftlichen Familien kaum Untersuchungen vorliegen[86] – eine Lücke, die abgesehen von Karin Jürgens Studien[87] zum Umgang mit der Schweinepest bis heute anhält.

Die behandelten Fallbeispiele stehen daher weniger exemplarisch, denn viel mehr paradigmatisch für wiederkehrende Erzählungen der Interviewpartner und Interviewpartnerinnen fast aller besuchter Betriebe, die wirtschaftliche Zwangslagen, Ängste vor Betriebsaufgaben und »Höfesterben« thematisierten. Diese Situation dient den Landwirten und Landwirtinnen zwar auch als Rechtfertigungsstrategie einer Verteidigung der modernen Intensivtierhaltung, die Gewinn durch Masse erzielt, sie sollte jedoch weniger bzw. nicht nur als bewusste sozio-psychologische Positionierung innerhalb eines emotional aufgeladenen gesellschaftlichen Aushandlungsprozesses verstanden, sondern vielmehr auch als vorhandene Realität und oftmals schwierige ökonomische Ausgangslage ernstgenommen werden. Die Ergebnisse der Untersuchung knüpfen damit an Dennis Köthemanns Ausführungen zu »Macht und Leistung in Europa« an, in deren Zuge er »gesellschaftliche und individuelle Einflüsse auf Wertprioritäten«[88] analysiert. Das Individuum sieht sich dabei mit der Bewältigung wachsender kompetitiver Anforderungen konfrontiert: »Zum einen gehe es darum, sich selbst und sein eigenes Ego zu erhöhen. Zum anderen gehe es um Unsicherheit und Angst, zu versagen. Diese Angst zu versagen sei ein unvermeidliches Korrelat der Forderung des Strebens nach Erfolg.«[89] Für die Einordnung davon ausgehender Positionierungsprozesse reicht es daher nicht, sozialwissenschaftlich zu dekonstruieren, *wie* etwas gesagt wird, sondern *was gesagt wird* auch als die materielle, soziale und kulturelle Lebenswelt der Interviewten formende – und zumindest als solche wahrgenommene – Tatsache anzuerkennen.

85 Meyer-Mansour, Agrarsozialer Wandel, 144.
86 Vgl. Meyer-Mansour, Breuer, Nickel, Belastung.
87 Jürgens, Tierseuchen.
88 Dennis Köthemann, Macht und Leistung als Werte in Europa. Über gesellschaftliche und individuelle Einflüsse auf Wertprioritäten. Wiesbaden 2014.
89 Ebd., 63.

8.4 Konkurrenzkampf und innerberufliche Isolation

I. N.: Drei Bauern unter einem Hut –
musst du zwei derschlagen![90]

Ackerbauern, Gemüsebauern, Milchbauern, Schweinebauern, Hühnerbauern, konventionelle Bauern, Biobauern, Biogas-Bauern, Bergbauern, Solawi-Bauern, Obstbauern, touristisch-orientierte-Bauern, Bauern mit Familienbetrieben oder Vertragspartnerschaften, mit auslaufenden, modernen, technisierten oder alternativ wirtschaftenden Betrieben – dass ein allgemeiner, Betriebszweige-übergreifender Zusammenhalt innerhalb einer so breit ausdifferenzierten Berufsgruppe wie der Landwirtschaft möglicherweise gering ausgeprägt ist, vermag wenig zu überraschen. Wie steht es aber um das Wir-Gefühl von Landwirten und Landwirtinnen, die nicht nur durch ähnliche Betriebsgrößen und Haltungsformen, sondern gerade auch die empfundene gesellschaftliche Verurteilung als »Massentierhalter« eine gemeinsame Basis haben? Die Frage, ob Angriffe von außen zu einer stärkeren Gruppenkonstruktion führen können, wirksam potenziell sowohl als psychischer wie auch politisch wirksamer Stabilitätsfaktor, wurde daher in allen Interviews thematisiert, schnell wurde angesichts der Antworten jedoch klar, dass hier eine Analyse unter dem Gesichtspunkt »Ökonomie« notwendig ist, der Erklärungsmodelle für ein kaum vorhandenes Gemeinschaftsgefühl liefern kann.

Einleitend zunächst einige exemplarische Aussagen zur allgemeinen Uneinigkeit innerhalb des Berufes:

I. F.: [M]an würde ja auch, wenn man jetzt hier fünf Landwirte an den Tisch setzt, dann haben ja die schon eine unterschiedliche Meinung …

V. St.: Wenn ich zehn Landwirte frage, dann kriege ich mit Sicherheit auch acht verschiedene Meinungen.

Ähnliche Formulierungen finden sich in zahlreichen Interviews – keiner der Befragten war der Meinung, es würde kollektiven Zusammenhalt innerhalb der Landwirtschaft geben –, was wiederum auch als Grund für die Schwierigkeiten der Berufsvertreter, insbesondere des Bauernverbandes, angegeben wurde, mit der Heterogenität innerhalb der Landwirtschaft für alle Seiten befriedigend umgehen zu können. Das Ergebnis der Frage nach Solidarität[91] oder zumin-

---

90 Bayr.-dial. für »erschlagen«.
91 Dass Solidarität kein eindeutig feststehender Begriff ist, sondern gerade innerhalb der Soziologie vielschichtigen Deutungen unterliegt, soll hier zumindest angemerkt werden. Ausführungen zur Einteilung nach Akteurs- und Systemebenen, Solidarnormen oder philosophie- und politikwissenschaftlichen Solidaritätsdefinitionen werden an dieser Stelle

dest einem Wir-Gefühl unter den konventionellen Nutztierhaltern bestand abgesehen von wenigen Regionen-bezogenen Ausnahmen in einem eindeutigen »nein«.

Ich führe diese analysierte Isolation und Entsolidarisierung in erster Linie auf wirtschaftliche Konkurrenzverhältnisse zurück, deren kulturelle Manifestationen und Auswirkungen auf die handelnden Akteure sozial- und kulturwissenschaftlich seit einigen Jahren vermehrt Aufmerksamkeit erhalten.[92] Aus den Aussagen der Interviewpartner und Interviewpartnerinnen geht hervor, was Dietmar J. Wetzel als »Verwettbewerblichung sozialer Felder«[93] bezeichnet und wiederum zu Vereinzelung beiträgt, denn – wie Tauschek formuliert – »[d]ies hat Auswirkungen auf soziale Beziehungen, bestimmen sich doch Leistung und Erfolg aus dem Vergleich mit konkurrierenden Akteuren.«[94] Alexander Engel befasst sich mit der historischen Gewordenheit von Konkurrenzdenken, dessen Etablierung sowohl als Begriff als auch Konzept vor allem seit Ende des 18. Jahrhunderts im Zuge nationalökonomischer Bestrebungen festzustellen ist.[95] Für das ausgehende 20. und beginnende 21. Jahrhundert wird eine Verschärfung dieser Logiken im Zuge neoliberal-kompetitiver Strukturen ausgemacht, die sich nicht nur in Arbeitsverhältnissen selbst, sondern etwa auch den Anforderungen dieser Leistungsgesellschaft entsprechenden Körperperformanzen, Gesundheits- bzw. Fitness-Selbstoptimierung[96] und permanenten Lebensstil-Vergleichen auf

zugunsten einer Anlehnung an den für diese Arbeit als operationalisierbar empfundenen Solidaritätsbegriff nach Talcott Parsons anknüpfend an die Unterscheidungen von Emile Durkheim in eine auf Ähnlichkeiten beruhende mechanische Solidarität vormoderner Gesellschaften sowie organische Solidarität differenzierter Gesellschaften unterlassen. Parsons definiert Solidarität als eine auf gemeinsamen Werten und Normen basierende Grundlage gesellschaftlichen Zusammenhaltes, dem Verantwortungsgefühle für die eigene Gruppe zugrunde liegen. Vgl. Talcott Parsons, The social system. With a new preface by Bryan S. Turner. London 1991, v.a. 26 ff. Als ausführliche Auseinandersetzung mit den Grundlagen des Solidaritäts-Begriffes sei Ulf Tranow, Das Konzept der Solidarität. Handlungstheoretische Fundierung eines soziologischen Schlüsselbegriffs. Wiesbanden 2012, empfohlen.

92 Hier vor allem die beiden Sammelbände Tauschek, Kulturen des Wettbewerbs, und Bürkert, Engel, Heimerdinger, Tauschek, Werron, Spuren der Konkurrenz.

93 Wetzel, Soziologie des Wettbewerbs, 66.

94 Markus Tauschek, Konkurrenznarrative. Zur Erfahrung und Deutung kompetitiver Konstellationen, in: Bürkert, Engel, Heimerdinger, Tauschek, Werron, Spuren der Konkurrenz, 87–104, hier 87.

95 Er weist dabei vor allem auch auf die Abgrenzung vom mittelalterlichen Marktgeschehen hin, dem noch nicht der später konstituierende Wettbewerbsgedanke inhärent war. Vgl. Engel, Konzepte ökonomischer Konkurrenz, 45–85.

96 Dazu Gunther Hirschfelder, Lina Franken, Politik mit Messer und Gabel. Ideologisiertes Essen zwischen Selbstoptimierung und Weltverbesserung, in: Historische Sozialkunde 4, 2016, 21–24; Timo Heimerdinger, Wettbewerb ohne Knappheit: Elternschaftskultureller Wetteifer. Die Thematisierung von Kinderschlaf als kompetitiv-relationales Feld, in: Bürkert, Engel, Heimerdinger, Tauschek, Werron, Spuren der Konkurrenz, 105–120.

Social Media Kanälen[97] äußert: »Oft wird dabei auf eine Anstachelung von Akteuren im Sinne einer Priorisierung von (gesteigerter) Effizienz und Leistung verwiesen, was positiv als aktivierend verstanden wird, oder negativ als konflikterzeugend und soziale Verhältnisse zersetzend.«[98] Eben diese ökonomischen Konkurrenzverhältnisse sind für die folgende Analyse zentral, es finden sich darin sowohl von den Interviewpartnern und Interviewpartnerinnen selbst herangezogenes »positives« Leistungsdenken, das der Abgrenzung von als »schlechter« verorteten Kollegen und damit zugleich der Selbstbestärkung dient, als auch vor allem die von Engel konstatierten zersetzenden Sozialstrukturen.

Ging die Solidarität in der Biogasanlage unter?

Uneinigkeiten wurden von den Landwirten und Landwirtinnen nicht in erster Linie auf unterschiedliche Betriebsgrößen und Wirtschaftsweisen zurückgeführt, sondern speisen sich vor allem aus einem ganz grundsätzlichen ökonomischen Konkurrenzdruck, der branchenimmanent vorherrscht. Meyer-Mansour, Breuer und Nickel stellten bereits 1990 unter dem Gesichtspunkt »Beziehungen zum weiteren sozialen Umfeld« unter Landwirten fest: »In fast allen Interviews wurde betont, dass die Konkurrenz unter den Bauern in letzter Zeit immer größer geworden sei.«[99] Dies traf nicht nur auf Beziehungen unter Berufskollegen zu, sondern auch auf den weiteren ländlichen Nahraum, der damit an sozialer Bezugsgröße verliert: »Eine Frau schilderte, dass sie auf Grund des Konkurrenzkampfes keine privaten Kontakte zu anderen Bauersfrauen hätte. Dies führte dazu, dass kaum einer der Befragten Freunde im Dorf hatte, sondern der Freundeskreis in Nachbardörfern oder in der Stadt gesucht wurde.«[100]

Trotz einer agrarsoziologischen Kontinuität von Erzählungen ökonomisch bedingter bäuerlicher Isolation und zu Konkurrenzverhältnissen insbesondere infolge beschleunigter Intensivierungs- und Rationalisierungsprozesse seit dem letzten Drittel des 20. Jahrhunderts kreiste die Ursachensuche der für die vorliegende Studie befragten Landwirte und Landwirtinnen stark um die Thematik Biogasanlage. Hierzu ist ein kurzer Exkurs zum Ausbau der Biogasanlagen im Zuge des Erneuerbare-Energien-Gesetzes (EEG)[101] seit 2000 nötig, da deren

---

97 Etwa Ulrich Dolata, Kollektivität und Macht im Internet. Soziale Bewegungen – Open Source Communities – Internetkonzerne. Wiesbaden 2018; Marc Wagenbach, Digitaler Alltag. Ästhetisches Erleben zwischen Kunst und Lifestyle. München 2012, darin v. a. »Die Welt als Bühne. Digitale Inszenierungen«, 109 ff.

98 Engel, Konzepte ökonomischer Konkurrenz, 45.

99 Meyer-Mansour, Breuer, Nickel, Belastung, 41.

100 Ebd., 42.

101 Mit dem Gesetz wurde der Umstieg von Atomkraft auf erneuerbare Energien aus Wind-, Wasser-, solarer Sonnenenergie, Geothermie wie auch Biomasse gefördert, der zu einer

Förderung von den Interviewpartnern und Interviewpartnerinnen kontinuierlich als entscheidender Faktor für den gestiegenen Druck benannt und identifiziert wurde. Angesichts der zugesicherten finanziellen Anreize für Landwirte und Landwirtinnen war es in Folge des EEG deutschlandweit zu einem Anstieg von etwa 700 Anlagen 1999 auf rund 9.300 Anlagen Ende 2017[102] gekommen. Nach einer Novellierung des Gesetzes 2004 zusammen mit einer Erhöhung der Einspeisevergütung hatte der Ausbau Mitte der 2000er-Jahre seinen Höhepunkt erreicht, mittlerweile stagniert der Neubau seit 2012 durch Unsicherheiten hinsichtlich der politisch zugesicherten Abnahmeprämien.[103] Während ein angenommener Biodiversitäts-schädlicher Zusammenhang zwischen der Biogas-Förderung und einem Anstieg von Mais-Monokulturen zu Debatten um die Umweltauswirkungen des Ausbaus geführt hat,[104] trug der Flächenbedarf der Anlagen innerhalb der Landwirtschaft nachweisbar zu einer starken Erhöhung

nachhaltigen Energiewende in der Bundesrepublik führen sollte. Tatsächlich stieg mit den darin gesetzten Anreizen der Anteil erneuerbarer Energien von 5 % im Jahr 1999 auf 36 % 2017, vgl. Bundesministerium für Wirtschaft und Energie, Erneuerbare Energien. Zahlen unter URL: https://www.bmwi.de/Redaktion/DE/Dossier/erneuerbare-energien.html (05.06.2018).

102 Vgl. Statista, Anzahl der Biogasanlagen in Deutschland in den Jahren 1992 bis 2017. URL: https://de.statista.com/statistik/daten/studie/167671/umfrage/anzahl-der-biogasanlagen-in-deutschland-seit-1992/ (05.06.2018).

103 Deutsches Biomasseforschungszentrum (DBFZ), Stromerzeugung aus Biomasse. Zwischenbericht Juni 2014. Leipzig 2014, 3.

104 Ob tatsächlich ein objektiv nachweisbarer Zusammenhang zwischen dem Anstieg des Maisanbaus infolge der Biogas-Förderung und einem Biodiversitätsverlust vorliegt, ist trotz der medial häufig thematisierten Reziprozität wissenschaftlich bislang umstritten. So sprechen umweltpolitische Akteure wie der Nabu von »Vermaisung«, bspw. NABU Landesverband Niedersachsen, Wiesen und Weiden weichen Maiswüsten? URL: https://niedersachsen.nabu.de/natur-und-landschaft/landnutzung/landwirtschaft/gruenland/06671.html (17.09.2018), und auch der Sachverständigenrat für Umweltfragen (SRU) sprach sich bereits 2007 kritisch aus, vgl. SRU, Klimaschutz durch Biomasse. Sondergutachten. Berlin 2007. Dagegen weist ein Forschungsprojekt der Universität Gießen bei einer Untersuchung zu den Umweltauswirkungen von Energiemaisanbau einen pauschalen Negativzusammenhang zurück, vgl. Karl-Heinz Feger, Rainer Petzold, Peter A. Schmidt, Thomas Glaser, Anke Schroiff, Norman Döring, Norbert Feldwisch, Christian Friedrich, Wolfgang Peters, Heike Schmelter, Biomassepotenziale in Sachsen. Standortpotenziale, Standards und Gebietskulissen für eine natur- und bodenschutzgerechte Nutzung von Biomasse zur Energiegewinnung in Sachsen unter besonderer Berücksichtigung von Kurzumtriebsplantagen und ähnlichen Dauerkulturen. Sächsisches Landesamt für Umwelt, Landwirtschaft und Geologie. Dresden 2010. Den Lesenden seien hierzu eine von Eric Linhart und Anna-Katharina Dhungel verfasste diskursanalytische Untersuchung von 2013, welche Motive, Interessen und Argumente der Diskurs-treibenden Akteure untersucht, vgl. Dies., Das Thema Vermaisung im öffentlichen Diskurs, in: Berichte über Landwirtschaft. Zeitschrift für Agrarpolitik und Landwirtschaft 2/91, 2013; doi: http://dx.doi.org/10.12767/buel.v91i2.22.g67, sowie Ulrike Zschache, Stephan von Cramont-Taubadel, Ludwig Theuvsen, Die öffentliche Auseinandersetzung über Bioenergie in den Massenmedien. Diskursanalytische Grundlagen und erste Ergebnisse. Discussion Papers. Göttingen 2009, empfohlen.

der Pachtpreise der Felder bei.[105] Deren Folgen hat Franziska Sperling in ihrer europäisch-ethnologischen Dissertation »Biogas – Macht – Land«[106] in der vergleichsweise sehr dicht mit Anlagen ausgestatteten bayerischen Region des Nördlinger Ries eingehend untersucht. Sperling, die den Komplex Bioenergie umfassend aus der Perspektive unterschiedlicher Akteursgruppen von Umweltschutz über Anlagenbetreiber und -hersteller bis hin zu Ämtern und Denkmalpflegern beleuchtet, kommt in Hinblick auf ihre landwirtschaftlichen Interviewpartner zu parallelen Ergebnissen, nämlich gesteigertem Konkurrenzempfinden durch den Biogasanlagenbau. Sie bilanziert darüber hinaus ein »konfliktbehaftete[s], negative[s] Image der Energieerzeugung mittels Biogas«[107], bedingt durch »Diskussionen über Vermaisung, de[n] Pachtkampf ums Maisfeld, große und laute Erntemaschinen, de[n] Umgang mit Pflanzen- und Tierwelt, de[n] Neid anderer Landwirte und nicht zuletzt die hohe Anzahl der Anlagen.«[108] In Analogie zwei Interviewpartner:

V. St.: Intern haben wir schon solche Probleme, innerhalb der Landwirtschaft. Ich bin der Meinung, das Hauen und Stechen innerhalb der Landwirtschaft, das wird immer noch brutaler. Das Stichwort Pacht ...
J. St.: Der Konkurrenzdruck in der Landwirtschaft steigt halt sehr stark.

Während V. St. mit »Hauen und Stechen« bereits eine drastische Wortwahl nutzt, wird der temporäre Faktor als Erinnern einer Zeit vor und nach dem »Biogas-Boom« in der folgenden Aussage deutlich sichtbar:

V. S.: Also was die Sache wirklich, das Konkurrenzdenken, unheimlich verschärft hat, war vor zehn Jahren der Biogasboom, weil da eben durch diese staatliche Förderung, ist ja frei von jedem ... gibt es ja keinen Markt dafür. Gab es, also vor Biogas, gab es große Gewinnunterschiede. Ein schlechter Betrieb 30.000 Euro sage ich jetzt einmal und ein guter Betrieb 90.000 Euro. Riesenunterschied, aber für mich immer noch die gleiche Gewinn ... Die gleiche Einkommensklasse, die gleiche Liga, sage ich mal. Wenn Sie jetzt bei einem Biogasbetrieb die Bilanz sehen, der spielt ja einkommensmäßig in einer ganz anderen Liga. Da geht es dann los bei 300.000, 500.000 Euro Gewinn. Solche Gewinne waren in unserer bäuerlichen Landwirtschaft früher unbekannt. Die gibt es

---

105 Ein Bericht des Thünen-Instituts fasst die Entwicklungen auf dem Pachtmarkt zwischen 2008 und 2012 wie folgt zusammen: »Seit 2008 sind die Pachtzahlungen je Hektar in Schleswig-Holstein um 16 % angestiegen, in Niedersachsen um 14 %, in Bayern um 7 % und in Nordrhein-Westfalen um 6 %. In den weniger stark von Biogas-Investitionen beeinflussten Ländern (Hessen, Baden-Württemberg, Rheinland-Pfalz) verharren die Durchschnittspachten dagegen auf fast gleichbleibendem Niveau« (Horst Gömann, Thomas de Witte, Günter Peter, Andreas Tietz, Auswirkungen der Biogaserzeugung auf die Landwirtschaft. Thünen Report, No. 10. Johann Heinrich von Thünen-Institut. Braunschweig 2013, 42).
106 Sperling, Biogas.
107 Ebd., 284.
108 Ebd.

jetzt und der Milchviehbetrieb, der aus der Fläche nicht raus kann, muss halt damit konkurrieren. Das erzeugt nämlich Druck und auch Neid, Missgunst, Ängste, dass man verliert, dass man sein Vieh nicht mehr ernähren kann.

Etwas später im Interview betont V. S. präzise einen ursächlichen Zeitpunkt, der mit der Novellierung des EEG 2004 einhergeht, in dessen Folge den Biogas-anlagen-Betreibern höhere Einspeisevergütungen zugesichert wurden: »Aber Solidarität gibt es seit 2005 in unserer Region definitiv nicht mehr.«

Während V. S. ebenso wie im vorhergegangenen Zitat V. St. die Pachtsituationen als »Exzesse« bezeichnet, im zeitlichen Verlauf von einer »Zerstörung« der Solidarität spricht – die seiner Ansicht nach also zuvor vorhanden gewesen ist – und in ihren Auswirkungen als extrem beschreibt, wird gleichzeitig seine Positionierung gegenüber den landwirtschaftlichen Einkommensunterschieden deutlich, die sich ebenfalls auf einer zeitlichen Achse einordnen lassen: Lag die Schnittlinie für ihn in der Vergangenheit zwischen dem Einkommen »guter« und »schlechter« Betriebe, hat sich diese seit den EEG-Förderungen zu einer Schnittlinie zwischen Biogas- und Nicht-Biogasbetreibern entwickelt. An dieser Stelle erläutert V. S. seine Definition von »guten« und »schlechten« Betrieben zunächst nicht genauer – im späteren Interviewverlauf wird deutlich, dass er »gute« Betriebe mit stets modernisierender und betriebswirtschaftlich geschickt agierender Landwirtschaft gleichsetzt. Diese Einteilung verweist bereits auf eine Eigenpositionierung als »guter Betrieb«, die auf der zuvor behandelten Verlagerung systemischer Fragen auf individuelles Versagen – ausgehend von selbstinhärentem Können und Fleiß der Inhaber, letztlich also ihrer *Leistung* – beruht. Demgegenüber steht die neue Einteilung in Biogas und Nicht-Biogas, bei der V. S. das entstandene Gefälle ganz klar als »politisch bedingt« und durch »staatliche Förderung« entstanden kategorisiert – also sowohl einer Steuerung durch das Marktgeschehen als auch beruflichem Können entzogen. Trotz dieser kritischen Sichtweise auf die EEG-Förderungen resümiert V. S. an späterer Stelle, den Einstieg in die Biogas-Branche selbst verpasst zu haben – was angesichts der von ihm angenommenen Gewinne von ca. 500.000 Euro jährlich als Bedauern zu werten ist.[109]

109 Trotz intensiver Recherche ist eine verlässliche Angabe zum tatsächlichen Einkommensunterschied in Bezug auf Biogasanlagen-Betreiber kaum möglich. Zum einen variieren die Höhe der kW-Anlagen, Grundrenten und Einspeisevergütungen je nach Zeitpunkt des Einstiegs sowie Preise für Substratarten erheblich, zum anderen werden Biogasanlagen in der Regel als weitere gewerbliche Unternehmen mit separatem Abschluss geführt, die statistisch durch die Erhebungen von Bauernverband, Thünen-Institut und BmLEV nicht erfasst werden. Berechnungen zu Ausgaben und Einnahmen im Biogas-Bereich des Thünen-Institutes von 2013 gehen allerdings lediglich bei einem »Maximal«-Szenario von Anlagen zur Aufbereitung und Einspeisung von Biogas in das Erdgasnetz mit einer direkten Verstromung im Umfang von 1.400 Normkubikmetern von Gewinnen über einer halben Million aus – also eben keinen klassischen Biogasanlagen im Umfang von 500, 200 oder 75 kW. In allen anderen Berech-

Das Beispiel V. S. zeigt deutliche Fremd- und Selbstpositionierungen landwirtschaftlicher Akteure auf und verweist bereits auf Brüche und Widersprüche,
mäandernd zwischen Schuldzuweisungen, Abgrenzungsversuchen und eigenem
Konkurrenzverhalten, die bei Untersuchungen der Beziehungen der Landwirte
und Landwirtinnen zueinander immer wieder zutage traten. Als exemplarische
Analyse im Feld Intensivtierhaltung lässt sich Markus Tauscheks Frage danach,
»welche Auswirkungen [...] kompetitive Muster auf unsere Lebenswelten und
Selbstkonzeptionen [haben]«, mit einer Verschlechterung sozialer, vor allem
innerberuflicher Beziehungen beantworten, die auch in den Zitaten als überwiegend emotionale Negativbewertung durch die Akteure fassbar werden:

I.: Wie ist denn so eurem Eindruck nach die Solidarität unter den Landwirten?
M. J.: Gibt es nicht mehr! Das kann man fast schon so sagen, da gibt es nicht mehr
sehr ... also früher hat man mit den Vermarktungsorganisationen ...
F. J.: Ne, da widerspreche ich dir! Also wenn ich früher so an unser Dorf denke, da
sind sie mit den Mistgabeln aufeinander los!
M. J.: Ja, aber das war ein anderes ...
F. J.: Das war Neid und Missgunst! Jetzt ist es eher so ... jeder schaut, dass er noch
durchkommt!
M. J.: Ja ... aber jeder schaut auch zu, dass, wenn ich da sehe, da gibt es ein bissel was
zu pachten: Bloß nichts sagen!
F. J.: Ja, das ja!
M. J.: Bloß nichts sagen! Bloß nichts sagen und sehen, dass ich das da kriege! Und
dieser Neid ist gekommen!
F. J.: Also der Pachtkrieg ist da! Durch die Biogasanlagen!
M. J.: Und das ist das größere Problem! Und wenn ich jetzt sehe, ne: Der vermarktet da
und da, da kriege ich vielleicht zwei Cent mehr, muss ich sehen, dass ich da reinkomme!
Na, also die ... und das gab es früher nicht, da hat man halt an seine Ferkel-EG, hat
man seine Ferkel verkauft oder bei Mast hat man auch seine Abnahme gehabt, der hat
es immer abgenommen, also das funktioniert. Und da ... war jeder zufrieden, jeder
hat so seinen eigenen Preis gekriegt, ne. Und jetzt wird wirklich gekuckt und geschaut
und das ist mit den Ferkelverkäufen eigentlich genauso. Wenn einer einen Direktbezug
hat, da kann es durchaus mal passieren, dass dann ein anderer anruft und sagt: ›Was
bezahlst du da? Nach Wochenblatt?‹ ›Ja, ja, das muss ich nach Wochenblatt bezahlen.‹
›Bei mir kriegst du mit zwei Euro weniger.‹ Also und das gab es früher weniger. Die
sind zwar ... mit der Mistgabel aufeinander losgegangen, aber da ging es dann meistens
um ... das Huhn oder den Hund, der irgendwas gemacht hat im Hof oder die Kinder
oder ... man hat sich selber nicht vertragen, ne. Aber so ... das wirklich das Versuchen
auszudrücken ... auszuschmieren ... das ... ist wirklich schlimmer geworden!
F. J.: Ja also mit den Pachten hier ist es furchtbar geworden, das stimmt!
M. J.: Und das ist das größere Problem!

---

nungen zu Wirtschaftlichkeitsszenarien wird von einem Einkommen zwischen maximal
151.000 Euro und Verlusten bis hin zu 128.000 Euro jährlich ausgegangen. Vgl. Gömann, de
Witte, Peter, Tietz, Auswirkungen der Biogaserzeugung, 64–67.

F. J.: Ja!

M. J.: Und dass man sich ... vom Menschlichen her nicht verträgt, das gab es immer, wird es auch immer geben.

Aus den Aussagen der Ehepartner, die gemeinsam seit über dreißig Jahren den Hof bewirtschaften, geht hervor, wie beide die veränderte Situation in der Landwirtschaft bewerten und reflektieren. Auf die Frage nach einer generellen Solidarität innerhalb der Berufsgruppe hin nimmt M. J. zunächst einen Rückgriff in die Vergangenheit vor. Während er diese als positiver bewertet, widerspricht seine Ehefrau anfangs, da es ein »besseres« Früher aus ihrer Sicht nicht gegeben habe und »Neid und Missgunst« konstant vorhanden gewesen seien. Allerdings stimmt sie ihrem Partner bei der anschließenden Fokussierung auf eine Veränderung im bäuerlichen Verhältnis durch den »Pachtkrieg« in Folge des Biogasanlagenausbaus uneingeschränkt zu. Das wiederholte »Bloß nichts sagen!« verweist auf eine von beiden wahrgenommene zunehmende Verschlossenheit innerhalb der Landwirtschaft, die sich nicht nur nach außen – also gegenüber der nicht-bäuerlichen Bevölkerung, sondern gerade auch untereinander zeige. In der Argumentation des Ehepaares J. hat die Biogasförderung zu einer Verlagerung der in der Vergangenheit vorhandenen persönlich-zwischenmenschlich bedingten Konflikte zu systemimmanent-ökonomisch bedingten Konfliktfaktoren geführt. Dieser Prozess lässt sich in Dietmar J. Wetzels sozialwissenschaftliche Analysen einordnen, wonach »Konkurrenzorientierung motiviert, [...] aber auch die Individuen [vereinzelt] und [...] diese in kämpferisch-agonale Verhältnisse [bringt].«[110]

Die Bedeutung des zeitlichen Vergleichs wird auch bei Interviewpartner I. F., Hofnachfolger eines Schweinemast-Betriebes, ersichtlich:

I. F.: Und von da kann man schon sagen, dass der Druck schon deutlich steigt. Ich meine, die Pachtpreise, das ist mal der Hauptkostenfaktor.
I.: Wie ist das da bei euch so in der ...?
I. F.: Ja, extrem gestiegen die letzte Zeit. Also wie wir Stall gebaut haben, 2009, 2010, da konnten wir hier für 400 Euro oder irgendwie so etwas pachten. Jetzt haben Fläche ... Ja oder haben wir eine Fläche verloren. Also, die ist zwischen 900 und 1.000 Euro dann irgendwo.

I. F. nannte wie auch weitere Interviewpartner und Interviewpartnerinnen konkrete Zahlen zur Steigerung der Preise, die sich meist um das Zwei- oder Dreifache der ursprünglichen Pachten bewegen. Ein Blick in die offiziellen Zahlen stützt diese Aussagen: Der durchschnittliche Pachtpreis pro Hektar lag 2016 in Bayern bei 396 Euro, was im Vergleich zu 2013 eine Steigerung um 17,2 Pro-

110 Wetzel, Soziologie des Wettbewerbs, 70.

zent ausmachte[111] – wie hier im Zitat angegebene Preise um 1.000 Euro stellen allerdings in besonders konkurrenzstarken Regionen keine Seltenheit mehr dar.

Was die Ausprägung der innerlandwirtschaftlichen Konkurrenzverhältnisse also mitbedingt, ist die Knappheit der Ressource Boden bzw. Feld. Am Beispiel Landwirtschaft lässt sich damit exemplarisch nachverfolgen, auf welche Weise ökonomisch-kompetitive Logiken zu sozial zersetzenden Mechanismen der Entsolidarisierung und Isolation beitragen. Die Anthropologin Carol J. Greenhouse führt dazu in ihrer »Ethnography of Neoliberalism« aus: »More than this, it is reconfiguring people's relationships to each other, their sense of membership in a public, and the conditions of their self-knowledge.«[112]

Während die Mehrheit der Interviewpartner und Interviewpartnerinnen Bedauern oder Kritik an den Folgen von Konkurrenzdruck und Pachtkämpfen äußerte, finden sich zugleich parallel zu den bereits behandelten positiven Bewertungen des Strukturwandels immer wieder Aussagen, die als Belege für die geäußerten Bemerkungen zur kaum vorhandenen Solidarität unter den Nutztierhaltern dienen. Sie bilden eine Verinnerlichung von »sozialkomparative[r] Handlungsorientierung«[113] ab, deren Wirkmacht Markus Tauschek sowohl auf alltagskultureller als auch beruflicher Ebene beschreibt: »Wettbewerbslogiken sind heute in vielfältiger Weise veralltäglicht und – so ließe sich thesenhaft annehmen – in die Selbstdeutungen von Subjekten eingelagert.«[114] Paradox erscheint dabei, dass in einigen Interviews widersprüchliche Angaben auftauchen – so wurde bisweilen die zunächst an Berufskollegen kritisierte egoistische Vorgehensweise an späterer Stelle anhand eigener Aussagen, innerhalb der Gesprächssituation vermutlich unbewusst geäußert, durchaus ebenfalls sichtbar. Sie verdeutlichen daher die psychologische Durchdringung der Akteure durch die beschriebenen konkurrenzgeprägten Logiken – gerade ihre Beiläufigkeit in den Sprechakten bildet die hohe alltagskulturelle Relevanz ökonomischen Denkens ab. Das Auftreten gegensätzlicher Abschnitte innerhalb eines mehrstündigen Interviews stellt zudem, wie bereits mehrfach betont, keine Seltenheit dar, sondern zeigt die Stetigkeit von Positionierungsvorgängen, die je nach sich ändernder Atmosphäre, innerhalb von Gesprächssituationen losgetretenen Reflexionsvorgängen und schlichtweg auch Vergessen des vorher Gesagten oder Hinzukommens weiterer Emotionen auch innerhalb *einer* Interviewsitzung fluide sind.

---

111 Vgl. Bayerisches Landesamt für Statistik, Drei von vier landwirtschaftlichen Betrieben pachten Fläche. Pachtpreise in Bayern steigen weiter an. München, 21.06.2017. Pressemitteilung. URL: https://www.statistik.bayern.de/presse/archiv/142_2017.php (08.06.2018).

112 Carol J. Greenhouse, Introduction, in: Dies. (Hrsg.), Ethnographies of Neoliberalism. Philadelphia 2010, 1–12, hier 2.

113 Wetzel, Soziologie des Wettbewerbs, 55.

114 Tauschek, Zur Kultur des Wettbewerbs, 12.

Ein Beispiel hierfür bilden die Aussagen des bereits bezüglich seiner positiven Bemerkungen zum Strukturwandel vorgestellten Landwirts M. U., der beständige Negativbewertungen von Biogas-Betreibern im Allgemeinen vornahm:

> Was halt auch so schlimm in den letzten Jahren war mit den Biogasbetrieben, die haben natürlich da schon noch Zunder gegeben für das Ganze. Das ist alles keine normale Landwirtschaft mehr, das ist alles Action pur, am Anfang sind ja die gefahren wie die Irren! Wie sie gespannt haben, du wir müssen doch mit den Leuten ein bisschen … auf Schmusekurs gehen, das geht nicht mehr, mit 50 durch die Ortschaft durchdonnern, nur noch mit 30! Und irgendwann abends um 11 muss einmal Schluss sein. Und da haben die halt so viel mürbe gemacht und einfach schlechte Stimmung reingebracht in das Ganze.

Zusätzlich zur vorhergegangenen Kritik, die sich vor allem um die wirtschaftlichen Ursachen der Pachtpreis-Konkurrenz infolge des Biogas-Ausbaus drehte, macht M. U. die Biogas-Landwirte und -Landwirtinnen auch für ein seiner Meinung nach entstandenes Negativ-Image in der Bevölkerung verantwortlich, da diese »wie die Irren« mit »Action pur« und großen Maschinen durch kleine Ortschaften rasen würden. Zugleich positioniert sich M. U. unmittelbar in Abgrenzung als rücksichtsvoll agierender Bauer:

> Wir hören abends um 8 zum Güllefahren auf, wir tigern nicht die ganze Nacht durch die Ortschaften durch, wir sind kein Biogasbetrieb sage ich immer. Und das wird natürlich doch schon ein bisschen akzeptiert. Ich fahre andere Schlepper wie meine Berufskollegen. Ich fahre nicht den grünen Schlepper, sondern ich fahre auch andere Farben. Also da kennt man mich ein bisschen: ›Ah, das ist der L., schau, der fahrt langsam, der fahrt auch abends um 8 nicht mehr.‹ Und die Fendt fahren halt rund um die Uhr.

Anhand seiner Aussage »wir sind kein Biogasbetrieb« nimmt M. U. eine pauschal-negative Fremdpositionierung der Biogas-Betreiber vor, die von ihm als Personifizierungen des egoistisch-rücksichtslosen Landwirtes klassifiziert werden, wovon er sich wiederum – bereits durch das Fahren anderer Traktorenmarken – abzugrenzen versucht. Ebenso wie Geflügelmastbetreiber V. S. im vorhergegangenen Kapitel kritisiert auch M. U. die staatlichen Förderungen der Biogasanlagen:

> Ja, und dann die ganze Güllerei, ja. Das Substrat, was der reinschmeißt, kommt hinten als Gülle wieder raus, das ist einfach auch … eine ganz eine andere Masse dann und … wie gesagt, die Regierung hat da nicht rechtzeitig wieder nach rückwärts gerudert und einmal einen Stopp reingehaut, sondern hat das alles so laufen lassen, bis halt die ganzen Megaanlagen da waren und dann haben sie gemerkt: Ja Moment einmal, puh, das läuft ja in eine ganz andere Richtung wie wir gemeint hätten. Und bis die dann da wieder einen Schnitt reinbringen und sagen: So, jetzt müssen wir da einschränken und da und da, derweil ist das alles so gigantisch … hochgekocht.

Während M. U. also die Biogas-Betriebe als »Megaanlagen« bezeichnet, zu viel Gülleproduktion bemängelt und verallgemeinernd ein rücksichtsloses Verhalten konstatiert, stellt er bezüglich der Proteste, die sich an seiner eigenen geplanten Stallerweiterung entzündeten und teilweise auch von anderen Landwirten und Landwirtinnen befeuert wurden, fest:

[K]eine Ahnung, was da alles ... Neid. Bei den anderen Landwirten der Neidfaktor. Der wird immer noch größer, wie schafft der das? Ich schaffe es nicht. Und so weiter, so Sachen spielen halt da dann einfach eine gewisse Rolle.

Im Gegensatz zum Wachstum der Biogas-Betriebe hin zu »Megaanlagen« sieht M. U. das Wachstum seines eigenen Hofes keineswegs als problematisch an. Zwar nimmt er die Akzeptanzprobleme durch Gemeinde und Bevölkerung anlässlich seiner Stallerweiterung in Form eines bereits jahrelangen Rechtsstreits und Protests durchaus unmittelbar wahr, ordnet diese aber als unbegründet und Folge von politischem Kalkül ein. Weitere teilweise hart klingende Aussagen bestätigen die im vorhergegangenen Kapitel aufgeführten Zitate und Einschätzungen bezüglich der Entsolidarisierung innerhalb der Berufsgruppe:

I. V.: Gut, ich sage ja, es gibt jetzt bloß 12 bis 15 Betriebe, und die sind bei uns [...] der Sohn macht zum Beispiel die Auswertungen für die ganzen Betriebe, also nach jedem Mastdurchgang monatlich wird die Auswertung gemacht. Und dann sieht jeder: Gut, gehört er zu den oberen 25 Prozent, zu den unteren, da lohnt es sich, da lohnt es sich nicht. Und gut, die guten Betriebe verdienen was und die Schlechten verdienen nichts. Aber das war schon immer so, aber die Schlechten werden nicht besser.
I.: Aber die müssen dann auch aufhören irgendwann wahrscheinlich, oder?
I. V.: Die merken es halt nicht, das ist denen ihr Vorteil.
I.: Die müssen es doch im Geldbeutel merken, oder?
I. V.: Die merken das nicht. Ich sage mal, die guten Betriebe rechnen halt viel und schauen und tun und machen...

Indem die Befragten einen Teil ihrer Berufskollegen als »schlecht« klassifizieren, diese also als nicht erfolgreiche Unternehmer abwerten, nehmen sie zugleich eine positive Selbstpositionierung vor, die den eigenen Betrieb auf die Gewinner-seite hebt – solange man »gut« wirtschaftet und zu den »Besten« zählt, ist der eigene Hof sicher, so die zugrunde liegende Selbstbestätigungs-Formel. Dietmar J. Wetzel subsummiert das hier als Bewertungsmaxime verinnerlichte Prinzip als »Bestenauslese und Survival of the Fittest«[115] und schreibt zu dessen Ursachen: »Die forcierte Globalisierung bringt Konkurrenten zunehmend in erzwungene Wettbewerbe, die der Tatsache geschuldet sind, dass sie als Profitmaximierer die Besten und Erfolgreichsten am Markt sein wollen – und müssen [...].«[116] Zwar gehen diese kompetitiven Logiken weiter zurück – wie Markus Tauschek formu-

---

115 Wetzel, Soziologie des Wettbewerbs, 70.
116 Ebd., 62.

liert, steht fest, »dass sich um 1900 Diskurse und Praktiken um Konkurrenz und Wettbewerb verdichteten«[117], was zugleich mit der wirkmächtigen Etablierung des in der Studie ebenfalls zentralen Begriffs der Leistung einhergeht, allerdings verschärften und verselbstständigten die Einbindung in globale Warenmärkte und zunehmende Knappheiten der Ressource Boden diese Prozesse seit Ende des 20. Jahrhunderts drastisch. Ein Beispiel für die negativen Auswirkungen auf ländliches Sozialleben gibt J. St., Hofnachfolger eines Schweinemastbetriebes, der sowohl eine allgemeine Entsolidarisierung innerhalb der Landwirtschaft als auch seine eigene Eingliederung in dieses Verhalten exemplifiziert:

Und so fahren wir halt kreuz und quer und früher war es einmal so, wenn heute einer da irgendwo im Feld draußen einer ein Problem gehabt hat, dass der Schlepper abgesoffen ist, dann hat er halt dem geholfen, da fährt man heute vorbei. Ja, es ist so, bei uns, derjenige, der da gekommen ist, wenn dem was fehlt, da fahr ich vorbei.

Eine Internalisierung eigentlich destruktiver Werthaltungen wird hier zwar festgestellt, gleichzeitig aber hingenommen und akzeptiert. Die von fast allen Landwirten und Landwirtinnen beschriebenen Konkurrenzsituationen und mangelnden Zusammenhalt – gerade bei einer Berufsgruppe besonders deutlich sichtbar, die sich ohnehin seit Jahrzehnten in einem Prozess der Rationalisierung und des Strukturwandels befindet – analysiert Elisabeth Katschnig-Fasch in Anlehnung an Pierre Bourdieu als »Janusgesicht des Kapitalismus«:

Alle kulturellen Wertpositionen sind der Diskursmächtigkeit dieses neuen Geistes angepasst, dringen in die Gedankenwelt ein und unterminieren von unten die moralische Substanz des Zusammenlebens. Sie kündigen tief verankerte kulturelle Werte, wie Treue und Solidarität auf, verkehren die Wirklichkeit und ziehen unreflektiert Handlungen als Selbstverständlichkeit nach sich, die als unsichtbare Gewalt über Wege der Kommunikation ausgeübt und weitergetragen werden.[118]

In diesem Zusammenhang soll keinerlei wie auch immer beschaffener Vergangenheits-Verklärung der Weg geebnet werden – ganz explizit wird in dieser Studie die Betrachtung landwirtschaftlicher Arbeits- und Lebenswelten unter der viel beschworenen Dichotomie von Tradition und Moderne[119] abgelehnt, da sich der primäre Sektor ebenso wie der sekundäre und tertiäre Sektor in einem ständigen Entwicklungsprozess befindet und keineswegs stärker in arbeitswirt-

117 Tauschek, Zur Kultur des Wettbewerbs, 15.
118 Katschnig-Fasch, Janusgesicht, 10.
119 So betitelte etwa Thomas Fliege noch 1998 seine kulturwissenschaftliche Dissertation mit »Bauernfamilien zwischen Tradition und Moderne«, Peter Schallberger suchte 1999 ebenfalls eine Antwort auf die Frage: »Bauern zwischen Tradition und Moderne?« und selbst 2016 schreibt Sabine Dietzig-Schicht noch von »Landwirtschaft im Schwarzwald zwischen Tradition und Moderne.« Daher plädiere ich für einen stärkeren Abschied vom Begriff der »Tradition« in Bezug auf landwirtschaftliche Forschungen.

schaftlichen Traditionen – die ohnehin erst einmal einer Definition bedürften –
verharrt, als dies in anderen Berufsfeldern der Fall ist: Chemisierungs-, Motori-
sierungs-, Technisierungs-, Spezialisierungs- und Automatisierungsprozesse im
Verlauf des 19. und 20. Jahrhunderts sprechen hier eine eindeutig modernisie-
rungsorientierte Sprache. Stattdessen soll mit der Feststellung stark vorhandener
Entsolidarisierungsprozesse nicht auf vermeintlich früher vorhandenes kon-
fliktfreies Zusammenleben auf dem Land, das durch die historische Forschung
längst eindeutig widerlegt ist,[120] sondern auf ähnliche Forschungsergebnisse
zu Arbeitswelten in postfordistischen Flexibilisierungs-, Technisierungs- und
Modernisierungsprozessen im Mantel kapitalistischer Systeme[121] rekurriert
werden, die nicht nur auf beschleunigte urbane Lebenswelten, sondern auch auf
die Landwirtschaft übertragbar sind.

Bis einer aufgibt

Als Kulmination der analysierten Entsolidarisierungsprozesse wird in diesem
Kapitel ein Bestandteil der bereits in Abschnitt 7.3 beleuchteten Proteste gegen
Stallbauten gesondert betrachtet, da die innerlandwirtschaftlichen Konkurrenzsituationen hier besonders deutlich zu Tage treten: In den Interviews tauchten
nämlich immer wieder Erzählungen auf, in denen andere Bauern von den Interviewpartnern und Interviewpartnerinnen als Initiatoren von Bürgerinitiativen
oder Kampagnen gegen geplante Stallbauten ausgemacht wurden. Landwirt V. Y.
und sein Sohn S. Y. beschreiben die Ausgangssituation des Bürgerprotests gegen
ihren mittlerweile gebauten Hühnermaststall:

V. Y.: Im Prinzip war es nur einer, wie bekannt eben auch ein Landwirt. Und der ist
dann herumgelaufen und hat ein bisschen Unterschriften gesammelt. Und hat …
mobilisiert und so eine große Versammlung abgehalten.
I.: Und warum ein Landwirt? Was hat der …?
S. Y.: Am besten ist es, wenn die anderen Landwirte aufhören, dann gibt es nur noch
einen. Und das ist dann er am besten.
V. Y.: Wenn der andere aufhört, dann kann ich übernehmen.

120 Vgl. hierzu etwa (landes-)historische Untersuchungen zu Herrschaftsverhältnissen
wie Dorothee Rippmann, Herrschaftskonflikte und innerdörfliche Spannungen in der Basler
Region im Spätmittelalter und an der Wende zur Frühen Neuzeit, in: Mark Häberlein (Hrsg.),
Devianz, Widerstand und Herrschaftspraxis. Konstanz 1999, 199–225, zu Nachbarschafts-
und Erbstreitigkeiten innerhalb der Landwirtschaft bspw. Julia Haack, Der vergällte Alltag:
Zur Streitkultur im 18. Jahrhundert. Köln 2008 oder sozialen Sanktionierungssystemen auf
dem Land Wilhelm Kaltenstadler, Das Haberfeldtreiben: Theorie, Entwicklung, Sexualität
und Moral, sozialer Wandel und soziale Konflikte, staatliche Bürokratie, Niedergang, Organisation. München 1999.
121 Vgl. in Auswahl Götz, Seifert, Huber, Flexible Biografien; Hirschfelder, Huber, Virtualisierung der Arbeit; Sutter, Prekarität.

I.: Und das war kein Bio oder so?
V. Y.: Nein! Das war der Nachbar.
I.: Ist ja dann auch hart, oder?
V. Y.: Ja, irgendwie schon. Das ist schon eine magere Vorstellung.

Mimik und Gestik von V. Y. verwiesen im Verlauf dieser Erzählung auf eine tiefe
Betroffenheit gegenüber der beschriebenen Verschlechterung des nachbarschaft-
lichen Verhältnisses: Das Leiserwerden der Stimme, Ausweichen des Blicks und
relativ knappe Abhandeln der Situation brachten seine Enttäuschung über den
zwischenmenschlichen Umgang zum Ausdruck.[122] Hier bildet sich ab, was Markus Tauschek als Kernpunkt kulturwissenschaftlicher Analysen zu kompetitiven
Logiken ausmacht:»Wettbewerb und Konkurrenz sind mit Emotionspraktiken
auf das Engste verwoben.«[123] Einerseits positionierte sich V. Y. zum Verhalten des
Nachbarn auf emotionaler Ebene zwar eindeutig, indem er dieses als»magere
Vorstellung« bezeichnete, andererseits relativierte er es im Kontext von ökonomischem Druck als rational erklärbar:

I.: Aber wenn ihr sagt im Ort sind zehn Bauern, das ist ja für so einen kleinen Ort eh
relativ viel …
V. Y.: Ja, das ist viel. Das ist zu viel.
I.: Sind das dann alles so Kleine noch oder wie machen die das dann? […]
V. Y.: Nein, das sind neun, die sind noch Vollerwerbsbetriebe.
I.: Ach so, na das ist ja eigentlich noch gut …
V. Y.: Eigentlich ist es gut und schön, aber es funktioniert nicht. Die Landwirte unter-
einander sind schon sehr aggressiv.
I.: Mhm, das war ja auch ein Mitgrund gegen euren Stall.
V. Y.: Ja, auch überhaupt. Sehen Sie, durch den kleinen Ort, die vielen Landwirte, …
jeder will eine Fläche noch dazu kriegen, sind sie schon sehr aggressiv – sehr!
S. Y.: Wäre das schön gewesen, wenn der aufgehört hätte – wäre das schön gewesen!
I.: Weil man dann selbst etwas wieder zum Dazukaufen hätte?
S. Y.: Ja.
I.: Ist ja eigentlich schade, dass dann so wenig Solidarität untereinander da ist.
V. Y.: Die können Sie vergessen! Solidarität, das Wort gibt es nicht mehr. Ich werde
auch, oder wir werden auch sehr viel angezeigt, wissen Sie, wenn man mal irgendwo
einen Lader Erde reinkippt, das darfst du heute ja alles schon nicht mehr. Das macht
jeder einmal. Weil jeder hat einmal was … ist ja auch nichts Negatives. Sofort Polizei
und das volle Programm.

---

122 Gerade in Bezug auf die weiteren Notizen im Feldforschungstagebuch zum Interview
ist diese Passage bemerkenswert:»Beide [Vater und Sohn] zeigen am Anfang fast keinerlei
Regung in ihrer Mimik und ich habe das Gefühl, sehr genau sondiert zu werden. Die kaum
wahrnehmbare Mimik irritiert mich das ganze Interview hindurch, weil ich gar nicht einschätzen kann, was mein Gegenüber denkt und sie von meinen Fragen halten. Herr Y. äußert
dann auch zu Ende des Interviews, dass er nicht mit so vielen Fragen zu Gefühl und Wahrnehmung gerechnet habe und meint aber, er fände das gut.«
123 Tauschek, Konkurrenznarrative, 96.

I.: Und das kommt dann von anderen Bauern?
V. Y.: Nur von anderen Landwirten! Im Ort! Mache ich auch nicht mit, normal müsste ich rückantworten, aber von dem Angezeige halte ich gar nichts! Und was da – was mache ich? Eine Gewaltspirale baue ich auf.

Indem V. Y. neun vorhandene Vollerwerbsbetriebe als »zu viel« für ein kleines Dorf mit lediglich wenigen hundert Einwohnern bezeichnet, erklärt er zugleich das von ihm als »aggressiv« beschriebene Verhalten seiner Berufskollegen als Resultat eines Kampfes um Pachtflächen, die das eigene wirtschaftliche Überleben sichern sollen. Zusätzlich positioniert sich auch V. Y. wiederum als moralisch überlegen, indem er angibt, keine Gegenanzeigen auszuführen, um nicht Teil der »Gewaltspirale« zu werden.[124] Die Aussagen von V. Y. werden – ebenso wie grundsätzlich alle Interviewaussagen – nicht als unumstößlich-tatsächliche Wahrheiten, sondern als *gefühlte* Wahrheiten der Befragten betrachtet. Eine Wahrheit, die nicht nur bei den eben zitierten Interviewpartnern, sondern zahlreichen Landwirten und Landwirtinnen aus Vereinzelung, Entsolidarisierung und menschlichen Enttäuschungen infolge eines von Konkurrenz und Ausbeutung geprägten Wirtschaftssystems besteht. Diese Isolationsprozesse wiederum sind zu Beginn des 21. Jahrhunderts gesamtgesellschaftlich feststellbar, der Verlust von Gemeinschaft und daraus resultierende Vereinsamungs-Erscheinungen für das individualisierte, rationalisierte, in globalisierte Arbeitsverhältnisse eingebundene Subjekt bilden sich im untersuchten Feld exemplarisch ab – die amerikanische Anthropologin Carol J. Greenhouse formuliert überspitzt: »liberty may take the form of abandonment; deregulation permits loss of accountability.«[125]

Analog erzählte I. Ü., Hofnachfolger auf einem Putenmastbetrieb, von den Problemen rund um seine Stallerweiterung:

I. Ü.: Also bevölkerungsmäßig gab es kein Problem, aber es gibt natürlich immer ein paar, wo was dagegen haben. Aber das ist eher eine Neidfrage meiner Meinung nach.
I.: Neid …?
I. Ü.: 95 Prozent glaube ich, haben nichts dagegen gehabt und fünf Prozent haben was dagegen gehabt.
I.: Und das waren andere Bauern oder Leute vom Dorf?
I. Ü.: Nein, andere Bauern. Ist halt komisch, weil es immer die anderen Bauern sind. Weil die normale Bevölkerung … wie gesagt, die finden … also die hat damit überhaupt kein Problem. Ich finde eher die Bauern untereinander viel schlimmer wie's … die sind halt ziemlich hinterhältig.

---

124 Um das tatsächliche Verhalten von V. Y. gegenüber den anderen Landwirten im Dorf und seine Beschreibungen zu verifizieren, bedürfte es weiterer Interviews mit Nachbarn und Bauern, die ihre Sichtweisen darstellen – eine solche Analyse von dörflichen Konstellationen und Sozialbeziehungen hätte allerdings den Umfang der Untersuchung gesprengt und die eigentliche Fragestellung verschoben.
125 Greenhouse, Introduction, 2.

Für I. Ü. wiegt der Faktor »Neid«, den er weniger auf Systemfragen, denn auf das »Ego« anderer Landwirte und Landwirtinnen zurückführt, sehr stark. Bei einer Analyse der Interviewausschnitte auf das Stichwort »Neid« hin fällt dessen häufige Verwendung auf:

H. L.: Und was der andere macht, da ... da bin ich halt dann neidisch wieder, ja ... Wenn der wieder einen neuen Bulldog hat. Ja wie hat er denn jetzt das gemacht? Das geht doch gar nicht! Aber ... und da bringst du die Leute nicht zam[126]. Und das ist halt auch ein Riesenproblem.

H. T.: Die wo das von sich wegschieben und dann diese ... wo du dann merkst, oh ... da ist jetzt der Neid da. Das sind die Großen, wir sind die Kleinen. Und 1.000 ist ja auch nicht klein.

In Franziska Sperlings Untersuchung von 2017 ist ebenfalls wiederholt von »Neid« die Rede, den die Biogas-Landwirte bei ihren konventionellen Berufskollegen verspüren würden.[127] Aus kulturwissenschaftlicher Sicht basiert »Neid« auf einem sozialen Vergleich, also Neid auf materiellen Besitz, sozial erwünschte Eigenschaften, einen selbst nicht erreichten Status etc.[128] und gilt als eine negativ konnotierte Emotion, die im Christentum sogar eine der sieben Todsünden darstellt.[129] Der Soziologe Sighard Neckel formuliert zur Ventilfunktion des Neides im Gesellschaftsvergleich: »Er versenkt die Statusnormen einer Gesellschaft bis in subjektive Gefühlswelten hinein. Dann unterliegen die Menschen nicht einfach einem sozialen Muster, das sie von außen beherrscht, sondern bringen es selbst erst wirklich hervor, vollziehen und reproduzieren es.«[130] Im Sinne der von Monique Scheer[131] angestoßenen neueren Beleuchtung von Emotionen als kulturwissenschaftliches Forschungsfeld, also auch einer je nach Zeit, Raum und sozialer Schicht unterschiedlichen Bewertung und Performanz von

---

126 Bayr. »zusammen«.

127 Vgl. Sperling, Biogas, 243.

128 Georg Simmel fasste Neid unter »soziale Gefühle«, die aus der Interaktion mit anderen Menschen entstehen. Vgl. Fragment über die Liebe, in: Ders., Schriften zur Philosophie und Soziologie der Geschlechter. Frankfurt a. M. 1985 [1921/22], 224–281, hier 255.

129 Vgl. zur Geschichte des Neides und seiner philosophie- und ideengeschichtlichen Verwendung bei Thomas Hobbes, Jean-Jaques Rousseau sowie der Soziologie des 19. und 20. Jahrhunderts ausführlich Nicole Schippers, Die Funktionen des Neides. Eine soziologische Studie. Marburg 2012, v. a. 57 ff. Die Autorin führt darin den Funktions- und Bedeutungswandel des Begriffes aus, der in historischer Dimension nicht immer die heutige eindeutig pejorative Bewertung besaß: »Während er heute als rein destruktiver Affekt verstanden werde, so sei er früher eher im Sinne von Grimmigkeit verwendet worden«, ebd., 13.

130 Neckel, Blanker Neid, 159.

131 Insbesondere Monique Scheer, Are emotions a kind of practice (And is that what makes them have a history)? A Bourdieuian approach to understanding emotion, in: History and Theory 51, 2012, 193–220.

Emotionen,[132] lässt sich die Beleuchtung des Gefühls Neid in der vorliegenden Untersuchung angelehnt an Stefan Wellgraf als »Erfahrung von Minderwertigkeit«[133] einordnen. Diese Erfahrungen brächen sich – Wellgraf analysiert dies anhand ethnografischer Untersuchungen unter Berliner Hauptschülern, die sich ebenso wie die hier beforschten Landwirte und Landwirtinnen weitestgehend gesellschaftlich abgewertet und ausgegrenzt fühlten – als Artikulationen dieser empfundenen »Unzulänglichkeit« unter anderem in Form von »Neid« sowohl auf gesellschaftlich bessergestellte Schichten als auch erfolgreichere Personen des eigenen Nahraumes Bahn.[134] Neid, von Wellgraf als »ugly feeling« bezeichnet, und damit als menschlich-emotionale Schwäche bewertet, wurde von den Interviewpartnern und Interviewpartnerinnen vordergründig als Haupt-Erklärungsfaktor für die nicht vorhandene innerlandwirtschaftliche Solidarität angeführt, ist aber in seiner Motivrichtung als Neid auf die Betriebsgröße, den Erfolg, die Technik oder die Tierzahl ebenfalls Ausdruck eines ständig Ausscheidende und Nicht-mehr-Mithaltende erzeugenden agrarwirtschaftlichen Systems, bezieht sich also weniger auf individuelle denn auf gesellschaftliche Resonanzen einer gefühlten Unzulänglichkeit. Dies wird auch im Zitat des Ferkelerzeugers H.L. nochmals sichtbar:

H.L.: Ist auch schwierig und natürlich sind halt dann … Wir haben einen Landwirt auch noch in der Ortschaft, das war auch … ist auch der größte Gegner. Dürfen Sie zwar jetzt nicht schreiben … (lacht)
I.: Nein, bei mir kommen sowieso keine Namen rein.
H.L.: Nein, das passt schon. Das weiß eh jeder eigentlich, darum … Ja, der hat halt natürlich auch Angst: Jetzt kommt wieder ein Junger, der fängt neu an, der braucht Fläche, pachtet da was weg. Einerseits versteht man das, andererseits wieder nicht. Aber gut, das ist halt so.
I.: Aber andererseits ist es ja nicht so, dass die Landwirte mehr werden, also …
H.L.: Nein, nein. Also ich habe damals angefangen, da hat es bei uns noch irgendwo im Landkreis immer wieder welche gegeben … zwischen 50 …, 30 und 100 Zuchtsauen-Betriebe. Jetzt sind wir noch zu zweit. Jetzt hab ich 250 und noch einer 200, sowas, genau weiß ich es nicht. Und das war's dann. Also Zuchtsauen ist weg.

Auch H.L. kann die Gegnerschaft des anderen Landwirtes gewissermaßen nachvollziehen und reagiert mit einem resignierten »gut, das ist halt so«, welches die Situation als Folge des hohen Konkurrenzdrucks bezüglich des raschen »Höfesterbens« gerade im Bereich der Ferkelerzeugung hinnimmt.
    Die Berichte zu offenen Gegnerschaften wurden exemplarisch ausgewählt, da sich innerlandwirtschaftliche Entfremdungsprozesse hier am drastischsten zeig-

---

132 Vgl. dazu den Tagungsband Beitl, Schneider, Emotional Turn.
133 Stefan Wellgraf, Schule der Gefühle. Zur emotionalen Erfahrung von Minderwertigkeit in neoliberalen Zeiten. Bielefeld 2018.
134 Vgl. ebd., v.a. 207 ff.

ten. Infolge der permanent vorhandenen »Wachsen oder weichen«-Dichotomie
entsteht eine enorme Drucksituation, die in den zitierten Situationen aus dem
Motiv heraus, die Konkurrenz auszuschalten – so von den Interviewpartnern
und Interviewpartnerinnen zumindest angenommen – zu bewussten Kämpfen
um ökonomische Vorteile führt. Während sich die Akteure in den Beispielen
hinsichtlich der Betriebshintergründe von Schweinemast über Ferkelerzeugung
bis hin zu Hühner- und Putenmastbetrieben unterschieden, werden die Beweggründe der Entsolidarisierung stets einheitlich verortet. Das Stichwort »Neid«
fällt bei der Durchsicht aller diesbezüglichen Zitate als Versuch, den systemisch
vorhandenen Druck auf eine individuell-menschliche Ebene herunterzubrechen
und ihn damit für die Betroffenen aus seiner abstrakten Form zu lösen – er spielt
vor allem bei kompetitiven Beziehungen eine Rolle, wozu Neckel formuliert,
dass »für das Gefühl der relativen Benachteiligung […] vielmehr der Vergleich
mit potentiellen Konkurrenten [maßgeblich sei], deren geringste Vorteile größte
Aufmerksamkeit erzeugen.«[135] Während das vielschichtige, in internationale
Verflechtungen verwobene ökonomische System selbst letztlich zu mächtig und
undurchdringbar ist, wird es auf diese Weise für die Landwirte und Landwirtinnen im persönlichen Nahbereich unmittelbar erklär- und erfahrbar, es bildet sich
ab, was Markus Tauschek als »Handlungsmodus Konkurrenz«[136] beschreibt, wo
es »gar unmöglich [scheint], sich diesen machtvollen Strukturen und Prozessen
der Bewertung und Überprüfung zu entziehen.«[137]

Regionale Ausnahmen oder: Der Wunsch nach Zusammenhalt

Auf diesem düster gezeichneten Bild innerlandwirtschaftlicher Solidarität lassen
sich basierend auf den Interviewaussagen auch einige hellere Pigmente punktuel-
len Zusammenhalts finden, welche dennoch eher die Ausnahme denn die Regel
bestätigen. Zumeist basieren diese Zitate auf Eigenpositionierungen, die gleichzeitig wiederum Abgrenzungen von der überwiegend unsolidarischen Masse
darstellen oder positive Erfahrungen auf die eigenen regionalen Besonderheiten
einschränken. So teilte H. D., Hofnachfolger eines Ferkelaufzuchtbetriebes, seine
Berufskollegen in zwei Klassen ein, wobei er sich selbst der Gruppe »neidfreier«
Landwirte und Landwirtinnen zuordnete:

I.: Wie ist da so der Eindruck vom Beruf insgesamt?
H. D.: Ich glaube, das ist… (6 Sek. Pause) so und so. Es gibt Landwirte, die machen
so: Weg, jetzt bin ich. Und ich pachte um jeden Preis eben das Zeug zusammen. Und

---

135 Neckel, Blanker Neid, 150.
136 Tauschek, Zur Kultur des Wettbewerbs, 17.
137 Ebd., 31.

ich will der größte sein. Und was weiß ich. Und dann gibt es den anderen Landwirt, der aber auch solidarisch ist und, und, und zusammenarbeitet. Also ich bin jetzt ein Typ: Ich bin keinem neidisch. Jeder muss es selbst erarbeiten. Man muss fair bleiben einfach. Also ich täte jetzt keinem anderen was auspachten, was jetzt der schon ewig hat. Oder ... keine Ahnung. Wenn der eine da jetzt sich einen neuen Schlepper ... dann sage ich: Ja toll, freut mich, wenn er einen neuen Schlepper gekauft hat. Ein anderer sagt da: Häh? Der ist da neidisch. Und was weiß ich. Also, da bin ich überhaupt ... ich freue mich für jeden, der ein neues Auto hat oder ein schönes Haus gebaut hat. Oder was weiß ich. Ich denke mir immer: Der hat es sich selber derarbeiten müssen, dann muss er es selbst zahlen. [...] Ich mag lieber zusammenarbeiten mit einem. Weil ich finde, wenn wir zusammenarbeiten, dann bringen wir viel mehr zusammen, wie wenn wir gegeneinander arbeiten.

Auch H. D. greift das Motiv des zuvor erläuterten »neidischen Landwirtes« auf. Seine eigene Positivpositionierung als solidarischer, moralisch überlegen agierender Mensch gelingt dabei nur durch das gleichzeitige Abhandeln des »Neid«-Motives als Erklärung für das weniger moralische Agieren seiner Kollegen. Zugleich wird auch bei H. D. die in Kapitel 8.2 erläuterte Eigenverantwortlichkeit des Individuums innerhalb des kapitalistischen Systems herangezogen und ökonomischer Erfolg mit Respekt quittiert, wie die Aussage »der hat es sich selber derarbeiten müssen, dann muss er es selbst zahlen«, verdeutlicht. Diese Perspektivierung ist kulturell eingeübt: »So wird durch die diskursive Verbreitung von Wettbewerbsrhetoriken und -praktiken auf der Subjektebene suggeriert, dass alleine der eigene Wille maßgeblich für den Erfolg sei: Jeder/jede kann, wenn er/sie nur will.«[138] Trotz dieser leistungsbezogenen Individualisierungspositionierung bringt H. D. im Schlusssatz des abgedruckten Zitates gewissermaßen ein Plädoyer an die eigene Berufsgruppe an – ein Apell, der zugleich die derzeitige innerlandwirtschaftliche Isolation und Verbesserungswürdigkeit der Zusammenarbeit herausstellt. Für mehr Zusammenhalt sprach sich auch I. O., Betreiber eines Putenmastbetriebes, aus:

Wir haben für unsere Biogas vier Betriebe, die ... ich sage ..., wenn ich denen sagen würde: ›Pass auf, verpacht an mich‹, dass ich wahrscheinlich sogar die Flächen kriegen würde. Aber die be... bearbeite ich genau in die andere Richtung, denen sage ich: ›Pass auf, du machst so lange Landwirtschaft weiter, solange du noch Spaß dran hast. Und um den Rest kümmere ich mich. Ich schaue, wenn du nicht Zeit hast, dass wir das machen und wenn du in der Arbeit bist, dass wir das machen, wenn dann die Ernte agratt wäre. Wir bringen dir den Dünger, wir bringen dir Gülle, wir sind einfach da, wenn du Fragen hast und so weiter‹ und ... ja ... Ich sage, ich möchte nicht irgendwann alleine sein, der wo mit meinen Bulldogs von da bis P. die ganzen Flächen bearbeitet und die anderen, sage ich mal, die stehen dann vor der Haustüre und schauen mir zu

---

138 Wetzel, Soziologie des Wettbewerbs, 67.

oder sind dann gleich noch so weit, dass sie ein Problem haben, wenn ich jetzt da Gülle fahre oder irgendwas, weil das stinkt etc. Und wenn halt der seine eigenen Flächen selber bestellt hat, ist das auch nochmal eine Lobby ... also Lobby für die Landwirtschaft, also einer, der auch noch mit uns mitfühlt. Wenn er verpachtet hat, fühlt er nicht mehr mit, dann möchte er jedes Mal nur noch seine Pacht haben und ist weg. Und der Strukturwandel geht so schnell und so weiter und ja [...]. Wir haben seitdem, dass wir Biogas haben, haben wir keine Flächen mehr zugepachtet.

Im Zitat wird das Zusammenspiel von wahrgenommenen Fremd- und Selbstpositionierungen klar ersichtlich: Herr O. besitzt sowohl eine Putenmast- als auch eine Biogasanlage und bewirtschaftet damit einen der größten landwirtschaftlichen Betriebe seiner Region. Indem er ausführlich beschreibt, »keine Flächen mehr zugepachtet zu haben«, nimmt er eine implizite Stellungnahme gegenüber den zuvor analysierten Vorwürfen an Biogas-Betreiber vor, ohne dass diese von mir direkt thematisiert oder in der Fragestellung zum Tragen gekommen wären – die Reichweite des individuellen Positionierungsprozesses in Bezug auf sozial stets vorhandene, bisweilen sogar unausgesprochene Zuschreibungen, Vorwürfe und Stigmata veranschaulicht dieses Beispiel damit besonders nachdrücklich. Interessant ist auch die Begründung von I. O. dafür, seine Berufskollegen dazu anzuhalten, ihre Landwirtschaft weiter zu betreiben und sie sowohl materiell – »wir bringen dir den Dünger, wir bringen dir Gülle« – als auch ideell – »wir sind einfach da, wenn du Fragen hast« – zu unterstützen: Er möchte nicht »irgendwann alleine« sein. »Alleine« zu sein bedeutet für ihn einerseits, keine Kollegen mehr zu haben, jemanden, der »auch noch mit uns mitfühlt«. Zugleich möchte er andererseits nicht »alleine« der nicht-landwirtschaftlichen Bevölkerung gegenüberstehen, die in diesem Fall jegliches in der Region auftretende landwirtschaftliche Problem auf I. O. als Schuldigen zurückführen würde. Um dieser Entwicklung vorzubeugen, setzt I. O. auf ein solidarisches System des Miteinanders, das etwa bei Bodenbearbeitung, Düngeverteilung und Maschineneinsatz auf für alle Beteiligten gewinnbringenden Kreisläufen beruht und ihn zugleich aus der Rolle des um Pachtflächen konkurrierenden, egozentrierten Biogas-Betreibers befreit. Der Interviewpartner hat also für sich eine gezielte Strategie des Umgangs mit den bestehenden Konkurrenzmodalitäten entwickelt, die Alexander Engel als »Kompromiss«[139] und damit – hier zumindest ansatzweise feststellbaren – Versuch der Entwicklung von Widerständigkeit gegen systemisch-ökonomische Zwänge bezeichnet. Beschreibungen eines wie von I. O. erläuterten, an genossenschaftliches Arbeiten erinnernden Ansatzes blieben in den Interviews eine Ausnahme und bezogen sich in anderen Gesprächen höchstenfalls auf Absprachen oder Zusammenschlüsse bezüglich des Verleihs landwirtschaftlicher Maschinen, wobei selbst

---

139 Engel, Konzepte ökonomischer Konkurrenz, 79.

diese von den Landwirten und Landwirtinnen häufig als problematisch erfahren wurden. Kompromissorientierung und widerständige Aufbrüche gegenüber den Vereinzelung erzeugenden Konkurrenzverhältnissen bilden damit im Material Singularitäten.

Auffällig war bei der Ordnung des Interviewmaterials hinsichtlich solidarischer innerlandwirtschaftlicher Strukturen jedoch die Rolle regionaler Besonderheiten, die damit auch die Sinnhaftigkeit des Untersuchungssettings in allen sieben bayerischen Regierungsbezirken unterstreicht: Immer wieder wiesen Landwirte und Landwirtinnen auf Zusammenhänge von unterschiedlich stark ausgeprägtem Konkurrenzdruck je nach Wirtschaftslage, »Mentalität«[140] und Akzeptanz durch die Bevölkerung vor Ort hin. Hierzu noch einmal Herr O.:

Also es gibt wirklich das … ist mit Sicherheit auch Landstrich-bezogen, wie die Leute mental drauf sind, wie es ihnen allen geht, wie es der Grundbevölkerung geht, wie natürlich auch mit … untereinander umgegangen wird. Das wenn dann da irgendwo verfahren ist, wird es mit Sicherheit noch verfahrener, gibt mit Sicherheit so Oberpfälzer, wo so ein bissel … ich möchte jetzt nicht negativ … aber ich sage das … wo vielleicht auch die Mentalität noch ein bisschen … ›Ich vergönne dem anderen sowieso nichts.‹ Da ist das nochmal ein bisschen gefährlicher. Bei uns finde ich jetzt, dass es ganz gut ist! Aber es ist trotzdem so, wenn'st jetzt mit de ganzen Funktionäre redest, also die mit der Landwirtschaft was zu tun haben, da gibt es ja den nicht-buchführungspflichtigen Betrieb in der Landwirtschaft, der wo … 13a, weiß nicht, ob dir das was sagt? Der wo praktisch einfach nur nach pauschalen Richtwerten, nach Hektar und so weiter besteuert wird, solange er unter 50 GV[141] ist und unter 20 Hektar, muss er einfach pauschal was zahlen. Und der muss jetzt keine Aufstellungen machen und so weiter und die meisten Anzeigen kommen von anderen Landwirten. (lacht kurz) Also weil der ja doch mehr hat und weil der jetzt nicht-buchführungspflichtig ist und so weiter, weil sie es sich untereinander nicht vergönnen. Wobei ich mir denke, wenn einer vielleicht jetzt wirklich 24 Hektar hat, dann muss er halt 4 Hektar hergeben, wenn er unbedingt so sein möchte wie der andere. Der andere hat ja auch gerade 20 Hektar, das ist ja nicht

140 Der Historiker Karl-Hermann Beeck definiert Mentalität als »unreflektierte kollektive psychische Grundbefindlichkeit einer Gruppe innerhalb einer allen Angehörigen gemeinsamen Umwelt« (Beeck 1989, 4; zit. nach Maria-Regina Neft, Clara Viebigs Eifelwerke 1897–1914. Imagination und Realität bei der Beschreibung einer Landschaft und ihrer Bewohner. Bonner kleine Reihe zur Alltagskultur, Bd. 4. Münster u.a. 1998, 290). Die geschichtswissenschaftliche Mentalitätsforschung wurde im Verlauf des 20. Jahrhunderts aufgrund der Gefahr der Zuschreibung pauschaler Charakterisierungen allerdings zunehmend auch als problematisch verortet. Vgl. hierzu Hasso Spode, Was ist Mentalitätsgeschichte?, in: Heinz Hahn (Hrsg.), Kulturunterschiede. Interdisziplinäre Konzepte zu kollektiven Identitäten und Mentalitäten. Beiträge zur sozialwissenschaftlichen Analyse interkultureller Beziehungen. Bd. 3. Frankfurt a.M. 1999, 10–57.

141 Großvieheinheit (GV) ist eine landwirtschaftliche Berechnungseinheit, die von 500 Kilogramm Lebendgewicht ausgeht und zur Vergleichbarkeit unterschiedlicher Nutztierarten dient. Während eine ausgewachsene Milchkuh einer GV entspricht, sind 320 Legehühner eine GV, ein Mastschwein wird mit 0,12 GV berechnet.

so groß wie der. Aber ich verstehe es trotzdem nicht. Also da denke ich mir oft … und ich bin mir sicher, dass ich natürlich auch einige habe, die wo uns nicht wollen werden, wenn man da so große Bulldogs hat und so große Maschinen und so weiter, aber da ist es halt wichtig, dass man halt nach außen damit arbeitet.

I. O. konstatiert hier für seine Region – im oberbayerischen Voralpenland gelegen – generell, »dass es ganz gut ist«. Gleichzeitig nimmt er durchaus wahr, dass auch seine eigene Betriebsgröße samt Biogasanlage von anderen Landwirten und Landwirtinnen als problematisch angesehen wird – seine Bewältigungsstrategie besteht dabei in der beschriebenen Offensive hinsichtlich solidarischen Zusammenarbeitens. Regional besonders große Schwierigkeiten unter Landwirten und Landwirtinnen wurden von den Interviewpartnern und Interviewpartnerinnen in Gegenden mit hoher Pachtflächenkonkurrenz ausgemacht, was vor allem auf östlich von Würzburg gelegene Gemüsebauregionen, die bayerisch-schwäbischen Grenzregionen, die sowohl Ackerbau- als auch Tierhaltungs-intensive niederbayerische Gäubodenregion um Straubing und die hohe Dichte an Schweinemastbetrieben im Raum Landshut zutrifft. Hierzu ein Interviewpartner aus dem Raum Würzburg:

I. V.: Wir haben im Dorf sieben Biogasanlagen.
I.: In dem Dorf jetzt bloß? (ungläubig)
I. V.: (lacht) Sieben Biogasanlagen und einen Gemüsebauern, der hat allein 1.000 Hektar Gemüse. Also, da sehen Sie, wie der Druck ist, drum haben wir damals auch gesagt: Gut, wir müssen Tierhaltung machen, jetzt von der Fläche her können wir nicht leben, können wir nicht leben. Und da, jeder schlägt dem anderen den Kopf ein, dass er die Fläche kriegt und so weiter. Da habe ich mich schon immer ein bisschen herausgehalten, war vielleicht auch ein Fehler, kann man vielleicht auch sagen, aber, gut, nur, dass man das haben muss …
I.: Also ihr habt dann wahrscheinlich auch ziemlich hohe Pachtpreise, oder?
I. V.: Ja, 1.000 aufwärts. 1.000, 1.500, also … Gut, und durch das Gemüse wird es halt auch verdient. In anderen Gegenden, wo sie jetzt das zahlen, die zahlen das halt nicht lang, oder versprechen es nur und können es dann nicht zahlen, weil es im Getreidebau, mit Zuckerrüben ist auch nichts mehr verdient.

Eine weitere Auffälligkeit bezüglich des Raumes bestand in mehreren ähnlich gerichteten Aussagen, die sich auf einen – zumindest subjektiv wahrgenommen – besseren Zusammenhalt außerhalb Bayerns und hier vor allem in den norddeutschen Regionen mit hoher Intensivtierhaltungsdichte bezogen. Drei Interviewpartner erzählten hierzu von ihren Erfahrungen bei Praktika oder Betriebsaufenthalten in anderen Bundesländern. Als Erklärungsmuster fungierten dabei einerseits ebenfalls »Mentalitätsunterschiede«, andererseits eine in diesen Gebieten bereits erfolgte »Auslese« an überlebensfähigen Betrieben, wodurch sich die Konkurrenz- und Pachtflächenlage entschärfe. Der bayerische Untersuchungsraum ist daher für die Nachzeichnung dieses Selektionsprozesses im Zuge eines hier langsamer erfolgten und daher noch präsenteren Strukturwandels sowie seiner soziokulturellen Auswirkungen besonders geeignet. H. L., Leiter eines Ferkelaufzuchtbetriebes, beschreibt:

Ich bin nach Norddeutschland gekommen, Praktikumsbetrieb, bin ich auch in so ein Büro reingekommen und hab … gleich am ersten Tag sagt er … hat er die Schwenkwand aufgezogen gehabt und hat er gesagt gehabt: ›Sind alle Unterlagen drin. Bis zum Gewinn, alles drin. Darfst du dir alles durchschauen.‹ Bin ich da dagestanden und hab gesagt: ›Meinen Sie das jetzt ernst?‹ ›Warum, wir haben ja nichts zu verstecken!‹ Nachher hab ich gesagt: ›Das würde bei uns NIE gehen! Nie! Einen Fremden da reinschauen lassen.‹ Sagt er: ›Mei, erstens bist so weit weg, zweitens … wir hocken uns mit den Nachbarn zam, wir haben jeden Freitag Stammtisch, da werden die Unterlagen alle offen gelegt.‹ Da wird das geredet miteinander. Von der Ortschaft her schon. Bei uns, das würde NIE gehen! Dass da einer … wenn da der eine sieht, da ist mehr …

Für H. L. war die Offenheit des norddeutschen Betriebsleiters ein einprägsames Erlebnis, da sie in starkem Kontrast zu den Erfahrungen in seinem bayerisch-landwirtschaftlichen Umfeld steht, innerhalb dessen er es für unmöglich hält, einer hoffremden Person Einblick in die Finanzen zu gewähren – betont durch ein dreimaliges »nie«. Ebenso neu war für ihn das gegenseitige Vertrauensverhältnis der Landwirte und Landwirtinnen, die persönlichen ökonomischen Situationen miteinander zu diskutieren – in seiner Erzählung positioniert H. L. diese Offenheit eindeutig als positiv und wünschenswert für das eigene Umfeld. Die in Bayern (noch) höhere Betriebsdichte führt jedoch in Anbetracht von Pachtmarktsituation und ökonomischem Druck zu einer Kulmination innerlandwirtschaftlicher Konkurrenzverhältnisse, da die Produktion von Selektion und Ausschluss hier noch in vollem Gange ist. B. K., angestellter Betriebsleiter mit landwirtschaftlicher Ausbildung auf einem Masthuhnbetrieb, berichtete Ähnliches:

Durch das, dass ich sehr viel herumgekommen bin, eben auch im Ausland, ich war auch ein Jahr lang in Schwerin, Norddeutschland, Ostdeutschland… je nachdem, also so extrem wie es bei uns hier in Bayern ist …! Wobei wir eigentlich die … Freistaat Bayern sind und stolz auf unser Bayern sind … aber das Miteinander hier, gerade unter den Landwirten … auch durch ehemalige Studienkollegen, durch Nachbarn, also das ist katastrophal. Das ist absolut katastrophal. In Norddeutschland oder auch im Ausland, der Austausch untereinander, das ist … und eben gemeinsam unterstützen, das ist da definitiv.

B. K. konstatiert für den bayerischen Agrarraum grundsätzlich eine ausgeprägte Konkurrenzsituation, die er im Folgenden ebenfalls mit der hier besonders hohen Anzahl noch aktiver Landwirte und Landwirtinnen, die im Zuge des fortschreitenden Strukturwandels um ihr berufliches Überleben kämpften, erklärt. Auch B. K. bewertet den fehlenden Zusammenhalt mehrmals als »katastrophal«

und kritisiert seine Berufskollegen wiederholt. Die sich hieran anschließende
Frage, ob zum Untersuchungszeitraum erste in Bayern vorhandene Initiativen,
die sich zur besseren Öffentlichkeitsarbeit aus der Landwirtschaft heraus for-
mieren, zugleich eine neue Form innerlandwirtschaftlichen Zusammenhaltes
abbilden, kann an dieser Stelle nur angerissen werden: Sie tragen sicherlich
zu Austausch und Vernetzung bei, bilden meiner Ansicht nach aber eher ein
spezifisches Feld der Solidarität *nach außen hin* und keinen generellen Ansatz der Solidarität nach innen, da sie die ökonomischen Spannungen und von
Konkurrenzkampf geprägten Beziehungen letztlich nicht auflösen können und
ihnen keine bewussten wirtschaftlichen Kooperationen, die hier möglicherweise
sowohl finanzielle als auch soziale Entlastung bringen könnten, entgegensetzen.

Der Eindruck, den die Erzählungen der Interviewpartner und Interviewpart-
nerinnen hinterlassen, ist der einer zerrissenen und sowohl nach außen als auch
nach innen zunehmend isolierten Berufsgruppe. Konkurrenz um Pachtflächen,
Negativzuschreibungen gegenüber als erfolgreicher angesehenen Biogasanlagen-
Betreibern, Erzählungen, die um Neid und Verdrängung kreisen, bilden zentrale
Motive: »Damit findet eine Verengung im Hinblick auf die Möglichkeiten einer
gelingenden Lebensführung auf Subjektebene statt, die es schwer macht, in
Zeiten des Neoliberalismus überhaupt alternative Subjektivierungsweisen auf-
scheinen zu lassen.«[142]

8.5 Intensivtierhaltung im System
globalisierter Handelsbeziehungen

Abschließend wird bei der Analyse des Faktors Ökonomie ausgehend von den
stärker akteurszentrierten und innerlandwirtschaftlichen Bewertungen ein
Blick auf die Positionierungen der Interviewpartner und Interviewpartnerinnen
gegenüber systemisch-ökonomischen Fragen globalisierter Handelsbeziehungen
geworfen. Deutlich werden dabei auch Perspektiven auf mögliche Verbesserungen oder Lösungsszenarien bzw. vor allem *resignative Nicht-Lösbarkeitsszenarien*
der vorhergehend behandelten Schwierigkeiten, denn die Interviewpartner und
Interviewpartnerinnen sehen sich selbst als überwiegend handlungsohnmäch-
tige Individuen in einem als komplex und undurchdringbar klassifizierten
wirtschaftlichen Gesamtkomplex.

---

142 Wetzel, Soziologie des Wettbewerbs, 67.

Industrie- und Auslandskonkurrenz: Zur Weitertradierung der Opfer-Metaphorik

Mit Blick auf wirtschaftliche Abhängigkeiten spielten die Einschätzungen der befragten Intensivtierhalter und -halterinnen zur Einbindung des deutschen Agrarmarktes in vor allem europaweite, aber auch globale Handelsbeziehungen eine zentrale Rolle. Gesellschaftlich gewünschte Veränderungen der Tierhaltung seien nur auf EU-, nicht aber allein auf Bundesebene durchzusetzen, so der Grundtenor der Aussagen, da nationale Regelungen zu einer Benachteiligung deutscher Landwirte und Landwirtinnen auf dem stark internationalisierten Agrarmarkt führen würden. Dies betraf nicht nur den Export von Waren – Produktion und Verkauf von eigenem Überschuss ins Ausland wurde von einigen Interviewpartnern und Interviewpartnerinnen durchaus kritisch bewertet –, sondern vor allem Befürchtungen eines verstärkten Imports aus Ländern mit weniger strengen Gesetzgebungen, denen dadurch eine günstigere Herstellung möglich sei. Exemplarisch sieht Masthuhnhalter V. Y. Tier- und Umweltschutzvorgaben in einem größeren Kontext:

> Wenn die das zu weit treiben, dann ist das ganz einfach, in Deutschland haben wir dann keine Landwirtschaft nicht mehr, oder keine Tierhaltung nicht mehr. Halt nur noch in der Voliere oder Außenmast. Alle anderen um uns rum im Ausland oder gar, wenn wir noch weiter gehen, nach Amerika oder Russland, oder in die Ukraine, die interessiert das alles überhaupt gar nicht. Von den Größen her alles verschwindend. Das hat nichts mit Massentierhaltung zu tun, was wir bei uns machen, wenn ich in andere Länder schaue. Von der Auflage her, wenn wir das Beispiel nehmen, in Deutschland darf man nicht mehr wie 39 Kilo pro Quadratmeter halten. Mein Tierarzt war erst in der Ukraine. Die halten 56 Kilo auf dem Quadratmeter.

V. Y. war nicht der einzige Interviewpartner, der ein »Verschwinden« der deutschen Landwirtschaft bei immer stärkerem Vorantreiben von strengeren Regelungen befürchtete – auch der Verweis auf weitaus weniger ausgearbeitete und überprüfte Umwelt- und Tierschutzvorgaben in anderen Ländern war in den Quellen paradigmatisch. Die häufigen Verweise auf die Unmöglichkeit von nationalen Alleingängen sind einerseits als gesellschaftliche Rechtfertigungsstrategie hinsichtlich eines Festhaltens am Status Quo zu bewerten, andererseits zugleich als wirtschaftliche Zwangslage und reale Angst der Interviewpartner und Interviewpartnerinnen ernst zu nehmen. Politische Steuerungen einer bundesdeutschen Richtungsänderung der Intensivtierhaltung, wie sie etwa vom Bundeslandwirtschaftsministerium in Form der 2017 vorgestellten »Nutztierstrategie«[143]

---

143 BMEL (Hrsg.), Nutztierstrategie. Zukunftsfähige Tierhaltung in Deutschland. Berlin 2017.

mit einer stark nationalen Ausrichtung vorgeschlagen wurde, lehnten die befragten Landwirte und Landwirtinnen überwiegend ab.[144] Interviewpartner
H. Q., ebenfalls Inhaber eines Masthuhnbetriebes, führt zur Komplexität der
ökonomischen Verflechtungen aus:

Und auf der einen Seite will man … Deutschland ist Exportweltmeister in allen
Richtungen, will man sich öffnen, man ist froh, dass man die Autos in die ganze
Welt verkauft. Und auf der anderen Seite will man sich abschotten. Das funktioniert
halt nicht. Wir sind in der EU mit einem freien Binnenmarkt und dann muss das auf
EU-Ebene funktionieren. […] Der Lebensmitteleinzelhandel kann das dann aus seiner
freien Entscheidung her sagen: Ich will nur noch das machen. Von der Regierungsseite
her glaube ich nicht, dass da … dass das funktioniert, weil da sind dann wieder so
viele Querverbindungen, wo dann … die können das nicht verbieten. Man kann den
Italienern nicht verbieten, dass die nach Deutschland Fleisch verkaufen, das geht nicht.
[…] Edeka kauft ihr Hühnerfleisch aus Italien, aus Verona kommt das. Und dann
habe ich: ›Ja gut, wie regional ist denn Ihr Produkt?‹ (lacht) Und dann haben sie zu
mir gesagt: ›Ja okay, das Fleisch kommt aus Verona.‹ (lacht) Dann habe ich gemeint:
Die Regionen sind immer so groß, wie man sie zieht, nicht? Ich mein, wenn man EU
als Region sieht, dann ist alles …

H. Q. verweist angesichts der aus seiner Sicht kaum lösbaren wirtschaftspoli-
tischen Einbindung in Import-Export-Verhältnisse auf die Rolle des Lebensmitteleinzelhandels, dem im Folgenden ein eigenes Kapitel gewidmet wird, da
mehrere Landwirte und Landwirtinnen eine von diesem Systemakteur ausgehende Richtungsänderung immerhin für möglich hielten. Die Exportraten
der deutschen agrarischen Produktion liegen mit einer Ausfuhr im Wert von
67,9 Milliarden Euro und einer Einfuhr von 77,1 Milliarden im Jahr 2016 – eine
seit 2011 in etwa gleichbleibende Tendenz – etwas unter dem Import.[145] Drei
Viertel der Exporte wie auch der Importe erfolgen innerhalb des EU-Raumes,
wobei Einfuhren vor allem Gemüse und Südfrüchte betreffen, während der hier
untersuchte Bereich der tierischen Produktion den exportstärksten Sektor bildet.
Das BMEL schreibt 2017 von »massiv gestiegenen Ausfuhren von Geflügel- und

---

144 Im Strategiepapier sind Ausgleichszahlungen und Förderanreize für mehr Tier- und
Umweltschutz zwar vorgesehen, außer mehr Direktzahlungen und dem Erkennen der Notwendigkeit, dass die Auswirkungen »von Exporten tierischer Produkte und von Futtermittel-
importen in den Ziel-/Herkunftsländern analysiert und ggfs. Maßnahmen entwickelt werden
[sollen]«, finden sich jedoch wenig konkrete Umsetzungsvorschläge. Ebd., 35. Die Aussagen
der Interviewpartner reihen sich in die diesbezüglich resignative Grundhaltung der Berufsgruppe insgesamt ein – in einer Umfrage der Zeitschrift »topagrar« beurteilten 39 Prozent der
Befragten die »nationale Nutztierstrategie« als »überflüssig, muss der Markt regeln«, 34 Prozent hielten sie für »wünschenswert, aber kaum zu realisieren«. Vgl. Interview mit Folkhard
Isermeyer, »Wir brauchen eine Nutztierstrategie!«, in: topagrar 4, 2016, 15.
145 Vgl. BMEL, Agrarexportbericht 2017. Daten und Fakten. Berlin 2017, 7.

insbesondere Schweinefleisch.«[146] Die bereits von H. Q. angesichts der Regionalitätsdeklarationen angebrachte Kritik an Intransparenzen des europäischen Binnenmarktes wurde häufig als Problem einer darin begründeten Verbrauchertäuschung, die wiederum zu Vertrauensverlusten in Kennzeichnungen führe, thematisiert:

I. O.: Und dann gibt es da auch wieder die verrücktesten Sachen, wenn der Vogel in Deutschland aufgezogen worden ist, Pute, Aufzucht vier Wochen, wird in einen Lastwagen hineingepackelt, wird nach Polen gefahren, wird da in einen Stall reingetan, wird da fertig gemästet, wird wieder aufgelegt und in Deutschland geschlachtet, ist er Deutsch. (lacht leicht) Also das … wird mit Sicherheit noch einmal irgendwo ein Riegel davorgeschoben werden, weil das eigentlich der größte Wahnsinn ist, wenn ich fünf Mal D [Kennzeichnung als Deutsch] kriege, wenn sie in Polen gemästet werden.

Ganz eindeutig geht aus der Analyse eine Positionierung der Interviewpartner und Interviewpartnerinnen hinsichtlich einheitlicher EU-weiter Regelungen hervor, was auch als Schutz vor und in der Skepsis gegenüber der anschließend behandelten Diskrepanz zwischen Verbraucherwünschen und tatsächlichem Verbraucherhandeln begründet liegt, die – so die Befürchtung der Landwirte und Landwirtinnen – bei Wahlmöglichkeiten eher auf günstige Import- denn auf teurere deutsche »Tierschutz«-Produkte zurückgreifen würden. Stets betonten die Interviewpartner und Interviewpartnerinnen Forderungen nach einheitlichen Wettbewerbsbedingungen und Produktionsvoraussetzungen innerhalb der EU, welche ihre Akzeptanz strengerer Vorgaben erhöhen würden – so zumindest die Positionierungen während der Gespräche:

V. St.: Ich sage ja, wenn man da irgendwie versucht, aber das ist jetzt wahrscheinlich ein Traumdenken, dass man EU-weit halbwegs einheitliche Richtlinien … Und Spanien, da explodiert die Schweineproduktion. Und warum? Weil erst einmal Schweineplätze oder Mastplätze wesentlich günstiger, die Umweltanforderungen […]. Das ist wieder unser Problem. Da sind wir wieder bei der Politik … oder, was will die Gesellschaft überhaupt? Es wäre halt verlogen von der Gesellschaft, wenn sie … Ich habe jetzt nichts dagegen, wenn man jetzt zum Beispiel sagen würde, europaweit Spaltenboden verboten. Natürlich mit bestimmten Übergangsfristen. Und dann Europa vielleicht durch Einfuhrzölle oder durch Zölle absichern. Dann wäre das ein fairer Wettbewerb. Aber es kann nicht sein, dass jedes Land in Europa, wir haben zwar einen gemeinsamen Markt, aber jedes Land seine eigenen Gesetze …

Mastschweinehalter V. St. gehört zwar zur Mehrheit der Landwirte und Landwirtinnen, die Spaltenböden aus arbeits- und hygienetechnischen Gründen

146 »Letztgenannte Warengruppe verzeichnete einen durchschnittlichen Anstieg der Ausfuhren von 17,4 Prozent jährlich zwischen 2000–2002 und 2007–2009. Zwischen 2007–2009 und 2013–2015 schwächte sich das Wachstum zwar ab, lag aber immer noch über der durchschnittlichen Wachstumsrate der gesamten Agrarausfuhren«, ebd., 20.

befürworten, dennoch ist seine grundsätzliche Bereitschaft zur Anpassung an Umwelt- und Tierschutzforderungen – falls eine gleichzeitige höhere Vergütung erfolgen würde – exemplarisch für die Positionierungen der Befragten. Hier steht die unternehmerische Sichtweise, für eine bestimmte Nachfrage zu produzieren und sich Verbraucherwünschen auch zu öffnen, eindeutig *vor* einer zwar teilweise vorhandenen, aber gegenüber ökonomischen Gesichtspunkten in den Hintergrund tretenden ideologischen Ablehnung der Forderungen. Masthuhnhalter V. S. formuliert dazu:

> Mir wäre vor nichts bange, wenn das in ganz Europa gemacht werden muss, da bleibt uns der Markt immer erhalten. Weil was andere können, können wir auch. Aber wenn man uns die Hände auf den Rücken bindet und den anderen nicht, ja dann sehe ich schwarz. Dann sehe ich echt schwarz. Vielleicht will man das ja auch, dass man Deutschland zu einer Landwirtschaftsfolklore bisschen, paar Bauernmärkte, paar Bauernläden und das war es dann. Und der Rest kommt aus dem Ausland.

Neben der an die Agrarpolitik gerichteten Aussage »uns wär vor nichts bange, wenn es alle machen müssen« sticht im Zitat der Begriff der »Landwirtschaftsfolklore« hervor. Diese Bemerkung ist deshalb interessant, weil sie so oder so ähnlich in mehreren Interviews geäußert wurde und davon ausgeht, dass ein Erhalt der deutschen Landwirtschaft von unterschiedlichen Akteursgruppen – politisch wie gesellschaftlich – womöglich überhaupt nicht angestrebt werde. Auch hier schließt sich der Kreis zu den unter Hauptkapitel 7 behandelten Marginalisierungs- und Viktimisierungsprozessen. So merkten mehrere Intensivtierhalter und -halterinnen an, dass eine Benachteiligung der deutschen Landwirtschaft politisch bewusst in Kauf genommen werde, wenn dadurch »die Industrie« – worunter in den Beispielen hauptsächlich die Automobilbranche gefasst wurde – geschützt würde:

> I. N.: Jeder sagt zur mir: ›Wenn ich heute mein Geld kriege, unterm Strich passt es, mache ich gerne weniger Sauen. Habe ich weniger Arbeit, geht es mir vielleicht sogar besser. Der Druck weg.‹ Aber der internationale Druck ist heute so groß. Und was halt ich mittlerweile sage und da geben mir schon einige recht: Da ist die Industrie heute dahinter, dass … die Industrie möchte … der ist heute die Landwirtschaft ein Dorn im Auge. Die deutsche Landwirtschaft.
> I.: Inwiefern?
> I. N.: Deutschland hat ein solches Wirtschaftswachstum. Die Autoindustrie, die boomt. Das ist die heilige Kuh. Das Auto kann Dreck machen was es will, das ist wurst. Gefahren werden, furt[147], Freizeit, fliegen. Und durch das, dass wir mit dem Euro, mit der … mit dem Euro haben wir keine Aufwertung nicht. Jetzt können die Deutschen exportieren was das Zeug hält.

---

147 Dialektal für »weg«.

Während bei der Analyse des Verhältnisses von Intensivtierhaltern und Gesellschaft eine empfundene Marginalisierung des eigenen Berufes gegenüber gesellschafts- und machtpolitisch einflussreicheren NGOs, Kritikern und Medienvertretern bilanziert wurde, lässt sich dies ebenso auf den Bereich Intensivtierhaltung und Ökonomie übertragen. Statt eines »links-grün« orientierten Feindbildes wird hier »die Industrie« zum Gegenspieler, die nach Annahme einiger Interviewpartner und Interviewpartnerinnen eine Benachteiligung der Landwirtschaft – bewusst – forciere. Hier wird weniger von beständigen marktökonomischen Prozessen und Verschiebungen als vielmehr von einer gezielten Steuerung zur Marginalisierung der Landwirtschaft ausgegangen, wie es I. N. mithilfe der Metapher der Industrie, der »die Landwirtschaft ein Dorn im Auge« ist, suggeriert. Drastisch formuliert auch Legehennenhalter O. P.:

> [W]eil wir sind halt ein Industriestaat und kein landwirtschaftlicher und da muss man Wert legen von der Politik her auf die großen Unternehmen und die Landwirte mit ihren Scheiß paar Hühnern, das ist nicht wichtig.

Herr und Frau J. sprechen von einer »Opferung« der Landwirtschaft »der Industrie zuliebe«:

> F. J.: Na, Opfer der Industrie zuliebe, der Industrie zu Liebe opfert man hier in Deutschland die Landwirtschaft. Bin ich fest der Überzeugung.
> M. J.: Gegenüber dem Ausland.
> F. J.: Ja! Weil Frankreich oder auch Holland, auch England, da stehen die Bauern anders da! Die haben viel mehr Rückhalt als bei uns! Also da ist auch das Image ... besser, obwohl die mit Sicherheit nicht anders produzieren wie wir.

Auf das für die Untersuchung zentrale »Opfer«-Motiv wurde bereits in Kapitel 7.2 eingegangen. Besonders wirkmächtig und innerlandwirtschaftlich überdauernd ist dieses im ökonomischen Kontext: So schreibt Hans Pongratz in seiner 1992 veröffentlichten Studie, dass seine Interviewpartner »die Landwirtschaft zum Teil ausdrücklich als Opfer der Industriepolitik«[148] sehen. Hier lässt sich eine Linie zu Argumentationen bis ins 19. Jahrhundert zurückverfolgen, die Walther Hermann in »Bündnisse und Zerwürfnisse zwischen Landwirtschaft und Industrie«[149] und Gesine Gerhard für das 20. Jahrhundert[150] untersucht haben und auch in Pierre Bourdieus Studien zum »Niedergang der bäuerlichen Gesellschaft« im südwestfranzösischen Raum[151] anklingen. In der Zeitschrift für

---

148 Pongratz, ökologische Diskurs, 169.
149 Vgl. Walther Herrmann, Bündnisse und Zerwürfnisse zwischen Landwirtschaft und Industrie seit Mitte des 19. Jahrhunderts. Gesellschaft für Westfälische Wirtschaftsgeschichte. Dortmund 1965.
150 Vgl. Gerhard, Bild des Bauern, 111–130.
151 Vgl. Bourdieu, Junggesellenball, 60 ff.

Geflügelwirtschaft ist so etwa paradigmatisch für zahlreiche landwirtschaftliche
Aussagen gerade im Zuge des Wirtschaftsaufschwungs seit den 1950er Jahren zu
lesen: »Es ist wirklich genug, daß die Landwirtschaft nach dem alten Spruch ›Der
Bauer dient an Ochsen statt‹ ihren Buckel für den Industrieaufbau der letzten
Jahre hingehalten hat.«[152] Bemerkenswert ist dabei, dass sich der Dualismus
Landwirtschaft vs. Industrie auch noch im 21. Jahrhundert in den Positionierungen der Interviewpartner und Interviewpartnerinnen findet, während der
mittlerweile dem primären und sekundären Sektor zahlenmäßig mit fast 70 Prozent des BIP stark entwachsene tertiäre Bereich der Dienstleistungsbranche[153]
nicht als Konkurrenz gesehen wird. So findet sich das Motiv einer Opferung
gegenüber »der« Industrie häufig im Interviewmaterial:

I. Sch.: Über Bauern redet ja niemand, die werden am Schluss geopfert, da bin ich mir
hundertprozentig sicher, dass das Landwirtschaftsministerium geopfert wird und Ade.

I. Ü.: Die Landwirte werden wahrscheinlich geopfert.

Neben dem hier beabsichtigten Abzielen auf eine Handlungsohnmacht der
Landwirtschaft – ausgedrückt durch die Passivkonstruktion des Geopfert-*Wer-
dens* – wird mit dem verwendeten Begriff ein innerlandwirtschaftlich tradiertes
Opfernarrativ bemüht, das Bilder eines christlich konnotierten »Sacrificiums«
entstehen lässt, unter das in diesem Fall kein Objekt oder Individuum, sondern
eine ganze soziale Gruppe, nämlich die Landwirte und Landwirtinnen, fällt.
Einmal mehr und in sehr deutlicher Form wird also das Gefühl einer Viktimisierung auch unter ökonomischen Gesichtspunkten als zentrales Ergebnis der
Untersuchung eklatant, wobei sich im Opfernarrativ ein innerlandwirtschaftlich
seit mehreren Generationen tradiertes Erzählnarrativ und daher als selbstempfundene Realität verinnerlichtes Deutungsmuster bemerkbar macht.

Zwischen Macht und Ohnmacht: Zur Rolle von Lebensmittelhandel und Politik

Als systemischer Akteur, der im eigentlichen Sinne kein Akteur ist, sondern
aus Interessensvertretungen unterschiedlicher Unternehmen besteht, wurde
von den Interviewpartnern und Interviewpartnerinnen »der« Lebensmittelhandel als eine der einflussreichsten und damit für mögliche ökonomische
Veränderungen wichtigsten Marktmächte adressiert. Die Landwirte und Land-

---

152 Schriftleitung, Guter Rat – sehr billig. Rubrik Aktuell und wichtig, in: Deutsche Wirtschaftsgeflügelzucht 12, 1958, 223.
153 Vgl. Bundesministerium für Wirtschaft und Energie, Infografik Dienstleistungen.
URL: https://www.bmwi.de/Redaktion/DE/Infografiken/Alt/dienstleistungen-bruttowert-
schoepfung-in-deutschland.html (08.03.2019).

wirtinnen schrieben einzelnen Supermarktketten und Fleischproduzenten mehr Handlungsmacht als der Politik zu, was gerade im Sinne eines Foucault'schen Verständnisses von souveränitätsausübender Handlungsmacht und gouvernementalen Strukturen bemerkenswert ist, da aus der Perspektive der Befragten kapitalistische Marktmechanismen weitaus wirkmächtiger als die politische Exekutive sind, der eine Lösung agrarökonomischer Dilemmata gerade aufgrund internationaler Handelsverflechtungen kaum zugetraut wird. Landwirt H. Q., zum Zeitpunkt des Interviews 36 Jahre alt und Leiter eines sogenannten »Privathof«-Betriebes mit 27.000 Masthühnern, geht im Gespräch auf diese Dynamiken ein:

Da ist einfach auch der Lebensmitteleinzelhandel massiv in der Pflicht einfach, da zu sagen, wir wollen was machen dagegen und … also mit der Initiative Tierwohl, wo die da … das ist mehr oder weniger bloß ein Tropfen auf den heißen Stein. Das bringt eigentlich gar nichts. […] Wenn heute Aldi sagen würde: Das ist unser Katalog an Hähnchenprodukten, zu den Bedingungen sollen die aufgezogen werden, dann funktioniert das. Weil wenn einer der großen Discounter vorne wegprescht, ziehen die anderen alle hinterher und die komplette Geflügelbranche ist im Umbruch. Und das geht ziemlich schnell, würde das funktionieren. Aber da ist natürlich dann auch der Preiskampf dann wieder da, wenn … wie bei der Initiative Tierwohl. Wenn Aldi gesagt hat, oder ich weiß nicht, sind die überhaupt dabei? Ich glaube nicht. Die … wenn … das sind halt einfach die Preismacher. Wenn die … was die nicht machen, machen die anderen auch nicht.

Da zwischen politischen Vorgaben einerseits und Verbraucherwünschen andererseits stehend, positioniert H. Q. die »großen Discounter« als diejenige Akteursgruppe, die über ihre angebotene Warenpalette und Preisvorgaben den größten Einfluss auf Richtungsentwicklungen in der Lebensmittelproduktion hat. Er sieht den Lebensmittelhandel »massiv in der Pflicht«, gleichzeitig ist dem Landwirt die Problematik des hier bestehenden Konkurrenzverhältnisses bewusst. H. Q. schließt unmittelbar an seine Aussage Bemerkungen zur politischen Handlungsmacht an:

Die Politik kann das nicht steuern, weil dann immer der Lebensmitteleinzelhandel dann trotzdem die Wahl hat, wo der die Ware dann kauft. Und du kannst den Lebensmitteleinzelhandel nicht verpflichten, vorschreiben, dass er die Ware nur aus Deutschland kaufen soll. […] Die müssten von sich aus sagen, da der Lebensmitteleinzelhandel müsste sagen, wir wollen bloß noch dieses Produkt, dann gibt es auch bloß noch dieses Produkt.

Nicht politisch-institutionelle, die »das nicht steuern« können, sondern ökonomische Akteure, die sich »nicht verpflichten, vorschreiben« lassen, verfügen also aus Sicht des Interviewpartners über die Macht zur Richtungsbestimmung der Landwirtschaft, wobei auf letztere kein Zwang ausgeübt werden könne. Nach dieser Interpretation erscheint der Staat »entmächtigt und ökonomisch

bevormundet«[154], wie dies die Politikwissenschaftlerin Eva Kreisky in ihren
Thesen zu Prozessen der Neoliberalisierung beschreibt. Aus dieser Perspektive
heraus lässt sich auch erklären, weshalb sich politische Forderungen der Landwirte und Landwirtinnen im Quellenmaterial trotz expliziter Fragestellungen
in den Interviews kaum finden lassen bzw. eher unkonkret und mit einer gewissen Ratlosigkeit ausfallen – »der« Markt wird als weitaus wirkmächtiger
als politische Akteure wahrgenommen, wie die Reaktion von Putenhalter I. O.
nochmals verdeutlicht:

I.: Was würdet ihr euch da von der Politik dann wünschen?
I. O.: Mei[155] ich sage jetzt mal was … die können ja auch nicht aus.

Statt Regelungsmechanismen oder Änderungsvorschlägen werden an die Politik
vielmehr ideelle Wünsche einer stärkeren Berücksichtigung und Verteidigung
der landwirtschaftlichen Bevölkerung gegenüber ihren Kritikern herangetragen:

I.: Was würdet ihr euch dann da wünschen? Also von der Politik?
F. X.: Dass sie sich mehr hinter den Bauern stellt.
S. X.: Ja, genau.

Ähnlich antwortete Zuchtsauenhalter M. J.: »[W]ir brauchen mehr Rückhalt
vom Ministerium! Dass die sagen: Unsere Landwirte machen das Zeug gut!«
Obwohl aus dem Material ein *erheblicher Vertrauensverlust* der Intensivtierhalter
und -halterinnen in politische Entscheidungsmacht hervorgeht und Änderungen ihrer Situation von dieser Seite her kaum erwartet werden, lässt sich aus
den Interviewaussagen heraus auch ein Teil des Erfolgs der bayerischen CSU
innerhalb der landwirtschaftlichen Klientel erklären:[156] Den in den Zitaten gewünschten politischen Rückhalt sieht Mastschweinehalter H. A. nämlich ebenso
wie weitere Befragte am ehesten bei der CSU gegeben:

Es ist schon schön, wenn man von gewissen … ich sage jetzt von der konservativen
Seite, wenn man da noch Unterstützung hört für die Bauern. Oder wenn die … wenn
man zumindest erwähnt wird, auch positiv erwähnt. Nicht grad, wenn halt wieder
irgendwas war, ein Skandal oder so. Dass die …, dass die uns als … ja, dass man
wahrgenommen wird.

---

154 Eva Kreisky, Ver- und Neuformungen des politischen und kulturellen Systems. Zur
maskulinen Ethik des Neoliberalismus, in: Kurswechsel. Zeitschrift für gesellschafts-, wirt-
schafts- und umweltpolitische Alternativen 4, 2001, 38–50, hier 47.
   155 Bayr.-dialektale Einleitungsfloskel (ohne Übersetzung).
   156 Bei der Landtagswahl im Oktober 2018 gaben Bauern und Bäuerinnen mit 66 % im
Vergleich zu 37,2 % der Gesamtbevölkerung ihre Stimme der christlich-konservativen Partei.
Vgl. Norbert Lehmann, Bayerische Landwirte blieben der CSU treu, in: Agrarheute 15.10.2018.
URL: https://www.agrarheute.com/politik/bayerische-landwirte-blieben-csu-treu-548710
(08.03.2019).

Auch bei H. A. geht es nicht in erster Linie um die Umsetzung von für den eigenen Beruf relevanten politischen Maßnahmen durch die CSU, sondern deren »Unterstützung«, »positiv erwähnt«, überhaupt »wahrgenommen« zu werden. Deutlich werden also auch an dieser Stelle einmal mehr die grundsätzliche Empfindung der eigenen Marginalisierung sowie der daraus resultierende Wunsch der Interviewpartner und Interviewpartnerinnen *nach gesellschaftlicher Anerkennung.*

Neben der Grundannahme einer äußerst beschränkten politischen Handlungsmacht spielt ein zweiter Faktor mit in die resignativ und forderungsarm ausfallenden Äußerungen der Landwirte und Landwirtinnen gegenüber der Staatsführung hinein, nämlich eine in zahlreichen Interviews aufscheinende Ablehnung von äußerer »Einmischung«. Stellvertretend für mehrere Landwirte und Landwirtinnen dazu I. K. und I. Ü.:

I. K.: [U]nd wir wissen, auf Dauer, wo sich der Staat eingemischt hat, das hat noch nie richtig funktioniert!

I. Ü.: Ich meine, man sieht es in jedem Bereich, wo sich die Politik zu viel einmischt, funktioniert es einfach nicht mehr.

Diese Haltung resultiert vor allem aus den Erfahrungen der Landwirte und Landwirtinnen mit einer von der Mehrheit der Befragten als gescheitert bewerteten Subventions- und Regulierungspolitik im Agrarbereich. Genannt wurden dazu beispielsweise die bereits behandelte Biogas-Förderung, die zu unerwünschten Nebenwirkungen wie Pachtpreisanstieg und negativen Umweltfolgen führte, ebenso wie seit Jahrzehnten bestehende Problematiken fehlgeleiteter Subventionen und Anreize zu Überproduktionen.[157] Wenn von den Landwirten und Landwirtinnen überhaupt Lösungsszenarien aus ihren ökonomischen Drucksituationen heraus gesehen wurden, so daher am ehesten über den Lebensmittelhandel und – wie anschließend beleuchtet wird – über das Agieren der Verbraucher. Der 60-jährige Betreiber einer Entenmast bemerkt:

I. V.: Das sind Drecksäcke, das sind Drecksäcke! Sagen wir einfach, ne, das sind die, nur nach Geld! Die haben ihr Einkommen, da kommen immer so junge Studierte (lacht), kommen da her, und wenn die nachher einen Cent oder fünf Cent verdienen können, dann machen sie das, egal wie es kommt.

Etwas weiter im Interview:

I. V.: Gut, also ich schiebe schon viel auf den ganzen Lebensmitteleinzelhandel. Und auf die Konzentration. Da bietet sich ... jeder bietet sich ja mit Lebensmitteln runter. Und die haben jetzt so eine Machtstellung, wo da halt ... Ja. Der Erzeuger hat da wenig Chancen.

---

157 Vgl. hierzu grundlegend Wilhelm Henrichsmeyer, Heinz Peter Witzke, Agrarpolitik. Bd. 2. Bewertung und Willensbildung. Stuttgart 1994.

Ebenso wie schon bei H. Q. werden die Akteure des Lebensmitteleinzelhandels
von I. V. als wirkmächtige, aber unverlässliche und nur der eigenen Profitmaximierung folgende Unternehmer fremdpositioniert – eine Zuschreibung, mit der
wiederum wie in den Kapiteln 7.2, 7.3 und 8.1 behandelt die Intensivtierhalter
und -halterinnen selbst häufig konfrontiert werden. Während »[d]er Erzeuger«,
also die Landwirte und Landwirtinnen, »wenig Chancen« hätten, in ihrer Handlungsmacht also äußerst eingeschränkt positioniert werden, seien die Vertreter
des Lebensmittelhandels »junge Studierte«, damit sowohl als unerfahren als
auch praxisfern klassifiziert, genauer »Drecksäcke«, wie der Interviewpartner
drastisch und wiederholt formuliert und damit seinen Ärger emotional deutlich
zu Tage treten lässt. Mit einer ähnlich eindringlichen Wortwahl und in einer
auch in Mimik und Tonfall während des Interviews als Wut gegenüber einem
die eigene Entscheidungsfreiheit einschränkendem Wirtschaftsgeflecht hör- und
sichtbaren Form geht Interviewpartner I. Sch. auf weitere Lobbymächte ein:

Die Schlachtlobby, was meinen Sie, was die für … Jetzt lass nur einmal ein Band ausfallen in Wiedenbrück beim Tönnies … Wenn der einen Tag zumacht, dann kollabiert
Deutschland. Wie krass ist denn das und wie krank? Aber habe *ich* die Entwicklung
vorangetrieben? […] Reich wird da niemand in dem Geschäft. Der LEH [Lebensmitte-
leinzelhandel] bestimmt die Welt und gibt das halt nach unten weiter bis zu uns. Wer
erfindet denn Schlachtmasken? Warum ist ein Schwein auf einmal 20 Euro weniger
Wert, weil es drei Kilo weniger Schlachtgewicht hat? Das ist doch krank!

Mit der Firma Tönnies spricht I. Sch. den größten deutschen Schlachtbetrieb für
Schweine an – die Tönnies Holding gehört zudem mit 6,9 Milliarden Umsatz
in 2017 zu den wichtigsten Lebensmittellieferanten der Bundesrepublik.[158] Als
Schlachtmasken werden unterschiedliche Einteilungen der Tiere nach Muskel-
fettanteil, Übergewicht etc. in Hinblick auf den späteren Vertrieb bezeichnet,
welche I. Sch. als »krank« ansieht, ebenso wie er Abhängigkeiten und enge
Taktungen im System per se kritisiert, das er gleichfalls als »krass« und »krank«
einstuft. Die Wirkmacht, die auch I. Sch. dem Lebensmittelhandel zuschreibt,
drückt sich im Satz »[d]er LEH bestimmt die Welt« aus – abermals werden nicht
die Politik, sondern ökonomische Akteure als zentral positioniert. Systemische
Zusammenhänge – so das Ergebnis der Analyse – sind den Landwirten und
Landwirtinnen in ihrer Komplexität durchaus bewusst, gerade aus deren Reflexion resultiert auch das vorherrschende Gefühl, diese weder aus eigener Kraft
noch mit Unterstützung der Politik maßgeblich verändern zu können. Masthuhnhalter I. K. betont in einer für den Interviewpartner typisch umfassenden
und weitgreifenden Form das stete Vorhandensein ökonomischer Interessen bei
jeder Veränderung im Lebensmittelbereich:

158 Christian Brüggemann, Tönnies-Umsatz steigt auf 6,9 Mrd. Euro, in: topagrar 16.04.
2018. URL: https://www.topagrar.com/markt/news/toennies-umsatz-steigt-auf-6-9-mrd-
euro-9251709.html (09.03.2019).

Hängt ja auch ein riesen Wirtschaftszweig dran! Eines müssen Sie sich merken: Immer, wenn irgendwo was nicht läuft oder für die andere Seite, gibt es immer wirtschaftliche Interessen! Immer! Vegan – auch wirtschaftliche Interessen! Tierschutz – wirtschaftliche Interessen! Kein Schweinefleisch essen, vielleicht Hühnerfleisch essen! Kein Rindfleisch essen, vielleicht Hühnerfleisch essen! Kein Hühnerfleisch essen, hoffentlich Rindfleisch essen! Hoffentlich keine Massentierhaltung, sondern Bio, Freilandhaltung, sollen alle das kaufen! Unser Produkt braucht Wertsteigerung! So schreit jeder Lobbyist irgendwo! [...] Hühner, Hühner, Tierschutz! Hühner dürfen nicht krank werden, müssen wir noch mehr desinfizieren, ahhh ...! Tierschutz, ja das hört sich gut an, machen wir nochmal Verbraucherschutz draus. Wieder mehr Desinfektionen rein, nochmal mehr Auflagen, mehr Kosten. Ein riesen Milliardenmarkt. Tut man im Endeffekt was Gutes, dass die Mitarbeiter – wir! – immer mehr mit sowas konfrontiert werden? Mit mehr schäd... Drecksdesinfektionsmitteln und werden eigentlich die Leute immer kränker anstatt gesünder!

I. K. kommt von hinter jeder Entwicklung in der Esskultur stehenden finanziellen Interessen über Verbraucherschutzgesetze bis auf Stalldesinfektionen zu sprechen, die jeweils von bestimmten Firmen bzw. Medikamentenherstellern mit Gewinnabsichten gelenkt würden. All diese Aspekte sind für I. K. nicht voneinander zu trennen, da sie Teil eines komplexen ökonomischen Systems sind, welches die Historikerin Ulrike Thoms in einem Aufsatz zur Entwicklung der Tiermedizin wie folgt beschreibt:

Nachdem einmal die Entscheidung zur Entwicklung einer großindustriell verfassten Geflügelwirtschaft gefallen war, wurde diese Opfer von Pfadabhängigkeiten und der Dominanz der Industrie. Die Industrie war es, die die Forschung betrieb, beriet und ihre Tierärzte und Fütterungsexperten schickte. [...] Dieses System entfaltete eine ungeheure Eigenlogik, etablierte Praktiken und Wissensangebote von Experten und Ratgebern, die in einem undurchschaubaren Netz von Beziehungen miteinander verknüpft waren.[159]

In den hier behandelten Zitaten wird durchaus – teils sehr deutlich – Kritik an bestehenden Abhängigkeiten vom Lebensmittelhandel, dessen Umgang mit den Erzeugern, aber auch an generellen Systemzusammenhängen und politischer Handlungsohnmacht im Agrarsektor vorgebracht. Dennoch wurden eben kaum konkrete Forderungen benannt oder anderweitige breitere Widerständigkeiten, die über Kritik an den eigenen (Tier- und Umweltschutz-)Kritikern hinausgehen, sichtbar. Josef Krammer beschrieb dies in seiner 1976 erschienenen Studie unter Landwirten in Österreich trotz auch damals schon geäußerter hoher politischer Unzufriedenheit und pessimistischer Zukunftseinschätzungen als »große Pas-

---

159 Ulrike Thoms, Handlanger der Industrie oder berufener Schützer des Tieres? Der Tierarzt und seine Rolle in der Geflügelproduktion, in: Hirschfelder, Ploeger, Rückert-John, Schönberger, Mensch essen, 173–192, hier 184.

sivität«[160], die er dahingehend interpretiert, dass »die Bauern – anders als die
Arbeiter – keinen klaren und eindeutigen Adressaten für ihre politischen und
wirtschaftlichen Forderungen sehen.«[161] Über vier Jahrzehnte später hat sich
an diesem Bild kaum etwas geändert, geradezu eklatant knüpfen die Ergebnisse der vorliegenden Untersuchung an ältere agrarsoziologische Studien zur
ökonomischen Situation und deren Einschätzung durch die Landwirte und
Landwirtinnen an. Statt optimistischer Prognosen etwa im Sinne der Chancen
einer Landwirtschaft 4.0 etc. herrschen weiterhin Skeptizismus gegenüber politischen Entscheidungen und Entscheidungsträgern, resignative Haltungen und
das Gefühl vor, nicht-wirkmächtige Akteure innerhalb eines übermächtigen und
in seiner Komplexität nicht zu durchdringenden ökonomischen Beziehungsgeflechts zu sein.

Wirtschaftliche Alternativlosigkeit? Resignation und Änderungsbereitschaft

Zu Abschluss des Ökonomie-Kapitels wird ein Blick auf Reaktionen und Einschätzungen der Landwirte und Landwirtinnen zu Lösungsszenarien aus den
beschriebenen Dilemmata heraus geworfen, die von mir im Sinne des problemzentrierten Interviews an die Befragten herangetragen wurden. Wie auch vorhergegangen bereits behandelt, wurden Änderungen der Haltungsbedingungen
von den Landwirten und Landwirtinnen durchaus in Erwägung gezogen – obwohl sie diese bezüglich ihrer Sinnhaftigkeit teilweise bezweifeln –, insofern
damit *Einkommenssicherheit gewährleistet* werden kann. In Zusammenhang
mit dem Betreiben der Intensivtierhaltung als Lebensgrundlage gingen die
Interviewpartner und Interviewpartnerinnen durch eine Selbstpositionierung
als flexible und marktanpassungsfähige Unternehmer immer wieder auf ihre
grundsätzliche Bereitschaft ein, Wirtschaftsweisen anzupassen. Skepsis und
Hindernisse bestehen in erster Linie hinsichtlich *der Rentabilität* von Umwelt-
und Tierschutz-Alternativen:

I. G.: Also wir verwehren uns nicht, mehr Tierschutz zu machen! Also was jetzt vom
Tierschutz her wie gesagt immer diskutiert wird, ist ja immer zweierlei. Aber es soll
halt so sein, dass es dann wirtschaftlich vertretbar ist und dass man trotzdem noch
leben kann davon. Weil, wie gesagt, wir haben jetzt vier Kinder, du hast eine große
Familie, es kann ja nicht sein, dass du viel arbeitest oder mehr arbeitest wie andere
und im Endeffekt weniger hast dann.

---

160 Josef Krammer, Das Bewußtsein der Bauern in Österreich. Analyse einer Ausbeutung II.
Wien 1976, 81.
161 Ebd., 83.

Mastschweinehalter I. Ö. formuliert überspitzt:

Und mir ist das letztendlich egal, was ich produziere. Irgendwas … wir wollen halt irgendwas produzieren für den Markt, wo wir ein Geld damit verdienen können und … Wenn einer haben will, dass ich ihm das Schweindl jeden Tag dreimal Gassi weisen[162] tue und zahlt das … letztendlich dass das lukrativ ist, dann machen wir das.

Gerade aus den Einschätzungen einer kaum handlungsmächtigen Politik und handlungsmächtigen, aber nicht am Wohl der Landwirte und Landwirtinnen interessierten ökonomischen Interessensvertretern heraus wurde »der« Verbraucher von den Interviewpartnern und Interviewpartnerinnen in Bezug auf wirtschaftliche Aspekte als zentraler und wichtigster Akteur hervorgehoben. In Kapitel 7 wurde bereits auf Entfremdungsprozesse zwischen Landwirtschaft und Bevölkerung eingegangen, die zu einer geringen Wertschätzung bäuerlicher Produktion führen. Aus der Analyse des Materials geht hervor, dass die Landwirte und Landwirtinnen Verbraucherverhalten gleichwohl als ausschlaggebendes Moment für Veränderungen der gesamten agrarischen Entwicklung ansehen, allerdings wird wenig Hoffnung in eine tatsächliche Wende hin zu bewussterem und höherpreisigerem Lebensmittelkonsum gesetzt. Bis auf zwei vorsichtig optimistische Einschätzungen eines im Wandel befindlichen Einkaufsverhaltens jüngerer Generationen herrscht für die Mehrheit der Intensivtierhalter und -halterinnen ein eklatanter Unterschied zwischen öffentlichen Verbraucherbekundungen und tatsächlichem Verbraucherverhalten, was auch im eigenen Umfeld so wahrgenommen wird:

H. Z.: Ich hab eine Schwester, die ist selbst Rechtsanwältin und der andere ist Rechtsanwalt, diese Rechtsanwaltsfrauen, die sagen, sie kaufen immer Bio. Ja, einmal im Monat gehen sie ins Biogeschäft und kaufen es und 29 Mal rennen sie in den Großmarkt. Und am Stammtisch, wenn sie dann dort sitzen, sprechen sie groß, wo sie ihr Zeug gekauft haben. Ich hab da einige, die da sehr groß sprechen und Ding … ja, da fahren wir zu den Bauern raus und dann kaufen wir das … Ja sag ich: ›Schön, lobenswert von euch, dass ihr sie damit unterstützt.‹ Aber wenn ich dann sag: ›Und, wie oft bist du rausgefahren?‹ Dann sagt er: ›Ja, das letzte Mal bin ich vor vier Wochen draußen gewesen.‹ Ja sag ich: ›Ich glaub nicht, dass du dich da für vier Wochen mit deinen ganzen Lebensmittelsachen mit eingedeckt hast. Wo gehst du denn sonst hin?‹ ›Ja … da lauf ich nur da vorn kurz zum Edeka rein.‹ Also … da sind sehr, sehr viele Alibi-Sachen dabei, die da mit … damit man halt am Biertisch oder auch bei der Ding … auch dabei ist und schön reden kann. Und da ich das eben ein bisschen mit kenn, schmier ich ihnen das schon ein bisschen unter die Nase auch mit. Weil wo käme es denn her? Wir hätten auch gerne einen schönen Hofmarkt, aber so ein Hofmarkt – ich habe einen guten Freund, der macht das sehr gut. Der macht viel Bio, macht aber nebenbei andere Sachen auch mit. Der ist in Franken oben, fast wie einen kleinen Supermarkt hat der mit dabei, der macht das sehr, sehr gut. Der hat eigentlich alles drin. Aber der sagt:

---

162 Dialektal für »Gassi gehen«.

›Ja, es ist sehr, sehr schwierig oft.‹ Wenn das Frühjahr ausbricht, geht das manchmal wie der Teufel. Aber wenn dann im Herbst so Novembertage sind, da rührt sich kein Stammkunde und nichts, wenn da ein bisschen schlechtes Wetter noch ist sagt er, da … Klar, der Mensch ist an für sich ein bequemes … Bequemlichkeit ist nun mal schöner.

H. Z., der auf seinem bayerischen Betrieb 2.500 Mastschweine und in Sachsen weitere 1.200 Zuchtsauen sowie 1.000 Mastschweine besitzt, geht in seinem Monolog auf Widersprüchlichkeiten und Diskrepanzen im Verbraucherhandeln ein, die er im persönlich-verwandtschaftlichen Umfeld feststellt – mit dem Rechtsanwalts-Beruf werden hier vorwiegend Personen angesprochen, die einer höheren Einkommensschicht zugeordnet werden und sich den Einkauf im Biomarkt oder Hofladen auch leisten können.

Zahlreiche wissenschaftliche Befunde sowie die jährlichen Verkaufszahlen des Lebensmittelhandels stützen die Wahrnehmung des Interviewpartners. Gunther Hirschfelder schreibt im Aufsatz »Das Bild unserer Lebensmittel zwischen Inszenierung, Illusion und Realität«, es würden »vor allem jene Produkte produziert, die von den Kunden gewünscht werden«[163] und weiter: »Daher steht der Anteil der biologisch und fair erzeugten Lebensmittel geringer als deren mediale Thematisierung. Der Kunde bevorzugt billige Convenience-Produkte und gleichzeitig die Illusion einer heilen Welt.«[164] Der Anteil biologischer Lebensmittel am gesamten Marktumsatz betrug in Deutschland 2017 lediglich 5,4 Prozent.[165] Zwar steigt er jährlich kontinuierlich an – 2004 lag die Zahl noch bei 1,7 Prozent[166] –, dennoch steht er nicht in annähernd verhältnismäßiger Relation zu gesellschaftlichen Forderungen wie etwa dem erfolgreichen Bayerischen Volksbegehren zum Artenschutz von 2019, in dem mindestens 30 Prozent Öko-Betriebe im Freistaat gefordert wurden.[167] Gerade bei Verbraucherumfragen, in denen regelmäßig Ergebnisse einer prozentual sehr hohen Wertschätzungs-

---

163 Gunther Hirschfelder, Das Bild unserer Lebensmittel zwischen Inszenierung, Illusion und Realität, in: Stefan Leible (Hrsg.), Lebensmittel zwischen Illusion und Wirklichkeit. Schriften zum Lebensmittelrecht. Bd. 30. Bayreuth 2014, 7–35, hier 26.
164 Ebd.
165 Vgl. Statista. Das Statistik-Portal, Anteil von Bio-Lebensmitteln am Lebensmittelumsatz in Deutschland in den Jahren 2004 bis 2017. URL: https://de.statista.com/statistik/daten/studie/360581/umfrage/marktanteil-von-biolebensmitteln-in-deutschland/ (11.03.2019).
166 Ebd.
167 Das von der ödp initiierte und von mehreren Bündnispartnern wie dem Landesbund für Vogelschutz, Bündnis 90 /Die Grünen etc. unterstützte Volksbegehren war mit 18,4 Prozent der Wählerstimmen im Februar 219 das historisch bislang erfolgreichste Volksbegehren im Freistaat. U. a. eine politische Forderung nach mehr Öko-Betrieben bei gleichzeitig (noch) nicht vorhandenem Absatz wurde von Landwirtschaftsvertretern im Zuge der Diskussionen um die Abstimmung öffentlich stark kritisiert. Vgl. dazu BBV, Nein zum Volksbegehren! 01.02.2019. URL: https://www.bayerischerbauernverband.de/presse/nein-zum-volksbegehren-5858 (11.03.2019).

bekundung von mehr Tierschutz und Angaben, dafür auch mehr Geld auszugeben, geliefert werden,[168] spielt das Phänomen der sozialen Erwünschtheit[169] eine große Rolle. Das heißt, die Befragten geben an, was sie als gesellschaftlich mit der höchsten Zustimmung verbunden einschätzen, nicht was ihrem realen Kaufverhalten entspricht. Dazu kommt eine kognitiv prägnantere Erinnerung an erlebnisbehaftete Einkaufssituationen wie Hofladen- oder Wochenmarktbesuche, die weniger oft erfolgen als der Besuch im nahegelegenen Discounter, von den Konsumenten aber stärker memoriert und daher in Umfragen und Gesprächen herausgestellt werden.

Interviewpartner H. Z. problematisiert dies am Beispiel seines Bekannten – im Satz »der macht das sehr, sehr gut« drückt sich zugleich die Akzeptanz und Anerkennung des konventionellen Intensivtierhalters gegenüber seinem ökologisch wirtschaftenden Freund aus –, dessen Hofladen saisonbedingten Absatzschwierigkeiten gegenüberstünde. Auch weitere Interviewpartner und Interviewpartnerinnen wie Ehepaar A. berichteten von innerlandwirtschaftlich tradierten negativen Erfahrungen:

H. A.: Weil dann heißt es immer: Ja … das ist das … Wundermittel … ist uns schonmal gepredigt worden. Das können ein paar machen, die bedienen diese Nische, hoffentlich auch gut und hoffentlich verdienen sie auch was damit. Weil so ein Hofladen ist nicht einfach.
F. A.: Nein, der ist sowas von arbeitsintensiv und da gibt es dann wirklich keinen freien Tag mehr. […] Ja, weil man ist gewohnt, dass man in ein Geschäft … einmal hin, alles drin. Da kriegst du alles. Ich meine, wer fährt denn noch drei Geschäfte an, dass er sein Fleisch und Käse da und Fleisch da … das tun eh die wenigsten, weil du eh in jedem Geschäft alles kriegst eigentlich. Das ist so. Und da ist halt der Mensch auch zu bequem dann wieder, dass er das tut.

Angesichts der behandelten Absatzprobleme und Verkaufszahlen des Lebensmittelmarktes sind Zweifel und Skepsis der Interviewpartner und Interviewpartnerinnen gegenüber einer Wirtschaftlichkeit sogenannter »Alternativlösungen« berechtigt. Das ökonomische Spannungsverhältnis, in dem sich zahlreiche Landwirte und Landwirtinnen befinden, wird vor diesem Hintergrund in öffentlichen Auseinandersetzungen wie zum Teil auch wissenschaftlichen Studien, die Umstellungen auf biologische Landwirtschaft, Solawi- oder Hofladen-Konzepte

---

168 Vgl. Kayser, Spiller, Massentierhaltung, oder Verbraucherzentrale.de, Tierschutz, Tierwohl und artgerechte Haltung!? 23.01.2019. URL: https://www.verbraucherzentrale.de/wissen/lebensmittel/lebensmittelproduktion/tierschutz-tierwohl-und-artgerechte-haltung-22080 (06.04.2020).
169 Vgl. dazu immer noch aktuell: Hartmut Esser, Können Befragte lügen? Zum Konzept des »wahren Wertes« im Rahmen der handlungstheoretischen Erklärung von Situationseinflüssen bei der Befragung, in: Kölner Zeitschrift für Soziologie und Sozialpsychologie 38, 1986, 314–336.

als lediglich ideelle Umdenk-Notwendigkeiten einer konservativen bäuerlichen
Bevölkerung darstellen, nicht ausreichend ernst genommen, etwa wenn Frank
Uekötter in »Die Wahrheit ist auf dem Feld« schreibt:

Der heutige Landwirt [...] kann auf regionale Vermarktung setzen, auf Ökolandbau
umstellen oder sich auf exotische Produkte vom Strauß bis zur Petersilie spezialisieren,
ohne im gesellschaftlichen Abseits zu landen, und in bestimmten Regionen bieten
auch Tourismus und Landschaftspflege attraktive Optionen. Im Vergleich mit der
Monomanie von ›Wachsen oder Weichen‹ und ›Betriebsvereinfachung‹ offeriert die
heutige Landwirtschaft geradezu eine Überfülle an Entwicklungsmöglichkeiten.[170]

Jegliche Umstellung auf andere Betriebszweige, wie etwa der Anbau von Sonderkulturen, Spezialisierung auf Nischenprodukte oder touristische Standbeine, die
zudem stark regionenabhängig sind, beinhaltet für die Interviewpartner und
Interviewpartnerinnen zunächst nicht abschätzbare Risiken – diese werden
vor allem auch aufgrund der häufig bereits bestehenden Bankenschulden für
Stallbauten und Technik nicht eingegangen, was den ökonomischen Entschei-
dungsspielraum nochmals beschränkt. Nicht in erster Linie grundsätzliche
Vorbehalte oder Ablehnung halten die Intensivtierhalter und -halterinnen von
einer Änderung ihrer Produktionsweisen ab, sondern Sorgen vor einer *nicht
gewährleisteten finanziellen Sicherheit* – basierend auf Verbraucherumfragen,
die sich mehr Tierwohl wünschen, welche anschließend nicht mit der Realität
des tatsächlichen Konsums übereinstimmen, stellen die Befragten ihre Betriebe
nicht um. I. N. berichtet dazu von einer landwirtschaftlichen Bekannten:

[D]ie ist da schon sehr aktiv. Setzt sich mit dem Thema stark auseinander, mit der habe
ich da dann wieder mehr ... haben wir jetzt zusammengeschmatzt[171], was Sache ist.
Und ... aber die sagt halt auch ... die Preise und die Metzgervermarktung... und die
hat zum Metzger auch gesagt: ›Du ich baue dir einen Strohstall, wie es die heutzutage
wollen.‹ Dann hat der Metzger klipp und klar gesagt: ›Nein! Bauen kannst du ihn
schon, aber du kriegst von mir nicht mehr Geld. Weil mein Laden läuft, die Leute sind
zufrieden, ich habe meine Kundschaft. Und warum soll ich da mehr Geld ausgeben?‹

Diese Kluft zwischen medialer Thematisierung und realen Absatzzahlen ist
für die Interviewpartner und Interviewpartnerinnen zentrales Moment ihrer
Positionierungen zu wirtschaftlichem Spannungsverhältnis auf der einen und
öffentlichen Angriffen auf der anderen Seite, die gerade aus dem Bewusstsein
heraus, für eine bestimmte Marktnachfrage zu produzieren, als ungerechtfertigt
zurückgewiesen werden. Innerlandwirtschaftlich tradiert werden wie im eben
zitierten Beispiel von Landwirt N. immer wieder Beispiele anderer Landwirte

---

170 Uekötter, Wahrheit, 433.
171 Dialektal für »zusammensitzen und reden«.

und Bekannter, die nach entsprechenden Änderungen und einer stärkeren Tier-
wohl-Ausrichtung ihrer Ställe mit erheblichen Absatz- und Vermarktungspro-
blemen zu kämpfen hatten.

Aus kulturwissenschaftlich-erzählforscherischer Perspektive sind die »Erzählungen über …« stets auch als defensive Narrationsstrategien derjenigen Intensivtierhalter und -halterinnen zu interpretieren, die eben keine gesellschaftlich
erwünschten Stallsysteme besitzen und dies mit einem Nicht-Gelingen entsprechender Versuche in ihrem Umfeld rechtfertigen – was also der eigenen Positionierung damit entgegenkommt und diese stärkt. Trotz der Berücksichtigung
dieser diskursiven Positionierungsprozesse sind die Aussagen der Interviewpartner und Interviewpartnerinnen zu wirtschaftlichen Entscheidungen gerade
im Sinne der starken bäuerlichen Fokussierung auf generationenüberdauernden
Hoferhalt im Sinne Lutz Musners aber auch Basis ihrer realen Handlungsaus-
richtung, bei der ökonomische Sicherheit vor risikobehafteten Experimenten
mit Alternativkonzepten steht.

Ausschlaggebendes Moment ist für die Landwirte und Landwirtinnen letztlich, mit den gehaltenen Nutztieren Geld verdienen zu müssen – die Art und
Weise, wie dies erfolgt, ist für die Interviewpartner und Interviewpartnerinnen
zunächst zweitrangig. Zwar gingen die Befragten – wie in Kapitel 9.3 deutlich wird – eingehend auf arbeitstechnische Pro- und Kontra-Argumente von
Strohhaltung, Spaltenböden, Ringelschwanz- und Schnäbelkupieren etc. ein
und einige Tierschutzforderungen wurden pauschal als unsinnig betrachtet,
allerdings gab die Mehrzahl der Landwirte und Landwirtinnen gleichzeitig an,
höheren Arbeitsaufwand oder aus ihrer Sicht als Rückschritte bewertete Veränderungen auf sich zu nehmen, wenn dies entsprechend entlohnt würde. Für
die Befragten scheitert eine Umgestaltung des agrarischen Systems damit *nicht
am Willen der Landwirte und Landwirtinnen*, sondern an denjenigen Akteuren
und Faktoren, die den Markt für die Lebensmittelproduktion bestimmen. Prinzipiell – so geht aus der Analyse klar hervor – besteht Bereitschaft zu tierwohl-
gerechteren und umweltschonenderen Produktionsbedingungen, solange diese
ökonomisch honoriert werden, ideelle Ablehnung ist zwar teilweise durchaus
vorhanden, wird aber von den Interviewpartnern und Interviewpartnerinnen im
Sinne eines anpassungsfähigen, auf den Markt reagierenden Unternehmertums
flexibel gehandhabt und versperrt hier nicht per se den Weg zu Veränderungen.

8.6 Ökonomie und Intensivtierhaltung:
Zur Wirkmacht und Brüchigkeit selbstverinnerlichten
Wachstums- und Leistungsdrucks

Demnach leben die Deutschen in einer Welt, die Menschen nicht nur beruflich, sondern auch im Privaten und in der Freizeit beständig auf Leistung trimmt, weshalb
sich viele enorm anstrengen. Leider geschieht das häufig bis zur völligen Erschöpfung
sowie zusätzlich vergebens. Denn westlich-moderne Staaten wie die Bundesrepublik
beschreiben sich zwar als ›Leistungsgesellschaften‹ oder ›Meritokratien‹, die den
Anspruch haben, ökonomische Produktivität zu steigern, indem sie berufliche Positionen und sozialen Status an individuelle Leistung knüpfen, statt an Herkunft. Aber
Letzteres ist bestenfalls ein schwer einzulösendes Versprechen und im schlechtesten
Fall eine gezielte Lüge.[172]

Was Nina Verheyen hier gesamtgesellschaftlich zusammenfasst, lässt sich anhand der analysierten Aussagen der Landwirte und Landwirtinnen im Untersuchungsfeld exemplarisch fassen – gerade in den dargestellten Fallbeispielen
wurden die Anpassungsbemühungen der Interviewpartner an wirtschaftliche
Leistungsparadigmen und daraus hervorgehende Belastungen besonders deutlich. Ich interpretiere die Aussagen der Intensivtierhalter und -halterinnen in
den eben analysierten Kapiteln um den Themenkreis »Ökonomie« daher in
erster Linie als Anpassungen an kapitalistischen Wachstumsdruck, der selbstausbeuterische Arbeitspensen, eine selbstdisziplinierende Verinnerlichung von
Leistungsdenken – die hier sowohl für Mensch als auch Tier gilt – sowie aus Kon-
kurrenz-Verhältnissen resultierende Vereinzelung und erhebliche psychische
Negativfolgen bedingt. Gerade letztere gehen dabei auf hohe individuelle Verantwortung zurück, die nicht nur auf den Markt-Anforderungen eines letztlich
vom Einzelnen kaum zu durchdringenden globalisierten Wirtschaftssystems
beruht, sondern im Fall der Landwirte und Landwirtinnen auch deshalb so
schwer wiegt, weil sie sich den Erhalt meist seit Generationen in Familienbesitz
befindlicher Höfe zur Aufgabe gemacht haben – »Weichen« bedeutet hier also
zugleich den Verlust von Sicherheit und Tradition. »Wachsen« wiederum führt
einerseits zu immer höherem finanziellem Druck, andererseits zu gesellschaftlichen Anerkennungsverlusten, denn während es zwar als ökonomischer Anspruch gilt, wird es kulturell – nicht nur in der Landwirtschaft – zunehmend
auch negativ bewertet.[173]

---

172 Verheyen, Erfindung der Leistung, 8 f.
173 Vgl. hierzu beispielsweise Sighard Neckel, Kai Dröge, Die Verdienste und ihr Preis.
Leistung in der Marktgesellschaft, in: Axel Honneth (Hrsg.), Befreiung aus der Mündigkeit.
Paradoxien des gegenwärtigen Kapitalismus. Frankfurt a. M. 2002, 93–116. Die Autoren zeigen
darin auf, dass angesichts der Pluralität von Lebensstilen und Bewertungslogiken zentrale
Prinzipien von Wachstums- und Leistungslogiken in bestimmten Gesellschaftsschichten auch

Hier bildet sich ein gesellschaftlicher Transformationsprozess ab, im Zuge dessen die Leistung eines Individuums – anders als dies innerlandwirtschaftlich der Fall ist – nicht mehr nur an dessen wirtschaftlichem Erfolg, sondern zunehmend an nachhaltigem, ethischem und ökologischem Handeln gemessen wird. Die kulturelle Entwicklung einer zunehmenden Moralisierung von Gesellschaftsbereichen ist als Bewältigungsstrategie in unsicheren, dynamischen Zeiten wissenschaftlich erklärbar – bei den dabei neu entstehenden sozialen Bewertungsstandards befinden sich die konventionell wirtschaftenden Landwirte und Landwirtinnen klar auf der Verliererseite: »Die ambivalenten Mechanismen des kapitalistischen Marktes und die ökonomischen und sozialpolitischen Umbrüche der modernen Gesellschaft rücken dabei ebenso in den Blick wie die grundlegende Bedeutung von Anerkennung für soziale Integration aus einer sozialpsychologischen Perspektive.«[174] Die Resignation, die aus zahlreichen Interviews und Fallbeispielen hervorgeht, beruht daher sowohl auf den analysierten gesellschaftlichen Marginalisierungs- und Stigmatisierungsprozessen als auch auf dem Gefühl von Alternativlosigkeit, welche sich wiederum aus mehrerlei Faktoren bedingt: »Wer sich der Wettbewerbs- und der Steigerungslogik im Kapitalismus entzieht, muss sich dies leisten können, also über ausreichend, vor allem ökonomisches, aber auch kulturelles und soziales Kapital verfügen.«[175] Gerade darüber verfügen die sowohl von sozialen Anerkennungsverlusten als auch häufig von finanziellen Kredit- und Verschuldungsspiralen betroffenen Intensivtierhalter und -halterinnen allerdings nicht, weswegen ihrem Gefühl nach nur die Anpassung an Leistungs- und Wachstumsimperative bleibt, die die äußere moralische Negativbewertung weiter vorantreibt: Groß sind die Ängste vor einem weiteren »Höfesterben« durch fortbestehende Strukturwandelprozesse, die aus Sicht der Intensivtierhalter und -halterinnen gerade durch unausgegorene Vorgaben und Vorschriften zugunsten von Tier- und Umweltschutzmaßnahmen beschleunigt werden, wie etwa am Beispiel der Umstellung zu Gruppenhaltung bei Zuchtsauen deutlich wurde. Da im Zuge dessen gerade kleinere und mittlere Höfe aufgaben, weil die Investitionskosten für Um- und Neubauten von Stallanlagen zumeist in sechs- bis siebenstelligen Bereichen liegen, stehen strengere Forderungen für die Landwirte und Landwirtinnen im Widerspruch zu gesellschaftlichen Wünschen nach einem Erhalt von Familienbetrieben.

Hier fiel zudem eine innerlandwirtschaftliche, auf Dauer ausgerichtete Zeitwahrnehmung auf, die den Erhalt des Bestehenden für mehrere folgende Generationen im Blick hat, aber auch in Bezug auf Kredite und Abzahlungen angesichts der eben genannten Stallbausummen auf mehrere Jahrzehnte ausgerichtet sein

---

erodieren. Zudem brechen sich vor allem angesichts der ökologischen und sozialen Folgen des Prinzips Wachstum seit Jahrzehnten auch kritische Stimmen Bahn, wie bspw. Paech, Suffizienz, und Welzer, Sommer, Transformationsdesign, verdeutlichen.

174 Bereswill, Burmeister, Equit, Einleitung, 8.

175 Wetzel, Soziologie des Wettbewerbs, 67.

muss. Mehrjährige Übergangsfristen, die von Politik und NGOs als ausreichend
eingeschätzt werden, stellen für die Interviewpartner daher häufig große Herausforderungen dar und werden eben aus diesen unterschiedlichen Zeitkonzepten
heraus dennoch als zu kurz eingestuft. Von der Mehrheit der Interviewpartner
wurde der Rückgang der Höfezahlen in den letzten Jahrzehnten mit Bedauern
wahrgenommen, dabei werden sowohl ein damit einhergehender immer geringer
werdender Einfluss bäuerlicher Interessenvertretung als auch das von der kulturwissenschaftlichen Forschung breit diskutierte zunehmende Verschwinden
bekannter dörflicher Sozialstrukturen als isolierend und entfremdend deutlich.

Auf fünf von 30 Betrieben wurden die Auswirkungen des Strukturwandels
hin zu immer weniger, aber dafür größeren Höfen jedoch auch positiv eingestuft – die hier befragten Interviewpartner waren durch Handlungsmaximen
eines kapitalistischen Wachstumsparadigmas und von hoher Technikaffinität
gekennzeichnet. Gerade im Zusammenhang mit einer Begeisterung für technische Innovationen wurden durch eben diese Neuerungen mitbedingte Veränderungen zum einen als Begleiterscheinungen des »Fortschritts« eher akzeptiert,
zum anderen Hofaufgaben von Berufskollegen als selbstverantworteter Stillstand
von zu wenig innovations- und investitionsorientierten Landwirten und damit
als Eigenverschulden interpretiert. Gleichzeitig positionierten sich die Interviewpartner auf den genannten fünf Höfen kritisch gegenüber Agrarsubventionen,
die sie als Hilfe für Betriebe, die ohnehin nicht zukunftsfähig seien, ansahen.
Mit derlei Abwertungen ging eine positive Selbstpositionierung als erfolgreiche
und nicht-staatsabhängige Unternehmer einher, die sich innerhalb eines konkurrenzgeprägten Marktes behaupten können.

In exemplarischen Fallbeispielen wurden im Material immer wieder zu findende Erzählungen zu Verschuldungen, Planungsunsicherheiten und Abhängigkeiten eingehender beleuchtet. Während bei Legehennenhalterin X. die psychische Belastung durch im Zuge der Umstellung von Käfig- auf Bodenhaltung
notwendige Bankenkredite und daraus resultierende Rückzahlverpflichtungen
deutlich hervortrat, spielen für den innerhalb des Befragungssamples eher kleinen Zucht- und Mastsauenbetrieb von F. geringe Erzeugerpreise und aus unklaren zukünftigen Entwicklungen resultierende Planungsunsicherheiten eine
Rolle. Die Wiesenhof-Vertragspartner wiederum sind in ambivalente Abhängigkeitsverhältnisse eingebunden: Während sie einerseits auf das Unternehmen angewiesen sind, das Entscheidungsspielräume und die Wahl der Wirtschaftsweise
einschränkt, wodurch historisch gewachsene Werte (vermeintlicher) bäuerlicher
Freiheiten konterkariert werden, fand hier zugleich eine individuell-psychologische Entlastung durch Verantwortungsübergabe an kollektive Strukturen statt.
Innerhalb der Gruppe der Intensivtierhalter und -halterinnen lassen sich daher –
wie für die Landwirtschaft generell – Verinnerlichungen von Wachstums- und
Leistungsorientierung feststellen, die hier tendenziell bereits länger als im sekundären und tertiären Sektor wirkmächtig sind, da den Fordismus kennzeichnende

Trennungen von Frei- und Arbeitszeit sowie Ent-Subjektivierungen von Arbeit hier nicht durchlaufen wurden. Für die Landwirtschaft gilt daher spätestens seit den 1950er Jahren, was Manfred Seifert als »Ungleichzeitigkeiten«[176] zwischen fordistischer und postfordistischer Orientierung diagnostiziert, die sich gerade am Beispiel des primären Sektors exemplifizieren lassen. Er greift hier das Beispiel von Bergarbeitern auf, die »schon in der Periode der fordistischen Industriearbeit mit prekären Arbeitsverhältnissen konfrontiert werden, die sie entsprechend relativ ›modern‹ verarbeiten«[177] – gleiches gilt für das hier untersuchte Feld, das damit auch die Bedeutung der Historizität in der Arbeitskulturforschung unterstreicht, denn Selbstausbeutung, Individualisierung und Subjektivierung von Arbeit sind in der Landwirtschaft nicht erst seit den postulierten neoliberalen Zeiten der letzten zwei bis drei Jahrzehnte konstituierend.

Auch die prominent vertretenen innerlandwirtschaftlichen Konkurrenz- und Isolationsverhältnisse, bei denen deutlich wird, dass Solidarität und Zusammenhalt der Berufsgruppe im bayerischen Untersuchungsraum kaum zu finden sind, bilden Bestandteile des konturierenden kapitalistischen Leistungs- und Wachstumsparadigmas. Anhand der Studie wurde hier versucht, einzulösen, was Markus Tauschek als dringenden Forschungsbedarf formulierte – nämlich dass »kulturwissenschaftliche Empirien sich scheinbar verselbstständigender Bewertungs- und Leistungsideologien dringend geboten [sind].«[178] Die Verinnerlichung kulturell implementierter kompetitiver Logiken ist dabei innerhalb der Landwirtschaft nicht neu – agrarsoziologische Studien kommen seit dem letzten Drittel des 20. Jahrhunderts zu ähnlichen Ergebnissen. Die Interviewpartner konstatierten jedoch eine nochmalige Verschärfung dieser Entwicklungen, welche sie auf den Bau von Biogasanlagen und daraus resultierende Pachtpreis-Anstiege zurückführen – das Erneuerbare-Energien-Gesetz zeigt sich dabei ebenso wie in Franziska Sperlings Untersuchungen als Beförderer und Kulminationspunkt innerlandwirtschaftlicher Konkurrenzsituationen. Dementsprechend wurden die Betreiber von Biogasanlagen von Nicht-Biogas-Landwirten und -Landwirtinnen immer wieder als rücksichtslose Pachtlandjäger klassifiziert, die auf überdimensionalen Maschinen durch kleine Ortschaften rasen und dabei zu Millionären werden. Diese Fremdpositionierung als »die Anderen« erlaubt es den befragten Intensivtierhaltern wiederum, auf sie projizierte Negativpositionierungen umzulenken und Problematiken wie etwa übermäßige Gülleproduktion an Mitschuldige(re) weiterzugeben – die eigene Identität bleibt durch Abgrenzungsprozesse bestätigt.

---

176 Manfred Seifert, Arbeitswelten in biografischer Dimension. Zur Einführung, in: Seifert, Götz, Huber, Flexible Biografien, 9–20, hier 14.
177 Ebd.
178 Tauschek, Zur Kultur des Wettbewerbs, 32.

Das unsolidarische Verhalten der Kollegen wurde in fast jedem Interview thematisiert – die wenigen lösungsorientierten Akteure, welche eine Förderung des Zusammenhaltes selbst mitgestalten oder durch Kooperationen forcieren, treten aber eindeutig hinter ein resignatives und teilweise auch diese Konkurrenzverhältnisse akzeptierendes Erzählen der Mehrheit zurück, worin sich wiederum deren kulturelle Implementierung in ihrer Wirkmacht auf die neoliberalen, globalisierten Wirtschaftskreisläufen ausgesetzten Subjekte abbildet. Interviewpartner, die sich als zukunftsfähige Überlebende des Strukturwandels einordnen, positionierten sich selbst als »gute« Landwirte und Landwirtinnen, die ihren Berufskollegen bezüglich Innovationsfähigkeit und betriebswirtschaftlichem Können – es erfolgt zugleich deren Fremdpositionierung als »schlecht«, »zu klein« oder »rückständig« – voraus sind und durch Leistungssteigerung auf »dem« Markt, dessen Suggestion als positive Regulierungsmacht hier verinnerlicht wurde, belohnt werden. Diese Gruppe an Interviewpartnern und Interviewpartnerinnen steht dabei für die grundsätzliche Ambivalenz gegenwärtiger kultureller Entwicklungen, in denen »Auffassungen einer Unentrinnbarkeit und ›Natürlichkeit ökonomischer Konkurrenz […] wieder das aktuelle Denken [dominieren]«[179], gleichzeitig aber neue moralische Ansprüche an nachhaltiges Wirtschaften gestellt werden und Wachstumsparadigmen unter Druck geraten – die Belastungssituation der Intensivtierhalter und -halterinnen resultiert genau aus diesem Spannungsverhältnis.

Kulminationspunkte des zerrütteten Berufszusammenhaltes finden sich in Erzählungen über Proteste gegen Stallbauten und -erweiterungen, die von anderen Landwirten und Landwirtinnen angeführt oder initiiert wurden, um ein Ausschalten der Mitwettbewerber und damit die Erweiterung der eigenen Fläche zu erreichen, die als knappe Ressource umkämpft ist. Zuspitzungen fallen in Regionen mit besonders hohen Pachtpreisen oder ausgeprägter Tierhaltungsdichte wie den bayerisch-schwäbischen Grenzgebieten, dem Gäuboden, Hohenthann/Landshut und östlichem Landkreis Würzburg auf, während mehrere Interviewpartner und Interviewpartnerinnen von positiveren innerlandwirtschaftlichen Erfahrungen außerhalb des Freistaates etwa in Norddeutschland berichteten – als Erklärungen fungierten sowohl »Mentalitäts«-Unterschiede als auch das dortige Überleben weniger aber größerer Höfe als in Bayern und somit weniger verbliebener Konkurrenten. Hier bildet sich zugleich die Spezifik des bayerischen Agrarraumes als Forschungsfeld ab, innerhalb dessen im Vergleich zu ost- und nordwestdeutschen Intensivtierhaltungsregionen Prozesse des Strukturwandels in ihrer Segregation und Ausschluss erzeugenden Mechanik noch stärker im Werden befindlich sind. Solidarisches Verhalten und Gemeinschaftsbildung wurden dabei gleichzeitig mit positiven Wertzuschreibungen konnotiert und ihr Verlust als einschneidend für den sozialen Nahraum bewertet – außer

---

179 Engel, Konzepte ökonomischer Konkurrenz, 79.

partiären Initiativen, die sich der gemeinsamen Öffentlichkeitsarbeit nach außen widmen, wurde hinsichtlich der Agency der Interviewpartner und Interviewpartnerinnen gegenüber dem Entfremdungs- und Isolationsprozess nach innen allerdings eine weitgehende Resignationshaltung festgestellt.

Die abschließende Analyse der systemimmanenten Strukturen und ihrer Einschätzungen durch die Landwirte und Landwirtinnen stellt diesen innerlandwirtschaftlichen Konkurrenzkampf in einen größeren, gesamtökonomischen Kontext. Klar zeigen sich eine mehrheitlich pessimistische Haltung gegenüber möglichen Verbesserungen und der eigenen Handlungsmacht, die eher als Handlungsohnmacht empfunden wird. Auch hier stehen die Ergebnisse der Untersuchung in einer weiterführenden Linie mit agrarsoziologischen Studien der letzten Jahrzehnte, die landwirtschaftliche Narrationen als »Opfer« einer Industriegesellschaft betonen. Deutlich wird, dass die Interviewpartner und Interviewpartnerinnen der Politik nur wenig bis kein Potenzial zur Lösung ihrer ökonomischen Probleme einräumen – zu stark sind aus ihrer Sicht Einschränkungen durch globale Handelsbeziehungen, erschwerte einheitliche Regelungen durch EU-Mitgliedschaft und die Interessen anderer Lobby-Gruppen. Aus diesen Positionierungen heraus lassen sich auch im Material kaum vorhandene Forderungen oder Adressierungen an politische Entscheidungsträger erklären – fast schon auf reine Repräsentation ausgerichtet sind so einzelne Bemerkungen zu einem Wunsch nach stärkerer politischer Rückendeckung der Landwirte und Landwirtinnen zu lesen, die den Erfolg der bayerischen CSU innerhalb der Berufsgruppe erklären. Eine wesentlich höhere Handlungsmacht im Sinne Foucaults schreiben die Interviewpartner und Interviewpartnerinnen dagegen dem Lebensmitteleinzelhandel zu, der als »Preismacher« bessere Bedingungen für die Produzenten schaffen könnte, was jedoch gleichzeitig als unrealistisch eingeschätzt wird, da die Vertreter der Discounter eben daran kein Interesse hätten. So wird »der« Verbraucher letztlich zum Adressaten für die Landwirte und Landwirtinnen, dem hier als Akteur, der die Nachfrage bestimmt, wesentliche Steuerungsmacht zukomme. Auch hier bildet sich jedoch wiederum ein weitgehend resignatives Bild ab, da medial wiedergegebene Bekundungen nach mehr Tierwohl-Ansprüchen als Lippenbekenntnisse angesehen werden, die realiter nicht mit den entsprechenden Absatzzahlen übereinstimmen. Einzelne Entwicklungen zu einem bewussteren Kaufverhalten werden zwar wahrgenommen, jedoch prozentual als zu gering und zu langsam eingestuft, um für die Produzentenseite tatsächliche Anreize zu Betriebsumstellungen oder besserem Einkommen zu liefern. *Nicht in erster Linie ideologische Ablehnung, sondern der Faktor Ökonomie* ist daher die zentrale Stellschraube für die Akzeptanz sogenannter Alternativkonzepte durch die Landwirte und Landwirtinnen, worunter ökologischer Landbau, aber auch kleinere Entwicklungsschritte hin zu mehr Tierwohl durch Stroh- statt Spaltenböden, Gruppenhaltungen oder Umgang mit Düngemitteln und Pestiziden fallen. Bereitschaft zu Veränderungen und einer Anpassung an kulturell zunehmend etablierte Ansprüche an nachhaltiges Wirtschaften sind durchaus vorhanden, jedoch – so der lautstarke Tenor der Aussagen – müssten diese entsprechend finanziell entlohnt werden.

Hier ist abschließend kritisch anzumerken, dass die Erzählungen der Interviewpartner und -partnerinnen auch auf der nunmehr seit Jahrzehnten tradierten Einübung eines »Opfer«-Diskurses beruhen, der angesichts immer größerer landwirtschaftlicher Maschinen und Stallbauten nach außen hin durchaus ein ambivalentes Bild liefert. Im Vergleich mit prekär lebenden Bevölkerungsgruppen, mit denen sich die kulturwissenschaftliche Forschung in den letzten Jahren eingehend befasst hat, sind die Aussagen einiger Landwirte und Landwirtinnen zu »schlechten« ökonomischen Lagen daher mitunter mindestens als subjektive Wahrnehmungen zu interpretieren, teilweise auch als kaum in Bezug zu tatsächlich an unteren Einkommensgrenzen lebenden und wirtschaftenden Menschen oder sogar den Durchschnittseinkommen der Mehrheit stehend. Dennoch handelt es sich um weit mehr als lediglich seit Jahrzehnten zu Unrecht »jammernde« Bauern und Bäuerinnen – denn die Zahlen des Strukturwandels sprechen zum einen eine deutliche Sprache von tatsächlich aufgegebenen Höfen, die Belastungen durch die herausgestellten Investitions- und Rückzahlungssummen zeigen zum anderen, dass in der Öffentlichkeit präsentierte neue Traktoren und moderne Technik häufig auf erheblichen Verschuldungen beruhen und in Teilen eher als aufbäumend-selbstdarstellerisches Prosperitätsgebaren einer letztlich an gesellschaftlicher Anerkennung einbüßenden Berufsgruppe zu interpretieren sind.

9. Nutztier-Positionierungen:
Intensivtierhaltung zwischen Ausbeutung und Fürsorge

> Was aber, wenn es noch paradoxer ist,
> wenn Menschen töten und essen,
> was sie lieben, mindestens aber lieben
> könnten?[1]

Die zentralsten Angriffspunkte der öffentlichen Kritik an der Intensivtierhaltung speisen sich aus von verschiedenen politischen, aktivistischen, medialen aber auch wissenschaftlichen Akteuren vorgebrachten tierethischen Bedenken, die sowohl gegen die Haltungsbedingungen in Großanlagen an und für sich sowie vor- und nachgelagerte Prozesse der Schlachtung oder des Kükenschredderns gerichtet sind als auch gegen Eingriffe der Regulation und Einschränkung der tierischen Handlungsmacht wie etwa das Schnabelkupieren beim Huhn oder die Kastration von Ferkeln. Da also gerade die Landwirt-Nutztier-Beziehungen ausschlaggebend für den generellen Problemkomplex Intensivtierhaltung sind, nahmen diese auch breiten Raum bei der Befragung ein. Gleichzeitig wird hier die letztlich unauflösbare Binarität zwischen Sprechen und Handeln offensichtlich, die für jede Interviewstudie gilt: Weder können die Aussagen der Landwirte und Landwirtinnen mit der Realität der Praxen, das heißt dem tatsächlichen täglichen Umgang mit den Nutztieren abgeglichen, noch können Widersprüche letztlich klar aufgelöst werden. Die »Wahrheit« des Erzählten lässt sich in kulturwissenschaftlichen Studien kaum je verifizieren, weshalb es auch nicht Ziel der Untersuchung sein kann und möchte, Pro und Kontra des Systems Intensivtierhaltung zu überprüfen. Stattdessen geht es in den folgenden Kapiteln um sprachlich vermittelte Positionierungen der Interviewpartner und Interviewpartnerinnen, die Einblicke in einen gesellschaftlich umstrittenen Berufsalltag gewähren. Unter diesem Aspekt soll zudem zumindest angesprochen werden, dass die Beziehungsebene, zu der ja mindestens zwei daran beteiligte Seiten – in diesem Fall Menschen und Tiere – gehören, hier nur aus der Perspektive der Landwirte und Landwirtinnen beleuchtet werden kann. Blickweisen der Human-Animal-Studies etwa, mit dem Anspruch, »Tiere wissenschaftlich zu repräsentieren«[2], finden demzufolge nur ansatzweise Eingang. Während aus den Stallführungen sowie dem Sprechen der Interviewpartner und Interviewpartnerinnen hervorgehend einerseits eine Analyse dahingehend möglich ist, »das dynamische, ja interaktive Verhältnis von Mensch und Tier zu beleuchten und die materiellen

---

1 Fenske, Reduktion, 25.
2 Mieke Roscher, Human-Animal Studies. Docupedia Zeitgeschichte, 2012, URL: docupedia.de/zg/Human-Animal_Studies, 1.

Folgen des Zusammenlebens für die Tiere selbst einer genaueren Untersuchung
zu unterziehen«[3], kann gerade im Untersuchungsfeld Intensivtierhaltung und
den gewonnenen Ergebnissen nach andererseits nicht dem Anspruch gefolgt
werden, dass »Tiere nicht weiter als eine amorphe Masse, sondern als mit Individualität ausgestattete Subjekte Darstellung finden.«[4] Ziel der folgenden Analyse ist es vielmehr, eine ethnologisch-differenzierte Perspektive bezüglich der
innerhalb der landwirtschaftlichen Arbeitspraxis vorhandenen Heterogenität
der Mensch-Tier-Beziehungen einzunehmen und diese nicht von vorneherein
mit normativen Blickwinkeln zu belegen und damit zu verengen.

9.1 Eindrücke aus den Stallführungen

Über fast allen Interviews vor- oder nachgelagerte, gemeinsam mit den befragten
Landwirten und Landwirtinnen durchgeführte Stallbegehungen war für mich
mehrerlei intendiert: Auf diese Weise sollte eine Nähe zum Feld hergestellt,
das heißt Einblick in die Haltungsbedingungen gewonnen werden, um sich ein
eigenes Bild von überwiegend medial transportierten und überlagerten Vorstellungen von Intensivtierställen machen zu können. Die Ställe zu sehen, zu fühlen
und zu riechen, sie also haptisch wahrzunehmen, war nicht nur wichtig, um
überhaupt zu wissen, von was konkret gesprochen wird, sondern auch, um sich
auf ein Forschungsfeld einzulassen, das mit Negativfolien belegt ist. Vor Durchführung der Studie stellten Geflügel- und Schweineställe auch für mich eine
»black box« dar, deren allmähliche Öffnung im Verlauf des Aufenthalts im Feld
so notwendig wie spannend war – spannend sowohl den eigenen Reflexionsprozess als auch die Vielschichtigkeit des landwirtschaftlichen Wirtschaftsraumes
betreffend, der im Sinne der Latour'schen Akteur-Netzwerk-Theorie »erweiterte
soziale Entitäten«[5] aus Menschen, Tieren, Pflanzen, Objekten etc. umfasst. Nicht
nur Ebenen der Beziehung zu den gehaltenen Nutztieren, sondern auch Hofanla-
gen, digital und PC-gesteuerte Automatisierungstechnik, Materialien zur Wand-,
Boden- und Deckengestaltung, Gerüche und Atmosphären setzten sich so zu
einem die Interviews ergänzenden Eindruck zusammen, der in den Feldtage-
büchern entsprechend festgehalten wurde. Mit der Zeit ließ die zu Anfang noch
stark vorhandene Neugierde auf das Innenleben der Ställe zugegebenermaßen
nach, da deren Einrichtung wie auch die Haltungsformen der Tiere überwiegend

---

3 Ebd., 3.
4 Ebd.
5 Die Formulierung geht auf die am Standort Würzburg stattgefundene Tagung »Ländliches vielfach! Leben und Wirtschaften in erweiterten sozialen Entitäten« vom 4. bis 6. April
2019 zurück, bei der aus der Perspektive der Europäischen Ethnologie den Möglichkeiten einer
multispecies ethnography nachgespürt wurde. Vgl. Tagungshomepage.

von Ähnlichkeiten bestimmt waren, wenngleich sich Unterschiede aus der Art und Anzahl an Beschäftigungsmaterialien, in einigen Fällen vorhandener Einstreu und je nach Zeitpunkt der Befragung dem Alter der Tiere und damit deren leiblicher Präsenz im Stall ergaben. Diese Unterschiede sind für die Landwirte und Landwirtinnen im alltäglichen Arbeitsablauf und möglicherweise auch für die gehaltenen Tiere zentral, aus meiner in Form kurzer prägnanter Einblicke von außen kommenden Sicht stellten sie lediglich kleinere Stellschrauben in einem für den nicht-landwirtschaftlichen Betrachter eher von Gleichartigkeit geprägten System dar.

Welches Bild ergab sich nun für jemanden, der Intensivtierhaltungsställe zum ersten Mal von innen sah? Die Erfahrung war ambivalent und ich musste feststellen, dass im Verlauf des Aufenthalts im Feld mit jedem durchgeführten Interview mehr und mehr eine Routine eintrat, die in Analogie zu ähnlich gerichteten Aussagen der Landwirte und Landwirtinnen sicherlich auch als »Abstumpfung« bezeichnet werden kann. So folgten dem ersten Einblick in einen Legehennenstall, der noch nicht im Rahmen der Interviews, sondern als Vorbereitung auf die Forschung im Zuge eines Tages der offenen Tür auf dem Betrieb erfolgt war – der also der eigenen Annäherung an das Feld diente und damit als anonymer Besuch geschah – zuerst große Skepsis und Unsicherheit. Diese waren durch mehrerlei Faktoren bedingt: Der Hoftag war an einem sehr heißen Augusttag durchgeführt worden – bei den Rundgängen durch die Stallanlagen drängten sich die Legehennen in Richtung Fenster- und Türöffnungen, die für Frischluft sorgten. Durch meine eigene langjährige Hobby-Hühnerhaltung und damit einen Bezug zu Bedürfnissen und Verhaltensweisen der Tiere wurden die durch und durch technisierte Haltungsform in mehretagigen Volieren, die hechelnd aufgesperrten Schnäbel zur Hitzeregulierung – Hühner können nicht schwitzen – und die sich gleichzeitig in Richtung Brathähnchen- und Leberkäse-Stand schiebenden Besuchermassen[6] als emotional erschütternd und expliziter erster Negativzugang zum Feld wahrgenommen. Zurück am Parkplatz weinte ich nach diesem Erlebnis und schickte eine Nachricht an den Erstbetreuer, die Untersuchung vermutlich aus eigener Betroffenheit und damit fehlender wissenschaftlicher Distanz nicht durchführen zu können. Diesem ersten aufwühlenden Zugang folgten Wochen der Reflexion und der Gespräche, neben Zweifeln führte er aber auch dazu, dass das wissenschaftliche wie persönliche Interesse daran stieg, diesen Ersteindruck mit weiteren Betrieben zu vergleichen und vor allem auch die Perspektiven der Halter zu eruieren.

Für mich selbst erstaunlich, wich diese emotionale Betroffenheit mit dem Einstieg in die Interviewphase zwar nicht einer völligen Neutralität, aber doch

6 In der nachträglichen Berichterstattung wurde von mehreren hundert Besuchern ausgegangen. Aus Gründen der Anonymitätswahrung können die entsprechenden Zeitungsartikel hier nicht angegeben werden.

einer für das Durchführen der Studie notwendigen professionellen Distanz zum
Gesehenen und Erlebten. Dies mag zum einen daran liegen, dass ich eine ähnlich
speziell gelagerte Kombination aus Hitze, Tierhaltung und Besuchern wie bei
dem geschilderten Hoftag später nicht mehr erlebte, sondern in einer zumeist
als sachlich-ruhig beschreibbaren Atmosphäre mit den Landwirten bzw. Landwirtinnen durch die Stallanlagen ging. Zum anderen entstand eine forschungs-
ethnologisch als Mischung aus psychologischem Selbstschutz, Neugierde auf
weitere Eindrücke, durchaus auch von positiven Erlebnissen durchwoben, und
Routine zu bezeichnende Zugangsweise. Im Feldforschungstagebuch zu Betrieb
R. bemerkte ich so: »Die Schweine sind für die Besamung in einzelnen, engen
Koben untergebracht – nicht schön, aber ich kenne das mittlerweile ...« Es finden
sich jedoch auch weiterhin Notizen, die Unbehagen an der Haltung der Tiere
ausdrücken: »Die Tiere stehen in diesem Stall dicht an dicht, auch wenn freie
Flächen im Stall zu sehen sind, zu denen sie gehen könnten. Dennoch ist es natürlich ›Massentierhaltung‹, so wie es sich viele Leute vorstellen.« Oder kurz und
knapp: »Die Kastenstände sind eigentlich wirklich furchtbar, die Sau kann sich
darin nicht bewegen.« Zugleich muss an dieser Stelle offengelegt oder zumindest
diskutiert werden, dass die Erzählungen, Erklärungen und Rechtfertigungen
der Interviewpartner und Interviewpartnerinnen die zuvor unbedarft erlebten
Bilder beeinflussten und sicherlich auch mit regulierten. Mit dem Eintauchen in
das Feld ging wie in jedem ethnologischen Forschungsprozess ein sich zunehmend entwickelndes Nachvollziehen-Können der Handlungs- und Denkmuster
der Beforschten einher. Allerdings wurde die Gefahr eines Sich-Gemeinmachens
sowohl dadurch aufgebrochen, dass ich keine längere Feldforschungsphase mit
teilnehmender Beobachtung auf einem der Betriebe durchführte, also keine
Ebenen tieferer persönlicher Kontakte entstanden, als auch dadurch, dass die
Interviewphasen selbst immer wieder durch saisonbedingte Zeiten eines hohen
Arbeitspensums auf Seiten der Landwirte und Landwirtinnen unterbrochen waren, sodass die Interviews in meist auf Herbst und Winter beschränkten Blöcken
stattfanden und ich dazwischen das Erzählte und Erlebte mit räumlicher und
zeitlicher Distanz reflektieren konnte.

Diese Bemerkungen sind deshalb wichtig, weil an dieser Stelle nochmals
kurz auf Nachfragen zum Ablauf der Forschung eingegangen werden soll, die
in Gesprächen mit Kollegen und Bekannten immer wieder auftauchten und in
eine ähnliche Richtung abzielten: Aus meiner Sicht bestätigten sich die wohl
für fast jeden Nicht-Landwirt das Bild der Intensivtierhaltung überlagernden
Medienberichterstattungen nicht. Zwar bleibt und blieb vor, während und
auch nach der Forschungsphase meine private Infragestellung des Systems als
Ganzem bezüglich seiner ökologischen, klimatischen, ökonomischen und sowohl tierische als auch menschliche Agency beschränkenden Auswirkungen
bestehen, allerdings drifteten öffentlich kursierende, zumeist von Tierrechtsaktivisten generierte Videos und Fotografien und die hier festgehaltenen Eindrücke

dennoch auseinander. Weder siechten kranke oder verletzte Tiere in den besuchten Stallanlagen vor sich hin – wie in jeder Form der Tierhaltung gab es
kranke Tiere, diese wurden jedoch soweit von mir einschätzbar versorgt und
behandelt –, noch waren die Anlagen selbst in irgendeiner Form verdreckt oder
verwahrlost.

Stattdessen formte sich das Bild einer von höchsten Hygienestandards und
klinisch-technischer Ausstattung geprägten Branche – stets war den Stallführungen der Gang durch die sogenannte »Hygieneschleuse« vorgelagert, nachdem
ich Schutzanzug und Gummistiefel angezogen hatte, musste ich mit den Schuhen
in ein desinfizierendes Mittel eintauchen, um keine Keime oder Krankheitserreger in die Ställe zu tragen. Paradigmatisch steht hierfür der im Feldforschungstagebuch zum Besuch auf Betrieb L. bezüglich des Außengeländes festgehaltene
Eindruck: »Ich fuhr daraufhin vor das Stallgebäude, das weniger nach Hof,
sondern mehr nach einer relativ neu, unabhängig von einem Bauernhof gebauten
Schweinehaltung aussah, sehr steril, sehr grau, hoher Zaun darum«, der sich im
Inneren fortsetzte: »Im Teil mit den etwas älteren Ferkeln finde ich es heller und
angenehmer, vielleicht auch, weil die Matten oft farbig, blau sind, und er dadurch
nicht so grau wirkt – was aber den Schweinen sicherlich egal ist und nur auf
mich so wirkt.« Tatsächlich waren die Stallführungen kaum von der Impression
gequälter Tiere als vielmehr von einer zumindest von meiner Seite aus so wahrgenommenen Tristesse – im Beispiel durch die mehrmalige Verwendung des
Farbattributs »grau« betont –, von einem Zusammenspiel aus Technik, Hygiene,
Beton und Metall geprägt. Beim Besuch einer Junghennenaufzucht manifestierte
sich so der Eindruck von vorherrschender Sterilität und Industrienähe:

> Wir gehen zuerst in den leeren Stall, der einige Tage später besetzt werden soll und der
> erst gereinigt wurde. Er wirkt sehr sauber und sehr steril, dass hier noch vor kurzem
> Tiere gelebt haben, merkt man weder am Bau selbst noch an Geruch oder Sonstigem.
> Es wirkt wirklich sehr clean und industriell. Dann gehen wir in den anderen Stall, in
> dem gerade ca. 50.000 Küken angekommen sind einige Tage zuvor. Hier ist es merklich
> wärmer (Temperierung findet automatisch statt), das Klima ist dem Alter der Küken
> angepasst, die es am Anfang sehr warm brauchen. Die Küken sind auf mehretagigen
> Ebenen untergebracht. […] Dort sind jeweils etwa 200 Küken in einer Abteilung, die
> durcheinander rennen. Sie haben automatische Futter- und Wasserbänder, das Wasser
> kommt von oben aus Pipetten, an die die Küken drücken, um Tropfen zu erhalten.
> Auch der Kot wird automatisch abgefahren, wobei am Anfang noch eine Art spezielles
> Papier in den Käfigen liegt.

Grundsätzlich nahm ich den Mastbereich beim Geflügel – unter den besuchten
Betrieben waren Puten-, Enten- und Hühnerställe – heller und offener wahr,
auch die Bewegungsfreiheit der Tiere betreffend, als die Legehennen- und beide
Bereiche der Schweinehaltung (Zuchtsauen und Mast). So häuften sich bei Führungen durch Schweineställe im Lauf der Zeit ähnliche Beschreibungen wie
diese zu Betrieb G.:

Wir gehen durch die unterschiedlichen Altersstufen, der Stall ist sauber, allerdings völlig konventionelle Haltung mit Spaltenböden, sehr grau und kalt wirkend, Wärmelampen und beheizten Matten für die kleineren Ferkel, zusätzlichen Fressnäpfen, Kastenständen für die frischer abgeferkelten Tiere. Herr G. erklärt mir die verschiedenen Abteile und Systeme, seine Tiere sind eher schreckhaft als wir kommen, aber auch das kenne ich von fast allen gesehenen Ställen bereits.

Umso prägnanter fiel angesichts der Ähnlichkeit der Ställe die unterschiedliche Nähe der Interviewpartner und Interviewpartnerinnen zu ihren Tieren auf, die von eher unbeteiligten Rundgängen über im Rahmen der Führungen zusätzlich stattgefundene Kontrollen der Tiergesundheit bis hin zu längerem Tätscheln und Kraulen reichte. Herauszustellen ist dabei, dass keinerlei Zusammenhang mit der Anzahl der gehaltenen Tiere auszumachen war. Diese wurden auf im Rahmen des Samples eher kleineren Betrieben nicht mit mehr Aufmerksamkeit bedacht oder waren zutraulicher als in den größten besuchten Ställen, was als Beobachtung auch an Forschungen aus der Tiermedizin anknüpft, die Charakter und Einstellung der Halter und nicht die Herdengröße als ausschlaggebend für die Qualität der Mensch-Nutztier-Beziehungen herausstellen.[7] So lautete der Eintrag zum größten besuchten Schweinemastbetrieb mit Platz für 6.000 Tiere:

Als wir den Stall betreten, fällt mir sofort auf, dass die Schweine nicht so scheu sind, wie dies auf den Betrieben zuvor der Fall war. Sie rennen nicht nach hinten und drängen sich an der Seite zusammen, sondern kommen im Gegenteil her und beschnuppern unsere Hände. Während des Gespräches im Stall krault Herr Ö. die Tiere und man merkt, dass er dies gerne tut.

Nun lässt sich von Skeptikern einwerfen – entsprechende ungläubige Nachfragen wurden immer wieder an mich herangetragen –, dass möglicherweise nur diejenigen Betriebe an den Befragungen teilnahmen, die nichts zu verbergen oder vor meinem Besuch aufgeräumt bzw. alles in Ordnung gebracht hatten. Ersteres kann ich zwar nicht völlig ausschließen, da das Gewinnen von Interviewpartnern und Interviewpartnerinnen jedoch ohne Probleme und mit großer Aufgeschlossenheit auf Seiten der Landwirte und Landwirtinnen erfolgte, ebenso wie mir zumeist bereitwillig die Türen in die Ställe geöffnet wurden, gehe ich davon

---

7 Die Veterinärmedizinerin Susanne Waiblinger schreibt hierzu: »Die Qualität der Interaktionen, wie hoch z. B. der Anteil an freundlichem oder ungeduldigem Betreuer- bzw. Betreuerinnenverhalten ist, wird nach eigenen Ergebnissen auf Milchviehbetrieben kaum von der Herdengröße beeinflusst – wie auch das angeführte Beispiel der Ferkelerzeugerbetriebe im vorhergehenden Kapitel zeigt, bei dem der Anteil negativen Verhaltens auf sehr großen Betrieben mit mehreren Betreuungspersonen dieselbe Schwankungsbreite zeigte wie auf kleineren Betrieben mit nur einer Betreuungsperson.« Susanne Waiblinger, Die Bedeutung der Mensch-Tier-Beziehung für eine tiergerechte Nutztierhaltung, in: Nieradzik, Schmidt-Lauber, Tiere nutzen, 73–87, hier 77.

aus, dass die Mehrheit tatsächlich nichts zu verbergen hatte. Zweiteres Bedenken kann aus meiner Sicht völlig vernachlässigt werden, da die Interviews häufig sehr spontan, das heißt am Abend zuvor telefonisch vereinbart worden waren, also kein Zeitfenster für größere Ordnungsaktionen vorhanden gewesen wäre. Zudem lässt sich gerade aus der gewonnenen Kenntnis über das Arbeitspensum im Bereich Intensivtierhaltung bezweifeln, ob der Besuch einer kulturwissenschaftlichen Forscherin von den Interviewpartnern und Interviewpartnerinnen für derlei aufwändige Aktionen überhaupt als wichtig genug eingestuft worden wäre.

9.2 Über Nutztiere sprechen

Zu Beginn der Analyse der Interviewpassagen zu Landwirt-Nutztier-Verhältnissen erfolgt zunächst eine Beschäftigung mit der Sprache und den verwendeten Begrifflichkeiten, die sich im Material als auffällig erwiesen. Damit sollen zum einen der Fokus der Untersuchung sowie zum anderen auch deren Grenzen offengelegt werden: Zwar konnten durch die Stallführungen kurze Einblicke in die Umgangsweisen der Interviewpartner und Interviewpartnerinnen mit ihren Tieren gewonnen werden, allerdings reichen diese nicht aus, um deren alltägliche Beziehungsebene und Praktiken beurteilen zu können – dafür wären lange teilnehmende Beobachtungen auf den Betrieben notwendig gewesen. Was die Analyse jedoch leisten kann, ist, das Erzählen über Nutztiere zu erforschen und über dieses Rückschlüsse auf bestehende Landwirt-Tier-Verhältnisse zu ziehen. Wie die Interviewpartner und Interviewpartnerinnen von ihren Schweinen, Hühnern, Puten oder Enten sprachen, lässt sich in drei grundsätzliche semantische Kategorien einteilen, die im Folgenden als *Versachlichung*, *Vertierlichung* und *Vermenschlichung* bezeichnet werden, wobei in den Interviews eine *Verwendung von Mischformen* überwog, deren Bedeutung ein weiteres Kapitel gewidmet wird. Vorauszuschicken ist daher, dass die verschiedenen Ebenen häufig innerhalb eines Interviews changierten, das heißt ein Befragter verwendete unterschiedliche Bezeichnungen während *eines* Gesprächs, weshalb sich dieselben Landwirte und Landwirtinnen teils in allen vier Kategorien wiederfinden. Aus den Begriffen alleine lässt sich deshalb noch keine Einteilung der Interviewpartner und Interviewpartnerinnen selbst ableiten, dies würde der Komplexität der Beziehungsebenen nicht gerecht werden und verweist abermals auf die Bedeutung der in dieser Studie stark gemachten wechselnden Positionierungen innerhalb ein und desselben Interviews. Aufgrund einzelner herausgegriffener Sätze oder Passagen kann noch keine Zuordnung der Landwirte und Landwirtinnen in rein ökonomisierte oder emotionalisierte Beziehungsebenen erfolgen, auch wenn derlei Komplexität reduzierende Zuschreibungen sowohl gesellschaftlich als auch wissenschaftlich keine Seltenheit darstellen, zumal sie aus Forschersicht sehr viel einfacher und schneller, da weniger auf Empirie- denn auf Theorie-Konzepten beruhend, zu bewerkstelligen sind. Bestimmtes Vokabular und wiederkehrende Sprechweisen werden hier jedoch explizit nicht als synonym mit Handlungspraxen gewertet, sondern als innerhalb des Berufes erlernter und tradierter Jargon, als in erster Linie agrarwirtschaftlich-institutionell vermittelt interpretiert. Zudem wurde bei der Analyse deutlich, dass bestimmte linguistische Wendungen, die auf Herstellung von Distanz zum gehaltenen Tier verweisen, als Bewältigungsstrategien des Umgangs mit Eingriffen in deren Körper sowie mit Tod und Schlachtung dienen, ihnen also bestimmte psychologische Funktionen zukommen.

Tod und Ökonomie: Versachlichung/de-animalization

Die Verwissenschaftlichung, Institutionalisierung und Ökonomisierung der landwirtschaftlichen Nutztiere führte bereits im Verlauf des 19. Jahrhunderts mit der Etablierung der agrarwissenschaftlichen Forschung, besonders aber seit der sogenannten Industrialisierung der Landwirtschaft ab der zweiten Hälfte des 20. Jahrhunderts zu einer Veränderung des Sprechens über Lebewesen. Die Verwendung bestimmter Begriffe verweist dabei auf Macht- und Hierarchiebeziehungen innerhalb an der landwirtschaftlichen Entwicklung beteiligter Akteure, die das Entstehen und Ablösen von Deutungshoheiten in diesem Geflecht transparent werden lassen. So wurde etwa die Bezeichnung als »Mistkratzer« im Zuge der Einführung der Boden- und Käfighaltung in den 1950er und 60er Jahren von deren Verfechtern despektierlich gegenüber der Freilandhaltung verwendet, um den eigenen Hygienestandard hervorzuheben. Vokabeln wie »Spitzenleger« oder »Legemaschine« bilden hingegen die Ökonomisierung und Objektifizierung der Hühner im Rahmen züchterischer und wirtschaftlicher Perspektiven ab.[8] Die Historikerin Veronika Settele schreibt dazu: »So fand die Rhetorik von Wachstum und Beschleunigung, Kernmerkmalen der Industrialisierung, ihren Niederschlag in entsprechenden Zuchtbemühungen und Futtertechniken.«[9] Rhetoriken, die eindeutig auf eine Reduktion der Tiere auf Sachwerte verweisen, finden sich im Quellenmaterial häufig und sind fast in jedem Einzelinterview enthalten. Dabei ist wenig überraschend, *dass* sie im Rahmen einer Untersuchung, die sich mit Intensivtierhaltung beschäftigt, auftauchen, sondern vielmehr ist aufschlussreich, *in welchen Passagen* sie aufgegriffen werden und *welche Funktionen* diese Objektifizierungen und Ökonomisierungen für die Interviewpartner und Interviewpartnerinnen besitzen. Von der britischen

---

8 Vgl. Wittmann, Mistkratzer.
9 Veronika Settele, Die Produktion von Tieren. Überlegungen zu einer Geschichte landwirtschaftlicher Tierhaltung in Deutschland, in: Nieradzik, Schmidt-Lauber, Tiere nutzen, 154–165, hier 156.

Soziologin Rhoda Wilkie werden entsprechende Perspektiven auf Nutztiere als »de-animalization« bezeichnet,[10] was einer Versachlichung des Lebendigen, einer Ent-Tierlichung entspricht.

Ein Themenkreis, bei dem derlei Sprachpraktiken besonders auffällig waren, betrifft Tod und Schlachtung, wobei sich hier Unterschiede zwischen den untersuchten Tierarten feststellen ließen. So war vor allem bei Geflügel – sowohl Legehennen, Masthühnern, Puten als auch Enten – immer wieder von »Verlust« oder »Ausfall« die Rede, wenn Tiere krankheitsbedingt starben. Diese Verluste wurden stets in Bezug zur Gesamtzahl oder in zeitlichen Vergleich gesetzt, gegenüber welchen sie entweder gering oder hoch ausfielen, hier standen also ganz deutlich die ökonomische Dimension der Mensch-Tier-Beziehung sowie der Blick auf eine Masse, innerhalb derer es »Ausfälle« gibt, im Vordergrund. Dies verdeutlichen die folgenden Zitate von Masthuhnhalter H. R., Legehennenhalterin F. X. und Legehennenhalter H. I.:

H. R.: Aber Gegenbeispiel, ich mein, das ist jetzt wieder Fachchinesisch, aber ich hab in dem Stall 2,5 Prozent Verlust. Zwischen einem und 2,5 Prozent.

F. X.: Ja. Wir haben jetzt noch zwei, drei Stück Verluste am Tag. In vier Wochen kommen sie weg, weil sie alt sind.

H. I.: Kann passieren. Ist ganz alltäglich, dass da, dass man einen gewissen Ausfall hat.

Das Sprechen von Verlusten bzw. Ausfall und nicht von »Toten« oder »Ge-/Verstorbenen« verweist zum einen auf eine Bilanzierungsebene in Gewinn-Verlust-Denken, die Tiere auf eine monetäre betriebswirtschaftliche Kostenrechnung reduziert, zum anderen besitzt es zugleich die Funktion der psychologischen Distanzierung vom Tod. Die Vokabeln »Verlust« oder »Ausfall« fanden sich zwar auch vereinzelt bei Mastschweinehaltern, traten aber im Bereich Geflügel sehr viel häufiger auf, während sie bei Zuchtsauenhaltern kaum vorkamen, was auf einen Zusammenhang mit kürzeren Verweildauern der Tiere auf den Höfen schließen lässt. So bemerkte etwa Zuchtsauenhalter H. L. zu seiner Wahl der Betriebsausrichtung in Form einer gleichzeitig inhärenten Abgrenzung von noch stärker als »Massentierhaltung« konnotierten Bereichen:

Geflügel – war damals auch meine Aussage: Die sind … ja, das ist Massenprodukt, muss man ganz offen sagen, die Riesenhalle mit den Viechern drin, das hat mir nicht gefallen. Das Bild hat mir nicht gefallen. Da hab ich gesagt: ›Da kann ich nicht dahinterstehen, das gefällt mir nicht.‹

Im Zitat fallen die Begriffe »Massenprodukt« und »Viecher« auf: Vieh als historisch gewachsene landwirtschaftliche Bezeichnung für Nutztiere fand in die Interviews überwiegend als »Viech« Eingang, wobei dieser Begriff hier nicht als

---

10 Vgl. Wilkie, Livestock, 164.

grundsätzlich abwertende, sondern bayerisch-dialektal geprägte Ausdrucksweise verstanden wird.[11] Das Wort »Vieh« selbst ist germanischen Ursprungs[12] und umfasst die auf einem landwirtschaftlichen Betrieb gehaltenen Nutztiere, worunter traditionell vor allem Großvieh wie Rinder und Pferde, aber auch Schafe, Ziegen und Schweine fielen.[13] Teilweise wurde »Vieh« auch synonym für »Ware« bzw. »Geld« verwendet,[14] worin sich die wirtschaftlich hohe Bedeutung des Viehbesitzes für einen Betrieb manifestiert – Heide Inhetveen fasst darunter zugleich eine Reduktion des Tieres als »ökonomischer und symbolischer Wert, den man sich aneignen will.«[15] Die Charakterisierung der Tiere als »Produkt«, die Wahrnehmung über ihren Warenwert, wird in der Ausbildung zum Landwirt ebenso wie im Studium der Agrarwirtschaft vermittelt und erlernt – das benutzte Vokabular findet sich daher nicht nur beim einzelnen Landwirt, sondern ist signifikant für die agrarwissenschaftliche Sicht auf Nutztiere. So ist in »Grundstufe Landwirt«[16] und »Fachstufe Landwirt«[17], den deutschlandweit meistverwendeten Fachbüchern in landwirtschaftlichen Berufsschulen, von den »Grundlagen der Tierproduktion« die Rede. Im Kapitel Betriebswirtschaft und Produktionsfaktoren wird »das Vieh« neben Boden, Gebäuden, Maschinen etc. dem Bereich »Sachgüter« zugeordnet.[18] Dieser lange Zeit auch legale Status der Nutztiere wurde auf Druck verschiedener Tierrechtsorganisationen im europäischen Recht sukzessive in Richtung leidensfähiger Lebewesen geändert, was in den deutschen Standardwerken und Fachbüchern der Agrarwirtschaft jedoch noch keinen Eingang gefunden zu haben scheint:

11 So sprach auch ich in meinen Fragen häufig von »Viechern«, was zum einen der Anpassung an die Sprechweise der Landwirte, zum anderen den durchgängig im Dialekt geführten Gesprächen geschuldet war. Vgl. dazu auch die Ausführungen des Sprachwissenschaftlers und Dialektforschers Ludwig Zehetner, der »Viech« im Bayrischen als in erster Linie gemeinte Bezeichnung für »Tier« übersetzt, was nicht nur für Nutz-, sondern auch für Haustiere verwendet wird. Ders., Bairisches Deutsch: Lexikon der deutschen Sprache in Altbayern. 5. Aufl. Regensburg 2018, 366.

12 Jakob Grimm, Wilhelm Grimm, Deutsches Wörterbuch 1854–1961. Bd. 26: Vesche – Vulkanisch. Leipzig 1971, Vieh, Sp. 50.

13 Geflügel wird so etwa im Lexikon des Mittelalters und Lexikon der Frühen Neuzeit nicht zum Vieh gezählt. Vgl. Bernd Fuhrmann, Ulf Dirlmeier, Viehhaltung, -zucht, -handel, in: Lexikon des Mittelalters 8: Stadt (Byzantinisches Reich) bis Werl. Darmstadt 2009, Sp. 1639–1643 sowie Werner Troßbach, Viehwirtschaft, in: Enzyklopädie der Neuzeit 14: Vater – Wirtschaftswachstum. Darmstadt 2011, Sp. 314–321.

14 Oswald A. Erich, Richard Beitl, Wörterbuch der Deutschen Volkskunde. 2. Aufl. Stuttgart 1955, 786.

15 Heide Inhetveen, Zwischen Empathie und Ratio. Mensch und Tier in der modernen Landwirtschaft, in: Manuel Schneider (Hrsg.), Den Tieren gerecht werden. Zur Ethik und Kultur der Mensch-Tier-Beziehung. Kassel 2001, 13–32, hier 15.

16 Lochner, Breker, Grundstufe Landwirt.

17 Horst Lochner, Johannes Breker, Agrarwirtschaft. Fachstufe Landwirt. 10. Aufl. München 2015b.

18 Vgl. Lochner, Breker, Grundstufe Landwirt, 492.

In effect, livestock were like any other agricultural resource such as wheat and potatoes, and could be processed as such. Following a lengthy campaign by animal welfare groups such as Compassion in World Farming, the status of livestock in European law was revised in the Treaty of Rome to that of ›sentient beings‹.[19]

Im Interviewmaterial waren zudem häufig Begriffe zu finden, die auf das spätere Produkt Fleisch verwiesen. Eine Bewertung ihrer Schweine auf deren spätere Fleischqualität hin findet sich so bei Interviewpartnerin F. W., die exemplarisch für zahlreiche ähnlich gerichtete Aussagen steht:

Also wie gesagt, die Schlachtlänge ist wichtig, die Bemuskelung, Fett-Fleisch-Verhältnis, dass das stimmt. Dass die nicht zu fett werden, dass sie das schwerer machen. Weil was hilft mir das, wenn ich ein schönes, proper Ferkel habe, aber als Mastschwein wird es zu fett.

Auch in der »Fachstufe Landwirt« ist von der »Schweinebeurteilung« die Rede, bei der die Tiere unter dem Gesichtspunkt »wertvolle Teilstücke«[20] bereits als späteres Fleisch und damit Lebensmittel gedacht werden, ihre Versachlichung und Reduktion auf das Nicht-Lebendige liegt damit schon im Wirtschaftskreislauf begründet. Diese Perspektive auf die Verwertung der Tiere ist kein Resultat des Industrialisierungsprozesses der Intensivtierhaltung, sondern ist der gesamten historischen Nutztierhaltung und -züchtung immanent, sie findet sich in zahlreichen Quellen aus der Vergangenheit, wie etwa Züchtungen einzelner Tierrassen auf besonders viel Fett hin.[21]

Was jedoch durchaus als Konsequenz aus einer einseitigen Entwicklung in Richtung Spezialisierung, Hochleistungszucht und Technisierung der Nutztierhaltung im Verlauf der zweiten Hälfte des 20. Jahrhunderts interpretiert werden kann, ist, dass über die rein körperliche Ebene der Futterverwertung und -zunahme hinausgehende Dimensionen, welche Tieren als Lebewesen auch spezifische Bedürfnisse zugestehen, innerhalb der agrarwirtschaftlichen Sprechweise immer stärker in den Hintergrund traten und sich im Zuge der Wissensweitergabe in Ausbildung, Beratung, Verbänden, Gremien sowie Fachzeitschriften und -büchern Vokabeln der technischen und wissenschaftlichen Objektifizierung durchsetzten – so sprachen etwa einige Interviewpartner und Interviewpartnerinnen von »Ferkel- oder Kükenqualität« bzw. »Tiermaterial«. Abermals wird diese objektivierende Reduktion besonders beim Sprechen über

---

19 Rhoda Wilkie, Multispecies scholarship and encounters: Changing assumptions at the Human-Animal Nexus, in: Sociology 2/49, 2015, 323–339, hier 327.
20 Vgl. Lochner, Breker, Fachstufe Landwirt, 481.
21 So wurden etwa im England des 19. Jahrhunderts die sog. Yorkshire-Schweine für landwirtschaftliche Ausstellungen so sehr auf Fett hin gezüchtet, dass sich die Tiere aufgrund des Körpergewichts kaum mehr auf den Beinen halten konnten. Vgl. Marilyn Nissenson, Susan Jonas, Das allgegenwärtige Schwein. Köln 1997, 78.

den Tod sichtbar, wenn die Interviewpartner und Interviewpartnerinnen wie in den folgenden Beispielen von »kaputten« Tieren berichteten:

I. G.: Ja wenn ich das Vieh halb umbringen muss, wenn jetzt doch eines ein bisschen zu leicht ist, das ist dann kaputt! Ja ist das dann besser?

H. D.: Wir machen keine Bienen mehr kaputt. Also, ich wenn einen Raps spritze, und der Rapsglanzkäfer ist darauf, zum Beispiel. Der ist ja nicht einmal kaputt.

H. I.: Das war die Böse, die hat die anderen drei kaputt gemacht. Da war dann so eine fette Henne drinnen (macht Geste mit Händen), so ein richtiger Brummer, die hat die anderen drei kaputt gemacht.

In den abgebildeten Zitaten werden jedoch auch die Herausforderung der linguistischen Betrachtung und die Gefahr der mit ihr einhergehenden Verkürzung deutlich: Während I. g. einerseits von »Vieh« und »kaputten« Ferkeln spricht, prangert er an dieser Stelle zugleich die aus seiner Sicht ethische Fragwürdigkeit verschiedener Praktiken der Ferkelkastration an, mit der er eben nicht nur die sachliche, sondern auch die moralische Dimension beleuchtet. Bei H. D. zeigt sich, dass die Landwirte und Landwirtinnen nicht nur im Zuge objektifizierter Nutztiere von »kaputt« anstatt tot sprechen, sondern auch bei Wildtieren. H. I. schließlich schreibt dem im Beispiel tötenden Huhn menschliche Eigenschaften eines intentionalen, bösen Verhaltens zu, er betreibt also gleichzeitig mit der Versachlichung auch Anthropomorphisierung. Hier deutet sich bereits an, wie sehr die Zitate der Landwirte und Landwirtinnen von Widersprüchlichkeiten geprägt sind, betrachtet man sie rein als linguistisch-diskursiven Ausdruck einer der Intensivtierhaltung immanenten Objektifizierung des Tierkörpers. Werden sie jedoch auch als Bewältigungsstrategie im Umgang mit dem Tod interpretiert, indem das Tier von vornherein stärker als Objekt gedacht wird, finden diese Widersprüchlichkeiten als Verdrängung des Lebendigen und damit möglicherweise auch Reduktionen der Schuldigkeit, für diesen Tod, das Sterben mitverantwortlich zu sein, psychologische Funktionen. Dies wird etwa beim folgenden Bericht von H. R. zur Nottötung bei seinen Masthühnern deutlich:

H. R.: Ja, ein paar haben Coli, also Durchfall ein bisschen, dann bricht sich mal einer ein Bein, den muss dann ich wegtun, ja …
I.: Wie müsst ihr das machen, habt ihr da so Vorschriften dann?
H. R.: Mhm (Pause, abgeneigt). […] Du musst ein Wirbeltier betäuben und dann töten, nicht? Also ganz praktisch gesagt: Wir haben so eine Zange und da hauen wir richtig auf den Kopf drauf und dann zwicken wir die Wirbelsäule ab hinterm Hals. Und dann ist die Wirbel durchtrennt und dann ist er erst betäubt und dann getötet worden.

Im Interviewausschnitt geht der Landwirt zunächst sehr rasch über das Thema Tötung hinweg und spricht von »wegtun«, schiebt diesen Prozess also von sich und erläutert ihn nicht näher. Auf meine Nachfrage hin äußert H. R. ein nonverbales Unbehagen, indem er pausiert und durch seine Mimik ausdrückt, dass dieser Vorgang von ihm negativ memoriert wird bzw. er ihn mir gegenüber nicht näher ausführen möchte. Nach dieser Sprechpause geht er jedoch detailliert auf jeden einzelnen, hier brutal verbalisierten Handgriff des Tötens ein, das er nun auch konkret als solches bezeichnet. Im Anschluss erläutert der Landwirt, dass dieses Vorgehen der tierschutzrechtlichen Vorgabe entspreche und der Ablauf kontrolliert und genormt sei, von ihm also so durchgeführt werden *müsse*. Interviewpartner V. verwendet in seiner Erklärung zum Umgang mit Tod und Schlachtung ebenfalls objektifizierendes Vokabular und spricht von einem »Ding«:

Das gehört einfach dazu. Wenn man sich jetzt dauernd da an jedes Ding hinhängen würde … Gut, dann brauchst du nicht anzufangen. Dann brauchst du nicht anzufangen, weil dann …, dann verzweifelst du.

Keine engen Beziehungen zu den gehaltenen Tieren aufzubauen sieht I. V. als Notwendigkeit dafür an, um mit deren späterer Schlachtung emotional umgehen zu können, anderweitig »verzweifelst du«. Mit der Objektifizierung ist also psychologischer Selbstschutz verbunden. Euphemistisch als »Veredelung« bezeichnet daher auch I. Ü. den Tod seiner Puten, wobei die psychologische Dimension hier besonders plastisch wird:

I.: Und macht man sich da Gedanken über Schlachtung oder … dass sie ja dann weitergehen und umgebracht werden, also zum Lebensmittel werden?
I. Ü.: Ahh. Ja, mache ich mir schon. Aber ich finde, die werden halt für einen guten Zweck umgebracht. Umgebracht finde ich, klingt so hart. Veredelt. Ja.

Als »guten Zweck« sieht I. Ü. die dem Nutztiertod inhärente Lebensmittelherstellung an, die immer wieder als das Töten legitimierend herausgestellt wurde. Indem »umgebracht« zu »veredelt« umgewidmet wird – also ein agrarwissenschaftlicher Begriff benutzt wird, der die Produktion als höherwertig angesehener tierischer Lebensmittel aus pflanzlichen Rohstoffen beschreibt[22] –, stellt der Landwirt anstelle des Schlachtaktes die eigene Versorgungsleistung heraus, rechtfertigt diesen also durch einen gesellschaftlich erwünschten Nutzen. Fast alle Interviewpartner und Interviewpartnerinnen berichteten, den Prozess der Schlachtung als Notwendigkeit des Wirtschaftskreislaufs anzusehen, gleichzeitig wurden jedoch immer wieder auch Schwierigkeiten im Umgang mit deren tatsächlicher Durchführung deutlich, die in den folgenden Kapiteln sichtbar werden. Die hier herausgearbeiteten sprachlichen Praxen des Objektifizierens dienen der Wahrung teils bewusst, teils unterbewusst ablaufender Distanzierungen von Tod und Tötung.

---

22 Vgl. dazu Lochner, Breker, Grundstufe Landwirt, 506 ff.

Dennoch werden über die *de-animalization*, also die Versachlichung, auch Gesamtentwicklungen einer vornehmlich ökonomischen Blickweise auf die gehaltenen Tiere deutlich, die zwar nicht sehr häufig, aber dennoch zum Teil in abwertenden und geringschätzenden Aussagen mündeten:

H. A.: Wie gesagt, man schaut, dass man … vorbeugend … erstens, dass man gute Ferkel kauft, nicht die Günstigsten, weil da kriegt man meistens auch an Ramsch mit und eben natürlich so Sachen wie Waschen und Desinfizieren ist Standard.

Die Bezeichnung von Ferkeln als »Ramsch«, die in diesem Zusammenhang nicht der gewünschten Resilienz gegen Krankheitserreger entsprechen, bildet ein reines Leistungsdenken ab, im Zuge dessen den anfälligen Tieren eine Daseinsberechtigung als Lebewesen aberkannt wird. Sie sind »Ramsch«, damit als minderwertiger Abfall klassifiziert. Hier wird eine Übertragung vom in Kapitel 8 ausführlich behandelten menschlich-ökonomischen Leistungsimperativ auf die tierische Ebene deutlich.[23] Eine derart ausgeprägt distanzierte Sicht auf tierisches Leben wird auch bei Interviewpartner M. U. sichtbar, der seine Schweine metaphorisch mit Brettern in einem Fass gleichsetzt:

Leistungsgerecht beschäftigen oder halt die einfach füttern und denen einfach alles geben, was sie brauchen. Und wenn da irgend … wenn in dem Fass irgendwo ein Brett kaputt ist, dann läuft das Wasser aus. Und du musst schauen, dass alle Bretter in dem Fass gleich hoch sind und gleich stabil und dann funktioniert das. Dann holst du da die höchstmögliche Leistung raus und dann funktioniert das ganze Ding.

Bereits das Adjektiv »leistungsgerecht« weist darauf hin, dass M. U. nicht von einem Lebewesen ausgeht, das »art- oder verhaltensgerecht« beschäftigt werden kann oder sollte, sondern lediglich Wachstum und ökonomisches Resultat im Vordergrund stehen. Das Tier wird hier ebenso wie der Mensch als Stellschraube innerhalb eines Gesamtsystems gesehen, die lediglich von Interesse ist, damit »das ganze Ding« »funktioniert«, auch der Satzteil »holst du da die höchstmögliche Leistung« raus reduziert die gehaltenen Schweine auf ihre Optimierung. Der einseitig angesetzte Maßstab der Produktivität bildet abermals die Verinnerlichung von »machtvollen Strukturen und Prozesse der Bewertung und Überprüfung«[24] ab, die für Intensivtierhaltung wie grundsätzlich eine von Leistungs- und Konkurrenzimperativen geprägte Gesellschaft kulturprägend sind.

---

23 Die auch für die Landwirt-Nutztier-Beziehungen zentrale Bedeutung des Begriffs wird anschließend in Kapitel 9.4 noch eingehend beleuchtet.
24 Tauschek, Zur Kultur des Wettbewerbs, 31.

Parallele Auf- und Abwertung: Vertierlichung/animalization

Aus dem Aspekt der hier als »Vertierlichung« benannten Sprachpraxen lassen sich zwei Argumentationsrichtungen ableiten, die einander entgegengesetzt erscheinen. Zum einen werden über die Betonung einer grundlegenden Differenz zwischen Menschen und Tieren, die zumeist in der Abwertung letzterer mündet, eigene Wirtschaftsweisen legitimiert, zum anderen erfolgt über das Sprechen vom Tier als Lebewesen aber auch eine Aufwertung und Abgrenzung von den oben beschriebenen rein ökonomischen und objektifizierenden Ebenen.

Auch in diesem Kapitel werden den Tieren zugeschriebene Status vor allem im Kontext von Tod und Schlachtung deutlich, die gerade aus der empfundenen Notwendigkeit zu deren Rechtfertigung reflektiert werden. Hier finden sich häufig Verweise auf »die« Natur, welcher der Kreislauf des Tötens und Getötet-Werdens immanent ist:

H.C.: Aber sagen wir mal so, in der ganzen Evolution, der Tiger oder der Löwe, der heute eine Gazelle jagt, das ist ja ewig ... Der kann ja zwei, drei Stunden, so ein Kampf dauern, diese Flucht, dieses Erschlagen, das ganze Zeug.

Eine drastische Erzählung von Interviewpartner H.I., der vom Übergang der Käfig- auf Bodenhaltung in seinem Legehennenbetrieb berichtet und dabei auf Kannibalismus unter den Hühnern eingeht, beinhaltet ebenfalls Analogien zur Grausamkeit der Tiere:

H.I.: Ja. Wir haben ... ehrlich gesagt, wir haben, vom Anfang ... da bist du dort gesessen und hast geweint. Da hast du zugeschaut und hast geweint, was die gemacht haben da drin. Grausam. Die sind – einer der anderen nachgerannt und hat ihnen die Kloake raugepickt, unterm Laufen den Darm rausgerissen.
I.: Boah ...
H.I.: Muss man sich ... muss man sich vorstellen. Greislig[25]! Kann man sich gar nicht vorstellen! Die sind so aggressiv, solche Bestien, solche Hauer drauf. Wie gesagt, wenn die da hinpickt, wenn die andere läuft, die läuft weiter und reißt ihr den Darm raus.

H.I. drückt hier einerseits sein eigenes Entsetzen über das Verhalten der Hühner aus, wobei er über den Begriff »geweint« emotionale Betroffenheit offenbart, während er andererseits die Tiere als »grausam«, »aggressiv« und »Bestien« explizit negativ »vertierlicht«. Über die Betonung einer »grausamen« Natur wird zum einen auf einen »natürlichen« Kreislauf des Tötens schwächerer durch stärkere Lebewesen verwiesen, was in Analogie zur Schlachtung steht, zum anderen findet eine Aufwertung des vergleichsweise schnellen und technisierten Todes im

---

25 Dialektal, hier als »schrecklich« übersetzbar.

agrarwirtschaftlichen Kontext statt. Diese Perspektive wird von Forschenden der Human-Animal- beziehungsweise vor allem der Critical-Animal-Studies kritischer Beleuchtung unterzogen. So schreibt der Historiker Winfried Speitkamp:

> Am Menschen, an dessen Selbstverständnis, aber auch an dessen Interessen und Wertvorstellungen wird gemessen, was ein Tier ist, welche Rolle ihm in der Gesellschaft zukommt, welchen Schutz es genießen soll. Am Menschen wird gemessen, wo Natur aufhört und Kultur beginnt.[26]

Die Ziehung einer strengen und meist hierarchischen Speziesgrenze zwischen Mensch und Tier wird innerhalb dieser Disziplinen in Form des auf den australischen Tierrechts-Philosophen Peter Singer zurückgehenden Begriffes »Speziesismus«[27], unter dessen Deckmantel ausbeuterische Praktiken legitimiert werden,[28] in Frage gestellt, wobei sich die Forschenden auf neuere Erkenntnisse der Naturwissenschaften beziehen, die Schmerz-, Leidens- und Empfindungs-, aber auch Kulturfähigkeit von Tieren[29] betonen. Aufgrund von biologischen und zoologischen Befunden, die etwa intentionales Handeln auch bei Tierarten wie Walen oder Delphinen feststellen,[30] gerieten binäre Sichtweisen in der Tradition des Mensch-Tier-Dualismus bei Descartes[31] oder religiös begründete Perspektiven vom Menschen als Krone der Schöpfung immer mehr in Bedrängnis. Der Zoologe Volker Sommer schreibt deshalb, dass es »unproblematisch [sei], auch Menschen als eine Art von Tier zu begreifen«[32], weshalb in den HAS häufig von »nichtmenschlichen Tieren« gesprochen wird. Diese erweiterte Blickrichtung wurde vor allem von Vertretern der Akteur-Netzwerk-Theorie (ANT)[33] und

---

26 Winfried Speitkamp, Vielfältig verflochten? Zugänge zur Tier-Mensch-Relationalität. Eine Einleitung, in: Forschungsschwerpunkt »Tier – Mensch – Gesellschaft« (Hrsg.), Vielfältig verflochten. Interdisziplinäre Beiträge zur Tier-Mensch-Relationalität. Bielefeld 2017, 9–34, hier 9.

27 Singer, Animal Liberation, 35.

28 Der Begriff wurde in Anlehnung an sexistische oder rassistische Praktiken von der Tierrechtsbewegung ebenso wie den HAS breit rezipiert, vgl. Rude, Antispeziesismus.

29 Vgl. William C. McGrew, The cultured chimpanzee: Reflections on cultural primatology. Cambridge 2004.

30 Vgl. Luisa Sartori, Maria Bulgheroni, Raffaella Tizzi, Umberto Castiello, A kinematic study on (un)intentional imitation in bottlenose dolphins, in: Frontiers in Human Neuroscience 2005; doi: 10.3389/fnhum.2015.00446; Richard W. Byrne, Lucy A. Bates, Primate social cognition: uniquely primate, uniquely social, or just unique?, in: Neuron 65, 2010, 815–830; doi: 10.1016/j.neuron.2010.03.010; Clive D. L. Wynne, Do animals think? Princeton 2004.

31 Descartes bezeichnete Tiere im Gegensatz zu Menschen als Maschinen mit feststehenden inneren Abläufen. Vgl. Ders., Discours de la méthode pour bien conduire sa raison et chercher la vérité dans les sciences. Bericht über die Methode, die Vernunft richtig zu führen und die Wahrheit in den Wissenschaften zu erforschen. Stuttgart 2001 [1637], 87 ff.

32 Volker Sommer, Zoologie. Von »Mensch und Tier« zu »Menschen und andere Tiere«, in: Spannring, Schachinger, Kompatscher, Boucabeille, Perspektiven, 359–386, hier 359.

33 V.a. Latour, neue Soziologie.

Science-and-Technologie-Studies (STS)[34] aufgegriffen, vertieft und weiterentwickelt, in deren Zuge Natur nicht als Gegensätzliches oder Anderes von Kultur gedacht wird, sondern als ein Beziehungsgeflecht mit Reziprozitäten zwischen Menschen, Tieren, Pflanzen, Objekten, Technik etc. Die Wirkmächtigkeit der dualen Gegenüberstellung in der Alltagskultur als grundsätzlich zwischen Menschen und Tieren bestehender Unterschied zeigt sich bei den Interviewpartnern und Interviewpartnerinnen deutlich. Sie vertraten vor allem eine Ablehnung von »Vermenschlichung«, mit der immer auch eine Gegen-Positionierung zu Tiere »vermenschlichenden« Aktivisten und Kritikern einherging:

I.: Ich stelle jetzt noch so eine schöne Frage: Wie würden Sie die Beziehung zu Ihren Tieren beschreiben?
I. Ü.: Auf jeden Fall nicht menschlich. Also nicht Vermenschlichung. Das ist für mich einfach ein Tier, was … wie soll ich das sagen … wo ich fair behandeln möchte. Es soll mir was geben und dafür kriegt es von mir was, ganz einfach. Eine Symbiose. Nennen wir es Symbiose.

Im Zitat wird die Vielschichtigkeit der beleuchteten Aussagen deutlich. Zwar betont I. Ü. das »Nicht-Menschliche« seiner gehaltenen Puten, jedoch ist es ihm gleichzeitig wichtig, diese »fair« zu behandeln und er beschreibt die Beziehungsebene als »Symbiose«. Trotz des Aufgreifens von Speziesgrenzen wird deutlich, dass damit nicht nur ausbeuterische Praktiken legitimiert, sondern mehrere einander überlappende und sich teils auch kontrastierende Ebenen von Mensch-Tier-Verhältnissen transparent werden. Vielmehr gilt für die Interviewpartner und Interviewpartnerinnen, was auch die britische Soziologin Rhoda Wilkie in ihrer Untersuchung unter landwirtschaftlichen Akteuren feststellte, nämlich eine erhebliche Heterogenität der Zugangsweisen zu den Nutztieren, weshalb sie kritisiert:

If we simply dismiss these experiences by arguing, that the animals remain commodities legally, regardless of how producers perceive them, then we are disregarding some of the practical, cognitive, ethical, and emotional challenges faced by those who work directly with livestock.[35]

Dass landwirtschaftliche Arbeitspraxen auch im Bereich Intensivtierhaltung nicht einfach nur darin bestehen, »Macht- und Unterdrückungsstrukturen«[36] und – wie CAS-Vertreterin Reingard Spannring dies formuliert – »horrende[s]

---

34 Vgl. zusammenfassend Susanne Bauer, Torsten Heinemann, Thomas Lemke (Hrsg.), Science and technology studies: Klassische Positionen und aktuelle Perspektiven. Berlin 2017.
35 Wilkie, Livestock, 127 f.
36 Reingard Spannring, Bildungswissenschaft. Auf dem Weg zu einer posthumanistischen Pädagogik?, in: Spannring, Schachinger, Kompatscher, Boucabeille, Perspektiven, 29–52, hier 35.

Tierleid in der Massentierhaltung«[37] aufrecht zu erhalten, sondern die innerhalb dieses Systems tätigen Landwirte und Landwirtinnen durchaus ihren Umgang mit den Nutztieren reflektieren und hinterfragen, zeigt etwa das Beispiel von F. W.:

F. W.: Also ich glaub, dass wirklich 98 Prozent, auch wenn sie große Ställe haben ... Ich glaub, es schreit keiner ›Juchu, jetzt dürfen sie geschlachtet werden‹. Ich glaub ... Das macht mir keiner weis. Und ... mir fällt es wirklich immer schwerer. Mir fällt es auch schwer, wenn ich ein Tier einschläfern lassen muss. Oder wenn die ... ich mein, es kommt auch mal vor irgendwie, da passt was nicht, dann liegen da ... eine Sau erdrückt oder letztens hab ich einmal eine gehabt, die hat sieben Ferkel erdrückt. Ahh ... und das ist ... furchtbar ist das, nicht? Aber ... der Verstand sagt mir halt: Es sind Tiere. Andere sehen das anders, sie sagen: Gott, das sind Lebewesen und so, aber ...
S. W.: Sind sie ja auch, aber trotzdem ...
H. W.: Müssten wir ja zu machen, oder?
F. W.: Aber wenn sie mich dann rumstoßen oder mir dann auf den Fuß treten oder ... ich bin schon oft drin gelegen im Dreck, dann denk ich mir: Die scheißen sich um mich auch nichts drum, nicht? Da muss man schon aufpassen, aber ... man darf sie nicht vermenschlichen.
S. W.: Aber die sind nicht wie Menschen. Die haben Schmerz und Hunger und Müdigkeit, aber deswegen sind sie ja keine Menschen, die jetzt ... keine Ahnung.

Bei Familie W. ist Ehefrau F. W. für den Zuchtsauenbereich zuständig, während ihr Mann und ihr Sohn sich um Mast und Ackerbau kümmern. Im Gespräch betonte die Interviewpartnerin mehrmals, dass der Tod gehaltener Tiere wie auch das Wissen um deren bevorstehende Schlachtung sie belasten würden, was auch mit der engeren Beziehung zu den über mehrere Jahre auf dem Betrieb befindlichen Muttersauen zu tun hat. Anstatt einer Gewöhnung an diesen Prozess falle es ihr im Gegenteil mit zunehmendem Alter »immer schwerer«, mit dem betriebsimmanenten Getötet-Werden der Tiere zu Abschluss der Mastphase umzugehen. Die »Vertierlichung« der Schweine wird daher als Bewältigungsstrategie gewertet, so etwa wenn F. W. darauf verweisen muss, dass ihr »der Verstand sagt«, »[e]s sind Tiere« – dass sich die Landwirtin ob dieser eindeutigen Klassifizierung unsicher ist, zeigt sich in den unmittelbar von ihr nachgeschobenen Gegenpositionierungen einer ganzheitlicheren Sichtweise auf Tiere. Die Angabe von »Verstand« impliziert, dass eine durchaus hierzu im Widerstreit stehende emotionale Ebene vorhanden ist, die über die Ratio ausgeblendet werden soll. Ihr Ehemann und Sohn betonen noch stärker die Mensch-Tier-Unterscheidung, welche zu einer Aufrechterhaltung und Legitimation des eigenen Wirtschaftens benötigt wird, besonders deutlich im Satz »Müssten wir ja sonst zu machen, oder?« exemplifiziert.

Wie stark Tod und Schlachtung von den Interviewpartnern und Interviewpartnerinnen jeweils auch in Frage gestellt bzw. deren Berechtigung und Nicht-

---

37 Ebd., 33.

Berechtigung reflektiert werden, zeigt sich an einer *Aufwertung* der Tiere als Lebewesen über Sprachpraxen der »Vertierlichung«. Die hier vorliegenden Ergebnisse knüpfen dabei an Karin Jürgens differenzierte Studie zum Umgang von Landwirten und Landwirtinnen mit Tierkeulungen im Zuge der Schweinepest an, die zu ganz ähnlichen Ergebnissen einer durchaus vorhandenen ethischen Komponente der Mensch-Tier-Beziehung bei Intensivtierhaltern und -halterinnen in Nordwestdeutschland kam. Jürgens bilanziert:

Alle Landwirte und Landwirtinnen machten einen großen Unterschied in der Wahrnehmung und Bewertung des üblichen Tiertodes bei der Schlachtung eines Tieres und bei der Keulung. Das gewaltvolle Töten der Tiere stellte für sie eine ethische Grenzüberschreitung dar [...].[38]

Praxeologische Perspektiven zeigen also auf, dass theoretisch angenommene Postulate aus Teilen der Human-Animal-Studies doch sehr viel stärker hinterfragt und differenziert werden müssen, so sind die Aussagen der Landwirte und Landwirtinnen von mehr geprägt als davon, »die tierliche Individualität ontologisch auf eine Ressource, eine Maschine, ein Objekt zu reduzieren, die es möglichst vorteilhaft auszuschöpfen gilt.«[39] Von den hier befragten Intensivtierhaltern und -halterinnen wurden ebenso wie bei Karin Jürgens außerhalb von Schlachtungsprozessen liegende Tiertötungen als »Grenzüberschreitung« eingeordnet, was auf einer Wahrnehmung der Tiere als fühlende Lebewesen basiert. So berichtete H. B., Inhaber einer Junghennenaufzucht für 100.000 Tiere:

Der – ich sag jetzt Vermehrer zu meinem Geschäftspartner. Der Vermehrer verlangt immer, dass man die Hahnenküken ... [...]. Wir sollen sie töten. Wir machen es nicht. Weil wir gelernt haben, dass man ein Tier ohne triftigen Grund nicht töten soll (mit Nachdruck). Das macht man nicht. Der Vermehrer beschwert sich dann, weil die unnütz Futter fressen. Aber das interessiert uns nicht.

Der Interviewpartner beharrt hier auf seiner Handlungsmacht als Betriebsinhaber, für sich und seine Familie ethisch vertretbare Entscheidungen zu treffen, er entwickelt also einen widerständigen Eigensinn gegenüber systemisch-hierarchisch vorgegebenen Arbeitsabläufen, die er moralisch hinterfragt. Dass H. B. angibt, erlernt zu haben, »dass man ein Tier ohne triftigen Grund nicht töten soll«, verweist auf kulturelle Prozesse, die *eben nicht nur* das völlig »Andere« des Tieres etabliert haben, sondern gerade auch Ähnlichkeiten zwischen lebenden Wesen betonen, weshalb eine sehr viel größere Hürde darin gesehen wird, etwa ein Tier zu töten als ein Objekt zu zerstören. Westlich geprägte

---

38 Jürgens, Tierseuchen, 117.
39 Vgl. Markus Kurth, Ausbruch aus dem Schlachthof. Momente der Irritation in der industriellen Tierproduktion, in: Wirth, Laue, Kurth, Dornenzweig, Bossert, Balgar, Handeln der Tiere, 179–202, hier 188.

Mensch-Tier-Binaritäten in der Tradition antiker Vorstellungen[40] führten daher
nicht nur zur Legitimation von Ausbeutung, was etwa aus Richtung der CAS und
teilweise der HAS einen fundamentalen Basispunkt der eigenen Argumentation
zur »Befreiung« von Tieren darstellt, die bisweilen nur noch darum kreisen, »Ex-
klusion und *othering* nichtmenschlicher Tiere«[41] zu beweisen und dabei teilweise
ein sehr viel breiteres Spektrum ausblenden. Stattdessen hat die kulturgeschicht-
liche Entwicklung auch zu Dogmen der Fürsorge, Verantwortung und über
die Reflexion von Unterschieden ebenso zur Reflexion von Gemeinsamkeiten
beigetragen, was sowohl in ihrer alltagskulturellen Wirkmacht als auch in phi-
losophie- und ideengeschichtlichen Schriften etwa von Michel de Montaigne[42],
Jeremy Bentham[43] oder Peter Singer[44] deutlich wird, die bestehende Verhältnisse
kritisierten, dadurch aber auch sichtbar machten, in die Gesellschaft tradierten
und damit zur kulturellen Wirkmächtigkeit von Gegenperspektiven führten.

Analog zu Karin Jürgens und Rhoda Wilkies Untersuchungen wurden Tier-
tode nicht nur aus ökonomischen, sondern auch aus ethischen Gründen von
den Interviewpartnern und Interviewpartnerinnen besonders dann hinterfragt,
wenn das Fleisch der Nutztiere keiner späteren Verwertung zugeführt wurde,
in der ja der grundsätzlich Legitimation verschaffende Faktor der Wirtschaftsweise überhaupt begründet liegt – nämlich für eine bestehende Nachfrage zu
produzieren. So berichtet Ehepaar J., Inhaber einer Zuchtsauenhaltung, von
einem Telefonat, das H. J. als Vorsitzender des lokalen Ferkelerzeugerrings mit
einer anderen Landwirtin führen musste:

M. J.: Ich habe damals mit der Frau telefoniert, wo die Belüftung kaputt war. Wo dann
das Telefon nicht funktioniert hat, also ... die konnten wirklich nichts dafür! Nachts ...
Früh ist die in den Stall gekommen und waren die Tiere tot. Weil die erstickt sind.
Habe ich auch mit der Frau telefoniert. Puhhh ... die hatten da zu knabbern! Einfach
wegen dem Tierleid! Nicht wegen den paar tausend Euro. Die kriegen sie dann schon
wieder von der Versicherung, das geht schon. Aber einfach das Leid und das ... ja das
gequälte Sterben durch Ersticken und alles! Und das geht einem richtig an die Nerven!
Die haben auch gesagt, als sie dann mit dem Auto kamen vom W., ne, zum Abholen
dann ... muss man weg!

---

40 So beschäftigte sich bereits Aristoteles mit Grenzziehungen zwischen Mensch- und
Tierwelt. Vgl. Aristoteles, Schriften zur Staatstheorie. Stuttgart 1989 [ca. 335 v. Chr.], 77 ff.

41 Spannring, Schachinger, Kompatscher, Boucabeille, Einleitung, 19.

42 Michel de Montaigne kritisierte hierarchisches Denken in Mensch-Tier-Beziehungen
und anthropozentrischen Hochmut. Vgl. Ders., Apologie für Raymond Sebond, in: Ders.,
Essays. Frankfurt a. M. 1998 [1580], 223–227.

43 Der britische Philosoph und Begründer des Utilitarismus beschäftigte sich im 18. Jahrhundert auch mit der Frage von Tierrechten. Vgl. Jeremy Bentham, An introduction to the
principles of morals and legislation. London 1970 [1789], 282 f.

44 Singer trug zur Etablierung der Tierrechtsbewegung im 20. Jahrhundert maßgeblich
bei, grundlegend war dafür Ders., Animal Liberation.

F. J.: Deswegen, ich sage ja: Eine Landwirts-Seele – ich gehe vom Durchschnitt aus – schwarze Schafe gibt es überall, aber: Eine Landwirts-Seele hält sowas nicht durch! Die drehen dabei durch, wenn dir der Stall leer gemacht wird! Wenn die alle tot rausgefahren werden! Das steckt man nicht weg!

Was Frau J. hier durch den Begriff »Landwirts-Seele« ausdrückt, der eine hohe Empfindsamkeit gegenüber den Nutztieren impliziert, beschreibt Karin Jürgens im Zuge der von ihr als traumatisch eingestuften Keulungserlebnisse damit, dass »den Betroffenen die Tötung der Schweine auch deshalb so nahe [ging], weil sie die Tiere aus verschiedensten emotionalen Gründen wertschätzten, sie als lebende Wesen ansahen und emotionale Bindungen zu ihnen entfaltet hatten.«[45] Wo sich die Ergebnisse allerdings widersprechen ist, dass Jürgens feststellt, dass »das Töten von Tieren durch die Schlachtung für Betroffene dagegen eine allgemeine Selbstverständlichkeit war«.[46] Die Schlachtung der zuvor gehaltenen Tiere war für die hier befragten Interviewpartner und Interviewpartnerinnen überwiegend zwar eine akzeptierte Notwendigkeit im Zuge der Berufsausübung, jedoch keine Selbstverständlichkeit. Viel eher berichteten Landwirte und Landwirtinnen entweder von anfänglichen oder auch mit zunehmendem Alter wachsenden Schwierigkeiten bei der emotionalen Verarbeitung dieses Prozesses, dem gegenüber Mechanismen der Distanzierung entwickelt werden mussten oder immer noch müssen. Was einige Interviewpartner und Interviewpartnerinnen als »Abstumpfung« bezeichneten, wurde in den Gesprächen teils selbstkritisch hinterfragt und als bewusster Vorgang des Selbstschutzes wahrgenommen:

H. C.: Also, ich tu gerne meine Schweine jetzt da nur abliefern und dann gehe ich. Früher habe ich mir oft die Tötung noch angeschaut. Aber ich kann sie eher von den Rindern zuschauen wie jetzt meine Schweine.

F. W.: Ja und wie gesagt, es fällt … es ist nicht leicht. Zuerst päppelst es auf und ziehst es vielleicht noch raus von der Sau, dass es überlebt und … Die kleinen Wutscherln[47] und dann … bringst es halt zum Verkaufen. Also das auf das Autorauftreiben ist nicht schön. Absolut nicht schön. Und fällt immer schwerer.

H. Z.: Weil wir freuen uns auch, wir haben auch unser Lieblingsschweinchen, wo wir einmal hingehen zum Streicheln. Und das kommt auch zum Schlachten fort, das sind wir von klein auf, von Kind auf eigentlich gewohnt, dass eben das Tier auch gehalten wird zum … Aber wir sehen schon noch das Tier ganz klar.

Derlei Erzählungen über Schwierigkeiten des Umgangs mit den bevorstehenden Schlachtungen hingen *nicht von der Anzahl* der gehaltenen Tiere, *sondern von der Art* der Tiere ab: Schweine- und hier vor allem Zuchtsauenhalter äußerten

---

45 Jürgens, Tierseuchen, 52.
46 Ebd., 117.
47 Koseform für kleine Tiere, dialektal.

sich sehr viel häufiger bedauernd als Geflügelhalter, was auf die kürzere Verweildauer von Enten, Puten und Masthühnern auf den Betrieben, Unterschiede
zwischen stets stärker mit dem bevorstehenden Tod konfrontierten Mästern und
länger mit den gleichen Muttertieren in Kontakt stehenden Züchtern[48] sowie
möglicherweise auch auf den Unterschied zwischen dem Menschen ähnliche-
ren Säugetieren und als »fremder« empfundenen Vögeln zurückgeführt werden
kann. Aussagen wie folgende von F. J., die die Notwendigkeit einer Bewältigungsstrategie und eines routinierten Umgangs mit anstehenden Tiertötungen hervor-
hebt – wobei sich auch hier wieder auf den der Natur immanenten Kreislauf von
Leben und Tod bezogen wird –, aber gleichzeitig damit verbundenes Unbehagen
ausdrückt, waren im Material daher eher die Regel als die Ausnahme:

F. J.: Das ist der Rhythmus, das gehört dazu. Genauso wie alle drei Wochen eben dann
200 Ferkel geboren werden, ne … es fällt einem nicht leicht, aber das gehört dazu. Und
da kann man nicht über jedes so nachdenken. Das geht nicht. Das geht nicht. Wo ich
froh war ist, dass wir keinen Maststall haben. Da ist es halt wirklich so! Ich mache
lieber Muttersauen! Sage ich ehrlich. Mache ich lieber, wenn Leben kommt als wie,
wenn es geht.

Diesen Ausführungen haftet zugleich stets das Moment der Positionierung
gegenüber einem zwar nicht von mir angesprochenen, aber aus der gesellschaftlichen Kritik an der Massentierhaltung hervorgehenden und daher mit im Raum
stehenden Vorwurf eines rein rationalen, nicht-wertschätzenden Umgangs der
Landwirte und Landwirtinnen mit ihren Tieren an. Berichte, die ein Mit-Fühlen
ausdrücken, fungieren daher auch als Gegennarrationen zum öffentlichen Bild
des »bösen Massentierhalters«. Diese Ebene des Mit-Empfindens und daher
eine sprachliche »Vertierlichung«, die das Gegenüber als schmerz- und leidens-
fähiges Wesen definiert, findet sich deswegen gerade auch in Distanzierungen
von medialen Negativfolien, denen der Vorwurf der Tierquälerei immanent ist:

V. St.: Also, ich möchte damit auch sagen, dass die Landwirte nicht so kaltherzig sind
oder nicht … das möchte ich … Mir wäre es auch lieber, wenn ich sie damals nicht hätte
kastrieren müssen und kein Schwänzlein kupieren. Es ist schon brutal, wenn man das
sieht. Das Viecherl ist ein paar Tage alt und dann musst du da herangehen. Das ist …
auch mir hat es da …, mir hat das ja praktisch ein Tierarzt gelernt. Aber das war …,
ich habe da am Anfang auch eine extreme Hemmschwelle gehabt, bis ich das … Und
dann wird es, das muss man auch sagen, wird es irgendwann zur Routine. Aber am
Anfang habe ich richtig Angst gehabt. Also bis zu … Also, es ist nicht so, dass man
das … das macht man nicht so kaltherzig, dass man sagt: ›Das ist jetzt sowieso wurst‹.

V. St., der seinen Mastschweinebetrieb bereits an seinen Sohn übergeben hat, ist
es im hier abgebildeten Zitat ein Anliegen, herauszustellen, dass »die Landwirte

48 Vgl. dazu auch Wilkie, Livestock, 180 ff.

nicht so kaltherzig sind«. In der Beschreibung seiner anfänglichen Hemmnis, junge Ferkel zu kastrieren, geht er sehr bildlich auf den dazu notwendigen Eingriff ein, den er mit dem Adjektiv »brutal« als Gewaltakt klassifiziert. Durch die Verwendung des Diminutivs, also der Verkleinerungsform bei »Schwänzlein« und »Viecherl« betont der Landwirt die Verletzlichkeit der jungen Tiere, was zugleich die psychologische Selbstüberwindung zur Ausübung der Kastration unterstreicht. Vertierlichung und Verniedlichung haben also bei V. St. die Funktion, emotionale Ebenen der Mensch-Tier-Beziehung herauszustellen, wobei zugleich wiederum der Prozess eintritt, dass es »irgendwann zur Routine« wird, ursprünglich vorhandene Gefühle also psychologisch untergeordnet und verdrängt werden.

Charakterisierungen und Vergleiche: Vermenschlichung/anthropomorphisation

Eine dritte Art, Beziehungen zu den gehaltenen Tieren zu beschreiben und zu analysieren, bestand in Sprachpraktiken der »Vermenschlichung«, die diesen also bestimmte charakterliche Eigenschaften aus anthropozentrischer Perspektive zuschreiben oder Vergleiche zu menschlichen Lebenswelten anstellen. Anthropomorphisierung ist nicht nur auf Tiere beschränkt, sondern kann in Bezug auf jegliche nichtmenschliche Entitäten stattfinden, ihr Ausgangspunkt ist zumeist die Feststellung einer Ähnlichkeit:

Anthropomorphe Zuschreibungen sind niederschwellig und können sich auf unterschiedliche Objekte beziehen. Am häufigsten werden Anthropomorphisierungen in der Forschung bei göttlichen/transzendentalen Entitäten, der Natur im Allgemeinen oder Naturereignissen, Tieren (v. a. Haustieren) [...] und Objekten (v. a. komplexeren technischen Objekten wie Computern oder Robotern) verhandelt.[49]

Interessanterweise bestand die Funktion der in Bezug auf Nutztiere untersuchten Anthropomorphisierungen weniger darin, tiefere emotionale Bezüge abzubilden – diese werden tatsächlich stärker über den oben beschriebenen Aspekt der Vertierlichung funktionalisiert –, als vielmehr den Umgang mit Tod und Krankheiten auf eine Ebene mit »natürlichen«, auch bei Menschen stattfindenden Prozessen zu heben. Auch hier war also der permanente Druck der Rechtfertigung des eigenen Handelns als Positionierung gegenüber äußerer Kritik präsent.

So schrieben mehrere Interviewpartner und Interviewpartnerinnen ihren Nutztieren eine »Aufgabe«, einen »Job« zu:

---

49 Manuela Marquardt, Anthropomorphisierung in der Mensch-Roboter Interaktionsforschung: Theoretische Zugänge und soziologisches Anschlusspotential. Working Papers kultur- und techniksoziologische Studien 1, 2017, 7.

H. Z.: Wenn der Verbraucher mir für das Schwein 300 Euro zahlt, dann mach ich da draußen … dann lass ich es da draußen Rennen laufen. Aber er muss auch denken … das Schwein hat eine Aufgabe von der Gesellschaft, das Volk mit zu ernähren, das ist so.

Mastschweinehalter H. Z. projiziert seine eigene Aufgabe als Lebensmittelproduzent hier auf »das Schwein«, dem »von der Gesellschaft« ebenfalls eine »Aufgabe« zukäme, die nicht nur vom Landwirt, sondern kollektiv vom »Volk« generiert werde. Interviewpartnerin T. S., Inhaberin eines Masthuhnbetriebes, vergleicht das Leben und Sterben ihrer Tiere sogar mit einer beruflichen Tätigkeit:

Also, ich sehe das immer ein bisschen so, ich weiß nicht, ob ich das so ausdrücken kann, aber ich finde, jeder von uns hat einfach seinen Job. Und ich habe jetzt, sechs Wochen lang war jetzt mein Job, denen das Leben so angenehm und sicher zu machen wie es geht. Ja? Und das Hähnchen, muss man ja auch mal sagen, das hat ja wirklich wenig Stress eigentlich. Das muss nur schlafen, fressen und chillen. Das muss keine Eier legen und es muss keine Ferkel gebären und es muss keine Milch geben. Also, da haben andere Tiere, haben mehr Arbeit als jetzt so ein Hähnchen. Und am Ende, na gut, ist halt sein Job, dass es halt geschlachtet wird.

Im Sinne eines Zusammenlebens in erweiterten sozialen Entitäten überträgt T. S. die eigenen beruflichen Verpflichtungen auf die Masthühner, denn »jeder von uns hat einfach seinen Job«. Dabei wird dieser mit der »Aufgabe« anderer Nutztierarten verglichen, die »mehr Arbeit« hätten, während die Hühner nur »schlafen, fressen und chillen« müssten – was hier eine Rechtfertigungsgrundlage für die vergleichsweise frühe Schlachtung der Masthühner nach vier bis sechs Wochen bilden soll, da sie zuvor immerhin »wenig Stress« hätten. Auch das Getötet-Werden selbst fasst T. S. unter diesen »Job«, wobei ausgeblendet wird, dass den Tieren selbst keine Wahl gelassen wird, an dieser »Aufgabe« beteiligt zu sein. Dass der Vergleich hinkt, wird der Interviewpartnerin mit dem zögerlichen »na gut« zu Ende des Zitates selbst bewusst; zugleich zeigt sich, dass über diese Zuschreibung eines Berufes mit gegenseitigen Aufgaben eine Entlastungsfunktion angestrebt wird, indem dem Tier nicht nur Rechte, sondern auch Pflichten zugeordnet werden. Zugleich drückt sich hier die innerlandwirtschaftlich häufig zu findende Perspektivierung einer Gleichsetzung von Arbeits- und Lebenswelten aus, die im Beispiel auf die Tiere übertragen wird – Leben ist gleich Arbeit bzw. umgekehrt.

Vergleiche mit humanen Lebenswelten finden sich vor allem an denjenigen Stellen, an denen Notwendigkeit zur Rechtfertigung besteht, so auch innerhalb des Themenfeldes Krankheit und Krankheitsbehandlung, bei dem auf tierschutzrechtliche und ökologische Bedenken von zu hohen Antibiotikagaben und ungesunden Tiere in der Intensivtierhaltung reagiert wird. Medial kursierende Bilder oder Videos von kranken Nutztieren wurden in ihrem Skandalisierungsmoment von den Landwirten und Landwirtinnen hinterfragt, da es aus ihrer Perspektive in Anbetracht der gehaltenen Menge unweigerlich auch zu Fällen von

Verletzungen oder Krankheit kommt, was sie nicht als ungewöhnlich, sondern als Norm klassifizierten. Um diese Positionierung zu verdeutlichen, wurden Menschen und Tiere als Wesen mit anfälligen Körpern auf Ähnlichkeiten betonende Stufen gehoben:

I. E.: Und es gibt auch kranke Leute! Nicht bloß kranke Viecher! Ja ... in jedem Stall wird einmal ein Vieh drin sein, wo krank ist. Ist ja kein Geheimnis! Es gibt ja auch einen Tierarzt. Ist ja ein Schmarrn. Aber warum gibt es kranke Leute und gibt es kranke Viecher? Mei ... es stolpert halt einmal einer oder stolpert ein Viech oder kriegt einen Katarrh[50] oder ... und die filmen ja nur das eine kranke Viech von allen Seiten rum und dum und hin und her. Und das ist das große Drama!

Mastschweinehalter I. Sch. greift dieselbe Blickrichtung beim umstrittenen Thema des Antibiotikaeinsatzes in der Intensivtierhaltung auf:

Wo weiß man bei Menschen was? Da haben sie 17 Kinder in der Gruppe, vier Stück kriegen Antibiotika, die Erzieherin weiß nicht mal, dass sie es kriegen. Und dann wundert man sich ... schauen Sie sich mal an, den Krankenstand, den ein Kindergarten hat, kann ich mir im Ferkelstall nicht leisten und ich habe mehr. [...] ich mein, einer, wo nicht aus der Landwirtschaft ist, sagt: Spinnt der jetzt, jetzt vergleicht der da Ferkel mit Kindern, aber wenn man das eben so sieht ... und genau die Gesellschaft, die erzählt mir dann, wie es geht. Hallo, hey ... ihr seid ja so weit weg vom Leben!

I. Sch. nutzt den Vergleich von »Ferkel[n] mit Kindern« dazu, um auf Dissonanzen einer einseitigen Kritik an zu hohem Medikamenteneinsatz und daraus resultierenden Antibiotika-Resistenzen hinzuweisen. In beiden Zitaten drückt sich die vorrangige Funktion der Gleichsetzung von tierischen und menschlichen Krankheitsfällen aus, eigene Handlungs- und Wirtschaftspraxen zu rechtfertigen und die Behandlung eben nicht – wie von Kritikern behauptet – als illegitim, sondern sogar moralische Pflicht zu verorten.

Darüber hinaus wird durch Vergleiche mit menschlichen Erfahrungen aber auch Mit-Fühlen mit den Nutztieren abgebildet – wie im folgenden Beispiel, in dem Zuchtsauenhalterin F. J. die Geburtswehen ihrer Tiere mit eigenen Schwangerschaften gleichsetzt:

Wir haben mit den Muttersauen ... das ist wie Kreissaal, die Geburten! Du arbeitest jeden Tag mit den Tieren! Du siehst genau, ob ein Tier sich gut fühlt oder ob es Schmerzen hat. Das sieht man dran als Landwirt! Ein Normalo kann sich das nicht vorstellen, weil die sehen Schweine, die können nicht reden. Hmmm, ne! Aber das merkt man, wenn man mit Tieren zusammenarbeitet! Wenn man das sein Leben lang gemacht hat, also mir tut es immer schon weh, wenn ich sehe, dass eine Sau, wenn die nicht Ferkeln kann, ihre Ferkel nicht rauskriegt! Ich weiß, dass es Schmerzen sind! Ich habe selber drei Kinder! Das weiß man! Und ein Viech hat die auch! Also man kann sich da reinversetzen! Und dass einem das alles nicht zugestanden wird, ist ... ahhh!

---

50 Bayrisch für Schnupfen.

Abermals ist eine mitfühlende Ebene im Bereich der Zuchtsauenhaltung zu erkennen, bei der über den ähnlichen Geburtsvorgang bei Säugetieren Gemeinsamkeiten betont und herausgestellt werden. Frau J. war es ein Bedürfnis, emotionale Verbindungen zu ihren Tieren im Gespräch zu bekräftigen – wieder steht der Vorwurf eines kalten, abgestumpften landwirtschaftlichen Verhaltens innerhalb des Systems Intensivtierhaltung mit im Raum. Gerade von einem »Normalo«, also einem Nicht-Landwirt grenzt sich die Interviewpartnerin jedoch ab, indem sie die eigenen Erfahrungswerte im Umgang mit den Tieren als grundlegend für ein Mit-Fühlen und Mit-Leiden bezeichnet. F. J. macht im Zitat vor allem die nicht-objektifizierende Ebene ihres Mensch-Tier-Verhältnisses transparent, deren gesellschaftliche Aberkennung im Zuge der Kritik an der sogenannten Massentierhaltung sie als verletzend wahrnimmt – »dass einem das alles nicht zugestanden wird«.

Im folgenden Zitatausschnitt von Ehepaar B., das eine Junghennenaufzucht betreibt, werden die herausgearbeiteten zweierlei Funktionen von Vermenschlichung besonders plastisch:

I.: Gibt es noch einzelne, an denen man hängt oder ist das bei der Menge überhaupt nicht möglich?
H. B.: Also eher hängt meine Frau dran. Also ich jetzt nicht. Emotional nicht.
F. B.: Ich sag schon … wenn sie wegkommen dann: ›Tschüss Hühner!‹ (lacht)
H. B.: Sie redet auch mit ihnen.
F. B.: Das ist halt dann immer … Ich geh halt dann zu allen … Ja, ich geh durch und red mit ihnen oder ich schimpfe sie auch mal, wenn sie mich anpicken. Aber …
H. B.: Aber für mich ist das Kindergarten und Schule und dann kommen sie halt fort zum Arbeiten. Das war's. Und ich hab ihnen das gelernt, was sie lernen haben sollen und dann ist die Sache für mich erledigt.

Abermals findet sich zu Ende bei H. B. der Vergleich mit menschlich-berufsbezogenen Lebenswelten, wenn der Interviewpartner von »Kindergarten und Schule« und späterer »Arbeit« der Legehennen spricht, wobei den Tieren etwas »gelernt« wurde – nämlich die Einpassung in die Stall- und Haltungsbedingungen von Intensivtiersystemen, wie das Auffinden von Futter oder Wasser aus Trinknippeln. Über diesen vermenschlichenden Vergleich findet bei H. B. nicht ein Einfühlen, sondern eine Distanzierung vom Tier statt – den Nutztieren wird wie bei den eingangs zitierten Befragten eine Funktion im Gesamtsystem zugewiesen, sie sind ebenso wie die Landwirte und Landwirtinnen selbst Bestandteile eines kapitalistischen Wirtschaftssystems, in dem Lebewesen eine bestimmte Aufgabe zu erfüllen haben. Gleichzeitig erzählt F. B. von Handlungspraxen des Sprechens mit ihren Tieren, wodurch diese zwar sicherlich nicht Menschen gleichwertig gestellt, aber immerhin als Interaktionspartner wahrgenommen und angesehen werden. Angesichts des »Schimpfens« der Hühner oder der Verabschiedung von diesen lassen sich auch im System Intensivtierhaltung und im kaum von

Einzeltier-Wahrnehmung geprägten Bereich Geflügel Ebenen der Beziehungs-
herstellung ausmachen, die sowohl von Macht als auch von Fürsorge geprägt
sind.

Formen von Vermenschlichung finden sich auch im Zuschreiben charakter-
licher Eigenschaften an die Tiere, die durchaus nicht nur einer Tierart per se
zugeordnet werden, sondern der Hervorhebung bestimmter Merkmale von
einzelnen Tieren oder häufiger »Durchgängen« dienen, die damit also unterschiedliches Herdenverhalten reflektieren. So berichtet M.J. von seinem im
Rahmen der Zuchtsauenhaltung miteingestallten Eber:

M.J.: Wir haben auch noch einen Eber, ne. Aber wenn man den nicht streichelt, dann
ist er eingeschnappt! Ja! Das ist ein Riesenkerl, aber ... das ist wirklich!
F.J.: Der kommt an die Tür und fordert sein ... ›Ei, du bist mein Guter!‹ (lacht)
M.J.: Ja! Die Streicheleinheiten, das ist ganz ... ein Eber ist ganz, ganz anders wie
eine Sau. Und das sind einfach Sachen, das kriegt man so mit und das ist auch kein
Einzelfall, weil das ist ja eigentlich mit jedem Eber so! Die wir jetzt so gehabt haben
über die Jahre. Also die, die brauchen einfach eine ganz andere Streicheleinheit dann
auch. Und das weiß man ... dann krault man mal hinter die Ohren und ist alles wieder
gut! Ja also ... die reagieren da dann auch!

Zu seinem Eber, welchen M.J. später mit einem Hund vergleicht, hat das Ehepaar J. eine enge Mensch-Tier-Bindung aufgebaut, weshalb auch davon berichtet
wird, dass der Tod der Eber für sie jeweils am belastendsten gewesen sei. Über
»Streicheleinheiten« und Kraulen wird zum einen emotionale Nähe hergestellt,
während zum anderen gleichzeitig betont wird, dass die Sauen »ganz anders«
seien. Der Eber kann wie ein Mensch »eingeschnappt« sein und »fordert« die
Wiederholung bestimmter Verhaltensweisen, wodurch die Landwirte und Landwirtinnen dem Tier bestimmte psychologische Abläufe zuschreiben.

Gefühle wie Freude oder nicht vorhandene Angst vor Menschen nehmen auch
V. und T.S. bei ihren Masthühnern wahr:

T.S.: Die sind ja auch so schlau. Die checken ja ..., am Anfang lassen sie sich ..., so die
ersten zwei, drei Tage im Wintergarten, lassen sie sich noch beeindrucken von einem.
V.S.: Das stimmt.
T.S.: Aber die sind so schlau, die wissen genau: ›Der Typ, der macht mir gar nichts.‹ [...]
V.S.: Da hocken die davor und warten nur noch, dass der Schuber aufgeht. Dann
wusch ... dann geht es raus, das ist ... also dann, Freudensprünge im Wintergarten.
Das ist wirklich so. Wir genießen das, gell?

Mehrmals betont T.S., dass ihre Hühner »schlau« seien, auch hier also eine
Intelligenz- und Eigenschaftszuschreibung, die durch weitere anthropomorphi-
sierende Verben und Adjektive gestützt wird, so »checken«, »warten« oder lassen
sich die Tiere »beeindrucken«. Über die Interpretation des tierischen Verhaltens
als »Freudensprünge« gestehen die Interviewpartner und Interviewpartnerinnen

den Hühnern ein Emotionsspektrum zu und stellen gleichzeitig ihr menschliches
Mitfühlen bei deren Beobachtung heraus, sie »genießen« die Freude der Tiere,
also gerade deren Ausüben-Können und nicht die Beschränkung ihrer »Agency«.

Eine Bilanz der Heterogenität: Zur Problematik eindimensionaler linguistischer Interpretationen

Wie herausgearbeitet wurde, finden sich im Quellenmaterial Kategorien der
Versachlichung, Vertierlichung und *Vermenschlichung* beim Sprechen über Nutztiere. Alle diese Ebenen bilden Sichtweisen der Interviewpartner und Interviewpartnerinnen auf ihre Tiere ab und sind als kulturell erlernte Perspektiven
der Beziehung zu Tieren zu interpretieren. Eben über das Changieren zwischen
Bildern vom »ganz Anderen«, Tierischen, Lebewesen mit Gefühlen und Eigenschaften oder von Objekten mit Warencharakter wird aber auch deutlich, dass
die Landwirte und Landwirtinnen nicht auf eine eindimensionale ökonomische
Blickweise vereinheitlicht werden können. Sie sind in ein kulturelles Beziehungsgeflecht eingebunden und dadurch wie auch der Rest der Gesellschaft von über
Agrarwirtschaftliches hinausgehenden Tierwahrnehmungen geprägt, so etwa
einer seit dem 19. Jahrhundert vom Bürgertum etablierten partnerschaftlichen
Perspektive[51] und davon ausgehend »Tierliebe« entwickelnden breiten Bevölke-
rungsschichten.[52] Michaela Fenske differenziert:

> So bedarf die verbreitete Annahme, die westlichen Gesellschaften hätten die Tierliebe
> im Zuge der Moderne vor allem gegenüber Heimtieren entwickelt, einer näheren
> Betrachtung. Bislang in der Forschung weitgehend ausgeblendet blieb dabei die Refle-
> xion der Gefühlskultur in bäuerlich-agrarischen Milieus. Die Idee einer spezifischen
> agrarischen Fürsorgekultur stellt dabei eine Möglichkeit dar.[53]

Damit soll nicht verkannt werden, dass das Betrachten der Tiere über ihren
Warencharakter dem Bereich der Nutztierhaltung historisch wie gegenwärtig
stets immanent war und ist und sich mit Sprachpraktiken der Objektifizierung
und Technisierung die Ausblendung von Bedürfnissen lebender Wesen sowie
deren Reduzierung und Abwertung verbindet, wie dies auch bei einigen Interviewpartnern und Interviewpartnerinnen der Fall war. Allerdings finden bei der
überwiegenden Anzahl der Befragten durchaus ein Prozess des Aushandelns von
systemischen Vorgaben und eine selektive Anwendung von durch Berufsschule,

---

51 Dazu grundlegend Buchner, Kultur mit Tieren.
52 Vgl. Pascal Eitler, Tiere und Gefühle. Eine genealogische Perspektive auf das 19. und
20. Jahrhundert, in: Gesine Krüger, Aline Steinbrecher, Clemens Wischermann (Hrsg.), Tiere
und Geschichte. Konturen einer Animate History. Stuttgart 2014, 59–78.
53 Fenske, Reduktion, 22.

Verbände und Wissenschaft vorgegebenem Vokabular statt. Dies wurde gerade
bei Befragungen mit mehreren anwesenden Familienmitgliedern deutlich, die
teilweise Diskussionen zu unterschiedlichen Blickwinkeln auf Mensch-Tier-
Verhältnisse zwischen Ehepartnern, Eltern und Kindern anstießen, wie im
folgenden Beispiel zum Umgang mit toten Tieren bei Junghennenhalterin F. B.
und ihrer auf dem Betrieb aushelfenden Tochter T. B.:

F. B.: Was soll ich dann tun? Ich geh da jeden Tag durch, ich muss die zusammenklau-
ben. Ich hab meine Handschuhe dran, ich find es auch nicht lustig. Aber es ist halt eine
verendet ... also ... es ist halt so. Es ist jetzt echt nicht so schlimm.
T. B.: Also ich kann es nicht. Ich kanns nicht anlangen.
F. B.: Ja es ist halt jetzt bei uns natürlich schon Routine auch, wenn du das jeden Tag
machst.
T. B.: Ich kanns nicht anlangen.
I.: Warum, weil es dir graust[54]?
T. B.: Nein, nicht weil es mir graust. Weil es mir dann auch leidtut. Oder gerade wenn
dann so – ich nenn es jetzt mal Behindis – drin sind, das ist dann eigentlich so das
Schlimmste für mich so gerade bei den Singerln[55].

Es zeigt sich ebenso wie bei den Untersuchungen Rhoda Wilkies, dass sich öko-
nomisierende und objektifizierende Perspektiven etwa der agrarwirtschaftlichen
Fachbücher zwar in den Aussagen der Interviewpartner und Interviewpartnerinnen widerspiegeln, diese aber nicht deckungsgleich mit denjenigen der praktizierenden und täglich mit den Tieren als Lebewesen konfrontierten Landwirte
und Landwirtinnen sind. Daher waren bei der Analyse viel eher *Mischformen
von Objektifizierung, Vertierlichung und Vermenschlichung* die Norm, die auf
die Aneignung verschiedenster, aus eigenen Erfahrungswerten und kulturell
Erlerntem resultierenden Blickweisen auf die Tiere verweisen. Dies wird etwa
in folgendem Zitat von Zuchtsauenhalter H. L. deutlich:

Manche sind sehr zutraulich, da wenn du reingehst, die stehen da, die wollen gekrault
werden. Die flacken sich auch dann auf den Boden hin und manche sind ... die rumpeln über jede Abtrennung drüber. Das gibt es schon, das gibt es schon. Aber so jetzt
wie eine Katze oder einen Hund im Endeffekt, so etwas gibt es jetzt da nicht. Also
Namen haben wir jetzt ... Eber haben einen Namen, aber sonst nicht. Sind bloß zwei.
Das andere ist halt, ja, wenn jetzt so ganz kleine Ferkel auf die Welt kommen, da hängt
man dann schon da und sagt: ›Hm, eigentlich hast du keine Chance.‹ Das sieht man,
vom Gewicht her, wenn die so einen großen Kopf haben oder was. Eigentlich hast du
keine Chance. Aber ich kann dich jetzt eigentlich nicht ... merzen. Das geht nicht. Ja,
dann tut man sie halt noch einmal zu einer anderen Sau und sagt: ›Okay, probier was
du schaffst‹, wenn nicht, dann ... muss es selber ...

54 Bayr.-dial. für grauen, ekeln.
55 Bayr.-dial. für Küken.

I.: Wie ist das dann bei der Geburt? Freut man sich da immer noch?
H. L.: Klar. Man regt sich tierisch auf, wenn eines kaputt geht. Wenn man vorbeigeht
und sagt: Ah, das … so ein schönes Ferkel, meistens sind es die Schönen.

Der Interviewpartner verwendet im selben Abschnitt sowohl objektifizierende
(»kaputt geht«), vertierlichende (»zutraulich«, »wie eine Katze oder einen Hund«)
als auch vermenschlichende (»flacken sich hin«, »Eber haben einen Namen«,
»wollen«) Vokabeln, er drückt drastisch sowohl Gewalt am Tier (»merzen«) als
auch Empathie (»da hängt man dann schon da«) aus, die *gleichzeitig nebenein-
anderher ablaufen.*

Durch die Betonung von Mischformen soll an dieser Stelle auch auf die Gefahr
selektiv herausgegriffener Zitatausschnitte und deren anschließender Interpretation verwiesen werden, die forscherischen Blickwinkeln eine Vereinfachung
lebensweltlicher Komplexität auf klare Theorie-Modelle ermöglichen. Einseitige
Perspektiven darauf, aufzuzeigen, »wie nichtmenschliche Tiere im kapitalistischen Wirtschaftssystem und der Kultur der späten Moderne ausgebeutet
werden«[56], wie es Spannring als Impetus einer »posthumanistischen Pädagogik«
fordert oder Barbara Noske in ihrer kulturphilosophischen Schrift »Die Entfremdung der Lebewesen«, untertitelt mit »Die Ausbeutung im tierindustriellen
Komplex und die gesellschaftliche Konstruktion von Speziesgrenzen«[57] auf
theoretischer Basis nachzeichnet, verkennen daher in ihrer starken Betonung
eines vermeintlich allumfassend wirkmächtigen Mensch-Tier-Dualismus, dass
sich »die *éducation sentimentale* von Menschen – zunächst in den bürgerlichen
Mittel- und Oberschichten […] teilweise seit Ende des 18. Jahrhunderts, breitenwirksam aber erst seit der Mitte des 19. Jahrhunderts wie selbstverständlich dem
Umgang von Menschen mit Tieren und ihren Gefühlen [widmete].«[58] Besonders
interessant ist dabei im erhobenen Material, dass es eben nicht hauptsächlich
Sprachpraktiken der »Vertierlichung« sind, die das in einigen Grundlagenwerken
der HAS/CAS[59] als Basisausrichtung der eigenen Forschungsperspektive programmatisch kritisierte »ganz Andere« der Tiere betonen, indem auf historisch
wirkmächtige Speziesgrenzen verwiesen wird, die auf binärer abendländischer
Mensch-Tier-Unterscheidung basierten. Stattdessen kehren rechtfertigende
Muster der Intensivtierhaltung bei den Landwirten und Landwirtinnen einerseits über Versachlichung, andererseits *gerade aber auch über Vermenschlichung*
wieder. Vor allem im Kapitel zur »Vertierlichung« werden den Nutztieren Ge-

---

56 Spannring, Bildungswissenschaft, 37.
57 Noske, Entfremdung.
58 Eitler, Tiere und Gefühle, 66.
59 Die Betonung historisch gewachsener Mensch-Tier-Dualismen mit daraus hervorge-
hender Abwertung letzterer bildet die Grundlage zahlreicher Einführungen in die Human-
und Critical-Animal-Studies. Vgl. etwa Kompatscher, Spannring, Schachinger, Human-Animal Studies; Chimaira Arbeitskreis, Human-Animal Studies; DeMello, Animals and society.

fühle zugestanden und Fürsorge-Empfindungen betont, wird also nicht auf eine dualistische Trennung mit daraus resultierender Ausbeutungs-Rechtfertigung verwiesen – diese findet viel eher über das Herstellen der *Ähnlichkeiten* zum Menschen statt, die eben auch krank würden, behandelt werden müssten, sterben und vor allem ebenso wie die Landwirte und Landwirtinnen »Aufgaben« haben bzw. selbst ausgebeutet werden.

Einige linguistische Betrachtungen aus den Critical- oder Human-Animal-Studies, die das Sprechen über »Tierproduktion«, »Tiermaterial« oder »Schlachten« anstatt »Töten« als Zeichen rein objektivierend agierender Akteure der Intensivtierhaltung interpretieren, verkennen daher die Komplexität landwirtschaftlichen Arbeitens, stellen »Science-and-Technology«-Vermittelnde oder -Verkaufende mit Praktizierenden und Ausdrucksweise mit Handeln gleich. So implizieren Beiträge wie »Die Verdinglichung von Tieren«[60] von Klaus Petrus zur ökonomisierten Nutztierhaltung, »Zur Sprache der Mensch-Tier-Beziehungen«[61] von Markus Kurth oder »Eine Diskursanalyse zum Mensch-Tier-Verhältnis«[62] von Sauerberg und Wierzbitza, dass es eine einheitlich agierende »Agrarökonomie« mit einem einheitlichen Blick auf Nutztiere gäbe – Differenzierungen und Grautöne werden ausgeblendet. Sauerberg und Wierzbitza untersuchen so zwar nur Texte in Lehrbüchern, gehen aber trotzdem davon aus, dass »die« Agrarindustrie

vor allem durch eine Objektivierung der Tiere gekennzeichnet ist. Sie werden nicht als Individuen mit eigenem Charakter gesehen, sondern als Produkt, dessen Konsum legitim ist. Dieser Diskurs spiegelt wichtige Aspekte des aktuellen Standes des Verhältnisses der Gesellschaft zu den Tieren wider. Umgekehrt kann man davon ausgehen, dass eine solche Objektivierung im Diskurs Rückwirkungen auf das Verhältnis der Menschen zu den Tieren hat und die bestehenden Praktiken stabilisiert.[63]

Die hier enthaltenen Verallgemeinerungen und vereinheitlichenden Annahmen der Forschenden auf ein von komplexesten Verflechtungen und von verschiedensten Akteursgruppen geprägtes Feld machen – wie es auch Rhoda Wilkie in »Livestock/Deadstock« oder Michaela Fenske in ihren Beiträgen wiederholt fordern – die Notwendigkeit zur Erhebung empirischer Daten und weniger normativ eingefärbter Perspektiven auf das Thema Intensivtierhaltung deutlich, die dann in der Konsequenz nicht nur den Tieren, sondern auch den darin agierenden Akteuren Individualität zugestehen.

---

60 Petrus, Verdinglichung, 43–62.
61 Markus Kurth, Von mächtigen Repräsentationen und ungehörten Artikulationen – Die Sprache der Mensch-Tier-Verhältnisse, in: Chimaira, Human-Animal Studies, 85–120.
62 Sauerberg, Wierzbitza, Tierbild, 73–96.
63 Ebd., 92.

9.3 Positionierungen zu tierschutzkritischen Haltungsbedingungen

Innerhalb des Interviewleitfadens nahmen konkrete, öffentlich als tierschutzproblematisch diskutierte Einzelaspekte der Intensivtierhaltung breiten Raum ein. Es sollte nicht nur über generelle Mensch-Tier-Beziehungen der Landwirte und Landwirtinnen gesprochen werden, sondern im Sinne ethnologischer Tiefenbohrungen und des problemzentrierten Interviews vor allem auch um Kritikpunkte, strengere Auflagen und Forderungen gehen. Vorauszuschicken ist dennoch, dass dabei nicht alle kritisch zu betrachtenden Aspekte der modernen Intensivtierhaltung, deren Liste aus der Perspektive des Tier- und Umweltschutzes noch sehr viel länger ist, als in dieser Studie dargestellt werden kann, eingehend zur Sprache kommen.[64] Über die ausgewählten neuralgischen Punkte wurden wiederum in erster Linie ökonomische Zwänge eines Gesamtsystems deutlich, an dessen Stellschrauben sich kaum etwas verändern lässt, ohne zahlreiche neue Probleme für die beteiligten Akteure – Tiere wie Menschen – aufzuwerfen.

Eingriffe in den Tierkörper I: Kupierte Schnäbel und Ringelschwänze

Als symptomatisch für das Einpassen von Nutztieren und symbolisch für die Beschränkung der tierischen Agency im von Gewalt und Herrschaftsbeziehungen geprägten modernen Intensivtierhaltungssystem wurden und werden besonders die menschlichen Eingriffe an lebenden Tierkörpern thematisiert. Unter dem Hashtag »EndPigPain« subsummiert so etwa der Deutsche Tierschutzbund:

Denn das Leid der Tiere schreit zum Himmel:
– Den Ferkeln werden die Schwänze kupiert und die Zähne abgeschliffen, obwohl beides nicht routinemäßig durchgeführt werden darf.
– Männliche Ferkel werden ohne Betäubung kastriert.
– Sauen werden in Kastenständen so fixiert, dass sie sich kaum bewegen können.
Wir kämpfen weiter und fordern, dass mit dieser Schweinerei Schluss gemacht wird [sic] damit die Tiere ein unversehrtes Leben führen können![65]

Diese von verschiedenen Tierschutz- und Tierrechtsorganisationen seit mehreren Jahrzehnten vorgebrachten Vorwürfe der Tierquälerei durch Eingriffe am meist

---

64 Zugunsten ausgewählter Schwerpunkte finden so etwa die Themen »Kükenschreddern«, Kastenstand oder grundsätzliche Fragen der (Über-)Züchtung keine eingehende Betrachtung.

65 Deutscher Tierschutzbund e. V., #EndPigPain. URL: https://www.tierschutzbund.de/spendenportal/spenden/spendenprojekte/massentierhaltung/ (24.04.2019).

unbetäubten lebenden Tier, von aktivistischer Seite oft als »Verstümmelung«[66] bezeichnet, fanden und finden immer stärker Eingang in politische und rechtliche Vorgaben. Zu den innerhalb der Landwirtschaft als »nicht kurative« Eingriffe an den Nutztieren benannten Praktiken zählen etwa die Enthornung bei Rindern und Ziegen, das Abschleifen von Eckzähnen, Brandzeichen und Ohrenchips, das Kupieren von (Ringel-)Schwänzen bei Ferkeln, Kälbern und Lämmern, das Kupieren der Schnäbel von Hühnern und Puten etc. In den Human-Animal-Studies werden diese vorwiegend als Ausdruck einer im Foucault'schen Sinne agierenden Biomacht[67] verstanden, die den tierischen Körper diszipliniert und an Systemvorgaben anpasst. Der Soziologe Joel Novek begreift die moderne Intensivtierhaltung so als Reduktion der Nutztiere auf objektifizierte Automaten, wofür deren Leiblichkeit manipuliert und in ihrer Gefühls- und Verhaltensdimension ausgeblendet wird.[68] Als besonders kritische und von Seiten landwirtschaftlicher wie tierschützerischer Akteure umkämpfte Themenbereiche werden im Folgenden die Positionierungen zu Praktiken des Kupierens der Ringelschwänze bei Ferkeln und der Schnäbel von Geflügel herausgegriffen und beleuchtet, die Kannibalismus unter den Tieren verhindern sollen.

Carolin Holling beschreibt zur Problematik eines routinemäßigen Kupierens in der landwirtschaftlichen Praxis trotz des gesetzlich eigentlich nur bei Einzelfallprüfung erlaubten Eingriffs:

Obwohl die EU-Gesetzgebung (EU-RICHTLINIE2008/120/EG) das Kupieren der Schwänze bei bis zu vier Tage alten Saugferkeln nur in klar definierten Ausnahmefällen erlaubt, werden in Deutschland und vielen anderen Mitgliedstaaten der EU bei bis zu 99 % der Ferkel die Schwänze kupiert, um Schwanzbeißen zu vermeiden.[69]

---

66 So etwa der »proveg«-Vegetarierbund Deutschland auf seiner Homepage. Vgl. proveg, Massentierhaltung und die Ausbeutung von Tieren. URL: https://vebu.de/tiere-umwelt/massentierhaltung-ausbeutung-von-tieren/ (24.04.2019).

67 Er führt dieses Konzept v. a. aus in: Foucault, Überwachen.

68 Vgl. Joel Novek, Pigs and people. Sociological perspectives on the discipline of nonhuman animals in intensive confinement, in: Society and Animals 3/13, 2005, 221–244.

69 Carolin Holling, Untersuchungen von praxistauglichen Maßnahmen zur Verhinderung des Schwanzbeißens bei Absetzferkeln und Mastschweinen. Hannover 2017, 1. Gesetzlich ist das Kupieren der Ringelschwänze durch § 5 und § 6 des Tierschutzgesetzes eigentlich gemäß eines grundsätzlichen Amputationsverbotes geregelt, demnach jeder Eingriff tierärztlich angeordnet sein muss und ohne Betäubung lediglich innerhalb der ersten vier Tage nach Geburt der Ferkel erfolgen darf. Jegliches Kupieren müsste insofern also als Einzelfallprüfung stattfinden, was auch der EU-Richtlinie zu »Mindestanforderungen zum Schutz von Schweinen« von 2008 entspräche. Vgl. Tierschutzgesetz (TierSchG) in der Fassung der Bekanntmachung vom 18. Mai 2006, zuletzt geändert durch Artikel 4 Absatz 90 des Gesetzes vom 7. August 2013. BGBl. I, 3154 und Richtlinie 2008/120/EG des Rates vom 18. Dezember 2008 über Mindestanforderungen für den Schutz von Schweinen.

Nach Überprüfungen und Feststellung der Verstöße durch die Europäische
Kommission[70] musste die Bundesregierung 2018 einen »Nationalen Aktionsplan
Kupierverzicht«[71] erstellen, der nun von den einzelnen Ländern angepasst und
umgesetzt werden soll.[72] Die den Tierkörper beschneidende Praxis des Kupierens
findet auch bei Hühnern und Puten statt, allerdings wird hier der vordere spitze
Teil des Schnabels abgetrennt, um das sogenannte »Federpicken« zu verhindern,
das als kannibalistisches Verhalten bis zum Tod der Mit-Tiere führen kann. Das
Schnabelkupieren wird anders als bei den Ferkeln nicht mehr von den Landwirten und Landwirtinnen selbst durchgeführt, sondern findet bereits nach
dem Schlupf der Küken in den meist gewerblichen Brüterei-Betrieben statt, die
die Tiere dann an die Aufzuchtbetriebe weiterliefern.[73] Bei Masthühnern und
Legehennen ist das Schnabelkürzen seit 1. Januar 2017 nach einer Verpflichtung
der Deutschen Geflügelwirtschaft verboten, bei Puten wird ein Verbot nach wie
vor diskutiert, findet aber bislang noch keine Anwendung.[74]

Die hier in den letzten Jahren erfolgten strengeren Vorgaben bzw. bevorstehenden Neuregelungen wurden von den befragten Landwirten und Landwirtinnen mehrheitlich ablehnend bewertet. Hauptgründe hierfür waren zum
einen Positionierungen hinsichtlich ökonomischer, zum anderen hinsichtlich

70 Europäische Kommission, Bericht über ein Audit in Deutschland. 12.–21.02.2018.
Bewertung der Maßnahmen der Mitgliedstaaten zur Verhütung von Schwanzbeißen und
zur Vermeidung des routinemäßigen Kupierens von Schwänzen bei Schweinen. DG(SANTE)
-2018-6445.

71 BMEL, Aktionsplan zur Verbesserung der Kontrollen zur Verhütung von Schwanzbeißen und zur Reduzierung des Schwanzkupierens bei Schweinen. Berlin 2018. Das Kupieren
selbst wird von den Landwirten und Landwirtinnen zumeist mit einem sogenannten »Ther-
mokauter« durchgeführt, einem chirurgischen Instrument, das elektrisch erhitzt und über das
Gewebe entfernt werden kann, während eine gleichzeitige Blutstillung stattfindet. Zahlreiche
Landwirte und Landwirtinnen gaben an, früher auch mechanische Seitenschneider oder
Messer verwendet zu haben.

72 Ab 1. Juli 2019 müssen nun alle Betriebe eine Risikoanalyse erstellen, die die Häufigkeit
von Verletzungen bei ihren Tieren erfasst, bereits erfolgte Maßnahmen zu deren Reduzierung
dokumentiert und anschließend, wenn sie das Kupieren weiter durchführen, eine »Tierhalter-
Erklärung zum Nachweis der Unerlässlichkeit des Kupierens für alle Schweine im Betrieb«
abgeben, die behördlich überprüft wird. Stets ist dabei ein Plan zu erarbeiten, der die grundsätzliche Minimierung der Eingriffe zum Ziel hat. Vgl. Bundesanstalt für Landwirtschaft
und Ernährung, Nationaler Aktionsplan Kupierverzicht: Was kommt auf die Schweinehalter
zu? URL: https://www.praxis-agrar.de/tier/schweine/nationaler-aktionsplan-kupierverzicht/
(24.04.2019).

73 Während die Interviewpartner auch hier von ehemals gängigen Techniken des me-
chanischen Abtrennens durch Zangen und Scheren berichteten, finden gegenwärtig sogenannte Infrarot-Verfahren Anwendung, bei denen mittels Infrarotstrahl am ersten Tag
die Oberschnabelspitze durchtrennt wird, welche dann nach einigen Tagen abfällt. Diese
Amputationen fallen ebenso wie in der Schweinehaltung unter § 6 des Tierschutzgesetzes,
der Amputationen eigentlich nur in Einzelfällen genehmigt.

74 BMEL, Verzicht auf Schnabelkürzen bei Legehennen und Puten. 09.07.2015. URL:
https://www.bmel.de/DE/Tier/Tierwohl/_texte/Schnabelkuerzen.html (24.04.2019).

tierethischer Verschlechterungen: So findet eine nun von den Interviewpartnern und Interviewpartnerinnen kritisierte höhere Belastung der Tiere durch unkupierte Schnäbel und Schwänze statt, da kannibalistisches Verhalten kaum mehr eingeschränkt werden könne. Hierzu stellten die Befragten Relativierungen des »kurzen« Schmerzes beim Kupiervorgang gegenüber dem längeren und qualvolleren Schmerz bis hin zum Tod durch Federpicken und »Schwanzbeißen« an. Diejenigen Interviewpartner und Interviewpartnerinnen, die Legehennen-Betriebe leiteten, also zum Zeitpunkt der Befragung bereits unkupierte Hühner halten mussten, berichteten einheitlich von negativen Erfahrungen:

F. X.: Aber jetzt das Schnabelkupieren, was sie uns da draufgedrückt haben, das ist kein Tierschutz! Tut mir leid. Und wenn da ein Huhn, wenn es schwach ist, weil es einen schlechten Tag hat oder was und da kommen zehn und picken auf die ein … Nach vier, fünf Stunden ist das gnadenlos tot. […]
S. X.: Das ist auch bei jeder Henne anders. Das ist wie ein Menschen (sic) unterschiedlich die Fingernägel … Manche, die kriegen richtige Waffen als Schnäbel und manche behalten einen schönen natürlichen Schnabel. Aber ich weiß ja nicht, im Käfig haben wir nie kupiert. Nie. Haben wir auch nicht gebraucht. […] Und jetzt haben wir heuer die erste Herde weiße … Die geht jetzt in vier Wochen raus. Mein Gott, war das ein Massaker!
I.: Also hat …
S. X.: Das hat sich dann im Herbst einfach gegeben. Die haben sich dann zusammengerauft, wir haben jetzt wieder schöne Hühner. Aber die erste … nein, Wahnsinn! Was da Verluste, will ich nicht… bestimmt bei sieben, acht Prozent. So viel Verluste.

Mit »Verluste« bezeichnet S. X. hier tote Tiere – abermals wird die in Kapitel 9.2 behandelte Ökonomisierung der Hühner deutlich. Beide Interviewpartner und Interviewpartnerinnen wägen die Praktik des Schnäbelkupierens gegenüber dem jetzt beobachteten »stundenlang auf sich [E]instechen« als weniger schmerzhaft ab, was sie als Verschlechterung des Tierschutzes bewerten. Bemerkenswert ist auch, dass als »schöner natürlicher Schnabel« ein weniger scharfer Schnabel bezeichnet wird, der also für die Einpassung der Hühner – und damit die Landwirte und Landwirtinnen – besser handhabbar wäre, obwohl ein spitzer Schnabel gerade in der Natur als Verteidigungsinstrument überlebenswichtige Vorteile bietet. Im Zitat wertet F. X. die mittlerweile verbotene Käfighaltung der Hühner auf, indem sie einschiebt: »[I]ch weiß ja nicht, im Käfig haben wir nie kupiert. Nie.« Hier kommt also ein impliziter Vorwurf zum Ausdruck, mit dem Problem des Kupierens bzw. Federpickens erst seit dem gesetzlich verordneten Übergang von der Käfig- auf Bodenhaltung konfrontiert zu sein, womit die Sinnhaftigkeit letzterer in Frage gestellt wird, da die Hühner sich nun freier bewegen und damit gegenseitig picken können.

Zwar sind die Ursachen des Federpickens bislang von naturwissenschaftlicher Seite noch nicht vollständig geklärt, neben genetischen Dispositionen und Einflüssen der Fütterung wird einer der Hauptgründe jedoch darin gesehen, dass die Hühner ihr angeborenes Verhaltensspektrum in der industrialisierten Landwirtschaft nicht ausleben können.[75] Die Tierzuchtwissenschaftler Fries und Flisikowski schreiben dazu:

Das Wildhuhn erkundet seine Umgebung, indem es Gegenstände auf dem Boden bepickt, um so Nahrung in der Form von Würmern, Insekten und Körnern aufzuspüren. In der modernen Legehennenhaltung nehmen die Tiere energiereiches Futter auf. Die Veranlagung des Huhnes, die Umgebung auf Nahrungssuche durch Picken zu erkunden, kann nicht ausgelebt werden. Als Ersatzhandlung wird das Gefieder des Artgenossen bepickt. Durch die daraus resultierende Schädigung des Gefieders werden die blanke Haut und die Kloake exponiert, die dann kannibalisch bepickt werden. Im Endstadium solcher Pickattacken werden einzelne Tiere über die Kloake regelrecht ausgeweidet.[76]

Die Auswirkungen des Federpickens nach dem Verbot nicht-kurativer Eingriffe am Huhn führen in der Praxis durch Kannibalismus, aber auch verminderte Legeleistungen und höheren Futterverbrauch infolge von Stress nicht nur zu neuen tierethischen Problemen, sondern auch zu erheblichen wirtschaftlichen Ausfällen und Mehrkosten für die Einrichtung von Beschäftigungsformen etc.[77] Die Angst vor einem Kupierverbot war besonders bei den befragten Putenhaltern ausgeprägt, bei denen zum Zeitpunkt der Interviews ein möglicher Ausstieg noch nicht feststand:

75 Dass die Zusammenhänge komplex sind, wurde in zahlreichen Studien festgestellt. So kommt Federpicken auch in alternativen Haltungssystemen wie der Freilandhaltung vor, allerdings in weniger starkem Umfang. Zudem gibt es Unterschiede zwischen unterschiedlichen Hybridhuhnlinien. Das Phänomen Federpicken war auch vor der Industrialisierung der Landwirtschaft im 20. Jahrhundert bei Rassegeflügelzüchtern und landwirtschaftlichen Betrieben bekannt, wie u. a. Aufzeichnungen aus dem 19. Jahrhundert belegen. Allerdings kommt es durch die Intensivtierhaltung zu einer Steigerung, da verschiedene Untersuchungen eindeutige Verbesserungen durch mehr Platzangebot, Beschäftigungsmöglichkeiten, Freilauf usw. feststellen. Vgl. Robert Oettel, Der Hühner- oder Geflügelhof. Weimar 1873; Tina M. McAdie, Linda J. Keeling, The social transmission of feather pecking in laying hens: effects of environment and age, in: Applied Animal Behaviour Science 75, 2002, 147–159; Patrick H. Zimmerman, Cecilia A. Lindberg, Stuart J. Pope, Christine J. Nicol, The effect of stocking density, flock size and modified management on laying hen behaviour and welfare in non-cage system, in: Applied Animal Behaviour Science 101, 2006, 111–124.

76 Ruedi Fries, Krzysztof Flisikowski, Molekulargenetik des Federpickens bei Legehennen. Hans Eisenmann-Zentrum. München 2009, 1.

77 An der Universität Hohenheim wurde 2013 ein Forschungsprojekt der DFG bewilligt, in dessen Beschreibung zu lesen ist: »Die Sterberate in großen Ställen steigt durch Federpicken um bis zu 20 Prozent. Somit stellt sich hier auch ein Tierschutzproblem. Doch wirtschaftlicher Schaden entsteht dem Halter bereits weil gerupfte Hühner mehr Körperwärme verlieren und deshalb mehr fressen.« Pressemitteilung Universität Hohenheim, Vorstufe zum Kannibalismus: Universität Hohenheim erforscht Federpicken bei Hühnern. 20.01.2012. URL: https://www.uni-hohenheim.de/pressemitteilung?tx_ttnews%5Btt_news%5D=11805&cHash=c716a3e9c7d644d3f4585c2e48b8f320 (24.04.2019).

I.: Was gibt es da im Putenbereich, wo man sich Sorgen macht als Landwirt?

I. Ü.: Schnäbelkürzung!

I.: Die gibt es aber noch nicht?

I. Ü.: Nein, die ist zum Glück noch nicht! Weil bei Puten einfach … Puten von Haus aus aggressiv sind. Die Hackordnung ist brutal bei Puten! Und die sich einfach gegenseitig schon verletzen. Also wir haben einmal einen Durchgang gehabt, da haben sie die Schnäbel vergessen zu kürzen bei einem Stall. Nur bei einem Stall, aber das war kein Spaß! Also ich glaube, ohne Schnäbelkürzung kannst du keine Putenhaltung mehr machen! Weil die Verluste da sind einfach brutal!

Zum Umgang mit unkupierten Schnäbeln und Maßnahmen zur Verringerung des Federpickens wurden mittlerweile zahlreiche veterinärmedizinische, zuchtwissenschaftliche und verhaltensbiologische Untersuchungen durchgeführt.[78] Daraus hervorgehende Maßnahmen zum Umgang mit intakten Hühnerschnäbeln versuchen einerseits, die tierische Agency wiederum durch Praxen wie Lichtreduktion einzuschränken,[79] ebenso wird an der Genetik gearbeitet, um weniger zu Kannibalismus neigende Tiere zu züchten. Andererseits soll nun die biologisch angelegte Agency der Hühner, die zuvor zur An- und Einpassung der Tiere etwa in der Käfighaltung so weit wie möglich beschränkt wurde, wieder stärker berücksichtigt werden, indem Möglichkeiten zum Sandbaden, Flattern auf höher gelegene Stangen, Scharren und Picken in der Einstreu usw. eingerichtet werden.[80] Zum Zeitpunkt der Interviews zeigten sich die Landwirte

---

78 Vgl. Isabel Benda, Untersuchungen zu den Beziehungen von Federpicken, Exploration und Nahrungsaufnahme bei Legehennen. Hohenheim 2008; Ingrid C. de Jong, H. Gunnink, Jurine M. Rommers, M. B. M. Bracke, Effect of substrate during early rearing on floor- and feather pecking behaviour in young and adult laying hens, in: Archiv für Geflügelkunde 77, 2013, 15–22; J. E. Bolhuis, E. D. Ellen, C. G. van Reenen, J. de Groot, J. Ten Napel, R. Koopmanschat, Reilingh G. de Vries, K. A. Uitdehaag, B. Kemp, T. B. Rodenburg, Effects of genetic group selection against mortality on behaviour and peripheral serotonin in domestic laying hens with trimmed and intact beaks, in: Physiology & Behavior 97, 2009, 470–475 und zahlreiche andere Studien.

79 Aus deren Erkenntnissen hervorgehend wurden und werden Handlungsempfehlungen für Landwirte verfasst, die bei der Haltung von unkupierten Hennen helfen sollen. Diese gehen etwa auf die Vermeidung von Stress ein, beispielsweise durch gleich zusammengesetzte Herden von der Aufzucht bis zur Schlachtung, wodurch Rangkämpfe vermieden werden sollen, einen hohen Rohfaseranteil im Futter sowie Getreidekörner in der Einstreu, die das natürliche Pickverhalten fördern, Veränderungen der Lichtintensität, geringe Belegungsdichte, Sitzstangen, Scharrmöglichkeiten, verschiedene Beschäftigungsmaterialien etc. So werden im von der Landwirtschaftskammer Niedersachsen herausgegebenen Praxisleitfaden zum Ausstieg aus dem Kupieren Empfehlungen zur Lichtreduktion bei Stresssituationen gegeben. Vgl. Landwirtschaftskammer Niedersachsen (Hrsg.), Minimierung von Federpicken und Kannibalismus bei Legehennen mit intaktem Schnabel. Neue Wege für die Praxis: Managementleitfaden. Hannover 2016, 4.

80 Vgl. BMEL/Zentralverband der Deutschen Geflügelwirtschaft (Hrsg.), Eine Frage der Haltung. Vereinbarung zur Verbesserung des Tierwohls, insbesondere zum Verzicht auf das Schnabelkürzen in der Haltung von Legehennen und Mastputen. Berlin 2015.

und Landwirtinnen skeptisch gegenüber den empfohlenen Maßnahmen, da sie
als nicht ausreichend oder als in der Praxis keine Wirkung erzielend bewertet
wurden. So berichtete Familie B., die eine Junghennenhaltung betreibt:

> F. B.: Oder manchmal ist es aus Langeweile, dann brauchen sie Beschäftigungs-
> material. Also inzwischen sind wir ja schon so weit, dass man ihnen Bälle reinhängen
> soll oder sonst irgendwas, das kommt jetzt auch schön langsam alles. Ja … aber wie
> gesagt … die waren sich da … Also sogar die Amtstierärzte … da war eine Tierärztin
> auch da, die hat auch gesagt, sie sind da noch nicht schlau geworden.
> I.: Also auch das mit der Beschäftigung nicht?
> F. B.: Nein, die haben Forschungen gemacht …
> H. B.: Ich hab jetzt draußen ein Abteil gehabt, das waren gemischte. Die haben wir
> extra für einen Kunden machen müssen, da waren wirklich bloß 2.000 in dem Abteil.
> F. B.: Was für einen meinst du jetzt da?
> H. B.: Die hinten da, ja. 2.000 in dem Abteil, nicht gestutzt. Die haben richtig viel
> Platz gehabt, wirklich. Die haben sich angepickt. Da hinten haben wir die angepickten
> gehabt. Obwohl sie richtig Platz gehabt haben.

Ähnliche Skepsis bezüglich der Wirksamkeit von Beschäftigungsmaterial und
mehr Platz äußerten zahlreiche Interviewpartner und Interviewpartnerinnen –
immer wieder wurde auch betont, dass so viel Platz wie zur Vermeidung von
kannibalistischem Verhalten sowohl in der Geflügel- als auch Schweinehaltung
nötig wäre angesichts der niedrigen Preise für das Einzeltier derzeit ökonomisch unmöglich einzurichten sei. Dass dies nur eine radikale Veränderung des
Gesamtsystems erreichen könnte, wurde wiederum von den Befragten kaum
thematisiert.

Neben diesen praktischen und finanziellen Problematiken durch das Kupierverbot positionierten sich die Befragten aber vor allem auch, indem sie dieses
als *generell unnötig* klassifizierten. Dabei wurde zum einen wie bereits herausgestellt der kurze Schmerz durch das Kupieren dem langen Schmerz durch Kannibalismus gegenübergestellt, zum anderen aber auch das Schmerzempfinden
der Tiere generell bezweifelt, was auf eine einseitige und unterkomplexe Wis-
sensgenerierung der Landwirte und Landwirtinnen schließen lässt. Zahlreiche
Befragte verglichen so das Kupieren der Schnäbel mit Fingernagelschneiden
beim Menschen – auch hier wird der Vergleich mit dem Menschen wieder zur
Legitimierung des eigenen Verhaltens herangezogen:

> I. O.: Wenn es Studien gibt, dass praktisch dem Viech das nicht weh tut und dass das
> wirklich jetzt so eine Sache ist, wie Fingernägel schneiden, das wo man halt einfach
> tun muss und wo halt auch praktisch wie Klauenpflege bei den Rindviechern, das
> muss halt auch gemacht werden … und da wenn der, der wo das macht, die zu weit
> reinschneidet, dann kommt auch mal ein Tropfen Blut, das ist halt mal so, das ist halt
> auch, wenn eine Entzündung drin ist und so weiter und da ist es halt auch so, dass
> halt vielleicht das nicht ganz so toll ausschaut […]. Und darum sage ich: Das sollen die
> einmal alle sehen, dass das eigentlich zum Teil halt einfach auch nötig ist und deshalb

aber dem Tier nichts fehlt. Und gerade, dass man jetzt was macht, weil man was …
was … das finden wir schon ein bissl für einen Schmarrn[81]!

Dass sich die Befragten zum Teil aber auch selbst gar nicht sicher waren, wo und
in welcher Form ihre Tiere durch das Kupieren Schmerz empfinden, wird beim
folgenden Auszug deutlich:

I.: Spüren die da vorne etwas oder nicht?
F. B.: Das weiß ich jetzt ehrlich gesagt nicht. Weil das ist ja praktisch wie ein Horn, das
ist ja praktisch wie wenn du uns die Zehennägel schneidest, oder?
H. B.: Das sind die ersten zwei, drei Millimeter. Da ist ja kein Blutgefäß drin. Wenn
man den Punkt richtig erwischt, dann ist es wie Fingernägel schneiden.

In den Beispielen wird der Vergleich mit dem menschlichen Fingernägel-
Schneiden aufgegriffen, der hier meiner Interpretation nach mehrere Funktionen
erfüllt: Der Vorwurf der Tierquälerei und eines unethischen Handelns der Landwirte und Landwirtinnen am Tier wird gegenüber äußeren Kritikern als falsch
zurückgewiesen, zugleich wird der Eingriff sich selbst gegenüber legitimiert,
indem die Befragten diesen als nicht schmerzhaft klassifizieren. Zu vermuten ist
zudem, dass angesichts der Häufung desselben Rechtfertigungsvokabulars eine
Tradierung innerhalb landwirtschaftlicher Kanäle über Schulen, Fortbildungen,
Bauernverband o. Ä. erfolgt und erlernt wurde, das gehäufte Aufgreifen des immer wieder selben Vergleichs im Material also nicht zufällig ist.

Aus naturwissenschaftlicher und hier vor allem veterinärmedizinischer Sicht
sind die Aussagen der Landwirte und Landwirtinnen so nicht haltbar. Zwar
stellt das gängige Infrarot-Verfahren einen weitaus schonenderen Eingriff dar
als das ehemalige mechanische Kürzen, allerdings weisen internationale Studien auf Entzündungen, Neurom-Bildungen und z. T. anzunehmende Phan-
tom-Nervenschmerzen hin,[82] anatomische Untersuchungen belegen, dass der
Geflügelschnabel wie andere Vogelschnäbel auch ein hochsensibles, bis in die
Spitze mit zahlreichen Nervenfasern durchzogenes Tastorgan darstellt,[83] das

81 Bayr.-dial. »Unsinn«.
82 Vgl. W. J. Kuenzel, Neurobiological basis of sensory perception: Welfare implications of
beak trimming, in: Poultry Science 86, 2007, 1273–1282; I. J. H. Duncan, Gilian S. Slee, Elaine
Seawrigh, J. Breward, Behavioural consequences of partial beak amputation (beak trimming) in poultry, in: British Journal of Poultry Science 30, 1989, 479–488; Michael J. Gentle,
Neuroma formation following partial beak amputation (beak trimming) in the chicken, in:
Veterinary Science 41, 1986, 383–385.
83 Vgl. etwa Michael J. Gentle, Cutaneous sensory afferents recorded from the nervus
intramandibularis of Gallus gallus vardomesticus, in: Journal of Comparative Physiology
6/164, 1989, 763–774; Richard Nickel, August Schummer, Eugen Seiferle, Lehrbuch der Anatomie der Haustiere. Bd. 5. Anatomie der Vögel. 3. Aufl. Berlin 2004, 176.

lediglich außen mit einer Hornschicht überzogen ist.[84] Dass die Landwirte und Landwirtinnen zum Teil selbst nicht mit den anatomischen und verhaltens-biologischen Besonderheiten ihrer Tiere vertraut sind und hier auf einseitige branchenimmanente Informationen zurückgreifen, die die eigenen Praxen verteidigen und stützen, war in der Untersuchung immer wieder festzustellen. Ob dies bewusst selektiert wird oder aus Mangel an anderweitigen Wissensbezügen erfolgt, kann nicht eindeutig geklärt werden, allerdings verweisen die Aussagen auf eine fehlende Ausbildung der Interviewpartner und Interviewpartnerinnen zu diesen Schwerpunkten, was auf eine einseitige schulische und akademische Orientierung bei der agrarwirtschaftlichen Lehre zurückzuführen ist, bei der auf die Informationsweitergabe von kritischen Studien, die gängige Praxen hinterfragen, weitestgehend verzichtet wird.

Die Argumentationen von Geflügel- und Schweinehaltern glichen sich in Bezug auf Eingriffe am Tierkörper sehr stark. Auch die Grundvoraussetzungen für dessen Durchführung sind ähnlich: Der Ringelschwanz der Ferkel wird in den ersten vier Tagen kupiert, um der Caudophagie, umgangssprachlich »Schwanzbeißen«, vorzubeugen, das als kannibalistisches Verhalten zu schweren Verstümmelungen durch in verschiedenen agrarwissenschaftlichen Studien tatsächlich als »Täterschweine« bezeichnete Tiere bis hin zu Rückenmarksentzündungen führen kann, wonach das »Opferschwein« notgetötet werden muss.[85] Die Ursa-

---

84 In einem Auszug an die Niedersächsische Landesregierung zum Verbot des Kupierens ist so zu lesen: »[Daher] ist es nach Auffassung der Landesregierung müßig, die verschiedenen Methoden des Schnabelkürzens bezüglich der jeweiligen Schmerzauslösung gegeneinander abzuwägen, da bei jeder Methode, die eine bleibende Kürzung der Schnabelspitze erzielen soll, von erheblichen Schmerzen der betroffenen Küken auszugehen ist. Auch die in der Anfrage erwähnte Untersuchung von Dr. Haider zeigt, dass es nach dem Eingriff zu einer Hitzekoagulation in allen Gewebsstrukturen der Schnabelspitze kommt, die in der ersten Lebenswoche zu einer vollständigen Nekrose der Schnabelspitze führt. Erst nach fünf Wochen ist die Heilung nach Dr. Haiders Aussagen weitgehend abgeschlossen und die Regeneration von Nervengewebe beginnt. Das Remodelling des Schnabelknochens ist nach zehn Wochen weitgehend abgeschlossen und erst nach 22 Wochen sind wieder zahlreiche Nervenfasern und Rezeptoren im Bereich der Schnabelspitze zu finden.« Niedersächsischer Landtag Wahlperiode 17: Kleine Anfrage zur schriftlichen Beantwortung mit Antwort. Drucksache 17/2370. Hannover 2014, 5. URL: www.landtag-niedersachsen.de/Drucksachen/Drucksachen_17_5000/.../17-3047.pdf (25.04.2019).

85 In einem Abschlussbericht angesichts ihres Vergleichs auf Versuchsbetrieben mit unkupierten Schweinen der Tierärztlichen Hochschule Hannover ist so zu lesen: »Die Identifizierung eines ›Täterschweines‹ war nicht möglich.« Weiter schreiben die Verfasser, dass »sowohl in der Ferkelaufzucht als auch in der Mast bei den unkupierten Tieren ein deutliches Mehr an Schmerzen und Tierleid zu verzeichnen war als bei den zeitgleich gehaltenen Tieren mit kupierten Schwänzen, bei denen nur in ganz seltenen Einzelfällen Schwanzbeißen aufgetreten ist.« Thomas Blaha, Carolin Meiners, Karl-Heinz Tölle, Gerald Otto, Erprobung von praxistauglichen Lösungen zum Verzicht des Kupierens der Schwänze bei Schweinen unter besonderer Berücksichtigung der wirtschaftlichen Folgen. Braunschweig 2014, 32.

chen des Schwanzbeißens bei Schweinen sind ebenso wie beim Federpicken von Geflügel nicht vollständig geklärt, obwohl sich gerade aufgrund der Brisanz der Thematik zahlreiche Studien deren Erforschung widmen.[86] Auch hier wird jedoch davon ausgegangen, dass vor allem das nicht ausreichende Ausleben-Können des angeborenen Wühltriebs der Tiere, eine zu geringe Auslastung des Kauverhaltens durch hochkonzentrierte Futtergaben, mitbedingt durch Hochleistungszucht und Genetik, aber auch weniger stark durch die industrialisierte Tierhaltung bedingte Gründe wie Witterungsbedingungen und Rangkämpfe zu einem komplexen Ursachengefüge beitragen.[87] Zur Bekämpfung und Vorbeugung werden u. a. Raufutter-Gaben, das heißt Cellulose-haltige Faserstoffe wie Stroh, Mais- oder Grassilage etc., die das längere Kauen der Tiere fördern und damit ablenkende Wirkung haben, mehr Platz sowie das schnelle Entfernen der »Schwanzbeißer« aus den Gruppen empfohlen.[88] Ebenso wie die befragten Geflügelhalter beklagten die Schweinehalter mangelnde Alternativen zur Verhinderung der Problematik, die selbst in den Landwirtschaftlichen Versuchsanstalten bislang zu keinen zufriedenstellenden Ergebnissen geführt hätten.[89]

I. Ö.: Es laufen ja da Versuche auch an den ganzen Landesanstalten, auch die kriegen es nur mit absoluten Anstrengungen, also unter Praxisbedingungen eigentlich kriegen sie es nicht hin. Ich weiß nicht, ob es da geholfen ist … wenn man dann auch das anschaut, was die Niedersachsen machen mit ihrer Ringelschwanzprämie oder so, wenn

---

86 In Auswahl Jasmin Nausika Stark, Auswirkungen von Ohrmarken einziehen im Vergleich zu Kastration und Schwanzkupieren und Etablierung einer Verhaltensmethodik zur Beurteilung kastrationsbedingter Schmerzen beim Saugferkel. Veterinärmedizinische Dissertationsschrift. München 2014; Mhairi A. Sutherland, Cassandra B. Tucker, The long and short of it: A review of tail docking in farm animals, in: Applied Animal Behaviour Science 135, 2011, 179–191; Eckhard Meyer, Katja Menzer, Sabine Henke, Evaluierung geeigneter Möglichkeiten zur Verminderung des Auftretens von Verhaltensstörungen beim Schwein. Schriftenreihe des LfULG, Heft 19, 2015.

87 Unterschiedliche veterinärmedizinische, verhaltensethologische und tierzuchtwissenschaftliche Studien stellen verschiedene Einflussfaktoren heraus. Dabei wird zumeist zwischen Gründen für die Herausbildung von »Opfertieren« und »Tätertieren« unterschieden. Vgl. Emma Brunberg, Tail biting and feather pecking: using genomics and ethology to explore motivational backgrounds. Uppsala 2011; Johan J. Zonderland, F. Schepers, M. B. Bracke, L. A. den Hartog, Bas Kemp, H. A. Spoolder, Characteristics of biter and victim piglets apparent before a tail-biting outbreak, in: Animal 2011, 1–9; doi:10.1017/S175173111000232.

88 Ebd.

89 Als Zusammenfassung verschiedener Versuche ist zu lesen: »Der Verzicht auf das Kupieren der Schwänze erhöht das Risiko für ein Auftreten von Schwanzbeißen erheblich. Trotz Fortschritten im Bereich der Ferkelaufzucht, die durch großzügigere Haltungsbedingungen und ein verbessertes Management im Falle des Auftretens von Schwanzbeißen erzielt wurden, erreichten bislang nur wenige Schweine das Schlachtalter mit ursprünglicher Schwanzlänge.« Bayerische Landesanstalt für Landwirtschaft (LfL), Forschungs- und Innovationsprojekt Schwanzbeißen in Ferkelaufzucht und Mast. Projektleitung: Christina Jais. Schwarzenau. URL: https://www.lfl.bayern.de/ilt/tierhaltung/schweine/029325/index.php (24.04.2019).

ich sage, 75 Prozent der Schwänze wenn intakt sind, kriegt man diese Ringelschwanzprämie … Was die 25 Prozent restlichen durchleiden müssen, also das ist eigentlich
unvorstellbar. Sowas gehört meiner Meinung nach angezeigt.

Ebenso äußerte sich Interviewpartner I. Sch.:

Ich meine, man kann das nicht einfach verbieten, ohne dass man Alternativen … Und
wenn es keiner Forschungsanstalt in Deutschland gelingt, da vernünftig was auf die
Beine zu stellen, dann kann man es nicht einfach auf die Landwirtschaft loslassen.
Weil das ist Tierquälerei ohne Ende. Das ist Tierleid ohne Ende. Und das Kupieren
ist …

Die Aussagen der Landwirte und Landwirtinnen zu hohen Raten verletzter oder
toter Tiere decken sich mit den Ergebnissen verschiedener Versuchsstudien[90]
ebenso wie mit Berichten aus Ländern mit bereits durchgesetzten Kupierverbo-
ten wie Schweden, Norwegen oder der Schweiz, die von Tierschützern häufig als
Beispiel dafür angeführt werden, dass sich auf das Entfernen der Ringelschwänze
verzichten lasse, wenn man nur wolle.[91] Tatsächlich wird dabei meist nicht
erwähnt, mit welch starken tiergesundheitlichen Problemen die in der Folge
erhöhte Problematik des Schwanzbeißens einhergeht, welche die Interviewpartner und Interviewpartnerinnen stets als stärkere und weitaus grausamere
»Tierquälerei« benannten. Gleichzeitig zogen diese wiederum eine Umkehr des
Gesamtsystems, wie sie von verschiedenen Verbänden und Parteien immer
wieder gefordert wird, ebenfalls nicht in Erwägung, obwohl durchaus erkannt
wird, dass die Veränderung einzelner Stellschrauben unzureichend ist und stets
neue Probleme schafft.

   Ebenso dienten bei den Positionierungen der überwiegenden Anzahl an
Landwirten und Landwirtinnen zahlreiche Verweise auf die Vergangenheit
oder auf Bio-Betriebe, auf denen das Beißen trotz Stroheinstreu weiterbestehe,
der Legitimation des eigenen Eingriffs und der Verteidigung einer Fortführung
des Kupierens. Im Bereich Ringelschwanz-Kupieren beim Ferkel überwogen

---

90 Unter anderem zu ihren Versuchen auf 54 Mastbetrieben schreibt die Soester Agrar-
wissenschaftsprofessorin Mechthild Freitag: »Seit 2011 wird in deutschen Forschungsein-
richtungen und auf Praxisbetrieben die Haltung unkupierter Schweine erprobt. Bisher war
noch kein System erfolgreich in der Vermeidung von Caudophagie.« Sie bilanziert: »Aus Sicht
des Tierwohls ist der aktuelle Kenntnisstand nicht ausreichend, um auf das Kupieren der
Schweineschwänze zu verzichten.« Dies., Kupierverzicht. Wir brauchen mehr Erfahrung, in:
DLG-Mitteilungen 7, 2017, 64–67, hier 66 f.

91 So geht Thomas Schröder, Präsident des Deutschen Tierschutzbundes, in seinem Beitrag zum Schwanzkupieren im Kritischen Agrarbericht 2019 mit keinem Wort auf Probleme
mit Kannibalismus ein: »Es gibt somit ausreichend positive Beispiele, welche zeigen, dass es
durchaus möglich ist, auf das Kupieren der Schwänze zu verzichten, und dass dies auch ohne
tierschutzrelevante Probleme realisierbar ist.« Ders., Ausnahme als Regel. Über die anhaltende
Missachtung europäischer Tierschutzgesetzgebung am Beispiel des Schwanzkupierens bei
Schweinen, in: Der kritische Agrarbericht 2019. München 2019, 256–261, hier 257.

ebenso wie beim Schnabelkupieren des Geflügels Positionierungen hinsichtlich eines geringen schmerzhaften Vorgangs, dem das qualvolle kannibalistische Abbeißen der Schwänze gegenüberstehe. Obwohl die Herausstellung des Tierleids bei letzterem und das Mitansehen-Müssen von angefressenen, blutigen oder entzündeten Ringelschwänzen aus tierhalterischem Blickwinkel sicherlich nachvollziehbar ist, stehen die den Schmerz durch das Kupieren relativierenden Aussagen abermals im Widerspruch zu naturwissenschaftlichen Erkenntnissen. So sprach die Mehrzahl der Landwirte und Landwirtinnen von kurzen, kaum schmerzhaften Eingriffen mit keinerlei Spätfolgen. Ebenso wie die Geflügelhalter das Schnäbelkupieren mit Nägel-Schneiden beim Menschen verglichen, stellt beispielsweise Mastschweinehalter H. A. das Kupieren der Ringelschwänze dem Stechen eines Ohrloches gleich:

Ja, da wäre es ja so ... also dann müsste man auch das Ohrringerl-Stechen verbieten, weil ... das wird bei den Ferkeln gemacht, da sind sie noch so klein, ich habe das selber auf dem Ausbildungsbetrieb schon gemacht, der wird abgezwickt, ich meine, das ist nicht schön, aber die rennen danach wieder zum Fressen hin, zwei Minuten drauf, also ... das ist nicht das ... (atmet hörbar aus) und es ist halt einfach so, wenn der Schwanz dran ist ... gibt es meistens Probleme mit Beißerei und das wird dann viel, viel schlimmer, weil sich das dann später entzündet und ... das ist aber dann supertoller Tierschutz?! Also ... (atmet aus) da kann man bloß den Kopf schütteln drüber! Aber das ist wieder so ... von den Medien ... also wir hauen jetzt da drauf und das darf nicht mehr sein und ...

Das Verbot des Kupierens wurde von der Mehrheit der Landwirte und Landwirtinnen als unnötige, gesellschaftlich und medial aufgebauschte Skandalisierung eines harmlosen Eingriffes dargestellt. Dass die Ferkel nach dem Kupieren – gleiches gilt für die Kastration – wieder säugen oder laufen, deuteten die Interviewpartner und Interviewpartnerinnen als Indiz für geringe Schmerzen. Spätfolgen wie Hypersensibilität, Neurombildungen und chronische Schmerzen, die veterinärmedizinische Studien benennen,[92] wurden in keinem der Interviews erwogen oder miteinbezogen. Dass der Ringelschwanz etwa nicht mit Nerven versorgt sei, wie einige Landwirte und Landwirtinnen äußerten, oder die Ferkel für ein Schmerzempfinden noch zu klein seien, wie H. A. impliziert, entspricht nicht dem derzeitigen Wissenschaftsstand – die peripheren Nerven im Ringelschwanz sind bereits beim neugeborenen Ferkel voll ausgebildet[93] und

---

92 »Neben den Schmerzen, die im direkten Zusammenhang mit der Amputation entstehen, ist davon auszugehen, dass sich eine Hypersensibilität des kupierten Schwanzendes entwickelt, die bei Bildung traumatischer Neurome zu chronischen Schmerzen führt (SIMONSEN et al. 1991). HERSKIN et al. (2015) konnten durch histopathologische Untersuchungen des Schwanzes von als Saugferkel kupierten Schlachtschweinen bei 64 % der Tiere traumatische Neurome nachweisen.« Holling, Untersuchungen, 8.

93 Vgl. Henrik B. Simonsen, Leif Klinken, Erling Bindseil, Histopathology of intact and docked pigtails, in: British Veterinary Journal 147, 1991, 407–412.

auch wenn der Schmerz durch den Kupiereingriff zunächst ein kurzer ist, sind spätere Folgen dieser Beeinträchtigung für die Tiere langfristig.[94]

Ebenso wie bei der Rechtfertigung des Schnabelkupierens wird auch beim Ringelschwanzkupieren deutlich, dass die Landwirte und Landwirtinnen einerseits über umfangreiches Erfahrungswissen aus dem täglichen Umgang mit ihren Tieren verfügen, jedoch andererseits anatomisches und verhaltensbiologisches Wissen über diese – zumindest wenn es über Futterverwertung oder Leistungsoptimierung hinausgeht – nicht besonders hoch ausgeprägt sind. Die Argumente dienen einer bewussten Verteidigung der eigenen Handlungspraxen, allerdings ist fraglich, ob gerade durch derlei verharmlosende und zugleich wissenschaftlich widerlegbare Aussagen, die eher Wissenslücken identifizieren denn Informationskompetenz einer mit den Tieren wirtschaftenden und lebenden Berufsgruppe herausstellen, nicht eher das Gegenteil erfolgt und vermeintliches Expertenwissen konterkariert wird. In Bezug auf Tierwohlkompetenzen in der Intensivtierhaltung ist daher eine eingeschränkte und selektive Ausbildungssituation festzustellen, die kritische Studien bewusst ausklammert. Gleichzeitig zeigt sich, dass gesetzliche Veränderungen einzelner Tierschutzrichtlinien im auf ein nahtloses Ineinandergreifen angewiesenen Format Intensivtierhaltung stets neue Probleme an anderer Stelle aufwerfen und das Stellen der Systemfrage weiterhin verlagern.

Eingriffe in den Tierkörper II: Kastrierte Ferkel

Neben einem bevorstehenden Verbot des Kupierens beschäftigte die befragten Schweinehalter – sowohl Ferkelaufzucht- als auch Mastbetriebe – kaum ein tierschutzrelevantes Thema so sehr wie die Ferkelkastration. Diese wird von den Landwirten und Landwirtinnen durchgeführt, um zu verhindern, dass die Tiere später den sogenannten Ebergeruch entwickeln, der die Fleischqualität erheblich beeinträchtigt: »Es wird von dafür empfindsamen Menschen als urinartiger Geruch beurteilt.«[95] Während der Interviewphase stand ein ab 1. Januar 2019 kommendes Verbot der betäubungslosen Kastration im Raum, welches jedoch Ende 2018 vom Bundestag nochmals bis 2021 verschoben wurde.[96] Die Koalition aus SPD und CDU verwies als Begründung auf noch nicht praktikable Alternativen; die Entscheidung wurde vom Deutschen Bauernverband begrüßt, von Opposition und Tierschutzverbänden als Verzögerungstaktik kritisiert. Medial

94 Gerade infolge des Kupierens besteht im verbliebenen Schwanzende erhöhte Sensibilität, weshalb das vom Schwanzbeißen betroffene Tier Angriffen früher ausweicht. Ebd.

95 Stark, Auswirkungen, 4.

96 Deutscher Bundestag, Pressemitteilung. Fristverlängerung bei Ferkelkastration. Ernährung und Landwirtschaft/Anhörung – 26.11.2018 (hib 911/2018). URL: https://www.bundestag.de/presse/hib/580676-580676 (25.04.2019).

häuften sich nach Bekanntwerden der Verlängerung polemische Artikel, die den Entscheidungsträgern Lobbyismus vorwerfen. Unter der Überschrift »Leiden wegen ein paar Euro« schrieb Petra Pinzler so etwa in der ZEIT:

In anderen Ländern ist das längst üblich. Oder es gelten dort Gesetze, die eine Betäubung der Tiere verlangen, wie etwa in der Schweiz oder in Schweden. Rund fünf Euro kostet so eine Narkose. Noch tierfreundlicher wären größere Ställe. Die braucht man, wenn die Ferkel einfach zu Ebern heranwachsen, sie sind dann wilder, und wenn sie sich nicht gegenseitig verletzen sollen, brauchen sie mehr Platz – was allerdings den anderen Schweinen auch nicht schaden würde.[97]

Ebenfalls in »Die ZEIT« ist sich Journalistin Elisabeth Raether sicher, dass »die Tierquälerei überflüssig« ist. Sie schreibt: »Sachgründe für eine Verlängerung gibt es nicht. Schonende Methoden sind verfügbar, doch bedeuten sie für die Ferkelhalter einen finanziellen Mehraufwand. Entsprechend groß ist der Widerstand des Bauernverbandes. Gegen die Lobby hat die Koalition sich nicht durchgesetzt.«[98] Die zahlreichen Expertenaussagen von Veterinärmedizinern, die Bedenken wegen einer Anwendung von Betäubungsmitteln durch Landwirte und Landwirtinnen äußerten, welche in Dänemark und Schweden bereits zugelassen sind,[99] Nicht-Vermarktbarkeit von Eber-Fleisch bzw. durch Immunokastration behandeltes Fleisch, hinsichtlich dessen Akzeptanz durch die Verbraucher erhebliche Vorbehalte bestehen, oder Ängste von Landwirten und Landwirtinnen bezüglich ihrer eigenen Gesundheit durch einige der Alternativmethoden[100]

97 Petra Pinzler, Ferkelkastration. Leiden wegen ein paar Euro, in: Die ZEIT 25.04.2018. URL: https://www.zeit.de/2018/18/fleischwirtschaft-ferkel-kastration-betaeubung-tierschutz-nrw (25.04.2019).

98 Elisabeth Raether, Ferkelkastration. Arme Schweinchen, in: Die ZEIT 03.10.2018. URL: https://www.zeit.de/2018/41/ferkelkastration-betaeubung-massentierhaltung-tierschutz-koalition (26.04.2019).

99 Karl-Heinz Waidmann von der Tierärztlichen Hochschule Hannover äußerte so etwa: »Von veterinärmedizinisch fachlicher Seite ist die Durchführung der Isofluran-Narkose durch den tierärztlichen Laien kritisch zu beurteilen.« ZDF, Vorgang zu anspruchsvoll – Tierärzte kritisieren Ferkelkastrations-Pläne. 10.11.2018. URL: https://www.zdf.de/nachrichten/heute/tieraerzte-kritisieren-ferkelkastrations-plaene-100.html (24.04.2019). Auf der veterinärmedizinischen Informationsplattform »wir sind Tierarzt« ist in einem differenzierten Artikel mit Pro- und Kontra-Argumenten für jede Methode zu lesen: »Die Mitgliederversammlung des Bundesverbandes praktizierender Tierärzte (bpt) hat 2016 in einer Resolution keine der bisher verfügbaren Methoden als für alle Betriebe und Vermarktungsstrukturen als geeignet bezeichnet. Sie fordert, die bestehenden technischen und arzneimittelrechtlichen Probleme gemeinsam auf europäischer Ebene zu lösen.« Wir-sind-Tierarzt.de, Wackelt der Ausstieg aus der betäubungslosen Ferkelkastration? 08.01.2018. URL: https://www.wir-sind-tierarzt.de/2018/01/wackelt-ausstiegstermin-betaeubungslosen-ferkelkastration/ (25.04.2019).

100 In der Pressemitteilung der entsprechenden Anhörung im Bundestag ist so von Seiten einer Landwirtin zu lesen: »Gegenüber dem Einsatz von Isofluran äußerte sie bedenken, denn das Mittel zähle zu den Treibhausgasen und die Verfahren zur Verabreichung an die Ferkel seien technisch noch nicht ausgereift.« Deutscher Bundestag, Pressemitteilung. Frist-

werden entweder nicht erwähnt oder als Aussagen einer »sturen« Bauernver-
bands- bzw. »Agrarindustrie«-Lobby abgetan. Auch die Süddeutsche Zeitung
titelte »Das Leid der Ferkel geht weiter« und schreibt, dass die »starke Lobby der
Tierhalter [...] dafür gesorgt [hat], dass Landwirte den schmerzhaften Eingriff
immer noch ohne Betäubung vornehmen dürfen.«[101] In keinem der Artikel
wurde ein Schweinehalter selbst interviewt oder kommt ein Landwirt zur Sprache, stattdessen wird das Bild einer mächtigen Agrarlobby weitertransportiert,
die scheinbar ohne triftige Gründe Tierquälerei betreiben möchte. Hierdurch
verstärken sich wiederum auf Seiten der Landwirte und Landwirtinnen die
zentralen Marginalisierungs- und Stigmatisierungsempfindungen – die eigenen
Probleme werden von der Öffentlichkeit nicht ernstgenommen, übersehen oder
als unwichtig klassifiziert. Dass sich die Handhabung der Ferkelkastration in
der Realität weitaus komplexer darstellt und die Landwirte und Landwirtinnen
durchaus vor erhebliche Herausforderungen stellt, wird im Material deutlich.

Ebenso wenig wie sich bei einer Beleuchtung der entsprechenden Diskurse die
eine Seite mit sachlichen Argumenten der Landwirte und Landwirtinnen auseinandersetzt, reflektierte allerdings auch die Mehrheit der Befragten die Notwendigkeit zur Beendigung der betäubungslosen Kastration. Bei der Rechtfertigung der bislang praktizierten Ferkelkastration setzt sich fort, was sich bereits
im vorhergehenden Kapitel abgebildet hat: Fast alle befragten Landwirte und
Landwirtinnen verteidigten diese als unerheblichen und wenig schmerzhaften
Eingriff für das Tier, befanden sich in einer starken Abwehr-Position der Kritik
von Tierschutzseite und verharmlosten diese genauso wie Ringelschwanz- und
Schnäbelkupieren als minimalinvasiv. Im Feldforschungstagebuch zu Betrieb
Q. ist zum Gespräch zwischen mir und einem Landwirt im Ferkelaufzuchtstall
exemplarisch für viele ähnliche Situationen zu lesen:

Ich frage auch nach dem Thema Kastration: Hier meint er, er würde alles selbst machen, vom Kupieren bis hin zum Kastrieren. Das Kastrieren erfolge bereits drei Tage
nach der Geburt und sei wirklich nicht schlimm für Tiere und werde in der Öffentlichkeit sehr falsch dargestellt. Die Schweine würden quieken, dies komme aber vom
Fangen und davon, dass man sie hochnehmen müsse, nicht von einem schlimmen
Schmerz. Würde man sie vom Arm wieder herunterlassen würden sie weiterfressen
wie zuvor, als wäre nichts passiert.

Die Erzählungen zu Kastration und Kupieren verliefen hier parallel: Bei beiden
Eingriffen überwogen Ausführungen der Landwirte und Landwirtinnen, die
die Praktik damit rechtfertigten, dass das Tier unmittelbar danach wieder säuge

verlängerung bei Ferkelkastration. Ernährung und Landwirtschaft/Anhörung – 26.11.2018
(hib 911/2018). URL: https://www.bundestag.de/presse/hib/580676-580676 (25.04.2019).
   101 Oda Lambrecht, Das Leiden der Ferkel geht weiter, in: SZ 29.03.2019. URL: https://www.
sueddeutsche.de/wirtschaft/schweine-ferkel-kastration-betaeubung-kloeckner-1.4386826
(26.04.2019).

oder laufe, der Schmerz also nicht so stark sein könne. Verhaltensbiologische Aspekte eines Übersprungshandelns, bei dem gerade in Angst- und Bedrohungssituationen bekannte Muster wiederholt werden, oder langfristige schmerzhafte Folgen für die Ferkel wurden in keinem der Interviews in die Überlegungen mit einbezogen.[102] Landwirtin F. W. beschrieb die Praktik der Kastration auf ihrem Betrieb:

I.: Und wie geht das? Ist das schwer zu lernen?
F. W.: Ne, also ich hab das quasi … das dreh ich um zwischen die Füße. Der Kopf da unten und dann zwick ich zusammen und dann werden die Hoden nach vorne geschoben und die sind ja dann quasi fest und dann: Zack, zack, zwei Schnitte, so ganz klein und die drückt man dann raus und dann schneide ich sie ab. Und mit drei, vier Tagen bluten sie halt auch noch nicht. Das ist … also wenn sie älter sind, dann bluten sie halt auch so stark. Und dann ist die Sache geschehen …
S. W.: Gut, Meta(unverst.) kriegen sie davor noch eine Viertelstunde.
F. W.: Genau, du musst ihnen ja ein Schmerzmittel geben, genau.

Der nachgeschobene Satz der Schmerzmittelgabe dient der Rechtfertigung eines geringen Tierleids durch die Kastration. F. W. beschreibt den Eingriff präzise Schritt für Schritt als routinierte, nacheinander folgende Handgriffe, die von ihr bereits viele Male durchgeführt worden sind, weshalb sie der Landwirtin als selbstverständlich erscheinen. Die Nüchternheit, mit der diese eigentlich medizinisch-chirurgischen Abläufe als »zack, zack«, »die drückt man dann raus« und »dann schneide ich sie ab« erzählt werden, deutet auf einen Abstumpfungsprozess und eine stattgefundene emotionale Distanzierung durch die häufige Wiederholung derselben Praktik hin. So fasst F. W. zusammen: »Ich mein freilich ist es keine schöne Arbeit nicht, aber die haben solche kleinen Schnitte. Also so schnell schauen die gar nicht und die tu ich runter und dann gehen sie wieder an die Sau und saufen weiter.« Abschließend noch ein letztes Zitat zur Verteidigung der betäubungslosen Ferkelkastration, in dem der nun schon häufiger beleuchtete Vergleich mit Eingriffen am menschlichen Körper abermals als Verharmlosung des Eingriffes am Tier dient:

102 In der veterinärmedizinischen Studie von Jasmin Nausika Stark ist so zusammenfassend zu verschiedenen naturwissenschaftlichen Untersuchungen zu lesen: »Es kann argumentiert werden, dass die Ferkel durch den erfahrenen Schmerz abgelenkt sind und dadurch nicht zum Säugen kommen. NOONAN et al. (1994) wiederum diskutierten, dass die Zeit am Gesäuge ein Ablenkverhalten sein kann und die Ferkel so versuchen, mit der stressreichen Situation umzugehen. In der Untersuchung von TAYLOR et al. (2001) verbrachten die kastrierten Ferkel von Stunde 3 bis Stunde 24 mehr Zeit am Gesäuge als die Kontrollgruppe. Auch in der Studie von LLAMAS MOYA et al. (2008) tendierten kastrierte Ferkel zu mehr Gesäugemassage als die Handlingsgruppe. VON WALTER et al. (2010) stellten fest, dass die β-Endorphinkonzentration durch das Säugen steigt. Dadurch wird ein beruhigender Effekt bewirkt.« Stark, Auswirkungen, 64.

F. J.: Und das wird so hochgekocht! Wo ich immer wieder denke, das … das Ferkel schreit mehr, weil ich es festhalte als von dem Schnitt! In dem Moment, wo ich es wieder auf den Boden setze, da juckt es ein wenig und rennt weg. Wir sind noch geimpft worden, ne! Ich habe keine Betäubung gekriegt! Wir sind einfach geritzt worden! Hat da jemand gefragt, ob ich Schmerzen hab?

Ebenso wie durch die Gegenüberstellung des Kupierens von Hühnerschnäbeln mit Fuß- und Zehennagelschneiden oder der Ringelschwanz-Kastration mit Ohrloch-Stechen beim Menschen zum einen die fehlende Mitentscheidungsfähigkeit der Tiere zu diesen Eingriffen an ihren Körpern völlig übergangen und zum anderen diesbezügliche langfristige Beeinträchtigungen völlig ausgeblendet werden, wird auch hier das Schmerzempfinden der Ferkel verharmlost und als kaum der Rede wert dargestellt. In ihrer veterinärmedizinischen Dissertation schreibt Jasmin N. Stark: »In der Literatur sowie wie in der vorliegenden Studie fällt die Schmerzreaktion unter den untersuchten Eingriffen bei der Kastration am ausgeprägtesten aus.«[103] In der entsprechenden Richtlinie 2008/120/EG der Europäischen Kommission ist zu lesen:

Kastration führt häufig zu anhaltenden Schmerzen, die sich durch Einreißen des Gewebes noch verschlimmern. Diese Praktiken schaden daher, vor allem wenn sie von inkompetenten bzw. unerfahrenen Personen durchgeführt werden, dem Wohlergehen der Schweine. Damit geeignetere Verfahren angewendet werden, sollten entsprechende Vorschriften erlassen werden.[104]

Die Reaktionen der Schweinehalter, die Kastration als für die Ferkel kaum wahrnehmbaren Schmerz abzutun, sind einerseits durch selbstbestätigende innerlandwirtschaftliche Wissens- und Informationskanäle und andererseits in ihrer Funktion als Rechtfertigung sowohl für sich selbst als auch nach außen hin zu erklären. Die Befragten eignen sich hauptsächlich Informationen an, die die eigene, von vornherein feststehende Haltung stützen, während dieser widersprechende Studien innerhalb bäuerlicher Netzwerke ausgeblendet oder – wie später noch deutlich werden wird – als unseriös beziehungsweise voreingenommen kritisiert werden. Für den einzelnen Landwirt wiederum dient die analysierte Argumentation als Selbstschutz – keiner der Interviewpartner und Interviewpartnerinnen möchte als Tierquäler wahrgenommen werden oder

---

103 Stark, Auswirkungen, 58. In einer ebenfalls veterinärmedizinischen Studie schreibt Nicole Johanna Übel: »Durch mehrere Untersuchungen wurde belegt, dass die Kastration als schmerzhaft anzusehen ist (WALDMANN et. al, 1994; TAYLOR und WEARY, 2000; HAY et. al, 2003). Und auch Untersuchungen an jüngeren Tieren haben gezeigt, dass die Kastration nicht weniger Stress und Schmerz als bei älteren Ferkeln verursacht.« Dies., Untersuchungen zur Schmerzreduktion bei zootechnischen Eingriffen an Saugferkeln. München 2011, 4.

104 Richtlinie 2008/120/EG des Rates vom 18. Dezember 2008 über Mindestanforderungen für den Schutz von Schweinen (kodifizierte Fassung). Amtsblatt der Europäischen Union Nr. L 047 vom 18. Februar 2009, 1.

gab an, die Eingriffe am Tierkörper gerne durchzuführen. Alle betrachteten sie hingegen als »alternativlose« Notwendigkeit, wodurch die Praktik selbst vom Individuum auch nicht mehr in Frage gestellt wird. Die starke Abwehr einer Beschäftigung mit entstehendem Tierleid interpretiere ich dahingehend, dass die Eingriffe von *jedem* befragten Ferkelhalter durchgeführt werden – sie können daher nicht wie etwa beim Thema Biogasanlagen, Überdüngung o. Ä. auf »noch Schuldigere« übertragen werden, sondern verlangen nach einer Rechtfertigung des eigenen Tuns. Die moralische Dimension, einem anderen Lebewesen bewusst Schmerz zuzufügen, wird daher durch die Infragestellung des Schmerzempfindens an sich kompensiert.

Da für die Interviewpartner und Interviewpartnerinnen zum Zeitpunkt der Befragung feststand, dass die betäubungslose Ferkelkastration in absehbarer Zukunft verboten wird, bestand eine starke Beschäftigung mit den sogenannten Alternativlösungen, die innerhalb der Branche diskutiert werden. Diese lassen sich in vier Möglichkeiten einteilen:
– Die Eber werden **ohne Kastration** gemästet. Da bedingt durch ein stärkeres Rangkampfverhalten erhöhte Verletzungsgefahr für die Tiere selbst wie auch für den haltenden Landwirt besteht, wird dies als im bestehenden System kaum praktikabel bewertet – der Platzbedarf müsste stark angehoben werden. Zudem bestehen von Handelsseite aus erhebliche Bedenken bezüglich der Vermarktung.[105]
– Eine Kastration **unter Vollnarkose** darf nur von Tierärzten durchgeführt werden und ist für die Landwirte damit wirtschaftlich unrentabel. Dazu kommt, dass das hierzu verwendete Mittel Isofluran sowohl umweltschädlich

---

105 Von Kritikern und Tierschützern wird hierzu immer wieder angeführt, »der« Lebensmittelhandel sei der Ebermast gegenüber aufgeschlossen. Dabei wird auf Aussagen des größten deutschen Schlachtunternehmens Tönnies Bezug genommen, das die Ebermast propagierte. Kleinere Unternehmen und Fleischereibetriebe äußerten jedoch durchaus Bedenken und sehen in der Ebermast auch eine Strategie von Großunternehmen, die entsprechende Geruchsdetektoren usw. zur Erkennung von Ebergeruch einsetzen können, ihre Konkurrenz auszuschalten. So ist in einem Positionspapier des Deutschen Fleischerhandwerks zu lesen: »Dieses Ziel schließt die Ebermast zur Fleischgewinnung aus. Der hierdurch zu erwartende Qualitätsverlust wird den Anforderungen der Verbraucher an gesunde und genussreiche Lebensmittel nicht gerecht. Zudem ist zu befürchten, dass die besonderen Anforderungen in der Mast nur von großen, industriellen Mastfabriken erfüllt werden können.« Vgl. Deutscher Fleischerverband, Faire Rahmenbedingungen durch sachgerechte Politik – Positionen zur Bundestagswahl 2017.07.03.2017. URL: https://www.fleischerhandwerk.de/presse/pressemitteilungen/faire-rahmenbedingungen-durch-sachgerechte-politik-positionen-zur-bundestagswahl-2017.html (29.04.2019). Mittlerweile äußerte auch Tönnies, dass die Ebermast nur begrenzt absatzfähig sei. Vgl. Interessensgemeinschaft deutscher Schweinehalter e. V., Tönnies: Mehr Eber, aber mit schlechterer Maske – Öffnung des 4. Weges zwingend notwendig. 28.08.2019. URL: https://www.schweine.net/news/toennies-eber-schlechtere-maske-vierter-weg.html (29.04.2019).

ist, da es unter die FCKW-Wirkstoffe fällt, als auch für die Durchführenden mit gesundheitlichen Beeinträchtigungen einhergehen kann.[106]

– Die Impfung mit ›Improvac‹, als **Immunokastration** bezeichnet, verhindert eine Ausbildung des männlichen Sexualhormons. Auch hier bestehen Bedenken bezüglich einer nicht vorhandenen Akzeptanz von Verbraucherseite.[107] Vor allem aber lehnen die Landwirte dies ab, weil eine zweimalige Injektion auch beim Menschen zu vorübergehender Unfruchtbarkeit führen kann.

– Der sogenannte ›Vierte Weg‹ wird von Landwirtschaftsseite derzeit präferiert. Hier findet eine **Lokalanästhesie** durch das Spritzen eines Betäubungsmittels im zu behandelnden Körperbereich statt. Tierärzte kritisieren jedoch deren Durchführung von Laien.[108]

Anders als mit dem Schmerzempfinden ihrer Tiere hatten sich die befragten Landwirte und Landwirtinnen sehr intensiv mit den für sie arbeitswirtschaftlichen Folgen der verschiedenen Optionen auseinandergesetzt. Zwar wurde grundsätzlich wie bereits beschrieben die Notwendigkeit des Verbotes der betäubungslosen Ferkelkastration in Frage gestellt – wodurch prinzipiell erst einmal alle Alternativen als Verschlechterung angesehen wurden. Allerdings stellte sich eine klare Präferenz für den »Vierten Weg« heraus, bei dem die Landwirte und Landwirtinnen selbst Lokalanästhesien vornehmen dürften. Einige Betriebe hatten bereits Ebermast ausprobiert, um deren Durchführbarkeit auszutesten – grundsätzlich geht aus dem Material hervor, dass vor den endgültigen Verboten

106 Eine Leber-beeinträchtigende Wirkung beim Menschen wurde von mehreren Studien festgestellt. Vgl. Simay Serin, Mustafa Gonullu, G. Ozbilim, The histopathologic effects of halothane and isoflurane on human liver, in: Anesteziyoloji Ve Reanimasyon 6/23, 1995, 281–287. Eine Schweizer Studie stellte fest, dass über 20 Prozent der Durchführenden danach über Übelkeit und Kopfschmerzen klagten. Vgl. G. Enz, R. Schüpbach-Regula, E. Bettschart, E. Fuschini, E. Bürgi, X. Sidler, Erfahrungen zur Schmerzausschaltung bei der Ferkelkastration in der Schweiz Teil 1: Inhalationsanästhesie, in: Schweizer Archiv für Tierheilkunde 155, 2013, 651–659.

107 Bei der Immunokastration selbst werden keine Hormone verabreicht, sondern das Mittel unterdrückt deren Ausbildung beim Eber. Eine Studie des Meinungsforschungsinstitutes Allensbach unter Verbrauchern kommt zum Schluss, dass diese die Methode bei entsprechend guter Aufklärung darüber akzeptieren würden. Ob dies tatsächlich der Fall wäre, lässt sich aus kulturwissenschaftlicher Sicht bezweifeln, herrschen doch gerade im Feld der Esskultur derzeit hohe Verhaltensunsicherheit und consumer confusion. Vgl. Tatjana Sattler, Friedrich Schmoll, Impfung oder Kastration zur Vermeidung von Ebergeruch – Ergebnisse einer repräsentativen Verbraucherumfrage in Deutschland, in: Journal für Verbraucherschutz und Lebensmittelsicherheit 7/2, 2012, 117–123.

108 Vgl. Fußnote 1045 sowie zu Pro- und Kontra-Diskussionen bzw. ausführlicherer Darstellung der vier Möglichkeiten die Zusammenfassung der Bundesregierung: Bericht der Bundesregierung über den Stand der Entwicklung alternativer Verfahren und Methoden zur betäubungslosen Ferkelkastration gemäß § 21 des Tierschutzgesetzes. 15.12.2016. URL: https://www.bmel.de/SharedDocs/Downloads/Tier/Tierschutz/Regierungsbericht-Ferkelkastration.pdf?_blob=publicationFile (29.04.2019).

innerlandwirtschaftlich durchaus eigene Versuche angestellt werden, um praktikable Lösungsmöglichkeiten zu finden und nicht einfach »ausgesessen wird«, wie von aktivistischer Seite häufig vorgeworfen. Bezüglich medikamentöser Alternativen vermuteten mehrere Landwirte und Landwirtinnen Verflechtungen »der« Pharmaindustrie, welche ihre eigenen Mittel nun durch das Verbot der betäubungslosen Kastration besser verkaufen könnten:

I. N.: Ah … wir haben vor Jahren in einer Dienstbesprechung, da war die Doktor P. da, von … damals war es noch Pfizer[109], hat uns das vorgestellt. Sie haben jetzt da das Präparat, das wird jetzt in Deutschland zugelassen und das ist super …
I.: Das sind die von der Immuno …?
I. N.: Das sind die von der Immunokastration. Das Mittel, also die das entworfen und entwickelt haben. Und es hat kein halbes Jahr nicht gedauert und kein Jahr nicht, auf einmal ist das Geschrei losgegangen: Ferkelkastration. Von den Organisationen. Und wir sind der Meinung, dass Zoetis jetzt, damals Pfizer, hat denen…. geschürt.
I.: Also an die Tierschutzorganisationen?
I. N.: Mhm, ja. Die haben da …, dass die da richtig Gas geben und da richtig das propagieren und breittreten. Dann können wir unseren Impfstoff verkaufen. Da ist nur Geschäft dahinter.

Zu klären, ob die Annahmen der Landwirte und Landwirtinnen bezüglich des Einflusses der Pharmaindustrie auf das Verbot der betäubungslosen Ferkelkastration richtig oder falsch sind, ist nicht Aufgabe der vorliegenden Studie, interessant ist jedoch, dass hier von Verflechtungen zwischen Lobbyisten des Tierschutzes mit denjenigen der Pharmabranche ausgegangen wird – eine Verbindung, die bislang öffentlich lediglich dem Bauernverband und »der Agrarlobby« unterstellt wird.[110]

Bei der Beleuchtung des Themas Ferkelkastration und der entsprechenden Diskurse zeigt sich, dass hier gezielt mit bestimmten Informationen gearbeitet wird, während der eigenen Position nicht dienliche Inhalte kaum oder gar nicht abgewogen werden. Dies gilt sowohl für die hier befragten Interviewpartner und Interviewpartnerinnen als auch die Stellungnahmen von Tierschutzorganisationen und Parteien, die komplexe landwirtschaftliche Realitäten auf einfache Formeln einer profitgierigen Agrarlobby reduzieren. So schreibt etwa der Deutsche Tierschutzbund in seinem Positionspapier zur Ferkelkastration verharmlosend zum Gebrauch des Betäubungsmittels Isofluran: »Bei sorgfältigem Umgang mit dem Narkosegas und Leitung der Abluft aus dem Stallgebäude besteht keine Ge-

---

109 Das Unternehmen Pfizer stellt Pharmaprodukte her und lagerte 2013 seine Tochterfirma Zoetis für die Herstellung von Tierarzneien aus. Vgl. Ransdell Pierson, Pfizer says shareholders snap up remaining Zoetis shares, in: Reuters 24.06.2013. URL: https://www.reuters.com/article/us-pfizer-zoetis-idUSBRE95N0OJ2013 0624 (29.04.2019).
110 Breitenwirksam medial aufbereitet etwa anhand der beiden ARD-Reportagen »Geschichte im Ersten: Akte D (1) – Die Macht der Bauernlobby«, ausgestrahlt am 14.01.2019, sowie »Die Story im Ersten: Gekaufte Agrarpolitik?« am 30.04.2019.

sundheitsgefährdung.«[111] Während der Bericht ausführlich auf gesundheitliche Auswirkungen der Behandlungsmethoden bei den Tieren eingeht, werden etwaige menschliche Negativfolgen auch bei der Immunokastration kurz abgetan: »Bei ordnungsgemäßer Anwendung bestehen keine Gefahren für den Anwender. Die Impfung verursacht keine Rückstände im Fleisch und ist für den Konsum absolut unbedenklich.«[112] Demgegenüber betonten die Interviewpartner und Interviewpartnerinnen immer wieder ihre Ängste, durch ein versehentliches Abrutschen oder Einstechen bei Gabe der Spritzen selbst vorübergehend unfruchtbar werden zu können, was in der vorliegenden Studie neben der Skepsis, dass die Verbraucher dementsprechend behandeltes Fleisch ablehnen könnten, Hauptgrund für die Ablehnung dieser Methode war:

F. W.: Dann bist du geliefert als Mann.
I.: Echt?
F. W.: Ja logisch.
S. W.: Ja, wirkts beim Schwein, wirkt es beim Menschen auch, nicht?

Dass es sich hierbei nicht um eine »moderne Sage«[113] handelt, also eine innerhalb der landwirtschaftlichen Akteure weitergegebene Erzählung, die dem Ausdruck eigener Sorgen dient, aber keine reale Basis besitzt, verdeutlicht der Beipackzettel des Pharmazeutikums Improvac der Firma Zoetis:

Besondere Vorsichtsmaßnahmen für den Anwender: Eine versehentliche Selbstinjektion könnte beim Menschen ähnliche Wirkungen hervorrufen, wie bei Schweinen. Diese könnten eine vorübergehende Verminderung der Sexualhormonspiegel und der Fortpflanzungsfunktionen bei Männern und Frauen sowie unerwünschte Wirkungen auf eine Schwangerschaft umfassen.[114]

Auch wenn die Wirkung als vorübergehend bezeichnet wird, birgt die Anwendung des Mittels aus Sicht der Berufsgruppe Risiken für die eigene Gesundheit, ebenso wie bei der Isofluran-Betäubung Ängste vor etwaigen Leberschäden durch das Gas geäußert wurden – dass diese Sorgen medial kaum aufgegriffen oder als Ablenkungsmanöver einer sich stets Alternativen verwehrenden Agrarlobby verstanden werden,[115] verstärkt wiederum Frustration und Defensivhaltung der Landwirte und Landwirtinnen.

---

111 Deutscher Tierschutzbund e. V., Verbot der betäubungslosen Kastration von männlichen Saugferkeln. Bewertung der aktuell diskutierten Alternative aus Tierschutzsicht. Bonn 2017. URL: https://www.tierschutz-bund.de/fileadmin/user_upload/Downloads/Positions papiere/Landwirtschaft/Ferkelkastration_Alternativmethoden.pdf (29.04.2019), 4.
    112 Ebd., 3.
    113 Vgl. Brednich, Spinne.
    114 Zoetis Produktkatalog, Improvac. Injektionslösung. URL: https://www.zoetis.de/ products/produktkatalog/index.aspx (29.04.2019).
    115 Vgl. Pinzler, Ferkelkastration.

Erhebliche Tierarzt- und Medikamentenkosten durch einen Teil der Alternativvorschläge, gesundheitliche Befürchtungen der Halter und Skepsis vor der Akzeptanz von Eberfleisch und Immunokastration auf Handels- und Verbraucherseite führten bei den befragten Landwirten und Landwirtinnen zur Präferenz des in Norwegen und Schweden gängigen sogenannten »Vierten Weges«, der von den Tierhaltern selbst durchgeführten Lokalanästhesie, die auch vom Bauernverband vertreten wird. Dieser wird wiederum sowohl von Tierschutzseite wie auch von Veterinärmedizinern kritisch gesehen, da bislang nach deutschem Gesetz nur letztere lokale Betäubungen durchführen dürfen und einige Studien von einer unzureichenden Wirkung für die Tiere ausgehen.[116]

Angesichts des Umgangs mit dem Thema Ferkelkastration wird deutlich, dass das Ringen um Alternativmöglichkeiten zum derzeit bestehenden betäubungslosen Eingriff ein komplexes Unterfangen darstellt. Verschiedene Interessen aus agrarwirtschaftlichen, politischen, pharmazeutischen, tierschutzaktivistischen und veterinärmedizinischen Gruppen kämpfen hier um Deutungshoheit und bringen Informationen in Position, die journalistisch gedeutet und medial meist nicht in ihrer Vielschichtigkeit dargestellt werden. Während für die Landwirte und Landwirtinnen in erster Linie Praktikabilität und ökonomische Sorgen die eigene Positionierung bestimmen, tierschutzrechtliche und -ethische Fragen dabei jedoch ausgeblendet oder verharmlost werden, entsteht auf der Gegenseite das Bild einer sturen Agrarlobby, bei dem berufs- und arbeitsschutzbezogene Einwände ausgeblendet und die Intensivtierhalter und -halterinnen als anonyme, dem Bauernverband untergeordnete Masse vereinheitlicht werden.

Raumfragen: Platz und Beschäftigungsmaterial

Nachdem im vorhergegangenen Kapitel der Fokus auf tierschutzrelevante Aspekte der Schweinehaltung gelegt wurde, soll es beim Thema Platz und Beschäftigungsmaterial vorrangig um das Huhn gehen. Für Vergleiche verschiedener auf mehr Tierwohl ausgerichteter Konzepte innerhalb des konventionellen Rahmens eignen sich hier die besuchten »Privathof«-Betriebe besonders, weil alle Inter-

---

116 Im entsprechenden Bericht der Bundesregierung ist zur Lokalanästhesie zu lesen: »Aus einigen wissenschaftlichen Untersuchungen geht hervor, dass die intratestikuläre Lokalanästhesie bei der Ferkelkastration keine ausreichende Wirkung erzielt. Aus diesem Grund und da die Applikation (intratestikulär und intrafunikulär) selbst Schmerzen verursacht, wurde die Lokalanästhesie als Alternative zur betäubungslosen Ferkelkastration in Deutschland bisher nicht weiter verfolgt und nicht weiterentwickelt. Es existieren jedoch auch wissenschaftliche Studien, nach denen bei richtiger Anwendung und mit geeigneten Wirkstoffen eine gute analgetische Wirkung bei der Ferkelkastration erreicht werden kann.« Bericht der Bundesregierung über den Stand der Entwicklung alternativer Verfahren und Methoden zur betäubungslosen Ferkelkastration, 10.

viewpartner und Interviewpartnerinnen Relationen zu zuvor auf ihren Höfen gängigen Mastbedingungen ziehen konnten. Die sogenannte »Privathof«-Linie der Marke Wiesenhof hebt sich von den übrigen Fleischprodukten des Herstellers durch höhere Tierschutzstandards ab.[117] So wächst die hier gehaltene Hühnerrasse langsamer und lebt daher in der Regel 42 anstatt der üblichen 30 Tage Mastperiode, die Tiere können sich in einem Wintergarten mit Außenklima aufhalten und haben mehr Platz. Dazu wirbt »Privathof« mit mehr Beschäftigungsmaterial, genfreier Fütterung etc. und ist mit einem Label des Deutschen Tierschutzbundes zertifiziert.[118] Diese erhöhten Standards entsprechen längst noch nicht den Ansprüchen einer ethisch vertretbaren Geflügelhaltung und Abkehr von der Intensivtierhaltung wie sie verschiedene gesellschaftliche und politische Akteure fordern – bemerkenswert ist dennoch, dass auf den drei besuchten Betrieben ausnahmslos von erheblichen Verbesserungen sowohl für die Tiere als auch vor allem das eigene Arbeiten und damit die berufliche Alltagspraxis berichtet wurde.

Interviewpartner H. Q. war zum Zeitpunkt der Befragung 36 Jahre alt und hatte den Betrieb nach einem Studium der Agrarwissenschaften von seinen Eltern übernommen. Nachdem der Landwirt zunächst nach üblichen Vorgaben der konventionellen Mast gewirtschaftet hatte, entschied er sich 2012, zu einem der Wiesenhof »Privathof«-Betreiber zu werden und hält seitdem pro Durchgang 27.000 Masthühner. H. Q. betonte im Interview häufig die aus seiner Sicht starken Verbesserungen durch die Umstellung auf das tierwohlorientiertere Konzept. Faktoren, die auch von anderen »Privathof«-Betreibern als wesentlich herausgestellt wurden, waren der gestiegene Platz pro Tier und damit die Raumwahrnehmung im Stall:

H. Q.: Und ja, seit wir das machen, muss man sagen, es ist ein ganz anderes Gefühl! Man ist … von der … es ist ein Gedränge in der konventionellen Mast, muss man klipp und klar sagen, so kurz vor dem Ausstallen ist es …

Der Interviewpartner vergleicht die auf seinem Betrieb zuvor gängige Haltungsform, die er »klipp und klar« als »Gedränge« bezeichnet, mit der späteren Wirtschaftsweise. Auf meine Nachfrage hin erläutert er dieses »Gefühl« näher:

---

117 Bach, Wiesenhof. Es dürfen lediglich 15 Tiere pro Quadratmeter statt der gesetzlich vorgegebenen 39 kg pro Quadratmeter (entspricht ca. 26 Tieren) gehalten werden.

118 Zu gesetzl. Vorgaben sowie dem »Privathof«-Wiesenhof-Konzept vergl. Peter Hiller, Andrea Meyer, Privathof-Geflügel der Marke Wiesenhof: Ein extensives, tierschutzgeprüftes Aufzuchtkonzept – Wie sieht es mit den Nährstofffrachten aus? Landwirtschaftskammer Niedersachsen 2014. URL: http://www.lwk-niedersachsen.de/index.cfm/portal/1/nav/229/article/24182.html (23.05.2018) sowie BMEL, Nutztierhaltung: Geflügel. URL: https://www.bmel.de/DE/Tier/Nutztierhaltung/Gefluegel/gefluegel_node.html;jsessionid=CB76FCA6986 3BB1A7B6D367F75AECF81.2_cid288 (23.05.2018).

Ich meine jeder Privathof-Mäster kennt das Mästen davor, weil das waren ja auch alles konventionelle Mäster und wenn man den krassen Umstieg miterlebt hat … So der erste Durchgang nach konventionell, das war Wahnsinn, also so vom Gefühl her in den Stall zu gehen … du bist früh rein und hast gewusst: Okay, gut, da ist einfach mehr Platz da und das muss man auch klipp und klar sehen. Und gerade wenn der Wintergarten dann noch auf ist, dann verteilt es sich ja nochmal. Weil das Gedränge, was man früher dann im Stall hatte, was, wenn der Wintergarten auf ist, dann auf einmal draußen ist, weil die strömen alle raus, wenn es da im Sommer schön warm ist, dann ist da draußen … kann man nicht durchlaufen, die hocken da ganz dicht, die wollen raus! Und ja das ist einfach das … ein anderes Arbeiten! Man geht da durch den Stall durch, hat … die Tiere, denen geht es gut, das sieht man einfach, da … von daher will da auch keiner mehr zurück.

Aus dem Zitat geht hervor, dass mehr Tierwohl vom Landwirt auch als höheres eigenes Wohl empfunden wird, da es im Stall kein »Gedränge« mehr gebe und der Aufenthalt der Hühner im Wintergarten – einem Außenscharrbereich, der nicht einer Freilandhaltung auf der Wiese gleichkommt, aber als offener Anbau am eigentlichen Stallgebäude Möglichkeiten zum Aufenthalt draußen und Scharren im Boden bietet – ein »anderes Arbeiten« bedeute. Wie hoch für ihn der Unterschied zwischen den beiden konventionellen Haltungsformen ist, belegen die Ausdrücke »krassen Umstieg«, »Wahnsinn«, »vom Gefühl her« und schließlich vor allem die abschließende Aussage »von daher will da auch keiner mehr zurück«. Die gesamte Raumwahrnehmung hat sich für H. Q. stark verändert, das »doing« Landwirtschaft im Zusammenspiel von Stallaufbau und Technik, Objekten und Beschäftigungsmaterial, Tier und Mensch ist für ihn wesentlich angenehmer geworden und emotional positiver besetzt.

Auch die Interviewpartner V. und T. S., die als Vater und Tochter gemeinsam einen Maststall der »Privathof«-Linie betreiben, beschreiben die vergrößerte Agency der Tiere – also deren erweiterten Handlungsraum und damit eine Erweiterung, Verhalten ausleben zu können – als Verbesserung im Vergleich zur konventionellen Mast. Sie gehen dabei sowohl auf Einstreu, Beschäftigungsmöglichkeiten, Sitzstangen, Staubbad, durch welches Hühner Gefiederpflege- und Reinigung betreiben können, als auch den Wintergarten ein:

V. S.: Das Dinkelgespelz bleibt halt auch über die komplette Zeit der Dauer richtig schön scharrbar. Also gerade dadurch, dass wir den Stall auch so trocken fahren können … ist der immer krümelig und immer … können die immer scharren und die machen wirklich …, bis zum letzten Tag bauen die sich so kleine Kuhlen und dann machen die so richtig Sandbaden. Also, das siehst du den Viechern richtig an. Und das sind einfach die Momente, wenn man ein bisschen Zeit im Stall verbringt und sich die Viecher wirklich mal anschaut in ihrem alltäglichen Verhalten, die leben das komplett aus. Also, wie jedes Huhn, das draußen auf dem Misthaufen umeinander rennt, wo jeder sagt: ›Dem geht es gut‹, können unsere ganz genau so machen. Die spielen miteinander, die haben ihre Ruhestätten, die können das Sandbaden machen, die scharren umeinander und picken dann drin rum, weil sie irgendwas immer finden.

T. S.: Haben ihre Strohballen, ihre Sitzstangen. Die haben draußen diesen Bereich, also gerade der Wintergarten, das ist so ein bisschen …, da geht immer ein bisschen die Luzie[119] ab. Also, da rennen sie immer rauf und runter. Der Stall selber ist dann meistens eher ein bisschen so zum Chillen. Ja. Das ist echt schön.

Die Interviewpartner beschreiben hier zahlreiche »natürliche« Verhaltensmuster von Hühnern, welche die Tiere vom Scharrtrieb über Sandbad und Beschäftigungsmöglichkeiten – sie »spielen miteinander« – bis zu Sitzstangen, auf denen die Hühner gemäß ihrer Herkunft als Waldbewohner abends schlafen können, ausleben können. V. und T. S. nehmen dabei Bezug auf die Tiere »in ihrem alltäglichen Verhalten«, also tierarttypische Aspekte, die in den Bereich der Ethologie fallen und neben biologischen auch soziale und emotionale Dimensionen mitaufgreifen. Zentral ist im Zitat der Vergleich der eigenen Hühner mit denjenigen »draußen auf dem Misthaufen«. Indem V. S. anführt, das »können unsere ganz genauso machen«, hebt er die eigene Haltung auf eine Stufe mit Freilandhaltung und überträgt deren positive Außenwahrnehmung auf das »Privathof«-Konzept. Hier wird also anerkannt, dass die Tiere für ihr Wohlergehen auch verhaltensbiologische Aspekte ausleben können müssen.

Umso interessanter ist, dass sich die Positionierung der »Privathof«-Betreiber änderte, sobald die Frage danach gestellt wurde, ob es den Tieren davor weniger gut gegangen sei. Auf allen drei Höfen wurde diese Annahme zurückgewiesen, da in der Frage selbst nun ein Angriff, eine Kritik an der zuvor selbst ausgeübten Haltungsform mitschwang. Zwar betonten die »Privathof«-Interviewpartner und -Interviewpartnerinnen einerseits alle stark die für sie und die Tiere sichtbaren Verbesserungen und sahen diese im Vergleich zu vorher als Fortschritt an, andererseits wiesen sie gleichzeitig damit zusammenhängende Vorwürfe einer möglichen Tierquälerei oder »schlechter« Bedingungen der Hühner in der konventionellen Mast zurück. Damit geht eine psychologische Schutzfunktion einher, eigenes Handeln nicht als unethisch zu bewerten; zugleich wird deutlich, dass sich alle Interviewpartner und Interviewpartnerinnen, die Konzepte mit mehr »Tierwohl« betrieben – was sowohl für einige ebenfalls befragte Strohschweinehalter als auch diejenigen im Geflügelbereich gilt – insgesamt dennoch der öffentlich kritisierten Gruppe der konventionellen Intensivtierhalter und -halterinnen zuordneten, welche daher ganz grundsätzlich nach außen hin verteidigt wurde. So antwortete Interviewpartner H. Q. auf die Frage danach, ob es seinen Tieren zuvor schlechter gegangen sei:

Ne, sagen wir mal so, man hat davor natürlich auch gut gearbeitet und den Tieren ging es davor auch gut, aber das ist halt … die haben halt einfach durch das Gedränge dann trotzdem … oder durch die … ich mein das waren ja 22 Tiere pro Quadratmeter eingestallt und jetzt sind es 16. Und das macht sich schon bemerkbar.

---

119 Bayr.-dial. für »es ist viel los«, »viel Bewegung«.

Besonders deutlich werden die Abwehr der in der Frage mitschwingenden Kritik und was diese hervorruft bei T. S.:

I.: Also vom …, dass es den Tieren besser geht oder inwiefern?
T. S.: Den vorher ging es auch nicht schlecht. Also dagegen wehre ich mich immer ein bisschen. Dass man sagt, den konventionellen, denen geht es allen schlecht. Und jetzt nur, wenn man da ein gewisses Label hat, dann geht es den Tieren auf einmal gut. Denen ging es vorher auch nicht schlecht. Aber jetzt haben sie einfach …, ich vergleich das immer ein bisschen mit …, das Konventionelle ist so das einfache Hotelzimmer. So, du hast alles was du brauchst, aber auch keinen Luxus. Ja. Und das Privathof ist dann schon so ein bisschen die Suite. Ja, du hast dann auf einmal eine Dachterrasse. Und einen Whirlpool und so was. Und so ist es bei den Hähnchen jetzt einfach auch. Und das ist einfach noch einen Ticken schöner. Und das gefällt uns halt auch noch ein bisschen besser. Ja, genau.

T. S. »wehrt« sich – ein Verb, das bereits die Defensivhaltung der Landwirtin aufgreift und anschaulich abbildet, wie Positionierungen und damit Äußerungen der Befragten zustande kommen und auf welch starken Wechselwirkungen mit im Raum stehenden gesellschaftlichen Vorwürfen sie beruhen. Auffällig ist abermals, dass sprachliche Praktiken der »Vermenschlichung« hier zur Verteidigung herangezogen werden und nicht in erster Linie innerhalb emotionaler Bezugnahmen Anwendung finden. Stattdessen dient der Vergleich von Menschen und Tieren – deren Haltungsformen mit »Hotelzimmer«, »Suite«, »Dachterrasse« und »Whirlpool« gleichgesetzt und in von der Landwirtschaft losgelöste Raumkonzepte eingebettet werden – der Verdeutlichung von grundsätzlicher Komfortabilität und hohem Standard. Die übliche konventionelle Haltung sei lediglich »kein Luxus«, aber auch nicht »schlecht« – würden die Interviewpartner und Interviewpartnerinnen dies implizieren, würden sie sich zugleich auch selbst diffamieren. Wie stark gesellschaftliche Positionierung bzw. Positioniert-Werden ineinandergreifen veranschaulicht auch das Gespräch mit »Privathof«-Halter H. R. Der Landwirt führt aus, dass die Umstellung der Produktion auf tierwohlorientiertere Ansätze für ihn zweierlei psychische Verbesserungen mit sich gebracht habe:

H. R.: Wenn es den Tieren gut geht, geht es uns gut. Wenn ich auf'd Nacht ins Bett gehe und denke mir: Hoffentlich sind die morgen früh noch gesund, dann schlafe ich nicht gut. Oder: Was wird morgen wieder fehlen? Und seit wir da hinten … seit wir das haben … Was soll denn morgen sein? Die sind morgen genauso gesund wie heute …
I.: Also geht es dir besser, seitdem du das so machst?
H. R.: (bestimmt) Ja!
I.: Auch jetzt unabhängig von den Preisen?
H. R.: Unabhängig davon. Erstens bin ich ein bisschen offensiver, weil ich habe ja schon etwas gemacht. Jetzt braucht es ihr bloß noch kaufen. Wenn ihr es nicht kauft, was soll ich dann? Dann tue ich wieder mehr Viecher rein, dann mache ich halt wieder 60.000 wenn euch das lieber ist. So. Also bist du einmal nicht gar so defensiv. Und zweitens

ist es auch in Wirklichkeit so, dass der Antibiotikaeinsatz nicht mehr da ist. Und dass
die Viecher einfach gesund sind. Sommer, 30 Grad, ein schöner Sonntagnachmittag,
da fahre ich nicht vom Hof raus, wenn ich 60.000 Tiere drin hab. Weil wenn dir die
Lüftung ausfällt, habe ich ein sechsstelliges Problem. Und jetzt ... wenn es ihnen
drinnen zu warm ist, sollen sie rausgehen in den Wintergarten. Und um 5 komm ich
dann schon wieder. Also man wird ruhiger.

Aus dem Zitat geht die stets mit dem Thema Tierwohl verbundene gesellschaftliche Implikation hervor, als Intensivtierhalter und -halterinnen in einer beständigen Defensivrolle gefangen zu sein. Dass H. R. »ein bisschen offensiver«
sein kann, weil er durch die »Privathof«-Linie nun bereits Verbraucherwünschen
und Kritikern entgegenkommt, befreit den Interviewpartner ein Stück weit aus
seiner Fremdpositionierung. Gleichzeitig belegen die hier behandelten Äußerungen eindeutig, dass sich die auf mehr Tierwohl hin orientierten Landwirte
und Landwirtinnen innerhalb des konventionellen Bereiches grundsätzlich der
kritisierten Seite zugehörig fühlen, schon alleine, weil sie vor Umstellung der
derzeitigen Haltung ebenso produziert haben wie ihre Kollegen. Aus diesem
Grund finden auch keine Abwertungen beispielsweise der Spaltenbodenhaltung
oder konventionellen Hühnermast statt, auch wenn im eigenen Betrieb positive
und vor allem auch psychisch entlastende Erfahrungen mit Tierwohl-Verbesse-
rungen gemacht wurden.

Dass politisch und gesellschaftlich induzierte strengere Vorgaben für das
berufliche Alltagshandeln der Landwirte und Landwirtinnen im Umgang mit
ihren Tieren zu neuen Herausforderungen führen, wurde bei den Eingriffen am
Tierkörper durch Kastration und Kupieren ebenso deutlich wie bei Platz- und
Haltungsauflagen. Veränderungen auf der einen Seite des bestehenden Systems
führen zu Tier-, Umwelt- oder Arbeitsschutz betreffend problematischen Auswirkungen auf der anderen Seite, die bei der Einführung entsprechender Gesetze
oder Änderungen häufig nicht abgesehen oder mitbedacht wurden und werden.
Das Abkanzeln berufsinterner Zweifel an neuen Vorgaben als unberechtigte
Einwände einer sturen Agrarlobby führt dabei ebenso wenig zu praktikablen
Lösungen wie die Abwehr und Infragestellung von Verbesserungsnotwendig-
keiten per se auf Seiten der Interviewpartner und Interviewpartnerinnen. Es
kristallisiert sich vielmehr heraus, dass jegliche Veränderung kleinerer Stellschrauben am komplexen und durchgetakteten Gesamtsystem der Intensivtierhaltung zu unbeabsichtigten und schwer zu händelnden Folgen eines nicht
mehr Ineinandergreifens an anderer Stelle führt. Für tatsächlich weitgreifende,
umfängliche ökologische und tierethische Verbesserungen müsste daher eben
dieses Gesamtsystem radikal umstrukturiert werden. Dabei stellt sich die Frage,
ob – gerade auch auf der Basis des erhobenen Materials – derlei Veränderungen
nicht auch eine erhöhte Qualität für die Landwirte und Landwirtinnen mit sich
bringen würden. Grundsätzliche Systemfragen werden von den Landwirten
und Landwirtinnen allerdings kaum gestellt – zu eng ist hier das Korsett des in

Kapitel 8 behandelten ökonomischen Spannungsverhältnisses, welches Ängste vor Veränderung und Verharren auf dem Bestehenden gerade innerhalb einer ohnehin konservativen Berufsgruppe schürt und wiederum signifikant auf Landwirt-Tier- und Landwirt-Umwelt-Beziehungen rückwirkt.

9.4 Bedürfniseinschätzung und Tierwohl zwischen Theorie und Praxis

Nachdem nun in den vorhergegangenen Kapiteln einzelne kritische Aspekte der Intensivtierhaltung beleuchtet wurden, gehe ich im Folgenden den Fragen nach, wie sich Kontrollmechanismen zu deren Verbesserung in der Praxis gestalten, welche kulturellen Mechanismen des Umgangs mit Sicherheit sich daraus ablesen lassen und vor allem, wie die Landwirte und Landwirtinnen die Bedürfnisse ihrer Tiere grundsätzlich einschätzen. Letztere ist deshalb so wichtig, weil hier die Rolle des Nutztieres an sich verhandelt wird und innerlandwirtschaftliche Perspektiven auf Tierwohl und tierische Leistung deutlich werden, die wiederum Aufschluss über in der beruflichen Ausbildung und Praxis tradierte Wissensbestände geben.

Bürokratisierte Kontrolle: Beispiel Antibiotika

»Behauptet wird, dass Landwirte ihren Tieren massenhaft Antibiotika geben, was zu Resistenzen bei Menschen führt.«[120] In der Broschüre »Faktencheck Antibiotika in der Nutztierhaltung« des Deutschen Bauernverbandes steht weiter: »Tatsache ist, dass Landwirte verantwortungsbewusst mit dem Einsatz von Antibiotika umgehen und sich der Folgen bewusst sind.«[121] Dagegen ist auf der Homepage der tierrechtsaktivistischen Organisation PETA zu lesen: »[W]o die größten Tierfabriken stehen, werden die meisten Antibiotika verbraucht« und »demnach ist es gar nicht gewollt, den Antibiotikaverbrauch drastisch zu senken.«[122]

Auch für die befragten Landwirte und Landwirtinnen waren diese Vorwürfe präsent, Ehepaar J. widmet sie im folgenden Zitat einerseits mit einer humorvollen Note um, geht andererseits aber wie zahlreiche andere Interviewpartner und Interviewpartnerinnen auf hohe Medikamentenkosten ein, die übermäßige Gaben ohnehin verhindern würden:

---

120 DBV (Hrsg.), Faktencheck Antibiotikaeinsatz in der Nutztierhaltung. Berlin 2015, 2.
121 Ebd., 3.
122 PETA, Antibiotikaeinsatz in deutschen Ställen. Juli 2018. URL: https://www.peta.de/antibiotikaeinsatz-in-deutschen-staellen (14.05.2019).

I.: Ja, das hat mich jetzt auf das Thema Antibiotikum noch gebracht, weil das ja auch immer stark diskutiert wird.

M. J.: Ja, ja!

F. J.: Wir füttern unsere Tiere mit Antibiotika! Jeden Tag! Früh und abends!

M. J.: Aber das ist auch so ein Ding, das wird generell einfach vorausgesetzt, ne! Die Tiere, die werden da vollgestopft mit Antibiotika und Wachstumshormonen! Und beides ist aber nicht der Fall! Weil es kann sich kein Landwirt leisten, das alles zu machen!

Dass ein hoher Antibiotika-Einsatz in der Tierhaltung zur Bildung von gesundheitlich gefährlichen Resistenzen auch für den Einsatz in der Humanmedizin führt, ist abseits von Beschwichtigungen durch Bauernverband oder zu Skandalisierungen neigenden Berichten von NGOs wissenschaftlich grundsätzlich unumstritten. Die Bundesregierung legte 2008 daher die sogenannte »DART – Deutsche Antibiotika-Resistenzstrategie« zur Verringerung des Medikamenteneinsatzes in der Human- und Tiermedizin vor.[123] In der Studie wird auf Anreicherungen sogenannter MRSA, also multiresistenter Erreger, über Kläranlagen und Abwässer im Grundwasser eingegangen, wozu sowohl Antibiotikaeinsatz in der Humanmedizin als auch der Tierhaltung beitragen, bei der über Mist, Gülle oder Aquakulturen Rückstände in die Umwelt gelangen. Aufgrund der Brisanz der Thematik wurde durch eine Novelle des Bundesarzneimittelgesetzes 2014[124] in Deutschland das sogenannte Antibiotika-Monitoring in der Nutztierhaltung eingeführt, welches von den Interviewpartnern und Interviewpartnerinnen intensiv besprochen wurde. Es beinhaltet eine halbjährliche Meldung der eingesetzten Medikamentenmengen durch Veterinäre und Tierhalter, die anschließend vom Bundesamt für Verbraucherschutz und Lebensmittelsicherheit veröffentlicht werden. Aus den Daten wird eine Durchschnittsmenge der in Deutschland pro Betrieb verwendeten Antibiotika erstellt – liegt der Einzelbetrieb über diesem Mittelwert, ist er dazu verpflichtet, zusammen mit dem zuständigen Tierarzt einen Maßnahmenkatalog zur Verringerung des Einsatzes zu erstellen und an die zuständige Behörde weiterzuleiten.[125] Die für die

---

123 Bundesregierung Deutschland, DART 2020 – Antibiotika-Resistenzen bekämpfen zum Wohl von Mensch und Tier. Berlin 2015. »Wenn resistente Mikroorganismen oder Resistenz-Faktoren in der Umwelt entstehen, sich verbreiten und selektiert werden, birgt dies Gefahren für die Gesundheit von Mensch und Tier und kann möglicherweise zu der beobachteten Verschlechterung der Wirksamkeit von Antibiotika beitragen.« Ebd., 6.

124 Bundesgesetzblatt Jahrgang 2013 Teil I Nr. 62, ausgegeben zu Bonn am 16. Oktober 2013: 16. Gesetz zur Änderung des Arzneimittelgesetzes vom 10. Oktober 2013.

125 Bundesamt für Verbraucherschutz und Lebensmittelsicherheit, Betriebliche Therapiehäufigkeit. URL: https://www.bvl.bund.de/DE/05_Tierarzneimittel/03_Tieraerzte/04_Therapiehaeufigkeit/Therapiehaeufigkeit_node.html (14.05.2019). Die Lebensmittelprüfstelle »QS – Qualität und Sicherheit«, welche für zertifizierte Betriebe ebenfalls eine Datenbank zum Antibiotika-Monitoring führt, meldet ebenso wie das Verbraucherschutzministerium einen erheblichen Rückgang des Einsatzes durch die Meldepflicht – zwischen 2014 und 2018

Studie befragten Landwirte und Landwirtinnen sahen die erhöhten Kontrollen infolge des Monitorings ambivalent: Zwar wurde kaum dessen generelle Notwendigkeit in Frage gestellt, allerdings monierten die Interviewpartner und Interviewpartnerinnen die dadurch erheblich gestiegene Bürokratie und damit Zeit am Schreibtisch sowie dennoch weiterhin bestehende Lücken im System. In der Vergangenheit zu schnell und zu unüberlegt verabreichte prophylaktische Gaben und kaum vorhandenes Wissen über einen maßvollen Einsatz sowie diesbezügliche Abhängigkeiten von verkaufstüchtigen Veterinären, die am Medikamenteneinsatz mitverdienten, wurden wiederholt thematisiert. V. und J. St., Vater und Sohn auf einem Mastschweinebetrieb, beschrieben die fragwürdige Vorgehensweise eines auf dem Betrieb bekannten Tierarztes:

V. St.: Da hat es auch in der Vergangenheit in den achtziger oder neunziger Jahren Spezialisten gegeben, die wo das … reingehauen haben oder gefüttert haben. Da hat es einen Tierarzt gegeben, der ist zu uns auch einmal hergekommen oder zweimal, da nehme ich mich auch nicht aus. Der ist mittlerweile eh schon … den haben sie schon ein paar Mal eingesperrt oder was, jetzt betreibt er es wieder woanders in Polen oder so. Ist ja jetzt eh wurst. Der hat sein Auto gehabt, das wird so ein …
J. St.: Das war ein Kombi, der war komplett voll. Nur der Fahrersitz war frei, alles andere war komplett voll mit Medikamenten …

Es herrschte unter den Befragten überwiegend Einigkeit darüber, dass eine strengere Überwachung von Medikamentengaben grundsätzlich richtig sei, und – so der Tenor – innerhalb der Berufsgruppe zu wenig Wissen über negative Auswirkungen bestanden habe, weshalb eine Sensibilisierung per se notwendig war. Dennoch wurde die tatsächliche Ausführung der Kontrollen in der Praxis stark kritisiert. Klagen wie im folgenden Zitat des Mastschweinehalters H. M. waren typisch für die Bewertung des Antibiotika-Monitorings:

[A]uch in der Schweinehaltung, ja das Antibiotikamonitoring. Das ist so viel Arbeit! Und wir brauchen eh nicht viel einsetzen. Aber trotzdem kommen wir mit dem Wert wieder mal drüber, dann muss man so a … ja … mit dem Tierarzt miteinander so einen Maßnahmenplan einreichen im Veterinäramt. Und das ist wirklich ein großer Aufwand. Also die letzten zwei, drei Jahre ist es schlimm geworden! Gescheit zugenommen!

Für H. M. ist mit der Erarbeitung des Maßnahmenplans in erster Linie mehr Arbeit verbunden, wie für zahlreiche andere Interviewpartner und Interviewpartnerinnen stellt gerade das Erstellen von Dokumenten und damit der Aufenthalt vor dem PC eine Ablenkung von der »eigentlichen« landwirtschaftlichen

---

verringerten sich die hier erfassten Gaben um ein Drittel. Vgl. QS Qualität und Sicherheit GmbH, Pressemitteilung – das QS-Antibiotikamonitoring. 30.07.2018. URL: https://www.qs-pruefzeichen.de/news/qs-antibiotikamonitoring.html (14.05.2019).

Tätigkeit dar, nämlich der Zeit auf dem Feld und bei den Tieren. Dass verschärfte Kontrollen und Überprüfungen von den Landwirten und Landwirtinnen häufig abgelehnt werden, hing bei der Befragung weniger mit Ängsten vor eigenem Fehlverhalten, sondern vor allem mit dadurch gestiegenem Arbeits- und Bürokratieaufwand zusammen, den alle Interviewpartner und Interviewpartnerinnen als ständig mehr werdend und wenig nutzbringend wahrnahmen. Zwischen tatsächlicher Handlungspraxis und aufgeschriebener Dokumentation klaffen bisweilen erhebliche Lücken, was die Befragten teils sehr offen thematisierten und mir gegenüber nicht zu verbergen versuchten. Von Düngeverordnungen über Cross-Compliance-Angaben[126] bis zum Antibiotika-Monitoring hat sich die Pflicht zur Überprüfbarkeit landwirtschaftlicher Tätigkeiten vor allem als Pflicht zu Verschriftlichungen etabliert, deren Wahrheitsgehalt die Interviewpartner und Interviewpartnerinnen immer wieder bezweifelten und eher als sedatives Moment für Behörden, Politik und letztlich auch die Bevölkerung einstuften:

J. St.: Weil die ganze Aufschreiberei, was jetzt nicht ökonomisch irgendwelche Gründe hat, die bringt meiner Meinung nach 0,0. Und alle Zertifikate, die wir haben, das ist nur alles auf dem Papier, spielt null, spielt überhaupt keine Rolle. Das wird immer mehr und wenn da heute eine Behördenkontrolle kommt, was macht denn der? Der schaut doch nur an, was wir aufgeschrieben haben. Das schreiben wir so auf, wie er es dann halt haben möchte. Ist, ist, ist leider so. Das Zertifikat hat ja keine Auswirkung nicht. Weil wir haben ja X Zertifikate und was machen wir? Der steht da: Die Checkliste, die Checkliste auch, hast du ausgefüllt, passt, sagt er, passt.

Frank Uekötter kritisiert in »Die ökologische Frage im 21. Jahrhundert«, dass die Bewältigung eines gesellschaftlichen Bedürfnisses nach Sicherheit in der Lebensmittelproduktion darin mündet, »dass nach jedem Skandal reflexhaft nach schärferen Vorschriften und härteren Kontrollen gerufen wird. Von strengeren Hygienestandards profitieren nahezu zwangsläufig die großen Betriebe [...].«[127] Dass dieser in Kapitel 7 ausführlich beschriebene gesellschaftliche Vertrauensverlust in bestehende Vorgaben und vor allem deren Einhaltung durch die Intensivtierhalter und -halterinnen kaum durch institutionell und behördlich

---

126 Cross-Compliance-Angaben müssen von den Landwirten und Landwirtinnen ausgefüllt werden, wenn sie Prämienzahlungen für Maßnahmen zum Umweltschutz erhalten wollen. Seit 2005 wurden sie auf Basis von EU-Vorgaben an bestimmte Pflichten gebunden. Vgl. Verordnung (EG) Nr. 73/2009 des Rates vom 19. Januar 2009 mit gemeinsamen Regeln für Direktzahlungen im Rahmen der gemeinsamen Agrarpolitik und mit bestimmten Stützungsregelungen für Inhaber landwirtschaftlicher Betriebe und zur Änderung der Verordnungen (EG) Nr. 1290/2005, (EG) Nr. 247/2006, (EG) Nr. 378/2007 sowie zur Aufhebung der Verordnung (EG) Nr. 1782/2003.

127 Frank Uekötter, Am Ende der Gewissheiten. Die ökologische Frage im 21. Jahrhundert. Frankfurt a. M. 2001, 182.

eingeübte bürokratische Mechanismen aufgefangen werden kann, sondern weiterhin die Systemfrage selbst lediglich verschiebt und verlagert, problematisieren sowohl Uekötter als auch die befragten Landwirte und Landwirtinnen: »Vermutlich wird sich dies aber erst dann ändern, wenn die Verbraucher merken, dass der immergleiche Ruf nach schärferen Vorschriften eine Pseudo-Politik ist, die Lösungen lediglich suggeriert.«[128] Die Interviewpartner und Interviewpartnerinnen thematisierten wiederholt, dass Überprüfungen viel mehr auf dem Papier als im Stall stattfänden, was sie als äußerst kritisch ansahen – wird dadurch doch auch befördert, dass »schwarze Schafe« weiterwirtschaften können und Lücken im System gesucht werden, die deren spätere Skandalisierungen befördern. Besonders aussagekräftig sind dazu die Aussagen von Legehennenhalter H. I., der den typischen Ablauf eines Audits auf seinem Betrieb beschreibt:

H. I.: Wir haben jedes Jahr Audit, dauert ein, zwei Tage. [...] der Auditor, der kommt zu mir, machen wir tageweise, legen wir einen Tisch voll Akten und Dokumente auf, was wir halt dokumentiert haben und je nach ... gibt es ja einen kompletten Leitfaden, den du durcharbeitest. Und dann arbeitet der 1,5 Tage an den Dokumenten, prüft alles durch, rechnet alles durch, ob die Zahlen stimmen alles, ob die Verkaufszahlen und alles hin und her und mit der Produktion alles zusammenpasst. Und dann gehen wir ... ja ... vielleicht 30, 40 Minuten gehen wir mal am Hof rundum und schauen das an, und dann ist alles erledigt. Aber 1,5 Tage sitze ich vor den Papieren, ob die stimmen. Aber da draußen, die Realität ...
I.: Kriegt er eigentlich gar nicht mit.
H. I.: Nein, gar nicht. Hauptsache die Wische stimmen. Das ist ja grundverkehrt! Ich sehe ja da draußen, ob es schiefläuft oder nicht. Wir haben ... das heißt kontrollierte alternative Tierhaltung. Ich unterschreibe für das, dass ich meine Tiere artgerecht und wirklich gesagt, dass es ihnen gut geht. Dass das Stallklima, dass der Boden stimmt, dass der ... das alles passt. Aber das schaut ja der gar nicht an! Der möchte ja nur wissen, ob die Dokumentation stimmt. Ob ich jeden Tag meine Kreuzl gemacht habe, ob der Stall 1, der Vorraum geputzt worden ist, ob das Stroh aufgestreut worden ist, ob das Wasser kontrolliert worden ist, ob das Futter kontrolliert worden ist – seine Kreuzl möchte der jeden Tag sehen. Das sind einfach ... das sind lauter hirnrissige Sachen! Da muss ich ja schauen ...
I.: Also nur Bürokratie aber keine ...
H. I.: Genau, genau! Ich muss ja zuerst einmal draußen nachschauen, ob das wirklich so ist! Ob das aufgefüllt wird, weil die Dokumente ... die kann ich da herinnen auch ausfüllen.
I.: Kann man eigentlich schreiben, was man will?
H. I.: Ja. Die kann ich ... wenn ich weiß, jetzt kommt er, dann schreibe ich halt einmal einen Tag nach. Setze ich mich halt einen Tag hin oder zwei und schreib.

H. I. beleuchtet hier ausführlich eine seiner Ansicht nach eklatante Schieflage zwischen Papier und Praxis. Während ersteres vom Auditor eingehend geprüft

128 Ebd.

wird und alle Dokumente vollständig vorhanden sein müssen, beinhaltet die Durchsicht der Hof- und Stallanlagen »30, 40 Minuten«. Ganz klar wird, dass der Legehennenhalter dieses einseitige Vorgehen ablehnt, er hält es für »grundverkehrt«, da nur durch die intensive Einsicht in die Haltungsbedingungen zu sehen sei, »ob es schiefläuft«. Eindeutig geht aus allen Interviews eine starke Ablehnungshaltung gegenüber diesem bürokratisch-behördlichen Ablauf hervor, der als Mehrbelastung und hierarchisch aufoktroyierte Gängelung einer von der tatsächlichen landwirtschaftlichen Praxis weit entfernten Verwaltungsebene empfunden wird. Freimütig beschrieben die Interviewpartner und Interviewpartnerinnen daher auch, wie sowohl auf den eigenen Betrieben als auch in der Branche generell Vorgaben umgangen oder Lücken ausgenutzt werden. H. M. führte zum Antibiotika-Monitoring aus:

Das … ich meine, den Maßnahmenplan … wir müssen jetzt nochmal einen einschicken und dann hoffen wir, dass wir dann weg sind. Warum? Gibt es wieder so ein Hintertürl[129], und zwar, wir kriegen ja, wenn wir Ferkel kriegen, die haben meistens grad 25, 26 Kilo. Und das Medikament, wo man …, wenn die was kriegen am Anfang, weil sie halt …, wenn sie ein wengerl[130] Husten haben oder so … bis 30 Kilo, das muss man nicht melden! Jetzt schauen wir natürlich, dass wir wenn gleich am Anfang was Gescheites geben, dass dann a Ruhe ist. Und dann brauchen wir das nicht melden. Ja … ist das Sinn und Zweck der Sache? Dass man so vorgeht? Das ist eigentlich nicht alles ganz richtig, gell!

Der Mastschweinehalter beschreibt, wie auch auf seinem Hof »Hintertürl« gesucht werden, indem den Ferkeln gleich zu Beginn der Mastperiode, wenn sie noch unter 30 Kilo wiegen und die Medikamentengaben noch nicht meldepflichtig sind, Antibiotika verabreicht werden. Ähnliche Vorgehensweisen sind dem Landwirt auch aus der Bullenmast bekannt – obwohl H. M. diese Methoden selbst anwendet, um keinen bürokratisch aufwendigen Maßnahmenplan mehr erstellen zu müssen, hält er es für »nicht alles ganz richtig«. Die starke Konzentration auf das Aufgeschriebene, Dokumentierte, konterkariert die praktischen Aspekte des landwirtschaftlichen Arbeitsalltags – Grundprobleme des Antibiotika-Monitorings und des damit einhergehenden Suchens nach »Hintertürln« sind für sie bereits in dessen prinzipieller Ausrichtung angelegt: Zwar gehen die Medikamentenzahlen seit Einführung der Überwachung Jahr für Jahr zurück – während 2011 rund 1.706 Tonnen an Antibiotika durch Veterinäre verschrieben wurden, waren es 2017 noch 733 Tonnen[131] –, dennoch müssen die über dem

---

129 Bayr. »Hintertürchen«.
130 Bayr. »ein wenig«.
131 Vertreter des Bundesinstituts für Risikobewertung (BfR), des Bundesamtes für Verbraucherschutz und Lebensmittelsicherheit (BVL) sowie des Bundesministeriums für Ernährung und Landwirtschaft (BMEL) erstellten 2018 in der Arbeitsgemeinschaft Antibiotikaresistenz ein »Lagebild zum Antibiotikaeinsatz bei Tieren in Deutschland«. BMEL,

grundsätzlich immer niedriger werdenden Index[132] liegenden Betriebe stets weiterhin den Maßnahmenplan erstellen. Das heißt, trotz rückläufiger Antibiotikagaben gibt es immer eine im Fokus der Behörden stehende obere Hälfte an Höfen über dem Mittelwert. Dass damit jeglicher Antibiotika-Einsatz per se als verwerflich gilt und von den Landwirten und Landwirtinnen daher abgewägt wird, ist für die Interviewpartner und Interviewpartnerinnen zum einen praxisfern, zum anderen tierethisch zweifelhaft. Schweinehalter I. Sch. kritisiert die Vorgehensweise:

I. Sch.: Das ist eine Schwachsinnslösung. Man kann ja ... es ist ja kein Status Quo, wo man sagt, da soll jeder hin, sondern es gibt immer ein oberes Drittel. Und das wird immer bestraft. Also ist jeder bemüht ... weiter runter ..., aber das schiebt sich ja jedes Jahr nach unten, also irgendwann geht es gegen das Tier. Aber man weiß was verbraucht wird mittlerweile, man weiß, wo es verbraucht wird, in welchen Abständen, alles. Wo weiß man bei Menschen was? Da haben sie 17 Kinder in der Gruppe, vier Stück kriegen Antibiotika, die Erzieherin weiß nicht mal, dass sie es kriegen. Und dann wundert man sich ... schauen Sie sich mal an, den Krankenstand, den ein Kindergarten hat, kann ich mir im Ferkelstall nicht leisten und ich habe mehr.

Was zunächst eine »super Sache« sei, wird durch das versuchte auf »Null«-Drücken beim Antibiotika-Einsatz konterkariert, da dies beim Umgang mit Tieren – und auch bei Menschen, wie I. Sch. im zweiten Teil des Zitates vergleichend ausführt – nicht möglich sei. Abermals bildet sich hier ab, was im Mensch-Tier-Kapitel immer wieder aufscheint: Parallelen zum Menschen werden vor allem dann hergestellt, wenn es den Umgang mit den Tieren in der Intensivtierhaltung zu verteidigen gilt. Zahlreiche Interviewpartner und Interviewpartnerinnen führten aus, dass der Druck des Antibiotika-Monitorings in der Praxis dazu führe, dass Tiere nun notgetötet würden, wo früher erst einmal eine Medikamentengabe versucht worden sei – das heißt, die Schweine oder das Geflügel werden nicht mehr behandelt, sondern umgebracht, wenn sie Anzeichen von schwereren oder ansteckenden Krankheiten aufweisen. Damit werde, so die Landwirte und Landwirtinnen, genau das Gegenteil von gesellschaftlich erwünschten Tierschutzzielen erreicht:

H. D.: Und da gibt es ja diesen Index. Und dieser Index, der ist jetzt seit der Einführung, stetig geht der nach unten. Keiner will auffallen. Aber irgendwann geht das nicht mehr. [...] Weil letzten Endes, wir haben jede Woche zwischen 12 und 14, oder 15 Geburten. Und wenn eine Sau ein Ferkel kriegt, dann ist, nicht immer, aber häufig der Fall, dass

---

Arbeitsgemeinschaft Antibiotikaresistenz: Lagebild zur Antibiotikaresistenz im Bereich Tierhaltung und Lebensmittelkette. Berlin 2018. Darin wird auf den erheblichen Rückgang der durch Tierärzte in der Intensivtierhaltung verordneten Medikamentengaben vor allem in Folge deren amtlicher Erfassung hingewiesen.

132 Die Zahlen verringerten sich innerhalb von sechs Jahren um 57 Prozent. Vgl. ebd., 7

man sie einfach behandeln muss. Ja, die hat eine Gebärmutterentzündung. Oder einen
Ausfluss. Oder hat dann Milchfieber. Und dann muss ich sie halt behandeln. Und das
ist ja gut, dass wir was haben und dass wir was einsetzen dürfen. Aber da wird man
dann irgendwie so an den Pranger hingestellt. Und jede Frau, die ein Kind kriegt,
meine Frau auch, die war auch in Nürnberg im Krankenhaus bei der Entbindung. Ja,
da kriegt jede was. Weil einfach ... Und den Tieren sollten wir das nicht geben?

Auch H. D. stellt die im Material signifikanten Vergleiche zwischen Menschen
und Tieren zur Verteidigung öffentlich kritisierter Praktiken der Intensivtierhaltung an – er verweist dabei auf die ethische Verpflichtung, einem leidenden
Lebewesen durch die Gabe entsprechender schmerzlindernder Medikamente
zu helfen. Was der Landwirt auch aus moralischen Gesichtspunkten heraus für
notwendig hält, werde nun »an den Pranger hingestellt«.

Am Beispiel der medizinischen Versorgung bei Putenhalter I. O. wird deutlich, dass landwirtschaftliche Tätigkeit nicht nur in einer Profitmaximierung
durch Tiere besteht, sondern auch Fürsorge beinhaltet. So geht I. O. darauf ein,
dass er Krankheiten bei seinen Puten trotz konventioneller Ausrichtung und
einem Bestand von jährlich 52.000 Tieren zunächst mit naturheilkundlichen
Medikamenten zu bekämpfen versuche. Würden diese nicht wirken, verwende
er jedoch Antibiotika, um den Tieren zu helfen:

Ich sage jetzt mal, wenn heute ein Viech da unten krank ist oder so eine Herde krank
ist und du das einfach mit effektiven Mikroorganismen, mit deinen Globuli und so
weiter nicht mehr hinbringst, du kannst da nicht zuschauen. Das ist ... also das tut dir
in der Seele weh, weil wennst du da einfach mal so einen ganzen Schwung rausträgst
und weißt, die anderen, die verrecken jetzt auch bald, dann TUST du was!

Dass der Anblick kranker Tiere für I. O. über ökonomische Dimensionen durch
den Tod der Puten hinausgeht, gleichzeitig aber von erheblichen Ambivalenzen
gekennzeichnet ist, bildet sich in der Aussage »das tut dir in der Seele weh« ab,
die ebenso wie bei den Untersuchungen von Karin Jürgens ein Mit-Fühlen und
Mit-Leiden der Landwirte und Landwirtinnen[133] auch in der Intensivtierhaltung
verdeutlicht, während gleichzeitig kontrastierend von »verrecken« gesprochen
wird. Das von I. O. betonte »TUST du was« impliziert dennoch die für den Interviewpartner und Interviewpartnerinnen klare Notwendigkeit zum Eingreifen,
zu einem ethischen Gebot der Hilfsleistung. Gerade diese werde jedoch durch
den Druck, kaum mehr Antibiotika-Gaben aufzulisten, immer stärker konterkariert und führe daher in der Praxis zu weniger statt mehr Tierwohl.

Eine institutionell wie kulturell eingeübte Praxis, auf Skandalisierungen und
Kritik mit mehr Kontrolle zu reagieren, die zwar ohnehin keine völlige Sicherheit
gewährleisten kann, jedoch durch deren Versprechen zu verfangen sucht, stößt
wie das Beispiel Antibiotika-Monitoring zeigt, in der Intensivtierhaltung an ihre

---

133 Vgl. Jürgens, Tierseuchen, und Jürgens, Milchbauern.

Grenzen. Eine vermeintliche Verlässlichkeit tradierter Bürokratiestrukturen tritt anstelle der Systemfrage, die damit weiterhin politisch umgangen und verlagert wird, durch ihr Versagen die entstehende Kluft zwischen theoretischen Lösungsvorschlägen und praktischen Problemen aber nur noch weiter aufzeigt.

Die Wirkmacht der Formel Leistung = Wohlergehen

> J. St.: Ohne wirtschaftlichen Druck geht es
> dem Tier oder dem Individuum nicht gut.

In von mir gestellten Fragen nach dem tierischen Wohlergehen in der Intensivtierhaltung schwang für die Interviewpartner und Interviewpartnerinnen stets der gesellschaftlich brisante Vorwurf mit, den Tieren gehe es in diesem agrarwirtschaftlichen System nicht gut bzw. »Massentierhaltung« sei Tierquälerei. Daher fielen die Antworten als eindeutige Gegenpositionierungen zur mit im Raum stehenden Kritik an derzeitigen Haltungsformen aus – die Landwirte und Landwirtinnen betonten vor allem stets, dass das Wohlergehen ihrer Tiere in ihrem eigenen Sinne sei, da kranke Schweine, Hühner, Puten oder Enten auch keine *Leistung* erbringen würden. Die Perspektive der Interviewpartner und Interviewpartnerinnen auf das Wohlergehen ihrer Nutztiere lässt sich im Wesentlichen auf die Formel »Gesundheit = Leistung = Tierwohl« reduzieren – eine Haltung, die in fast allen Gesprächen das Grundmuster der Positionierungen bildete. Michaela Fenske fasst unter diesen Prozess »die Reduktion tierlicher Lebensbedingungen unter die Gesetze ökonomischer Effektivität ebenso wie ihre Reduktion im Raum in Gestalt ihrer intensiven Haltung in teilweise hochspezialisierten Betrieben [...].«[134] Für diese Sichtweise kennzeichnend ist, dass Tierwohl mit der Abwesenheit von Krankheit gleichgesetzt wird – ein aus beruflich-ökonomischem Blickwinkel zunächst nachvollziehbarer Kreislauf: Kranke oder gar tote Nutztiere sind letztlich ein finanzieller Verlust für die Halter, weswegen die Sorge um das gesundheitliche Wohl der Tiere nicht nur ethische, sondern vor allem monetäre Gründe hat. Als auffällig erweist sich hier abermals die bereits im Ökonomie-Kapitel zentrale Vokabel der *Leistung*. Ihre Übertragung von der menschlichen auf die tierische Ebene ist im System Intensivtierhaltung wie generell in der landwirtschaftlichen Ausbildung, bei der es seit ihrer Institutionalisierung und Verwissenschaftlichung im 19., vor allem aber seit den Rationalisierungsprozessen des 20. Jahrhunderts dezidiert um eine Effektivitätssteigerung der Produktion geht, stets präsent. Damit gilt paradigmatisch, was die Soziologen Dorn und Tacke als Kennzeichen moderner Leistungsgesellschaften fassen: »Die einzelnen Funktionsbereiche sind

---

134 Fenske, Reduktion, 16.

auf Wachstum ihrer Leistungserzeugung ausgelegt und kennen keine internen Hindernisse gegen diese Steigerungslogik.«[135] In den folgenden Zitaten wird die Übertragung eines kapitalistischen Arbeitsimperativs vom Menschen auf das Tier, eine ihm im Gesamtsystem zugeschriebene Aufgabe deutlich:

I.: Ein Vorwurf, der da ja immer auftaucht auch, ist, dass die Landwirte keinen Bezug zu ihren Viechern mehr haben, weil sie nur noch diese großen Massen haben und es nur noch um Geld geht. Was meint ihr dazu?
I. Ä.: Ja das ist für mich ein totaler Schmarrn. Weil umso besser es dem Viech geht, umso mehr Geld kommt raus. Also warum habe ich dann keine Beziehung mehr dazu? Und ich meine, heute wird doch an jedem Punkt noch optimiert und jeder ist heute wirklich top spezialisiert.

Mastschweinehalter I. Ä. weist den Vorwurf der fehlenden Beziehung zu den gehaltenen Tieren mit dem Verweis auf finanzielle Interessen der Landwirte und Landwirtinnen an deren Gesundheit zurück. Diese werden hier im Descart-schen[136] Sinne tatsächlich mit Automaten bzw. einer Maschine gleichgesetzt – »umso mehr Geld kommt raus«. Gleichzeitig verteidigt sich der Landwirt mit einer Bezugnahme auf gesamtgesellschaftliche Prozesse des Optimierens und Spezialisierens, denen sich seine Berufsgruppe lediglich angepasst habe. Wie auch im Hauptkapitel zur Ökonomie werden Ausrichtungen an den Anforderungen des Wirtschaftssystems ersichtlich, die die Perspektiven der Befragten bestimmen und gleichzeitig dazu dienen, individuelle Verantwortung als kollektiv erwünscht zu verlagern. Mastentenhalter I. V., Legehennenhalterin F. X. und Mastschweinehalter H. C. fügen sich in dieses Bild ein:

I. V.: Und ich sage immer, wenn die Leistung der Äcker draußen, im Acker, die Erträge steigen, wenn die Leistung der Tiere, wenn die Tiere gute Leistung bringen, dann geht es halt gut. Ich muss schauen, dass es den Tieren gut geht. Und dann haben wir Leistung. Ich freue mich drüber, wenn sie da sind. Und dann der Geldbeutel auch. Also wenn die keine Leistung haben, dann kann ich es vergessen.

F. X.: Also wir müssen uns um dieses Tier kümmern, dass wir Eier kriegen. Und das wollen die nicht kapieren. Die Henne ist genauso wie die Milchkuh, wenn der Kuh nichts passt, dann fehlen einfach ein paar Liter Milch. Oder es fehlt bei der Henne, dauert es vielleicht drei Tage, dann sind die Eier weg. Und also müssen wir uns um die Henne kümmern, dass es ihr gut geht. Und das verstehen die Leute nicht.

H. C.: Diese Quälerei, die geschieht im Fernsehen! Aber nicht bei uns! Sage ich immer. Weil wir sind bestrebt: Die Tiere müssen wachsen. Und wenn es denen nicht gut geht bei uns, dann würden die auch nicht wachsen. Ganz einfach. Das ist … Einmaleins ist das.

135 Christopher Dorn, Veronika Tacke, Einleitung: Vergleich, Leistung und moderne Gesellschaft, in: Dies. (Hrsg.), Vergleich und Leistung in der funktional differenzierten Gesellschaft. Wiesbaden 2018, 1–16, hier 2.
136 Vgl. Descartes, Discours, v. a. 87 ff.

Aus allen drei Zitaten geht die Verengung auf das Tier als Leistungsträger hervor – »dass es ihr gut geht« bedeutet für F. X., dass die Henne Eier legt, dass körperliche Funktionen reibungslos ablaufen. Auch I. V. verwendet die Phrase »dass es den Tieren gut geht« und meint damit physiologische Vorgänge. H. C. sieht im Wachstum der Schweine den Beweis dafür erbracht, dass es ihnen »gut geht« – die ökonomische Komponente durch den Begriff »Einmaleins« wird ebenfalls offenbar. Verhaltensethologische oder gar psychische Dimensionen sind in diese Blickweise nicht miteinbezogen, »gut gehen« beschränkt sich auf anatomische Gesundheit. Die Fokussierung auf den Begriff der Leistung fügt sich in eine seit der zweiten Hälfte des 20. Jahrhunderts immer stärker dominierende betriebswirtschaftlich orientierte Landwirtschaftsausbildung ein. Frank Uekötter bemerkt für die Umbruchzeit der 1950er und 60er Jahre im Bereich der Nutztierhaltung und zu Veränderungen des Tonfalls in Fachzeitschriften und Lehrbüchern: »Nicht selten fällt in den Berichten jener Zeit eine kühle, betriebswirtschaftlich-technokratische Sprache auf, die sich nur zu deutlich vom empathischen Tenor früherer Darstellungen abhob.«[137] Die britische Soziologin Rhoda Wilkie beschreibt, dass diese Transition auf den Höfen nur durch ein komplexes Zusammenspiel aus Technik, Züchtung und Veterinärmedizin möglich gewesen sei, die es nun erlaubten, Nutztiere nicht mehr wie vorher weitestgehend üblich extensiv, also in Weidewirtschaft oder im Fall des Geflügels frei auf den Betrieben umherlaufend zu halten, sondern intensiv in großen Beständen im Stall: »More fundamentally, the knowledge and technology now existed to alter both the animals and their productive environments to enhance their overall productivity. This meant that the animals could be kept in contexts that were not conductive to their biological and social functioning.«[138] Dass die Gesunderhaltung der Nutztiere im streng durchgetakteten System der Intensivtierhaltung weniger auf individueller Fürsorge, sondern auf gezieltem Einsatz von Hygienemaßnahmen, proteinhaltigem Futter für auf Höchstleistung hin gezüchtete Tiere, Medikamenteneinsatz und – wie etwa am Beispiel von Masthühnern ersichtlich – ohnehin kurzen Lebensdauern bis zur Schlachtung beruht, wurde von den Interviewpartnern und Interviewpartnerinnen kaum reflektiert. Stattdessen widmeten sie den Imperativ der Leistungs-Orientierung auf eine gleichzeitig damit einhergehende Tierwohl-Orientierung um – auch hier Tierwohl verstanden als körperliche Gesundheit:

M. U.: [B]is jetzt war es ja immer so, wir haben ja nichts geplant, nichts gemacht und haben gesagt: Wie machen wir es dem Schwein schwieriger? Wie machen wir es dem Schwein schlechter? (lacht) Das ist ja immer … jeder Bau … wenn ich sehe, wie die Tiere früher gehalten worden sind und jetzt! Das … man hat sich immer Gedanken

---

137 Uekötter, Wahrheit, 342.
138 Wilkie, Livestock, 32.

gemacht: Mensch, wie geht es dem Tier besser? Ich … das ist ja auch eine Leistungs-
sache … je besser es dem Tier geht, desto mehr Leistung bietet mir das Tier und bringt
mir das Tier dann wieder. Also wir haben ja nichts gebaut, dass man sagt: Wie machen
wir es dem Schwein dreckiger oder machen wir noch schlechtere Luft oder machen
wir noch weniger Licht, sondern das hat ja alles irgendwo … mehr Platz, mehr Wohl,
besseren Boden, bessere Lüftung. Ich habe überall Luftkühlung bei mir. Ich habe im
Sommer eine bessere Luft drin wie manches Büro! Ich gehe ab und zu in den Stall
rein, dass ich da ein bisschen runtergekühlt werde. (lacht) Mein Personal sagt: Da
willst gar nicht heimfahren.

Zucht- und Mastschweinehalter M. U. reflektiert die Stallbauentwicklung der
letzten Jahrzehnte als stetige Verbesserung für die Tiere, wobei er Technisierun-
gen, die in erster Linie als Arbeitserleichterungen für die Landwirte und Landwirtinnen dienten, wie beispielsweise die Spaltenbodeneinführung, im Sinne
der von ihm eingenommenen Positionierung umwidmet. Erweiterte soziale
Entitäten aus Menschen, Tieren, Pflanzen und Technik bilden im Feld der Intensivtierhaltung eine auf höchste Effizienz ausgerichtete »multispecies ethnology«,
bei der über das Materielle und damit das Ökonomische hinausgehende Aspekte
eine untergeordnete Rolle spielen und in einigen Fällen auch komplett ausgeblendet werden. So betrachten die Interviewpartner und Interviewpartnerinnen
ihre Nutztiere zuvorderst unter den Gesichtspunkten von Wachstum, Futterverwertung und Produktivität – dass »gut gehen« auch das Ausleben tierischen Verhaltens und psychologische Komponenten bedeutet, wurde von vielen Befragten
kaum von selbst miteinbezogen und häufig nur auf mein Nachhaken hin reflektiert. Dies hat auch mit der Defensivhaltung der Landwirte und Landwirtinnen
bei jeglichen auf Tierwohl ausgerichteten Fragestellungen zu tun – die Formel
»Leistung = Tierwohl« dient der beschwichtigenden Gegenpositionierung zu implizit mitschwingenden Vorwürfen der Tierquälerei in der Intensivtierhaltung.
Dass diese Formel für außerhalb der Berufsgruppe stehende Personen, deren
Blick auf das Tier nicht unter hauptsächlich ökonomische Gesichtspunkte fällt,
nicht nur zu kurz greift, sondern sogar befremdlich wirkt – bestätigt sich doch
hier das Bild vom »profitorientierten Massentierhalter« –, war den Interviewpartnern und Interviewpartnerinnen nicht bewusst. Diese Spezifik des aktiven
Positionierens und passiven Positioniert-Werdens spielt auch deshalb eine so
wichtige Rolle, weil etwa in den Kapiteln 9.2 und 9.5 ebenfalls deutlich wird,
dass zahlreiche Landwirte und Landwirtinnen ihre Tiere durchaus nicht nur als
Produkte wahrnehmen – dies zeigte sich aber vor allem an denjenigen Stellen,
an denen »befreiter« gesprochen wurde und nicht auf gesellschaftliche Vorwürfe
reagiert werden musste.
　　Die in den Interviews immer wieder aufscheinende Ambivalenz der Landwirt-Nutztier-Beziehungen exemplifiziert sich auch an der Frage nach möglichen
»Überzüchtungen«. Während einseitige Zucht und Selektion auf Wachstum und
Leistung von NGOs und Tierrechtsaktivisten als Zeichen einer ethisch frag-

würdigen Landwirtschaftsentwicklung kritisiert werden,[139] kamen hier unter den Interviewpartnern und Interviewpartnerinnen unterschiedliche Ansichten zum Tragen. Einige der Befragten wiesen dementsprechende Vorwürfe strikt zurück und argumentierten, dass das Wohlergehen von auf Spitzenleistungen gezüchteten Tieren lediglich eine Frage der Fütterung sei:

M. U.: [E]s gibt keine Überzüchtung nicht wie jetzt beim Schäferhund, dass die jetzt überzüchtet sind und dann das Fundamentproblem kriegen, wie es heißt. Das ist wieder ... Aber mit dem Schwein gibt es keine Überzüchtung nicht. Das ist ... ein Hochleistungsmarathon-Läufer braucht einen anderen Megajoule, eine andere Nahrung wie einer, der den ganzen Tag im Büro drinsitzt und den Job hat. Das ist ... der ist nicht überzüchtet, genauso wie der ... Aber du musst einfach die leistungsgerecht füttern! Leistungsgerecht beschäftigen oder halt die einfach füttern und denen einfach alles geben, was sie brauchen.

Ebenso wie M. U., der im Zitat zur Verteidigung den nun bereits bekannten und für die Positionierungen typischen Vergleich von menschlichen und tierischen Lebenswelten verwendet, fokussiert auch Legehennenhalter H. I. auf das »richtige« Futter:

I.: Und so einen Vorwurf, den ich auch ansprechen muss, ist die Überzüchtung. Weil das ja auch ein Thema ist immer wieder, wenn die Henne jetzt 300 Eier im Jahr legt, dass das zu viel ist für den Körper.
H. I.: Krampf.[140] Alles Krampf.
I.: Warum?
H. I.: Du musst ... sagen wir mal so, das Wichtigste ist, dass du ein ruhiges und zufriedenes Huhn hast. Dein Futter muss stimmen. Du musst wirklich ein top Futter machen. So ist es, darfst nicht sparen und darfst nicht irgendwo knausern. Ah, da könnte man noch was einsparen oder so ... Nein, sobald du ein gutes Futter hast, hast du eine ruhige Henne.

Ein »ruhiges und zufriedenes Huhn« ist für H. I. in erster Linie ein mit entsprechenden Proteinen, Vitaminen und Mineralien versorgtes Huhn. Überzüchtung ist für ihn »Krampf, alles Krampf«, stattdessen wertet der Legehennenhalter die

---

139 Die Tageszeitung taz schrieb unter der Überschrift »Wachsen, bis es wehtut«: »Gelenkprobleme und Fruchtbarkeitsstörungen: Nutztiere werden heute so stark auf Leistung gezüchtet, dass sie krank werden« (Jost Maurin, Wachsen, bis es wehtut, in: taz 15.08.2013. URL: http://www.taz.de/!5061180/). PETA beschreibt im Artikel »Qualzucht in Deutschland beenden!« Leistungszucht in der Nutztierhaltung (PETA, Qualzucht in Deutschland beenden! Februar 2017. URL: https://www.peta.de/qualzucht, 16.05.2019) und auf der Seite des Deutschen Tierschutzbundes ist zu lesen: »Gewinnmaximierung ist auch in der Tierzucht oberstes Ziel. Ergebnis sind rekordverdächtige und unphysiologisch hohe Leistungen, die allzu oft erhebliche Leiden für die Tiere mit sich bringen« (Deutscher Tierschutzbund, Hochleistungszucht bei Tieren in der Landwirtschaft. URL: https://www.tierschutzbund.de/information/hintergrund/landwirtschaft/hochleistungszucht/, 16.05.2019).
140 Bayr.-dial. »Unsinn, Quatsch«.

Frage der Versorgung als Frage nach einem guten Halter und damit Landwirt um, der hier nicht »einsparen« darf – eine systemverteidigende Positionierung, die in ihrer Wirkmacht bereits in Kapitel 7.5 herausgestellt wurde.

Neben diesen expliziten Zurückweisungen waren im Sample aber auch Stimmen von Interviewpartnern und Interviewpartnerinnen zu finden, die eine einseitige Zucht auf Leistung hin kritisch beleuchteten und hinterfragten – dabei waren keine Korrelationen zu Betriebsgrößen, Alter oder Geschlecht festzustellen. Auch aus diesen Aussagen ging jedoch eine verteidigende Positionierung hervor, indem »Überzüchtung« als mittlerweile der Vergangenheit angehörig eingeordnet und betont wurde, dass hier bereits ein Umdenken stattgefunden habe:

I. Ü.: Ah …. das ist ein schwieriges Thema. Aber ich würde sagen, dass die Überzüchtung vielleicht schonmal stattgefunden hat, wenn man ehrlich ist. Weil man hat ja schon geschaut, dass die …, dass man die wertvollen Edelteile … und dann hat man eine Zeit lang wahrscheinlich das vernachlässigt, dass die Pute einfach … nicht mehr so widerstandsfähig ist. Man hat quasi bloß noch auf die Brust gezüchtet. Und das war wahrscheinlich ein Fehler. Aber mittlerweile haben sie das … wird das korrigiert. Und man …. mittlerweile züchtet man ja gar nicht mehr auf Brustfleisch oder Futterverwertung. Zurzeit züchtet man eigentlich bloß noch auf Fitness.

Was I. Ü. als »wahrscheinlich ein Fehler« bezeichnet, sei mittlerweile »korrigiert« und werde derzeit gegengesteuert. Freimütig und in seiner Klarheit bezüglich der negativen Auswirkungen auf die Tiere erschreckend berichtet Zuchtsauenhalter I. Sch. davon, dass die Schweine nicht mehr laufen konnten:

Und auf einmal haben wir uns gewundert, die Schweine können nicht mehr laufen. Ja woher sollen die das Laufen können, die waren ja 40 Jahre nur in der Bucht gestanden. Hat ja keiner gebraucht. Die Anforderung an das Schwein war: Aufstehen, hinlegen. Das muss sie können.

Die genetische Rückzüchtung hin zu Tieren, die wieder laufen können, sieht I. Sch. als langjährigen Prozess an, der mehrere Jahre benötige, schließlich habe das »ja keiner gebraucht« – eine hierarchische, rein auf Effizienz ausgerichtete Einpassung der Tiere, denen gegenüber der Mensch als Schöpfer auftritt, wird eklatant. Während des Interviews reflektiert auch Masthuhnhalter V. Y. das schnelle Wachstum seiner Tiere und schwankt dabei zwischen Verteidigung und ethischen Zweifeln:

V. Y.: Ja was ist Zucht? Was ist überzüchtet? Wenn man es anschaut, man sieht es ja auch, also das Skelett, die Beine, da haben sie unwahrscheinlich gezüchtet dran, dass die massiv und gut dastehen. Das ist ja von der Züchtung positiv. Okay … müssten die so schnell wachsen? Brauchen wir eine Rasse, die so schnell wächst? Nein, brauchen wir nicht unbedingt. Aber was spricht dagegen, wenn man es so macht? Okay, sie sind empfindlicher.

I.: Wenn sie schneller wachsen?

V. Y.: Wenn sie schneller wachsen, sind sie empfindlicher. Dann muss man auf das Umfeld schauen, dass das … dass das besser, also dass das so wird.

Fast scheint es hier so, als versuche sich V. Y. selbst davon zu überzeugen, dass das schnelle Wachstum seiner Masthühner, die innerhalb von 31 Tagen schlachtreif sind, zu rechtfertigen ist, während er gleichzeitig moralische Fragen aufwirft und beantwortet. Dass die Tiere dadurch »empfindlicher« seien, wird schließlich ebenso wie bei Legehennenhalter H. I. als letztliche Verantwortung auf den Halter umgewidmet, der sich entsprechend besser um die auf Hochleistung gezüchteten Hühner kümmern müsse. Zugleich wird im abschließenden Zitat von V. S. deutlich, dass die Formel »Gesundheit = Leistung = Wohlergehen« innerhalb des hochsensiblen und komplexen Systems Intensivtierhaltung, bei dem jegliche Stellschraube für ein Funktionieren des Haltens in großen Beständen perfekt ineinandergreifen muss, auch erheblichen Druck auf die Landwirte und Landwirtinnen überträgt. Wie bereits in Kapitel 9.3 beleuchtet, haben V. und seine Tochter T. S. ihren Masthuhnbetrieb auf die »Privathof«-Linie der Firma Wiesenhof ausgerichtet, bei der die Hühner etwas langsamer wachsen und mehr Platz haben. Auch wenn das Wachstum von zwölf Tagen mehr im Vergleich zur konventionellen Mast für Nicht-Landwirte nur minimal länger wirkt, reflektiert V. S., dass dies für ihn sehr viel weniger psychische Belastung bedeute:

V. S.: Was manche Kollegen vergessen haben, ist, weil sie es gewohnt sind, von Kindesbeinen an, denke ich mal, welche nervliche Belastung das bedeutet. Wenn man eine Hochleistungsherde, egal welche Tierart, immer auf Höchstleistung führen muss und immer gesund halten muss oder eben behandeln muss. Das ist eine enorme nervliche Belastung.

I.: Dass man nichts reinbringt?

V. S.: Dass man nichts reinbringt, dass man die Kuh gut über die Runden bringt, die Hochleistungskuh. Wenn man das alles ein bisschen langsamer machen würde, wie wir es jetzt, Gott sei Dank, machen können, ist die nervliche Belastung …

T. S.: Lockerer für alle.

V. S.: Ja. Der Druck ist weg, also ich begrüße das sehr. Der Druck wäre auch draußen mit dem ganzen Düngen und Spritzen nicht so groß, wenn man nicht den letzten Doppelzentner rausholen muss, weil es der Pachtmarkt verlangt. Wenn man das alles ein wenig … Aber das ist leicht gesagt und nicht … wie willst du das machen, gell? Kannst ja niemanden … Da gibt es ja kein Gesetz, wo sagt: Alles langsam.

Nicht nur in Bezug auf die Tiere, sondern auch auf Ackerbau und Landwirtschaft, vor allem aber die eigene Psyche hält V. S. »ein bisschen langsamer machen« für wünschenswert. Ökonomischer Druck und Konkurrenzkampf verhindern dies jedoch und zeigen eine für die Interviewpartner und Interviewpartnerinnen typische, in Kapitel 8 intensiv behandelte resignative Haltung gegenüber wirtschaftlichen Imperativen auf: »[W]ie willst du das machen, gell?« Es erfolgt stattdessen eine Übernahme und Verinnerlichung kulturell tief verankerter

Leistungsparadigmen, die vom Menschen auf das Tier übertragen werden, wobei die von letzterem erbrachte Leistung von ersterem sowohl materiell als auch ideell beansprucht wird. Für beide gilt jedoch, was Nina Verheyen als zentralen, wenn auch nicht immer erfüllten Anspruch moderner Gesellschaften ausmacht, nämlich eine soziale Zuordnung, die »den Status jedes Einzelnen [...] an dessen Leistung bindet«[141] – derjenige, der den gehaltenen Nutztieren beigemessen wird, hängt in erster Linie von ihrer Produktivität ab.

Fehlendes ethologisches Wissen als Ausbildungsschieflage

Mit der für die Interviewpartner und Interviewpartnerinnen typischen Verkürzung von tierischem Wohlbefinden auf körperliche Gesundheit geht eine teilweise bis vollständige Negierung der Bedeutung ethologischer, also verhaltensbezogener Fragestellungen einher. Der Biologe und Wissenschaftshistoriker Frank Wuketits zeichnet in seiner »Geschichte der Verhaltensforschung« die Akzeptanzprobleme der relativ jungen Disziplin sowohl innerhalb als auch außerhalb des eigenen Faches nach und formuliert für die diesbezüglichen Auseinandersetzungen in den 1970er Jahren pointiert: »Verhaltensforschung war in ihren Augen einfach Spekulation, schlimmer noch, *geisteswissenschaftliche* Spekulation!«[142] Christoph Randler definiert, Verhalten sei das, »was ein Tier macht, und Verhaltensbiologie fragt danach, was, wie und warum es dies macht.«[143] Er schreibt weiter:

Während die Frage nach dem ›Was?‹ auf eine möglichst neutrale Beschreibung des Verhaltens abzielt, stehen beim ›Wie?‹ die verschiedenen Taktiken, Strategien, Mechanismen und Prozesse des tierischen Verhaltens im Vordergrund. Die Frage nach dem ›Warum?‹ soll schließlich erklären, weshalb es zu einem spezifischen Verhalten eines Tieres kommt.[144]

Die zunächst überwiegend abwertende Blickweise von an Leistungssteigerung interessierten Zuchtforschern auf Ergebnisse der Ethologie spielte für die Entwicklung der Nutztierhaltung in der zweiten Hälfte des 20. Jahrhunderts eine entscheidende Rolle, wie ich in früheren Studien zur Entwicklung der Käfighaltung bei Legehennen zeigen konnte. So entstanden hier in den 1970er und

---

141 Verheyen, Erfindung der Leistung, 65.
142 Franz M. Wuketits, Die Entdeckung des Verhaltens. Eine Geschichte der Verhaltensforschung. Darmstadt 1995, 40. Erst der Nobelpreis im Jahr 1973 an Konrad Lorenz und Nikolaas Tinbergen, die als Gründerväter gelten, führte zur stärkeren Etablierung und Ausdifferenzierungen etwa in Verhaltensökologie und Soziobiologie. Dazu auch Christoph Randler, Verhaltensbiologie. Bern 2018, 13 ff.
143 Ebd., 10.
144 Ebd.

80er Jahren Bündnisse zwischen Haltern und Zuchtforschern einerseits, die bestehende Systeme verteidigten, und Tierschützern und Ethologen andererseits, die verengte Perspektiven auf Wachstum und Leistungsfähigkeit aufzubrechen versuchten.[145] Verunglimpfungen und Angriffe auf Ethologen während einer gleichzeitigen Verteidigung »seriöser« Wissenschaftler waren für die Entwicklung der Intensivtierhaltung typisch – stellten die Verhaltensforscher doch deren System als Ganzes mehr und mehr in Frage. Die Geschichte der Intensivtierhaltung ist also im Sinne der Science and Technology-Forschung immer auch eine Geschichte der Wissenschaftsentwicklung und hier bestehender Deutungshoheiten.

Verweise auf tierische Bedürfnisse, die über reine Futterverwertung hinausgehen, harrten in der vorliegenden Studie trotz der mittlerweile fast 50-jährigen Etablierung der Ethologie in der deutschsprachigen Wissenschaftslandschaft einer Anerkennung durch die Landwirte und Landwirtinnen. Wie bereits im vorhergegangenen Kapitel ausgeführt, besteht deren Perspektive immer noch überwiegend in der Formel »Leistung = Wohlbefinden«, während anderweitige soziobiologische und verhaltensbezogene Aspekte kaum Beachtung fanden und oft nur auf mein explizites Nachfragen hin miteinbezogen wurden. Die Antworten auf Fragen zu ethologischen Bedürfnissen fielen zumeist beschwichtigend aus, indem auf die Jahrhunderte lange Domestikation der Nutztiere verwiesen wurde, welche – so die Conclusio – kaum mehr über »natürliche« Bedürfnisse ihrer Art verfügten. So antwortete etwa Zuchtsauenhalter H. L. auf die Frage nach Bewegungsfreiheit und Wühltrieb der Tiere:

Und eine Sau ist eigentlich schon so auch … wenn die weiß, wo es Futter gibt, wo es Wasser gibt, und in den Ständen drin, wo sie geschützt ist, also … Sie werden es dann sehen, wenn wir durchgehen, die liegen alle in ihren Ständen drin. Weil sie einfach da geschützt sind. Die haben da ihre Ruhe, die wissen … Wenn ich eine Wildsau in den Automaten reinstelle, die steht immer den ganzen Tag vor dem Automaten, weil sie weiß, da gibt es was. Die läuft nicht mehr durch den Acker.

Die im Zitat zugrunde liegende Annahme besteht abermals in der nunmehr bereits ausführlich behandelten Sichtweise, eine Befriedigung des Fresstriebes sei zugleich ausschlaggebend für jegliches Wohlbefinden. Des Weiteren vergleicht H. L. seine Sauen mit ihren Vorfahren, den Wildschweinen, und rechtfertigt das beschränkte Platzangebot für die Tiere mit deren durch die Fütterung nicht mehr notwendigem Bewegungsdrang. Assoziationen mit Wildtieren dienten im Material fast ausschließlich der Verteidigung der aus Sicht der Interviewpartner und Interviewpartnerinnen nun durch den Menschen verbesserten Bedingungen, da die Tiere innerhalb der Landwirtschaft geschützt und versorgt würden. Dass es diesen in der freien Natur besser ginge, wurde von den Landwirten und

---

145 Vgl. Wittmann, Vorreiter, und Wittmann, Mistkratzer.

Landwirtinnen in Zweifel gezogen, wie im folgenden Zitat von M. U. zu Spaltenböden deutlich wird:

[D]as vergleiche ich dann immer … Mensch, was macht jetzt so ein Wildschwein draußen? Sicher, die haben wir ja jetzt eher in den Wald rein verdrängt, aber normalerweise
war ja die auch draußen, die Wildsau. Also im Getreide irgendwo, halt draußen. Das
ist ja auch alles … und eine Wiese ist auch bockhart und das ist … drum verstehe ich
nicht, wie die immer den Bezug herfinden. Also der Spaltenboden ist hart und ist
halt wie so eine Gletscherspalte stellen sich die immer vor und so weiter, das ist alles
negativ. Aber was ist in der Natur draußen?

Der inadäquate Vergleich einer »bockharten« Wiese mit Spaltenböden dient
M. U. dazu, bestehende Kritik abzuwehren und die Haltung seiner Schweine als
artgerecht zu positionieren. Seine Aussage zur Verdrängung der Wildschweine
in den Wald entspricht in keinster Weise Erkenntnissen der Zoologie, da »Getreide«, also Feldwirtschaft, erst bedingte, dass Wildschweine zur Nahrungssuche ihren ursprünglich angestammten Lebensraum im Wald verließen.[146]
Stattdessen breiteten sich Wildschweine gerade in ihrem bevorzugten Habitat-
raum Wald mit weichen Böden aus, da die Tiere ihre Nahrung durch Wühlen mit
der sensiblen Schnauze im Boden suchen.[147] Dass Aussagen getroffen werden,
die im Widerspruch zu Erkenntnissen von Biologie und Ethologie stehen, war
nicht nur bei diesem Interviewpartner der Fall. Vielmehr verwiesen die Zitate
der Landwirte und Landwirtinnen auf generell fehlende Kompetenzen bezüglich
des Verhaltensspektrums ihrer Tiere und darauf, dass Wissen darüber in der
landwirtschaftlichen Ausbildung vernachlässigt wird und wurde, da die Leistungsfähigkeit der Tiere im ökonomisch-produktiven Kontext im Vordergrund
steht. In eine Reihe die Verhaltensbedürfnisse der Tiere negierender Aussagen
reiht sich auch folgendes Zitat von I. N. ein:

I.: Und zu dem, was die Verhaltensforschung sagt, dass der Wühltrieb durch die konventionelle Haltung nicht genug ausgelebt werden kann. Was ist da Ihre Haltung oder
auch die Haltung der Landwirte?

146 Die ältesten Knochenfunde von Hausschweinen datieren auf ca. 8.500 vor Christus am
Ausgangspunkt der Neolithischen Revolution im Irak (Jarmo). Forscher gehen davon aus, dass
Wildschweine als »Kulturfolger« aus den Wäldern in den Siedlungsregionen der damaligen
Menschen Getreide und Abfallprodukte suchten, worauf ihre spätere Domestikation beruhte.
Bis ins 18. Jahrhundert hinein unterschieden sich Wild- und Hausform in Europa jedoch
kaum voneinander, erst danach erfolgte eine Fokussierung auf Zuchtleistungen. Vgl. Helge
Körner, Schwein, in: Lexikon der Biologie. Bd. 12. Resolvase bis Simvastatin. Heidelberg 2003,
370–371.
147 Aus diesem Grund finden sich Wildschweine auch nicht in höheren Gebirgslagen oder
stark nördlichen Ländern, da Wühlen im gefrorenen Boden nicht möglich ist. Vgl. hierzu v. a.
die Werke der bekannten deutschen Verhaltensforscher Heinz Meynhardt, Schwarzwild-
Report. Mein Leben unter Wildschweinen. 8. Aufl. Leipzig 1990 und Hans Hinrich Sambraus,
Atlas der Nutztierrassen. 250 Rassen in Wort und Bild. Stuttgart 2001, 276 ff.

I. N.: Ah … der Wühltrieb von den Tieren, der Wühltrieb, der ist nicht so wild. Der ist eigentlich gar nicht da. Weil die Sau nichts anderes nicht weiß und nicht kennt. Ja die weiß, da kommt das Futter, die weiß genau, wenn ich in den Stall reingehe und wenn da das erste Türl pfeift, dann sind die hinterher am Trog. Die wissen gar nicht, dass es das Ganze gibt. Und wenn du heute eine Sau raus tust, wenn dir die auskommt, die steht dorten in der Früh, sieht schonmal gar nichts, weil die Sau ein Dämmertier ist und die würden sich die ersten Tage gar nicht zurechtfinden.

I. N., der selbst als Berater für den Ferkelring auf anderen Höfen tätig ist, wertet Ergebnisse der Verhaltensforschung nach einem im Schwein angelegten Wühltrieb oder positiven Aspekten von Freilandhaltung systematisch ab und stellt sie als irrelevant dar. Das Schwein wird im Beispiel als reiner Futterverwerter ohne anderweitige Bedürfnisse skizziert, das als an das Intensivtierhaltungssystem angepasstes Lebewesen »nichts anderes nicht weiß und nicht kennt«. Zahlreiche zoologische Studien belegen den auch bei domestizierten und für die moderne Agrarwirtschaft gezüchteten Schweinen noch vorhandenen Wühltrieb;[148] in der vom Bundesministerium für Landwirtschaft und Ernährung herausgegebenen Broschüre »So leben Schweine« ist etwa zu lesen:

Hausschweine haben auch heute noch Verhaltensweisen ihrer wild lebenden Vorfahren. Der ausgeprägte Spiel- und Wühltrieb ist ihr besonderes Kennzeichen. In der freien Natur verbringen sie etwa 7 Stunden am Tag mit Nase, Augen und Ohren ihre Umwelt zu erkunden und die Erde mit ihrer Rüsselscheibe auf der Suche nach etwas Essbarem zu durchwühlen. In einem Stall können Schweine diese Verhaltensweisen jedoch kaum ausleben. Dies kann zu aggressiven Verhaltensweisen gegenüber Artgenossen führen.[149]

Über eigenes Expertenwissen, welches die befragten Intensivtierhalter und -halterinnen immer wieder zur Verteidigung gegenüber ihren nicht-landwirtschaftlichen Kritikern heranzogen, verfügen diese daher, wie auch bereits in Kapitel 9.3 sichtbar wurde, nur bedingt – nämlich wenn es um Futter, körperliche Gesundheit und Leistung geht, nicht aber bei Fragen nach Verhaltensweisen und Bedürfnissen. Der amerikanische Tierethiker Bernard Rollin führt dies auf einseitige Einpassungen der Tiere in den agrarintensivwirtschaftlichen Kontext

---

148 Vgl. in Auswahl Eckhard Meyer, Katja Menzer, Sabine Henke, Evaluierung geeigneter Möglichkeiten zur Verminderung des Auftretens von Verhaltensstörungen beim Schwein. Schriftenreihe des Landesamtes für Umwelt, Landwirtschaft und Geologie / Sachsen. Heft 19/2015 oder Bodo Busch, Schweinehaltung, in: Thomas Richter (Hrsg.), Krankheitsursache Haltung, Beurteilung von Nutztierställen – Ein tierärztlicher Leitfaden. Stuttgart 2006, 112–151. In ihrer veterinärmedizinischen Dissertation schreibt Sarah Pütz: »Trotz der im Verlauf der Domestikation eingetretenen erheblichen Veränderungen des Exterieurs und der Umweltbedingungen, hat sich das Verhalten des Schweins nicht wesentlich verändert.« Dies., Entwicklung und Validierung von praxistauglichen Maßnahmen zum Verzicht des routinemäßigen Schwänzekupierens beim Schwein in der konventionellen Mast. Göttingen 2014, 7.
149 BMEL (Hrsg.), So leben Schweine. Paderborn 2018, 7.

zurück: »Industry replaced husbandry – with the help of new technology, one could meet the select needs of animals that were relevant to efficiency and productivity without respecting the animals' entire telos or psychological and biological natures.«[150]

Eine fehlende Perspektive auf die biologische Natur der gehaltenen Nutztiere wurde nicht nur bei den Schweinehaltern, sondern auch im Bereich Geflügel deutlich. Bezeichnend ist daher der Feldforschungstagebucheintrag zum Rundgang auf dem Junghennenaufzuchtbetrieb B., wozu ich notierte:

Ich bin auch sehr schockiert, als ich von meinen Glucken erzähle und Frau B. nicht einmal weiß, was das ist (!!!). Ich erkläre ihr, dass manche Hühner einen Bruttrieb entwickeln und dann 21 Tage brüten, bis die Küken schlüpfen und man sie dann Glucke nennt. Ich finde es erschreckend, dass sie das als Hühnerhalterin nicht weiß und offenbar keine Ahnung von der Physiologie des Huhnes sowie dessen natürlichem Verhalten hat. Dies ist für mich tatsächlich ein Zeichen der Entfremdung vom Tier und auch einer gewissen Interessenlosigkeit ihm gegenüber. Auch wenn Frau B. nett ist und sicherlich nicht schlecht mit den Tieren umgeht, finde ich dies doch bezeichnend ...

Mein vorhandenes Wissen als jahrelange Hobbyhühnerhalterin und das der beruflichen Intensivtierhalterin klafften hier auseinander – zwar war Frau B. anders als die meisten der Befragten nicht selbst auf einem Bauernhof aufgewachsen und daher weniger mit dem »natürlichen« Verhaltensspektrum des Geflügels durch Brut etc. vertraut als dies für die Mehrheit der Interviewpartner und Interviewpartnerinnen galt, die hier noch mehr Bezug aufwiesen, dennoch stellt sich an diesem Beispiel doch die verengte Blickweise auf das Tier im industrialisierten Kontext deutlich heraus. Dies zeigt sich auch bei Aussagen der Hühnerhalter, die bei Fragen nach Freilandhaltung darauf verwiesen, dass die Tiere daran gar nicht interessiert seien, weil sie sich ohnehin kaum vom Stall fortbewegen würden:

H. I.: Ich muss einmal so sagen, unsere Bodenhaltungshühner haben es genauso gut wie die im Freiland. Sicher, mei, die im Freiland, die können raus, aber ... sagen wir mal, sind wir mal ehrlich, im Sommer: Wenn wir jetzt einen schönen Tag hernehmen einfach, einen schönen Tag, da geht um zehn die Klappe auf, gehen sie in den Wintergarten und dann wenn da draußen die Sonne herbrennt, dann geht schon mal gar keine raus. Die kommen erst dann ab ... ab ... um 4, 5 am Nachmittag, wenn's dann ... I.: So dämmerungsmäßig?
H. I.: Ja, oder ... ja, da sieht man, da gehen sie raus. Da gehen sie dann. Untertags, wenn es heiß ist, da geht keine Henne nicht raus. Das mögen sie nicht, das ist ihnen zu heiß.

Keiner der Befragten bezog in seine Argumentation ein, dass Hühner ebenso wie Schweine ursprünglich Wald- bzw. in ihrer Urform asiatische Dschungelbe-

---

150 Bernard Rollin, Farm Animal Welfare: Social, bioethical and research issues. Ames 1995, 137.

wohner sind, die sich aufgrund des nicht vorhandenen Schutzes vor Greifvögeln kaum auf offenen Flächen oder Wiesen aufhalten. Diese werden aufgrund *der Art* des zur Verfügung gestellten Freilaufs als Grünflächen ohne Sträucher oder Bäume gemieden – nicht weil sie an Freilauf generell nicht interessiert wären.[151] Auch das Aufgehen der Klappe »um zehn«, also am späten Vormittag verweist darauf, dass auf die Bedürfnisse der vor allem in den frühen Morgenstunden aktiven Tiere wenig eingegangen bzw. sich kaum damit beschäftigt wird. Die Argumentation dient stattdessen vor allem dazu, die vorhandene Bodenhaltung zu rechtfertigen, wo es die Tiere laut H. I. »genauso gut wie die im Freiland« haben.

Dass die überwiegend auf Leistung und körperliche Gesundheit ausgerichtete Blickweise der Befragten in den Interviews immer wieder auch Risse bekommt und den Landwirten und Landwirtinnen durchaus auch klar ist, dass es tierartspezifisches Verhalten gibt, wurde einerseits bei den bereits behandelten »Privathof«-Betreibern deutlich, die durch erweiterte Möglichkeiten für die Tiere auch deren größere Agency feststellten, andererseits an Aussagen wie bei V. St. ersichtlich. Der kurz vor der Rente befindliche Schweinehalter reflektiert im Interview immer wieder eine lange Zeit zu eingeschränkte Perspektive auf Nutztiere und kritisiert Fehler der eigenen Branche:

Wie wir den Zuchtstall da unten gemacht haben, haben wir Abferkelbuchten, damals waren die sogenannten Kastenstände, wo sich die Sau … Da hat der Bauberater gesagt: ›Mei, kein schönes Leben hat die Sau da drinnen nicht.‹ Und da muss ich ihm Recht geben. Es ist so. Und da kommen wir jetzt so allmählich auch wieder, dass da ein bisschen Bewegungsbuchten und dass die mehr Freiheit haben. Das ist schon manchmal, das ist so. Das kann ich nicht, ich kann das nicht wegdiskutieren. Das möchte ich auch gar nicht. Das ist genau wie mit den Käfigen. Das kann man nicht wegdiskutieren, wenn da fünf oder sechs oder vier drinnen sind auf engstem Raum, dann kann man nicht sagen, das ist gut für das Vieh. Ich nicht! Das ist nicht so. Da sind schon Fehler gemacht worden, das ist …, ist ja so. Aber das wieder zurückrudern, das ist das Schwierige.

Klar spricht V. St. an, dass einige Aspekte der Intensivtierhaltung problematisch seien und man diese »nicht wegdiskutieren« könne. Mit dem Satzteil »Ich nicht!« grenzt sich der Landwirt zugleich von Kollegen ab, deren Positionierung aus reiner Verteidigung besteht – ebenso wie möglicherweise auch von seinem ins Gespräch miteinbezogenen Sohn und Hofnachfolger, der weitaus weniger selbstkritisch auftrat. Die von V. St. angesprochene Entwicklung beschreibt Frank Uekötter für die zweite Hälfte des 20. Jahrhunderts als Zusammenspiel von Wissenschaft und Beratung:

Wer seinen Betrieb nicht ›vereinfachte‹, also Stallanlagen ausbaute, Flächen kaufte oder zupachtete und Vorgänge maschinisierte, dem blieb mangels Beratungsressour-

---

151 Vgl. grundlegend Joseph Barber, Das Huhn: Geschichte – Biologie – Rassen. Bern 2013 sowie zur Domestikation auch Elisabeth von der Osten-Sacken, Untersuchungen zur Geflügelwirtschaft im Alten Orient. Göttingen 2015.

cen eigentlich nur die Option, auf eigene Faust herumzudilletieren, allenfalls begleitet von einigen älteren Handbüchern und dem Spott der Nachbarn über seinen zoologischen Garten. Das Wissensangebot der Forscher und Berater, ursprünglich gedacht als Hilfe für den Landwirt, verwandelte sich endgültig in einen starren Käfig.[152]

Ebenso wie V. St. begrüßt auch Mastschweinehalter I. F. grundsätzlich, dass die Landwirtschaft in Anbetracht der öffentlichen Debatten nun mehr Fokus auf das Wohlergehen der Tiere richten muss:

Der Platz zum einen macht schon was aus. Ich denke schon, dass es den Schweinen dadurch besser geht, oder dass die sich dadurch vielleicht auch wohler fühlen da drin. Und so auch mit, sei es irgendwie Rohfaserfütterung, oder so. Man ist halt, sage ich mal, gezwungen, sich darüber Gedanken zu machen. Also es ist jetzt nicht unbedingt das Schlechteste. Man probiert halt da mal etwas aus.

»Besser gehen« bezieht hier auch verhaltensbiologische Aspekte mit ein, die keine reine Reduktion auf »Leistung = Wohlbefinden« darstellen. Während einige der strengeren Tierschutzvorgaben wie in Kapitel 9.3 behandelt aus Sicht der Interviewpartner und Interviewpartnerinnen unnötig bzw. sogar tierschutzwidrig sind, werden andere wiederum – hierunter fallen vor allem mehr Platz und Beschäftigungsmöglichkeiten – überwiegend akzeptiert und als Fortschritt angesehen. Dass I. F. meint, man sei nun dazu »gezwungen, sich darüber Gedanken zu machen«, ist eine wichtige Aussage, denn sie verweist auf die bislang kaum stattgefundene Behandlung ethologischer Wissensbestände in der landwirtschaftlichen Ausbildung. Dies führt wiederum zu den in diesem wie in den vorhergegangenen Kapiteln behandelten zum Teil sachlich falschen Aussagen der Landwirte und Landwirtinnen über Nutztiere und einem festzustellenden Informationsdefizit, was deren Bedürfnisse anbelangt. So beinhaltet das in Deutschland in landwirtschaftlichen Berufsschulen vorrangig verwendete Standardwerk »Grundstufe Landwirt« zwar ausführlich die »Grundlagen der Tierproduktion« mit Fütterung und Züchtung,[153] reißt aber auf drei Seiten lediglich knapp deren Domestikationsgeschichte ab, ohne näher auf Lebensbedingungen und Verhalten der Urformen einzugehen.[154] Auch im Kapitel »Artgemäße Tierhaltung fördert die Tiergesundheit« wird bereits durch die Wortwahl der Überschrift wieder auf den Zusammenhang von Leistung und körperlicher Gesundheit eingegangen, während die Unterkapitel zu den einzelnen Tierarten zwar beschreiben, was derzeitige Vorgaben sind, nicht jedoch wie und warum es zu diesen Vorgaben kommt.[155] Erweiterte, über ökonomische Produktivität hinausgehende Blickwinkel finden sich im Lehrbuch kaum, Ergebnisse und Erkenntnisse zu Bedürf-

---

152 Uekötter, Wahrheit, 386.
153 Vgl. Lochner, Breker, Grundstufe Landwirt, 398–477.
154 Vgl. ebd., 400–402.
155 Vgl. ebd., 434–444.

nissen und Verhalten werden weitestgehend ausgeblendet und sind damit kein Bestandteil der von Frank Uekötter nachgezeichneten »Wissensgeschichte der deutschen Landwirtschaft« – weder im 20., noch im untersuchten beginnenden 21. Jahrhundert. Am Beispiel des landwirtschaftlichen Wissens um die Nutztiere lässt sich an Uekötters Untersuchungen zum Umgang mit Bodenfruchtbarkeit und Agrartechnik im 20. Jahrhundert anknüpfen, der eine angesichts der Fülle landwirtschaftlicher Wissensbestände notwendige Reduktion beschreibt:

> Kaum ein anderer Beruf vereint eine derartige Fülle von Wissensfeldern von der Tiermedizin und der Biologie bis zur Maschinentechnik und der Betriebswirtschaftslehre, und es beinhaltet insofern durchaus keinen ehrenrührigen Vorwurf an die landwirtschaftlichen Praktiker, wenn man feststellt, dass sie im 20. Jahrhundert einer chronischen wissensmäßigen Überforderung ausgesetzt waren.[156]

Dass eine »Selektivität der bäuerlichen Wissensarbeit [...] deshalb unvermeidlich [war]«[157], führte dazu, dass »ein krass reduziertes Bild [entstand], das im Boden kaum mehr als ein Nährstoffreservoir erblickte«[158], was wiederum ein auch hier festgestelltes »Unwissen in der agrarischen Wissensgesellschaft«[159] bedingt. Übertragen lässt sich mit Blick auf die Nutztiere formulieren, dass sich in der landwirtschaftlichen Ausbildung ein reduziertes Bild entwickelte, das diese als Produktionseinheiten zur permanenten Leistungssteigerung klassifizierte. Zwar wird diese ausbildungsbasierte theoretische Perspektive in der Praxis immer wieder aufgebrochen und Bedürfnisse und Verhalten der Tiere werden in der alltäglichen Umgangsweise der Landwirte und Landwirtinnen mit diesen anders verhandelt, ebenso wie zum Teil durchaus auch emotionale Bezüge vorhanden sind, bei der Wissensweitergabe dominiert jedoch nach wie vor eine weitgehende Ausblendung von über Gesundheit und Leistungssteigerung hinausgehenden Informationen. Aus der Perspektive der Wissen zur Verfügung Stellenden wie auch der Halter ist dies einerseits nachvollziehbar, denn eine Konzentration auf Soziobiologie und Verhalten deckt vor allem auf, wo das System der Intensivtierhaltung diese nicht zulässt und einschränkt – Verteidigung und positive Selbstvergewisserung würden dadurch noch mehr erschwert. Andererseits zementiert diese weiterhin bestehende einseitige Sichtweise auf das Tier ohnehin bereits seit Jahrzehnten bestehende öffentliche Angriffspunkte – werden Erkenntnisse der Ethologie weiterhin überwiegend zurückgewiesen und nicht ernstgenommen, wie es bei der Mehrzahl der befragten Landwirte und Landwirtinnen der Fall war, vergrößert dies die Kluft zwischen Gesellschaft und Landwirtschaft immer weiter und konterkariert Verweise der Berufsgruppe auf

---

156 Uekötter, Wahrheit, 437.
157 Ebd.
158 Ebd.
159 Ebd., 440.

ihre eigene Kompetenz und vermeintliches Expertenwissen. Angesichts dieser
Einblicke lässt sich nochmals in Anlehnung an Frank Uekötter zusammenfassen, dass bei der landwirtschaftlichen Wissensweitergabe stark selektiert wird
und bestimmte Forschungszusammenhänge zur Verteidigung des bestehenden
Systems weiterhin ausgeblendet werden:

> Umso wichtiger erscheint deshalb die Einsicht, dass es im 20. Jahrhundert auch Pro-
> zesse der Entdifferenzierung und Simplifizierung gab und dass diese Prozesse keine
> Gegenbewegung zum Siegeszug der modernen Wissenschaft darstellten, sondern
> eher ihr Komplementärphänomen. Einiges spricht für eine dialektische Spannung
> zwischen Verwissenschaftlichung und Wissenserosion.[160]

9.5 Schweine und Geflügel, Mast und Zucht: Bilanzierende Kategorisierungen zwischen Distanz und Bindung

Abschließend wird hervorgehend sowohl aus der erfolgten Analyse der Interviewpassagen als auch den Stallführungsprotokollen die Beziehungsebene der
Landwirte und Landwirtinnen zu ihren Nutztieren stärker kategorisiert. Wichtig
vorauszuschicken ist an dieser Stelle dennoch, dass die 30 für diese Studie beleuchteten Betriebe nicht starr in die vorgeschlagenen Kategorien eingeordnet,
die Interviewpartner und Interviewpartnerinnen also nicht auf diese reduziert
werden. Stattdessen changieren die meisten Befragten zwischen den unterschiedlichen Polen, ein und derselbe Interviewpartner konnte so etwa je nach
im Interview gestellter Frage Antworten äußern, die als emotionale Bindung
oder eben auch hohe Distanziertheit gewertet werden können. Zwar gibt es
sowohl Tierart als auch Wirtschaftsweise betreffende Signifikanten, welche für
Grundmuster von Zuordnungen sprechen, allerdings sind diese bisweilen fluide,
weshalb mehrere Kategorien auf dieselbe Person zutreffen können.

Eine Orientierung erfolgt dabei an den Untersuchungen der britischen Soziologin Rhoda M. Wilkie, die in ihrer 2010 erschienenen Dissertation »Li-
vestock/Deadstock: Working with Farm Animals from Birth to Slaughter«[161]
dem Umgang mit Nutztieren in Schottland in Phasen vom Aufwachsen bis zur
Schlachtung bei verschiedenen in der Landwirtschaft tätigen Personen nach-
spürte. Wilkie teilte die Verbindung ihres Samples von Landwirten, aber auch
Veterinären, Farm-, Schlachthofmitarbeitern und Hobby-Nutztierhaltern in
verschiedene Ebenen von »detachment« oder »attachment« ein, was im Folgenden mit Distanz bzw. Bindung übersetzt wird. Konkret unterscheidet Wilkie
zwischen (1) concerned detachment, (2) detached detachment, (3) concerned

---

160 Uekötter, Wahrheit, 441.
161 Wilkie, Livestock.

attachment und (4) attached attachment.[162] Während Ersteres im Folgenden mit anteilnehmender Distanz übersetzt wird, was auf die Mehrheit der Interviewpartner und Interviewpartnerinnen zutraf, fallen unter die (2) nicht-anteilnehmende Distanz mit einer überwiegenden Objektperspektive auf die Tiere weniger Befragte. Unter »anteilnehmender Bindung« (3) werden diejenigen Personen subsummiert, die tiefere Beziehungen zu ihren Tieren aufbauen, was bei Wilkie vor allem bei Milchkuh- und Zuchtsauenhaltern, in ihrer Studie »breeder« genannt, häufiger der Fall ist und auch in der vorliegenden Studie überwiegend auf Letztere zutrifft. Wilkies vierte Ebene findet sich hier nicht, weshalb auf diese am ehesten als »feste Bindung« zu übersetzende Kategorie, der vor allem Landwirte und Landwirtinnen mit Nebenerwerbs- oder Hobby-Tierhaltung zuzuordnen sind, die ihre Tiere als Familienangehörige oder Freunde ansehen, nicht näher eingegangen wird.[163] Stattdessen wird sie erweitert und ersetzt durch von Interviewpartnern und Interviewpartnerinnen geäußerte und bei ihnen beobachtete Bedürfnisse nach engerer Bindung sowie Praktiken der Widerständigkeit gegenüber einer »de-animalization«. Auf Englisch ließe sich dies in Anlehnung an Wilkie mit »longing for attached attachment« übersetzen bzw. als »Bedürfnis nach fester Bindung« bezeichnen. Da diese »Sehnsucht« nach engeren Mensch-Tier-Beziehungen als Widerständigkeit im System wiederholt auftrat, wird diese Kategorie zusammen mit Fällen von concerned attachment unter (3) mitanalysiert.

(1) Die Mehrheit: Concerned detachment – Kategorien der anteilnehmenden Distanz

Erstere Form gilt in der vorliegenden Studie für die Mehrzahl der Interviewpartner und Interviewpartnerinnen, worunter dreiviertel der gesamten untersuchten Betriebe zu fassen sind. In Wilkies Untersuchung fielen unter die »anteilnehmende Distanz« ebenfalls vor allem diejenigen Farmer, die Intensivtierhaltung betreiben. Diese sorgen sich zwar um ihre Tiere, was jedoch in erster Linie aus korrekter Fütterung und Behandlung bei Krankheiten besteht, bauen aber keine individuellen Beziehungen auf, da sie die Nutztiere zuvorderst als Bestandteile eines ökonomischen Systems ansehen. Die Unterstellung einer rein objektifizierten Sicht auf das Nutztier als Ware liegt nahe – für diese Form der Distanz ist aber gerade das vorgeschickte Adjektiv »anteilnehmend« ausschlaggebend, da die Nutztiere dennoch als empfindungsfähige Lebewesen wahrgenommen werden. Der Begriff des »concerned detachments« wird so etwa auch in Pflegeberufen verwendet, um auf die Notwendigkeit der emotionalen Distanz bei

---

162 Vgl. Wilkie, Sentient commodities, 213–230.
163 Vgl. ebd., 216 ff.

gleichzeitiger Fürsorge für die Patienten hinzuweisen, welche für die psychische Gesundheit der darin Tätigen unerlässlich ist.[164] Parallel ist das Erlernen der anteilnehmenden Distanz auch für Landwirte und Landwirtinnen nötig, die mit dem späteren Verkauf bzw. der Schlachtung der zuvor versorgten Nutztiere konfrontiert sind. Typisch für diesen Grad der Bindung sind die folgenden Aussagen von Mastschweinehalter S.M. auf meine Fragen hin:

I.: Und wie würdet ihr eure Beziehung zum Schwein, zu den Tieren beschreiben?
S.M.: Zum einzelnen Viech?
I.: Ja.
S.M.: Ist mit Sicherheit nicht a so wie bei einem Rinderhalter. Also du hast zum einzelnen Tier eigentlich keinen Bezug.
I.: Weil es einfach zu viele sind?
S.M.: Ja. Muss ich dir ganz ehrlich sagen.

Die Antworten von S.M. knüpfen an die Ergebnisse einer internationalen agrarwissenschaftlichen Projektgruppe um Beck et al. bei der Untersuchung von Farmer-Animal-Relationships im französisch-schwedisch-niederländischen Vergleich an, die Wilkies Einteilung 2007 für ihre Studie übernahmen.[165] Zu den Ergebnissen der Wissenschaftler – aber auch anderer Studien der in Bezug auf Landwirt-Nutztier-Beziehungen dominierenden Forschungsarbeiten, die sich mit Rindern beschäftigen – zählten die durchschnittlich sehr engen Bindungen von Landwirten und Landwirtinnen zu Milchkühen,[166] die sich von den Einstellungen der Schweine- und Geflügelhalter erheblich unterschieden und hier auch von S.M. als Bezugspunkt aufgegriffen werden. Während die Milchkühe aufgrund ihrer mehrjährigen Verweildauer auf den Betrieben und des engen Kontaktes zwischen Menschen und Tieren von den Landwirten und Landwirtinnen häufig als Individuen wahrgenommen wurden, fand diese engere Bindung im Bereich der Schweinehaltung in abgeschwächter Form nur zum Teil im Bereich der Zucht statt, da sich die Tiere in diesem Fall ebenfalls längere Zeit auf den Betrieben befinden.[167] Bei den befragten Mastschweinehaltern war die anteilnehmende Distanz als Beziehungsebene überwiegend. Dazu gehört dennoch trotz der dominanten De-Individualisierung der Nutztiere, dass immer wieder

164 Dies beschreiben etwa Studien zur Ausbildung von Krankenpflegern, vgl. Ann Katrine Soffer, Tracing detached and attached care practices in nursing education, in: Nursing Philosophy 3/15, 2015, 201–210.

165 Bettina B. Bock, M.M. van Huik, Madeleine Prutzer, Florence Kling-Eveillard, Anne-Charlotte Dockes, Farmers relationship with different animals: The importance of getting close to the animals – case studies of French, Swedish and Dutch Cattle, Pig and Poultry Farmers, in: International Journal of Sociology of Agriculture and Food 3/15, 2007, 108–125.

166 Bspw. Jürgens, Milchbauern.

167 Bock, van Huik, Prutzer, Kling-Eveillard, Dockes, Farmers relationship, 111 ff.

auch einzelne gehaltene Tiere aus der Masse hervorstechen. Der Vater von S. M. führt so in anekdotenhaftem Charakter weiter aus:

H. M.: [D]a hat es immer so einen Schüleraustausch mit Italien gegeben und da waren einmal die Lehrer da bei uns, also die Italiener. Und der Direktor und alle. Sind wir in den Stall reingegangen, dann sagt der P., der Direktor: ›Wie ist denn das Herr M., kennt man die Schweine, die Sauen da alle?‹ Mei, sage ich: ›Da kennt man halt ein paar ganz gute, die wo richtig … und ein paar ganz schlechte.‹ ›Wie mit den Schülern‹, hat er gesagt. (lachen)

Die Kenntnis einiger besonders »guter« und einiger besonders »schlechter« Tiere ist typisch für diese Kategorie der Nutztierhalter, wobei mit der Einteilung nicht nur die Leistungsfähigkeit, sondern auch kranke und gesunde Schweine in den Fokus genommen werden. Zuchtsauenhalter H. D. beschreibt wiederum, dass er einige Tiere anhand besonderer physiognomischer Merkmale im Kopf behalte, wodurch ihnen ein geringer Grad an Individualisierung zukommt:

Bei uns hat jetzt keine Sau einen Namen. Ja. Ich kenne … Ja, ich gehe ganz klar nach Nummern. Es sind ein paar einzelne wenige Sauen, die wo irgendein bestimmtes Merkmal haben. Die wo man sich merkt. Da war zum Beispiel eine haben wir, die hat immer ihre Zunge raushängen. Das schaut immer recht lustig aus. So etwas merkt man sich. Oder wenn eine einmal irgendwie ein wenig schielt. Oder irgend … ein Ohr stellt und eines hat ein Schlappohr. Oder irgendwie so etwas. Aber so an sich hat man jetzt natürlich … Ja, wir sind kein Streichelzoo. Und diese Tierschützer, oder wie immer man sie auch titulieren will, die haben immer die Vorstellung: Haustier. Wir haben … Das sind keine Haustiere. Kein einzelner Hund. Und wir können auch nicht jedes Schwein streicheln und mit der Bürste abbürsten. Das geht halt nicht. Aber das heißt ja jetzt nicht, dass es unseren Schweinen dann schlecht geht.

H. D. unterscheidet hier klar zwischen Haus- und Nutztier, was für die Kategorie der anteilnehmenden Distanz typisch ist – die Tiere haben »Nummern«, keine Namen. Anteilnehmende Distanz bedeutet daher weder enge emotionale Bindung noch reduzierte Objektifizierung der Tiere, sondern wird von den Interviewpartnern und Interviewpartnerinnen als Fürsorge einerseits und Kontrolle andererseits verhandelt. Zugleich offenbaren die Landwirte und Landwirtinnen ehrlich den durch die hohe Anzahl an gehaltenen Schweinen oder Hühnern nicht mehr möglichen Einzelbezug, betonten aber auch die emotionale Komponente, »gut« für die Tiere sorgen zu wollen – was wie vorhergegangen analysiert in erster Linie eine Reduzierung auf körperliches Wohlbefinden bedeutet – und die Bedeutung dieser selbstgesetzten Aufgabe:

V. St.: Ich meine, das ist je nach Bestandsgröße. Bezug zu den Viechern habe ich schon noch. Aber ich kenne meine, meine Sauen, meine einzelne Sau kann ich nicht kennen. Aber ich … ich beobachte schon sehr gut und ich habe halt auch das, wenn ich merke, ich hab ein Problem im Stall, dann geht es mir auch nicht gut. Das ist so. Das ist … da habe ich ein Problem dann. Also, das sagt schon was aus, dass mir das nicht gleichgültig ist, wie es denen Viechern da drinnen ist. So, aber ich kenne die einzelne Sau nicht persönlich. Als ich noch so ein Junger war, ich sage mal so, mein Vater noch eine Milchviehhaltung hatte. Der hatte zwölf Kühe gehabt, die habe ich schon eine jede gekannt. Da hat jede ihren Namen gehabt.

Im System der Intensivtierhaltung mit für die Mehrzahl der Interviewpartner und Interviewpartnerinnen in die Tausende gehenden Bestandszahlen finden keine Namensgebungen oder anderweitige mit jedem einzelnen Tier stattfindende enge Kontakte statt – diese sind zumeist Krankheitsfällen vorbehalten. Dieselbe Bedeutung, einen »Blick« für die Tiere zu haben beziehungsweise das aus Sicht der Interviewpartner und Interviewpartnerinnen in erster Linie als Abwesenheit von Krankheit interpretierte Wohlergehen sicherzustellen, wird bei Zuchtsauenhalter H. L. deutlich, der in seinem ansonsten hochmodernen Betrieb bewusst keine automatische Fütterung einbauen ließ, um über die mechanische Tätigkeit mehr Bezug zu den Tieren zu erhalten:

Wir haben jetzt auch keine Fütterung drin – Sie werden es dann noch sehen – die nicht automatisch läuft, sondern da ist immer eine Kurbel drin, es hat jeder gesagt: ›Ja bist du bescheuert, das geht gar nicht, ist doch ein Wahnsinn.‹ Nachher hab ich gesagt: ›Nein, ich will das ja sehen.‹ In der Früh und auf'd Nacht werden die im Wartebereich zweimal gefüttert, im Säugebereich und Abferkelstall werden sie dreimal gefüttert. Und das will ich immer mit der Hand machen. Dann sehe ich sofort: Jede Sau steht auf, die fressen, da liegt keine herum, das passt. Ist für mich schon wieder sowas, und dann geht man durch und ich muss ganz ehrlich sagen, wenn man die immer umstallt, man merkt sich die Sau. Alleine schon an der Ohrnummer oder was, wie die reagieren: Ach, das ist die, dann fällt dir das sofort wieder ein. Ah ja, das war die.

Dass Tiere eine namenlose Nummer sind, bedeutet also nicht gleichzeitig, dass sie von den Landwirten und Landwirtinnen als gefühllose Objekte wahrgenommen werden – die tägliche Alltagspraxis widersetzt sich hier derart dogmatisiert-vereinfachten Blickweisen. Unter die Kategorie der anteilnehmenden Distanz fielen nicht nur fast alle Mastschweinehalter und die meisten der Zuchtsauenhalter, sondern auch Teile der Geflügelhalter. Während Rhoda Wilkie keine Geflügelhalter interviewte, kategorisieren Bock et al. diese vor allem unter »detached detachment«, also nicht-anteilnehmende Distanz.[168] Sie begründen dies damit, dass zwar Gesundheit und Wohlergehen ebenfalls eine große Rolle für die Befragten spielten, allerdings würde den Tieren aufgrund ihrer hohen Stückzahlen, der schnelleren Rotation sowie weniger Mensch-Tier-Kontakten keine Individualität oder spezielle Mensch-Tier-Beziehung mehr zugeschrieben. Laut der Untersuchungsgruppe tendierten Landwirte und Landwirtinnen vor allem im Bereich des Geflügels zu einer Sicht auf »die Herde« und verwendeten Vokabular im Sinne von »tools of production«, was die Autoren ebenfalls als

168 Bock, van Huik, Prutzer, Kling-Eveillard, Dockes, Farmers relationship, 115 ff.

»de-animalization« klassifizierten.[169] In meiner Untersuchung kann dieser Einteilung nur eingeschränkt gefolgt werden – zwar sind einzelne Merkmale von Tieren wie sie die Schweinehalter in den oben abgedruckten Zitaten bezüglich Aussehen oder Gesundheitsstatus beschreiben bei Hühnern, Enten oder Puten, die zu Zehntausenden gehalten werden, nicht mehr möglich, allerdings ist für die Kategorisierung nach Wilkie nicht nur der Grad an den Tieren zugeschriebener Individualität ausschlaggebend, sondern vor allem das Herstellen emotionaler Bezüge. Diese fanden sich bei Geflügelhaltern ebenso wie bei Schweinehaltern – dass die Interviewpartner und Interviewpartnerinnen, welche Puten, Enten oder Hühner hielten, ihre Nutztiere stärker als kollektive Herde oder »Bestand« wahrnahmen, war auch in der vorliegenden Untersuchung der Fall, was aber nicht bedeutet, dass diese stets als gleichförmig betrachtet werden. Stattdessen wurden immer wieder unterschiedliche Charaktere und Eigenschaften eben dieser »Bestände« herausgestellt – ihnen wurde also in ihrer Gesamtheit ein spezifisches Gruppenverhalten zugeschrieben, worunter etwa die Attribute »frech«, »unruhig«, »dumm«, »schlau« oder »aufmüpfig« fielen.

Immer wieder betonten Landwirte und Landwirtinnen, gerne Zeit im Stall zu verbringen:

T. S.: Also, das ist ja nicht nur Zahlen, Daten, Fakten, das ist ja auch, wenn du mit Viechern schaffst, ganz viel Gespür. Und wenn du da wirklich erfolgreich bist, dann hast du da ein Gespür und dann bedeuten dir deine Viecher auch was. Und dann, wenn ich auch an ganz viele …, meine Mandanten, die sagen das so oft von selber: ›Wenn es meinen Viechern nicht gut geht, dann geht es mir nicht gut.‹ Und so ist es auch. Das ist so belastend, wenn du irgendwie das Gefühl hast, irgendwas ist drin oder irgendwas haben die und wie hilfst du denen jetzt und wie werden die wieder gesund oder so. Ob das jetzt ein Kalb ist oder meine Hühner oder Schweine, da leidest du so mit. Also, solange das …, also die Bauern selber, die haben noch einen Bezug zu ihren Viechern. Also das …
V. S.: Jedenfalls die erfolgreichen.

Etwas weiter im Interview:

V. S.: Also ich habe schon eine persönliche Beziehung zu meinen Hähnchen. Das klingt komisch. Nicht zum Einzelnen natürlich, aber ich habe eine Beziehung zu den Tieren, ja. Das kann ich schon von mir …
I.: Dass man es gern macht?
T. S.: Und das spüren die auch. Das ist einfach auch diese Ruhe, wenn man in den Stall reingeht. Die Viecher sind schon so: ›Ach, jetzt ist er wieder da.‹ Aber keiner bricht in Lebenspanik aus, ›Oh Gott, jetzt kommt wieder das Ungeheuer.‹ Das macht natürlich auch was aus.
V. S.: Genau. Genau.
T. S.: Sondern, man geht mit einer Ruhe rein und …

---

169 Ebd., 116.

V. S.: Ja, man kann Tiere konditionieren. Wenn Sie einstallen und sofort wie ein Ungeheuer durch den Stall fetzen ...

T. S.: Ja, oder sich noch irgendwie einen Eimer mitnehmen, wo irgendwas drin ist, was rasselt und dann schütteln Sie den so vor sich, dann gehen die wellenweise weg.

V. S.: Dann sagen sich die Küken, ›Aha, jetzt kommt dieses zweibeinige Ungeheuer. Vorsicht.‹ Und wenn Sie vom ersten Tag an langsam und behutsam durchgehen, dann sagen sich die Küken: ›Ah, das zweibeinige Ungeheuer. Aber das ist so langsam, das ist keine Gefahr für uns.‹

T. S. stellt hier klar heraus, dass Tiere »nicht nur Zahlen, Daten, Fakten« sind, sondern ihnen ihre Verantwortung für fühlende Lebewesen durchaus bewusst ist – eine Beziehung sei auch zu den auf dem Betrieb gehaltenen durchschnittlichen 33.000 Masthühnern möglich, wenn auch nicht »zum Einzelnen«. Beide Interviewpartner nutzen im Zitatausschnitt Praktiken der Vermenschlichung, ihre Hühner »spüren«, »sagen sich« und den Tieren werden Gedanken zugeschrieben. Die hier ausgeführten engen, aus dem Aufenthalt im Stall und der Beschäftigung mit den Tieren hervorgehenden Kontakte machen auch verschiedene veterinärmedizinische und verhaltensethologische Studien als ausschlaggebend für gute Landwirt-Nutztier-Beziehungen aus.[170] Als wesentliche Einflussfaktoren stellt etwa Veterinärmedizinerin Susanne Waiblinger die Einstellung und Persönlichkeit der Halter heraus – wie auch von T. und V. S. beschrieben zählt sie darunter in erster Linie einen ruhigen, freundlichen Umgang mit den Nutztieren, während Herdengröße und Technik eine weitaus weniger wichtige Rolle spielen als dies in öffentlichen Debatten häufig angenommen wird:

Dies wird auch in Untersuchungen an Legehennen deutlich, bei denen Herdengrößen von Hunderten und Tausenden von Tieren üblich sind: Manche Herden können sehr zutraulich sein, die Hennen weichen dort kaum vor Menschen aus und lassen sich mitunter auch berühren. Umgekehrt kann auch in kleinen Tierbeständen – bei zwar hoher Kontaktintensität, jedoch negativer Qualität der Interaktionen – eine sehr schlechte Mensch-Tier-Beziehung bestehen, was auch bei einer einzelnen Kuh oder Ziege der Fall sein kann.[171]

Die Aussagen der Landwirte und Landwirtinnen, laut derer die Beziehungsebene zu den Tieren stark vom Halter abhängt, werden also durchaus auch von

170 Positive Aspekte für Tiergesundheit, stressfreiere Impfungen oder medizinische Behandlungen etc. durch anhand häufiger Kontakte hergestelltes gegenseitiges Vertrautsein, ebenso wie ruhige, besonnene und durch Erfahrung erlernte Umgangsweisen mit den gehaltenen Nutztieren stellen zahlreiche Studien heraus, etwa Paul H. Hemsworth, Graham J. Coleman, J. L. Barnett, Improving the attitude and behaviour of stockpersons towards pigs and the consequences on the behaviour and reproductive performance of commercial pigs, in: Applied Animal Behaviour Science 39, 1994, 349–362 oder Christine Graml, Knut Niebuhr, Susanne Waiblinger, Reaction of laying hens to humans in the home or a novel environment, in: Applied Animal Behaviour Science 113, 2008, 98–109.

171 Waiblinger, Bedeutung der Mensch-Tier-Beziehung, 78.

wissenschaftlichen Studien gedeckt – eine »gute« Beziehung bedeutet aber dennoch selbstverständlich nicht, dass das System Intensivtierhaltung aus seiner ethischen Kritikwürdigkeit bezüglich der generellen Haltungsbedingungen entlassen werden kann. Für die hier beschriebenen Praktiken der anteilnehmenden Distanz ist dennoch ausschlaggebend, dass sich die Landwirte und Landwirtinnen gerne und oft bei ihren Tieren aufhalten, auch wenn sie mit deren späterer Schlachtung konfrontiert sind und daher emotionale Barrieren aufbauen. So meint Putenhalter I. O.:

Ich verdiene damit mein Geld, ganz klar. Aber wenn du … (kurze Pause, Nachdenken) … nicht sage ich mal … mit deinem Vieh mitfühlst und das.… du musst in der Früh schon gerne in den Stall gehen, du musst … also … am Sonntag in der Früh um 6, das ist für mich echt super … da gehe ich raus, gehe in meinen Stall und freue mich auf meine Puten.

Sorge und Fürsorge finden sich also auch bei Geflügelhaltern, wenngleich für die beschriebenen Beispiele ein stetes notwendiges Aushandeln von über das Tier erfolgendem ökonomischen Gewinndenken und durch den täglichen Umgang entstehende Beziehungsebenen gilt, weshalb die Charakteristika der anteilnehmenden Distanz auf die große Mehrheit der Befragten zutreffen.

(2) Die Minderheit: Detached detachment – Kategorien der nicht-anteilnehmenden Distanz

Eine zweite Kategorie beschreibt Rhoda Wilkie als »nicht-anteilnehmende Distanz«. Sie trifft bei einer starken Objekt-Wahrnehmung der Tiere zu, die die Soziologin vor allem für Schlachthofmitarbeiter feststellt, die mit der Verdinglichung der Tiere im Zuge des Tötungsprozesses zu tun haben.[172] Tendenzen zu dieser Perspektive beschreiben Bock et al. auch bei Mästern, also den Haltern von Masthühnern und Mastschweinen, die lediglich eine kurze Zeitperiode auf den Betrieben sind, während sie hingegen bei Züchtern kaum vorkommen. Vor allem bei Geflügelhaltern stellte die Untersuchungsgruppe fest, dass über die De-Individualisierung der Tiere in großen Beständen kaum eine engere Mensch-Tier-Beziehung entstehe.[173] Wie bereits ausgeführt kann dies so auf die vorliegende Studie nicht ohne Weiteres übertragen werden – auch hier waren zwar tendenzielle Unterschiede zwischen den gehaltenen Tierarten festzustellen und stärkere anteilnehmende Perspektiven bei Züchtern als bei Mästern zu erkennen. Als ausschlaggebend erwies sich jedoch vielmehr die Häufigkeit des Kontaktes

---

172 Wilkie, Livestock, u. a. 181.
173 Bock, van Huik, Prutzer, Kling-Eveillard, Dockes, Farmers relationship, 118.

mit den Tieren als Betriebsgröße oder Tierart. Von insgesamt 53 Befragten waren
neun Personen der Kategorie des »detached detachment« zuzuordnen – es wird
hier bewusst nicht von Betrieben, sondern von einzelnen Befragten gesprochen,
da gerade in den zahlreichen Familieninterviews oder bei Angestellten, die in
die Interviews miteinbezogen wurden, deutlich wurde, dass manche der in der
Landwirtschaft Tätigen mehr mit ihren Tieren im täglichen Kontakt stehen
und andere wiederum wenig bis fast gar nicht. Das heißt, für eine distanzierte
Beziehung zu den gehaltenen Tieren, die dann überwiegend als Produktions-
mittel wahrgenommen wurden, war in erster Linie die eigene Tätigkeit im Stall
ausschlaggebend – signifikante Merkmale bezüglich Alter, Geschlecht oder Bildung konnten in dieser Kategorie ansonsten nicht festgestellt werden. Ein stark
verdinglichtes Sprechen über die Nutztiere kennzeichnete vor allem diejenigen
Interviewpartner und Interviewpartnerinnen, die durch die Arbeitsteilung in
großen Betrieben kaum mehr selbst mit diesen in Kontakt standen – zumeist
also Landwirte und Landwirtinnen, die auf ihren Höfen stärker verwaltend oder
nur mehr im Ackerbau tätig waren. Typisch sind hierfür etwa die Aussagen von
I. K., der mit 300.000 Tieren einen der größten Masthuhnbetriebe Bayerns besitzt
und diesen hauptsächlich von seinem festangestellten Betriebsleiter und weiteren
Mitarbeitern führen lässt:

I.: Und wie ist dann Ihre Beziehung zum Huhn? Also zu den Hühnern selbst …
I. K.: Zu wem?
I.: Zum Huhn.
I. K.: Zum Huhn selbst? Warum?
I.: Weil … von dem Ganzen her, was Sie sagen, es ist hier ja auch total schön die
Umgebung hier herum, aber wenn Sie jetzt rausschauen zu den Hirschen oder den
Ziegen, denken Sie sich dann nicht auch, dass die Hühner gerne scharren würden oder
draußen rumrennen würden?
I. K.: Überhaupt nicht. Weil die gar nicht auf der Welt wären, weil wir in der Natur gar
nicht so viele Viecher halten könnten. Weil es gar nicht möglich wäre. Und nur, weil
das Essen so gewollt ist und gebraucht wird, wird es so produziert.

I. K., der auf seinem Hofgelände für sich einige »Hobbytiere« hält, besitzt zu
den aus ökonomischen Gründen gehaltenen Masthühnern kaum Bezug, wie
bereits sein irritiertes Rückfragen in der Interviewsituation erkennen lässt – da
I. K. außer der Sicht als Einkommensquelle keine persönliche Beziehung zu den
Hühnern hat, ist ihm der Sinn der Frage selbst überhaupt nicht klar. Hier zeigen
sich eklatante Unterschiede etwa zu den zuvor vorgestellten Masthuhnhaltern
V. und T. S., die ausführlich vom Umgang mit den Tieren und damit verbundenen Gefühlen berichteten. Stattdessen wehrt I. K. tierethische Problematiken
mit dem Verweis auf die Nachfrage nach Lebensmitteln zurück, weshalb eben
»so produziert« werde. Diese nicht-anteilnehmende Distanz resultiert vor allem
daraus, dass I. K. trotz seiner ursprünglich ebenfalls landwirtschaftlichen Aus-

bildung und der Übernahme des Hofes von seinem Vater, der diesen bereits 1961
auf Hühnermast spezialisiert hatte, selbst seit langem kaum mehr in den Ställen
tätig ist und auf dem Betrieb eine nurmehr verwalterische Rolle einnimmt.
Dieser Zusammenhang zwischen wenig Kontakt und Objektifizierung bzw.
Ökonomisierung der Tiere – die bei allen Befragten grundsätzlich zum Teil auftraten, jedoch nicht das generelle Signum ihrer Landwirt-Nutztier-Beziehungen
bildeten – war auch bei anderen Interviewpartnern und Interviewpartnerinnen
festzustellen. So betrachtet auch M. U., Leiter eines Zucht- und Mastschweine-
betriebes mit 700 Zucht- und 1.400 Masttieren, die Nutztiere überwiegend als
Leistungs- und spätere Warenbringer:

Und dann … einen persönlichen Bezug zu meinen Tieren kann ich nicht aufbauen,
weil das einfach, das ist … Ferkelerzeuger, ich erzeuge das Tier, damit das dann irgendwann geschlachtet wird und der Nahrungskette zugeführt wird. Also von dem
her … und eine persönliche Beziehung aufbauen ist schwierig, weil das halt irgendwann endlich ist das Ganze. Und letztendlich irgendwie auch … Warum mache ich
es? Damit ich ein Geld verdiene.

M. U. sagt offen, er »erzeuge das Tier« – die Perspektive der kapitalistischen
Produktion wird klar ersichtlich. Ebenso distanziert berichtet er über die spätere
Schlachtung und damit die Sinnlosigkeit, eine engere Beziehung aufzubauen, da
es »endlich ist das Ganze«. Der Interviewpartner hat drei angestellte Mitarbeiter,
die überwiegend für die Tätigkeiten im Stall zuständig sind – auch er ist vor allem
mit dem betrieblichen Management und nicht den Tieren selbst beschäftigt.

Dazu kommt als zweites für die Kategorie der nicht-anteilnehmenden Distanz ausschlaggebendes Merkmal die ökonomische Situation des Betriebes.
Diejenigen Interviewpartner und Interviewpartnerinnen, die von hohen Verschuldungen und einem damit erheblichen finanziellen Druck, noch nicht ab-
bezahlten Ställen etc. berichteten, gaben auch öfter zu, die Nutztiere hauptsächlich als Ware und ökonomische Stellschraube anzusehen, da deren Leistung
für sie das Überleben oder Nichtüberleben des Betriebes bedeute. So führt
Familie B. aus:

H. B.: Vielleicht kommt das Emotionale noch, wenn ich meine Schulden bezahlt habe,
dass es dann … Kann sein. Aber momentan muss ich einfach …
F. B.: Ja, das ist halt einfach doch immer im Hinterkopf.
H. B.: Weil wenn da was schief geht, dann … ist es passiert.

Von einer eben solch nicht-anteilnehmenden Distanz ist Legehennenhalterin
F. X. gekennzeichnet, die angesichts ihrer durch teure Stallbauten prekären
finanziellen Lage bereits im Ökonomie-Kapitel näher beleuchtet wurde. Sie
reagiert auf meine provozierende Fragestellung zu einer Waren-Sicht in der Intensivtierhaltung nicht wie die Mehrheit der Befragten völlig defensiv und weist
die Vorwürfe zurück, sondern bejaht diese:

I.: Das Viech ist ihm egal. Ja, genau. Was, also, wie steht Ihr zu dem Vorwurf? Oder was würdet Ihr da drauf sagen?

F. X.: Zu mindestens zu 90 Prozent wahr. Ist so. Selbst unsere großen Kunden, die … da gibt es Kunden, die dann fragen: ›Müsst ihr wirklich so viele Hühner halten?‹ Hat der M. neulich gesagt. Dann habe ich gesagt: ›Ja, warum hast du 20 Filialen? Du könntest doch auch mit zehn leben.‹ ›Jaaa, die Söhne!‹ Sag ich: ›Meine Söhne sind auch daheim.‹

F. X. sieht die Kritik, dass die Nutztiere den Landwirten und Landwirtinnen egal seien als »zu 90 Prozent wahr« an – was für die Mehrheit der Befragten dieser Studie so eben nicht bestätigt werden kann, trifft unter anderen auf Frau X. zu. Ihre Blickweise auf die Legehennen ist durch die Notwendigkeit zur Rückzahlung ihrer Schulden geprägt, auch nur annähernd emotionale Perspektiven stehen dieser Reduktion auf das Ökonomische im Weg.

Für die Minderheit der Landwirte und Landwirtinnen, bei welchen die nichtanteilnehmende Distanz, also eine kaum über das Finanzielle hinaus bestehende Mensch-Tier-Beziehung überwiegt, sind damit zwei Faktoren konstituierend: Zum einen aufgrund anderweitiger Aufgaben – meist Verwaltung und Management – und der damit einhergehenden Übertragung von Stallarbeit auf die Mitarbeiter nicht oder kaum mehr bestehende Kontakte zu den Nutztieren und zum anderen erheblicher ökonomischer Druck auf von Verschuldung und Überlebenskampf belasteten Betrieben. Die Größe der Betriebe oder die gehaltene Tierart waren hier weitaus weniger ausschlaggebend – zentral für anteilnehmende Beziehungen, bei denen die Schweine oder das Geflügel als Lebewesen und nicht als Objekte angesehen werden, ist der Kontakt der Befragten zu diesen. Auch die Leiter von im Sample vergleichsweise großen Betrieben hatten zum Teil enge Mensch-Tier-Beziehungen, insofern sie selbst noch mit diesen Umgang hatten; tendenziell stieg aber mit der Größe der Höfe auch die Anzahl der Mitarbeiter, weshalb die Kategorie des »detached detachment« hier eher zu finden war, was wie ausgeführt nicht in erster Linie auf die Höhe der Tierzahl an sich, sondern anders gelagerte Tätigkeitsschwerpunkte der Betriebsleiter zurückzuführen ist. Auch Bock et al. kommen zu diesem Ergebnis: »The relation of ›detached detachment' is most common among farmers who only deal with their animals from a distance and do not handle them directly; leaving them room to regard livestock purely as a commodity.«[174] Bei dieser Kategorie ist abschließend zu betonen, dass nicht-anteilnehmende Distanz nicht gleichzeitig schlechtere Bedingungen für die gehaltenen Tiere bedeuten muss – auch für die hier zugeordneten Interviewpartner und Interviewpartnerinnen war eine aus ihrer Sicht korrekte Haltung zentral, die meist aber auf der bereits diskutierten Formel »Leistung = Gesundheit = Wohlbefinden« in ihrer reduziertesten Form beruhte. Ebenso wenig lassen »gute« und enge Bindungen die grundsätzliche ethische

---

174 Bock, van Huik, Prutzer, Kling-Eveillard, Dockes, Farmers relationship, 110.

Frage nach den Haltungsbedingungen – also beengter Platz, nicht-kurative Eingriffe, züchterische Einpassung etc. – des Systems minder relevant werden.

(3) Concerned attachment bzw. longing for attached attachment – Kategorien der anteilnehmenden Bindung oder: Die Sehnsucht nach engeren Beziehungen

Unter »anteilnehmender Bindung« fasst Rhoda Wilkie in ihrer Untersuchung diejenigen Personen, die tiefere Beziehungen zu ihren Tieren aufbauen, was bei Wilkie vor allem auf Milchkuh- und Zuchtsauenhalter, »breeder« genannt, zutrifft. Auch Bock et al. ordneten in diese Kategorie überwiegend Landwirte und Landwirtinnen ein, die Kühe oder Kälber hielten, wobei ebenfalls einige Zuchtsauenhalter starke Tendenzen zu einer Individualisierung ihrer Mutterschweine und intensivere Kontakte aufwiesen. Die Verfasser schreiben: »Farmers generally felt more attached to breeding animals than to fattening ones. While farmers were generally more attached to their cows than their pigs, they were fonder of their sows than their fattening pigs.«[175] Da die Zuchtsauen im Unterschied zu Mastschweinen über mehrere Jahre hinweg auf den Betrieben gehalten werden und die Landwirte und Landwirtinnen bei der Abferkelung intensiv in die Betreuung der Tiere und deren Versorgung vor, während und nach der Geburt eingebunden sind, entstehen hier sehr viel stärkere, auch körperlich engere Mensch-Tier-Beziehungen als im Bereich der Mast. Die Wahrung einer emotionalen Distanz ist zudem aus psychischer Sicht weniger drängend, da die Konfrontation mit Tod und Schlachtung im Bereich der Zucht weniger ausgeprägt ist. So berichtet etwa Zuchtsauenhalterin F. W. vom »Kraulen« einzelner Tiere:

Und ich hab für die zwei Schweine, für die zwei Mutterschweine sehr viel Zeit aufgewendet. Also ich mein nach dem fünften Tag sind sie … die kommen ja eine Woche bevor sie abferkeln da rein. Und eigentlich hab ich gemeint ohne Stroh, aber das ist nicht gegangen, weil die Abferkelställe sind ohne Stroh. Und dann hab ich ein Stroh rein, dann sind sie auch immer ruhiger geworden und dann ab dem fünften, sechsten Tag, wenn ich dann rein bin, dann haben sie erst einmal hergeschaut, dann hab ich erst einmal hinter dem Ohr gekrault.
S. W.: Mhm, die hat man immer kraulen müssen dann.
F. W.: Dann hab ich da unten gekrault und dann hab ich noch am Buckel[176] kraulen müssen.

Die Schweine fordern den Körperkontakt aus Sicht der Befragten hier geradezu ein, die Pflege der Tiere geht weit über Stallhygiene und Fütterung hinaus und

---

175 Ebd., 118.
176 Ugs.: Rücken.

die Interviewpartner und Interviewpartnerinnen schreiben ihren Zuchtsauen individuelle Bedürfnisse und Charaktereigenschaften zu.

Sowohl bei Zuchtsauenhalterin F. W. als auch bei einigen weiteren Befragungen mit mehreren Familienmitgliedern wurde eine stärkere emotionale Verbindung mit ihren Tieren von Interviewpartnerinnen gegenüber Interviewpartnern ablesbar. So verglich beispielsweise Putenhalterin F. O. ihre Tiere mit ihren Kindern: »Dass man halt dann einfach schaut, dass man wieder Darmaufbau macht und genauso, wie ich es halt bei den Kindern mache, mache ich es halt … bei den Puten auch.« Die Kategorie der anteilnehmenden Bindung traf grundsätzlich häufiger auf Frauen als auf Männer zu. Was zunächst nur bei ersten Einzelaspekten auffiel, verdichtete sich im Lauf der Untersuchung zu einem eindeutigen Befund. Dies heißt jedoch ausdrücklich nicht, dass *alle* Interviewpartnerinnen von engeren Mensch-Tier-Beziehungen sprachen als ihre Söhne und Ehemänner, zum Teil waren einige Frauen auch von explizit distanzierten Sichtweisen geprägt. *Wenn* jedoch von besonderen Verhältnissen, tieferen emotionalen Bindungen oder Trauer gesprochen wurde, waren dies fast ausnahmslos weibliche Befragte. Dabei bleibt ungeklärt, ob dies auf ein sozial erlerntes, offeneres Sprechen über Gefühle zurückgeht, deren Äußerung Frauen eher zugestanden wird, oder auf tatsächlich tiefere Emotionen gegenüber den Nutztieren. Auch hier gilt jedoch, was bereits beim Kapitel »detached detachment« herausgestellt wurde: Waren die Interviewpartnerinnen in die tägliche Stallarbeit miteinbezogen bzw. teilweise auch explizit für diese verantwortlich, kennzeichnete die Beziehungsebene zu den Tieren zumeist eine engere Bindung, waren die Frauen jedoch hauptsächlich in Büro- oder Verwaltungsaufgaben eingebunden bzw. gar nicht auf dem Betrieb tätig, waren auch die Bindungen entsprechend distanziert.

Individualisierungen von Tieren und Berichte über einzelne Bindungen tauchten in einigen Fällen auch bei Mastschweinehaltern auf. Anders als bei der Zuchtsauenhaltung wurden diese Einzelbeziehungen jedoch als Ausnahmen von der Regel verortet, weshalb die Interviewpartner und Interviewpartnerinnen hier dennoch der ersten Kategorie des concerned detachment zugeordnet werden, auch wenn in einem weitestgehend entindividualisierten System immer wieder Fälle von Individualisierung auftreten. So führt Mastschweinehalter I. Ö. aus:

Das ist eigentlich kein Thema, sag ich einmal, weil halt der Bezug zum einzelnen Tier nicht so da ist, dass man sagt: Genau das ist jetzt die Susi oder die Maria oder sonst irgendwas, mit der, wo ich jeden Tag in der Früh geschmeichelt hab oder so … (lacht) Aber … ja … wir haben, einmal haben wir schon so eine Susi gehabt, die haben wir dreimal oder viermal wieder von der Rampe runter. Weil wir gesagt haben: Ach, lassen wir sie doch da.

Die Konfrontation mit der anstehenden Schlachtung der »Susi« und die Schwierigkeiten damit, das Tier dem Tod zuzuführen, werden an diesem Beispiel klar ersichtlich – die psychologische Funktion des concerned detachment, bei dem eine Distanz zum Einzeltier gewahrt wird, hat hier nicht gegriffen – das System wird brüchig. Die Mitglieder von Familie M., ebenfalls Mastschweinehalter, beschreiben ähnliche Probleme einer Individualisierung ihrer Tiere in diesem Zusammenhang, wobei auch hier auf die weibliche Rolle eingegangen wird, die besonders emotionale Bindungen zu einzelnen Tieren aufbaut:

S. M.: Also, das … die Julia vielleicht schon. Die wenn dann mal wieder so a … Schwarz-weiße dabei ist. Die derbarmd[177] ihr oiwei[178] besonders. (lacht)
H. M.: Seine Frau. Und die kann das Aussortieren gut. Tu ich lieber wie mit ihm! (lacht) Auf jeden Fall, ja …, wenn man die größeren ausverkauft, praktisch aussortiert. Und dann ist eine … ab und zu eine dabei, die wo so schwarz-gescheckt sind und so … Ah … die lassen wir noch! Ja … dann lassen wir sie noch da! (lacht) Dann nehmen sie es das nächste Mal, wenn die Julia …
S. M.: Nicht dabei ist. (lachen)

Anteilnehmende Bindungen können also eindeutig auch im Bereich der Intensivtierhaltung entstehen, wenngleich sie in erster Linie als Störfaktoren im System auftreten und eine Herausforderung für die notwendige psychische Distanz der Landwirte und Landwirtinnen zu ihren in ökonomische Produktionskreisläufe eingebundenen Tieren darstellen. Bei H. B., der eine Junghennenaufzucht mit 100.000 Tieren betreibt, auf die er nach eigenen Angaben nur eine sehr distanzierte Blickweise hat, ist so etwa im privaten Bereich eine enge Verbundenheit mit den als Haustieren gehaltenen Hunden und Katzen zu verzeichnen:

H. B.: Aber der wenn stirbt oder ein Auto zamfährt oder so … da ist 14 Tage Trauerbeflackung.
F. B.: Da graut mir jetzt schon.
T. B.: 14 Tage langt da nicht.
F. B.: Weil die Katzen mögen wir einfach schon ganz gerne und … Du brauchst jetzt gar nichts sagen. Wir haben auch schon zwei Hunde gehabt, wo du vier Wochen krank warst oder 14 Tage.
H. B.: Ja, das hat mir weh getan.

Die Notwendigkeit der Unterscheidung zwischen Haus- und Nutztieren gerade auch in Bezug auf die psychische Komponente und damit verbundene Herausforderungen bei zu engen Kontakten wird an diesem Beispiel plastisch. Der mögliche Übergang von einigen Nutztieren wenn nicht zu Haus-, so zumindest zu Hobbytieren verdeutlicht die von mir als »longing for attached attachment« überschriebene letzte Kategorie, welche etwa im Feldforschungstagebuch zum

---

177 Bayr. für »erbarmt«.
178 Bayr. für »immer«.

Besuch bei Mastschweinehalter I. Ö. – im Sample Inhaber des größten untersuchten Schweine haltenden Betriebes – hervortritt:

Was ich auf dem Hof aber besonders bemerkenswert finde ist, dass Herr Ö. vor den großen Mastställen eine Weide mit einer Hand voll Kühen hat. Sie sind eindeutig nicht für den ökonomischen Nutzen gehalten, sondern als Hobbytiere für den Landwirt. Er meint dazu, diese habe er sich ›eingebildet‹ und seien nur für ihn zum Spaß, er fände die Tiere auf der Weide einen schönen Anblick. Das finde ich sehr bezeichnend für seine Beziehung zu den Nutztieren…

Das Bedürfnis nach intensiven Mensch-Tier-Kontakten, das bereits beim gemeinsamen Rundgang durch die Mastställe sichtbar wurde, bei dem Herr Ö. seine ungewöhnlich zutraulichen Tiere wiederholt streichelte und kraulte, wird an dieser Stelle besonders deutlich. Die Hobbytierhaltung des 6.000 Mastschweine besitzenden Landwirtes kann damit als widerständige Praktik der Herstellung von »attached attachment«, also enger Bindung interpretiert werden, die ansonsten im System Intensivtierhaltung – auch als Selbstschutz für die Halter – nicht möglich ist. Die »Hobby-Kühe« müssen nicht geschlachtet, keiner ökonomischen Nutzung zugeführt werden, weshalb sie für I. Ö. eine Möglichkeit darstellen, sich selbst tiefere Beziehungsebenen zu den Tieren zu erlauben.

Ganz ähnlich war die Erfahrung auf einem der größten besuchten Legehennenbetriebe mit über 100.000 Tieren, wo im Feldforschungstagebuch Folgendes notiert wurde:

Überraschende Auffälligkeit: Vor der Anlage, die grundsätzlich sehr sauber und industriell wirkt, ist ein offener Stall (Holzhütte) mit zwei Eseln, die dort Freilauf haben. Der Stall schließt direkt an die Anlage an und gehört sichtbar zum Betrieb (siehe Fotos). Dieses Zusammenspiel wirkt unerwartet – industrielle Hühneranlage und ›Hobbyesel‹ mit Stall und Stroh. Was machen sie hier?

Zum späteren Gespräch über die Bedeutung der Esel ist dann zu lesen:

Warum sind die Esel da? Er lacht und ich habe damit ein gutes Thema getroffen: Die Esel sind ganz besondere, sogenannte Fleckesel, er erzählt Anekdoten, dass es die kaum auf der Welt gäbe. Er hat sie eigentlich für seine Kinder angeschafft und erzählt mir mit Freude davon, dass diese auf ihnen reiten konnten und die Esel etwas ganz Besonderes seien. Sehr interessant in Bezug auf das Mensch-Tier-Verhältnis! Wüsste ich nicht, dass mein Gesprächspartner über eine Massentierhaltungsanlage verfügt, würde er auf mich wie ein absoluter Tierliebhaber wirken – vielleicht ist er das aber auch sogar??!! Er sieht sich jedenfalls definitiv selbst so.

Bei beiden Fällen war während der Gespräche die Freude der Landwirte, von ihren Kühen bzw. Eseln zu berichten, sichtlich spürbar. Diesen Tieren wurden individuelle Charaktereigenschaften zugeschrieben und über ihre langjährige Haltung auf den Betrieben konnte eine enge Mensch-Tier-Beziehung entstehen, nach welchen bei den Landwirten ein hohes Bedürfnis zu erkennen war. Die draußen auf Weideflächen gehaltenen Hobbytiere bildeten gewissermaßen den Gegenpol zu den zu Tausenden in den Innenställen zu findenden Schweinen oder Hühnern, deren Rolle für die Lebensmittelproduktion von vorneherein klar definiert ist. Dass die meisten Intensivtierhalter und -halterinnen keine gefühllosen Personen sind, die ihre Tiere rein als Objekte und Waren betrachten, wurde so gerade angesichts dieser Brüche und Widerständigkeiten der Landwirte und Landwirtinnen deutlich, sich Raum für engere Mensch-Tier-Beziehungen zu schaffen, auch wenn diese im System nicht vorgesehen und sogar hinderlich sind. Die für die meisten Befragten kennzeichnende Ebene des concerned detachment ist eine Bewältigungsstrategie von ökonomisierten Blickweisen auf Tiere, sie bedeutet jedoch nicht, dass diese generell nicht mehr als fühlende Lebewesen angesehen werden. Vielmehr zeigt das Zusammenspiel aus concerned detachment und in einigen Fällen eindeutig zu verzeichnendem »longing for attached attachment« eine eigentlich vorhandene Sehnsucht nach engerer Bindung auf.

Sowohl Wilkies Ergebnisse als auch diejenigen der Forschungsgruppe um Bock et al. weisen zahlreiche Parallelen zur vorliegenden Untersuchung auf, was auch deshalb interessant ist, weil es sich hier anders als bei Wilkie, die auch Hobbytierhalter und Schlachthofmitarbeiter interviewte, ausschließlich um Vollerwerbslandwirte und -landwirtinnen mit konventioneller Intensivtierhaltung handelt. Dies Heterogenität der Ergebnisse widerspricht damit medial und auf Seiten von Tierrechtsorganisationen gezeichneten einseitigen Darstellungen von Intensivtierhaltern, ihre Nutztiere rein als Ware anzusehen. Auch hier zeitigt die Studie Parallelen zu Rhoda Wilkies Dissertation, in der sie bemerkt, dass Landwirtschaft in der Praxis sehr viel komplexer und vielgestaltiger ausfällt, als dies durch simplifizierte Bilder »böser Massentierhalter« und teilweise auch theoretische Abhandlungen »kritischer« Forschungsrichtungen suggeriert wird:

Legalistic and philosophical approaches that seem to bracket off the empirical, attitudinal, and affective elements of interspecies interactions do not only tend to underestimate the socio-affective significance of people's experiences, but also provide a somewhat partial and skewed understanding of human-livestock relations.[179]

Stattdessen vermögen nur der Dialog und die Beschäftigung mit den Sichtweisen der täglich mit den Nutztieren Umgehenden tatsächliche Einblicke in Landwirt-Tier-Beziehungen zu geben, nur auf diese Weise kann das im Zitat formulierte Unterschätzen der sozio-affektiven Bedeutung von bäuerlichen Erfahrungen vermieden werden. Die überwiegenden Landwirt-Nutztier-Beziehungen sind durch ein Mäandern zwischen Sorge, Fürsorge und distanziert-ökonomischer Perspektive gekennzeichnet und nicht von durchgängigen Objektifizierungen

---

179 Wilkie, Livestock, 123.

oder eben auch Individualisierungen. Das Changieren zwischen verschiedenen Positionierungen war in keinem anderen Kapitel so stark der Fall wie bei den Fragestellungen zum Umgang mit den gehaltenen Nutztieren. Je nach Erzählen über Geburt und Schlachtung, Krankheiten und Tod, Leistung und Fütterung, Verkaufszahlen und Gewinn oder eben auch einzelne Tiere variierten Sprachpraktiken der Vertierlichung, Vermenschlichung oder Objektifizierung innerhalb ein und desselben Interviews. Dies verdeutlicht, dass der/die gleiche Landwirt/in je nach der gerade eingenommenen Position aus unterschiedlichen Blickwinkeln auf die Nutztiere blicken kann und diese Position Veränderungen unterliegt. Die Landwirt-Nutztier-Beziehungen sind einerseits wie jegliches menschliche Denken und Handeln stark von der eigenen Sozialisation und Enkulturation beeinflusst, das heißt im Fall der Befragten, dass sie meist von Kindheit an den Umgang mit Nutztieren gewohnt sind und erlernt haben, dass Fürsorge und Tod hier eine Einheit bilden, mit der umzugehen für den späteren Beruf unerlässlich ist. Michaela Fenske formuliert:

Solche Ambivalenzen der bäuerlichen Akteure zwischen ihrem Stolz auf das Tier, mitunter auch ihrer Zuneigung zum Tier, und der Notwendigkeit, wirtschaftlichen Gewinn aus dem Verkauf des Tiers zu erlösen, werden durch kulturelle Praktiken und Rituale gelöst.[180]

Ebenso gehört zu dieser bäuerlichen Enkulturation mit Blick auf das Tier, dass dieses in ökonomische Kontexte eingebunden ist, was vor allem in Ausbildung oder Studium nochmals als leitende Perspektive verinnerlicht wird. Neben diesen erlernten Notwendigkeiten von distanziert-ökonomisierten Blickweisen, ohne die Nutztierhaltung als Beruf kaum möglich ist, sind die Landwirte und Landwirtinnen andererseits aber auch davon geprägt, dass sie täglich mit ihren Tieren interagieren, Unterschiede zwischen diesen feststellen, die bisweilen als Charakter bezeichnet wurden, und durchaus auch emotionale Bindungen etwa zu langjährig auf den Betrieben gehaltenen Zuchtsauen oder Tieren, die aufgrund von Krankheit längerer Pflege bedurften, aufbauen. Zwischen diesen verschiedenen Ebenen die eigene Position gegenüber den Tieren stets neu auszuhandeln gehört zum Beruf des Landwirtes und die Strategien der Interviewpartner und Interviewpartnerinnen dazu sind unterschiedlich. So war in Bezug auf die Landwirt-Nutztier-Beziehungen eine, wie sie Rhoda Wilkie bezeichnet, »messiness«, also eine Unordnung, eine zunächst verwirrend erscheinende Vielschichtigkeit zu erkennen, die einerseits von zahlreichen Widersprüchlichkeiten wie etwa der Verteidigung schmerzhafter Eingriffe am Tier und einseitigen, die Verhaltensforschung ausklammernden Perspektiven bzw. andererseits wiederum mitfühlenden und emotionalen Aussagen gekennzeichnet ist:

180 Fenske, Wenn aus Tieren, 128.

Thus, purely instrumental perceptions of livestock can be unstable and somewhat messy in practice. Animals can be located and relocated along a status continuum that ranges from commodity to companion […].[181]

Diese Variation zwischen commodity, also Ware, und companion, was mit Gefährte oder Kamerad übersetzt werden kann, erscheint für außerhalb der Landwirtschaft stehende Personen widersprüchlich, bildet aber innerhalb des Berufes die Notwendigkeit ab, Fürsorge und den von vorne herein feststehenden Tod bzw. Verkauf der Nutztiere miteinander in Einklang zu bringen. Aus den Ergebnissen heraus muss also einigen einseitig postulierten Perspektiven in Studien der Human- und Critical-Animal-Studies widersprochen werden. Markus Kurth bilanziert so beispielsweise: »Die Mensch-Nutztier-Beziehung wird durch Nutztier-Technik-Beziehungen großteils abgelöst. Ihre prägenden Interaktionen machen die Tiere dabei mit Maschinen […].«[182] Diese Aussage bestätigte sich bei meinen Forschungen nicht: Gerade am Beispiel der Ferkelzüchter zeigten sich von gegenseitiger Körperlichkeit geprägte Beziehungsebenen und enge Kontakte zwischen Menschen und Tieren, ebenso wie auch die Mast von menschlichen Interaktionen mit den Landwirten und Landwirtinnen geprägt ist, deren täglicher Arbeitsablauf immer noch stark vom Aufenthalt im Stall rhythmisiert wird. Vielmehr wurde anhand der Untersuchungen deutlich, dass sich Distanzierung und Objektifizierung auf der einen Seite und Vermenschlichung und Bindung auf der anderen Seite nicht zwangsläufig ausschließen, auch wenn sie je nach Befragtem und gehaltener Tierart mehr oder weniger stark ausgeprägt sind.

181 Wilkie, Livestock, 131.
182 Kurth, Ausbruch, 189.

10. Umwelt-Positionierungen:
Intensivtierhaltung als ökologischer Problemkomplex

> Today, a posteriori, we can see that ideologies of
> growth and abundance were not only a blessing.
> They were a curse as well, because they allowed
> us to develop the sense – and the philosophy – of
> a world without limits.[1]

Die industrialisierte agrarische Produktion ist zu einem erheblichen Teil mitverantwortlich für drängende globale Umwelt- und Klimaproblematiken. Neben
den eben beleuchteten Landwirt-Nutztier-Beziehungen, die einen Schwerpunkt
der öffentlichen Auseinandersetzungen um die »richtige« oder »falsche« Landwirtschaft ausmachen, ist es daher für eine Studie zur Intensivtierhaltung unerlässlich, sich auch mit den ökologischen Auswirkungen derselben auseinanderzusetzen. Bei der Beschäftigung mit den Beziehungen zwischen Landwirtschaft
und Umwelt[2] spielen unweigerlich Techniken und Praktiken ersterer zur Nutzbarmachung letzterer eine Rolle. Neben natur- und ingenieurswissenschaft-
lichen Forschungen, die zur fortwährenden Weiterentwicklung von Züchtungs-
und Düngeverfahren, Stallbaumethoden und Maschinentechnik etc. geführt
haben, stellt die Entwicklung der Agrarwirtschaft immer auch ein Paradigma
für philosophisch-sozialwissenschaftliche Fragestellungen nach Fortschritt und
Moderne, Bewahrung und Zerstörung, Hunger und Überfluss dar. Im Begriff
der Intensivtierhaltung kulminieren so zahlreiche zukunftsgerichtete Fragen des
beginnenden 21. Jahrhunderts, steht sie doch gerade durch die »Fleischfrage«
und ein hier zusammenfließendes globales Nahrungsregime[3] exemplarisch
für den Bedarf des Westens nach weltweiten Flächen-, Mineralstoff-, Wasser-
und Futtermittelressourcen. Bündnis 90/Die Grünen-Politiker Anton Hofreiter schreibt in »Fleischfabrik Deutschland: Wie die Massentierhaltung unsere

---

1 Mauch, Slow Hope, 16.

2 Es wird bewusst von »Umwelt« und nicht von »Natur« gesprochen, da der Fokus der
Untersuchung auf ökologischen Problematiken beruht, die dem Menschen als Verursacher
zuzuschreiben sind. Wurde der Begriff im 19. Jahrhundert noch überwiegend synonym für
die menschliche Umgebung grundsätzlich verwendet, fand zu Beginn des 20. Jahrhunderts
durch Jakob von Uexküll die Determinierung als biologischer Fachausdruck und im Zuge der
Ökologie-Bewegung der 1970er und 80er Jahre dessen Tradierung in die Gesellschaft statt.
Während der »Natur«-Begriff ohne spezifische Referenz Entitäten von Tieren, Pflanzen, Ele-
menten, Menschen etc. umfasst, hat »Umwelt« stets einen Bezugspunkt auf die umgebenden
Lebensgrundlagen von Menschen, Tieren, Pflanzen etc. Vgl. zu Begriffen und historischen
Entwicklungen grundlegende Werke der Umweltsoziologie wie Groß, Natur der Gesellschaft
oder Radkau, Ära der Ökologie.

3 Ermann, Langthaler, Penker, Schermer, Agro-Food Studies, 17 ff.

Lebensgrundlagen zerstört und was wir dagegen tun können« etwa: »Wasser wird immer knapper, Böden werden unfruchtbar, immer mehr Regionen leiden unter Dürre. Auch das als Folge der industriellen Landwirtschaft von heute.«[4] Während sich ähnliche Zuspitzungen in zahlreichen Publikationen von NGOs, Klima-, Tier- und Umweltschützern finden, verfangen auf Seiten von Agrarwirtschaftsvertretern, aber auch davon abhängigen Industrien und Forschern weiterhin Versprechen eines technologischen Fortschritts, von Effizienzsteigerung und wachsender Produktion, etwa durch Grüne Gentechnik oder Precision Farming, die Lösungen für die bestehenden Problematiken bieten sollen. In Diskursen um die moderne agrarische Produktion herrschen stark polarisierende Dichotomien vor, die intensive Landwirtschaft als Hauptverantwortliche einer ausbeuterischen, ressourcenzehrenden Umgangsweise der Menschheit mit ihrem Planeten einerseits verorten, während andererseits angesichts steigender Weltbevölkerung und künftiger Versorgungsproblematiken ebenso weiterhin Lösungen in Technikoptimierung und Intensivierung gesucht werden. Der Agrar-Publizist und Kulturwissenschaftler Jan Grossarth befasst sich in seinem Aufsatz »Moralisierung und Maßlosigkeit der Agrarkritik«[5] mit eben diesen vereinfachenden Blickwinkeln auf beiden Seiten und konstatiert treffend, das Dilemma in Landwirtschaftsfragen bestehe stets darin, dass sich »auch die gegenteilige Erzählung […] problemlos konstruieren und ebenso gut mit Zahlen, wissenschaftlichen Studien und Experteneinschätzungen belegen [lässt].«[6]

Da diese Untersuchung Intensivtierhaltung nicht aus einem naturwissenschaftlichen Kontext heraus – wie etwa der Biodiversitäts-, Klima- oder Ökologieforschung – betrachtet, geht es im Folgenden nicht um abschließende Bewertungen oder Einschätzungen zu den globalen Auswirkungen der agrarischen Produktion. Stattdessen vermag die Analyse stets lediglich diejenigen Erzählungen über Naturschutz- und Umweltproblematiken offenzulegen, die bei den Intensivtierhaltern und -halterinnen selbst vorherrschen und damit dazu beizutragen, die Positionierungen einer für künftige ökologische Weichenstellungen zentralen Berufsgruppe verstehen zu lernen.[7]

---

4 Hofreiter, Fleischfabrik, 10.

5 Grossarth, Moralisierung, 363–377.

6 Ebd., 375.

7 Wie bereits im Kapitel zu den Landwirt-Nutztier-Beziehungen ist es auch angesichts des breiten Spektrums an Umweltfragen nicht möglich, sämtliche existierenden Kritikpunkte zu behandeln, weshalb in exemplarischer Weise Aspekte wie beispielsweise Pestizideinsatz, Grüne Gentechnik und Lebensmittelkonsum beleuchtet werden, um daraus hervorgehend übergeordnete Ergebnisse zu Landwirt-Umwelt-Beziehungen, Verantwortung und Verantwortlichen sowie Technik- und Zukunftseinschätzungen abzuleiten.

10.1 Ernährung und Lebensmittelproduktion

Die kulturwissenschaftliche Nahrungsforschung setzt sich mit den Konsequenzen einer überwiegend nicht mehr auf Mangel, sondern auf Überfluss basierenden westlichen Ernährungslage auseinander, die zu einer zunehmenden Ausdifferenzierung von Essstilen und Verbraucherverhalten geführt hat. Hirschfelder
spricht von einem »Prozess der Entfremdung von der Nahrung«[8] und erläutert:

Dass der Nahrungsmangel, der diese Kultur wie kein zweiter Faktor über Jahrtausende
prägte und der für viele Europäer noch in der Mitte des 20. Jahrhunderts lebensbe-
drohlich war, nun weitgehend überwunden ist, wird heute kaum mehr zur Kenntnis
genommen [...].[9]

Stattdessen wurde die Frage danach, *ob* Lebensmittel produziert werden, durch
diejenige abgelöst, *wie* diese Lebensmittel produziert werden, wobei es zu Beginn
des 21. Jahrhunderts nicht mehr nur um die Qualität der Produkte geht, auf
welche sich die Landwirte und Landwirtinnen in ihren Aussagen vorwiegend
beziehen, sondern zunehmend ethische Aspekte um Tierwohl, Klimawandel,
Ökologie und Verteilungsgerechtigkeit aufgeworfen werden, an deren Maßstab die gesellschaftliche Anerkennung der Landwirtschaft bemessen wird.
Angesichts der bestehenden ökologischen Herausforderungen plädieren die
Verfasser des Bandes »Agro-Food-Studies« für ein engeres Zusammendenken
der Produktions- und Konsumtionsseite auch in Wissenschaft und Forschung:
»Fragen der Lebensmittelproduktion und der Umwelt, die oftmals getrennt
voneinander untersucht und gemanagt werden, sollten daher integrativ als ge-
koppeltes Mensch-Umwelt-System betrachtet werden.«[10] Diese Sichtweise dockt
an aktuelle Ansätze aus den Sozialwissenschaften an, die – beeinflusst durch
die Akteur-Netzwerk-Theorie sowie in Folge die Science-and-Technology Studies – Mensch und Natur nicht in Dichotomien, sondern als stets miteinander
verflochtenes und reziprokes Gesamtgefüge denken.[11]

---

8 Gunther Hirschfelder, Europäische Esskultur. Geschichte der Ernährung von der Steinzeit bis heute. Frankfurt a. M. 2001, 254.
   9 Ebd.
   10 Ermann, Langthaler, Penker, Schermer, Agro-Food Studies, 71.
   11 Vgl. dazu die mittlerweile zahlreichen Werke zu Konzepten und Anwendungsbeispielen
aus ANT und STS, etwa Bruno Latour, Das Parlament der Dinge: Für eine politische Ökologie.
Frankfurt a. M. 2001; Jamie Lorimer, Gut Buddies: Multispecies Studies and the Microbiome,
in: Environmental Humanities 8, 2016, 57–76; Susanne Bauer, Thomas Heinemann, Thomas
Lemke (Hrsg.), Science and Technology Studies. Klassische Positionen und aktuelle Perspektiven. Berlin 2017.

Essen im Überfluss: Paradoxien von Legitimation und Kritik

In der Einleitung des interdisziplinären Sammelbandes »Was der Mensch essen darf« wird diese eben beschriebene Entwicklung darauf zurückgeführt, dass

eine Gesellschaft [noch nie] in solchem Maße in der Lage [war], die globalen Problematiken zu erkennen. [...] Vor allem machen es die globalen und aus dem industriellen Raubbau natürlicher Ressourcen resultierenden Probleme der künftigen Nahrungsversorgung in einer neuen Dimension erforderlich, ethische Gesichtspunkte zu berücksichtigen [...].[12]

Gerade diese Fragestellungen des »wie« werden von den Interviewpartnern und Interviewpartnerinnen weitestgehend als »Wohlstandsprobleme« klassifiziert und mit dem Verweis auf Produktionsleistungen der Landwirte und Landwirtinnen abgewehrt. Stattdessen herrschten der Wunsch nach mehr Wertschätzung sowie eine Art gekränkter Stolz über deren Ausbleiben vor:

H. D.: Das sind Wohlstandsprobleme, was wir haben. Was da diskutiert wird. Jeder kann sich alles kaufen, alles leisten, was er will. Es muss keiner hungern. Kein einziger. Man kann sich ganz günstig, oder auch ein wenig teurer ernähren. Aber es muss keiner hungern. Und so alt, wie die Leute heute werden, so alt sind sie noch nie geworden. Unser Gesundheitssystem, perfekt, da beneidet uns die ganze Welt. Und ja, wie gesagt, Wohlstandsprobleme.

F. A.: Aber das sind halt auch Wohlstandsprobleme, die wir haben. Das ist halt ganz einfach so! Weil früher war ... man braucht bloß in Deutschland schauen ... haben sie früher auch Ratten gefressen, weil sie sonst nichts gehabt haben in der Kriegszeit, weil sie halt irgendwie ... eine Ernährung gebraucht haben. Das kann man nur tun, wenn es einem wirklich gut geht! Und das passiert ja nur, wenn es den Leuten zu gut geht! Wenn die Auswahl riesengroß ist, wenn die Lebensmittel nichts kosten, nur dann kann ich mir solche Probleme zulegen! Ansonsten bin ich doch froh, dass ich mich ernähren kann! Und das Lebensmittel auch wertschätze!

In beiden Zitaten wird die Ansicht der Befragten deutlich, »der« Verbraucher befinde sich in einer Überflussgesellschaft, habe mit keinerlei existenziellen Versorgungsproblemen mehr zu kämpfen – sowohl F. A. als auch H. D. verweisen in Analogie zu den Ausführungen Hirschfelders auf Hunger- und Mangelerfahrungen in der Vergangenheit – und schaffe sich daher seine »Wohlstandsprobleme« selbst. Während die Landwirte und Landwirtinnen für ihren Wunsch nach Anerkennung also weiterhin den Maßstab der erbrachten Leistung anlegen, werden

---

12 Gunther Hirschfelder, Barbara Wittmann, »Was der Mensch essen darf« – Thematische Hinführung, in: Hirschfelder, Ploeger, Rückert-John, Schönberger, Mensch essen, 1–18, hier 6 f.

neue Anerkennungs-Maßstabe ethischen und nachhaltigen Wirtschaftens von der Berufsgruppe kaum erkannt. Bei der Befragung gingen die Interviewpartner und Interviewpartnerinnen stattdessen immer wieder auf strenge Lebensmittelkontrollen ein, die Sicherheit für die Verbraucher gewährleisten würden und im Vergleich zu anderen Ländern in Deutschland sorgfältig behördlich überprüft würden. Zwar werden die Sicherheit von Lebensmitteln und die Einhaltung von Hygienestandards in der BRD auch von wissenschaftlichen Studien kaum angezweifelt,[13] allerdings sieht die Nahrungsforschung die Grundlage der consumer confusion, also Verbraucherverunsicherung, hauptsächlich in Zusammenhängen von Globalisierung und einer zunehmenden Desorientierung in Zeiten schnellen Wandels durch Digitalisierung und Flexibilisierung sozialer Lebenswelten begründet.[14] Stephan Gabriel Haufe geht davon aus, dass diese Verunsicherungen seit der BSE-Krise mit Ursprung in den 1990er Jahren zugenommen haben, weshalb Angaben von Herkunft und Produktionsweisen an Bedeutung gewonnen hätten.[15] Dass politisch-institutionalisierte Sicherheitssysteme den vorhandenen Vertrauensverlust auf Verbraucherseite nicht aufzufangen vermögen, erklären Ermann et al. als »Reaktion auf die Globalisierung der Lebensmittelversorgung und aus dem Wunsch nach überschaubaren Strukturen, der sich oftmals gerade nach medial aufbereiteten Lebensmittelskandalen breitmacht […].«[16]

Die Befragten zeigten grundsätzlich ein ambivalentes Verhältnis in Bezug auf ihren Stellenwert als Nahrungsversorger: Während Kritik an der Intensivtierhaltung einerseits häufig mit dem Argument zurückgewiesen wurde, für den Markt zu produzieren, also lediglich den herrschenden Bedarf zu decken und damit den Wünschen der Konsumenten zu folgen, ordneten zahlreiche Landwirte und Landwirtinnen die bestehende Auswahl andererseits als überfordernd für die Verbraucher ein, welche sich innerhalb einer »Überflussgesellschaft« nicht mehr zurechtfänden und die Qualität der Lebensmittel nicht mehr zu schätzen wüssten. Hier wird eine Entfremdungs-Wahrnehmung deutlich, die

13 Vgl. etwa Christian H. Henning, Lebensmittelqualität heute – Perspektiven und Chancen für die moderne Landwirtschaft, in: Vorträge zur Hochschultagung 2002 der Agrar- und Ernährungswissenschaftlichen Fakultät der Christian-Albrechts-Universität zu Kiel. Kiel 2002, 25–37 oder Folkhard Isermeyer, Ilona Ruhnau, Lebensmittelqualität und Qualitätssicherungssysteme. München 2004.

14 Vgl. hierzu ausführlich Gunther Hirschfelder, Markus Schreckhaas, Qualität – eine variable Größe?, in: Journal of Consumer Protection and Food Safety 1/12, 2016, 17–22; doi:10.1007/s00003–016–1072-y; Hirschfelder, Franken, Politik, sowie Gunther Hirschfelder, Barbara Wittmann, Zwischen Fastfood und Öko-Kiste. Alltagskultur des Essens, in: Praktisch-theologische Quartalsschrift 2/162, 2014, 132–139.

15 Vgl. Stephan Gabriel Haufe, Die Standardisierung von Natürlichkeit und Herkunft, in: Susanne Bauer, Christine Bischoff, Stephan Gabriel Haufe, Stefan Beck, Leonore Scholze-Irrlitz (Hrsg.), Essen in Europa. Kulturelle »Rückstände« in Nahrung und Körper. Bielefeld 2010, 65–88.

16 Ermann, Langthaler, Penker, Schermer, Agro-Food Studies, 52.

sich in einer Selbstverständlichkeit voller Supermarktregale spiegele, ohne dass sich die Verbraucher über die Herkunft der Produkte im Klaren wären. Anstelle den Bauern für die Bereitstellung der Lebensmittel dankbar zu sein, so die Ansicht vieler Interviewpartner und Interviewpartnerinnen, wird ihre Arbeit mit fehlendem Respekt quittiert. Hierzu H. A., Inhaber einer Mastschweinehaltung:

Also ... und ich sage mal, der Standard ist ja hoch in Deutschland. Es wird ja alles kontrolliert. Wir sind bei QS[17] dabei. Man muss diese Standards eh einhalten. Und ... was mich da ärgert, was mich wirklich ärgert, das ist halt, wenn den Bauern unterstellt wird, ja ... also ... als wie, wenn wir keinen Wert nicht legen würden, dass wir etwas Gutes produzieren! Also das beleidigt mich eigentlich in meiner Ehre muss ich sagen. Und eben auch der Punkt, den meine Frau gesagt hat, dass man eben eigentlich jeden Tag dahinter sein MUSS, also ich kann nicht zwei Wochen fortfliegen und sagen: So, jetzt interessiert es mich einmal nicht. Weil das läuft ja immer weiter.

Der Interviewpartner übt hier explizit nationale Kritik an einer deutschen Gesellschaft, die – anstatt die hohe Qualität ihrer Produkte zu schätzen – die Herkunft der Lebensmittel hinterfrage. Mit Ehre greift der Interviewpartner einen kulturhistorisch prägnanten Begriff auf – bereits in der Antike bekannt, differenzierte sich das Konzept der Ehre vor allem in der ständischen Gesellschaft des Mittelalters weiter aus, in der auch dem Stand der Bauern Ehre zugeschrieben wurde, allerdings gering angesetzt: Während Bauern einerseits für ihre Leistungen als »Nährstand« Ehre zukam, galt »Bauer« für die höheren Schichten zumeist als Synonym für Ungebildetheit und Tölpelhaftigkeit.[18] Dagmar Burkhardt definiert:

Die Partizipation eines Menschen an Werten als Begründung für seine Ehr-Würdigkeit und die von den Mitmenschen geschuldete Anerkennung dieser Ehrwürdigkeit als Instrument zur Erlangung eines adäquaten sozialen Status bilden die Konstanten oder, anders gesagt, die kategoriale Struktur des Phänomens.[19]

Der Interviewpartner bezieht sich im Zitat auf einen beruflichen Stolz bzw. eine Berufsehre, bezüglich derer ein Ausbleiben dieser »von den Mitmenschen geschuldete[n] Anerkennung« festgestellt wird, was wiederum die kontinuierlich als roter Faden auftretende Marginalisierungs-Wahrnehmung der Intensivtierhalter und -halterinnen verdeutlicht, denn, wie Honneth formuliert, »aus sozialer Wertschätzung, also der gesellschaftlichen Anerkennung individueller Leistungen, resultiert Selbstwertgefühl.«[20]

---

17 »QS« steht für Qualität und Sicherheit und ist ein deutsches Prüfsystem zur Lebensmittelkontrolle.
18 Vgl. Dagmar Burkhart, Eine Geschichte der Ehre. Darmstadt 2006, 36 ff.
19 Ebd., 28.
20 Axel Honneth, Kampf um Anerkennung. Zur moralischen Grammatik sozialer Konflikte. Frankfurt a. M. 1994, 211.

Gesellschaftliche Anerkennung bindet sich im Feld der Landwirtschaft allerdings im Zuge kultureller Transformationsprozesse längst nicht mehr an Effektivitätssteigerung, sondern an ökologische und nachhaltige Produktionsweisen – das Dilemma der Interviewpartner und Interviewpartnerinnen besteht darin, sie hierfür allerdings weiter einzufordern und innerlandwirtschaftlich eben doch als Anerkennungs-Maßstab zu setzen. Häufig im Material zu finden ist daher der paradoxe Verweis auf die Notwendigkeit einer »Massenproduktion« zur Erzeugung der nachgefragten tierischen Lebensmittel, welcher den Interviewpartnern und Interviewpartnerinnen ganz klar als Rechtfertigungsstrategie dient, während an anderer Stelle eben gerade der daraus resultierende ökonomische Druck durchaus als problematisch erkannt wird. I. Ä. und I. E., die beim Bau ihres Mastschweinestalls mit einer langjährigen Protestaktion konfrontiert waren, bemerken:

> I. E.: Weil die Leute ... und die wissen auch nicht, wie ... das ist kein Geheimnis, 50 Kilo isst der Deutsche Schweinefleisch im Jahr. Und wenn ich eine Sau schlachte, hat die 100 Kilo. Also essen zwei Leute eine Sau im Jahr. Aber das weiß halt keiner! Wenn dann wir für 500 Schweine bauen – ja das sind Unmengen!
> I. Ä.: Wenn man ihnen dann erklärt, dass man alleine für F. [Stadtname] 6.000 Mastplätze braucht, dass man das versorgen kann, das ist ... und es hat da auch keiner eine Vorstellung. Wir haben dann einmal gesagt: Ja wenn Sie von P. nach D. bis zur Autobahn, dann fahren Sie an 5.000 Schweinemastplätzen vorbei. Hat keiner eine Vorstellung davon!

Tatsächlich ist die Menge des in Deutschland jährlich verzehrten Schweinefleisches etwas niedriger und liegt ca. bei 35,8 Kilo, allerdings subsummiert sich der gesamte Verbrauch nach Addition der Nahrung für gehaltene Haustiere auf fast 50 Kilo.[21] I. Ä. bezieht sich in seiner Argumentation auf die Kleinstadt F., in welcher er gemeinsam mit I. E. und einem weiteren Berufskollegen einen Hofladen betreibt und bei deren Bevölkerung trotz ländlicher Prägung ebenfalls »keiner eine Vorstellung« von den für die Versorgung benötigten Tiermengen besitze – die angenommene Entfremdungsebene zwischen konsumierenden Verbrauchern und produzierenden Landwirten und Landwirtinnen wird nicht nur im urbanen, sondern auch ländlich geprägten Raum deutlich sichtbar.

Parallel offenbart sich aus den Rechtfertigungen durch die eigene Versorgungsleistung die Ambivalenz der diesbezüglichen Positionierungen auf Seiten der Interviewpartner und Interviewpartnerinnen: Während die »Wohlstandsprobleme« der »Überflussgesellschaft« einerseits als Kritik einer weitestgehend

---

21 Angaben vgl. Statista. Das Statistik-Portal, Pro-Kopf-Konsum von Schweinefleisch in Deutschland in den Jahren 1991 bis 2017 (in Kilogramm). URL: https://de.statista.com/statistik/daten/studie/38140/umfrage/pro-kopf-verbrauch-von-schweinefleisch-in-deutschland/ (18.12.2018).

als ahnungslos klassifizierten Bevölkerung, der es an Dankbarkeit gegenüber den Produzenten mangele, zurückgewiesen werden, erfolgt andererseits eine Verteidigung der eigenen Wirtschaftsweise unter Bezugnahme auf eben jene »Überflussgesellschaft«, die eine Haltung großer Tierbestände erforderlich mache. Die negative Fremdpositionierung der – überspitzt formuliert – als verwöhnt angesehenen Verbraucher dient damit gleichzeitig einer positiven Selbstpositionierung, welche darin besteht, zur Versorgung dieser anspruchsvollen Konsumenten beizutragen.

Nicht Einmischen! Produktionsentfremdung als Defensivargument

Dass Landwirte und Landwirtinnen sich als randständige Berufsgruppe einordnen, deren Arbeitsweisen der eigenen Wahrnehmung nach für den Großteil der Bevölkerung eine Blackbox darstellen – hier nach Luhmann'scher Definition verstanden als uneinsehbarer Raum, dessen Komplexität nach außen hin vereinfacht und dessen innere Logik nicht verstanden wird[22] –, wurde in der Vergangenheit immer wieder als Ergebnis verschiedener agrarsoziologischer Untersuchungen erörtert.[23] Zwar folgt die vorliegende Studie keinem systemtheoretischen Ansatz, gleichwohl weist die Perspektive der Interviewpartner und Interviewpartnerinnen selbst durchaus Parallelen zur Logik abgeschlossener Systeme auf, indem sie bäuerliche Tätigkeiten als das für die übrige Bevölkerung »ganz Andere« konstruieren, was für die Landwirte und Landwirtinnen vor allem auf einer gesellschaftlichen Entfremdung von Produktionsprozessen und damit »der« Natur basiert:

I. F.: Liegt aber hauptsächlich daran, dass die halt vollkommen den Bezug verloren haben. Also, die … Ich meine, 90 Prozent in Deutschland wissen wahrscheinlich ja nicht wie ein Schweinestall von innen aussieht. Oder wahrscheinlich deutlich mehr noch. Und dann sind die … Ich meine, man hat die wahrscheinlich auch jahrelang ausgesperrt sage ich mal. Dachten: ›Ah, die lassen uns unsere Ruhe. Wir machen das so wie wir das wollen in der Landwirtschaft.‹ Hat ja auch Jahrzehnte eigentlich ganz gut geklappt, weil die Leute hatten andere Sorgen oder […]. Und jetzt sind die

---

22 Vgl. Niklas Luhmann, Politische Theorie im Wohlfahrtsstaat. München/Wien 1981, 52 ff.

23 Die Untersuchungen von Hans Pongratz zielen hierunter ebenso wie etwa Burkart Lutz, Die Bauern und die Industrialisierung. Ein Beitrag zur Diskontinuität der Entwicklung industriell-kapitalistischer Gesellschaften, in: Johannes Berger (Hrsg.), Die Moderne – Kontinuitäten und Zäsuren. Göttingen 1986, 119–137; zusammenfassend Uekötter, Wahrheit, 385 ff. und bereits aus den 1970er Jahren mit einem Fokus auf einer Konkurrenzsituation der Landwirte gegenüber dem als bevorteilt empfundenen Industrieausbau Joachim Ziche, Das gesellschaftliche Selbstbild der landwirtschaftlichen Bevölkerung in Bayern. Eine empirische Untersuchung. Bayerisches Landwirtschaftliches Jahrbuch 2/47. München 1970.

halt wahnsinnig überrascht, wenn die dann so einen Geflügelmaststall oder einen Schweinemaststall oder eine Sauenhaltung von innen sehen. Und dann, ja. Und dann haben sie vielleicht doch noch irgendein uraltes Bild im Kopf. Und sagen: ›Also, da war das ja besser.‹

Landwirt F., Inhaber eines Schweinemastbetriebes, bilanziert, die Bevölkerung habe »vollkommen den Bezug verloren«, veraltete und verklärte Bilder einer als heil wahrgenommenen Vergangenheit im Kopf und daher keine realistische Vorstellung von den Produktionsweisen in den Intensivtierställen. Dafür macht er seine eigene Berufsgruppe verantwortlich, welche die Gesellschaft bei der Modernisierung der Landwirtschaft in den vergangenen Jahrzehnten nicht mitgenommen habe – diese Kritik wurde von mehreren Interviewpartnern und Interviewpartnerinnen gerade auch in Richtung eines nach außen hin verschlossen agierenden Bauernverbandes geäußert. Die Befragten erzählten bei der Erhebung immer wieder von einzelnen Erlebnissen, die in anekdotenhaftem Charakter dazu dienten, in der nicht-landwirtschaftlichen Gesellschaft vorherrschende Ahnungslosigkeit in Bezug auf Natur, Tierhaltung und bäuerliche Tätigkeiten darzulegen. So geben Herr und Frau T. Erfahrungen auf einem Nachbarbetrieb weiter:

F.T.: Eine andere von K. unten, die hat Legehennenhaltung. Und die hat Ab-Hof-Verkauf. Und die hat dann auch einmal gesagt, es ist so irr, wie die Leute denken. Die kommen und sind zum ersten Mal zum Eierkaufen gekommen und haben ... hat dann gefragt: ›Ja, wie ist das jetzt bei Ihnen? Sind bei Ihnen die Hühner auch noch angekettet?‹
I.: Angekettet?
H.T.: Angekettet.
F.T.: (lacht)
H.T.: Die hat dieses Anbindeverbot oder Anbindehaltung der Kühe hat die auf die Hühner übertragen. (Gelächter) [...] Wird alles zusammengemischt. Und ... wie in einer großen Waschmaschine, alles drum rum und dann kommt irgendwas raus und dann, dann denkst du dir oft: Warum arbeiten die jetzt so dagegen? Weil du gar nicht weißt, was für einen Wissensstand dass die haben. Wir müssen die Leute wieder abholen irgendwo.
F.T.: Die sind Kindergartenniveau. Ganz unten.

Ob sich die Erzählung tatsächlich so abgespielt hat oder es sich hier um eine Art urban legend[24] innerhalb der landwirtschaftlichen Community handelt, spielt letztlich für die Untersuchung keine Rolle: Ihre Funktion besteht darin, das angenommene »Kindergartenniveau« der Verbraucher zu exemplifizieren und Kritik an der Intensivtierhaltung nicht auf verbesserungswürdige Bedin-

---

24 Als urban legends oder auch moderne Sagen werden innerhalb der kulturwissenschaftlichen Erzählforschung breit transportierte Geschichten bezeichnet, deren Ursprung nicht mehr identifiziert werden kann und die meist skurrilen Inhalts sind. Vgl. Brednich, Spinne.

gungen, sondern ein *Entfremdungs- und damit letztlich Kommunikationspro-blem* zurückzuführen. I. Ä. berichtet von einem ähnlichen Erlebnis bei der Ackerbewirtschaftung:

I. Ä.: Wir sind heuer beim Mais, Güllefahren, also vor'm Mais, sind wir gefragt worden, ist ein Spaziergänger gekommen und wir fahren da mit Güllefahrzeug und Zubring-fass. Und ich war mit dem Zubringfass am Weg gestanden, dann ist der gekommen, dann sagt er: ›Ich hätte mal eine Frage. Was transportieren Sie in dem Tank?‹ Dann sage ich: ›Gülle.‹ ›Ja und wie bringt diese Maschine die Gülle aus dem Acker in den Tank?‹ (lachen)
I.: Oh Gott. Da kann man ja fast schon nicht mehr lachen.
I. Ä.: Ja, aber das ist … Das ist Alltag! Da sieht man dann jedes Mal, wie weit die Leute davon weg sind.

Der Spaziergänger, welcher annimmt, die Gülle komme aus dem Acker anstatt sie auf ihn auszubringen, steht beispielhaft für mehrere Erzählungen von Interview-partnern und Interviewpartnerinnen, die ein erhebliches Unwissen auf Seiten der nichtlandwirtschaftlichen Bevölkerung und einen weit fortgeschrittenen Entfremdungsprozess zwischen Konsumtion und Produktion abbilden. Diese Entfremdung ist für die Befragten wiederum Ursache dafür, dass skandalisierte Berichterstattungen sowie die von Tierschützern gezeigten Bilder als glaubhaft und repräsentativ eingeschätzt werden, da eine Erfahrungsebene mit landwirt-schaftlichen Abläufen nicht mehr vorhanden ist. Auch an dieser Stelle zeigt sich die Bedeutung der Wissensweitergabe – da eigenes Wissen nach Einschätzung der Intensivtierhalter und -halterinnen bei den Verbrauchern nicht vorhanden ist, wird dieses durch medial transportierte Informationen ersetzt, deren Reali-tätsgehalt mangels eigener Einsichten nicht falsifiziert oder verifiziert werden kann. Aus Sicht der Interviewpartner und Interviewpartnerinnen entsteht so eine lenk- und beeinflussbare Bevölkerung mit erheblichen Vorbehalten gegen-über dem eigenen Beruf:

F. X.: Und da draußen auf der Höhe sind die … unsere Feldwege, auch einfach Radfahr-wege gewesen. Wenn du da jetzt Sonntag drischt und du leerst auf dem Feldweg aus oder was …, also dann befüllst du den Wagen, dann kommt eine Familie mit Kindern und regt sich auf, dass da jetzt der Hänger mitten im Weg steht. Oder so. Verstehen Sie das? So was hat es vor fünf Jahren noch nicht gegeben. Das ist, das nimmt extrem zu finde ich.

I. N.: So ein Machtkampf, so ein Streit. Das ist halt a so, früher waren die Leute noch einfacher, war noch eher der Bezug zur Landwirtschaft. Weil aus jedem Hof raus die Söhne oder die Töchter, wo halt weggeheiratet haben, die sind halt in die Siedlung gezogen und DIE Kinder haben keinen Bezug mehr. Und die werden dann a so.

Berichte zu Auseinandersetzungen mit Spaziergängern, Radfahrern oder ander-weitigen Nutzern landwirtschaftlicher Wege und Flächen bildeten im Material häufige Erzählungen – sie sind aus der Perspektive der Befragten ein weiterer

Mosaikstein im von fortgeschrittenem Zerfall bedrohten Landwirtschafts-Ge-
sellschafts-Bild. Es entstehen Nutzungskonflikte um den ländlichen Raum, bei
denen Ansprüche an eine naturnahe Freizeitgestaltung mit Technikeinsatz und
Produktion kollidieren. Dabei fällt auf, dass in den Zitaten immer wieder ein
Vergangenheitsbezug hergestellt wird – der Respekt vor dem Beruf des Bauern
sei vor einigen Jahren bzw. Jahrzehnten noch höher gewesen. Dieser Sichtweise
muss aus den Ergebnissen der Forschung heraus widersprochen werden, denn die
selbst empfundene gesellschaftliche Abwertung und marginalisierte Rolle taucht
seit dem Zweiten Weltkrieg in fast sämtlichen Studien zu landwirtschaftlichen
Selbstbildern auf und bildet ein ständiges Kontinuum: Während in den 1960er
und 70er Jahren vor allem auf eine Bevorzugung der Industrie und städtischen
Arbeiterschaft gegenüber der ländlichen Bevölkerung fokussiert wurde, kam
in den 1980ern das Thema Umweltzerstörung durch Pestizideinsatz und konventionelle Betriebsführung hinzu,[25] gegenwärtig kulminierend angesichts der
Diskussionen um Klimawandel und Tierschutz und stets begleitet vom kontinuierlichen Rauschen des »Höfesterbens«. Das Argument sowohl der gegenseitigen
Entfremdung als auch der Entfremdung von »der« Natur findet sich bereits seit
der Industrialisierung und Verstädterung im 19. Jahrhundert, wurde damals
aber weniger von Landwirtschaftsseite als der städtisch-bürgerlichen Schicht
selbst vorgebracht.

Unter den Interviewpartnern und Interviewpartnerinnen schließt hieran unmittelbar das Argument der Unwissenheit und Ahnungslosigkeit außerlandwirt-
schaftlicher Betrachter an. Es dient den Landwirten und Landwirtinnen dabei
nicht nur als Ausdruck der Enttäuschung über diesen Prozess, sondern bildet
erzählstrategisch zugleich die Grundlage für eine Abwehr der Einmischung
von außen: Wer keinen Bezug mehr zu »natürlichen« Produktionsabläufen und
Landwirtschaft hat, so die Logik, ist daher auch nicht zu deren Kritik befähigt.
Hierzu finden sich zahlreiche historische Parallelen, die ein Überdauern dieser
Argumentation belegen. So war in der Zeitschrift »Deutsche Geflügelwirtschaft
und Schweineproduktion« von 1980 zu lesen:

›Es wäre interessant zu wissen, wieviele Pseudo-Grüne, Grasgrüne, Grünschnäbel,
Mund- und Schreibtischwerker ihre akademischen Nasen in unsere Angelegenheiten
stecken.‹ Bald würden sich so viele Leute mit der Landwirtschaft beschäftigen, wie
überhaupt in ihr beschäftigt sind.[26]

Auch in meiner Studie herrschten erhebliche Vorbehalte gegenüber einer »Einmischung« von außen, die durch das Betonen des fehlenden Fachwissens und
Naturbezugs auf Seiten der Kritiker und der Gesellschaft legitimiert werden:

---

25 Vgl. Pongratz, ökologische Diskurs, und Münkel, Uekötter, Bild des Bauern.
26 BBV, »Bauernstand wird zum Freiwild für Träumer und Halbwissende«. Rubrik Im
Blickpunkt, in: Deutsche Geflügelwirtschaft und Schweineproduktion 13, 1980, 311.

V. St.: Oder wie ich letztes Jahr in einer Versammlung war, da hat einer gesagt, in unserer Gesellschaft ist das Problem, wir haben 98 Prozent Agrarexperten und zwei Prozent Landwirte. Das hat er so ein bisschen provoziert. Und so ähnlich ist das schon bald.

Ein weiterer Interviewpartner äußerte sich im fast selben Wortlaut – es gebe zwei Prozent Landwirte und 98 Prozent Experten –, so dass davon ausgegangen werden kann, dass es sich hierbei um eine innerhalb der Berufsgruppe breiter transportierte Narration handelt, vermutlich weitergegeben durch innerfachliche Veranstaltungen, den Bauernverband oder landwirtschaftliche Zeitschriften. Verwiesen wurde durch die Befragten immer wieder auf die eigene Kompetenz, erworben durch eine fundierte Ausbildung und umfangreiche Arbeitserfahrungen, welche es ihnen erlaubten, selbst am besten einschätzen zu können, wie Landwirtschaft betrieben werden sollte. Als erzählerisches Motiv griffen die Interviewpartner und Interviewpartnerinnen hierzu häufig Vergleiche mit anderen Berufsgruppen auf:

H. C.: Ja, aber ich weiß nicht, es ist das Problem, das ist … in unserer ganzen Landwirtschaft ist es mittlerweile so, dass jeder sich besser auskennt wie wir, die das machen. Es wird keinem Schreiner ständig reingeredet, wie der sein Brett hobeln oder bohren soll, aber die Landwirtschaft, da weiß jeder …

Das Erzählmuster des Vergleichs dient hier dazu, »Deutungen und Gefühle über die soziale Ungleichheit«[27] zu artikulieren: »Die elementarste Form der Wahrnehmung ist der Vergleich. Die Situation eines anderen stellt immer den greifbarsten Maßstab der eigenen sozialen Lage dar […].«[28] H.C., der einen Schweinemastbetrieb und zugleich eine Gastwirtschaft mit teils aus eigener Produktion stammenden Lebensmitteln betreibt, geht hier auf das Handwerk ein, dem im Gegensatz zu den Landwirten und Landwirtinnen niemand Außerfachliches die Befähigung streitig machen würde – er blendet dabei allerdings auch aus, dass die Herstellung eines Tisches weit weniger gesamtgesellschaftliche Belange betrifft, als Auswirkungen der landwirtschaftlichen Produktion auf Klima, Umwelt und Ressourcen. Landwirtschaft wird hier zum alleinigen Hoheits- und Deutungsfeld der in ihr tätigen Akteure positioniert – eine in den Interviews häufig zu findende Defensivstrategie. Dabei beziehen sich die Interviewpartner und Interviewpartnerinnen stets auf die Verlässlichkeit der Ausbildung zum Landwirtschaftsgesellen und -meister oder des Agrarwissenschaftsstudiums, welche umfangreiches Wissen zum Umgang mit Boden, Tieren und Umwelt bereitstellen würden. Die Infragestellung der Intensivtierhaltung von außen verorten die Befragten als Angriff auf die eigene Befähigung, was

---

27 Sighard Neckel, Blanker Neid, blinde Wut? Sozialstruktur und kollektive Gefühle, in: Leviathan 2/27, 1999, 145–165, hier 145.
28 Ebd.

wiederum als die berufliche Identität gefährdendes Moment abgewehrt wird. Eigener Naturbezug sowie Ausbildungs- und praktische Erfahrungskompetenzen werden daher immer wieder sowohl zur positiven Selbstpositionierung als auch als Momente der Selbstermächtigung gegenüber reinen »Theoretikern« herangezogen. Dazu kommt, dass Angriffe auf die eigene Wirtschaftsweise ebenso wie behördliche Kontrollen und Regulierungen aus der eigenen Betroffenheit heraus als singulärer wahrgenommen werden, als sie eigentlich sind. Ob etwa das häufig zum Vergleich herangezogene Handwerk tatsächlich weniger mit bürokratischen Strukturen und Vorgaben, damit also einer »Einmischung« von außen konfrontiert ist, lässt sich angesichts einer Fülle von EU- und bundesdeutschen Reglementierungen zumindest bezweifeln, ebenso wie auch die häufig für Vergleiche herangezogene Automobilindustrie in Zeiten von Klimawandel- und Ökologiediskursen zu einem öffentlich thematisierten und kritisierten Wirtschaftsfeld[29] geworden ist.

Maß statt Masse? Zur Akzeptanz von Fleischreduktion

Die Ausdifferenzierung verschiedener Ernährungsstile, welche aufgrund ihrer Reichweite in die individuelle Alltagskultur hinein als wichtiger Bestandteil der gegenwärtigen pluralen Lebensstilgesellschaft gewertet wird, bildet sich besonders prägnant im Bereich des Verzichts ab:

An der Frage nach der richtigen, gesunden Ernährung scheiden sich die Geister inzwischen ebenso stark wie noch im 20. Jahrhundert an den Gegensatzpaaren rechts oder links, ost oder west. Chicken-Nuggets verzehrende Stammkunden bei McDonalds bilden zu strengen Öko-Veganern in etwa einen so starken Kontrast wie in den 1960er Jahren Anhänger der Hippie-Bewegung gegenüber konservativen Bürgerlichen.[30]

Der Begriff des Lebensstils fand bereits zu Anfang des 20. Jahrhunderts durch Max Weber, später vor allem Theodor W. Adorno und Pierre Bourdieu Eingang in soziologische Theorien, seit der Jahrtausendwende wird das Konzept vermehrt verwendet, um den Unterschied zwischen einer »nivellierten Mittelstandsgesellschaft«, wie sie Helmut Schelsky für die Gesellschaft nach dem Zweiten Weltkrieg definierte,[31] und einer zunehmenden Segmentierung und Vervielfältigung, die nicht mehr primär entlang Schichten-Linien, sondern Freizeitgestaltung und Konsumverhalten verläuft, zu beschreiben. Der Soziologe Rudolf Richter sieht die Lebensstilgesellschaft in seinem gleichnamigen Werk als prägend für

---

29 Vgl. bspw. Jack Ewing, Wachstum über alles. Der VW-Skandal. Die Personen. Die Technik. Die Hintergründe. München 2017.
30 Hirschfelder, Wittmann, Fastfood, 132.
31 Vgl. Braun, Schelsky.

die Postmoderne und kategorisiert nach Distinktionsfunktionen, die der Abgrenzung verschiedener Gruppen dienen.[32]

Angesichts der gesellschaftlichen Debatten um die Zukunft der Ernährung haben Vegetarismus und Veganismus in den letzten Jahren zunehmend Aufmerksamkeit erfahren, was sich sowohl in der öffentlichen Thematisierung als auch dem Anstieg der Zahlen bemerkbar macht. Alexandra Rabensteiner verortet in ihrer Untersuchung zur medialen Aushandlung von Fleisch einen Höhepunkt und damit auch Ausgangspunkt der Konjunktur 2011, was sie auf die in diesem Jahr erfolgte Übersetzung von Jonathan Safran Foers Bestseller »Eating animals« ins Deutsche und Karen Duves ebenfalls 2011 erschienenes »Anständig essen« zurückführt – in beiden Werken wird ganz zentral auf Veganismus als ethisch fundierteste Ernährungsweise eingegangen. Nach Erscheinen der Bücher sei die mediale Berichterstattung zu Veganismus signifikant angestiegen.[33] Während sich die Ursprünge des Vegetarismus bis in die Antike zurückverfolgen lassen und dieser im Verlauf des 20. Jahrhunderts verschieden starke Konjunkturen durchlaufen hat – etwa mit der Lebensreformbewegung oder der Ökologie-Bewegung der 1970er und 80er Jahre –, geht der Veganismus aus dieser Bewegung hervor und konstituiert sich durch den Verzicht auf jegliche tierische Produkte von Leder und Wolle bis hin zu Milch, Eiern und Fleisch.[34] Die Zahlen zu Vegetarismus und Veganismus differieren je nach Untersuchung[35] – gesichert kann jedoch auch bei vorsichtigen Schätzungen davon ausgegangen werden, dass sich der Anteil der Ernährungsstile in den letzten Jahren stark erhöht hat: Während die Nationale Verzehrstudie noch 2008 von ca. 80.000 Veganern spricht, wird ihre Anzahl heute zwischen einer halben und 1,3 Millionen verortet.[36]

Wissenschaft und Tierschutzverbände machen immer wieder darauf aufmerksam, dass der derzeitige Konsum und die gleichzeitig geforderten Veränderungen in der agroindustriellen Produktion nicht vereinbar seien: So werden unter Miteinbeziehung der benötigten Futtermittelressourcen für die Fleischproduktion in Deutschland gegenwärtig über 8 Millionen Hektar Fläche benötigt,

---

32 Vgl. Richter, Lebensstil, und Katschnig-Fasch, Lebensstil.

33 Vgl. Rabensteiner, Fleisch, 76 f.

34 Vgl. Hans-Jürgen Teuteberg, Zur Sozialgeschichte des Vegetarismus, in: Vierteljahrschrift für Sozial- und Wirtschaftsgeschichte 81, 1994, 33–65.

35 Der proveg (ehem. Vegetarierbund Deutschland) spricht 2020 von 1,3 Millionen Veganern. Vgl. proveg-Deutschland, Anzahl der vegan und vegetarisch lebenden Menschen in Deutschland. URL: https://proveg.com/de/ernaehrung/anzahl-vegan-vegetarischer-menschen/ (18.07.2020).

36 Vgl. BMEL, Max Rubner-Institut (Hrsg.), Nationale Verzehrstudie II: Wie sich Verbraucher in Deutschland ernähren. Karlsruhe 2008. URL: https://www.bmel.de/DE/Ernaehrung/GesundeErnaehrung/_Texte/Nationale Verzehrsstudie_Zusammenfassung.html (18.12.2018) sowie ebd.

was etwa der Größe Österreichs entspricht.[37] Auf globaler Ebene sind circa ein Drittel der Erdoberfläche für tierische Produktion genutzt, worunter Ackerfläche für den Futteranbau ebenso wie Stall- und Weideflächen zählen. Hierzu trug auch der Anstieg der Nachfrage in Schwellenländern wie China und Brasilien bei.[38] Zwischen 1970 und 2009 hat sich die Fleischproduktion weltweit von 100 auf knapp 300 Millionen Tonnen verdreifacht.[39] Die Mehrzahl der zitierten Studien spricht sich angesichts dieser Größen und der daraus resultierenden Ressourcenproblematiken für eine starke Reduzierung des Fleischkonsums der westlichen Länder aus. Die dennoch anhaltende Wirkmächtigkeit von Fleisch als kultureller Konstante thematisieren Gunther Hirschfelder und Karin Lahoda als historische Verankerung des »Tiere Essens«[40] und knüpfen an Manuel Trummers Thesen an, der die Ambivalenz zwischen medialen Skandalisierungen und zwar kontinuierlich, aber nur langsam sinkendem Fleischverbrauch damit erklärt, dass gerade bei den über Jahrhunderte hinweg als besonders wertig, da schwer verfügbar geltenden tierischen Produkten »besonders mächtige und lang dauernde kulturelle Traditionen«[41] prägend sind.

Die Befragten reagierten gegenüber einem von verschiedenen NGOs und Aktivisten öffentlich geforderten »Weniger« an Fleischkonsum[42] grundsätzlich nicht ablehnend, was zunächst paradox erscheint, da ja im Kapitel zuvor herausgestellt wurde, dass sich gerade aus der Versorgung einer »Überflussgesellschaft« auch eine Legitimationsstrategie der eigenen Produktionsweise speist. An dieser Stelle werden daher abermals »Schlaglichter des Zweifels« deutlich, denn teilweise wurden negative Auswirkungen der derzeitigen Produktion und Konsumption auf menschliche Gesundheit und tierisches Wohl durch die Landwirte und Landwirtinnen selbst angesprochen und als problematisch eingestuft. Jedoch stand bei allen dementsprechenden Aussagen jeweils wieder – anhaltend kontinuierlich – der ökonomische Faktor im Vordergrund:

---

37 Vgl. Tanja Dräger de Teran, Unser Planet auf dem Teller, in: Hirschfelder, Ploeger, Rückert-John, Schönberger, Mensch essen, 345–362, hier 350.

38 Vgl. Henning Steinfeld, Harold A. Mooney, Fritz Schneider, Laurie Neville (Hrsg.), Livestock in a changing landscape. Vol. 1: Drivers, consequences and responses. Washington 2010.

39 Vgl. FAO, CountrySTAT: An integrated system for nutritional food and agriculture statistics. National technical conversion factors for agricultural commodities. Rom 2010.

40 Vgl. Hirschfelder, Lahoda, Tiere essen.

41 Manuel Trummer, Die kulturellen Schranken des Gewissens – Fleischkonsum zwischen Tradition, Lebensstil und Ernährungswissen, in: Hirschfelder, Ploeger, Rückert-John, Schönberger, Mensch essen, 63–79.

42 Vgl. hierzu etwa die verschiedenen Ausgaben des »Fleisch-Atlas« der Heinrich-Böll-Stiftung, Forderungen von Greenpeace, Veganismus- und Vegetarismus-Organisationen oder auch Haltungen der Partei Bündnis 90/Die Grünen, beispielsweise Heinrich-Böll-Stiftung, Le Monde Diplomatique, Bund für Umwelt und Naturschutz Deutschland (Hrsg.), Fleischatlas 2014. Berlin 2015; Greenpeace e. V., Gute Gründe, weniger Fleisch zu essen. Broschüre. Hamburg 2019.

I.: Und die Richtung, es muss wieder weniger werden eigentlich, die Tierzahl und dafür halt dann das Fleisch teurer oder der Verbraucher muss mehr zahlen?

J. St.: Haben wir kein Problem. Können wir sofort machen. Wenn der Verbraucher bereit ist, 50 Prozent mehr zu bezahlen, haben wir morgen 50 Prozent weniger. Wenn … wir wollen gar nicht so viel!

Fast parallel antwortet Interviewpartner N.:

I.: Und dass es dahingeht, weniger Tierzahlen und dafür aber teureres Fleisch?

I. N.: Ja, das wäre das Höchste. Das wäre uns das Liebste. Machen wir … dann wird das so gemacht. Dann machen wir halt mehr, tun wir halt weniger Viecher rein. Aber es kostet halt alles Geld.

Für beide Landwirte wäre eine Esskulturentwicklung hin zu zwar weniger Fleischkonsum, dafür aber einer höheren Entlohnung der Produzenten die als bestmöglich bewertete Veränderung. Deutlich wird diese Positionierung aber auch an Gesprächsstellen in Interviews, bei denen von mir nicht explizit zuvor eine dementsprechende Frage gestellt wurde, sondern die Landwirte und Landwirtinnen diese Option selbst anstießen, wie bei Mastschweine- und Masthuhnhalter H. R.:

H. R.: Ganz ein anderes Thema wieder, aber was schon sein muss: Der Fleischverbrauch muss sinken.

F. R.: Ja.

I.: Und das sagst du als Schweinehalter?

H. R.: Der muss sinken!

F. R.: Und der Preis muss steigen!

H. R.: Genau. Und dann passt es ja wieder. Dann habe ich für den Quadratmeter auch wieder das gleiche Geld.

F. R.: Das kann nicht sein, dass ein Giggerl für 2,99 oder so in der Ladentheke drin liegt. Das kann nicht sein.

H. R.: Also das ist eher die Lösung.

H. und seine Frau F. R. ergänzen sich hier dialogisch in Aussagen zur Notwendigkeit einer Preissteigerung von Fleischprodukten, während sie gleichzeitig einen sinkenden Verbrauch für notwendig erachten, was H. R. auch auf meine Nachfrage hin zu seiner scheinbar paradoxen Positionierung als Fleischerzeuger, der weniger Fleischverbrauch fordert, nochmals bekräftigt. Die Akzeptanz einer diesbezüglichen esskulturellen Umsteuerung fördert zugleich Aussagen zutage, die ein eigenes latentes Unbehagen der Intensivtierhalter und -halterinnen an problematischen Produktionsbedingungen deutlich werden lassen – also abermals als Momente der Irritation innerhalb der im Material prägnanten Abwehr- und Rechtfertigungsstrategien aufscheinen. Grundsätzlich fielen Antworten auf gesellschaftliche Vorwürfe zu Umwelt- und Tierhaltungsfragen an den explizit darauf abzielenden Stellen zumeist abwehrender aus, als sie unter Einbindung in anderen Kontexten wie etwa zu ökonomischen Fragestellungen erfolgten, was wiederum die Annahme der Positioning Theory, nach der Positionierungen stets als Reaktion *auf etwas*, also dialogisch ablaufen, unterstreicht. So geht etwa Interviewpartner I. K. auf Nachhaltigkeits- und Gesundheitsaspekte ein:

Und da muss ich sagen: Okay! Macht ja auch Sinn, weniger Fleisch zu essen. Wir essen zu viel Fleisch! Auch nachhaltig! Das ist … ist ja nicht richtig. Früher hat es ja aus … der Fleischkonsum ist ja nur nicht größer gewesen, weil die Menschen sich es nicht leisten haben können oder weil es das nicht gegeben hat. Jetzt gibt es diese Massenproduktion, jetzt gibt es dieses Fleisch, jetzt haut man sich das billigst rein. Ist aber wiederum für den Körper ungesund.

Zucht- und Mastschweinehalter I. Sch. malt das Bild eines »typische[n] Schweinefleischesser[s]«, den er als unbewussten und unreflektierten Konsumenten klassifiziert:

Also Bio-Schweine, ist super, aber der typische Schweinefleischesser ist ja der Letzte, wo vegan oder sich bewusst ernährt. Ich meine wirklich bewusst! Das ist einfach Realität, ich möchte ja nicht so viel Fleisch essen, wie der Durchschnitt bei uns isst. Das ist zu viel, ich meine, wenn man zum Frühstück schon zwei Leberkäsbrötchen reindreht. Da wird mir schlecht! Aber ich kann ja keinen zwingen, ne! Und wir bedienen den Markt und wenn der das fordert, dann bringen wir das. Und wenn der weniger fordert, werden wir das auch hinkriegen. Also weniger ist ja nicht das Problem, ich sage mal, wir können ja 30 Prozent weniger Schweine halten, wenn mir jemand das ausgleicht.

Der Landwirt kritisiert – ebenso wie die Gegner der Intensivtierhaltung – ein »zu viel« an Fleischkonsum, den er im Kontext seiner eigenen Ernährungsweise reflektiert. Auffällig ist, dass in keinem der untersuchten Interviews die Sinnhaftigkeit einer generellen gesellschaftlichen Fleischreduktion in Frage gestellt wurde – herrschten Zweifel, so sind sie auf die pessimistisch eingeschätzte Bereitschaft der Verbraucher zur preislichen Honorierung der Produkte gerichtet, nicht aber auf ein »Weniger« an tierischen Produkten per se. Dies knüpft an die für mich überraschend hohe Akzeptanz der Interviewpartner und Interviewpartnerinnen gegenüber vegetarischen Lebensweisen an, für die im Material immer wieder Verständnis geäußert wurde, während Veganismus überwiegend als »Extremform« fremdpositioniert und daher eher ablehnend bewertet wurde. Statt als Fleischproduzenten auf hohen Fleischkonsum zu hoffen, so die Bilanz der Untersuchung, gehen auch die Wünsche der Landwirte und Landwirtinnen in Richtung einer finanziellen Wertschätzung von »Maß statt Masse«, wie Bündnis 90/ Die Grünen – also eigentlich eine als Gegenseite klassifizierte Akteursgruppe – einen entsprechenden Richtungswechsel programmatisch überschrieb.[43]

---

43 Bündnis 90/Die Grünen, Fleisch in Maßen statt in Massen. 28.10.2015. URL: https://www.gruene-bundestag.de/ernaehrung/fleisch-in-massen-statt-in-massen-28-10-2015.html (15.03.2019).

Neben diesen Positionierungen zu einem sinkenden Fleischkonsum fand sich eine zweite von den Interviewpartnern und Interviewpartnerinnen häufig thematisierte Entwicklungshoffnung, nämlich die positive Bewertung von Regionalität. Dazu führt Putenhalter I. Ü. aus:

I.: Also es ist jetzt nicht so, dass euch das Sorgen macht, wenn man sagt, dass es weniger wird vielleicht?
I. Ü.: Nein. Wenn es weniger wird und eher dafür regionaler kaufen, ist es eigentlich besser danach.
I.: Also wäre eigentlich auch in eurem Sinne, dass es in so eine Richtung geht?
I. Ü.: Wenn es wirklich in die Richtung geht, ja. Wobei zum Beispiel regional glaube ich zum Beispiel schon, dass da … ich glaube, das erzählt er auch nicht bloß, der Verbraucher, ich glaube, dass er regional wirklich kauft. Weil er das mittlerweile schon verstanden hat, dass es halt einfach umweltmäßig schon besser ist.

Zur gestiegenen Bedeutung von Regionalität gerade im Zusammenhang und als Reaktion auf Globalisierungsprozesse schreiben Bernhard Tschofen und Sarah May, dass das »Spektrum […] von einer umwelt- und sozialethisch unterlegten Nachhaltigkeit bis zu einem räumliche Vielfalt ästhetisch zelebrierenden Feinschmeckertum«[44] reiche. Regionale Produkte würden vor allem deshalb stärker vermarktet und nachgefragt, weil sie »als Remedium einer als bedrohlich wahrgenommenen Globalität im Anschlag«[45] fungierten. Die befragten Landwirte und Landwirtinnen sahen in dieser Entwicklung eine Chance für eine Verbesserung ihrer Absatzmöglichkeiten, sprachen aber auch ökologische Aspekte wie Umweltschädigungen durch weite Transportwege an.

Dennoch überwiegende resignative und skeptische Haltungen der Landwirte und Landwirtinnen hinsichtlich einer höheren Wertschätzung ihrer Produktion rühren jedoch daher, dass grundsätzliche Esskultur-Entwicklungen, die in einem wachsenden Bewusstsein für ethisch motivierte und gesundheitsfokussierte Kaufentscheidungen liegen, für diese selbst bislang kaum zu spürbar positiven Auswirkungen geführt haben. Dies verdeutlicht ein genauerer Blick auf den deutschen Fleischmarkt, für den der Großteil der Interviewpartner und Interviewpartnerinnen mit Ausnahme der Legehennenbetriebe produziert. So meldete der Verband der deutschen Fleischwirtschaft für 2017 ein Umsatzplus von 15 Prozent für Bio-Fleischwaren – was zunächst nach einem großen Wachstum klingt, ist in Relation zum Gesamtfleischmarkt jedoch nur ein geringer Bruchteil: 1,3 Prozent des gesamten deutschen Absatzes im Wurst- und Geflügelbereich stammen aus biologischer Produktion, 3,2 Prozent des Schweine- und

44 Sarah May, Bernhard Tschofen, Regionale Spezialitäten als globales Gut. Inwertsetzungen geografischer Herkunft und distinguierender Konsum, in: Zeitschrift für Agrargeschichte und Agrarsoziologie 2, 2016, 61–75, hier 61.
45 Ebd., 68.

Rindfleischs.[46] Daher spielt Kritik der Interviewpartner und Interviewpartnerinnen am Verbraucherverhalten im Material eine permanente Rolle. I. K.
bemerkt:

Oder auch in punkto Ernährung. Ich kann schon übern Tag über Massentierhaltung
schimpfen, dann darf ich aber nicht zum McDonalds gehen, schauen, dass ich meine
Monopoly-Aufkleber vollbringe und dann schauen, dass ich dann über die Sofort-
gewinne meinen Hamburger, meine Chicken McNuggets und sonst noch was billig
oder geschenkt kriege.

Dass laut unterschiedlichen Umfragen[47] eine deutsche Bevölkerungsmehrheit
einerseits Fleisch aus »Massentierhaltung« ablehnt, was sich aber andererseits
wiederum nicht in den Absatzzahlen widerspiegelt, führt dazu, dass die befragten Landwirte und Landwirtinnen »den« Verbraucher als sprunghaft, widersprüchlich und letztlich vor allem unzuverlässig hinsichtlich möglicher Umstellungen auf Alternativkonzepte positionieren. Dieses von Melanie Joy im Zuge
ihrer Untersuchung zur Psychologie des Fleischessens als »kognitive Dissonanz«
bezeichnete Phänomen[48] beschreibt auch ein Team von Göttinger Agrarwissen-
schaftlern zum Zusammenhang von öffentlicher Aufregung und nur langsam
sinkendem Verzehr tierischer Produkte:

Insgesamt liefert die Studie Hinweise darauf, dass die modernen Haltungsbedingungen zwar von einem großen Bevölkerungsanteil als schlecht eingeschätzt werden, dies
aber nur bei einem kleineren Teil auch zu höheren Zahlungsbereitschaften oder redu-
ziertem Fleischverbrauch führt. Das Involvement ist in vielen Fällen nicht sehr stark
ausgeprägt, so dass keine Veränderung des Kaufverhaltens für nötig gehalten wird.[49]

Dazu werden tatsächlich nicht mögliche hochpreisige Kaufentscheidungen durch
geringverdienende oder prekär lebende Verbraucherschichten von den Landwirten und Landwirtinnen in die Argumentation einbezogen:

H. D.: Ja, billiges Fleisch, billiges Fleisch. Es ist zu billig, ja. Das ist ganz klar. Aber
letzten Endes ist der Verbraucher aber auch nicht bereit, dass er … Die Masse der

---

46 Vgl. Redaktion fleischwirtschaft, Bei Bio ist Hack der Renner, in: Fleischwirtschaft.de
05.06.2018. URL: https://www.fleischwirtschaft.de/verkauf/nachrichten/Fleisch-Boom-Bei-
Bio-Fleisch-ist-Hack-der-Renner-368 35 (14.03.2019).
47 Vgl. u. a. Kayser, Spiller, Massentierhaltung.
48 Joy, die sich selbst auch als Vegan-Aktivistin bezeichnet, untersuchte in ihrer Doktorarbeit die von ihr als Karnismus definierten Dimensionen des Fleisch-Essens. Vgl. Melanie
Joy, Warum wir Hunde lieben, Schweine essen und Kühe anziehen. Karnismus – Eine Einführung. Münster 2013.
49 Daniela Lemke, Birgit Schulze, Achim Spiller, Christian Wocken, Verbrauchereinstellungen zur modernen Schweinehaltung: Zwischen Wunsch und Wirklichkeit. Beitrag zur
Jahrestagung der ÖGA in Wien am 28./29.10.2006, 2. URL: http://oega.boku.ac.at/fileadmin/
user_upload/Tagung/2006/06_Lemke.pdf (27.11.2018).

Verbraucher ist nicht bereit, dass sie mehr bezahlt. Es sind einzelne wenige. Häufig sind das gutverdienende Akademiker, die wo sich das leisten können. Aber in einer großen Stadt, keine Ahnung, in München, in Berlin, in irgendwo, da gibt es auch viele, die wo vielleicht nicht schlecht verdienen. Aber die zahlen Miete, wollen ja auch in den Urlaub fahren, haben vielleicht noch ein Auto. Da kostet das Leben von Haus aus mehr. Die können sich das nicht leisten, dass sie immer ein teures ... teure Produkte kaufen. Die sind beim Discounter drinnen und schauen sich die Hähnchenschlegel an. Und wenn der Preis passt, dann kriegen die drei zu dem Preis, was beim Metzger ein so ein Hähnchenschlegel ... Das ist abgepackt, das ist auch eine Top-Qualität. Ist auch nichts Anrüchiges dabei. Und letzten Endes ... pfff ... wird es dann auch so bleiben. Weil es wird so produziert, wie es der Verbraucher kauft.

Im Zitat von Zuchtsauenhalter H. D. werden nochmals zentrale, bei zahlreichen Interviewpartnern und Interviewpartnerinnen in ähnlicher Form zu findende Positionierungen gebündelt: Es herrscht überwiegende Einigkeit darüber, dass die Produkte derzeit »zu billig« angeboten und verkauft werden, anders als bei »gutverdienende[n] Akademiker[n]« wird die Bereitschaft der Masse der Verbraucher, mehr zu bezahlen, jedoch angezweifelt, da auch die günstigere Alternative »Top-Qualität« sei. Dabei wird der Verbraucher einerseits dafür kritisiert, »Urlaub« und »Auto« höher wertzuschätzen, also andere Konsumausgaben gegenüber der Nahrung zu präferieren, gleichzeitig aber auch damit in Schutz genommen, nichts »Anrüchiges« zu tun, da auch billigere Ware hochwertig und kontrolliert sei – worunter häufig eben die eigene Produktion der Befragten fällt, die sich mithilfe dieser Positionierung also zugleich als Lieferanten günstiger Lebensmittel selbst rechtfertigen.

Zusammenfassend bilden sich gerade im Bereich der Esskultur besonders deutlich die Widersprüche in den Positionierungen der Befragten ab, hier schwankend zwischen Verbraucherkritik einerseits und Legitimation des Verbraucherverhaltens andererseits – je nach Bedarf herangezogen zur Verteidigung der eigenen Produktionsweise bzw. deren Weiterführung. Während die Bevölkerung grundsätzlich keinen Einblick mehr in agrarische Abläufe besitze und damit nicht über das notwendige Wissen zu deren Kritik verfüge, so die Perspektive der Landwirte und Landwirtinnen, schätzt sie in ihrer Rolle als Verbraucher auch die Qualität der Lebensmittel nicht mehr, da diese in einer Überflussgesellschaft allzeit verfügbar sind. Gleichzeitig äußern die Interviewpartner und Interviewpartnerinnen immer wieder den Wunsch nach mehr Anerkennung – die zentrale Rolle des Begriffes für die Untersuchung wird auch hier wieder deutlich – für die Sicherstellung der Versorgung und die aus ihrer Sicht durchaus gewissenhafte Produktion. Die Interviewpartner und Interviewpartnerinnen übersehen dabei allerdings eine kulturelle Entwicklung, *die Anerkennung nicht mehr – wie innerlandwirtschaftlich der Fall – an Effektivitätssteigerung bindet, sondern zunehmend an ethische und ökologische Produktion.* Die positiven Haltungen zu einer generellen Notwendigkeit der Reduktion des Fleischkonsums wirken als Aussagen von Fleischproduzenten zunächst überraschend, sie bilden aber die Priorität der Orientierung an Hoferhalt und Wirtschaftlichkeit ab, im Zuge derer ein Preisanstieg der erzeugten Waren bei gleichzeitig geringerer Quantität durchaus favorisiert und erhofft wird. Hier ergeben sich also Ebenen ähnlich gelagerter Interessen von aktivistischer wie auch landwirtschaftlicher Seite, die jedoch infolge der in Kapitel 7 beschriebenen Frontenbildungen untergehen, wodurch die Berufsgruppe Chancen verschenkt, öffentlich nicht nur als konservativ-beharrend, sondern offen für grundlegende Veränderungen des Produktionssystems wahrgenommen zu werden, die auch und gerade im eigenen Interesse sein könnten. Die Intensivtierhaltung reflexartig nach außen hin zu verteidigen, während Preisdumping und fehlende Wertschätzung beständig nach innen hin thematisiert werden, wird als Paradoxie jedoch kaum erkannt.

10.2 Natur, Wissenschaft und Technik: Von Artensterben bis GVO

Landwirtschaft bedeutet nicht nur, mit der Natur zu arbeiten, sondern auch, Techniken zu deren Kultivierung und damit letztlich auch Einschränkung bzw. Beherrschung zu etablieren. Bereits seit Beginn der Sesshaftwerdung und Entwicklung des Ackerbaus im Neolithikum kreierten Menschen Hilfsmittel zur Bodenbearbeitung und domestizierten Pflanzen wie Tiere durch Selektion. Landwirtschaft und Technik bilden daher seit ihren Ursprüngen eine Einheit, deren Effizienz seit der Institutionalisierung der Agrarwissenschaften im ausgehenden 18. und dann vor allem 19. Jahrhundert durch die Erforschung der Wirkweisen von mineralischen Düngemitteln, Entstehung motorisierter Maschinen zur Feldbewirtschaftung und die Verwendung von Fungiziden, Herbiziden und Insektiziden stetig erweitert werden sollte. Wie Frank Uekötter in »Die Wahrheit ist auf dem Feld« ausführlich nachzeichnet, hingen die Einführung und Durchsetzungskraft agrarwirtschaftlicher Technik und Wirtschaftsweisen gerade im 20. Jahrhundert weniger von der Akzeptanz der Praktiker, also der Landwirte und Landwirtinnen selbst ab, sondern von bestimmtes Wissen vermittelnden oder eben nicht vermittelnden Institutionen, darunter vor allem Lehranstalten, Ausbildungsstätten und Verwaltungsbehörden, aber auch von Konkurrenz und Einbettung in internationale Märkte, die den Druck zu Spezialisierung und Effizienzsteigerung stetig erhöhten, sowie den von monetären Interessen am Absatz ihrer Produkte getriebenen Futtermittel-, Pharma- und Maschinenherstellerfirmen.[50]

Uekötters Untersuchungen lassen sich damit in den Kontext der Science and Technology Studies (STS) einordnen, die der Verwobenheit von naturwissen-

---

50 Vgl. Uekötter, Wahrheit, v. a. die zusammenfassenden Kapitel ab 435.

schaftlichen Erkenntnissen, Technikeinsatz sowie Gründen und Mechanismen für gesellschaftliche Akzeptanz oder Nichtakzeptanz nachgehen. Jörg Niewöhner, Estrid Sørensen und Stefan Beck formulieren so als zentrales Anliegen der STS, »sich […] um die Analyse von Forschung und Wissen als historisch und sozial situiert [zu] bemühen«[51], woran gerade Perspektiven der Kulturwissenschaften – zumal sich die STS als dezidiert empirie- und praxisnah verstehen – anzuknüpfen vermögen. In Anlehnung an das in postmodern-dekonstruktivistischer Denktradition stehende »naturecultures«-Konzept der US-amerikanischen Anthropologin Donna Haraway,[52] die aufgrund der gegenseitigen Bedingtheit und Verwobenheit von Natur und Kultur gegen deren begriffliche Trennung plädiert, sprechen Friederike Gesing, Michi Knecht, Michael Flitner und Katrin Amelang in ihrem gleichnamigen Band von »NaturenKulturen«[53]. Wie kaum in einem anderen Beruf stehen Landwirte und Landwirtinnen seit jeher in Wechselwirkung mit und Abhängigkeit von der Natur.

Da das System Intensivtierhaltung stark von Technikeinsatz geprägt ist, welcher im beginnenden 21. Jahrhundert kaum mehr von Fortschrittsbegeisterung, sondern zumindest von Seiten der breiten Öffentlichkeit eher von Skepsis begleitet wird, und stattdessen vielmehr zu einer Metapher der unethischen Tierausbeutung und Naturbeherrschung geworden ist, legt das folgende Kapitel seinen Fokus auf Akzeptanz und Bewertung von naturwissenschaftlich-technischen Möglichkeiten. Dabei geht es nicht um die prinzipielle Verwendung von PC-gesteuerten Anlagen oder Digitalisierungstechniken,[54] sondern die Studie folgt ihren forschungsleitenden, dezidiert problemzentrierten Fragen der Beurteilung von bereits in der öffentlichen Kritik stehenden Aspekten wie Grüner Gentechnik und (Nicht-)Pestizideinsatz, anhand derer sich auch Positionierungen gegenüber Wissenschaft und Forschung besonders aufschlussreich herausstellen lassen.

---

51 Stefan Beck, Jörg Niewöhner, Estrid Sørensen, Science and Technology Studies aus sozial- und kulturanthropologischer Perspektive, in: Dies. (Hrsg.), Science and Technology Studies – eine sozialanthropologische Einführung. Bielefeld 2012, 9–48, hier 11.

52 Haraway führt den Begriff ein, um die sprachliche als künstliche Trennung von Menschen, Tieren und umgebender Natur zu kritisieren. Vgl. Dies., The companion species manifesto. Dogs, people, and significant otherness. Vol. 1. Chicago 2003.

53 Friederike Gesing, Michi Knecht, Michael Flitner, Karin Amelang (Hrsg.), NaturenKulturen. Denkräume und Werkzeuge für neue politische Ökologien. Bielefeld 2018.

54 Deren Erforschung nimmt sich derzeit ein kulturwissenschaftliches Projekt der Universität Basel an. Vgl. Homepage des Fachbereichs Kulturwissenschaft und Europäische Ethnologie Basel.

Entspannung durch Aktualitätsverlust: Grüne Gentechnik

An kaum einem anderen Thema der Landwirtschaftsentwicklung lässt sich die
unterschiedliche Bewertung von Fortschritt und damit verbundenen Risiken gerade auch in ihrer länderspezifischen und damit letztlich kulturellen Bedingtheit
so exemplarisch aufzeigen wie an den Diskussionen um Grüne Gentechnik[55].
Während die größten globalen Agrarproduzenten, darunter die USA, Kanada,
Argentinien und Brasilien, welche den überwiegenden Anteil der weltweiten
Soja-Exporteure stellen, gentechnisch veränderte Organismen (GVO) anbauen,[56]
geht die EU in eine entgegengesetzte Richtung und weist die höchsten Auflagen
bezüglich Genehmigungsverfahren und Zulassungen auf – in Deutschland wird
für die kommerzielle landwirtschaftliche Produktion keine Grüne Gentechnik
eingesetzt.[57] Für die unterschiedliche globale Durchsetzungskraft der Grünen
Gentechnik sind einerseits strengere politische Auflagen, andererseits aber vor
allem auch Entwicklungen des öffentlichen Meinungsbildes ausschlaggebend.[58]
Während in der EU das sogenannte Vorsorgeprinzip gilt, unter das gentechnisch
veränderte Organismen fallen, weil sie als neue Form der Lebensmittelproduktion gelten, und deshalb zunächst deren Unbedenklichkeit durch Risikoanalysen
und Monitoringprozesse garantiert werden muss – was im Fall der Grünen
Gentechnik vor allem auf Grund der Prüfung von Langzeitfolgen Herausforderungen birgt –, herrschen etwa in den USA eine weitaus höhere Akzeptanz
und Unbedenklichkeitsthesen vor.[59] Auf das hartnäckige Bestreben einzelner

---

55 Anders als bei herkömmlichen Züchtungsverfahren werden in gentechnisch veränderte
Organismen gezielt einzelne, zum Teil artfremde Gene eingesetzt, die etwa zu Pestizid-
resistenz führen, nicht anfällig für bestimmte Krankheitserreger und Schädlinge sind, zu
schnellerem Wachstum oder Resilienz gegenüber Trockenheit führen sollen. Vgl. aus moleku-
largenetischer Sicht ausführlich Frank Kempken, Renate Kempken, Gentechnik bei Pflanzen.
Chancen und Risiken. 4. Aufl. Heidelberg 2012.

56 Die Grüne Technik unterstützende Informationsgesellschaft ISAAA (International Service for the Acquisition of Agri-biotech Applications) gibt an, dass die fünf weltweit führenden
GMO-Länder USA, Brasilien, Argentinien, Kanada und Indien für 47 Prozent der globalen
Produktion verantwortlich sind. Vgl. Dies., Pocket K No. 16 Biotech Crop Highlights im Jahr
2017. URL: https://www.isaaa.org/resources/publications/pocketk/16/ (20.06.2019).

57 Vgl. die hierzu vom BMEL zur Verfügung gestellten Statistiken und Daten zur Grünen
Gentechnik auf URL: https://www.bmel.de/DE/Landwirtschaft/Pflanzenbau/Gentechnik/_
Texte/Gentechnik_Wasgenauistdas.html (20.06.2019).

58 Vgl. zu Diskursen um Grüne Gentechnik gerade auch aus unterschiedlichen Länderspezifischen Kontexten den Sammelband Meyer, Schleissing, Projektion Natur.

59 Zu den unterschiedlichen Umgangsweisen mit Grüner Gentechnik je nach Ländern
und Regionen liegen mittlerweile zahlreiche, v. a. politikwissenschaftliche Untersuchungen
vor. Vgl. hierzu etwa Beate Friedrich, Lokale und regionale Konflikte um Agro-Gentechnik,
in: Daniela Gottschlich, Tanja Mölders (Hrsg.), Politiken der Naturgestaltung: Ländliche
Entwicklung und Agro-Gentechnik zwischen Kritik und Vision. Wiesbaden 2017, 153–169

Regionen und Länder innerhalb der Europäischen Union hin können Staaten und auch lokale Administrationseinheiten, in Deutschland damit Bundesländer, Landkreise und sogar Gemeinden, nochmals Verbote von GVO-Anbau erlassen und EU-Bestimmungen verschärfen.[60] Die Politikwissenschaftler Jale Tosun und Ulrich Hartung stellen im Zuge ihrer Untersuchungen zum Umgang mit GVO unter rot-grünen Bundes- und Landesregierungen eine Änderung der Ausrichtung nicht nur bei SPD und Bündnis 90/Die Grünen fest: »Vielmehr kann auch bei den anderen Parteien eine Verschiebung weg von der grünen Gentechnik beobachtet werden.«[61]

Für diesen Paradigmenwechsel innerhalb der sowohl konservativen als auch progressiven deutschen Parteienlandschaft war die Reaktion auf öffentliche Meinungsbilder, bedingt durch kritische Berichterstattungen verschiedener NGOs und Mediendokumentationen, maßgeblich verantwortlich. Proteste von Umweltschutzorganisationen, biologischen Landwirten und Landwirtinnen, aber auch skeptischen konventionellen Bauern sowie Bündnis 90/Die Grünen und anderen Parteien richteten sich vor allem gegen die Annahme einer sogenannten »Ko-Existenz« von nicht-GVO- und GVO-veränderten Pflanzen, da eine Übertragung und damit Vermischung trotz Abstandsvorgaben zwischen Feldern nicht ausgeschlossen werden kann.[62] Ebenso mehrten sich in den 2000er Jahren Berichte über ausbeuterische und Abhängigkeitsverhältnisse schaffende Verträge von GVO-Saatgut vertreibenden Konzernen, allen voran die ehemalige US-Firma Monsanto, die wissenschaftliche und wirtschaftliche Versprechungen von Vorteilen und Ertragssteigerungen in ein zweifelhaftes, interessengeleitetes

oder Jale Tosun, Agricultural biotechnology in central and Eastern Europe: Determinants of cultivation bans, in: Sociologia Ruralis 54, 2014, 362–381.

60 Zusätzlich zur geltenden EU-Richtlinie von 2003 wurde 2010 eine Verschärfung mit mehr Rechten und Möglichkeiten der Regulierung für die einzelnen Mitgliedsstaaten in die Wege geleitet. Vgl. Regulation (EC) No 1830/2003 of the European Parliament and of the Council of 22 September 2003 Concerning the Traceability and Labelling of Genetically Modified Organisms and the Traceability of Food and Feed Products Produced from Genetically Modified Organisms and Amending Directive 2001/18/EC sowie European Commission, Commission Recommendation of 13 July 2010 on Guidelines for the Development of National Co-Existence Measures to Avoid the Unintended Presence of GMOs in Conventional and Organic Crops. Brussels 2010. Eine Zusammenstellung und politikwissenschaftliche Untersuchung des EU-weiten Umgangs mit GVO findet sich in Tosun, Agricultural biotechnology.

61 Jale Tosun, Ulrich Hartung, Wie »grün« wurde die Agrar- und Verbraucherpolitik unter Grün-Rot?, in: Felix Hörisch, Stefan Wurster (Hrsg.), Das grün-rote Experiment in Baden-Württemberg. Eine Bilanz der Landesregierung Kretschmann 2011–2016. Wiesbaden 2017, 223–250, hier 245.

62 Ulrich Hartung und Felix Hörisch haben diese Entwicklung zusammengefasst und nachgezeichnet in: Dies., Regulation vs. symbolic policy-making: Genetically modified organisms in the German States, in: German Politics 27, 2018, 380–400. Hierin wird ausführlich auf verschiedene NGO-Kampagnen, öffentliche Meinungsbilder und politische Reaktionen eingegangen.

Licht geraten ließen.[63] Stattdessen breiteten sich basierend auf der ohnehin bereits durch BSE und weitere Lebensmittelskandale bestehenden consumer confusion Verbraucherbedenken bezüglich möglicher gesundheitlicher Gefahren durch die Aufnahme GVO-veränderter Nahrung aus. Untersuchungen zu den Gründen für GVO-Verbote unter deutschen Gemeinden und Landkreisen implizieren ein Zusammenspiel der eben genannten Gründe sowie politische Reaktionen auf überwiegend GVO-ablehnende Bevölkerungsumfragen,[64] wobei Schaub und Hartung vor allem die Höhergewichtung der ökonomischen und ökologischen Risiken gegenüber Fortschrittsversprechen trotz wissenschaftlichen Drucks und teilweise gegenteiliger naturwissenschaftlicher Studien als ausschlaggebend herausstellen. Zusammenfassend bemerken sie:

Furthermore, the results of the quantitative analysis unveil that municipalities often refer to both socioeconomic reasons and risks for the environment and human health when justifying their decisions. Moreover, the results indicate that local policymakers impose popular cultivation bans to promote their own political success.[65]

In diesen Paradigmenwechsel von einer ursprünglich GVO gegenüber offenen, fortschrittsoptimistischen Haltung hin zu mehrheitlichem Skeptizismus und Ablehnung reiht sich auch die bayerische Regierungspartei CSU ein.[66] Unter den befragten Landwirten und Landwirtinnen herrschte zur Grünen Gentechnik ein ambivalentes Bild, bei dem sich bezüglich Pro- und Kontra-Argumentationen keine Alters-, Geschlechts-, Ausbildungs-bedingte oder anderweitige soziale Marker feststellen ließen. Stattdessen weisen die sehr unterschiedlichen

---

63 Vgl. die ausführliche Analyse von Sylvie Bonny, Corporate concentration and technological change in the global seed industry, in: Sustainability 9, 2017; doi.org/10.3390/su9091632.

64 Vgl. bspw. Gottschlich, Mölders, Politiken der Naturgestaltung.

65 Ulrich Hartung, Simon Schaub, The regulation of genetically modified organisms on a local level: Exploring the determinants of cultivation bans, in: Sustainability 10, 2018; doi: 10.3390/su10103392, 1.

66 Bereits 2009 bezeichnete FAZ-Journalist Albert Schäffer die mäandernden Positionierungen der CSU als »Wunder der politischen Logopädie« und schrieb: »Wie es dem CSU-Vorsitzenden und bayerischen Ministerpräsidenten gelingt, seine Partei so zu positionieren, dass sie für und gegen die grüne Gentechnik ist, ist ganz, ganz großes Kino.« Vgl. Ders., Gentechnik und die CSU: Ein Wunder der politischen Logopädie, in: FAZ 03.05.2009. URL: https://www.faz.net/aktuell/politik/inland/gentechnik-und-die-csu-ein-wunder-der-politischen-logopaedie-1801284.html (19.06.2019). Im Sondierungspapier der Regierungskoalition auf Bundesebene von 2018 aus CDU, CSU und SPD ist zu lesen: »Der gesellschaftlich geforderte Wandel in der Landwirtschaft und die veränderten Erwartungen der Verbraucher bedürfen einer finanziellen Förderung – national wie europäisch. Patente auf Pflanzen und Tiere lehnen wir ab. Wir halten an der Saatgutreinheit fest. Ein Gentechnikanbau-Verbot werden wir bundesweit einheitlich regeln […].« Aus: Ergebnisse der Sondierungsgespräche von CDU, CSU und SPD Finale Fassung. Berlin 12.01.2018. URL: https://www.cdu.de/system/tdf/media/dokumente/ergebnis_sondierung_cdu_csu_spd_120118_2.pdf?file=1&type=field_collection_item&id=12434 (22.06.2019), 23.

Meinungen auf unterschiedliche Informationskanäle und Formen der Wissens-
bildung und -beschaffung hin, da einige Landwirte und Landwirtinnen stark auf
mögliche Vorteile durch GVO rekurrierten und Bedenken kaum mitbedachten,
während andere Befragte wiederum hauptsächlich die Risikenseite betonten. Für
die Mehrheit der Interviewpartner und Interviewpartnerinnen waren allerdings
gespaltene, abwägende Positionierungen kennzeichnend, die auf eigene Unsicherheiten bezüglich der Einschätzung Grüner Gentechnik verwiesen. Typisch
ist hierzu das Gespräch mit Putenhalter I. Ü., der zwischen ethischen Bedenken
und Forschungsbegeisterung schwankt:

I.: Und was hältst du grundsätzlich vom Thema Gentechnik?
I. Ü.: Ja ist eine sehr schwierige Geschichte finde ich! Teilweise wird es nicht anders
funktionieren. Das finde ich ist eher eine ethische Frage, wie weit, dass man da gehen
sollte. Aber ... das ist schwierig zum Beantworten!
I.: Also du meinst mit dem Klima, dass man Sorten braucht, die resistent sind oder
wie meinst du nicht anders geht?
I. Ü.: Ja die Frage ist, wie weit, dass der Mensch da gehen sollte mit der Gentechnik.
Also die weiße Gentechnik so wie Bierhefen oder so, da wird kein Problem sein.
Aber bei ... oder in der Medizin, Insulin und so Sachen. Aber wo glaube ich schon
ein Problem ist, ist ..., wenn man halt in eine Pflanze irgendein Gift reinpflanzt,
dass ...
I.: Zum Beispiel gegen Insekten oder so?
I. Ü.: Ja genau, sterben oder ... Das ist halt die Frage, weil das wird sich immer ein bissl
auskreuzen und du weißt halt einfach nicht, wo es hingeht. Andererseits bin ich aber
auch einer, der wo sagt, eigentlich ist es auch spannend die Gentechnik, weil sie könnte
halt Möglichkeiten eröffnen, wo'sd ... jetzt noch nicht vorstellen kannst.

I. Ü. bezieht in seinen in Unentschlossenheit mündenden Positionierungsprozess verschiedene Aspekte von möglichen Vor- und Nachteilen mit ein und
wägt zwischen unterschiedlichen Anwendungsformen von Gentechnik ab. Auch
Schweinehalter F. spricht sich weder für eine per se ablehnende noch per se
positive Haltung aus und legt eigene Unsicherheiten und »Laienhaftigkeit« im
Interview offen:

I. F.: Das Problem ist halt, wie man es beim Glyphosat oder halt bei diesen Roundup-
Ready-Sorten sieht, es gibt halt dann doch Probleme. Also das kreuzt sich irgendwo aus
oder sonst irgendetwas. Ich meine, erstens ist das wahrscheinlich auch ein bisschen zu
wenig erforscht. Gerade mit Auskreuzen oder mit irgendwelchen Sachen. Und dann
ist es vielleicht bei den Herbiziden auch nicht unbedingt der beste Weg. Ich meine,
es gibt da glaube ich irgendwie so ein Projekt mit irgendwelchem Reis, bei dem man
irgendwelche ...
I.: Ja, genau das war Vitaminreis. In Asien, ja genau.
I. F.: Da sehe ich jetzt, zumindest von meiner laienhaften ... weniger Risiko für andere
Bereiche oder für andere Pflanzen oder, dass ich da ... Ich meine, im schlimmsten Fall
hat der Sauerampfer sage ich mal, auch Vitamin D.

Während beide Interviewpartner kritisch bezüglich des artfremden Einschleusens von Genen zur Unkraut- und Insektenbekämpfung sind, da hier sowohl Risiken der Übertragung auf andere Pflanzen als auch ethische Bedenken abgewogen werden, herrscht dennoch Aufgeschlossenheit gegenüber als unbedenklicher erachteten Einsatzmöglichkeiten. Bei der Mehrheit der Interviewpartner und Interviewpartnerinnen ließ sich ebenso wie bei I. Ü. und I. F. angesichts des Themas Grüne Gentechnik weder generelle Technik-Ablehnung noch Technik-Akzeptanz ablesen. Grundsätzlich unterscheiden sich die beim Thema Grüne Gentechnik erheblich auseinanderdriftenden Positionierungen innerhalb des Samples wesentlich stärker als in den anderen Kapiteln zu Umwelt-, aber auch Tierhaltungsfragen, die bis auf wenige Ausnahmen ein sehr viel einheitlicheres Bild abgeben.

Auf vier Betrieben äußerten sich die Befragten als Befürworter eines GVO-Anbaus in Deutschland und nahmen hauptsächlich technik- und fortschrittsfreundliche Positionen ein, die die Restriktionen als hinderlich für Wirtschaft und zugleich auch Wissenschaft kritisierten:

I. Sch.: Ich bin auch überzeugt, von der Grünen Gentechnik hätte der Bio-Anbau viel mehr. Die Gentechnik zu verbieten, ist ja so hirnrissig wie … wie jetzt die Forschung zu verbieten. Menschen kann man nicht die Forschung verbieten. Die gehen halt dann wo hin, wo sie es dürfen. Die Aufgabe vom Menschen ist ja, das in Bahnen zu leiten, wo man es ethisch vertreten kann. Wir haben jede Entwicklung … Hexenverbrennung und Zeug, wenn man das sieht … Ja, waren ja lauter ethische Entscheidungen. Es waren ja oft auch sehr kluge Leute oder … Wunderheiler, und die hat man verbrannt. Und das gleiche machen wir jetzt in dem Bereich auch. Dass wir Forscher praktisch entmündigen oder denen nur noch die Flucht in irgendein Land bleibt, wo sie dann ihre Forschung weiter … Das Wissen … ethisch und verantwortungsvoll umzusetzen, ist ja was ganz anderes, wie das zu erforschen. Da muss man halt einfach … Das ist dann die politische und unsere gesellschaftliche Verantwortung, das richtig einzusetzen. Aber es zu verbieten. Verbieten kann man keine Forschung. Das ist wie Hexenverbrennung. F. Sch.: Ja, ich denke jetzt auch im Rahmen von der ganzen … Klimawandel und Zeug ist das ja wichtig.

I. Sch. sieht es durchaus als geboten an, Grüne Gentechnik »ethisch und verantwortungsvoll umzusetzen«, der Landwirt und seine Frau präsentieren sich jedoch in erster Linie als Vertreter einer per se Forschung und Technikeinsatz gegenüber positiven Grundhaltung, die sich bei Familie Sch. auch anhand stets auf dem modernsten Stand befindlicher Maschinen- und Stallanlagen äußert. Das Verbot des GVO-Anbaus und vor allem der Forschung daran setzt I. Sch. mit »Hexenverbrennung« gleich – durch den drastischen historischen Vergleich betont der Landwirt seine Gewichtung wissenschaftlicher Freiheit – und Frau Sch. rekurriert auf zukünftige landwirtschaftliche Herausforderungen durch den Klimawandel, zu dessen Bewältigung sie Grüne Gentechnik als »wichtig« ansieht. Auch Landwirt I. V. schließt sich diesen Positionierungen an:

I. V.: [U]nd jetzt ist es ja nur eigentlich in Deutschland ein wenig verrufen, obwohl es eigentlich für die Welternährung eigentlich nur von Vorteil ist, muss man sagen. Ich sage immer, also ein bisschen einer, der ein wenig eine Ahnung hat, hat gesagt, ist ja nur eine neue Züchtungsmethode. Früher hast du auf Mutationen warten müssen, und jetzt geht es halt gezielter. Warum darf ich denn das verbieten, wo anders, in anderen Bereichen, wo jetzt Medizin und so weiter und so fort, da sind sie froh darüber.

Die Argumentation, Forschung zu verbieten sei per se rückschrittlich, und der Einsatz GVO-veränderter Pflanzen für Welternährung, Klimawandel und die Effizienzsteigerung der globalen Landwirtschaft »nur von Vorteil«, wird ebenfalls sowohl von großen Teilen der naturwissenschaftlichen Community vertreten – so verfasste ein Zusammenschluss aus fast einem Drittel der noch aktiven, überwiegend naturwissenschaftlich forschenden Nobelpreisträger 2016 einen öffentlichen Aufruf zur Unterstützung der Erforschung Grüner Gentechnik, in dem von Greenpeace und anderen NGOs eine Abkehr von Gegenkampagnen gefordert wird[67] – als auch von den Produzenten GVO-veränderten Saatguts.

Während die dem entgegenstehenden Argumente einer von zahlreichen NGOs und GVO-Kritikern vertretenen These, bestehende Hunger- und Nahrungsmittelkrisen in Ländern des globalen Südens seien nicht durch den Einsatz von Grüner Gentechnik, sondern Änderung von Verteilungsungerechtigkeit und ausbeuterischen kapitalistischen Strukturen zu lösen,[68] kaum Eingang in die Aussagen der Landwirte und Landwirtinnen fanden, wurden Ängste vor nicht handhabbaren Risiken und möglichen Abhängigkeitsverhältnissen von Herstellerfirmen durchaus in die Positionierungen der ablehnenden Seite miteinbezogen. So bezieht sich I. G. auf das Marktmonopol einzelner Saatgutvertreiber und stellt Forderungen zu dessen Eindämmung an die Politik:

Und ob das … die ganze Gentechnik-Veränderung für die Pflanzen … im Endeffekt hat es uns ja keinen richtigen Fortschritt gebracht, wenn man dann in die USA schaut, da gibt es die ersten Resistenzen gegen das Roundup, das bringt uns ja nicht wirklich weiter! Wobei man halt schon sagen muss, da muss halt auch eine Politik weltweit ein Monsanto eindämmen und nicht einen Konzern nach dem anderen aufkaufen lassen. Das ist was, wo ich dann nicht verstehe.

67 Der Brief ist im Wortlaut zu lesen als »Laureates Letter Supporting Precision Agriculture (GMOs)«. Juni 2016. URL: http://supportprecisionagriculture.org/nobel-laureate-gmo-letter_rjr.html (20.06.2019).
68 So rekurrieren unterschiedliche NGOs darauf, dass auch derzeit bereits das globale Hungerproblem gelöst werden könne, wenn die Distribution von Nahrungsmitteln anders erfolge, da hierfür nicht eine zu geringe weltweite Produktion, sondern deren Verteilung ausschlaggebend sei, die auch durch den Einsatz von GVO nicht gelöst würde. »Brot für die Welt« schreibt etwa: »Obwohl es mehr als genug Nahrungsmittel für die über sieben Milliarden Menschen auf der Erde gibt, leiden mehr als 800 Millionen Menschen Hunger. Das liegt in erster Linie am ungleichen Zugang zu Nahrungsmitteln.« Dies., Sichere Ernährung braucht eine bäuerliche Landwirtschaft. URL: https://www.brot-fuer-die-welt.de/themen/ernaehrung/ (20.06.2019).

Landwirt H. Q. kritisiert den Zusammenhang von Pestizid-resistenten GVO-Pflanzen und einem Mehr an Pestizideinsatz:

Brauchen wir nicht. Das ist eine klare Aussage von mir. Also das ist ... klar, es ver-einfacht die Produktion, wenn ich jetzt sehe, den Mais, dann wird da mit Roundup drüber gespritzt. Und ... es sind Sachen, die man nicht braucht!

Auch V. Y. benutzt den Wortlaut »[b]rauchen wir nicht« und begrüßt die inner-halb der EU vorherrschenden Anbauverbote:

Okay – genverändertes Soja – ich bin auch dagegen. Ich bin gegen Genveränderung. Brauchen wir nicht, finde ich. Auf der ganzen Welt nicht. Und wenn wir das Soja füttern, dann kommt es oft von Amerika und Amerika ist ja ... auch das, was nicht genverändert ist. Ist ja 99 Prozent nicht genverändert, aber das ganz Genveränderte, Genfreie, kriegt man ja auch nicht mehr. Gerade eben bei den Hähnchenhaltern oder bei Wiesenhof, die schauen ja unwahrscheinlich auf das, wird eben das Donau Soja gefüttert. Da von Ungarn, Rumänien. Da ist ja nichts genverändert.

Anders als die Aussaat von GVO-Pflanzen ist die Einfuhr darauf basierender Futtermittel und deren Einsatz in der Nutztierhaltung EU-weit nicht verboten. In die Europäische Union werden zur Deckung des Eiweißbedarfes jährlich circa 35 Millionen Tonnen überwiegend GVO-veränderten Sojas importiert,[69] der trotz langer Transportstrecken aus Nord- und Südamerika in der Regel wesentlich günstiger für die Landwirte und Landwirtinnen ist als der von V. Y. angesprochene »Donau Soja« mit höheren Qualitätsauflagen.[70] Tosun und Hartung bemerken zu diesen internationalen Verflechtungen und der Problematik der europäischen »Eiweißlücke«:

Die Abhängigkeit der deutschen Viehzuchtindustrie von den Importen gentechnisch veränderter Futtermittel stellte sich in jüngster Vergangenheit als zunehmend proble-matisch heraus, da vor allen Dingen deutsche Verbraucher über ein hohes Bewusstsein hinsichtlich der grünen Gentechnik verfügen und diese in Lebensmitteln zunehmend ablehnen.[71]

Aus dieser Ausgangslage heraus wurde 2012 der Verein »Donau Soja« gegründet, der den nachhaltigen Anbau von GVO-freiem Soja innerhalb der Europäischen

---

69 Die Importe steigen seit Jahrzehnten stark an. Vgl. Verband der Ölsaaten-verarbei-tenden Industrie in Deutschland, OVID-Diagramme. URL: https://www.ovid-verband.de/positionen-und-fakten/ovid-diagramme/ (20.06.2019).

70 Die Bundesanstalt für Landwirtschaft und Ernährung schreibt hierzu: »Die Quali-tät ›Non GMO – 44 % Protein‹ wird am Markt am höchsten gehandelt. Der Unterschied zu den Preisen für konventionellen SES ist deutlich. Hier besteht zurzeit das Problem, dass die deutlich höheren Kosten nicht in der Wertschöpfungskette (Mischfutterabnehmer bzw. Fleischabnehmer) weitergegeben werden können.« Bundesanstalt für Landwirtschaft und Ernährung, Bericht zur Markt- und Versorgungslage Futtermittel. Berlin 2018, 23.

71 Tosun, Hartung, Grün-Rot, 243.

Union fördert und hierzu mittlerweile ein Gütesiegel, breite Netzwerke und Vermarktungsstrukturen aufgebaut hat.[72] So beziehen alle Interviewpartner und Interviewpartnerinnen, die keinen GVO-Soja füttern wollen oder aufgrund bestehender Vorgaben von Seiten der Abnehmer nicht füttern dürfen, diesen aus EU-Anbaugebieten. Beispielsweise Landwirt H.I. lehnt Grüne Gentechnik grundsätzlich ab und gab im Interview an, seit der Umstellung auf gentechnikfreie Fütterung eine Verbesserung der tierischen Gesundheit festgestellt zu haben:

H.I.: Ja, ja, alles Genfrei. Wir produzieren alles Genfrei und stehen auch dahinter.
I.: Ist euch das selbst wichtig oder …?
H.I.: Ja.
I.: Wegen der Vermarktung?
H.I.: Nein, das nicht. Weil … ich hab das damals selber … wie … früher hat man ja manchmal den HP-Soja oder den … normal kaufen können sozusagen im Endeffekt. Und wie ich da umgestellt hab von dem konventionellen eigentlich, oder von no name auf HP, das hat man total gemerkt an der Leistung, an der Vitalität der Hühner.
I.: Die war besser dann?
H.I.: Die war besser, ja. War besser einfach, ja und das … weiß auch nicht. Auf alle Fälle waren die … hat man das gesehen, dass das ein anderes Futter ist. Wir haben auch eine bessere Legeleistung gehabt. Ja, und wer weiß, was sie da überall drunter pantschen und …

Der von H.I. bezogene, nicht GVO-veränderte High Proteine (HP)-Soja wird von ihm als vertrauenswürdiger wahrgenommen, da er von der Futtermittelreinheit der Übersee-Importe nicht überzeugt ist. Ausschlaggebend für den Umstieg war in diesem Fall die eigene Ansicht und nicht eine pragmatische Anpassung an Marktvorgaben, womit H.I. eine Ausnahme innerhalb des Samples darstellt. Die Mehrheit der Schweine haltenden Interviewpartner und Interviewpartnerinnen gab bezüglich des Einsatzes von GVO-Soja auch bei kritischen oder unsicheren Positionierungen hierzu an, aufgrund des erheblichen Preisunterschiedes zum teureren »Donau Soja« auf ersteren angewiesen zu sein:

I.N.: Wenn es mir honoriert wird, dass ich für den genfreien Soja die Mehrfutter-Kosten kriege, dann füttern wir sofort Genfrei! Aber solange ich das nicht umgesetzt kriege, kann ich nicht … mache ich nicht.

---

72 Unter der Rubrik »Über uns« schreibt der Verein auf seiner Homepage: »Namhafte europäische Organisationen und Institutionen stehen hinter dieser ambitionierten Initiative: Der Lebensmittelhandel, große Agrarhandelshäuser, die Futtermittelindustrie, Ölmühlen und zahlreiche Verarbeiter, Umweltorganisationen wie Greenpeace und der WWF sind Mitglieder und wichtige Teile des Vereins. Die Initiative findet auch breite Unterstützung von Seiten der Politik: 15 europäische Regierungen haben die Donau Soja Erklärung und 19 Regierungen die Europe Soya Erklärung unterstützt. Sie erkennen die Notwendigkeit regionaler Wertschöpfung im Donauraum und einer unabhängigen europäischen Proteinversorgung an.« Vgl. Donau Soja, Über uns. URL: http://www.donausoja.org/de/ueber-uns/ueber-uns/ (20.06.2019).

Ebenso äußert sich I. Ö.:

Und sag ich einmal, wenn sich ein Markt finden würde … ich bin jetzt auch nicht
der große Freund von der Gengeschichte. Glaube ich, weil es uns langfristig auch
nicht vorwärtsbringt, und ich würde jetzt gerne auf den genfreien Soja setzen, wenn
irgendwo aus einer Ecke einmal das Signal käme: Wir suchen sowas. Aber ich habe
da auch schon Gespräche geführt mit Abnehmern, mit Schlachtunternehmen, da ist
die Bereitschaft eigentlich sehr gering.

Der Landwirt hat sich bereits aktiv auf die Suche nach Vermarktungsmöglichkei-
ten für GVO-frei gefütterte Schweine gemacht, bislang jedoch keine Optionen gefunden, die den Einsatz der Mehrkosten hierdurch auffangen würden. Abermals
wird an dieser Stelle die Ambivalenz zwischen öffentlich bekundeten Verbraucherwünschen und zur Anpassung daran durchaus bereiten Landwirten und
Landwirtinnen deutlich, da kommuniziertes Konsumentenhandeln nicht prak-
tiziertem Konsumentenhandeln entspricht. Dazu kommt, dass hier ein Unterschied des Umgangs mit GVO zwischen der Schweine- und Geflügelproduktion
aufgezeigt wird, welcher auf einer stärkeren und länger anhaltenden Kontinuität
der medialen Skandalisierungen letzterer beruht, was auf öffentlichen Druck hin
einen Kurswechsel der größten Geflügelfleischproduzenten wie Wiesenhof zur
Folge hatte. Die Firma hatte 2014 zunächst einen Ausstieg aus der GVO-Fütterung angekündigt, dann auf ein Nachlassen der öffentlichen Berichterstattung
hin wieder rückgeschwenkt, woraufhin Gegen-Kampagnen abermals zunahmen
und die endgültige Abkehr von der Grünen Gentechnik beschlossen wurde. Auf
der Greenpeace-Homepage ist dazu zu lesen: »Die Greenpeace-Kampagne gegen
Gen-Futter zeigt Wirkung: Wiesenhofs Entscheidung gegen Gen-Soja ist ein
Signal an die gesamte Geflügelbranche.«[73] Demgegenüber sah die zwar ebenfalls
immer stärker, aber im Vergleich zum Geflügel dennoch wesentlich weniger von
einzelnen Vermarktungsunternehmen dominierte Schweinefleisch-Branche, deren Absatz unter den befragten Landwirten und Landwirtinnen weniger über
große Firmen als vielmehr über lokale Unternehmen und Metzgereien erfolgt,
bislang keine Notwendigkeit zur GVO-freien Kennzeichnung, was auch darauf
zurückzuführen ist, dass Soja-Problematiken öffentlich weniger stark mit dieser in Zusammenhang gebracht wurden und werden als »das industrialisierte«
Masthuhn. So ist GVO-Fütterung innerhalb der deutschen Puten- und Masthuhnhaltung, ohnehin bei den vorgestellten »Privathof«-Betrieben sowie weiten
Teilen der Eierproduktion anders als im Bereich der Schweinehaltung kaum
mehr gängig, wozu Legehennenhalterin F. X., die diese Umstellung aufgrund
des höherpreisigen »Donau Soja« bedauert, anmerkt:

73 Greenpeace Presseerklärung, Wiesenhof verzichtet auf Gentechnik. 07.12.2014. URL:
https://www.greenpeace.de/presse/presseerklaerungen/wiesenhof-verzichtet-auf-gentechnik
(20.06.2019).

I.: Und wo war bei euch die Entscheidung, also warum habt ihr dann auf den Genfrei ...?
F. X.: Der Markt wollte es.
S. X.: Markt.
I.: Die Nachfrage hat das quasi ...
F. X.: Und zwar Edeka hat es als Pflicht gemacht. Oder?
S. X.: Und danach, die anderen haben nachgeschrien.

Anders als Frau X. und ihr Sohn wollte »der Markt« eine GVO-freie Fütterung, Supermarkt- und Discountketten gaben also dementsprechende Kennzeichnungen vor. Auch an dieser Stelle werden die ambivalenten Positionierungen innerhalb des Untersuchungssamples zur Grünen Gentechnik deutlich, dessen einer Teil bestehende Regulierungen begrüßt, während andere diese aus unterschiedlichsten – hier ökonomischen – Gründen ablehnen. Insgesamt zeigen sich hinsichtlich der Untersuchung der Einstellungen der Intensivtierhalter und -halterinnen sehr heterogene Positionierungspraxen und oftmals unentschieden-abwägende Haltungen zu GVO. Bemerkenswert ist dabei vor allem, dass Heterogenität und Reflexion von Pro- und Kontra-Argumenten deshalb stärker ausgeprägt sind, *weil im Feld der Grünen Gentechnik kaum mehr Druck auf den Landwirten und Landwirten lastet.* Da mittlerweile EU-weite Regelungen bestehen, war eine von Konkurrenzkampf und Ablehnung von NGO-Argumenten gekennzeichnete Positionierung im Unterschied zu anderen kritischen Tierschutz- oder Umweltauflagen weitaus weniger stark zu verzeichnen. Dazu kommt, dass am Absatz ihrer Produkte interessierte Saatgut-Herstellerfirmen ebenso wie Parteien oder Verbände mit etwaigen Lobby-Verflechtungen aufgrund der mittlerweile feststehenden Regulierungen anders als noch in den 1990er und 2000er Jahren kaum mehr Einfluss auf die deutsche landwirtschaftliche Berufsgruppe zu nehmen versuchen. Einheitliche Anbauverbote und Vorgaben ebenso wie die zum Zeitpunkt der Befragung daher abgeflaute öffentliche Auseinandersetzung um Grüne Gentechnik führen hier – so die These – *zu einer Entlastung auf Seiten der Landwirte und Landwirtinnen* und erlauben eine stärkere Auseinandersetzung mit technischen Risiken und kritischen Argumenten, ohne sich in der eigenen Identität als konventionelle Intensivtierhalter und -halterinnen bedroht zu fühlen.

Biodiversitätsverlust: Von Pestiziden und Insekten

»In Bayern drohen etliche Tier- und Pflanzenarten auszusterben. Es ist das
größte Artensterben seit dem Verschwinden der Dinosaurier. Diese Entwicklung müssen wir stoppen. Es geht dabei auch um unser Überleben [...]«[74] – mit
diesen drastisch dystopischen Formulierungen warb der Bund Naturschutz 2019
in Bayern für die Unterzeichnung des »Volksbegehrens Artenvielfalt«. Einige
Sätze weiter wird die aus Sicht der Umweltaktivisten hauptsächliche Ursache
benannt: »Der Pestizideinsatz in der Landwirtschaft tötet die Insekten. Folge:
Damit finden auch Vögel und viele andere Tiere kein Futter mehr.«[75]

Pestizide – und hier vor allem Insektizide – sind spätestens seitdem 1962
Rachel Carsons »Silent Spring« erschien, in dem sie gegen die Gefahren des
Chemieeinsatzes in der Landwirtschaft und irreversible Schäden für die Natur
anschrieb,[76] zu einem Schwerpunkt der Umweltschutzbewegung und dauer-
haften Angriffspunkt an der Agrarwirtschaft geworden. Ernst Homburg und
Elisabeth Vaupel fassen zusammen: »The book was a major catalyst for public
debates about the dangers of chemicals for people and the environment, as well as
for new legislation on the environment in general and pesticides in particular.«[77]
Dass Untergangsszenarien und apokalyptische Metaphern einer »Vergiftung
der Erde«[78] gerade im Zusammenhang mit Pestiziden zur frühen und gezielten
Symbolsprache der Agrarkritik seit der Industrialisierung gehören, zeichnete
Jan Grossarth in seiner gleichnamigen kulturwissenschaftlichen Dissertation
nach, in der er ausführt:

Die Ökologiegeschichte ist reich an Metaphern, die auch Gegenstand dieses Buches
sind: Ackergift und Mutter Erde, Waldsterben und chemischer Tod, Giftwellen und
Krieg gegen die Natur, der Mensch als Krebsgeschwür, der Stumme Frühling, die
ökologische Zeitenwende, die Erde Gaia, der Stoffwechsel von Mensch und Umwelt,
das Naturgleichgewicht, Klimagift.[79]

74 Bund Naturschutz, Volksbegehren Artenvielfalt. URL: https://www.bund-naturschutz.
de/aktionen/volksbegehren-artenvielfalt.html (20.06.2019).

75 Ebd.

76 Die erhebliche Wirkung von Carsons Werk wurde mittlerweile in zahlreichen um-
weltsoziologischen und kulturwissenschaftlichen Studien erforscht und belegt. Vgl. etwa
Mark Hamilton Lytle, The gentle subversive. Rachel Carson, Silent Spring, and the rise of
the environmental movement. New York 2007; Christian Simon, DDT – Kulturgeschichte
einer chemischen Verbindung. Basel 1999 sowie grundlegend auch in den Werken Joachim
Radkaus.

77 Ernst Homburg, Elisabeth Vaupel, Introduction. A Conceptual and Regulatory Overview, 1800–2000, in: Dies. (Hrsg), Hazardous Chemicals. Agents of Risk and Change 1800–
2000. New York 2019, 1–59, hier 26.

78 Grossarth, Vergiftung.

79 Ebd., 11.

Trotz dieser erfrischend dekonstruktivistischen Perspektive auf Agrarkritik und Agrardiskurse basieren die Ausgangslage und ebenso der Erfolg der entsprechenden NGO-Kampagnen nicht nur auf medialen Skandalisierungen und geschicktem Agenda-Setting, sondern durchaus auch auf naturwissenschaftlichen Grundlagen, die in zahlreichen Studien negative Auswirkungen von Pestiziden auf Biodiversität in ihren unmittelbaren und langfristigen Folgen belegen. Für öffentliche Erschütterung sorgte so etwa der Bericht des Weltbiodiversitätsrates (Intergovernmental Platform on Biodiversity and Ecosystem Services, kurz IPBES) von 2019, an dessen Abfassung 145 Wissenschaftler aus über 50 Ländern beteiligt waren, welche hierfür tausende überwiegend naturwissenschaftliche Studien auswerteten: Dieser macht Landwirtschaft, Städtewachstum und Folgen des Klimawandels als Hauptursachen für weltweit über eine Million vom Aussterben bedrohte und global bereits 20 Prozent weniger Arten als um 1900 verantwortlich.[80] Auch die deutschsprachige Zusammenfassung des Helmholtz-Zentrums für Umweltforschung findet deutliche Worte: »Die Rate des weltweiten Artensterbens ist bereits jetzt mindestens zehn- bis einhundertmal höher als im Durchschnitt der letzten 10 Millionen Jahre; das Artensterben nimmt immer mehr zu.«[81] Im Vorschlag eines »Global Assessment of Agricultural System Redesign for Sustainable Intensification« formulieren einige der weltweit renommiertesten Biologen und Zoologen: »[E]vidence shows that agriculture is the single largest cause of biodiversity loss«[82], wozu durch Landwirtschaft bedingte Landnutzungsänderungen, Monokulturanbau, Treibhausgasemissionen und eben auch Pestizideinsatz beitragen.

Dass entsprechende Studien wiederum von den Interviewpartnern und Interviewpartnerinnen zum einen kaum rezipiert und zum anderen verharmlost bzw. in Frage gestellt werden, wurde aus dem erhobenen Material klar ersichtlich. Zusammenhänge von »Science and Technolgy« werden – auch dies eine wiederholte Feststellung der Untersuchung – dann akzeptiert, wenn sie die eigene Meinung und damit auch Identität als konventioneller Landwirt stützen, jedoch abgelehnt bzw. als unwissenschaftlich zurückgewiesen, wenn sie zu einer weiteren Angriffsfläche führen. Die Gründe hierfür sind vielfältig – zum einen führt die

---

80 Intergovernmental Platform on Biodiversity and Ecosystem Services, United Nations (Hrsg.), Global Assessment Report on Biodiversity and Ecosystem Services. Genf 2019 bzw. die Zusammenfassung für Politiker: IPBES, Summary for policymakers of the global assessment report on biodiversity and ecosystem services of the Intergovernmental Science-Policy Platform on Biodiversity and Ecosystem Services. URL: http://www.ipbes.net/ipbes7 (20.06.2019).

81 Helmholtz-Zentrum für Umweltforschung GmbH – UFZ (Hrsg.), Das »Globale Assessment« des Weltbiodiversitätsrates IPBES. Leipzig 2019, 9.

82 Jules Pretty, Tim G. Benton, Zareen Pervez Bharucha, Lynn V. Dicks, Cornelia Flora, Godfray H. Butler, J. Charles, Dave Goulson, Susan Hartley, Nic Lampkin, Carol Morris, Gary Pierzynski, P. V. Vara Prasad, John Reganold, Johan Rockstrom, Pete Smith, Peter Thorne, Steve Wratten, Global assessment of agricultural system redesign for sustainable intensification, in: Nature Sustainability 1/8, 2018, 441–446, hier 442.

permanente gesellschaftliche und vor allem häufig aggressiv vorgetragene Kritik wie in Kapitel 7 dargestellt zu psychischer Abwehr- und Verteidigungshaltungen sowie Überforderung, zum anderen fördern auch Ausbildungssituation und interne Kanäle etwa des Bauernverbandes diesen selektiven Umgang mit Wissen.

Ganz grundsätzlich wurde so ein Zusammenhang zwischen Pestizideinsatz und Insektensterben von den Interviewpartnern und Interviewpartnerinnen bis auf wenige Ausnahmen – hier herrschte sehr viel stärkere Einheitlichkeit als etwa beim eben diskutierten Thema Grüne Gentechnik – in Frage gestellt und überwiegend zurückgewiesen. Hauptargumente bildeten die hohen Kontrollen des Chemieeinsatzes gerade in Deutschland und eine in den letzten Jahrzehnten stetig strenger gewordene Regulierung von Mitteln und Mengen. So sind sich Interviewpartner Sch. und seine Frau einig:

I. Sch.: Aber 30 Jahre Landwirtschaft kann ich überblicken. Und wenn mir jetzt jemand erzählt, wie das die letzten 30 Jahre irgendwas … schlechter geworden ist in der Produktion, intensiver geworden ist. Also ertraglich schon. Aber von der Intensität, von der Mittelauswahl, von der Düngung her, von … Wer hat denn vor 30 Jahren über Ausgleichsflächen gesprochen?
F. Sch.: Das ist doch alles viel ausgefeilter. Viel genauer. Man geht ja überall zurück mit dem Dünger, mit dem Spritzmittel. Das wird ja alles …

Für die Befragten ist die grundsätzliche Diskussion über Umweltschäden ebenso wie über Tierhaltung gerade deshalb so irritierend, weil aus ihrer Sicht innerhalb der Berufsgruppe eine Sensibilisierung für schonendere Bearbeitungsweisen und eine beständige Verschärfung der Auflagen stattgefunden haben. Die Landwirte und Landwirtinnen haben das Gefühl, trotz ihres kontinuierlichen Bemühens um stärkeren Umweltschutz und mittlerweile zahlreiche umgesetzte Maßnahmen dennoch immer weiter in der Kritik zu stehen und keinerlei Würdigung für Verbesserungen zu erhalten:

H. A.: Und wie gesagt, es gibt auch KULAP-Programme[83] für so Blühflächen, die werden ja auch in Anspruch genommen. Also in welchem Umfang auch immer … also man darf nicht immer sagen: Ah … alles wird schlechter. Man kann die ganze Welt schlechtreden, das stimmt schon, da brauche ich grad dieses … dieses Plakat da … [meint vegan-Ausdruck] anschauen. Man muss da auch positive Ansätze sehen. Und wie gesagt, die letzten fünf Prozent Idioten, denen werden wir nie gerecht werden!

Auch H. D. äußerte sich ähnlich:

H. D.: Insektensterben? Ja, da sind natürlich auch wir Landwirte schuld, das ist klar (lacht). Ja. Ja. Wir sind irgendwie momentan so ziemlich an allem schuld, wir Landwirte.

83 KULAP ist die Abkürzung von Kulturlandschaftsprogramm und wird in Bayern seit 1988 an Landwirte und Landwirtinnen gezahlt, wenn sie Umweltschutzmaßnahmen umsetzen.

I.: Eben deswegen.

H.D.: Wir machen alles kaputt, hey. Man, man. Nein, also … Heute sind die Pflanzenschutzgeräte und auch die Pflanzenschutzmittel und die Anwender und auch die Technik so weit …, dass … wir machen keine Bienen mehr kaputt.

Der Zuchtsauenhalter bezieht hier ebenfalls eine gezieltere und dezimierte Anwendung von Chemieeinsatz in seine Argumentation mit ein. Tatsächlich sind in Deutschland mittlerweile weniger Pflanzenschutzmittel zugelassen, als dies noch vor einigen Jahrzehnten der Fall war (zwischen 2000 und 2017 sank die Zahl von 1.130 auf 818)[84] – dennoch stieg die insgesamt ausgebrachte Menge im gleichen Zeitraum weiter an: Während der Inlandsabsatz an Pestiziden 1994 29.769 Tonnen betrug, lag er im Jahr 2017 bei 48.306 Tonnen.[85] Das heißt, obwohl besonders starke umwelt- wie gesundheitsschädigende Mittel verboten wurden, erhöhte sich die Gesamtzahl der auf den Äckern ausgebrachten chemischen Wirkstoffe dennoch. Die Aussagen der Landwirte und Landwirtinnen lassen sich aus ihrem *Gefühl* einer immer strengeren Kontrolle und Regulierung sowohl durch Politik als auch durch die Öffentlichkeit durchaus erklären – die entsprechenden innerhalb der Berufsgruppe tradierten Argumente verfangen trotz ihres nicht immer zutreffenden Wahrheitsgehaltes vor allem deshalb, weil sie den Befragten eine psychische Entlastung von den erheblichen an die Landwirtschaft herangetragenen »Schuld«-Fragen erlauben.

Diese Entlastung findet auch durch das Zurückweisen entsprechender von Medien und Kritikern transportierter Untersuchungen statt, wie vor allem das Beispiel »Insektensterben« zeigt, das zum Zeitpunkt der im Jahr 2017 durchgeführten Interviews öffentlich breit diskutiert wurde. Für gesellschaftliche Aufmerksamkeit sorgte hier die sogenannte »Krefelder Studie«, die im Oktober 2017 in der naturwissenschaftlichen Fachzeitschrift PLoS ONE erschien.[86] Diese kam zum Ergebnis, in den Untersuchungsräumen sei die Biomasse an Insekten zwischen 1989 und 2016 um 75 Prozent zurückgegangen, was von der deutschen Medienlandschaft breit rezipiert[87] und etwa der »ZEIT« als »Ein ökologisches

84 Umweltbundesamt, Pflanzenschutzmittelverwendung in der Landwirtschaft. 09.04.2019. URL: https://www.umweltbundesamt.de/daten/land-forstwirtschaft/pflanzenschutzmittel verwendung-in-der#textpart-1 (20.06.2019).

85 Bundesamt für Verbraucherschutz und Lebensmittelsicherheit, Absatz an Pflanzenschutzmitteln in der Bundesrepublik Deutschland. Berlin 2017, 12.

86 Caspar A. Hallmann, Martin Sorg, Eelke Jongejans, Henk Siepel, Nick Hofland, Heinz Schwan, Werner Stenmans, Andreas Müller, Hubert Sumser, Thomas Hörren, Dave Goulson, Hans de Kroon, More than 75 percent decline over 27 years in total flying insect biomass in protected areas, in: PLoS ONE 12/10, 2017; doi. org/10.1371/journal.pone.0185809.

87 Bspw. Andreas Frey, Hat es sich bald ausgekrabbelt?, in: FAZ 23.07.2017. URL: http://www.faz.net/aktuell/wissen/insektensterben-hat-es-sich-bald-ausgekrabbelt-15111642.html (23.06.2019).

Armageddon«[88] bezeichnet wurde. Gleichzeitig herrschte innerhalb der Wissenschaftslandschaft eine ambivalente Diskussion der Ergebnisse vor – während Methodik und Verlässlichkeit der Studie von einigen Forschern kritisiert wurden, erfuhr ihre erstmalige Langzeit-Betrachtung zum »Insektenschwund« von anderen Fachvertretern, vor allem aus Biologie und Zoologie, wiederum ausdrücklich Anerkennung.[89] Die mediale Berichterstattung einerseits und die Auseinandersetzung um die Seriosität andererseits wurden von den Interviewpartnern und Interviewpartnerinnen durchaus intensiv verfolgt. Gerade letztere bot den Landwirten und Landwirtinnen eine Möglichkeit, sich innerhalb ihres defensiven Positionierungsprozesses offensiv äußern zu können – Angriffsfläche lieferte dabei vor allem die Zusammenarbeit der Forscher mit dem Entomologischen Verein Krefeld, welche als Laien und daher unseriös kategorisiert wurden:

V. S.: Also da wurde ja gemessen an unterschiedlichen Standorten, also wissenschaftlich lässt sich das ganze ja überhaupt nicht belegen, das Insektensterben. Ich weiß nicht, was ich davon halten soll. Wenn die Insekten … also ich bin mir eins sicher, wenn wir eine Tierart nicht ausrotten können, dann sind es die Insekten. Aber ja, wenn Insektizide am Markt sind, die zum Beispiel Bienen vernichten, dann muss man sie halt verbieten. Ist doch klar.

V. S. stellt die Ergebnisse der Studie grundsätzlich in Frage und erweitert seine Aussage darüber hinaus, indem er generell eine Unbelegbarkeit des Insektensterbens konstatiert. Auch I. F. schließt sich dieser Sichtweise an:

Das Insektensterben, hm, meine das sind ja eher Studien, die … Ich sage mal, wo der gemeine Autofahrer festgestellt hat, es sind weniger Insekten auf der Windschutzscheibe, so ungefähr. Also so, ich mein, gefühlsmäßig kann man das schon sagen, dass es vielleicht so ist. […] Wenn es da tatsächlich was ist, dann ist es so wie bei allem: Wenn es einen Handlungsbedarf gibt, dann muss irgendwo was gemacht werden. Ich kann mir jetzt aber nicht oder könnte mir jetzt nicht erklären, zumindest so aus meiner Sicht …

Beide Landwirte signalisieren zwar Handlungsbereitschaft, falls »da tatsächlich was ist«, bezweifeln dies aber gleichzeitig und kennen der Krefelder wie auch anderen Studien zum Rückgang der Fluginsekten ihre Seriosität ab. Diese Aussagen sind wiederum bedingt durch landwirtschaftsinterne Informations- und Wissenskanäle wie die Positionierungen des Deutschen Bauernverbandes

88 o. V., »Ein ökologisches Armageddon«, in: ZEIT Online 18.10.2017. URL: https://www.zeit.de/wissen/umwelt/2017-10/insektensterben-fluginsekten-gesamtmasse-rueckgang-studie (23.06.2019).
89 Vgl. dazu die ausführliche Auseinandersetzung und Befragung verschiedener Forscher durch den Wissenschaftlichen Dienst des Deutschen Bundestages, Zum Insektenbestand in Deutschland. Reaktionen von Fachpublikum und Verbänden auf eine neue Studie. Aktenzeichen WD 8 – 3000 – 039/17. Datum: 13.11.2017.

oder Kommentare in Fachzeitschriften[90], welche nicht nur aktuell, sondern seit Jahrzehnten eine Einteilung in »gute« und »schlechte« Untersuchungen vornehmen – während agrarkritische Studien zumeist als unwissenschaftlich angezweifelt werden, findet eine bewusste Selektion und Weiterverbreitung von die eigene Berufsgruppe entlastenden Forschungen statt.[91] Frank Uekötter formuliert so für das Aufgreifen von Umweltschutz-Themen in der Landwirtschaft generell:

Der entscheidende Impuls kam vielmehr von außen, von Umweltschützern und Verbrauchern sowie von jenen Experten, die schon länger auf die Probleme der Intensivlandwirtschaft hingewiesen hatten, aber in der Hitze der agrarindustriellen Revolution an den Rand gedrängt worden waren.[92]

So ist in einer Pressemitteilung des DBV zu den hier diskutierten Untersuchungen der fast selbe Wortlaut wie bei I. F. zu finden: »Aussagen wie ›früher waren mehr Insekten auf der Windschutzscheibe‹ eignen sich möglicherweise für den Autofahrer-Stammtisch, werden aber der Bedeutung und Tragweite des Problems nicht im Ansatz gerecht«[93], wird DBV-Generalsekretär Bernhard Krüsken zitiert.

Zeitgleich mit dem Thema Insektensterben standen innerhalb des Befragungszeitraums das Herbizid »Glyphosat« und dessen etwaiges Verbot im medialen Fokus,[94] wobei die »Vermischung« der beiden Bereiche von den Interviewpartnern und Interviewpartnerinnen häufig angesprochen und kritisiert wurde. I. V. führt aus, dass sich die Diskussions- und Angriffspunkte nicht nur

90 So wird etwa im Bayerischen Landwirtschaftlichen Wochenblatt dezidiert auf die Kritikpunkte an der Studie eingegangen. Artikel »Wissenschaftler rätseln über Insektensterben«. 19.10.2017. URL: https://www.wochenblatt.com/landwirtschaft/nachrichten/wissenschaftler-raetseln-ueber-insektensterben-8801399.html (23.06.2019).

91 Vgl. zu diesem Vorgehen bereits seit der 2. Hälfte des 20. Jahrhunderts weiter Uekötter, Wahrheit, v. a. 370 ff. und 391 ff. sowie Wittmann, Mistkratzer.

92 Uekötter, Wahrheit, 391.

93 DBV, Pressemeldungen. Diskussion zum Insektensterben in einer »Wolke der Unwissenheit«. 17.07.2017. URL: https://www.bauernverband.de/diskussion-zum-insektensterben-in-einer-wolke-der-unwissenheit (20.06.2019).

94 In einer Anfrage an den Deutschen Bundestag durch die FDP-Fraktion, die sich gegen ein Verbot aussprach, war hierzu zu lesen: »Glyphosat ist in aller Munde. Es ist ein Breitbandherbizid, wirksam über die Blattfläche und wird universal in vielen Bereichen, wie zum Beispiel der kommunalen Pflege öffentlicher Plätze und Parkanlagen, der Landwirtschaft und dem Hobbygartenbereich angewendet. Inzwischen ist das Pflanzenschutzmittel stark in Verruf geraten.« Deutscher Bundestag Drucksache 19/3461.19. Wahlperiode 18.07.2018. Antwort der Bundesregierung auf die Kleine Anfrage der Abgeordneten Judith Skudelny, Frank Sitta, Grigorios Aggelidis, weiterer Abgeordneter und der Fraktion der FDP. URL: https://kleineanfragen.de/bundestag/19/3461-folgen-des-moeglichen-verbots-von-glyphosat.txt (24.06.2019).

aus den Medien, sondern durchaus auch dem eigenen Bekannten- bzw. sogar Familienkreis speisen:

Das Schlimme ist beim Glyphosat ... Am besten, mein Bruder neulich. Ich habe vor einem halben Jahr ... Wie war denn das mit dem Glyphosat? Ja genau, Insektensterben und Glyphosat. Das Glyphosat ist daran schuld, dass die Insekten ..., wenn man Glyphosat spritzt, gehen die Insekten tot. Habe ich gesagt, du ... Glyphosat ist ein Herbizid, ein Totalherbizid und eigentlich von der Auslegung her das Ideale. Das ist schnell abgebaut, bildet keine Rückstände, oder ... keine Rückstände gibt es ja gar nicht. Also kaum Rückstände. Und von der Warte aus ist das Glyphosat wirklich das beste Mittel.

Die Argumentation des Geflügelhalters bezieht sich darauf, dass Glyphosat – vermarktet unter dem Namen Roundup – als Unkraut-schädigendes Pflanzenschutzmittel »das Ideale« sei, da eben kein Insektizid und damit kein Zusammenhang zum Insektensterben herzustellen. Diese Begründung führten mehrere Interviewpartner und Interviewpartnerinnen so an. Dass hier von zahlreichen Naturwissenschaftlern durchaus eine indirekte systemische Kausalkette gesehen wird, da über Unkrautbekämpfung auch Nahrungsgrundlagen für Insekten, aber auch Bodenlebewesen, Vögel und andere Arten wegfallen, wurde wiederum – da kritisch – nicht aufgegriffen.[95] Auch Jan Grossarth bezieht sich in seinen Studien auf die öffentlichen Auseinandersetzungen um Glyphosat in den Jahren 2016/17 und zeigt die politische Polemisierung etwa anhand der durch Bündnis 90/Die Grünen-Vertreter umgewidmeten Bezeichnung als »Merkelgift« auf.[96] Die Interviewpartner und Interviewpartnerinnen ordneten die Debatten um Glyphosat davon ausgehend als gezielte Skandalisierungskampagnen von verschiedenen NGOs und Parteien ein und reagierten ganz überwiegend ablehnend auf das Verbot des Herbizids – keiner der Landwirte und Landwirtinnen äußerte hierfür Verständnis. So vermutet V. S., der Name Glyphosat habe sich für Kampagnen der Umweltschutzseite besonders gut geeignet:

Naja, Glyphosat ist ja schon mal der Name. Schauen Sie, wenn Sie irgendeinen ganz schwierigen Pflanzenschutzwirkstoff mit Namen haben, den kann sich ja keiner merken. Aber Glyphosat ... Das ›Gly‹, das kann sich jeder merken. Da glüht die Gefahr im

95 Vgl. in Auswahl Mailin Gaupp-Berghausen, Martin Hofer, Boris Rewald, Johann G. Zaller, Glyphosate-based herbicides reduce the activity and reproduction of earthworms and lead to increased soil nutrient concentrations, in: Scientific Reports 5, 2015; doi: 10.1038/srep12886; Maria S. Balbuena, Lea Tison, M. L. Hahn, Uwe Greggers, Randolf Menzel, Walter M. Farina, Effects of sublethal doses of glyphosate on honeybee navigation, in: Journal of Experimental Biology 17/218, 2015; doi: 10.1242/jeb.117291; Rick A. Relyea, The impact of insecticides and herbicides on the biodiversity and productivity of aquatic communities, in: Ecological Applications 2/15, 2005; doi.org/10.1890/03–5342.
96 Vgl. Grossarth, Vergiftung, 17.

Boden. Und ›phosat‹, das klingt nach Phosphat, das kann sich auch jeder merken. Da haben Sie schon mal einen eingängigen Namen, den sich jeder merken kann. Glyphosat ist halt von der Menge her interessant, weil sehr viel davon natürlich eingesetzt wird und ja, das ist aus diesen Gründen kampagnenfähig. Mit Glyphosat können Sie eine Kampagne fahren. Und dann gibt es diese NGOs, die einfach dann beweisen wollen: ›Wir zwingen die Regierung, nach unserem Willen zu handeln. Und das können wir nur, wenn wir eine Kampagne fahren können und Glyphosat eignet sich dafür.‹

V. S. bezieht sich auf die bereits ausführlich behandelten Frontenbildungen zwischen Landwirtschaft und NGOs, deren politische Macht von Seiten der Interviewpartner und Interviewpartnerinnen als sehr viel höher als etwa diejenige von Bauernverband und eigenen Berufsinteressen eingestuft wird.

Kennzeichnend für die öffentliche Diskussion und Kampagnen um Glyphosat waren »divergierende Gefahren- und Risikoeinschätzungen«[97] – innerhalb der Weltgesundheitsorganisation WHO warnten so beispielsweise einige Forscher vor möglichen Krebsgefahren für Menschen, während sich Fachleute derselben Organisation gegenteilig aussprachen.[98] Ganz grundsätzlich liegen zu möglichen Schäden für Menschen, Tiere und Umwelt durch Glyphosat zahlreiche Studien und kontroverse globale Auseinandersetzungen vor – 2019 kam es in Kalifornien zu einer Verurteilung des Herstellers Monsanto (jetzt Bayer), da dieser nicht ausreichend vor Krebsrisiken gewarnt habe.[99] In Deutschland führten die anhaltenden Auseinandersetzungen um Glyphosat-haltige Herbizide zu einem Beschluss der Bundesregierung, »die Anwendung so schnell wie möglich grundsätzlich zu beenden«.[100] Der Deutsche Bauernverband wiederum setzt sich mithilfe einer Petition für die weitere Zulassung ein und schreibt auf seiner Homepage, dass »das Pflanzenschutzmittel wissenschaftlich als unbedenklich eingestuft wird.«[101] Hier werden also wiederum – gleiches gilt im Übrigen für die Mehrheit der NGO-Kampagnen – nur der eigenen Positionierung dienliche Untersuchungen erwähnt. Auch die befragten Landwirte und Landwirtinnen bezogen diese Haltung, indem sie Glyphosat als eines der »ungiftigsten« und harmlosesten Mittel bezeichneten:

V. S.: Die Diskussion ist pure Hysterie. Glyphosat eignet sich zur Kampagne. Und diese Kampagne wurde gefahren und mit Erfolg gefahren. Es gibt fast kein ungiftigeres

---

97 Ebd., 16.
98 World Health Organisation, Joint FAO/WHO Meeting on Pesticides Residues. Summary Report 20.12.2016. URL: http://www.who.int/foodsafety/jmprsummary2016.pdf (26.06.2019).
99 Vgl. dazu die Berichterstattung Marie-Astrid Langer, Niederlage für Bayer: US-Gericht gibt Monsanto Teilschuld für Krebserkrankung, in: Neue Züricher Zeitung 20.03.2019. URL: https://www.nzz.ch/wirtschaft/roundup-klagen-in-usa-niederlage-fuer-monsanto-mutter-bayer-ld.1468585 (24.06.2019).
100 Deutscher Bundestag Drucksache 19/3461.
101 DBV, Petition #Glyphosat. URL: https://www.bauernverband.de/petition-glyphosat-679940 (24.06.2019).

Pflanzenschutzmittel als Glyphosat. Das können Sie ja trinken, da passiert Ihnen gar nichts.

F. X.: Ich weiß nicht, warum das Glyphosat so schlimm ist. Wir haben so viele Spritzmittel und es spritzt kein Landwirt nur ein Gramm zu viel, das ... weil es schon daher nicht (macht Geld-Geste) und ... Aber das kannst du ja gar nicht erklären. Das ist ... die geben dir ja auch gar nicht die Chance. Viele wollen es gar nicht hören. Die wollen einfach nur bla bla bla und mitmachen.

In Bezug auf die Themen Insektensterben oder auch Pestizideinsatz mit Beispiel Glyphosat lässt sich zum einen eine eindeutige Übernahme der Positionierungen des Bauernverbandes und anderweitiger innerhalb der Berufsgruppe vorhandener Informationen feststellen – Studien, die Gefahren für Mensch und Umwelt belegen, werden entweder ausgeblendet oder in Frage gestellt, während entlastende Untersuchungen breite Rezeption finden. Zum anderen wird die erhebliche Überforderung der Interviewpartner und Interviewpartnerinnen deutlich, öffentlich für fast sämtliche aktuelle Umweltproblematiken angeprangert zu werden, weshalb sie die beschriebenen Möglichkeiten zur Bewältigung dankbar aufgreifen – zumal man innerhalb der Berufsgruppe den Eindruck hat, bereits wesentliche Verbesserungen in Angriff genommen zu haben und weitaus sensibler mit Pestiziden umzugehen als noch vor Jahren und Jahrzehnten.

Eine weitere Umgangsweise und Bewältigungsstrategie mit der Identifizierung der intensiven Landwirtschaft als Hauptverantwortlicher am Biodiversitätsverlust findet sich in einer Abwehr der eigenen Verantwortung, indem diese an die gesamte Gesellschaft rückadressiert wird. Dies ist nicht nur am Beispiel von Pestizideinsatz und Insektensterben zu sehen, sondern insgesamt gerade im Bereich Umwelt eine äußerst dominante Positionierung, die auch beim Umgang mit dem Thema Klimawandel nochmals deutlich wird. Gerade für den Verlust von Biodiversität machen die befragten Landwirte und Landwirtinnen »alle« als Beitragende aus und üben dadurch ihrerseits Zivilisationskritik:

I.: Biodiversitäts-Verlust, Insekten, Artensterben ... was sagt ihr zu dem Thema?
F. A.: Da halte ich gar nichts davon. Weil da braucht man grad in irgendeine Stadt schauen, ist egal ... wie viele Baugebiete ausgewiesen werden, wo davor blühende Wiese war. Jeder muss jetzt sein eigenes Häuslein haben, gell, mit Garten und so weiter. In C. haben sie einen Lidl, jetzt bauen sie daneben nochmal größer einen Lidl hin. Also da brauchen wir bei uns überhaupt nicht anfangen! Der Flächenfraß, der liegt ganz eindeutig woanders. Und auf die Fläche, die die Industrie braucht für irgendwelche Parkplätze und so weiter, die versiegelt werden, also ... da braucht man sich überhaupt nicht ... also gar nicht! Wir kümmern uns um die Flächen, da findet eine jede Biene was zum ... irgendeinen Nektar. Irgendwas ... also ... den Schuh dürfen sich andere anziehen! Aber nicht wir! Ganz und gar nicht!

Immer wieder wurde von den Befragten bei Einschätzungen zu kritischen Zusammenhängen zwischen intensiver Landwirtschaft und Umweltproblema-

tiken – wie bei F. A., die im Interview sichtbar aufgebracht und emotional reagierte – der Blick auf zerstörerische Techniken und Praktiken wie Straßen- und
Flugverkehr, Versiegelungen und Flächenfraß, »die« Industrie sowie generell
nicht-nachhaltige Lebensweisen gerichtet. Auf diese Weise findet eine Einordnung und letztlich wieder Entlastung der eigenen Wirtschaftsweise als lediglich
»eine unter vielen« statt; wobei etwa Frau A. selbst dieses Eingeständnis in ihrer
Positionierung zurückweist, indem sie eine völlige Abwehr vornimmt – »den
Schuh dürfen sich andere anziehen! Aber nicht wir!« Herr und Frau J. verwenden
dieselbe Argumentation und beziehen sich ebenfalls im Gespräch wiederholt auf
die »Schuld« der Gesamtgesellschaft, wobei zumindest ein Teil Verantwortung
der eigenen Berufsgruppe akzeptiert und angenommen wird:

F. J.: […] Da haben wir mit Sicherheit einen Anteil dran, aber ich denke, wie auch wieder mein Mann gesagt hat: Nicht nur wir, weil überall ja auch die Baugebiete wachsen,
die Straßen, wenn ich sehe bei uns, die L.'er Höhe, das waren früher Felder. Jetzt ist es
ein Industriegebiet, zugepflastert, dicht!

Aussagen wie folgende von Interviewpartner H. I. waren dagegen eine absolute
Ausnahme:

Mei, es ist das Gleiche wie … egal ob von unserer Düngung, vom Pflanzenschutz her
alles … es wird alles schon sehr übertrieben alles. Man muss halt einfach so die Auf-
wandmengen – kann man schon reduzieren auch. Man muss halt auch den Zeitpunkt
dazu finden, dass man es macht, dass man es passend macht, sagen wir mal so.

Ebenso wie beim gerade ausgeführten Umgang mit wissenschaftlichen Untersuchungen zum Insektensterben findet sich die überwiegende Positionierung
der Interviewpartner und Interviewpartnerinnen in derselben oder ganz ähnlicher Form bei verschiedenen Auftritten von Bauernverbands-Vertretern und
Kommentaren in Fachzeitschriften. Gerade im Zuge des einleitend erwähn-
ten Bayerischen Volksbegehrens zum Artenschutz prangerte der Bayerische
Bauernverband wiederholt »immer mehr Beton und Teer, […] Mähroboter und
Steinwüsten im Garten«[102] an und versuchte damit erfolglos, die Diskussionsgrundlage von der Fokussierung auf die Landwirtschaft weg auf die Individual-
schuld des einzelnen Bürgers zu lenken. Das öffentliche Bild einer Landwirt-
schaft als systematischer Naturzerstörerin führt innerhalb der Berufsgruppe zu
Wut, Verletzung und Rückzug in eigene, die bäuerliche Identität stabilisierende
Informationskanäle.

102 BBV, Pressemitteilung. Nein zum Volksbegehren! 01.02.2019. URL: https://www.
bayerischerbauernverband.de/presse/nein-zum-volksbegehren-5858 (23.06.2019).

10.3 Fläche, Boden, Wasser, Klima –
Dimensionen von Nachhaltigkeit

Moderne Landwirtschaft ist gerade auch deshalb zum Angelpunkt von wachs-
tums- und zivilisationskritischen Bewegungen geworden, weil anhand ihr Fragen des Umgangs mit knapper werdenden Ressourcen bzw. der Nutzung vorhandener Ressourcen verhandelt werden – es geht subsummiert um eines der
zentralsten Schlagworte des gegenwärtigen ökologischen Diskurses: Nachhaltigkeit. Ausgehend vom Werk des Kameralisten Carl von Carlowitz etablierte sich
der Begriff von seiner im 18. Jahrhundert innerhalb der Forstwissenschaften
grundgelegten Bedeutung zu einem »Modewort« des beginnenden 21. Jahrhunderts.[103] In ihrem gleichnamigen Einführungswerk definieren Grunwald
und Kopfmüller: »Nachhaltige Entwicklung betrifft damit das Verhältnis von
menschlicher Wirtschaftsweise, den sozialen Grundlagen einer Gesellschaft
und den natürlichen Lebensgrundlagen auf der globalen Erde.«[104] Während
die Bezugnahme auf Nachhaltigkeit gerade deshalb so schwierig geworden ist,
weil sie eine Vielzahl an Dimensionen umfasst, zum Teil durch definitorische
Schwammigkeit dazu beiträgt, auch im Zuge von »greenwashing«-Kampagnen
für einen ökologischen Anstrich in Industrie und Wirtschaft genutzt zu werden,
und inhaltlich durch ihre Multiperspektivität schnell überfordernd wirkt, basiert
die Konjunktur von Nachhaltigkeit kulturhistorisch gesehen auf Globalisie-
rungsprozessen, denn – so die Soziologen weiter – »sonst wäre das Interesse für
die Entwicklung der Menschheit als ganzer nicht entstanden.«[105]

Zwar beschäftigen sich Nachhaltigkeits-Prognosen auch mit Bereichen der
Personalentwicklung in Unternehmen, Wohnungsbaupolitik, Verkehr und Konsum im Allgemeinen, sie sind aber gesellschaftlich vor allem mit Fragen der Umweltzerstörung und Rohstoffausbeutung verbunden, weshalb der Landwirtschaft
hier abermals ein zentraler Stellenwert zukommt. Aspekte nachhaltigen Wirtschaftens betreffen hier sowohl den Boden als Ackerbaugrundlage an sich sowie
Flächennutzung durch Nahrungs- und Futtermittelproduktion als auch davon
ausgehende Auswirkungen auf das Klima durch Landnutzungsänderungen, die
Freisetzung von Treibhausgasen und eben gerade auch Intensivtierhaltung. Die
durch den Menschen in Boden, Luft und Gewässern hinterlassenen Schadstoff-

---

103 Vgl. zur Geschichte der Nachhaltigkeit die grundlegenden Werke Mauch, Mensch und
Umwelt; Ulrich Grober, Die Entdeckung der Nachhaltigkeit: Kulturgeschichte eines Begriffs.
München 2010 oder Armin Grunwald, Jürgen Kopfmüller, Nachhaltigkeit. Eine Einführung.
Frankfurt a. M./New York 2012.
104 Grunwald, Kopfmüller, Nachhaltigkeit, 15.
105 Ebd., 13.

einträge werden in den Umweltwissenschaften auch als »Great Acceleration«[106] gefasst und stehen in engem Zusammenhang mit der geochronologischen Datierung als »Anthropozän«:

The fact that ›Anthropocene‹ refers to the human species as a geological agent makes the term especially powerful. It suggests that humankind is about to leave a deep imprint on the Earth – a combination of heaps and holes and furrows, of synthetic substances and toxins. Perhaps most strikingly, all this is happening not over the course of millennia (as was the case in previous geological epochs), but within a few centuries and decades. Acceleration is the signature of our time.[107]

Im Kontext der Auseinandersetzung mit diesen Problematiken erfolgt hier eine Fokussierung auf das Verhältnis von Intensivtierhaltung und Ackerbau im Zuge von Grundwasserbelastungen durch Nitrat, biologischer Wirtschaftsweise sowie Positionierungen zum Beitrag der Landwirtschaft an globalem Flächenverbrauch und Klimawandel.[108] Dabei wird vor allem deutlich, dass der Umgang mit Ressourcen- und Klimaproblematiken in ein Netzwerk aus politischen Maßnahmen, Regulationsversuchen und damit gouvernementale Regime eingebunden ist, deren Machtverhältnisse den Landwirten und Landwirtinnen durchaus bewusst sind und ihrerseits wiederum Anlass zur Kritik, aber auch Verantwortungsabgabe bieten. Damit knüpft die Untersuchung an grundsätzlich-kulturwissenschaftliche Perspektiven auf Ressourcennutzung an, die Markus Tauschek wie folgt umreißt:

Aus einer poststrukturalistisch angeleiteten und dekonstruierenden Blickrichtung ließe sich zunächst konstatieren, dass Vorstellungen von Knappheit oder Begrenztheit ebenso wie die Zuschreibung als (etwa endliche, erschöpfbare oder auch regenerierbare) Ressource das Ergebnis komplexer, von Machtverhältnissen durchzogener Aushandlungsprozesse sind.[109]

106 Dazu beispielsweise John R. McNeill, Peter Engelke, The Great Acceleration: An Environmental History of the Anthropocene since 1945. Cambridge 2014.

107 Mauch, Slow Hope, 14.

108 Wie bei allen anderen zuvor behandelten Tierhaltungs- und Umweltproblematiken wird auch an dieser Stelle zugunsten einer Beleuchtung in die Tiefe eine Darstellung in die Breite eingeschränkt – so wird beispielsweise nicht auf Fragen zukünftiger Düngemittelverfügbarkeiten etwa von Phosphor und Kali oder nochmals auf die bereits in Kapitel 8.4 behandelte Biogasförderung unter Umweltaspekten eingegangen.

109 Markus Tauschek, Knappheit, Mangel, Überfluss – Kulturanthropologische Positionen. Eine Einleitung, in: Tauschek, Grewe, Knappheit, 9–34, hier 14.

Regionale Verortungen: Das Nitrat- als Verteilungsproblem

Im Juni 2018 wurde Deutschland von der Europäischen Union wegen seiner wiederholten Verletzungen der geltenden Nitrat-Richtlinie verklagt[110] – bestehende Verträge seien nicht eingehalten und auch keine ausreichenden Maßnahmen für Verbesserungen getroffen worden. Die Richtlinie besagt, dass Mitgliedsstaaten dazu verpflichtet sind, Nitratwerte über 50 Milligramm pro Liter zu verhindern – das Deutsche Bundesumweltamt gibt an, dieser sei seit 2008 jährlich an fast 17 Prozent der Messstellen kontinuierlich überschritten worden.[111] Die bestehenden Regelungen gelten, weil hohe Nitratanreicherungen im Grundwasser zu gesundheitlichen Schäden führen können – im menschlichen Körper wird dieses zu Nitrit umgewandelt, das den Sauerstofftransport vor allem von Neugeborenen schädigen kann und das Darmkrebsrisiko erhöht.[112] Gleichzeitig trägt ein zu hoher Nitratgehalt in Böden zu Überdüngung und Versauerung bei, wodurch wiederum Biodiversitätsverlust und Artensterben besonders in empfindlichen Ökosystemen beschleunigt werden.[113] Nitrat, chemisch das Salz der Salpetersäure, kommt auch natürlich vor und wird von Pflanzen für Nährstoffaufnahme und Wachstum benötigt, weshalb es in der Landwirtschaft als Düngemittel eingesetzt wird. Für die gestiegenen Werte wird in erster Linie die Intensivtierhaltung verantwortlich gemacht,[114] da die hier anfallende nitrathaltige Gülle wieder auf die Felder ausgebracht wird und aufgrund der gestiegenen Tierzahlen in zahlreichen Regionen die Dimensionen des Wirtschaftsdüngers die von den Böden zur Nährstoffaufnahme benötigten Mengen überschreiten. Die im Zuge der EU-Klage sowie einer vom Umweltbundesamt veröffentlichten Studie, wonach die Trinkwasseraufbereitung infolge der durch Landwirtschaft

---

110 Urteil des Gerichtshofs (Neunte Kammer) vom 21. Juni 2018. Europäische Kommission gegen Bundesrepublik Deutschland ECLI:EU:C:2018:481. Aktenzeichen = C-543/16.

111 Umweltbundesamt, Indikator – Nitrat im Grundwasser. 29.03.2019. URL: https://www.umweltbundesamt.de/indikator-nitrat-im-grundwasser#textpart-1 (24.06.2019).

112 Vgl. u.a. Jörg Schullehner, Birgitte Hansen, Malene Thygesen, Carsten B. Pedersen, Torben Sigsgaard, Nitrate in drinking water and colorectal cancer risk: A nationwide population-based cohort study, in: International Journal of Cancer 1/43, 2018, 73–79.

113 Vgl. u.a. Ligia B. Azevedo, Rosalie van Zelm, Rob S.E.W. Leuven, A. Jan Hendriks, Mark A.J. Huijbregts, Combined ecological risks of nitrogen and phosphorus in European freshwaters, in: Environmental Pollution 200, 2015, 85–92.

114 Studien zum Zusammenhang von intensivierter Landwirtschaft und erhöhten Nitratwerten sind innerhalb der Forschungslandschaft national wie international zahlreich und weitestgehend unstrittig. Vgl. hierzu Ofer Dahan, A. Babad, Naftali Lazarovitch, Efrat E. Russak, Daniel Kurtzman, Nitrate leaching from intensive organic farms to groundwater, in: Hydrology and Earth System Sciences 18, 2014, 333–341; Peter S. Hooda, Anthony C. Edwards, Hamish A. Anderson, Anne Miler, A review of water quality concerns in livestock farming areas, in: Science of the Total Environment 250, 2000, 143–167.

verursachten Nitrateinträge in Zukunft erhebliche Kosten verursache,[115] breite Medienberichterstattung unter Titeln wie »Günstiges Fleisch oder günstiges Wasser?«[116] oder »Politik sollte der Massentierhaltung Einhalt gebieten«[117] hat die Aufmerksamkeit hierfür in den letzten Jahren nochmals erhöht. Wie auch bei anderen bereits behandelten Bereichen drängender Umweltproblematiken, darunter Insektensterben und Pestizideinsatz, wurden vom Deutschen Bauernverband, Fachzeitschriften und den bekanntesten deutschen Agrarbloggern Verlässlichkeit und Seriosität von Messwerten und Studiendesign angezweifelt und kritisiert[118] – »Bauer Willi« verfasste den Blogeintrag »Staatliche Manipulation? – oder – Wie inszeniert man einen Skandal!«[119], Agrarstatistiker Georg Keckl sprach von »Volksverdummung à la ›Waldsterben‹: Nitrate im Wasser«[120]. Vermutlich an diese Informationskanäle anknüpfend äußerten sich auch zahlreiche Interviewpartner:

S. Y.: Aber wie heißt es so schön? Traue keiner Statistik, die du nicht selbst gefälscht hast. Ist ja auch so mit Nitratbelastung im Grundwasser, wenn ich da lese, da war ja auch erst vor ein paar Monaten wieder … im Fernsehen. Das ist ja auch der Witz, weil vor dreißig Jahren, da haben sie ein Viertel von den Messstellen bloß angegeben und da haben sie noch die Besten herausgesucht. Und jetzt nach der EU-Verordnung müssen alle Messstellen angegeben werden, alle Messstellen und das Messverfahren ist nochmal anders geworden. Es ist gar nicht mehr Nitrat im Grundwasser drin.

Diese Praktiken der Anzweiflung der Studienergebnisse zum Thema Nitrat fanden sich bei über einem Drittel der Befragten – so auch bei Geflügelhalter H. Q.:

---

115 Umweltbundesamt (Hrsg.), Quantifizierung der landwirtschaftlich verursachten Kosten zur Sicherung der Trinkwasserbereitstellung. Dessau-Roßlau 2017.
116 Philipp Ruhmhardt, Nitrat und die Folgen der Massentierhaltung. Günstiges Fleisch oder günstiges Wasser? Auf: WDR 18.11.2015. URL: https://www1.wdr.de/wissen/natur/nitrat-grundwasser-politik-100.html (24.06.2019).
117 Silke Looden, Politik sollte der Massentierhaltung Einhalt gebieten, in: Weserkurier 21.06.2018. URL: https://www.weser-kurier.de/deutschland-welt/deutschland-welt-politik_artikel,-politik-sollte-der-massentierhaltung-einhalt-gebieten-_arid,1741617.html (24.06.2019).
118 Der DBV zog sich dabei vor allem auf Kritik an Messmethoden zurück – die topagrar berichtet: »Der Deutsche Bauernverband (DBV) hält den europaweiten Vergleich von Nitratgehalten im Grundwasser für ›nur bedingt aussagefähig.‹« In: topagrar online, Bauernverband wehrt sich gegen Nitratberichte. 12.05.2018. URL: https://www.topagrar.com/acker/news/bauernverband-wehrt-sich-gegen-nitratberichte-9843746.html. Vgl. auch die anzweifelnde Berichterstattung in verschiedenen Fachzeitschriften, u. a. Anke Fritz, Nitrat im Grundwasser: Das steht wirklich in der UBA-Studie, in: Agrarheute 12.06.2017. URL: https://www.agrarheute.com/land-leben/nitrat-grundwasser-steht-wirklich-uba-studie-535364 (24.06.2019).
119 Bauer Willi, Staatliche Manipulation? – oder – Wie inszeniert man einen Skandal? 30.04.2016. URL: https://www.bauerwilli.com/staatliche-manipulation/ (24.06.2019).
120 Georg Keckl, Volksverdummung à la »Waldsterben«: Nitrate im Wasser. 29.04.2016. URL: http://keckl.de/texte/Volksverdummung.pdf (24.06.2019).

Wobei man gerade mit dem Nitrat auch wieder aufpassen muss, weil die Nitrat-
problematik in Deutschland basiert ja auf Messstellen und diese Messstellen wurden
ausgewählt aufgrund der Nitratproblematik. Das heißt, es gibt ja viel mehr Messstellen,
aber es wurden nur die Messstellen herausgesucht, wo wirklich problematisch sind.
Die waren schon vorher, bevor die Viehdichte so hoch war, waren die schon auffällig.
Und dass man dann die auffälligen Messstellen nur heranzieht und nicht das Netz
dichter zieht, ja … ist natürlich irgendwo politisch gewollt. Dass man nicht … dass
man irgendwas … Düngeverordnung oder irgendwas drücken muss.

Hier wird deutlich sichtbar, dass von den befragten Intensivtierhaltern und
-halterinnen bereitwillig und gezielt entlastende Informationen rezipiert und
weiter tradiert werden, um eine Umgangsweise mit den erheblichen an die
Landwirtschaft herangetragenen Umwelt-Vorwürfen zu etablieren. Eine weitere
Bewältigungsstrategie bestand darin, immer wieder die Rolle der lokalen Nieder-
schlagswerte anzuführen, die in besonders trockenen Regionen zu Problematiken führe, während sie andernorts durch Verwässerungseffekte für niedrigere
Werte und Konzentrationen sorge. Auch hiermit ist eine für die einzelnen
Landwirte und Landwirtinnen rechtfertigende Funktion verbunden, da nun
nicht mehr in erster Linie die Intensivtierhaltung an sich, sondern »natürliche«
Faktoren wie Klima- und Bodenbeschaffenheit als hauptausschlaggebend für
hohe Nitratwerte identifiziert werden. So äußert sich I. F. zu den hohen Werten
in seiner unterfränkischen Herkunftsregion:

Ja, wir sind eines von den roten Gebieten, oder von den mit höherer Nitratbelastung.
Sind aber in Bayern der Regierungsbezirk mit den wenigsten Vieheinheiten pro
Hektar. Das liegt eigentlich hauptsächlich am niedrigen Niederschlag. Da ist halt
einfach die Konzentration dann in dem Wasser deutlich höher. Klar, ich meine, wir
haben ja auch selber Tierhaltung. Da werden die Anforderungen ja jetzt dann immer
höher, für das Nitrat. Das ist halt ein bisschen schwierig, wenn man dann, ich sage
mal, das eigentlich gar nicht in der Hand hat. Weil, wenn es halt hier 300 Liter im Jahr
weniger regnet, ist halt einfach der Verwässerungseffekt deutlich geringer, ne. Ja, aber
gut. Die Thematik ist da.

Da die Rolle der von den Landwirten und Landwirtinnen kritisierten Messstel-
len-Auswahl ebenso wie Auswirkungen von Verwässerung und Bodenbeschaffenheit aus kulturwissenschaftlicher Fachperspektive letztlich nicht beurteilt
werden können und Recherchen hierzu unterschiedliche naturwissenschaftliche
Aussagen zu Tage förderten[121] – obgleich die grundsätzliche Nitrat-Problematik

---

121 So schreibt eine schweizerische Forschergruppe zu den Auswirkungen von Nieder-
schlags- und Bodenbeschaffenheit: »Während des intensiven Wachstums der Kulturen ist der
Wasserverbrauch der Kulturen gleich oder größer als die Niederschlagsmenge. In dieser Zeit
fällt kein Sickerwasser unterhalb des Wurzelraums an; dadurch ist auch kein Nitratauswa-
schungsrisiko gegeben.« Anders verhält sich dies bei Messungen auf Viehweiden. Vgl. Walter

in Deutschland unstrittig ist –, soll es hier nicht um eine Einteilung in »richtige« oder »falsche« Aussagen gehen. Vielmehr kann hinsichtlich der Untersuchung von Positionierungsprozessen festgehalten werden, dass eine unter ständiger medialer und öffentlicher Kritik stehende Berufsgruppe mithilfe interner Wissensnetzwerke nach Bewältigung und Entlastung sucht. Dass die unter den Intensivtierhaltern und -halterinnen tradierte Skepsis bezüglich Studienergebnissen wiederum außerhalb ihres Umfeldes kaum rezipiert und verhandelt wird, führt dabei zur Verstärkung eines Gefühls der Marginalisierung und gezielten Ausklammerung vom gesellschaftlichen Dialog. Auf diese Weise bedingen sich gegenseitige Entfremdungsprozesse und Kommunikationsschwierigkeiten.

An dieser Stelle soll nicht der Eindruck entstehen, alle Interviewpartner und Interviewpartnerinnen würden gleichermaßen auf die Vorwürfe von zu hoher Nitratbelastung der Grundwässer reagieren. Ebenso wie sich circa ein Drittel überwiegend abwehrend und mit Verweisen auf falsche Messmethoden etc. äußerte, fanden sich gleichermaßen auch Stimmen, die eigenes Verschulden an überdüngten Böden annahmen und sich kritisch damit auseinandersetzten. Landwirt H. R. bilanziert so etwa: »Ja, ja … da sind wir uns einig. Das ist ganz klar. Wir sind da definitiv schuld an der Nitratbelastung.« Auch Putenhalter I. O. reflektiert selbstkritisch und sieht durchaus Notwendigkeiten für die von der Bundesregierung als Reaktion auf die EU-Klage eingeführte Düngeverordnung:

[I]ch sage, wenn heute im Herbst irgendwo Gülle ausgefahren wird, die wo jetzt auf Früchte geht, die wo praktisch das nicht mehr brauchen, dann ist es im Frühjahr praktisch nicht mehr da, und dann ist einfach das längere Lagern und das im Frühjahr Ausbringen definitiv sinnvoll. Ich gebe offen zu, man hat auch das ein oder andere ausgefahren, was jetzt vielleicht nicht ganz so sinnvoll ist.

Die Gesetzgebung sieht unter anderem vor, dass Landwirte und Landwirtinnen mit mehr als 30 Hektar Ackerbaufläche und mehr als 50 Großvieheinheiten seit 2018 eine Stickstoff-Bilanz erstellen müssen; zudem wurden Vorgaben und

Richner, Hans-Rudolf Oberholzer, Ruth Freiermuth Knuchel, Olivier Huguenin, Sandra Ott, Thomas Nemecek, Ulrich Walther, Modell zur Beurteilung der Nitratauswaschung in Ökobilanzen – SALCA-N O3. Unter Berücksichtigung der Bewirtschaftung (Fruchtfolge, Bodenbearbeitung, N-Düngung), der mikrobiellen Nitratbildung im Boden, der Stickstoffaufnahme durch die Pflanzen und verschiedener Bodeneigenschaften. Zürich 2014, 5; Frank Steinmann vom Landesamt für Landwirtschaft, Umwelt und ländliche Räume in Schleswig-Holstein äußerte sich zur anhaltenden Kritik an Messmethoden von Seiten der Agrarwirtschaftsvertreter: »Um es vorwegzunehmen: Ja, wir haben in weiten Teilen Schleswig-Holsteins aufgrund zu hoher Stickstoffeinträge aus der landwirtschaftlichen Nutzung ein Problem mit dem Grundwasser. Und nein, wir messen nicht falsch.« Ders., Gibt es ein Nitratproblem, oder wird nur falsch gemessen?, in: Bauernblatt 06.09.2014. URL: https://www.schleswig-holstein.de/DE/Fachinhalte/G/grundwasser/Downloads/Bauernblatt_Artikelserie_2014_Nr_4.pdf?__blob=publicationFile&v=1 (25.06.2019).

Grenzwerte verschärft, strengere zeitliche Einschränkungen der Gülleausbringung eingeführt und Abstände zu Gewässern erhöht.[122] Bei Verstoß gegen die Auflagen fallen Bußgeldstrafen an. Die Düngeverordnung wurde dabei wie fast jedwede gesetzliche Verschärfung im Bereich der Intensivtierhaltung vor allem aus ökonomischen Gesichtspunkten heraus von einigen Interviewpartnern und Interviewpartnerinnen mit Sorge betrachtet, da hiermit der Einsatz neuerer und kostspieligerer Technik verbunden sei:

I.: Und was haltet ihr von der Düngeverordnung dann?
H. D.: Ja, das sind halt wieder Auflagen, die uns das Wirtschaften halt schon erschweren. Und wieder mit massiv Kosten verbunden. Kosten verbunden, einhergehend: Ich brauche eine neue Güllegrube. Lagerkapazität erhöhen. Dann müsste ich meine Düngetechnik, meine, meine Güllefasskante kannst du schon wieder … Entweder, du kaufst dir ein neues. Mit der neuesten Technik und in der entsprechenden Größe kostet das irgendwo zwischen 80- und 100.000 Euro, bloß so ein Fass. Ja. Und dann hast du halt wieder massive Arbeitsspitzen. Du darfst fast das ganze Jahr wieder keine Gülle nicht mehr ausbringen auf diesen Feldern. Sondern das ist wieder alles voll konzentriert auf das Frühjahr dann. Auf kürzester Zeit soll es dann, oder musst dann schon fast, deine ganze Gülle rausfahren. Also ich glaube, bringen tut es nichts.

Zuchtsauenhalter H. D. sieht mit den strengeren Auflagen also in erster Linie erhöhte Arbeitsbelastungen zu bestimmten Jahreszeiten und steigende Betriebskosten verbunden. Auch Geflügelhalter V. S. äußert sich skeptisch, wobei er vor allem Kritik an der eigenen Berufsgruppe übt:

V.S.: Ich sehe halt mit Sorge, dass die Landwirte diese neue Düngeverordnung schon wieder missbrauchen.
I.: Inwiefern?
V.S.: Da müssen wir aufpassen, mit offenen Augen im Sommer durch die Gegend fahren. Ist ja klar definiert, wo man nach der Ernte noch Gülle ausbringen darf. Und dazu gehört die Zwischenfrucht. Und was machen die Landwirte? Sie tun mit billigsten Maßnahmen so, tun sie so, als ob Zwischenfrucht angebaut würde, damit man Gülle ausbringen darf. Legal.

Wie auch bereits in anderen Kapiteln etwa zum Verbot des Ringelschwanzkupierens oder Antibiotikaeinsatz analysiert, formt sich auch hier der Eindruck, dass stärkere Kontrollen und Auflagen innerhalb des Systems Intensivtierhaltung mehr Symptom-, denn Ursachenbekämpfung darstellen – was von den Landwirten und Landwirtinnen auch durchaus selbst so wahrgenommen wird und zur Bezweiflung von deren Sinnhaftigkeit beiträgt. In Bezug auf unverhältnismäßige Gülle-Ausbringung knüpft hieran zudem wieder das Motiv der »schwarzen

---

122 Vgl. hierzu ausführlich BMEL, Ackerbau: Düngung. URL: https://www.bmel.de/DE/
Landwirtschaft/Pflanzenbau/Ackerbau/_Texte/Duengung.html (25.06.2019).

Schafe« an, die maßgeblich für den schlechten Ruf der Intensivtierhalter und -halterinnen und das Entstehen der Probleme verantwortlich seien:

I. N.: [E]s hat schwarze Schafe gegeben, ich habe letztes Jahr selber ein paar erwischt oder mitgekriegt, wo ich selber hinkomme, die wo da noch dermaßen überpritscht[123] haben im Herbst, wo ich gesagt habe: Leute! Langsam! Das … dann kommen die Sachen raus! Das waren dann die schwarzen Schafe wieder!

»Schwarze Schafe« finden sich beim Thema Nitrat in mehrerlei Hinsicht, nämlich nicht nur in Bezug auf Personen, sondern vor allem Regionen. Dabei lässt sich eine Verantwortungsübertragung auf bestimmte, sowohl innerhalb Deutschlands als auch Bayerns besonders »schuldige« Regionen feststellen, die – so der Tenor der Befragten – mit ihrer Viehdichte übertrieben hätten. Dies konzentrierte sich zum einen auf die häufige Nennung niedersächsischer Landkreise wie Vechta und Cloppenburg, zum anderen im Untersuchungsraum in erster Linie auf den besonders dichten Intensivtierhaltungs-Bereich des Landkreises Landshut. Insgesamt wurden hier 2018 auf 588 Betrieben 248.313 Mastschweine gehalten,[124] weshalb innerhalb des Freistaates vom niederbayerischen »Schweinegürtel« die Rede ist. Besonders im Fokus steht hier die nördlich von Landshut gelegene Gemeinde Hohenthann, die bayernweit die höchste Dichte an gehaltenen Schweinen aufweist – auf knapp 4.000 Einwohner kommen über 73.000 Zucht- und vor allem Mastschweine.[125] Hohenthann steht vor allem deshalb paradigmatisch für Probleme und Auswirkungen der Intensivtierhaltung, weil die Wasserversorgungswerke des Landkreises Nitratmessungen von über 50 Milligramm pro Liter feststellten. Der Bayerische Rundfunk betitelte dies als »Massives Imageproblem der Schweinemäster«[126], die Lokalpresse berichtete ausführlich und es entstanden verschiedene Protestaktionen aufgrund der Grundwasserproblematik.[127]

Innerhalb des Samples häuften sich Aussagen von Landwirten und Landwirtinnen, die die Landshuter Gemeinden und hier vor allem Hohenthann

---

123 Bayr.-dial. für »zu viel Flüssigkeit ausgebracht/verschüttet«.

124 Amt für Ernährung, Landwirtschaft und Forsten Landshut, Unsere Region. URL: http://www.aelf-la.bayern.de/region/index.php (24.06.2019).

125 Vgl. Bayerisches Landesamt für Statistik, Gemeinde Hohenthann. URL: https://www.statistik.bayern.de/mam/produkte/statistik_kommunal/2018/09274141.pdf (25.06.2019).

126 Bayerischer Rundfunk, Massives Imageproblem der Schweinemäster, ausgestrahlt am 16.06.2016. URL: https://www.br.de/nachrichten/bayern/massives-imageproblem-der-schweine-maester,64wkcdhn60rk4d1q6rt38c9n64r38 (25.06.2019).

127 Vgl. Isar-TV, Diskussion über Nitratbelastung in Gewässern des Landkreises Landshut. 15.05.2018. URL: https://www.isar-tv.com/mediathek/video/diskussion-ueber-nitratbelastung-in-gewaessern-des-landkreises-lands-hut/; Flyer der Interessengemeinschaft Gesundes Trinkwasser Hohenthann. URL: https://www.hohenthann.de/Gemeinde/aktuelles_aus_der_gemeinde.html/aktuelles/flyer-der-interessengemeinschaft-gesundes-trinkwasser-hohenthann-r112/ (25.06.2019).

kritisierten. Dabei wurde zum einen eine »Übertreibung« der Tierbestände moniert, zum anderen sahen die Befragten die Region als verantwortlich für eine Übertragung der Nitratproblematik auf daran »unschuldige« Landwirte und Landwirtinnen an:

H. L.: In Niederbayern ist es wie in Vechta. Genau.
I.: Da um Landshut, Hohenthann rum da?
H. L.: Ja. Das ist schon Wahnsinn.

Interviewpartner H. M. kritisiert das Wachstum der nördlichen Landshuter Gemeinden am Willen der Anwohner vorbei:

H. M.: Ah ... ich kenne die alle, die Bauern da oben. Die haben es halt ein wenig übertrieben muss ich ehrlich sagen. (lacht) Weil wenn ich heute einen Stall genehmigt haben möchte für 4.000 Sauen, baue aber erst 1.500, ja warum habe ich da nicht zuerst 1.500 und dann ... ja muss ich erweitern, oder was? Aber die stellen die außerlandwirtschaftliche Gesellschaft in den Siedlungsgebieten und so einfach vor Tatsachen und dann tun sie da ein bisschen kämpfen dagegen oder ...

Der fränkische Schweinehalter I. Sch. sieht das Gülleproblem als lokales »Verteilungsproblem«, weshalb er Angriffe auf Intensivtierhalter und -halterinnen insgesamt als ungerechtfertigt zurückweist:

I. Sch.: Was hat Massentierhaltung mit Nitrat zu tun? Das ist ein Verteilungsproblem und es sind sicher in Deutschland Regionen und auch in Bayern, wo manches schiefgelaufen ist! Wo nicht mehr wissen ... die saufen in ihrer Gülle ab!
I.: Ja, in Niederbayern war ich viel.
I. Sch.: Da brauchen wir nicht immer nach Vechta gehen, das Gleiche haben wir in Niederbayern auch. Aber erstens gewollt, man hat die Landwirte dahin beraten, spezialisieren, spezialisieren! Die Gülle kriegt ihr schon irgendwo los und jetzt wollen wir das Rad von heute auf morgen rückwärts drehen.

I. Sch. macht nicht nur seine niederbayerischen Berufskollegen, sondern vor allem eine fehlgeleitete politisch-agrarwirtschaftliche Beratungstätigkeit für die Nitratbelastung verantwortlich, die ursächlich für die Folgeschäden und die derzeit hitzigen Diskussionen um mögliche Richtungswechsel sei.

Um auch die Positionierungen der »Hohenthanner« Schweinehalter zu den erhöhten Messwerten zu erheben, fanden während der Erhebungsphase sowohl Interviews mit Landwirten und Landwirtinnen aus der Region als auch teilnehmende Beobachtungen bei der Gruppe »Heimatlandwirte«[128] statt. Auf ihrer

---

128 Die Organisation wurde laut Interview mit einem der Vorstände, selbst Schweinemast-Inhaber, im Januar 2016 ausgehend von rund zehn Landwirten im Raum Hohenthann/Landshut aus dem Bestreben heraus gegründet, die Öffentlichkeit über landwirtschaftliches Arbeiten und Nahrungsmittelerzeugung in der Region zu informieren und damit gleichzeitig dem bestehenden Negativimage entgegenzutreten.

Homepage beschreibt sich die Initiative mit circa 140 Mitgliedern als »Gemeinschaft von bayerischen Landwirten, welche einen Einblick in ihre Arbeit und ihr Leben geben wollen« aus »ausschließlich regional ansässige[n] Familienbetriebe[n]«.[129] Landwirt I. Ö. geht auf die Notwendigkeit zum Zusammenschluss aufgrund des Negativimages durch die Nitratbelastung ein:

I. Ö.: Und schuld sind die Saubauern, so war der Tenor. Und hat da natürlich sehr viel vergiftet. Faktum ist halt, dass wir wissen, wir fördern ein 40-jähriges Wasser. Und wenn wir jetzt von 2003 40 Jahre zurückgehen, dann sind wir 63 und das fällt halt genau zusammen mit der Intensivierung der Landwirtschaft, wo der Dünger aufgekommen ist und wo einfach die Verluste gestiegen sind. Wir haben halt ein intensives Ackerbaugebiet mit wenig Waldanteil, deutlich … wahrscheinlich über 80 Prozent Ackerflächen. Und alle diese Gegenden haben da, wenn's geologisch nicht ganz gut passt einfach Probleme. Und so ist es bei uns auch. Man kann das eigentlich ganz schön nachvollziehen, dass das mit der Intensivierung zusammen […]. Und Gott sei Dank haben sie jetzt eine Seitwärtsbewegung mit leicht fallender Tendenz sag ich jetzt mal, wieder eingeschlagen. Und … ja, das war mal das eine Thema, wo wir immer schon ein bisschen im öffentlichen Fokus stehen.

Der selbst 6.000 Mastschweine haltende Interviewpartner erkennt die Verantwortung der Landwirte und Landwirtinnen für das Grundwasserproblem der Gemeinde durchaus an und ist als Ansprechpartner eines dort durchgeführten Münchner Forschungsprojektes zum Thema Nitrat tätig. Wiederum ein ebenfalls in der Initiative »Heimatlandwirte« aktiver Interviewpartner äußerte sich entgegengesetzt: »H. T.: Die untersuchen, woher diese Nitratbelastung aus Hohenthann kommt. Nachgewiesen haben sie, das kommt nicht aus der Landwirtschaft.« Selbst innerhalb des regionalen Zusammenschlusses, der in erster Linie die Kommunikation mit der nicht-landwirtschaftlichen Bevölkerung verbessern möchte, bestehen also Informationsdefizite bzw. unterschiedliche Interpretationen derselben; die Landshuter Interviewpartner gehen zudem auf ihre Akzeptanzschwierigkeiten innerhalb der eigenen Berufsgruppe ein:

H. T.: Und das geht auch in die Richtung Heimatlandwirte. Da gibt es jetzt die Gruppe, die sagt, wir müssen jetzt was tun, öffentlichkeitsmäßig. Nachher gibt es auch … die sind gar nicht so weit weg von uns … wo ich die dann angesprochen habe: ›Du, magst du nicht auch da mitmachen? Und … und das wäre doch eine tolle Geschichte. Du hast auch 1.000 Sau und …‹ ›Ich? Das Problem, das Imageproblem haben die Hohenthanner. Die haben uns das alles eingebrockt. Das sind die großen. Ich habe kein Imageproblem. Ich brauche das nicht.‹

An dieser Stelle offenbaren sich nochmals die in Kapitel 8.4 ausführlich beschriebenen Entsolidarisierungen und gegenseitigen Schuldzuweisungen inner-

129 HeimatLandwirte. URL: https://www.heimatlandwirte.de/ueber-uns/ (18.09.2018).

halb der nach außen hin für die breite Bevölkerung homogen – da kollektiv
»Massentierhalter« – erscheinenden Berufsgruppe. Indem die Gülleproblematik
vornehmlich als Schieflage einzelner Regionen verortet wird, findet zugleich
eine Entlastung der Individualverantwortung statt, zu der auch die Infragestellung von naturwissenschaftlichen Studien und »Schwarze Schafe«-Motivik
beiträgt.

Biologische Landwirtschaft: Ökonomische statt ideologischer Schranken

In ihrer 2016 erschienenen Dissertation »Biobauern heute« zeichnet die Kultur-
wissenschaftlerin Sabine Dietzig-Schicht die Entwicklung des ökologischen
Landbaus in Deutschland nach, der sich über den Verzicht auf chemische
Pflanzenschutz- und mineralische Düngemittel, strengere Tierschutzvorgaben
sowie ein auf möglichst geschlossener Kreislaufwirtschaft basierendes System
definiert.[130] Gab es angestoßen durch die zivilisationskritische Lebensreform-
Bewegung zur vorletzten Jahrhundertwende erste Siedlungsgenossenschaften,
Vegetarierbewegungen und auch als Kritik an der sich institutionalisierenden
und technisierenden Agrarwirtschaft im ausgehenden 19. und beginnenden
20. Jahrhundert Bestrebungen zu Selbstversorgung und möglichst »natürlich« produzierter Nahrung,[131] erlangte die ökologische Landwirtschaft trotz
früher Gründungen etwa des Demeter-Warensiegels 1930 erst in den 1970er
und 80er Jahren ausgehend von Anti-Atomkraft-Protesten und grundsätzlichen
Umweltschutzfragen breitere Durchsetzungskraft.[132] Vor allem die BSE-Krisen
der 1990er Jahre führten zu einer erheblichen Verunsicherung der Verbraucher,[133] in deren Folge die rot-grüne Bundesregierung 2001 die Agrarwende mit

---

130 Je nach Anbauverband wie Demeter, Bio- oder Naturland variiert die Strenge der
Vorgaben. Verbindlich für jegliche Bio-Zertifizierung sind jedoch die EU-Biorichtlinien, die
den Mindeststandard bilden. Vgl. Verordnung (EG) Nr. 834/2007 vom 28. Juni 2007 über die
ökologische/biologische Produktion und die Kennzeichnung von ökologischen/biologischen
Erzeugnissen und zur Aufhebung der Verordnung (EWG) Nr. 2092/91.

131 Vgl. Dietzig-Schicht, Biobauern, 46–53; dazu auch Eva Barlösius, Naturgemäße Lebensführung: zur Geschichte der Lebensreform um die Jahrhundertwende. Frankfurt a. M. 1997.

132 Vgl. zur Geschichte und verschiedenen Ansätzen wie biologisch-dynamischer, orga-
nischer Landbau etc. ausführlich auch das eine breite Übersicht bietende Grundlagenwerk:
Bernhard Freyer (Hrsg.), Ökologischer Landbau: Grundlagen, Wissenstand und Herausforderungen. Bern 2016 sowie zusammenfassend Dietzig-Schicht, Biobauern, 54–67.

133 Zur »Formierung, Institutionalisierung und Legitimierung der Bio-Branche in Deutschland« schreibt Sebastian Vinzenz Gfäller: »Bio wäre wohl nicht in dieser Intensität angenommen worden, wenn es nicht durch menschengemachte Katastrophen wie das Reaktorunglück
von Tschernobyl oder die BSE-Seuche in der Bevölkerung auf ein breites Bedürfnis nach
Transparenz, Aufklärung und Sicherheit gestoßen wäre.« Gfäller, Müsli, 174.

dem Ziel von 20 Prozent ökologischem Landbau bis 2010 sowie ein nationales Bio-Siegel verabschiedete. Davon ist die Ausrichtung der deutschen Landwirtschaft selbst im Jahr 2019 mit 9,7 Prozent Anteil biologischer Wirtschaftsweise an der Gesamt-Agrarfläche und 12,9 Prozent Bio-Betrieben jedoch noch weit entfernt.[134]

Die Akzeptanz von Öko-Landbau unter den befragten Intensivtierhaltern und -halterinnen ist vor allem deshalb von Relevanz, weil er von verschiedenen Systemakteuren – darunter politische Parteien, NGOs, aber auch Klima- und Umweltforscher – angesichts drängender Problematiken wie Biodiversitätsverlust, Ressourcenausbeutung, Klimawandel etc. als nachhaltigere Alternative zur konventionellen Landwirtschaft verhandelt wird. Das Bundesumweltamt bezeichnet ihn als »wesentliches Element einer am Leitbild der Nachhaltigkeit ausgerichteten Agrarpolitik«[135] und in der vom Bundesministerium für Ernährung und Landwirtschaft 2017 verfassten »Zukunftsstrategie ökologischer Landbau (ZöL)« ist zu lesen:

Der ökologische Landbau berücksichtigt bei der Produktion in besonderer Weise die Belastungsgrenzen natürlicher Kreisläufe, trägt zu einem hohen Niveau der biologischen Vielfalt bei und erfüllt hohe Tierschutzanforderungen. Die Leistungen des Ökolandbaus genießen in weiten Teilen der Bevölkerung eine hohe Anerkennung.[136]

Trotz der mittlerweile weitestgehend erfolgten politischen und gesellschaftlichen Anerkennung des Ökolandbaus in Deutschland soll an dieser Stelle zumindest angeschnitten werden, dass eine generell klimaschonendere Produktion durch diesen angesichts des erhöhten Flächenbedarfs sowie anderweitig entstehender Herausforderungen – beispielsweise geringere Ernteerträge, Verluste durch Insekten- oder Pilzbefall, hohe Emissionen durch extensive Weidehaltung – innerhalb der Agrarwissenschaften[137] anders als in der öffentlichen Diskussion kritischer und ambivalenter diskutiert wird, obgleich die ökologischen

---

134 Vgl. Bundesanstalt für Landwirtschaft und Ernährung, Strukturdaten zum ökologischen Landbau in Deutschland 13.07.2020. URL: https://www.ble.de/DE/Themen/Landwirtschaft/Oekologischer-Landbau/_functions/StrukturdatenOekolandbau_table.html (14.08.2020).
135 Ebd.
136 BMEL (Hrsg.), Zukunftsstrategie ökologischer Landbau. Impulse für mehr Nachhaltigkeit in Deutschland. Berlin 2017, 15.
137 Vgl. etwa Timothy D. Searchinger, Stefan Wirsenius, Tim Beringer, Patrice Dumas, Assessing the efficiency of changes in land use for mitigating climate change, in: Nature 564, 2018, 249–253; Wissenschaftlicher Beirat Agrarpolitik, Ernährung und gesundheitlicher Verbraucherschutz und Wissenschaftlicher Beirat Waldpolitik beim BMEL, Klimaschutz in der Land und Forstwirtschaft sowie den nachgelagerten Bereichen Ernährung und Holzverwendung. Gutachten. Berlin 2016 sowie ausführlich zu einzelnen Herausforderungen der Branche in Bezug auf Ackerbau, Tierhaltung, Bodenfruchtbarkeit etc. Freyer, Ökologischer Landbau.

und ressourcenschonenden Vorteile vor allem durch den Wegfall des Pestizideinsatzes außer Frage stehen. Für den von der Regierung forcierten weiteren Ausbau der ökologischen Landwirtschaft bedarf es neben einer zu steigernden Nachfrage nach biologischen Produkten von Seiten der Verbraucher auch umstellungswilliger konventioneller Landwirte und Landwirtinnen, weshalb die Bewertung der unterschiedlichen Wirtschaftsweisen einen Teil des Fragenkataloges bildete.

Bereits bei seinen Untersuchungen Ende der 1980er Jahre stellte Hans Pongratz in Bezug auf das grundsätzliche Bewusstsein zu Umweltproblematiken unter seinen landwirtschaftlichen Interviewpartnern und Interviewpartnerinnen eine eher geringe Wissens- und Informationsbasis fest, war daher aber umso mehr davon überrascht, dass die ökologische Wirtschaftsweise auf weniger ideologische Schranken stieß als vom Forscher zuvor angenommen:

Das Meinungsspektrum unter den Bauern ist groß, viele Urteile sind durch Unsicherheiten und Inkonsistenzen gekennzeichnet, und auch von Emotionen bestimmte Äußerungen lassen sich wieder beobachten. Insgesamt aber sind die Ausführungen der Bauern zum alternativen Landbau wesentlich sachlicher und vorbehaltsloser als beispielsweise zur Umweltkritik an der Landwirtschaft.[138]

Die bestehenden »Unsicherheiten und Inkonsistenzen« führt der Agrarsoziologe auf das zum damaligen Befragungszeitpunkt noch in der jüngeren Entwicklung befindliche Feld des alternativen Landbaus zurück, bezüglich dessen sich noch keine auf Erfahrungswissen basierenden Meinungen ausgebildet hätten. Dass die Landwirte und Landwirtinnen während der Interviews dennoch »sachlicher und vorbehaltloser« auf Fragen zu Wirtschaftsweise und biologischer Produktion reagierten, solange diese nicht implizite Kritik an der eigenen Betriebsform enthielten, knüpft nahtlos an die vorliegenden Untersuchungsergebnisse an und fundiert einmal mehr die Bedeutung des Positionierungsprozesses. Emotionale Faktoren und das Gefühl einer Gefährdung der eigenen beruflichen Identität durch äußere Angriffe spielen hier zumeist eine weitaus größere Rolle für den Umgang mit Kritik als tatsächliche Inhalte und Informationsgrundlagen derselben – Landwirtschaftskritik muss daher für zukunftsfähige gemeinsame Lösungen weniger an ihrem Aussagegehalt als vielmehr daran arbeiten, *wie* sie kommunikativ vorgebracht wird.

So lehnten die hier befragten Interviewpartner und Interviewpartnerinnen ebenso wie bei Hans Pongratz eine Übertragung fast sämtlicher ökologischer Probleme auf Ursachen der konventionellen Landwirtschaft ab und reagierten auf diesbezügliche Vorwürfe defensiv, während gleichzeitig in beiden Studien mit einem zeitlichen Abstand von fast dreißig Jahren eine hohe Umstellungs-

138 Pongratz, ökologische Diskurs, 217.

bereitschaft von Seiten der konventionellen Betriebe signalisiert wurde.[139] Diese Ergebnisse stehen in teilweisem Widerspruch zu Erfahrungsberichten von Öko-Pionieren der 1980er Jahre[140] ebenso wie etwa zu einer Untersuchung von Oskar Kölsch zu den Beziehungen zwischen konventionellen und ökologischen Betrieben in Niedersachsen. Unter dem bezeichnenden Titel »Die spritzen doch nachts« legt Kölsch hier ebenfalls Ende der 1980er Jahre anhand von Tiefeninterviews verbreitete Gerüchte, spannungsgeladene Verhältnisse und ablehnende Haltungen offen, die er zum einen als soziale Sanktionierungen der mehrheitlichen Dorfgemeinschaft gegenüber einem Ausbruch aus tradierten Ansichten, zum anderen als Überforderung mit den ökologischen Herausforderungen der Moderne deutet.[141] Dazu kommt, was Frank Uekötter für die Frühphase der »Umsteller« konstatiert, nämlich erhebliche, von Seiten etablierter agrarwirtschaftlicher Institutionen, Verwaltungsebenen und Verbände kommende Vorbehalte, die »jedes nur denkbare Argument gegen die Zusammenarbeit mit den Ökolandwirten bemüht[en]«[142] und damit vor allem eigene Deutungshoheiten und Wissensbestände zu verteidigen suchten. Die unterschiedlichen Ergebnisse der Studien lassen sich sowohl in einen zeitlichen als auch forschungsleitenden Kontext einordnen: Während erfolgreiche Bio-Landwirte und -Landwirtinnen in der von ersten Umstellungen geprägten Phase der 1980er Jahre noch eine Minderheit bildeten und eine Ablehnung hier auch aus der Annahme moralischer Überlegenheit der Öko-Pioniere resultierte, der man sich auf konventioneller Seite keinesfalls beugen wollte, ist die Meinungsäußerung im sozialen Raum nicht unbedingt mit der tatsächlichen individuellen Meinung gleichzusetzen. Wurden also innerhalb der Dorfgemeinschaft oder des lokalen Bauernverbandsablegers negative Gerüchte gegenüber biologisch wirtschaftenden Kollegen tradiert und aufgrund der Annahme sozialer Erwünschtheit weitergegeben, bedeutet dies nicht gleichermaßen, dass sich die einzelnen Landwirte und Landwirtinnen privat nicht dennoch mit Pro und Kontra der Wirtschaftsweisen auseinandersetzten. So lassen sich grundsätzliche Umstel-

---

139 Über die Hälfte der Befragten, insgesamt 18 Landwirte, konnten sich biologische Wirtschaftsweise für den eigenen Betrieb uneingeschränkt vorstellen und lehnten diese nicht aus ideologischen Gründen ab. Vorbehalte waren hier ebenso wie in meiner Untersuchung ökonomisch basiert. Vgl. Pongratz, ökologische Diskurs, 220 ff.

140 Sabine Dietzig-Schicht interviewte so mehrere Interviewpartner, die von Spott und Ablehnung ihrer konventionellen Berufskollegen und ihres dörflichen Umfeldes berichteten, was allerdings vor allem für frühe »Umsteller« der 1980er und 1990er Jahre galt, während Bio-Landbau im Laufe der Zeit auch innerhalb der Landwirtschaft mehr Akzeptanz erfuhr. Vgl. Dietzig-Schicht, Biobauern, 143–152.

141 Vgl. Oskar Kölsch, »Die spritzen doch nachts!« Zu den sozialen Beziehungen konventionell arbeitender Landwirte zu ihren ökologisch wirtschaftenden Nachbarn, in: Agrarsoziale Gesellschaft (Hrsg.), Schriftenreihe für ländliche Sozialfragen 101, 1988, 291–314.

142 Uekötter, Wahrheit, 417.

lungsbereitschaft bei Pongratz und gegenüber dem Interviewer im Zwiegespräch
geäußerte eigene Bedenken am Pestizideinsatz einerseits und bei Kölsch sowie
Dietzig-Schicht festgestellte, im öffentlichen Raum tradierte Abwehrhaltung
und Konfliktpotenzial zwischen Bio und konventionell andererseits durchaus
in ihrer Widersprüchlichkeit erklären.

Die Erkenntnisse der vorliegenden Studie knüpfen an Ergebnisse geringer
ideologischer Ablehnung an, wobei hierfür auch ausschlaggebend ist, dass nunmehr zahlreiche Vorbilder erfolgreicher ökologischer Landwirtschaft existieren
und diese längst nicht mehr das »Exoten-Dasein« der 1980er und je nach Region
auch noch -90er Jahre prägt. Lediglich vier Interviewpartner und Interviewpartnerinnen äußerten sich explizit ablehnend gegenüber Bio-Anbau und führten dazu geringere Erträge und Effizienz sowie hygienische Mängel wie Verpil-
zungen und Krankheitsbefall an, die nicht nur für die Pflanzen, sondern letztlich
auch Konsumenten gesundheitlich bedenklich seien. Interviewpartner H. I. gibt
so an, es psychisch nicht ertragen zu können, wenn sein Feld »verunkraute« und
ihm die Handlungsmöglichkeiten zum Eingriff fehlen würden:

H. I.: Ich bin kein Bio-Bauer. Mal ganz Deutsch gesagt. Ich bin kein Bio-Bauer nicht.
Ich kann das nicht anschauen, wenn auf meinen Feldern … wenn nur Scheiß wächst.
Das ist … das pack ich nicht.
I.: Weil es weh tut, wenn man sieht, dass nichts wächst?
H. I.: Ja, das pack ich nicht, wenn da das Unkraut so wächst und wie das ausschaut,
Kraut und Rüben. Nein, das … da muss man die Einstellung dazu haben.

Der Legehennenhalter führt biologische Landwirtschaft auf eine »Einstellung«
zurück, die er selbst nicht besitze – so bezeichnet er Wildkraut als »Scheiß auf
den Feldern«. Dennoch stellte der Interviewpartner im Gespräch immer wieder
eigene Bedenken hinsichtlich eines zu hohen Pestizideinsatzes in der konventionellen Landwirtschaft heraus und betonte, aufgrund seiner diesbezüglichen
Skepsis selbst so wenig Chemie wie möglich zu verwenden. Diese Positionierung
ist deshalb wichtig zu beleuchten, weil sie die Ansichten mehrerer konventionell wirtschaftender Landwirte und Landwirtinnen wiedergibt, die sich für
einen maßvolleren Umgang mit Düngung und Pestizidbehandlung aussprachen,
gleichzeitig aber eine rein biologische Wirtschaftsweise ablehnten, bei der im
Zweifelsfall eine ganze Ernte ausfallen könne, weil Pestizide dann komplett verboten und ab einem gewissen Wachstumszeitpunkt keine äußeren Eingriffsmög-
lichkeiten mehr gegeben seien. Stattdessen begrüßten gerade diese Landwirte
und Landwirtinnen Annäherungen zwischen biologischer und konventioneller
Landwirtschaft und betonten, man könne gegenseitig voneinander lernen:

I. F.: Ja, also da ist ja nichts Schlechtes dran, biologisch zu wirtschaften. Ich sehe es
für die Masse nicht als Lösung. Weil die zwei Wirtschaftsweisen nähern sich immer
mehr an. Also, sei es jetzt durch Wirkstoffwegfall oder irgendwelche Sachen. Kommt
man in der konventionellen Landwirtschaft eh wieder ein bisschen mehr dahin, dass

man versucht, ich sage mal, mechanische Unkraut-Bekämpfung oder irgendwie solche Geschichten wieder mehr mitreinzunehmen. Und auf der anderen Seite wird es wahrscheinlich auch in der Biolandwirtschaft dann immer mehr auch Probleme geben mit irgendwelchen Leitunkräutern oder so, dass man da vielleicht auch irgendwo so einen Mittelweg findet. Also, ist gut, dass es beides gibt. Weil der eine kann vom anderen bestimmt was lernen. Und profitieren beide davon.

Mastschweinehalter F. signalisiert hier Offenheit und wünscht sich »einen Mittelweg«, von dem beide Seiten »profitieren«. Für die Zukunft nimmt er eine Annäherung der beiden Wirtschaftsweisen an, die sich bereits durch stärkere Einschränkungen des Pestizideinsatzes und die Notwendigkeit zu schonenderer Bodenbearbeitung in der konventionellen Landwirtschaft ergebe. Ganz ähnlich äußert sich auch Ehepaar J., das für ihren eigenen Zuchtsauenbetrieb in der Vergangenheit eine Umstellung zu biologischer Landwirtschaft in Betracht gezogen hatte:

F. J.: Das ist, was mich auch immer ärgert, dass man ebenso immer: Bio und konventionell. Und wenn wir sagen, wir arbeiten konventionell, wir haben auch früher von Bio und sonst was geträumt, aber irgendwann einfach feststellen können, mit Schweinen hier in unserer Gegend, das schaffen wir nicht! Das haben wir akzeptieren müssen. Aber so diese: Konventionell, das sind so die Buhmänner und die Bio sind die Guten. Das ist wie mit der herkömmlichen Medizin und der Homöopathie. Ich finde, die Mischung machts! Man kann voneinander lernen. Und das würde ich mir viel mehr wünschen, dass man da zusammenarbeitet und nicht immer so aufeinander rumhackt. Weil ganz ehrlich: Ich esse gerne Vollkornbrot. Wenn ich jetzt dann ein Bio-Getreide habe, was total verseucht ist mit irgendwelchen Schimmelpilzen ... ich möchte es nicht essen! Tue ich mir da wirklich was Gutes? Obwohl es Vollkorn ist?

Zwar hegt Frau J. einige Vorbehalte, allerdings geht aus dem Zitat eine grundsätzliche Wertschätzung der biologischen Landwirtschaft hervor – sie plädiert für Zusammenarbeit statt Frontenbildung und benutzt ebenso wie I. F. die Formulierung »voneinander lernen«. Damit steht Familie J. paradigmatisch für die Mehrheit der Befragten, die in den Interviews Anerkennung gegenüber ökologischer Wirtschaftsweise ausdrückte – obgleich sich im Material immer wieder einzelne Erzählungen über nicht-erfolgreiche Ökobauern finden, die der Verdeutlichung von Schwierigkeiten auch im alternativen Landbau dienen sollten, war das überwiegende Meinungsbild von Achtung gekennzeichnet. Aus kulturwissenschaftlicher Sicht aufschlussreich ist dabei allerdings, dass sich letztere nicht aus einer Überzeugung für die ökologische Wirtschaftsweise angesichts bestehender Umwelt-Problematiken speist, sondern der Anerkennung für »trotz« Bio-Schiene erfolgreichen Unternehmertums. Das bei Pongratz Ende der 1980er Jahre unter den Interviewpartnern noch fehlende Erfahrungswissen, ob Öko-Landbau zukunftsträchtig sei und ökonomischen Erfolg gewährleisten könne, wurde mittlerweile durch Positivbeispiele erweitert. Die Erkenntnis, dass sich durch biologische Landwirtschaft Geld verdienen lässt, führt nach Meinung einiger Befragter dazu, dass sich der Grund der Umstellung stark verändert hat:

I. F.: Nein, also dass es da irgendwie so eine Abneigung dagegen gibt oder so, würde ich jetzt nicht sagen. Ich meine, es sind ja auch oft relativ große Betriebe, die mittlerweile umstellen. Ich denke aber, dass die Intention, warum man umstellt, eine andere geworden ist. Früher, ja wie man da halt so landläufig gesagt hat: Das waren halt die grünen Spinner. Die Idealisten. Wie die auf Bio umstellen wollten, sie hatten aber auch den Glauben an die Sache sage ich mal. Die Leute, die jetzt auf Bio umstellen, machen das zu über 90 Prozent aus monetären Gesichtspunkten. Also, das sind auch die Betriebe, wo ich mir sicher bin, wenn das vom Wirtschaftlichen her nicht mehr lukrativ ist oder wenn … Dass die auch innerhalb von kürzester Zeit wieder auf konventionelle Landwirtschaft umstellen würden. Also, das sind einfach zwei unterschiedliche, ja Intentionen, warum die das überhaupt machen.

Gleichzeitig war im Material immer wieder eine höhere Wertschätzung gegenüber biologisch wirtschaftenden »Ökonomen« als gegenüber sogenannten »Ideologen« zu erkennen, bezüglich derer teilweise immer noch Ablehnung besteht:

H. A.: Wie gesagt, das Bio und konventionell … ich meine es gibt … völlig ideologisch verblendete Biobauern sage ich jetzt einmal. Die würden vielleicht mit mir nicht so gerne reden oder ich nicht mit ihnen oder was auch immer … aber wie gesagt … im Bekanntenkreis ist auch einer, der hat erst auf Bio umgestellt, der geht genauso auf Versammlungen und mit dem rede ich genauso oder vielleicht jetzt sogar mehr, weil es mich interessiert, wie das läuft. Also … DIE, die Schranken gibt es da nicht.

Mastschweinehalter V. St. zollt ebenfalls den *wirtschaftlich erfolgreichen* Bio-Landwirten Respekt:

Aber ich kenne jetzt so zwei, drei Biobauern … wo ich wirklich da ein ganz gutes Verhältnis habe, wo wirklich, die sind, wie du sagst, das sind Ökonomen. Und jetzt muss ich wieder provozieren. Das sind Ökonomen, die machen das sauber, Respekt, allen Respekt. Und wenn das der Markt hergibt, haben wir, gibt es nicht … Ich habe von denen noch niemals einen Vorwurf gehört: Du bist ein Konventioneller oder so was. Das ist überhaupt nicht, das gibt es nicht. Und dann haben wir unter den Biobauern, haben wir auch in unserem Gebiet, da im weiteren Raum … das sind die Ideologen. Die meinen, ich lasse das alles wachsen. Einen gibt es schon nicht mehr, auch in unserem Gebiet.

Einerseits bildet die Fokussierung auf die wirtschaftliche Seite wiederum das bereits intensiv behandelte Spannungsverhältnis der Interviewpartner und Interviewpartnerinnen bezüglich ihrer eigenen finanziellen Lage ab, andererseits wird aber auch grundsätzlich deutlich, dass Umstellungen aus »ideologischen« Gründen weitaus weniger wertgeschätzt werden als solche aus monetären Gründen, was wiederum auf *kaum vorhandenes ökologisches Problembewusstsein* bzw. eine fehlende Auseinandersetzung damit hinweist, als Landwirte und Landwirtinnen für eine intakte Umwelt Mitverantwortung zu tragen. Ein Befassen mit den ökologischen Vorteilen biologischer Landwirtschaft oder die Perspektive, mit dieser Wirtschaftsweise zum Erhalt von Biodiversität und Ressourcen beizutragen, wie Sabine Dietzig-Schicht dies in ihrer Studie unter Bio-Landwirten mehrheitlich konstatierte,[143] fand unter den Befragten kaum statt.

Dennoch war mit zwei Dritteln der besuchten Intensivtierhaltungsbetriebe die Zahl derjenigen hoch, die bereits über eine eigene Umstellung nachgedacht hatten bzw. dies immer noch tun. Ausschlaggebend dafür, dass diese nicht erfolgte, waren und sind trotz der Skepsis gegenüber »ideologischen« Bio-Landwirten und -Landwirtinnen weniger eigene ideologische Vorbehalte, wie dies Bilder »sturer« konventioneller Landwirte und Landwirtinnen oder einer homogen-starren »Agrarlobby« in Medien und Öffentlichkeit bisweilen suggerieren, sondern abermals die in dieser Studie zentral gestellten ökonomischen Stellschrauben. Die Interviewpartner und Interviewpartnerinnen präsentieren sich als pragmatisch am Absatzmarkt orientierte Unternehmer und Unternehmerinnen: Hauptgrund für eine nicht erfolgende Umstellung auf biologische Produktion stellt deren fehlende oder nicht gesicherte Vermarktbarkeit dar – dies spielte eine umso größere Rolle, wenn sich die Betriebe abseits kaufkräftiger urbaner Zentren oder in strukturschwachen Regionen befanden. I. Ü. führt für den Bereich der Putenhaltung aus, was zahlreiche Interviewpartner und Interviewpartnerinnen offenlegten – nämlich eine Umstellung für sich bereits durchgerechnet, diese aber als unrentabel befunden zu haben:

I.: Und wie steht ihr zu dem konventionell – Bio …?
I. Ü.: Ich bin da für beides offen. Oder … wir sind wirklich immer für alles offen. Aber für uns macht einfach Bio keinen Sinn. Also von der Betriebsstruktur und auch von der Tierhaltung her und … erstens mal gibt es … wie soll man denn sagen? Wir haben uns … also ich befasse mich eigentlich wirklich mit fast jedem Thema, wo mit der Landwirtschaft was zu tun hat. Wenn wir zum Beispiel in die Bio-Putenhaltung einsteigen würden, der Markt wäre ja gar nicht da. So viele Bio-Puten werden heute gar nicht gebraucht. Wir haben jetzt … schon befasst und haben gefragt: Wie wäre denn der Marktanteil und so? Und der ist … über 100 Prozent … also der ist komplett ausgefüllt. Wo dann der Preis hingeht ist ja auch klar! Also gibt es für mich gar keine Überlegung, was ich mache!

Bereits in Kapitel 8.5 wurde zum Empfinden einer wirtschaftlichen Alternativlosigkeit ausgeführt, dass die Aussagen der Interviewpartner und Interviewpartnerinnen zur derzeitigen Begrenztheit des ökologischen Marktsegments durchaus der Realität entsprechen, was gerade auf die tierische Produktion von

---

143 Dies gilt in ihrer Untersuchung vor allem für Vertrags-Landwirte von Demeter-, Bio-und Naturland-Verbänden, weniger für rein auf das »EU-Biosiegel« ausgerichtete Biobauern. Vgl. Dietzig-Schicht, Biobauern, 172 ff.

Fleisch oder Milch etc. trotz deren beständiger öffentlicher Thematisierung noch sehr viel mehr zutrifft als auf den etwas höheren Absatzanteil von Gemüse und Obst im Bio-Bereich: Gerade einmal etwa zwei Prozent des Gesamtumsatzes an Fleisch- und Wurstwaren in Deutschland entfallen auf Bioprodukte, im selben Promillebereich bewegen sich Milch und Milchprodukte[144] – auch hier stehen Verbraucherbekundungen, mehr Geld für Tierwohl ausgeben zu wollen, wofür die Vorgaben der Bio-Richtlinien ja stehen, in eklatantem Widerspruch zur Realität und zu den Absatzzahlen. Zusätzlich zu den bestehenden Vermarktungsschwierigkeiten betonten mehrere Befragte, gerade durch die Spezialisierung auf Tierhaltung hinsichtlich einer Umstellung vor größeren Herausforderungen zu stehen als rein Ackerbau betreibende Kollegen. Angesichts der Bio-Richtlinien erfordere diese wiederum neue Investitionen in die ohnehin kostenintensiven Stallgebäude bzw. deren völlige Neu- oder Umgestaltung. Junghennenhalter H.B. führt im Interview aus, seine Kinder seien angesichts des konfliktbehafteten Themas »Massentierhaltung« für eine Ausrichtung auf biologische Landwirtschaft gewesen und er bereue mittlerweile, diese vor seinem Stallbau nicht stärker ins Auge gefasst zu haben:

H.B.: Also wenn ich irgendwie die Möglichkeit hätte – sage ich jetzt ganz ehrlich – ich hätte es ja eigentlich gleich schon machen sollen: Wenn ich den Betrieb umstellen könnte auf Bio, dann würde ich es machen. Aber dazu brauche ich Auslauffläche und die habe ich nicht. Wenn ich die Fläche rund herum hätte, dann würde ich umstellen auf Bio.
F.B.: Ja wie gesagt … die Kinder waren halt damals schon … Wie du gesagt hast, du baust, dann haben sie gesagt: Wenigstens Bio.

Zum erhöhten Flächenbedarf, der von den Interviewpartnern und Interviewpartnerinnen häufig als Hindernis genannt wurde, kommen Mehrkosten und vor allem auch mehr Arbeitsaufwand, der für H.L. ausschlaggebend war. Der in Kapitel 7.3 näher vorgestellte Landwirt hatte eine Ausrichtung auf biologische Produktion ernsthaft in Betracht gezogen, da er zum einen vom Positivbeispiel seines Onkels mit Bio-Betrieb geprägt war, zum anderen von der Arbeitsweise während eines Praktikums:

I.: Und was war die Anfangsüberlegung? Dass schon eben Bio mal in der Überlegung da war?
H.L.: Ich hab Praktikum auch gemacht in Bocksberg, in dem Alternativstall. Das ist so Biostall und das hat mir eigentlich schon …
I.: Ist das Versuchsanstalt?

---

144 Vgl. Bund Ökologische Lebensmittelwirtschaft, Umsatzentwicklung bei Bio-Lebensmitteln 2018. URL: https://www.boelw.de/themen/zahlen-fakten/handel/artikel/umsatz-bio-2018/ (14.06.2019).

H. L.: Genau, genau, das ist Versuchs ... VSL oder VZL, irgendwie so heißen die. War sehr interessant. Und was halt einfach schön war, dass die Viecher einfach auch mal raus können. Vom Auge her ... Stroh, können raus, haben Licht ... vielleicht auch mehr Licht, ja ... Ob es ihnen besser geht weiß ich nicht. Auf jeden Fall, das war einfach ... und für einen selber. Man ist nicht immer im Stall, sondern man ist auch draußen. Aber die Kosten, die haben dich erschlagen. Und mit dem Biobereich war ja dann auch noch das Kriterium, dass erstens die Kosten, zweitens der Arbeitsaufwand ... es hat mir keiner sagen können, so und so viele Stunden brauchst du im Biobereich. Da war bloß gestanden zwischen 15 und 30 Stunden. Pro Zuchtsau. Und beim Konventionellen heißt es: Maximal 15 Stunden. Also habe ich gesagt: Ja gut, das ist schon wieder ... Und damals war auch das dann ... vom Bio der Preis war dann auch wieder relativ schlecht ... ja ... nein ... lassen wir es.

Für den Interviewpartner war die Erfahrung im Alternativstall nicht nur von »mehr Licht« und Stroh für die Tiere beeinflusst, was »einfach schön war«, sondern er beurteilt die Arbeitsweise vor allem auch »für einen selber« als besser. Damit dockt seine Erzählung an die Ausführungen der vorgestellten »Privathof«-Betreiber mit höheren Tierwohlstandards an, die gerade auch auf die eigene dadurch gestiegene Arbeitsqualität eingingen. Einmal mehr stellen sich die tatsächlich getätigten Erfahrungen mit alternativen Konzepten in der Praxis als von den Interviewpartnern und Interviewpartnerinnen fast durchweg positiv bewertet dar – auch wenn diese in der Theorie etwa bezüglich Strohställen zunächst überwiegend skeptisch beurteilt wurden. Letztlich steht die Entscheidung von H. L. gegen einen Biostall exemplarisch für die Mehrheit der Interviewpartner und Interviewpartnerinnen, die der ökologischen Wirtschaftsweise offen gegenübersteht und diese sogar häufig als Zukunft der deutschen Landwirtschaftsentwicklung einstuft, aber dennoch aufgrund ökonomischer Unsicherheiten und Befürchtungen höherer Arbeitsintensität bei der tradierten konventionellen Ausrichtung bleibt.

»Alle sind schuld«: Ressourcenverbrauch und Klimawandel

Der Klimawandel stellt aus der Perspektive des beginnenden 21. Jahrhunderts die größte Bedrohung für künftiges menschliches Leben auf dem Planeten dar – Mojib Latif, Präsident der Deutschen Gesellschaft Club of Rome und einer der weltweit führenden Klimaforscher, spricht 2018 von einer »Katastrophe« und wirft der Politik »totalen Stillstand« vor.[145] Das IPCC (Intergovernmental Panel on Climate Change) geht bedingt durch anthropogene Treibhausgasemissio-

---

145 Natascha Holstein, »Es gibt im Moment keinen Klimaschutz.« Interview mit Mojib Latif, in: FAZ 17.08.2018. URL: https://www.faz.net/aktuell/politik/inland/klimaforscher-mojib-latif-es-gibt-keinen-klimaschutz-15740785.html (25.06.2019).

nen von einer 1,5 bis 2 Grad höheren globalen Durchschnittstemperatur zu
Ende des 21. Jahrhunderts aus, warnt u. a. vor einem erheblichen Anstieg des
Meeresspiegels, Desertifikation, Hungerproblematiken und dadurch bedingten
Fluchtbewegungen.[146] Auch von Bevölkerungen weltweit wird der Klimawandel
mittlerweile als Hauptbedrohungsszenario wahrgenommen[147] – angestoßen
durch die »Fridays for Future«-Schülerproteste[148] nahmen mediale und politische Aufmerksamkeit seit 2018 erheblich zu. Neben fossilen Energieträgern wird
Landwirtschaft als eine der Hauptursachen des globalen Temperaturanstiegs
benannt – »die landwirtschaftliche Bearbeitung des Bodens, Rodungen von
Wäldern für die Lebensmittelproduktion und die Tierhaltung sind entscheidende Emissionsquellen von Treibhausgasen.«[149] Wie bereits ausgeführt stehen
dabei vor allem der Fleischkonsum und damit abermals die Intensivtierhaltung
im Fokus der Kritik, da es angesichts der hierfür nötigen Mengen an Flächen für
Futtermittel und der Einbindung der Transportströme in »globale Nahrungsregime«[150] zu erheblichen Landnutzungsänderungen, daraus resultierenden
Freisetzungen von Kohlendioxiden, aber auch Methan-Ausstoß durch Rinderhaltung kommt.[151] Der FAO-Bericht »Livestock's long shadow« geht davon aus,
dass für 18 Prozent der weltweit klimaschädlichen Emissionen direkt oder in-
direkt die Nutztierhaltung ursächlich ist.[152]

146 Vgl. International Panel on Climate Change/United Nations, Klimaänderung 2014:
Synthesebericht. Beitrag der Arbeitsgruppen I, II und III zum Fünften Sachstandsbericht des
Zwischenstaatlichen Ausschusses für Klimaänderungen (IPCC). Hauptautoren: R. K. Pachauri
und L. A. Meyer (Hrsg.). Genf 2014. Deutsche Übersetzung durch Deutsche IPCC-Koordinierungsstelle. Bonn 2016.

147 Eine Umfrage des Pew Research Center unter 27.000 Teilnehmern aus 26 Ländern
kommt zum Ergebnis, der Klimawandel sorge für die gegenwärtig größten Zukunftsängste.
Vgl. Tobias Matern, Klimawandel verbreitet die größte Angst, in: SZ 11.02.2019. URL: https://
www.sueddeutsche.de/wissen/klimawandel-studie-1.4323957 (26.06.2019).

148 Diese wurden maßgeblich durch den Auftritt der schwedischen Klimaaktivistin Greta
Thunberg auf der UN-Klimakonferenz in Katowice 2018 angestoßen, nach dem es weltweit
zu anhaltenden Demonstrationen von Schülerinnen und Schülern kam. Vgl. bspw. »Das sind
die Forderungen der ›Fridays for Future‹-Demonstranten.« In: FAZ 08.04.2019. URL: https://
www.faz.net/aktuell/wirtschaft/mehr-wirtschaft/fridays-for-future-legt-forderungen-zum-
klimaschutz-vor-16130706.html (26.06.2019).

149 Ermann, Langthaler, Penker, Schermer, Agro-Food Studies, 81.

150 Vgl. ebd., 17 ff.

151 Bezogen auf Deutschland schreibt das Umweltbundesamt: »Rund 60 % der gesamten
Methan (CH₄)-Emissionen und 80 % der Lachgas (N₂O)-Emissionen in Deutschland stammen aus der Landwirtschaft. Im Jahr 2017 war die deutsche Landwirtschaft somit insgesamt
für 66,3 Millionen Tonnen (Mio. t) Kohlendioxid (CO₂)-Äquivalente verantwortlich.« Vgl.
Dass., Beitrag der Landwirtschaft zu den Treibhausgas-Emissionen. 25.04.2019. URL: https://
www.umweltbundesamt.de/daten/land-forstwirtschaft/beitrag-der-landwirtschaft-zu-den-
treibhausgas#textpart-1 (26.06.2019).

152 Vgl. FAO (Hrsg.), Livestock's long shadow. Environmental issues and options. Rom
2006, xxi.

Da die Landwirtschaft nicht nur Mitursache, sondern vor allem auch Betroffene des Klimawandels ist und zukünftig in noch stärkerem Maße sein wird, überraschten bei der Befragung die zögerlichen und vor allem von Verunsicherung gekennzeichneten Antworten der Interviewpartner und Interviewpartnerinnen. Hier schien eine sehr viel geringere inhaltliche Auseinandersetzung stattzufinden als dies bei Angriffen zum Umgang mit den gehaltenen Tieren der Fall war – das Landwirt-Tier-Verhältnis führte unter den Befragten zu weitaus höherer Gesprächsbereitschaft und vor allem höherem Gespräch*sbedarf* als ganz grundsätzlich das Landwirt-Umwelt- und vor allem das Landwirt-Klimawandel-Verhältnis. Dies interpretiere ich dahingehend, dass in letzteren Bereichen eine Entlastungsfunktion durch kollektive Verantwortungseinbettung möglich ist – die »Schuld« der individuellen Betriebsführung also wesentlich geringer eingestuft wird als bei Tierhaltungsfragen, mit denen die einzelnen Landwirte und Landwirtinnen täglich konfrontiert sind: Während eine Distanzierung vom Eingriff des Ringelschwanzkupierens durch die selbst ausgeführte Tat nicht möglich ist und Kritik daran daher als Angriff auf die eigene Identität als ethisch handelnder und damit letztlich guter Mensch wahrgenommen wird, fällt eine Zurückweisung von eher abstrakten und schwer fassbaren Klimawandel-Problematiken sehr viel leichter. Dazu kommt, dass auch hier wieder eine bezüglich Ausbildung und Wissensweitergabe kaum vorhandene Beschäftigung mit globalen Landwirtschafts-Umwelt-Problematiken stattfindet. Dies geht unter anderem zurück auf die von Frank Uekötter konstatierten ohnehin bereits erheblich gestiegenen Anforderungen eines breiten Informationserwerbs in verschiedensten Bereichen der Agrarwirtschaft, die daher Selektion und Reduktion benötige[153] – eben letzterer fallen dabei in Studium und Lehre vor allem diejenigen Bereiche zum Opfer, die kritisch und damit auf die Berufsgruppe destabilisierend wirken. Paradigmatisch für Wissensunsicherheiten der Interviewpartner und Interviewpartnerinnen steht folgender Gesprächsauszug mit Putenhalter I. Ü.:

I. Ü.: Und das kann ich jetzt schlecht beurteilen, weil ich habe es noch nicht gesehen, wie ein Regenwald abgeholzt wird. Also ein Freund von mir, der hat Forst studiert, und der macht so … südamerikanische Projekte. Und er sagt, das ist nicht einmal … ist nicht so schlimm, wie man meint. Von dem Regenwald abholzen … die Frage ist aber … der war in Paraguay, vielleicht ist es in Brasilien ganz anders! Vielleicht ist es viel schlimmer als wir meinen! Ich weiß es nicht! Andererseits hat es ja auch einen Grund, warum, dass sie den Regenwald abholzen. Weil sie halt einfach von irgendwas auch leben müssen. Und früher ist halt bei uns auch gerodet geworden. Also ich finde das auch verwerflich, wenn man sagt, die dürfen jetzt da drüben gar nichts roden, weil … ich meine, bei uns ist alles gerodet worden!

---

153 Vgl. Uekötter, Wahrheit, 437.

I.: Ja mir ist es auch schon manchmal fast unangenehm, die ganzen Themen anzusprechen, weil es halt … das ist schlecht und das ist schlecht und das ist schlecht …
I. Ü.: Nein, ich finde es nicht. Ich finde bloß, man kann da einfach nicht zu viel sagen. Also ich bin eher der Typ, der wo sagt: Ich wenn mich auskenne, dann sage ich was dazu, aber wenn …
I.: Ja der ganze Bereich ist halt sehr komplex.
I. Ü.: Ja genau. Deswegen ist es immer schwierig, eine Aussage zu treffen. Wenn wir jetzt unseren Soja nicht mehr von Südamerika holen, dann ist die Frage, ob nicht dann in Zukunft die Pute aus Südamerika kommt!

I. Ü. offenbart hier deutlich seine eigenen Einschätzungsschwierigkeiten – »kann ich jetzt schlecht beurteilen«, »weiß es nicht«, »kann da einfach nicht zu viel sagen«. Gleichzeitig greift der Putenhalter auf rechtfertigende und relativierende Argumentationsstrukturen globaler Umwelt- und Ausbeutungsproblematiken zurück, indem er anführt, dass »sie halt einfach von irgendwas auch leben müssen«. In seiner Positionierung stehen damit national-wirtschaftliche Interessen über globalen Klima- und Umweltinteressen, zu deren Rechtfertigung I. Ü. einen westlichen Verbots-Imperialismus kritisiert. Die Argumentation schließt mit dem an diese kapitalistisch geprägte Grundhaltung anknüpfenden ökonomischen Aspekt und der Konkurrenz-betonten Befürchtung, »ob dann nicht in Zukunft die Pute aus Südamerika kommt«. In seine Unsicherheiten bezüglich des Themas Regenwaldabholzung für Futtermittelanbau spielt mit hinein, dass dementsprechende gesellschaftliche Diskussionen zumeist durch Berichterstattungen von NGOs tradiert werden – so veröffentlichte der WWF 2014 medienwirksam seinen »Soy Report« und machte darin auf die ökologischen Folgen des Anstiegs der Soja-Produktion in Südamerika von 17 Millionen Hektar in 1990 auf 46 Millionen Hektar 2010 mit stark wachsender Tendenz aufmerksam.[154] Zwar belegen diese Umwelt- und Klima-Auswirkungen auch wissenschaftliche Studien[155], allerdings gelangen Informationen darüber hauptsächlich über Umweltschutzorganisationen, Politiker bestimmter Parteien und Medien in die Öffentlichkeit, zu denen die Landwirte und Landwirtinnen mittlerweile aufgrund der sie betreffenden Dauer-Negativberichterstattung erheblich an Vertrauen verloren haben. Für die künftige Kommunikation zu Auswirkungen

---

154 Vgl. WWF, Soy Report Card. Assessing the use of responsible soy for animal feed in Europe. Gland 2014, 8. URL: https://d2ouvy59p0dg6k.cloudfront.net/downloads/soy reportcard2014.pdf (22.06.2019).
155 So etwa Emma Marris' Untersuchungen zum immensen Landnutzungsumbruch im Cerrado-Savannengebiet, Dies., Conservation in Brazil: The forgotten ecosystem, in: Nature 437, 2005; doi: 10.1038/437944a, oder mehrere wissenschaftliche Berichte zu Rodungen für den Sojaanbau im Amazonas-Raum, vgl. Kathryn R. Kirby, William F. Laurance, Ana K. Albernaz, Götz Schroth, Philip M. Fearnside, Scott Bergen, Eduardo Venticinque, Carlos da Costa, The future of deforestation in the Brazilian Amazon, in: Futures 4/38, 2006, 432–453.

und Problematiken der Intensivtierhaltung sowohl mit als auch innerhalb der
landwirtschaftlichen Berufsgruppe sind daher Austausch über wissenschaftlich
verlässliche Untersuchungen und eine Versachlichung der Diskussion auf beiden
Seiten dringend notwendig.

Dazu kommt gerade beim Thema der Vernetzung globaler Handelsströme,
dass den Interviewpartnern und Interviewpartnerinnen daraus resultierende
Komplexitäten durchaus bewusst sind. I. G. führt aus:

[W]enn ich da jetzt lese [auf mitgebrachten Berichten] ... Regenwaldrodung. Sicher,
mit dem Soja sind wir da auch immer ein wenig im Verruf, aber ... bei uns gibt es
jetzt ein paar, die versuchen es jetzt mit dem Soja. Aber ich bin halt mittlerweile der
Meinung, wenn ich ein Futter brauche für mein Vieh, kann auf dem Hektar 75 oder
80 Doppelzentner ernten, warum soll ich dann was anbauen, wo ich bloß 35 Doppelzentner runterbringe und dafür noch zukaufen muss? Dann kaufe ich doch lieber den
Soja, der wo in anderen Regionen besser wächst wie bei uns, ich meine, das liest du ja
immer, also Weizen ist jetzt in Deutschland und Europa mehr und da wächst er halt.
Und in Brasilien wächst halt der ... Und in Deutschland ist vielleicht der Wald auch
irgendwann mal gerodet worden. Muss man schon auch so sehen! Nach dem Krieg
hast du ja Zuschuss gekriegt, wenn du Wälder gerodet hast und hast einen Acker draus
gemacht! (lacht) Ja, also das ist schon ... und das ist halt immer, wo ich dann sage,
warum soll jetzt ich einem anderen was verbieten, was wir tun? Sicherlich ... wenn
du dann wieder siehst, dass Konzerne dahinterstehen und so, dann ist das natürlich
wieder was, wo ich auch dagegen bin.

Zucht- und Mastschweinehalter I. G. verwendet hier ganz ähnliche Rechtfertigungsmuster wie I. Ü. – auch er möchte den Anbaugebieten Südamerikas nicht
»verbieten«, was auch in Europa als Abholzung der Wälder für die Landwirtschaft einen historischen Prozess darstellte, und bezieht sich damit politisch
gesehen auf das nationale Selbstbestimmungsrecht. Zwar lehnt der Landwirt
hiermit in Zusammenhang stehende multinationale Konzerninteressen ab und
gibt sich damit durchaus auch neoliberalen Strukturen gegenüber kritisch,
er stellt in erster Linie aber die ursächlichen Gründe für die Sojaproduktion
außerhalb Europas mit dafür geeigneteren klimatischen Bedingungen heraus.
Auf Umwelt- und Klimaproblematiken selbst bzw. die für die tierische Produktion benötigten Futtermittelmengen geht der Landwirt nicht ein – das Muster
der kaum stattfindenden Auseinandersetzung mit kritischen Punkten und eine
stattdessen erfolgende Suche nach entlastenden Argumentationen wird abermals
deutlich.

Vor allem beim Thema Klimawandel an sich wird eine zumindest von den
Interviewpartnern und Interviewpartnerinnen so wahrgenommene Fokussierung der öffentlichen Diskussion auf die Intensivtierhaltung als unverhältnismäßig eingeordnet und zurückgewiesen. Stattdessen üben die Landwirte und
Landwirtinnen hier überwiegend selbst Zivilisationskritik, wofür die Aussagen
von I. N. exemplarisch stehen:

Ja ... um das Wirtschaftswachstum dann! Da ... das ignoriert einfach ein jeder und dann ... jeder möchte seine Freizeit, möchte seinen Urlaub, möchte da fliegen, den Trip dahin schnell ... ich möchte jetzt da keinen ankreiden oder Ding, ... selber bin ich auch so, dass ich sage: Jetzt fahren wir mal da hin oder dahin, aber ... aber dann, wenn es nachher um das Eingemachte geht, nachher ... bitteschön ich nicht! Und das ist, was halt einfach alles zusammengehört und zusammen ist und ... da müsste halt der ... müssten halt die Leute auch so viel sein und müssten sagen: Okay, ich möchte ein billiges Essen, billigst! Ich muss das auch akzeptieren, dass das vielleicht dann nicht so ist, wie mir ich das vorstelle! Und nicht da irgendwie ... einen ankreiden und angreifen! Das ist ein Punkt, wo ich sage ... das geht vielen auf den Keks!

Der Interviewpartner geht auf Zusammenhänge von Freizeitverhalten, Urlaubsansprüchen und dem Wunsch nach günstigem Essen ein. Er reiht sich durchaus auch selbst in die Gruppe derjenigen ein, die durch ihre hohe Mobilität zu klimaschädigendem Verhalten beitragen, ausschlaggebend ist aber die Perspektive, dass »einfach alles zusammengehört und zusammen ist«. Anstatt eigene Alltagspraxen zu verändern werde aber die Schuld bei den Landwirten und Landwirtinnen gesucht, die lediglich den Verbraucherwünschen nach günstigen Produkten nachkommen würden. Auf diese angesprochene Doppelmoral der Konsumenten wurde bereits eingehend in 8.5 eingegangen, da sie nicht nur in Bezug auf Verantwortungszusammenhänge, sondern auch ökonomischen Druck ein stetig wiederkehrendes Motiv der Interviewpartner und Interviewpartnerinnen bildete.

Sehr häufig wurde bei Fragen zu Klimawandel und Umweltverschmutzung von den Befragten auf andere Berufsgruppen verwiesen, die sich nach Ansicht der Landwirte und Landwirtinnen weniger für die negativen Auswirkungen ihrer Branche rechtfertigen müssten – allen voran wurde hier immer wieder auf die Automobilindustrie und den Flugverkehr eingegangen. Diese würden nicht so stark öffentlich kritisiert und als Verantwortliche für globale Problemlagen herangezogen:

I.K.: Schauen Sie, ein BMW arbeitet nicht ... fährt die ganze Umwelt kaputt, mit Auto, mit Straßen, mit Benzin, alles verseucht ... fährt in die Arbeit, der BMW-Chef geht dann an den Golfplatz, säuft Schampus in seiner Freizeit, weil er es als Ausgleich braucht. Hat der Recht? Macht der nicht mehr an der Umwelt kaputt wie wir?

I.Sch.: Sage ich: Du fährst die letzte alte Drecksschleuder auf der Straße! [...] du kannst machen was du willst, aber erzähl mir nicht, wie es geht! Jeder könnte bei sich anfangen! Das fängt beim öffentlichen Nahverkehr an, der ist so verlogen wie ... bei uns in der Region, wir sitzen da echt am Arsch der Welt, da geht nichts, das ist die letzten 20 Jahre ...

Während I.K. stärker auf die für die Produktion Verantwortlichen eingeht, spricht I.Sch. das Autofahren als umweltschädigende Technologie und den unzureichenden Ausbau des öffentlichen Nahverkehrs an – er zieht also sowohl die hier versagende Politik als auch den einzelnen Fahrer in die Verantwortung. »Jeder könnte bei sich anfangen!« fasst die Grundhaltung nicht nur von I. Sch., sondern auch zahlreicher weiterer Interviewpartner und Interviewpartnerinnen prägnant zusammen. Dass nicht nur die Landwirtschaft im Fokus der öffentlichen Kritik zu Umweltschutz und Klimawandel steht, sondern auch Industrieemissionen, Flugverkehr sowie der sogenannte Abgasskandal medial ausgiebig verhandelt werden, spätestens seitdem 2015 die Manipulationen großer Autohersteller an Diesel betriebenen Fahrzeugen zur Umgehung von politischen Grenzwerten öffentlich wurden,[156] wird von den Befragten offenbar weniger wahrgenommen beziehungsweise aufgrund der eigenen Betroffenheit nicht gleichermaßen verfolgt. Sie fühlen sich zu Unrecht als aus ihrer Sicht Hauptverantwortliche an den Pranger gestellt. Dass nicht nur die Landwirtschaft als Verursacherin der angesprochenen Problematiken kritisiert werden kann, ist sachlich richtig und dass die Härte der Angriffe auf die Intensivtierhalter und -halterinnen mitunter ethisch fragwürdig ausfällt, wurde in Kapitel 7.3 zum Ablauf von Protesten gegen Stallbauten beschrieben – die konventionelle agrarische Produktion wird für Teile ihrer Kritiker zum einseitigen Kristallisationspunkt gesamtgesellschaftlicher Problemstellungen. Dennoch muss bei aller Berücksichtigung dieser Gemengelage eindeutig konstatiert werden, dass der Verweis auf die Komplexität der Ursachenzusammenhänge den Befragten dazu dient, Verantwortung vom eigenen Beruf wegzuschieben und vor allem auch hiervon abzulenken. Das Argument der kollektiven Schuld dient also mehr der Defensive als der eigenen Miteinbeziehung in diese:

I. K.: Ach so, nur die Bauern sind wieder schuld? Immer geht es nur um die Landwirte, da gehört ja das Volk auch dazu und das Volk wird jeden Tag blöder, weil sie Ablenkung haben in anderen Bereichen und somit hat man Zeit, nicht mehr die Zeit mit den vielen Bildern, dass man sich ins Detail oder mit was auseinandersetzt. Egal was man isst, ein paar Grüne … oder nicht grün – meine Frau auch – die setzen sich mit dem Essen auseinander, ja! Aber die Frage ist, setzt man sich mit Umwelt, mit Auto, mit Bild-Zeitung, mit Sport, mit Fitness-Studio, mit Arbeit, mit Partner – das sind ja so viele Bilder, so viele hat es noch nie auf den Menschen gegeben wie heute. Und das muss man irgendwo verstehen, das Prinzip.

---

156 Vgl. in Auswahl die in ihrer Kritik an den Verantwortlichen nicht sparsam vorgehenden Berichterstattungen: o.V., Abgasskandal. Schmutzige Werte. Dossier, in: Die ZEIT 21.09.2018. URL: https://www.zeit.de/thema/abgas-skandal (28.06.2019); ARD, Wie die Autoindustrie die Wissenschaft steuert, ausgestrahlt auf Report Mainz am 27.02.2018. URL: https://www. ardmediathek.de/ard/player/Y3JpZDovL3N3ci5kZS9hZXgvbzEw MDUxMzg/ (28.06.2019); Christoph Seidler, Flugverkehr. Flug nach San Francisco – fünf Quadratmeter Arktiseis weg, in: Der Spiegel 03.11.2016. URL: https://www.spiegel.de/wissenschaft/natur/klimawandel-so-lassen-flugreisen-die-arktis-schmelzen-a-1119451.html (28.06.2019); Catherine Hoffmann, Eine Flugreise ist das größte ökologische Verbrechen, in: SZ 31.05.2018. URL: https://www. sueddeutsche.de/wirtschaft/reisen-fliegende-konsumenten-1.3996006 (28.06.2019).

Der Interviewpartner reagiert sichtlich erregt auf die Frage nach mit der Landwirtschaft zusammenhängenden Problematiken, die er auf das ganze »Volk«
bezieht, das »jeden Tag blöder« werde. Er nimmt dabei eine aus »zu vielen Bildern« hervorgehende Überforderung des Einzelnen an, der nicht mehr in der
Lage sei, sich eingehend und aus mehreren Perspektiven mit Themen – hier der
Landwirtschaft – auseinanderzusetzen und das eigene Handeln zu hinterfragen. Stattdessen werde ein Schuldiger – die Gruppe der Intensivtierhalter und
-halterinnen – gesucht, um sich der individuellen Verantwortung nicht stellen
zu müssen.

Dennoch ist die Übertragung der »Schuldfrage« auf die gesamte Gesellschaft
nicht ausschließlich als Abwehr zu interpretieren. Bei einigen Interviewpartnern und Interviewpartnerinnen wurde deutlich, dass ihnen die Einnahme der
Makroperspektive zugleich erlaubt, sich als Teil dieses Ganzen zu betrachten,
wodurch die in Kapitel 7 ausgeführte Dichotomie zwischen »uns« und den »anderen« im Zuge der empfundenen Entfremdungsprozesse zumindest ansatzweise
aufgebrochen werden kann. Herr J. bezieht so in der folgenden Aussage explizit
auch Verbesserungsbedarf im eigenen Berufsfeld mit ein:

M. J.: Sage ich: Okay, wir Landwirte, wir haben schon vielleicht irgendwas, wo man
sagt: Okay, man kann hier oder da was machen. Aber da ging gerade ein Flugzeug
rüber, nachher habe ich gesagt: Ja, und wenn man das jetzt hier kuckt, so zwischen
fünf und sechs abends, da sieht man manchmal fünfundzwanzig, dreißig Striche in
der Luft, lauter Flugzeuge. Sage ich: Es ist nicht nur die Landwirtschaft, die was kaputt
macht! Es sind die Flugzeuge, es ist der Verkehr, es sind die Fabriken. Und man soll
einfach mal dazu stehen, dass wir sagen: WIR, alle miteinander, machen das bissle
Erde kaputt, ne!

Der Zuchtsauenhalter lässt zunächst Kritik an landwirtschaftlichen Umwelt-
und Klimaauswirkungen zu und merkt – wenn auch zurückhaltend – an, dass
man »hier oder da was machen [kann]«. Gleichzeitig schließt er wie so häufig
im Material mehrere Wirtschaftszweige in die Verantwortung für den Klimawandel mit ein. Die starke lautliche Betonung von »wir« im Zitat macht deutlich,
dass der Interviewpartner hierunter auch die eigene Berufsgruppe fasst. Mit der
Abwehr von Fragen nach landwirtschaftlicher Verantwortlichkeit beschäftigten
sich dagegen kaum Befragte. Explizit sprach dies lediglich I. Ö., Betreiber einer
niederbayerischen Schweinemast, an:

Das wird auch vom Bauernverband so, habe ich den Eindruck, da werden immer dieser
Lebensmitteleinzelhandel oder der Verbraucher ein bisschen als der Schuldige gesucht.
Ich glaube, das ist auch nicht ganz richtig. Wir haben da schon auch Hausaufgaben,
die wir einfach machen müssen.

Der Landwirt hinterfragt die innerlandwirtschaftliche Entwicklung und eine seit
Jahrzehnten bestehende und seines Erachtens nach durch den Bauernverband

mitverantwortete Kommunikationsabwehr. Mehrmals greift er in diesem Zitat die Perspektive auf, dass sich auch die Berufsgruppe selbst mehr mit problematischen Entwicklungen auseinanderzusetzen hätte und damit aufhören sollte, Verantwortung von sich zu schieben.

Zusammenfassend ist zu konstatieren, dass sich die Interviewpartner und Interviewpartnerinnen einer *kollektiven* gesellschaftlichen Verantwortung für Fragen des Klimaschutzes überwiegend bewusst sind – kein einziger Interviewpartner bezweifelte so etwa die globale Erderwärmung oder stellte diese in irgendeiner Form in Frage. Die Mehrzahl der Befragten positionierte sich gleichzeitig wiederum defensiv – *eigene* Verantwortung oder die Übernahme einer Mitschuld an Problemlagen wurden nur sehr zögerlich anerkannt und kaum explizit geäußert.

10.4 Umwelt und Intensivtierhaltung: Kollektive Verantwortungsabwehr durch individuelle Überforderung

In den Analysen zu Landwirt-Umwelt-Verhältnissen verdichten sich nochmals bereits aus den vorhergehenden Kapiteln bekannte Argumentationsmuster und Positionierungen und schließen damit den Kreis zu den unter 7. beleuchteten Umgangsweisen mit Kritik und Gesellschaft insgesamt.

Prominent wurden von den Befragten ein *Entfremdungsprozess* der nichtlandwirtschaftlichen Bevölkerung von der Herstellung ihrer Lebensmittel und daraus hervorgehend zunehmende Differenzgefühle zwischen Konsumierenden und Produzierenden konstatiert. In zahlreichen Beispielen führten die Befragten aus, welch geringes Wissen auf Verbraucherseite über die Herstellung ihrer Lebensmittel herrsche, was diese aber nicht daran hindere, Kritik an agrarwirtschaftlichen Methoden anzubringen. Diese – aus Sicht der Landwirte und Landwirtinnen – permanente Einmischung von außen wird von den Interviewpartnern und Interviewpartnerinnen mit dem Verweis auf eigene Wissens- und Erfahrungskompetenzen zurückgewiesen. Während sie sich selbst als Experten positionieren, wird die gesellschaftliche Mehrheit als unwissend fremdpositioniert, wodurch Deutungshoheiten verteidigt und die Landwirtschaft betreffende Problematiken abgewehrt werden. Das Spannungsfeld von Landwirtschaft und Gesellschaft konturiert sich aus der Perspektive der Befragten anhand der Dichotomien von Wissenden und Unwissenden, Produzierenden und Konsumierenden, Handelnden und Kritisierenden.

Die Positionierungen zum Nahrungsmittelkomplex enthalten vorwiegend Aussagen zu einer ihnen als Lebensmittelproduzenten gegenüber nicht stattfindenden Wertschätzung – mehr noch – anstatt für die Bereitstellung des Essens dankbar zu sein, wird die Berufsgruppe der eigenen Einschätzung nach systematisch und sukzessive diffamiert und an den Pranger gestellt. Die Befragten übten daher ihrerseits wiederholt Zivilisationskritik, indem sie bestehende Angriffe als Symptome einer »Wohlstands-« und »Überflussgesellschaft« umwerteten, die sich medial beeinflussen und von NGOs politisch instrumentalisieren lasse. Gleichzeitig wird zur Rechtfertigung der Intensivtierhaltung die Versorgung eben derjenigen Bevölkerung herangezogen, welche das derzeitige landwirtschaftliche System in ihrer Produktionsleistung überhaupt erst nötig mache. Hier zeigt sich zum wiederholten Mal die Paradoxie, dass das bestehende System trotz eines Erkennens damit zusammenhängender Probleme fast reflexartig weiter verteidigt wird. Denn zahlreiche selbst als Fleischproduzenten tätige Interviewpartner und Interviewpartnerinnen äußerten sich auch dahingehend, dass eine Reduktion des Fleischkonsums sowohl aus gesundheitlichen, ökonomischen als auch Ressourcen-bezogenen Gründen notwendig sei und brachten dem Lösungsszenario »Qualität statt Quantität« hohe Zustimmung entgegen – gleichzeitig wurde eine entsprechende esskulturelle Entwicklung und Bewusstseinsänderung als unrealistisch eingestuft, was wiederum der mehrheitlich in der Studie herausgearbeiteten resignativen Grundhaltung der Landwirte und Landwirtinnen bezüglich der Zukunft des eigenen Berufes entspricht.

In Anlehnung an die Forschungsrichtung der Science-and-Technology-Studies fand eine Beleuchtung der Positionierungen zu Grüner Gentechnik und Pestizideinsatz statt – hierbei war vor allem von Interesse, wie naturwissenschaftlicher Fortschritt von den »Praktikern«, dort wo Forschungsergebnisse also ihre Anwendung erfahren, bewertet und eingeordnet wird. Beim Thema GVO war eines der innerhalb der Studie heterogensten Meinungsspektren zu verzeichnen: Während einige Landwirte und Landwirtinnen diese strikt ablehnen und dabei durchaus auch von NGOs und Bündnis 90/Die Grünen-Politikern vertretenen Argumenten bezüglich zu hoher Risiken und Abhängigkeitsverhältnisse von Saatgutfirmen folgen, ordnen andere wiederum Anbau- und vor allem Forschungsverbote als Entwicklungshindernisse und auf hysterischen öffentlichen Debatten basierend ein. Die Mehrheit der Befragten äußerte sich ambivalent und wog sowohl Vor- als auch Nachteile von Grüner Gentechnik ab, wobei jedoch die überwiegende Ansicht vertreten wurde, diese selbst nicht zu benötigen. Dass die Aussagen zu GVO weniger polarisiert waren und sehr viel heterogener ausfielen als zum Rest der thematisierten Umwelt- und auch Tierhaltungsaspekte, lässt sich in erster Linie darauf zurückführen, dass hier aufgrund der bereits vor einigen Jahren erfolgten einschränkenden Regelungen kaum mehr Druck auf der deutschen Landwirtschaft liegt und sich die Interviewpartner und Interviewpartnerinnen von den diesbezüglichen Debatten nicht selbst angegriffen fühlen. Daher sind Emotionalisierung und Rückzug in schützende, selbstbestätigende Argumentationsmuster weniger nötig als bei aktuellen und die eigene Betriebsführung betreffenden Diskussionspunkten.

Auffallend kontrastierend hierzu fielen die weitestgehend einheitlichen, abweisenden und defensiven Positionierungen der Interviewpartner und Interviewpartnerinnen zu den Themen Pestizideinsatz und Artensterben auf. Da der Zusammenhang und ein erhebliches Mitverschulden der konventionellen Landwirtschaft an letzterem gerade zum Zeitpunkt der Gesprächsführungen aufgrund neuerer Studien – und später auch des bayerischen Volksbegehrens zum Artenschutz – medial breiten öffentlichen Raum einnahmen, fühlten sich die Befragten von der dementsprechenden Negativthematisierung ihres Berufes stark angegriffen. Als Bewältigungsstrategien dienten Infragestellungen der Seriosität entsprechender kritischer Untersuchungen, Verantwortungsübertragung auf die gesamte Gesellschaft und Selbstbestätigung durch die Fokussierung auf bereits erfolgte landwirtschaftliche Maßnahmen zum Umweltschutz, die als wesentliche Verbesserungen gegenüber der Vergangenheit herausgestellt wurden. Vor allem bei letzterem Argument schließt sich der Kreis zu den in Kapitel 7 zentral gestellten Anerkennungsverlusten, denn innerlandwirtschaftlich herrscht das Bild vor, dass trotz kontinuierlichen eigenen Bemühens keine stärkere gesellschaftliche Wertschätzung erreicht werden kann, was wiederum zu Frustration und Ablehnung führt – die Reziprozität des passiv-äußeren und aktiv-inneren Positionierungsvorgangs wird in ihrer Bedeutung für Konfliktlösungsszenarien einmal mehr ersichtlich. Es gilt aus Sicht der Interviewpartner und Interviewpartnerinnen, was Bereswill, Burmeister und Equit zu Nicht-Anerkennung formulieren: »Anerkennung soll erkämpft werden und wird zugleich als dauerhaft vorenthalten und unerreichbar wahrgenommen.«[157] Dabei war abermals auffällig, dass sich die Aussagen der Landwirte und Landwirtinnen erheblich glichen und zahlreiche Argumente auch auf Plattformen von Berufsvertretungen wie des Bauernverbandes oder in Fachzeitschriften zu finden waren. Bestimmte Informationen zum Umgang mit öffentlicher Kritik und Wissensformationen werden damit nicht nur breit tradiert, sondern vor allem auch dankbar aufgegriffen, um sich selbst entlasten zu können. Eine eigene kritische Auseinandersetzung mit Auswirkungen des Pestizideinsatzes oder auch anderweitiger agrarisch induzierter Biodiversitätsverluste fand dagegen kaum und nur in Ausnahmefällen statt. Die Ergebnisse der Untersuchung reihen sich damit in ältere Forschungsarbeiten wie die Studien von Hans Pongratz und Jakob Weiss ein, welche in ihren Befragungen ebenfalls mehrheitlich Haltungen feststellten, die durch ein Von-sich-Weisen der Übertragung von Schuldfragen in Bezug auf Bodenerosion, Nitratbelastung, Gewässerverschmutzung usw. gekennzeichnet waren. Weiss analysiert dies vorrangig als kommunikativ bedingt und wirtschaftlich konturiert, Lösungsansätze sieht er in einer offenen und respektvollen Neugestaltung des Dialoges zwischen Gesellschaft und Landwirtschaft.[158] Auch

---

157 Bereswill, Burmeister, Equit, Einleitung, 8.
158 Vgl. Weiss, Missverständnis, v. a. 50 ff.

wenn ich mich dieser Interpretation durchaus zum Teil anschließe, liegen die
Probleme doch tiefer und sind vor allem ökonomische und politische Aufgabe,
denn für eine tatsächliche Neugestaltung der agrarischen Ausrichtung liegen
bislang keine langfristigen Strategien vor, Reaktionen bestehen zuvorderst in
Kontrollen und strengeren Auflagen, befassen sich aber – was aus kulturwissenschaftlicher Perspektive besonders aufschlussreich ist – eher mit der momenta-
nen Befriedigung eines gesellschaftlichen Sicherheitsbedürfnisses als mit einem
zukunftsgerichteten Plan für die Landwirtschaft. Dazu kommt, dass sich die
Defensivstrategien der Landwirte und Landwirtinnen gerade im Bereich Umwelt
aus *Überforderung* angesichts der Fülle und Härte der gegen den Beruf gerichteten Vorwürfe speisen und durch eine entsprechend einseitige Ausbildung, die
diese Abwehrhaltung weiter befördert, verfestigt werden, wodurch wiederum
kaum Auseinandersetzung mit dem Inhalt der Kritik stattfindet, die auch auf
Seiten der Landwirte und Landwirtinnen dringend geboten wäre.

Ganz ähnlich waren die Positionierungen im unter dem Kapitel zu Nachhal-
tigkeitsfragen beleuchteten Bereich Nitratbelastung. Auch hier wurde die Verantwortung der Intensivtierhaltung an Grundwasserbelastung und Übersäue-
rung von Böden mehrheitlich relativiert und auf bestimmte Regionen verlagert.
Ebenso wie beim Thema Insektensterben war ein selektiver Umgang mit wissenschaftlichen Informationen zu verzeichnen, indem der eigenen Wirtschaftsweise
kritisch gegenüberstehende Studien als unseriös oder falsch zurückgewiesen und
wiederum die eigene Ansicht bestätigende Untersuchungen betont und innerhalb
der Berufsgruppe verbreitet wurden. Wissen wird sowohl unter den Intensivtierhaltern und -halterinnen als auch von Interessensvertretern des Umweltschutzes
als Informationspool bewusst produziert und zur Untermauerung der bereits
zuvor feststehenden Meinungen instrumentalisiert. Dies ist im Sinne der STS
erklärbar, die gerade die Einbettungen von Forschungsergebnissen und technologischem Fortschritt in Macht- und Hierarchiezusammenhänge untersuchen,
welche im Feld der Landwirtschaft mehr als deutlich auszumachen sind. Beim
Thema Nitratbelastung bietet zudem die Verantwortungsübertragung im regionalen Raum – also die Identifizierung von besonders »schuldigen« Gemeinden
und Landkreisen – eine psychologische Entlastung. Hier wurden die Betriebe
der Umgebung Landshut, insbesondere aus Hohenthann, für das Negativimage
der gesamten Berufsgruppe verantwortlich gemacht, da – so der Tenor – die
Anzahl der gehaltenen Schweine übertrieben worden sei. Die aus dieser Gegend
befragten Interviewpartner und Interviewpartnerinnen versuchten wiederum
mit mehr Öffentlichkeitsarbeit wie der Initiative »Heimatlandwirte« auf mediale Berichterstattungen und Proteste der Bevölkerung vor Ort zu reagieren
und hier neue kommunikative Strategien zu entwickeln, um gängigen Deutungs-
mustern die eigene innerlandwirtschaftliche Perspektive entgegenzusetzen.

Auf zwei Dritteln der Betriebe des Befragungssamples war ein Umstieg auf
biologische Landwirtschaft bereits ernsthaft in Erwägung gezogen worden – hier

herrschen mittlerweile sehr viel weniger Skepsis und ideologische Schranken als dies noch vor einigen Jahrzehnten der Fall war. Dafür ist in erster Linie ausschlaggebend, dass fast alle Interviewpartner und Interviewpartnerinnen ökonomisch erfolgreiche Bio-Landwirte und -Landwirtinnen kennen und sich zudem der Förder- und Subventionsbeträge als Anreize für ökologischen Landbau bewusst sind. Für die Mehrzahl der Landwirte und Landwirtinnen waren es jedoch zugleich auch diese wirtschaftlichen Aspekte, welche für einen Verbleib bei der konventionellen Betriebsführung verantwortlich sind – Ängste vor Vermarktungsschwierigkeiten aufgrund eines begrenzten Marktes für Bio-Produkte, erhebliche Umbaukosten gerade im Bereich der Nutztierhaltung aufgrund erhöhter Platzvorgaben und daraus resultierende Unsicherheitsfaktoren auf Höfen, die ohnehin zum Teil bereits von Verschuldungen und Spannungsverhältnissen geprägt sind, stellen hier die wesentlichen Hemmnisse dar. Zwar kamen im Material kaum explizit abwertende Äußerungen gegenüber biologisch wirtschaftenden Berufskollegen vor, allerdings war eine Trennung in ökonomisch »erfolgreiche Bio-Unternehmer« und »Ideologen« festzustellen, wobei ersteren von den Interviewpartnern und Interviewpartnerinnen wesentlich mehr Anerkennung zuteilwurde. Grundsätzlich herrschte mehrheitlich dennoch eine breite Offenheit, »voneinander lernen« zu können und Polarisierungen zwischen konventionell und biologisch überwinden zu wollen. Von einigen Interviewpartnern und Interviewpartnerinnen wurde eine künftige Annäherung der beiden Wirtschaftsweisen angenommen und ausdrücklich begrüßt.

Ein Zusammenfließen bereits herausgearbeiteter Bewältigungsstrategien lässt sich an den Positionierungen zu Klimawandel und globalem Flächenverbrauch durch Nutztierhaltung ablesen. Zwar wurde die Erderwärmung von keinem der Befragten angezweifelt oder in Frage gestellt, allerdings war die Empörung der Interviewpartner und Interviewpartnerinnen groß, diese in erheblichen Teilen wiederum der Landwirtschaft anzulasten. Stattdessen übten die Landwirte und Landwirtinnen wiederum selbst Gesellschaftskritik und verwiesen auf das Zusammenspiel von Automobilindustrie, Flugverkehr, Konsum und Individualentscheidungen, welche die bestehenden globalen Umwelt- und Klimaproblematiken verursachten: Landwirtschaft wird hier als *eine* – eher unwesentliche – Stellschraube unter vielen positioniert. Das prägende Moment der Defensivpositionierungen, welches das gesamte Material durchzieht, wird abermals eklatant – von Seiten der Befragten wird überwiegend vom eigenen Beruf weg auf andere Akteure gezeigt oder es findet nicht weniger häufig eine Infragestellung der Ausgangslage der Vorwürfe und dahinter stehender Untersuchungen statt. Verantwortung wird gerade in Bezug auf Umweltaspekte kaum bei der eigenen Berufsgruppe gesucht, stattdessen herrschen Abwehrreaktionen und die Suche nach weiteren Schuldigen vor. Die genannten Informationsauslegungen und Argumente lassen sich zumeist auch auf Plattformen des Deutschen Bauernverbandes finden und sind gerade in der Ähnlichkeit ihrer Ausprägung in den Zitaten klar als innerhalb der Berufsgruppe erlernt und tradiert zu identifizieren.

Von tierquälerischen Haltungsbedingungen über Biodiversitätsverlust bis zum Klimawandel gibt es kaum ein drängendes öffentliches Thema, welches nicht mit der modernen agrarwirtschaftlichen Produktion in Verbindung gebracht wird. Auf Seiten der Landwirte und Landwirtinnen *führen Menge und Härte der Kritik zu Überforderung und Identitätskrisen* – die dargestellten Bewältigungsstrategien der Verantwortungsverlagerung und Zurückweisung von Studienergebnissen als »unwissenschaftlich« sind für die Befragten Ventile zur Entlastung und Identitätssicherung. Für eine Verbesserung der Kommunikation mit landwirtschaftlichen Akteuren und vor allem auch Akzeptanz von Umwelt- und Klimaschutzauflagen durch diese sind daher Änderungen des Umgangs mit Kritik auf beiden Seiten nötig. Während beständige Offensive auf Seiten von NGOs, Medien und Politik zu Rückzug in eigene Kanäle und vor allem Vertrauensverlust in Untersuchungen und Berichterstattungen auf Seiten der Landwirte und Landwirtinnen führt, ist die Defensiv-Strategie der Anzweiflung von Studienergebnissen und einer kaum stattfindenden internen wie externen Verantwortungsübernahme für Probleme der Intensivtierhaltung ebenso wenig zielführend – bestätigt sie doch das bereits gemalte Bild einer sturen und starren Berufsgruppe.

11. Fazit

11.1 Landwirtschaft als kulturelles Paradigma oder: Ein Plädoyer für stärker praxeologische Blickweisen auf Intensivtierhaltung

> Das sich selbst ausbeutende Subjekt ist Täter und
> Opfer zugleich, Herr und Knecht in einer Person.
> Es führt einen Krieg gegen sich selbst und bleibt
> so oder so als dessen Invalide zurück.[1]

Das vom Sozialpsychologen Heiner Keupp formulierte Zitat drückt drastisch aus, was ich als zentrales Ergebnis meiner Studie zum Feld Intensivtierhaltung ausmache, in deren Zentrum die Anpassung von Menschen, Tieren und Umwelt an die Anforderungen eines durchrationalisierten, in internationale Handelsbeziehungen verflochtenen agrarischen Systems steht, welche bei den befragten Landwirten und Landwirtinnen ganz überwiegend Resignation, psychische Belastungen und Marginalisierungsempfindungen hinterlässt.

Landwirtschaftliche Alltagsrealitäten sind komplex verflochten, weshalb ich versucht habe, die vier meines Erachtens nach maßgeblich konturierenden Ebenen von Gesellschaft, Ökonomie, Tierhaltung und Umwelt in der Arbeit zusammenzuführen und aus der Perspektive der agierenden Landwirte und Landwirtinnen subjektzentriert zu fassen. Bei der Lektüre der Hauptkapitel wird deren permanente Reziprozität deutlich – für die Positionierungen der Landwirte und Landwirtinnen zu ihren Nutztier-Beziehungen sind ökonomische Faktoren zentral, die abwehrenden Haltungen zu Umweltvorgaben lassen sich nicht ohne die selbstempfundene gesellschaftliche Marginalisierung erklären, während berufsinterne Konkurrenzverhältnisse wiederum soziale Isolation und Entfremdung vorantreiben. Die Untersuchung des Problemkomplexes Intensivtierhaltung bedarf daher der Einbeziehung dieser sowohl materiellen als auch ideellen kulturellen Voraussetzungen – dabei ist es erforderlich, die praktischen Herausforderungen des landwirtschaftlichen Alltages differenziert nachzuzeichnen. Dies gilt gerade mit Perspektive auf den gesellschaftsrelevanten Beitrag der Studie zu Kämpfen und Deutungshoheiten um zukünftige agrarpolitische Entscheidungen: Dem überwiegenden Anteil geistes- und sozialwissenschaftlicher Untersuchungen zu Mensch-Tier-Verhältnissen, umweltethischen Fragestellun-

---

1 Keupp, Das erschöpfte Selbst, 46.

gen und moralischen Dimensionen industrialisierter Landwirtschaft fehlt nicht
nur – wie Karin Jürgens formuliert – »der Blick in den Stall«[2], sondern auch der
Einblick in die Lebenswelten der darin Agierenden: *der Blick auf die Menschen*.
Bei aller absolut berechtigten Kritik an der gegenwärtigen Ausprägung des
Systems Intensivtierhaltung und Betroffenheit angesichts tierethischer, klimatischer und ökologischer Problemlagen besteht dennoch die Notwendigkeit, sich
forscherisch nicht auf medial vorgeformte Berichterstattungen zu verlassen, die
damit – teilweise unreflektiert – als Quellenbasis der eigenen Ausführungen
übernommen werden, sondern die in der Intensivtierhaltung tätigen Akteure
als Ausübende einer gesellschaftlich hochumstrittenen Landwirtschaftsentwicklung mit in den Fokus zu nehmen.

Hier müssen auch meine eigenen Studienergebnisse in den Kontext dessen
gesetzt werden, was sie aufzuzeigen vermögen und was eben auch nicht: So
können die kurzen Stallführungen kein Abbild der Alltagsbeziehungen zwischen
Landwirten und Nutztieren zeichnen, im Rahmen meiner Untersuchung lässt
sich zwar feststellen, dass diese weniger eindimensional ausfallen als von aktivistischer Seite postuliert, sie hat letztlich ihren Schwerpunkt aber auf dem Gespro-
chenen und nicht den Handlungsabläufen in den Ställen. Als Ergänzungen und
Weiterführungen wären daher länger angelegte teilnehmende Beobachtungen,
etwa mehrmonatige Aufenthalte auf landwirtschaftlichen Betrieben, fruchtbar.
Kontextualisierungen der hier erhobenen Ergebnisse könnten zudem als Feld-
forschungsaufenthalte beispielsweise auch in von noch weitaus größeren Tierzahlen geprägten deutschen Regionen bzw. ganz grundsätzlich zur Verhandlung
des Themas Intensivtierhaltung in anderen (europäischen) Räumen stattfinden.
Auf diese Weise ließe sich etwa abgleichen, inwiefern Diskrepanzen zwischen
Erzähltem und Alltagspraxen bestehen, ob die beschriebenen Beziehungsebenen zu den Nutztieren erweitert oder verengt werden müssen oder auch welche
Rolle – in dieser Studie nur am Rande angeschnittene – Gender-Unterschiede
auf Höfen zu Beginn des 21. Jahrhunderts spielen.

Bei der Untersuchung der Landwirt-Nutztier-Verhältnisse war festzustellen,
dass sich *Ökonomisches und Emotionales nicht ausschließen*. Grundsätzlich halte
ich daher ein sozialwissenschaftlich-selbstkritischeres Nachdenken über linguistische Dekonstruktion für notwendig, die den Akteuren und Akteurinnen
der industrialisierten Landwirtschaft unterstellt, aufgrund der – durchaus richtigen – Feststellung, in Ausbildung, Fachzeitschriften, Institutionen etc. werde
versachlichendes und reduzierendes Vokabular in Bezug auf Tiere und Pflanzen
vermittelt, dass diese Versachlichung und Reduzierung deshalb alleine wirkmächtig sei. Selbstverständlich prägt Sprache Denken, sie *prägt aber eben nicht
eindimensional* nur als innerhalb des Berufes erlernter und tradierter Jargon, der
in einer Gleichsetzung von Tieren mit Waren resultiert, sondern wird permanent

---

2 Jürgens, Der Blick, 140–144.

durch tatsächliche Erfahrungen und Bezüge zu den Schweinen, Hühnern, Enten etc. ergänzt und erweitert. Vor allem sind hier aber weitere kulturelle Wertigkeiten wie etwa die Etablierung von bürgerlichen Tierliebe-Vorstellungen, religiöse Konnotationen und ethische Implikationen in ihrer Wirkmacht stärker zu berücksichtigen, die die Intensivtierhalter und -halterinnen ebenso wie jegliche in gesellschaftliche Ordnungen sozialisierte Menschen prägen. Dazu kommt, dass nicht-(geistes-)wissenschaftlich ausgebildete Interviewpartner und Interviewpartnerinnen ihr Vokabular in der Regel weniger reflektieren als dies auf Seiten der Interpretierenden der Fall ist, die Gefahr laufen, eben dieses in der Konsequenz überzubewerten – aus dem erhobenen Material ließen sich so durch ein Herausgreifen einzelner Satzbestandteile jeweils unterschiedliche Bilder von den Befragten malen, die vom ausbeuterisch-profitgierigen Intensivtierhalter, der seine Tiere eben nur als »Verluste« oder »Kaputte« begreift, bis hin zur fürsorglich-liebevollen Bäuerin, die um jedes Ferkel kämpft, reichen. Die Interviews sind aber nur als Ganzes zu sehen und zu verstehen, was bedeutet, sich forscherisch nicht von bestehenden Sehnsüchten nach Eindeutigkeit und Klarheit verfangen zu lassen, sondern sich auf die Komplexität des realen Lebens im Feld einzulassen: So sind die Beziehungen der Landwirte und Landwirtinnen zu ihren Tieren sehr viel heterogener und uneindeutiger als sowohl von aktivistischer als auch sozialwissenschaftlich-tierethischer Seite angenommen, was beispielsweise auch Rhoda Wilkie und Karin Jürgens, deren *praxeologisch orientierter Blickweise* ich mich hier anschließe, bereits aufzeigen konnten.[3]

Die befragten Landwirte und Landwirtinnen waren sich vorhandener gesellschaftlicher Negativprojektionen stark bewusst. Ganz zentral ordne ich dabei einen in allen Bereichen präsenten *Anerkennungsverlust* der Interviewpartner und Interviewpartnerinnen ein, der in erster Linie an eine zunehmend moralische Bewertung wirtschaftlichen Handelns geknüpft ist, da Produktivitätssteigerung nicht mehr verfängt – hier bildet sich also auch ein kultureller Paradigmenwechsel ab, der Leistung stärker an ethische Maßstäbe rückkoppelt. Damit wird die Indikatorfunktion des Feldes Intensivtierhaltung, anhand dessen stellvertretend und exemplarisch zahlreiche gesellschaftliche Transformationen und Diskurse zum Umgang mit Globalisierung, Nachhaltigkeitsdebatten und kapitalistischen Ausbeutungsverhältnissen verhandelt werden, ersichtlich.

Auf Bankenschulden und Rückzahlungsdruck basierende psychische Belastungen waren in den Interviews dauerpräsent, diese gefühlte ökonomische Auswegslosigkeit rechtfertigte und rahmte wiederum die Mensch-Tier- und Umwelt-Beziehungen der Landwirte und Landwirtinnen. Zu dieser gesellschaftlichen Empfindung als Ausübende eines stigmatisierten Berufes kommt eine maßgebliche innerlandwirtschaftliche Entfremdung: Die Erzählungen der Intensivtierhalter und -halterinnen waren geprägt von Kämpfen um Pachtflächen,

---

3 Wilkie, Livestock; Jürgens, Tierseuchen; Jürgens, Milchbauern.

Abgrenzungen zu Biogasbetreibern und anderen Landwirten und Landwirtinnen. Wenige Ausnahmen bezogen sich dabei vor allem auf Regionen, die eine geringere Intensivtierhaltungs-Dichte aufwiesen oder wurden als Erfahrungen aus dem norddeutschen Raum übertragen, was wiederum auf die Spezifik des bayerischen Forschungsgebietes verweist, wo die höhere Anzahl noch aktiver Landwirte und Landwirtinnen und im Vergleich noch ausgeprägter bestehenden kleineren und mittleren Hofstrukturen auch zu noch ausgeprägterer Konkurrenz untereinander führen. Was etwa Niedersachsen und Nordrhein-Westfalen als »the winner takes it all«-Prinzip bereits durchlaufen haben und in den ehemaligen ostdeutschen Bundesländern aus der Kollektivierung und Orientierung hin zu LPG-Großbetrieben resultierte, ist als Prozess des Strukturwandels in Bayern derzeit weiter im Gange und hier daher exemplarisch-kulturwissenschaftlich nachzeichenbar. Tierzahlen von rund 1.500 Schweinen sind im Vergleich etwa mit schleswig-holsteinischen Großbetrieben, gerade aber auch in Bezug auf internationales Wachstum beispielsweise in Russland oder China eher gering – in Bayern bilden sie dennoch die Entwicklung weg von innerhalb Familien bewältigbarer Hofgrößen hin zu Mitarbeiter-Betrieben ab und stehen für einen erheblichen *Transformationsprozess des ländlichen Raumes*. Ganz zentral ist für mich dabei die social embeddedness, also soziale Einbindung der Befragten in dörfliche Strukturen oder auch verschiedene ehrenamtliche Tätigkeiten, die in einigen wenigen Fällen zu einer geringen Tangiertheit und positiven Bewältigung der Kritik beitrugen. Dies führt wiederum auf ausschlaggebende Grundprobleme der Mehrheit der Befragten zurück: *Isolation, Entsolidarisierung und Entfremdung.*

Diese Prozesse einer zunehmenden sozialen Brüchigkeit sind kein landwirtschaftliches Phänomen, sondern werden von der Forschung als zersetzende Konsequenzen in der Folge flexibilisierter, digitalisierter und vor allem neoliberalisierter Lebens- und Arbeitswelten der Postmoderne begriffen,[4] sie sind also gesamtgesellschaftlich zu beobachten. Dabei verstehe ich die etwa von Manfred Seifert postulierte »Subjektivierung von Arbeit«[5] nicht nur als aktuell-zeitgenössische Ausprägung, sondern historischen Stände- und Klassengesellschaften grundsätzlich immanente Definition von Identität über (Nicht-)Arbeit, die allerdings nicht an Leistung, sondern an Herkunft gebunden war. Worauf sich die jüngere Arbeitskulturforschung bei der wichtigen Betonung von Subjektivierungs-, Flexibilisierungs- und Entgrenzungserscheinungen zu Beginn des 21. Jahrhunderts kontrastierend bezieht, ist eine relativ kurze Phase fordistischer Verhältnisse, die vor allem in den 1950er und 60er Jahren der BRD in ihrer keynesianischen Ausprägung Sicherheit und Orientierung für Arbeit-

---

4 Unter anderem prominent in: Götz, Huber, Arbeit in »neuen Zeiten«; Seifert, mentale Seite; Klein, Windmüller, Kultur der Ökonomie.
5 Seifert, mentale Seite, 14.

nehmer bot. Diese Phase hat die Landwirtschaft allerdings nie durchlaufen; stattdessen wurde sie gerade in Zeiten des »Wirtschaftswunders« zunehmend eingebunden in das, was heute als neoliberale Wirtschaftspolitik bezeichnet wird – nämlich Europäisierung der Märkte, Wachstums- und Modernisierungsparadigmen sowie zunehmende Deregulierungen. Eine *Ent-Subjektivierung* von Arbeit – von der hier historisch vielleicht richtiger gesprochen werden müsste – hat innerhalb der Landwirtschaft kaum stattgefunden. Bäuerliche Identitäten sind und waren an den Erhalt meist seit Generationen in Familienbesitz befindlicher Höfe gebunden, weshalb ein gering ausgeprägtes Freizeitverhalten *und selbstausbeuterische Arbeitspensen* gerade in der Intensivtierhaltung, die auch kein Wochenende kennt, als selbstverständlich hingenommen werden. Aufgrund dieser wirkmächtigen Koppelung von Arbeit und Identität wiegen die Negativthematisierungen des eigenen Berufes für die Befragten besonders schwer. Hinzu kommt, dass weitere konstituierende Elemente postmoderner Arbeitswelten für sie kaum greifbar sind: Die im Zuge zunehmend dereguliert-neoliberal ausgerichteter Ökonomien an das Individuum gerichteten Versprechen von mit Flexibilisierung und Entgrenzung verbundener Kreativität und Selbstverwirklichung. Eben diese sind der Mehrheit der Interviewpartner und Interviewpartnerinnen, die in den Impetus der Weiterführung der Höfe hineingeboren und -gewachsen sind, kaum gegeben – nicht nur der landwirtschaftliche Beruf an und für sich, sondern auch die Art der Wirtschaftsweise ist durch die erheblichen finanziellen Investitionen in die Intensivtierställe zumeist auf Jahrzehnte hin vorgeschrieben und oftmals mehr Verpflichtung als selbst gewählte Entscheidung. Die empfundene Randständigkeit und resignativen Haltungen der Interviewpartner und Interviewpartnerinnen lassen sich also auch darauf zurückführen, dass sie überwiegend mit den negativen Seiten kapitalistisch-ausbeuterischer Arbeitswelten zu kämpfen haben – während Flexibilität und individuelle Selbstverwirklichung gering ausgeprägt sind, stellen finanzieller Druck, Konkurrenzkampf und subjektivierte Ansprüche einer Wachstums- und Leistungsgesellschaft konstituierende Elemente der Intensivtierhaltung dar.

Gleichzeitig beruht ein Teil der zur eigenen ökonomischen Lage getätigten Aussagen auch auf innerlandwirtschaftlich seit Jahrzehnten eingeübten »Opfer«-Narrationen und angesichts von oftmals erheblichem Grund-, Technik- und Gebäudebesitz stellt sich durchaus die Frage, ob die Interviewpartner und -partnerinnen zu Unrecht – wie dies öffentlich immer wieder wahrgenommen wird – beständig »jammern«. Die Lage der meisten Landwirte und Landwirtinnen ist sicherlich nicht mit beispielsweise derjenigen von prekär lebenden Sozialhilfeempfangenden oder grundsätzlich von Armut betroffenen Bevölkerungsgruppen zu vergleichen, was zum kritisch-äußeren Bild als auf hohem Niveau klagende Berufsgruppe beiträgt. Trotz dieses notwendigen In-Beziehung-Setzens bin ich jedoch dennoch der Meinung, dass die Erzählungen, Ängste und Bedenken der Interviewpartner und -partnerinnen angesichts eines beständig weitergehenden Strukturwandels und Höfesterbens durchaus als über subjektive Wahrnehmungen hinausgehend ernst zu nehmen sind. Gerade das für Außenstehende in Teilen befremdlich wirkende repräsentative Zurschaustellen von neuesten Maschinen und modernen Stallanlagen bei gleichzeitigen Klagen über die finanzielle Lage ist daher nicht unbedingt immer Ausdruck finanzieller Prosperität, sondern oftmals auch die trotzig-anhaltende Selbstdarstellung einer ehemals im ländlichen Raum sozial bedeutenden und nunmehr an Anerkennung verlierenden Berufsgruppe.

In zahlreichen Interviews wurde die Verinnerlichung des Denkens, durch Fleiß und gutes Wirtschaften ausschließlich selbst für den Erfolg des Betriebes verantwortlich zu sein, deutlich – das System an und für sich wurde hingegen mehrheitlich als unveränderlich, übermächtig und vor allem vom Individuum nicht durchdringbar konturiert, weshalb auch kaum Lösungsszenarien für die wirtschaftlichen Abhängigkeiten formuliert wurden. Resultierend aus den Bedrohungen, Opfer des fortwährenden Strukturwandels zu werden, haben die Interviewpartner und Interviewpartnerinnen den *Weg der Anpassung an äußere ökonomische Anforderungen von Wachstums- und Leistungsdruck eingeschlagen*, während einer *zunehmend kulturell etablierten moralischen Bewertung von Produktivität* eben damit nicht gerecht wird – glücklich sind die Landwirte und Landwirtinnen damit in den wenigsten Fällen, dies belegen nicht nur meine Studienergebnisse, sondern weitere agrarsoziologische und -geschichtliche Untersuchungen seit Jahrzehnten. Neue Ebenen der zeitlich überdauernd wirkmächtigen Marginalisierungsempfindungen sind allerdings zu Beginn des 21. Jahrhunderts durch die an Schärfe und Reichweite gewonnenen »Massentierhaltungs«-Diskurse, gestiegene moralische Bewertungsmaßstäbe wirtschaftlichen Handelns und ländliche Isolations- und Entfremdungsprozesse hinzugekommen, die »social embeddedness« nicht nur durch innerlandwirtschaftliche Konkurrenzverhältnisse, sondern auch Ortskernsterben, Wirtshausschließungen und Pendler-Verhalten erschweren.[6] Dazu kommen die beschriebenen Proteste gegen Stallanlagen, welche verdeutlichen, dass Kritik an Intensivtierhaltung kein urbanes Phänomen darstellt, sondern gerade auch – da unmittelbar davon betroffen – auf dem Land zu finden ist, das dadurch seine sozialräumlichen, Sicherheit vermittelnden Strukturen für die Landwirte und Landwirtinnen verliert.

Kritik an der Landwirtschaftsentwicklung ist, wie Jan Grossarth[7] für die Kultur- und Frank Uekötter[8] die Agrargeschichte eingehend nachgezeichnet haben, nicht neu, wurde in den letzten Jahren angesichts globaler Bedrohungsszenarien um Ressourcenausbeutung und Klimawandel aber nochmals befeuert und im Zuge digitaler Vernetzungsmöglichkeiten breiter und schärfer auf verschiedens-

---

6 Dazu Trummer, Zurückgeblieben; Scholze-Irrlitz, Der ländliche Raum.
7 Grossarth, Vergiftung.
8 Vgl. Uekötter, Gewissheiten, und Uekötter, Wahrheit.

ten gesellschaftlichen Ebenen – etwa durch Essstile wie den Veganismus als Protest gegen tierische Ausbeutung und westlichen Fleischhunger – ausgetragen. Dass Intensivtierhaltung per se als Symbol für eine grundsätzlich fehlgeleitete Agrarpolitik und Feindbild nachhaltiger, ökologischer Entwicklungen fungiert, macht sie zu einem weiterhin ergiebigen und gesellschaftlich äußerst relevanten (kultur-)wissenschaftlichen Forschungsthema.

11.2 Zur Eignung und Übertragbarkeit des Positionierungs-Konzeptes

Ich möchte reüssierend nochmals auf die konzeptionelle Rahmung der Studie eingehen: Die bewusst auf *Positionierungen* und nicht auf Arbeitskultur oder Lebensstil abzielende Fragestellung erlaubte es, den Umgang mit und die Bewältigung der erheblichen äußeren Kritik an der Intensivtierhaltung in den Fokus zu nehmen – sie also *als paradigmatischen Meinungsbildungsprozess von marginalisierten Gruppen zu verstehen* und damit anschlussfähig für weitere (kultur-)wissenschaftliche Untersuchungen zu machen. Neben der Beleuchtung der landwirtschaftlichen Akteure und Akteurinnen ging es mit darum, den zwar häufig verwendeten, aber selten näher definierten Begriff der Positionierung für europäisch-ethnologische Studien fruchtbar zu machen, seine Verwendung aus englischsprachigen Studien zu übertragen und Eignung am empirischen Material zu überprüfen. Wie Menschen Position beziehen, welche fluiden Prozesse der stets damit einhergehenden Positionierungen dies nachvollziehbar machen und vor allem auf welche Weise sie in Wechselbeziehung mit einem äußeren, kulturellen Positioniert-Werden stehen, also in Anlehnung an Stuart Hall[9] sowohl aktiv als auch passiv vonstattengehen, ist auch für erzählforscherische, identitätsfokussierte und gerade diejenigen Fragestellungen zentral, die sich wie die vorliegende Studie mit der Aushandlung *gesellschaftlicher Konfliktfelder* befassen. In den Antworten der Intensivtierhalter und -halterinnen schwang stets die von außen an sie gerichtete Kritik mit, die bereits vor meiner Formulierung im Interview konturierend auf ihre Meinungsbildung wirkte – ihre Positionierungen waren also immer *Reaktionen auf etwas*: Die Gesellschaft steht beim Interview stets als Gespenst mit im Raum und kann mithilfe des Positionierungs-Konzeptes sichtbar gemacht werden. Dies ist deshalb zentral, weil der bestehende Konflikt zwischen konventioneller Landwirtschaft und ihren Kritikern gerade auch als Kommunikationsproblem ernst genommen werden muss: Die Untersuchung der Ebenen von Wahrnehmungen, Erfahrungen, Entfremdungen etc. konnte hier durch den Fokus auf die Reziprozität von eigener Positionierung und Positioniert-Werden die im Ergebnis zentralen Anerkennungs- und Vertrauensverluste

---

9 Hall, Alte und neue Identitäten; Hall, Introduction.

der Intensivtierhalter und -halterinnen in ihrer gegenseitigen Bedingtheit aufzeigen. Vor allem den Begriff der Anerkennung künftig stärker in den Blick zu nehmen, sehe ich als kulturwissenschaftlich lohnenswert an, denn auch hier gilt, was Felix Girke für die Ethnologie generell herausstellt: »Die zeitgenössischen Debatten zur Anerkennung werden […] wenig rezipiert. Zugleich befasst sich die Ethnologie in vielen Kerngebieten empirisch mit Anerkennungsproblematiken, besonders in Bezug auf die Gabe und Reziprozität, aber auch in Untersuchungen zu sozialen Beziehungen und Identitäten.«[10] Eine Auseinandersetzung mit der Zuteilwerdung gesellschaftlicher Anerkennung fokussiert zudem bislang in den Geistes- und Sozialwissenschaften vor allem auf Migrations-, Gender- und Prekaritäts-bezogene Fragestellungen, während – und dies ist nicht zuletzt von den Sympathien der Forschenden abhängig – Personengruppen, die sich von »linken« Deutungshoheiten ausgegrenzt fühlen, weniger stark beleuchtet werden. Gerade angesichts der aktuellen Brisanz politischer Verschiebungen und einem Wiedererstarken rechten Gedankenguts kann eine Untersuchung von Anerkennungs-Wahrnehmungen zur wichtigen Analyse dieser Prozesse beitragen.

Die stete Verbindung von passiven und aktiven Positionierungen wurde im gesamten Material deutlich: So ließen sich beispielsweise anhand der Umweltproblematiken kommunikative Schieflagen analysieren: Während äußere Forderungen nach Verschärfungen kaum nachvollzogen werden können, weil innerhalb der Berufsgruppe die Position vorherrscht, bereits viel schonender zu arbeiten als in der Vergangenheit und sensibler für Umwelt- und Tierschutz geworden zu sein, bedingt das äußere Positioniert-Werden als »Massentierhalter« und Naturzerstörer wiederum resignativ-abwehrende Positionierungen eines »Sowieso egal – wir stehen einfach immer in der Kritik«. Die Formung unserer Wirklichkeitswahrnehmung dadurch, welche Position uns durch unsere Mitmenschen in der Gesellschaft zugeschrieben wird, lässt sich damit aus fast jeglichem Sprechakt ablesen, denn er bildet stets den Versuch, eben diese Position abzulehnen, zu verändern oder zu verfestigen.

Die Bedeutung und Fruchtbarkeit von Positioning-Konzepten für kulturwissenschaftliche Analysen ist gerade auch für die Betrachtung von Interviews als beständige Akte eben dieses aktiven und passiven Positionierens durch zwei oder mehrere Sprechende von Belang. So lassen sich widersprüchliche, teils sogar gegenteilige Aussagen innerhalb eines Interviews durch dessen Prozesshaftigkeit erklären: Je nach gerade behandeltem Themenbereich findet ein unterschiedliches Positioniert-Werden statt, das nicht unbedingt durch den Interviewer selbst, sondern den in der Fragestellung mitschwingenden Gesellschafts-Bezug Eingang findet – meine Interviewpartner und Interviewpartnerinnen reagierten etwa im Leitfaden auf den Bereich Ökonomie wesentlich offener als auf Mensch-Tier-

10 Felix Girke, Ethnologie, in: Ludwig Siep, Heikki Ikaheimo, Michael Quante (Hrsg.), Handbuch Anerkennung. Wiesbaden 2018, 1–6, hier 1.

Beziehungen. Selbstkritische Aussagen waren deshalb bei ersterem viel häufiger zu finden als bei letzteren, wo die Befragten eine defensive Abwehrstrategie eingeübt hatten. Je nach Stelle im Interview ändern sich bedingt durch soziale Positionierungen also Stimmungen und Atmosphären, weshalb sich auch aus den Transkripten weniger unumstößlich-gefestigte *Positionen*, denn durchaus in Bewegung befindliche *Positionierungen* ablesen lassen, was wiederum zumindest Chancen für künftigen Dialog erahnen lässt.

11.3 Wege aus Stagnation und Resignation? Agrarpolitische Implikationen

Dass angesichts stark mit der industrialisierten Agrarproduktion verbundener Biodiversitäts-, Klima-, Umweltschutz- und tierethischer Problematiken neue Wege beschritten werden müssen, ist unbestreitbar. Das Dilemma der Landwirte und Landwirtinnen besteht vor allem darin, dass die kulturellen Entwicklungen, die ihren moralischen Anerkennungsverlust bedingen – nämlich ein generell zunehmendes gesellschaftliches Hinterfragen von Wachstumsdruck und Produktivitätssteigerung bei gleichzeitiger Bedeutungszunahme ökologischer Themen – auf *fehlende politische Konzepte* treffen. Gerade bei den in der Studie analysierten Tierhaltungs-Verschärfungen zeigt sich: Wo eine Stellschraube im durchgetakteten, aufeinander abgestimmten System Intensivtierhaltung verändert wird, entstehen an anderer Stelle neue Schwierigkeiten. Umgestaltungen abseits von einseitig-rechthaberischen Moraldebatten und »Wege zu einer gesellschaftlich akzeptierten Nutztierhaltung«[11] kommen daher um die Systemfrage selbst nicht herum, was wiederum in der Brisanz von Alternativen zur derzeitig globalisiert-deregularisierten Ausprägung des kapitalistischen Systems mündet, das die ethischen, ökologischen und klimatischen Problematiken maßgeblich verursacht und nicht nur die tierische, sondern auch menschliche Agency beschränkt. Gerade auf Basis des erhobenen Materials ist zu postulieren, dass entschleunigte Alternativen auch eine erhöhte Lebens- und Arbeitsqualität für die Landwirte und Landwirtinnen mit sich bringen würden. Grundsätzliche Systemfragen wurden von den Befragten allerdings kaum gestellt – zu eng ist hier das Korsett aus ökonomischem Spannungsverhältnis einerseits und nunmehr seit Jahrzehnten nach außen hin eingeübter und durch Berufskanäle geschürter permanenter Abwehr andererseits. Das Verharren auf dem Bestehenden einer ohnehin eher konservativen Berufsgruppe bleibt so zugleich signifikant und paradox, denn gut geht es den Befragten mit dem nach außen hin Verteidigten in den wenigsten Fällen.

11 Wissenschaftlicher Beirat für Agrarpolitik beim BMEL 2015.

Prägnant stellt sich heraus, dass unter den Befragten weniger optimistische Prognosen etwa im Sinne der Chancen einer Landwirtschaft 4.0 etc. vorherrschen, sondern das Gefühl besteht, sich als nicht-wirkmächtige Akteure innerhalb eines übermächtigen und aufgrund seiner Komplexität nicht zu verändernden ökonomischen Beziehungsgeflechts zu befinden. Zentral für die analysierten resignativen Haltungen der Intensivtierhalter und -halterinnen ist ihre Unsicherheit, an wen Forderungen überhaupt zu adressieren wären – Verbraucher werden als sprunghaft und ihre Bekenntnisse zu mehr Tierwohl-Ausgaben als unverlässlich wahrgenommen, die Agrarpolitik hat sich in den letzten Jahrzehnten durch fehlgeleitete Subventions- und Vorschriftenregelungen als weitgehend systemisch wirkungslos eigenen Anliegen gegenüber herausgestellt, der Bauernverband durch unausgegorene und uneffektive Öffentlichkeitsarbeit enttäuscht, während Medien und Aktivisten ohnehin gegen die konventionelle Landwirtschaft verschworene Meinungsnetzwerke darstellen. »Alle sind gegen uns«, so das Gefühl der Intensivtierhalter und -halterinnen, aus dem sich wiederum der Rückzug in selbstbestätigende innerlandwirtschaftliche Kanäle speist, deren Wirkmacht sich bei der Analyse zu Tier- und Umweltschutzvorschriften in stetig wiederkehrenden gleichen Rechtfertigungen und ähnlichen Formulierungen zeigt – tradierte Argumentationsmuster, die nicht nur in Interviews, sondern auch Bauernverbands-Broschüren, Lehrbüchern und Fachzeitschriften zu finden sind. Angesichts dieser permanenten Beschäftigung mit defensiven Strategien, finanziellem Druck und einem oftmals erheblichen Arbeitspensum, das ich als *Selbstausbeutung* deute, bleibt kaum Luft für kritische Auseinandersetzungen *mit dem Inhalt* der gegen die Intensivtierhaltung gerichteten Vorwürfe. Dazu kommt, dass das äußere Negativ-Positioniert-Werden zu einem trotzig-verletzten inneren Abwehrvorgang führt, der ein dialogisches Aufeinander-Zugehen erschwert.

Der hier festgestellte – zu Beginn des 21. Jahrhunderts in den Kommunikationswissenschaften breit diskutierte[12] – Vertrauensverlust in mediale Berichterstattungen führt im Befragungssample weder zu politischer Radikalisierung, die diesen als wiedererstarkendes Phänomen in zahlreichen europäischen Ländern derzeit von rechts auffangen, noch zu einer im linken Spektrum zu verzeichnenden Hinwendung zu Nicht-Regierungsorganisationen und außergouvernemental-aktivistischen Strukturen als Informationskanälen. Während letztere den Intensivtierhaltern und -halterinnen als ideologiegeleitete, sture Gegner gelten, mit denen Dialog kaum möglich ist – gespeist vor allem aus unmittelbaren Negativerfahrungen bei Stallbauprotesten und Einbrüchen –, werden regierende Akteure gegenüber globalen Nahrungsregimen und Wirtschaftskreisläufen ohnehin als weitestgehend handlungsunfähig und -ohnmächtig positioniert. *Politische Forderungen* finden sich im Material daher *kaum* – das

---

12 U.a. Lilienthal, Neverla, »Lügenpresse«; Schweiger, (des)informierte Bürger.

Verharren der bayerischen Landwirte und Landwirtinnen als Wählerklientel der CSU speist sich weniger aus der Annahme richtungsweisender Entscheidungsfähigkeiten, sondern eher aus dem Gefühl, von der Partei zumindest noch wahrgenommen und anerkannt zu werden – immer im Kontrast und deshalb erfolgreich, weil gesamtgesellschaftlich gefühlt das Gegenteil der Fall ist.

Die befragten Landwirte und Landwirtinnen präsentieren sich basierend auf diesen Vertrauens- und Anerkennungsverlusten als mehrheitlich *defensive und resignative Berufsgruppe*, die deshalb wenig eigene konstruktive Lösungsansätze für ihre prekäre gesellschaftliche und in Teilen auch ökonomische Situation formuliert, weil die seit Jahrzehnten andauernden Prozesse von Höfesterben und Strukturwandel ihnen das Gefühl von Machtlosigkeit in einem letztlich vom einzelnen Individuum nicht durchdringbaren und steuerbaren globalisierten Systemkomplex vermitteln. Für diese untersuchte, trotz ihres kontinuierlichen Wachstums und Einfügens in die Anforderungen eines konkurrenzgeprägten Systems im Grunde genommen aussterbende Gruppe an Landwirten und Landwirtinnen bedeutet die Weiterführung der Betriebe oft mehr als nur den Lebensunterhalt zu erwirtschaften – sie ist eingebunden in generationenübergreifendes Denken von Hoferhalt. Auswege aus der eigenen Situation werden auch deshalb nicht gesehen, weil die erheblichen Investitionen für Stallbauten anders als in Bereichen von Ackerbau oder Sonderkulturen den Weg in die Zukunft auf Jahrzehnte festschreiben, wofür politisch tragfähige Konzepte entwickelt werden müssen.

Für die Auseinandersetzung um die dringend notwendigen künftigen Weichenstellungen einer Agrarpolitik in Zeiten von Klimawandel, Biodiversitätsverlust und Ressourcenausbeutung wäre zudem geboten, die Landwirte und Landwirtinnen – und hiermit meine ich vielmehr die Praktiker selbst als ihre Vertretung durch beispielsweise den Bauernverband – *zurück in den öffentlichen Diskurs* zu holen und in der Betroffenheit um tierische und ökologische Ausbeutung nicht zu übersehen. Das bedeutet zugleich, die Intensivtierhalter und -halterinnen nicht als homogene Masse und Ausübende einer anonymen Agrarlobby zu betrachten, sondern in ihrer Diversität und Heterogenität ernst zu nehmen – so stehen hinter den besuchten bayerischen Geflügel- und Schweinebetrieben kaum gewerbliche Unternehmer und außerlandwirtschaftliche Investoren, sondern immer noch überwiegend historisch gewachsene Familienstrukturen, für die die Bedrohungen des Strukturwandels weiterhin dauerpräsent sind. Ob man dieses – politisch-populistisch durchaus ausgeschlachtete – Familienbetriebsmodell, das wie die Untersuchung zeigt auch erhebliche psychische Belastung, hohe Individualverantwortung und arbeitswirtschaftliche Selbstausbeutung bedingt und damit nicht nur positive Komponenten aufweist, nun favorisiert oder auch nicht: Soll die Entwicklung nicht weiter hin zu immer weniger und immer größeren Betrieben gehen, müssen die von den Interviewpartnern und Interviewpartnerinnen eingebrachten Kritikpunkte an kurzfristig-undurchdachten, auf oberflächliche Stimmungsbilder abzielenden Vorschriften in ihrer den Strukturwandel beschleunigenden Wirkung für kleinere und mittlere Betriebe sowohl politisch als auch von aktivistischer Seite aus stärker mitberücksichtigt werden.

Dies fördern vor allem die Fallbeispiele zu den meist langwierigen und für die Landwirte und Landwirtinnen stark belastenden Stallbauprotesten zu Tage – sie hinterließen letztlich nicht viel mehr als Aufregungsschäden: In keinem der sieben Fälle führten sie zu einer Verhinderung der Bauten, da alle geltenden behördlichen und juristischen Vorschriften von den Planenden eingehalten worden und daher juristisch nicht zu beanstanden waren. Stark personenbezogene Protestformen, skandalisierende Medienberichterstattungen und politische Instrumentalisierungen, in der Mehrzahl der Fälle begleitet von persönlichen Beleidigungen und Bedrohungen, sind daher sowohl ethisch – auch hier stellt sich wieder die Notwendigkeit, darunter nicht nur Tiere und Umwelt, sondern auch den zwischenmenschlich-respektvollen Umgang miteinander zu fassen – als auch in ihrer Zielgerichtetheit zu hinterfragen, wenn hier Verbesserungen stattfinden sollen, die nicht in einer erzwungenen Aufgabe von noch mehr bäuerlichen Betrieben liegen. Für eine künftige Zusammenarbeit von Landwirten und Landwirtinnen in Bezug auf Tier-, Umwelt- und Klimaschutz sind sie in jedem Fall kontraproduktiv und bilden Tendenzen zu moralisierender Kompromisslosigkeit ab, die nicht zur Lösung, sondern lediglich der (räumlichen) Verlagerung des Problemkomplexes Intensivtierhaltung beitragen.

Ich schließe mich zudem Frank Uekötters Kritik an einer rot-grünen Agrarwende an, die kulturell gewachsene Gräben zwischen konventioneller und biologischer Landwirtschaft weiter vorangetrieben und damit vereinfachende binäre Zuschreibungen von »guter« und »schlechter« Wirtschaftsweise auf der »Flucht vor Unübersichtlichkeit«[13] zementiert hat. Der Agrarhistoriker begreift sie als Agieren mit »veralteten Klischees«[14]: »Noch fataler war die undifferenzierte Verdammung der konventionellen Landwirte. Hinter diesen verbarg sich nämlich eine ungeheure Vielzahl an Betriebsformen, vom kleinen Milchbauern bis zu Megaställen mit zehntausenden von Schweinen.«[15] Ob eine Weiterführung dieser dogmatischen Unterteilung sowohl politisch als auch gesellschaftlich zu künftigen konstruktiven Weichenstellungen beiträgt, beispielsweise eine völlige Verdammung von Pestiziden angesichts neuer klimatischer Herausforderungen sinnvoll ist oder hier nicht eher ein »so wenig wie möglich« angebracht wäre, lässt sich mit Recht bezweifeln – bemerkenswert war im Material dabei, dass sie in den Köpfen der Landwirte und Landwirtinnen selbst an Wirkmacht verliert: Zwar herrscht eine erhebliche Abwehr gegenüber Ursache-Wirkungs-Zusammenhän-

---

13 Uekötter, Gewissheiten, 181.
14 Ebd., 180.
15 Ebd.

gen vor, die konventionelle Landwirtschaft für fast sämtliche ökologischen Probleme verantwortlich machen, gleichzeitig stellt biologische Wirtschaftsweise längst nicht mehr das »ganz Andere« oder gar ein unumstößliches Feindbild dar.

Die von den Interviewpartnern und Interviewpartnerinnen immer wieder monierte Problematik bestehender Macht-Wissens-Komplexe meinungsbildender Netzwerke ist sicherlich nicht von der Hand zu weisen und wird gegenüber einer wirkmächtigen Erzählung »der« Agrarlobby als verfangende Underdog-Rhetorik der Umwelt- und Tierschutzbewegung tatsächlich kaum kritisch thematisiert – Jan Grossarth ist bislang einer der wenigen, der sich darum verdient gemacht hat[16] –, gleichzeitig herrscht aber auch auf Seiten der Landwirte und Landwirtinnen selbst *erheblicher Reflexionsbedarf*: Hier findet eine ganz überwiegend permanent anzutreffende Konzentration auf die Fremdpositionierung der als gegnerisch angesehenen Gruppierungen statt, die anstelle einer Beschäftigung mit den inhaltlichen Kritikpunkten zu einem ausgeprägten Abarbeiten an Fehlern und Verantwortlichen bestehender Negativdiskurse führt. Selbstkritisches Hinterfragen des eigenen Handelns stellt im Material eher die Ausnahme als die Regel dar, stattdessen dominieren Rechtfertigungen durch äußere Zwänge und defensive Zurückweisungen von Intensivtierhaltungskritik, die als in erster Linie unnötig und in zweiter Linie medial und politisch aufgebauscht angesehen wird. *Tatsächlicher Handlungsbedarf für Verbesserungen und eine Auseinandersetzung mit eigener Verantwortung werden kaum anerkannt* – die Präsenz des eigenen Negativ-Positioniert-Werdens verletzt und marginalisiert damit nicht nur, sie erlaubt auch die Aufrechterhaltung eines innerlandwirtschaftlichen Opfer-Diskurses, der defensiven Rückzug und beharrendes Verhalten erst recht legitimiert.

Einmischung von außen wird dem Interesse folgend, eigene Deutungshoheiten zu verteidigen, mit dem häufigen Verweis darauf zurückgewiesen, angesichts fundierter Berufsausbildungen selbst Experten und Expertinnen für die entsprechenden Diskurse zu sein. Immer wieder rekurrierten die Interviewpartner und Interviewpartnerinnen auf das fehlende Fachwissen ihrer »Gegner« und verorteten Umwelt- und Tierschutzthemen damit als Hoheitsfeld innerlandwirtschaftlicher Diskussionen. Ein Verständnis der Tatsache gegenüber, dass bäuerliche Produktion eben zahlreiche die *gesamte Gesellschaft* betreffende Entwicklungen zu Klimawandel, Biodiversität und Lebensmittelversorgung tangiert, weshalb hierzu auch ein gesamtgesellschaftlicher Dialog unter Beteiligung verschiedener Interessensgruppen nötig ist, wurde kaum in die Argumentationen miteinbezogen. Hier wird abermals ein Paradoxon der Aussagen deutlich: Einerseits wünschten sich die Befragten mehr Auseinandersetzung mit landwirtschaftlichen Wirtschaftsweisen und weniger Entfremdung, andererseits wird diese – wenn kritisch – als Einmischung klassifiziert. Ob die von den Inter-

---

16 Grossarth, Vergiftung.

viewpartnern und Interviewpartnerinnen stets signalisierte Dialogbereitschaft also heißt, sich ebenfalls ernsthaft mit den Argumenten der Gegenseiten auseinanderzusetzen, oder lediglich – wie dies in Öffentlichkeitsarbeitsbemühungen derzeit überwiegt – eigene Meinungsbilder zu präsentieren und Vorwürfe als ungerechtfertigt zurückzuweisen, muss daher innerlandwirtschaftlich *sehr viel selbstkritischer diskutiert* und hinterfragt werden.

Die durch berufsinterne Kanäle und Ausbildungslogiken sozial geformten Rechtfertigungsmuster stellten sich bei der Analyse zu Umwelt-, Klima- und Nutztier-Aspekten in jedem Fall als brüchig und eindimensional heraus: Der Pestizid- und Antibiotikaeinsatz geht ohnehin zurück, Gülle muss nur richtig verteilt werden, Soja eben von irgendwo herkommen, das Kupieren von Schnäbeln und Ringelschwänzen ist ebenso wie die betäubungslose Ferkelkastration kaum schmerzhaft für die Tiere, deren Wachstum und Leistung ohnehin ihr Wohlbefinden belegen und Verhaltensspektrum keine große Rolle spielt – so lassen sich die *mehrheitlichen verharmlosenden Positionierungen* durchaus überspitzt zusammenfassen. Ebenso wie den »Gegnern« unterstellt, findet ein Hinterfragen eigener Standpunkte kaum statt, ein kritisches Überdenken negativer Folgen des Systems Intensivtierhaltung bildete die Ausnahme und bezog sich dann vorwiegend auf Wirtschaftliches.

Aus der Mikroanalyse einzelner neuralgischer Punkte wie den Positionierungen der Landwirte und Landwirtinnen zu Kupier- und Kastrationsverboten, Antibiotikaeinsatz oder Platzbedarf geht eindeutig hervor, dass *Verbesserungs- und vor allem Ausbildungsbedarf* besteht. So erhält *ethologisches Wissen* gegenüber einer Leistungsoptimierung der Nutztiere offenbar in Lehre und Studium *kaum Raum.* Eingriffe am Tierkörper rechtfertigten die Interviewpartner und Interviewpartnerinnen überwiegend als nicht-schmerzhaft – dies verweist sowohl auf erhebliche Informationslücken, die damit das selbstherausgestellte eigene »Expertentum« immer wieder konterkarieren, als auch auf die grundsätzliche Tendenz, strengere Vorschriften – gleiches gilt für den Umweltschutz – als unnötige, gesellschaftlich und medial aufgebauschte Skandalisierungen von »harmlosen« Arbeitsabläufen darzustellen. Dazu lässt sich auch mit Blick auf die Kommunikation mit der Öffentlichkeit anmerken, dass das Vokabular der agrarischen Produktion und hier vor allem das Sprechen über Tiere als »Verluste«, »Ausfall«, »Tiermaterial« etc. angesichts kultureller Neu-Verhandlungen der Rolle des Nutztieres kaum (mehr) vermittelbar ist und eben das in der Praxis nicht immer zutreffende Bild eines rein ökonomisierten Verhältnisses stark nach außen tradieren. Damit geht einher, dass anatomisches und verhaltensbiologisches Wissen über die gehaltenen Nutztiere im Material wiederholt als gering ausgeprägt deutlich wurde – für die befragten Intensivtierhalter und -halterinnen galt immer noch weitestgehend die seit Jahrzehnten innerhalb der Landwirtschaft tradierte Formel »Leistung = Wohlbefinden«, wobei eine Beschäftigung mit den Bedürfnissen der Tiere als Lebewesen hinter die Beschäftigung mit deren körperlicher Optimierung zurückfällt. Dass die Verhaltensbiologie nunmehr fast 50 Jahre nach ihrer universitären Etablierung in der Landwirtschaftsausbildung kaum Berücksichtigung findet, muss daher als dringend optimierungsbedürftig festgehalten werden. Gleiches gilt für Umwelt- und Klimaschutz: Hier geht aus dem Material eine geringe Auseinandersetzung mit eigener Verantwortung und eine Schuldverlagerung an die gesamte Gesellschaft hervor, die durch Flug- und Automobilverkehr, Wegwerf- und Konsumverhalten mindestens ebenso sehr zu Biodiversitätsverlust, Ressourcenverbrauch und Klimawandel beitrage, wie man selbst. Zwar ist dies sicherlich richtig, allerdings führen diese beständigen Abwehrmechanismen zur Distanzierung von der Gesamtproblematik, die wiederum dadurch bestärkt wird, dass kritischen Studien landwirtschaftsintern kontinuierlich die Seriosität abgesprochen wird.

Zugleich schließt sich wieder der Kreis zu Politik und Ökonomie, denn der Problemkomplex Intensivtierhaltung rotiert unweigerlich beständig um Kontrolle und Geld. Aus der Studie bildet sich in Teilen eine ganz erhebliche Diskrepanz zwischen tierschutzrechtlichen Vorgaben und deren Umsetzung in der Praxis ab: Berichte zu erhöhtem Kannibalismus, mehr Rangkämpfen und Tiertoden in Folge der in den letzten Jahren erfolgten gesetzlichen Verschärfungen sind als Aussagen der landwirtschaftlichen Praktiker und Praktikerinnen durchaus ernst zu nehmen. Künftige agrarpolitische Weichenstellungen sollten daher ebenso wie Forderungen von Umwelt- und Tierschützern die Erfahrungen der Landwirte und Landwirtinnen bei neuen Regularien stärker berücksichtigen – Notwendigkeiten, entsprechende Maßnahmen *vor* Einführung langfristig zu durchdenken, bildeten sich etwa am Beispiel der Ferkelerzeugung ab, wo hohe Umbaukosten durch strengere Vorgaben zu Betriebsaufgaben der öffentlich immer wieder als Pendant zur sogenannten Massentierhaltung aufgeführten kleinbäuerlichen Landwirtschaften führen. Dazu kommt, dass die Landwirte und Landwirtinnen selbst ganz offen das Scheitern von Kontrollmechanismen – nicht nur bei »schwarzen Schafen«, sondern ganz grundsätzlich – thematisierten, da diese überwiegend Papierberge erzeugen, also in erster Linie *der Etablierung von als Gängelung empfundenen bürokratischen Strukturen dienen*, während Ställe und Felder selbst weitaus weniger überprüft werden als die ausgefüllten Formulare. Letztlich kommt hier wieder die ökonomische Dimension ins Spiel, denn Tier- und Umweltschutzmaßnahmen kosten in den meisten Fällen Zeit und Geld. Dass beispielsweise mehr Platzangebot und langsameres Wachstum sowohl dem tierischen als auch dem menschlichen Wohl zu Gute kommen, zeigen Beispiele von Landwirten und Landwirtinnen, die verschiedene Wirtschaftsweisen vergleichen konnten und kollektiv von Entlastung und Entschleunigung durch innerhalb des konventionellen Rahmens »alternativere« Konzepte berichteten. Die geringeren Tierzahlen bedürfen allerdings einer finanziellen Kompensation, die schlussendlich den immer wieder aufgegriffenen Dreh- und Angelpunkt der Interviews bildete. Fast alle Landwirte und Landwirtinnen betonten die Bereitschaft, jegliche Veränderungen und auch aus ihrer Sicht als Rückschritte bewertete Vorgaben umzusetzen, wenn dies entsprechend entlohnt würde. Neu- und Umgestaltungen der agrarischen Entwicklung scheitern aus ihrer Sicht daher *nicht am Willen der Landwirte und Landwirtinnen*, sondern an denjenigen Akteuren und Faktoren, die den Markt für die Lebensmittelproduktion bestimmen. Dies kann allerdings nur bedingt von Seiten der Verbraucher aus erfolgen, auch wenn sich in den letzten Jahren gezeigt hat, dass Konsumentenwille durchaus nachhaltigere Produktion motivieren kann und esskulturell hoffnungsvoll anzunehmen ist, dass der Fleischkonsum künftiger Generationen weiter zurückgehen wird. Lösungsszenarien vor allem für die erheblichen ökologischen und klimatischen Herausforderungen müssen daher wieder sehr viel stärker *von der Politik gefordert werden*, deren Umgang mit der landwirtschaftlichen Entwicklung allgemein und dem Thema Intensivtierhaltung im Besonderen sowohl langfristige Strategien als auch Phantasien vermissen lässt.

Dank

Für das Gelingen des gesamten Forschungsprozesses möchte ich mich zunächst bei meinen Interviewpartnern und Interviewpartnerinnen bedanken, die stets eine hohe Gesprächsbereitschaft zeigten und mir Einblicke nicht nur in ihre Stallanlagen, sondern ihre Wohnzimmer und vor allem auch innere Anschauungen erlaubten – ohne dieses Vertrauen wäre die Studie nicht möglich gewesen.

Nicht nur während meiner Dissertation, sondern bereits im Studium hat mich mein Doktorvater Gunther Hirschfelder begleitet, betreut und in mir die Freude am wissenschaftlichen Arbeiten geweckt. Dafür, vor allem aber seinen Rat, seine Freundschaft, ständige Erreichbarkeit und Geduld bei meinen Fragen bin ich unendlich dankbar. Ebenso möchte ich mich bei Christine Aka für ihre Bereitschaft bedanken, trotz ihres hohen Arbeitspensums die Zweitbegutachtung der Doktorarbeit übernommen und mich in ihrem Zeitplan untergebracht zu haben. Manuel Trummer war sowohl während Studium als auch Promotion einer der wichtigsten Ansprechpartner für mich – danke für die Begutachtung der Arbeit und dass ich so viel von dir lernen durfte! Einen wichtigen Baustein zu meiner Ausbildung trugen die im Studium wie in zahlreichen Doktorandenkolloquien geäußerten fachlichen Anregungen Daniel Drasceks bei, der mir wie die Regensburger Kollegen im Fachbereich Vergleichende Kulturwissenschaft allgemein stets wertvolle inhaltliche Hinweise zur Abfassung der Untersuchung gab. Insbesondere sei hier Lars Winterberg, Lina Franken, Sarah Thanner, Esther Gajek sowie Patrick Pollmer für ihre fruchtbaren Anregungen gedankt.

Die Abfassung einer Doktorarbeit benötigt nicht nur inhaltliche, sondern auch finanzielle Absicherung – mit Hilfe des von der Universität Regensburg vergebenen Abschlussstipendiums im Rahmen des »Programms zur Realisierung der Chancengleichheit für Frauen in Forschung und Lehre«, vor allem aber des dreijährigen Stipendiums durch die Deutsche Bundesstiftung Umwelt waren Zeit für und Fokus auf die Untersuchung überhaupt erst möglich. Insbesondere meiner DBU-Betreuerin Frau Schlegel-Starmann danke ich hierfür nochmals herzlich.

Meine Eltern haben mir Respekt sowohl vor Menschen als auch Tieren und Umwelt beigebracht. Sie, meine Schwester, vor allem aber Johannes und Jonah wissen ohnehin, dass ihre Unterstützung mein Fundament für alles ist. Zuletzt ein Dank an nicht-menschliche Akteure: Meine Hühner, die überhaupt erst zur Wahl des Themengebietes beigetragen haben und deren Intelligenz und Verhaltensspektrum mich stets aufs Neue faszinieren.

Übersicht Betriebe[1] und Betriebsformen

Interview	Betrieb	Art der Tierhaltung	Tierzahlen	Besonderheiten
1	Betrieb Z.	Ferkelaufzucht + Schweinemast	1.200 Zuchtsauen, 3.500 Mastschweine	aufgeteilt auf zwei Betriebe
2	Betrieb P.	Legehennen	280000 Legehennen	
3	Betrieb B.	Junghennenaufzucht	100.000 Legehennen	
4	Betrieb K.	Masthähnchen	300.000 Masthähnchen	Protest gg. Stallbau
5	Betrieb D.	Ferkelaufzucht	240 Zuchtsauen	
6	Betrieb L.	Ferkelaufzucht	250 Zuchtsauen	Protest gg. Stallbau
7	Betrieb I.	Legehennen	38.000 Legehennen	Marktstände und Eierfärben
8	Betrieb O.	Putenmast	18.500 Puten	
9	Betrieb Ü.	Putenmast	35.000 Puten	
10	Betrieb N.	Schweinemast	früher 50 Zuchtsauen, 150 Mastschweine	Ferkelringberater
11	Betrieb U.	Ferkelaufzucht + Schweinemast	700 Zuchtsauen, 1.400 Mastschweine	Protest gg. Stallbau
12	Betrieb G.	Ferkelaufzucht	160 Zuchtsauen	
13	Betrieb Y.	Masthähnchen	54.000 Masthähnchen	Protest gg. Stallbau
14	Betriebe Ä. und E.	Schweinemast, Mutterkuhhaltung	500 Mastschweine, 50 Mutterkühe	Strohhaltung + Hofladen, Protest gg. Stallbau

1 Alle Abkürzungen der Nachnamen wurden anonymisiert und stimmen nicht mit den tatsächlichen Kürzeln überein.

Interview	Betrieb	Art der Tierhaltung	Tierzahlen	Besonderheiten
15	Betrieb W.	Ferkelaufzucht + Schweinemast	75 Zuchtsauen, 500 Mastschweine	Strohstall
16	Betrieb S.	Masthähnchen	33.000 Masthühner	Privathof Hähnchen
17	Betrieb J.	Ferkelaufzucht + Schweinemast	150 Zuchtsauen, 1.100 Mastschweine	
18	Betrieb C.	Schweinemast	850 Mastschweine	Gastwirtschaft, Protest gg. Stallbau
19	Betrieb Q.	Masthähnchen	27.000 Masthähnchen	Privathof Hähnchen
20	Betrieb F.	Schweinemast	1.400 Mastschweine	vereinzelter Protest gg. Stallbau
21	Betrieb Sch.	Ferkelaufzucht + Schweinemast	350 Zuchtsauen, 3.000 Mastschweine	
22	Betrieb X.	Legehennen	27.000 Legehennen	
23	Betrieb V.	Entenmast	26.000 Mastenten	
24	Betrieb R.	Masthähnchen + Zuchtsauen + Schweinemast	43.000 Masthähnchen, 85 Zuchtsauen, 700 Mastschweine	Privathof Hähnchen
25	Betrieb T.	Ferkelaufzucht + Schweinemast	220 Zuchtsauen, 1.800 Mastschweine	Protest gg. Stallbau
26	Betrieb Ö.	Schweinemast	6.000 Mastschweine	
27	Betrieb M.	Schweinemast	1.500 Mastschweine	
28	Betrieb A.	Schweinemast	2.500 Mastschweine	
29	Betrieb St.	Schweinemast	1.400 Mastschweine	

Quellen- und Literaturverzeichnis

Quellen

Interviewtranskripte

Transkript Betrieb T., Interview am 02.07.2016, 03:12:35 Stunden, Anhang, 1–65.
Transkript Betrieb R., Interview am 01.07.2016, 01:13:26 Stunden, Anhang, 66–90.
Transkript Betrieb P., Interview am 10.02.2016, 02:03:38 Stunden, Anhang, 91–109.
Transkript Betrieb Z., Interview am 09.05.2016, 01:29:10 Stunden, Anhang 110–126.
Transkript Betrieb W., Interview am 31.05.2016, 01:38:52 Stunden, Anhang 127–165.
Transkript Betrieb B., Interview am 29.05.2016, 01:47:00 Stunden, Anhang 166–204.
Transkript Betrieb L., Interview am 05.08.2016, 01:45:56 Stunden, Anhang 205–230.
Transkript Betrieb Ö., Interview am 05.07.2016, 01:42:08 Stunden, Anhang 231–248.
Transkript Betrieb U., Interview am 31.01.2017, 02:23:56 Stunden, Anhang 249–288.
Transkript Betrieb Y., Interview am 21.01.2017, 02:17:17 Stunden, Anhang 289–326.
Transkript Betrieb I., Interview am 16.01.2017, 01:24:28 Stunden, Anhang 327–352.
Transkript Betrieb Q., Interview am 06.03.2017, 01:42:54 Stunden, Anhang 353–376.
Transkript Betrieb K., Interview am 22.02.2017, 02:26:50 Stunden, Anhang 377–410.
Transkript Betrieb O., Interview am 10.03.2017, 02:01:11 Stunden, Anhang 411–439.
Transkript Betrieb G., Interview am 31.03.2017, 02:00:38 Stunden, Anhang 440–466.
Transkript Betrieb N., Interview am 04.04.2017, 02:17:38 Stunden, Anhang 467–500.
Transkript Betrieb Ü., Interview am 08.05.2017, 01:26:03 Stunden, Anhang 501–524.
Transkript Betrieb M., Interview am 18.05.2017, 02:02:41 Stunden, Anhang 525–552.
Transkript Betrieb A., Interview am 18.05.017, 02:07:30 Stunden, Anhang 553–582.
Transkript Betriebe Ä. und E., Interview am 23.06.2017, 02:00:02 Stunden, Anhang 583–611.
Transkript Betrieb F., Interview am 25.09.2017, 01:36:37 Stunden, Anhang 612–633.
Transkript Betrieb C., Interview am 25.09.2017, 02:13:43 Stunden, Anhang 634–670.
Transkript Betrieb D., Interview am 03.10.2017, 01.47:53 Stunden, Anhang 671–700.
Transkript Betrieb X., Interview am 31.10.2017, 01:54:34 Stunden, Anhang 701–744.
Transkript Betrieb J., Interview am 31.10.2017, 02:12:17 Stunden, Anhang 745–781.
Transkript Betrieb S., Interview am 02.11.2017, 02:06:49 Stunden, Anhang 782–834.
Transkript Betrieb SCH., Interview am 23.11.2017, 02:07:26 Stunden, Anhang 835–866.
Transkript Betrieb V., Interview am 23.11.2017, 01:29:44 Stunden, Anhang 867–890.
Transkript Betrieb ST., Interview am 07.01.2018, 02:58:45 Stunden, Anhang 891–931.

Feldforschungen

Feldforschungstagebuch Betrieb T., Anhang, 932–933.
Feldforschungstagebuch Betrieb R., Anhang, 934–937.
Feldforschungstagebuch Betrieb P., Anhang, 938–940.
Feldforschungstagebuch Betrieb Z., Anhang, 941–942.
Feldforschungstagebuch Betrieb W., Anhang, 943–945.
Feldforschungstagebuch Betrieb B., Anhang, 946–948.

Feldforschungstagebuch Betrieb L., Anhang, 949–951.
Feldforschungstagebuch Betrieb Ö., Anhang, 952–953.
Feldforschungstagebuch Betrieb U., Anhang, 954–955.
Feldforschungstagebuch Betrieb Y., Anhang, 956–957.
Feldforschungstagebuch Betrieb I., Anhang, 958–959.
Feldforschungstagebuch Betrieb Q., Anhang, 960–961.
Feldforschungstagebuch Betrieb K., Anhang, 962–964.
Feldforschungstagebuch Betrieb O., Anhang, 965–966.
Feldforschungstagebuch Betrieb G., Anhang, 967.
Feldforschungstagebuch Betrieb N., Anhang, 968–969.
Feldforschungstagebuch Betrieb Ü., Anhang, 970–971.
Feldforschungstagebuch Betrieb M., Anhang, 972–973.
Feldforschungstagebuch Betrieb A., Anhang, 974–975.
Feldforschungstagebuch Betriebe Ä. und E., Anhang, 976–977.
Feldforschungstagebuch Betrieb F., Anhang, 978.
Feldforschungstagebuch Betrieb C., Anhang, 979–980.
Feldforschungstagebuch Betrieb D., Anhang, 981–982.
Feldforschungstagebuch Betrieb X., Anhang, 983–984.
Feldforschungstagebuch Betrieb J., Anhang, 985–987.
Feldforschungstagebuch Betrieb S., Anhang, 988–989.
Feldforschungstagebuch Betrieb SCH., Anhang, 990–991.
Feldforschungstagebuch Betrieb V., Anhang, 992–993.
Feldforschungstagebuch Betrieb ST., Anhang, 994–995.
Flyer gg. Stallbau Familie T., Anhang, 996–997.
Feldforschung Versammlung Heimatlandwirte, Anhang, 998–999.

Zeitung, Rundfunk und Fernsehen

Anzlinger, Jana/Brunner, Katharina/Endt, Christian, Landtagswahl: Ein Bayern, zwei Welten, in: Süddeutsche Zeitung 15.10.2018.
ARD, »Die Story im Ersten: Gekaufte Agrarpolitik?«, ausgestrahlt am 30.04.2019.
ARD, »Geschichte im Ersten: Akte D (1) – Die Macht der Bauernlobby«, ausgestrahlt am 14.01.2019.
ARD, Wie die Autoindustrie die Wissenschaft steuert, ausgestrahlt auf Report Mainz am 27.02.2018. URL: https://www.ardmediathek.de/ard/player/Y3JpZDovL3N3ci5kZS9hZX gvbzEwMDUxMzg/ (28.06.2019).
Balser, Markus/Geier, Moritz/Heidtmann, Jan/Liebrich, Silvia, Wie Lobbyisten bestimmen, was wir essen, in: Süddeutsche Zeitung 15.09.2017.
Bayerischer Rundfunk, Entsetzen über Tierquälerei in Allgäuer Milchviehbetrieb, ausgestrahlt am 10.07.2019. URL: https://www.br.de/nachrichten/bayern/entsetzen-ueber-tierquae-lerei-in-allgaeuer-milchviehbetrieb,RVjYh2x (16.07.2019).
Bayerischer Rundfunk, Massives Imageproblem der Schweinemäster, ausgestrahlt am 16.06.2016. URL: https://www.br.de/nachrichten/bayern/massives-imageproblem-der-schweinemaester,64wkcdhn60rk4d1q6rt38c9n64r38 (25.06.2019).
Bayerischer Rundfunk, Bayern-Ei. Chronologie des Skandals, ausgestrahlt am 04.12.2015. URL: https://www.br.de/mediathek/video/bayern-ei-chronologie-des-skandals-av:5888 d69ff7ce2800122610d6 (24.10.2018).
Brühl, Jannis, Geheimsache Ekelessen, in: Süddeutsche Zeitung 05.03.2014. URL: https://www.sueddeutsche.de/wirtschaft/streit-ueber-lebensmittel-pranger-geheim-sache-ekelessen-1.1903666 (16.07.2019).

Busse, Tanja, Entsorgte Kälber: Bulle? Stirb!, in: Der Spiegel 25.04.2015. URL: https://www. spiegel.de/wirtschaft/service/tierhaltung-die-milchindustrie-entsorgt-maennliche-kaelber-a-1029612.html (16.07.2019).

Frey, Andreas, Hat es sich bald ausgekrabbelt?, in: FAZ 23.07.2017. URL: http://www.faz. net/aktuell/wissen/insektensterben-hat-es-sich-bald-ausgekrabbelt-15111642.html (23.06.2019).

Grossarth, Jan, Fleischkonzerne entdecken ihr Herz für Vegetarier, in: FAZ 28.04.2015. URL: https://www.faz.net/aktuell/wirtschaft/unternehmen/fleischunterneh-men-entdecken-ihr-herz-fuer-vegetarier-13562332.html (17.06.2019).

Grossarth, Jan, Wiesenhof-Chef Wesjohann: Den Menschen fehlt einfach das Geld fürs Bio-Huhn, in: FAZ 24.09.2012. URL: https://www.faz.net/aktuell/wirtschaft/unternehmen/wiesenhof-chef-wesjohann-den-menschen-fehlt-einfach-das-geld-fuers-bio-huhn-11900673p2.html?printPagedArticle=true#pageIndex_1 (14.03.2019).

Grüll, Philipp/Obermaier, Frederik, Bayern-Ei-Skandal: Behörden schlampten offenbar bei Aufklärung, in: Süddeutsche Zeitung 25.01.2017. URL: https://www.sueddeutsche.de/bayern/staatsanwaltschaft-bayern-ei-skandal-behoerden-schlampten-offen-bar-bei-aufklaerung-1.3348743 (24.10.2018).

Hoffmann, Catherine, Eine Flugreise ist das größte ökologische Verbrechen, in: Süddeut-sche Zeitung 31.05.2018. URL: https://www.sueddeutsche.de/wirtschaft/reisen-fliegende-konsumenten-1.3996006 (28.06.2019).

Holstein, Natascha, »Es gibt im Moment keinen Klimaschutz.« Interview mit Mojib Latif, in: FAZ 17.08.2018. URL: https://www.faz.net/aktuell/politik/inland/klimaforscher-mojib-latif-es-gibt-keinen-klimaschutz-15740785.html (25.06.2019).

Hucklenbroich, Christina, Webcam im Schweinestall führt zu Shitstorm auf Facebook, in: FAZ 19.01.2013. URL: https://blogs.faz.net/tierleben/2013/01/19/webcam-im-stall-133/ (27.11.2018).

Isar-TV, Diskussion über Nitratbelastung in Gewässern des Landkreises Landshut, ausge-strahlt am 15.05.2018. URL: https://www.isar-tv.com/mediathek/video/diskussion-ueber-nitratbelastung-in-gewaessern-des-landkreises-landshut/ (15.11.2018).

Jauch, Günther, »Die Wut der Bauern – sind unsere Lebensmittel zu billig?«, ausgestrahlt auf ARD am 10.05.2015. URL: https://programm.ard.de/TV/Programm/Sender/?sendung= 281061452267055 (01.09.2019).

Kabisch, Jörn, Ernährungstrend Veganismus: Aus Tiersicht für die Katz, in: taz 02.08.2014. URL: https://taz.de/!5036388/ (17.06.2019).

Kunze, Anne/Zimmermann, Fritz, Purer Aktionismus. Der Koalitionsvertrag will plötzlich Stalleinbrüche ahnden. Wieso? Ein politisches Lehrstück, in: Die ZEIT 01.08.2018.

Kwasniewski, Nicolai, Die Wurst ist die Zigarette der Zukunft. Rügenwalder Mühle macht auf vegetarisch, in: Spiegel Online 05.04.2015. URL: https://www.spiegel.de/wirtschaft/ruegenwalder-muehle-verkauft-vegetarische-wurst-a-1023898.html (17.07.2018).

Lambrecht, Oda, Das Leiden der Ferkel geht weiter, in: Süddeutsche Zeitung 29.03.2019. URL: https://www.sueddeutsche.de/wirtschaft/schweine-ferkel-kastration-betaeubung-kloeckner-1.4386826 (26.04.2019).

Langer, Marie-Astrid, Niederlage für Bayer: US-Gericht gibt Monsanto Teilschuld für Krebs-erkrankung, in: Neue Züricher Zeitung 20.03.2019. URL: https://www.nzz.ch/wirtschaft/roundup-klagen-in-usa-niederlage-fuer-monsanto-mutter-bayer-ld.1468585 (24.06.2019).

Lebert, Stephan/Müller, Daniel, Interview mit Bundeslandwirtschaftsminister Christian Schmidt, in: Die ZEIT 17.12.2014. URL: http://www.bmel.de/SharedDocs/Interviews/2014/2014-12-18-SC-Zeit.html (20.11.2019).

Lewandowski, Laura, Manche Leistungssportler mögen's vegan. Nowitzki, Hildebrand und Co, in: Spiegel Online 25.03.2015. URL: https://www.spiegel.de/gesundheit/ernaehrung/vegane-ernaehrung-nowitzki-und-co-verzichten-auf-fleisch-a-1025429.html (16.07.2019).

Looden, Silke, Politik sollte der Massentierhaltung Einhalt gebieten, in: Weserkurier 21.06.2018. URL: https://www.weser-kurier.de/deutschland-welt/deutschland-welt-politik_artikel,-politik-sollte-der-massentierhaltung-einhalt-gebieten-_arid,1741617.html (24.06.2019).

Matern, Tobias, Klimawandel verbreitet die größte Angst, in: Süddeutsche Zeitung 11.02.2019. URL: https://www.sueddeutsche.de/wissen/klimawandel-studie-1.4323957 (26.06.2019).

Maurin, Jost, Wachsen, bis es wehtut, in: taz 15.08.2013. URL: http://www.taz.de/!5061180/ (16.05.2019).

o. V., »Das sind die Forderungen der ›Fridays for Future‹-Demonstranten.«, in: FAZ 08.04.2019. URL: https://www.faz.net/aktuell/wirtschaft/mehr-wirtschaft/fridays-for-future-legt-forderungen-zum-klimaschutz-vor-16130706.html (26.06.2019).

o. V., Abgasskandal. Schmutzige Werte. Dossier, in: Die ZEIT 21.09.2018. URL: https://www.zeit.de/thema/abgasskandal (28.06.2019).

o. V., »Ein ökologisches Armageddon.«, in: ZEIT Online 18.10.2017. URL: https://www.zeit.de/wissen/umwelt/2017-10/insektensterben-fluginsekten-gesamtmasse-rueckgang-studie (23.06.2019).

Pinzler, Petra, Ferkelkastration. Leiden wegen ein paar Euro, in: Die ZEIT 25.04.2018. URL: https://www.zeit.de/2018/18/fleischwirtschaft-ferkel-kastration-betaeubung-tierschutz-nrw (25.04.2019).

Pinzler, Petra, Von Bienen und Blumen, in: Die ZEIT 16.08.2016. URL: https://www.zeit.de/2017/34/bienen-bienensterben-pestizide-insektengift-neonicotinoide-agrarlobby (14.08.2018).

Pollmer, Udo, »Bauer Willi« und die Billig-Lebensmittel, in: Deutschlandfunk Kultur 15.05.2015. URL: https://www.deutschlandfunkkultur.de/landwirtschaft-bauer-willi-und-die-billig-lebensmittel.993.de.html?dram:articleid=319834 (01.09.2019).

Raether, Elisabeth, Ferkelkastration: Der Schmerz zählt nicht, in: Die ZEIT 07.11.2018. URL: https://www.zeit.de/2018/46/ferkelkastration-betaeubung-tierrechte-union-spd-bundestag (30.01.2019).

Raether, Elisabeth, Ferkelkastration. Arme Schweinchen, in: Die ZEIT 03.10.2018. URL: https://www.zeit.de/2018/41/ferkelkastration-betaeubung-massentierhaltung-tierschutz-koalition (26.04.2019).

Pierson, Ransdell, Pfizer says shareholders snap up remaining Zoetis shares, in: Reuters 24.06.2013. URL: https://www.reuters.com/article/us-pfizer-zoetis-idUSBRE95N0OJ20 130624 (29.04.2019).

Ruhmhardt, Philipp, Nitrat und die Folgen der Massentierhaltung. Günstiges Fleisch oder günstiges Wasser? Ausgestrahlt auf WDR am 18.11.2015. URL: https://www1.wdr.de/wissen/natur/nitrat-grundwasser-politik-100.html (24.06.2019).

Schäffer, Albert, Gentechnik und die CSU: Ein Wunder der politischen Logopädie, in: FAZ 03.05.2009. URL: https://www.faz.net/aktuell/politik/inland/gentechnik-und-die-csu-ein-wunder-der-politischen-logopaedie-1801284.html (19.06.2019).

Scheuerer, Andreas, Nitratbelastung in Niederbayern »besonders kritisch«, in: Passauer Neue Presse 06.10.2017. URL: https://www.pnp.de/nachrichten/bayern/2682321_Nitrat belastung-in-Niederbayern-besonders-kritisch-Karte.html (15.11.2018).

Seidler, Christoph, Flugverkehr. Flug nach San Francisco – fünf Quadratmeter Arktiseis weg, in: Der Spiegel 03.11.2016. URL: https://www.spiegel.de/wissenschaft/natur/klimawandel-so-lassen-flugreisen-die-arktis-schmelzen-a-1119451.html (28.06.2019).

Wachter, Denise, Bauer Willi rechnet mit Billig-Kultur ab. So scheinheilig kaufen wir ein, in: Der Stern 30.01.2015. URL: https://www.stern.de/genuss/essen/landwirtschaft--bauer-rechnet-mit-verbrauchern-ab-3486086.html (01.09.2019).

ZDF Heute, Vorgang zu anspruchsvoll – Tierärzte kritisieren Ferkelkastrations-Pläne. 10.11.2018. URL: https://www.zdf.de/nachrichten/heute/tieraerzte-kritisieren-ferkelkastrations-plaene-100.html (24.04.2019).

Landwirtschaftliche Fachbücher, Zeitschriften und Informationsmaterialien

Agrarbörse, Die Entwicklung der Ferkelpreise in der Jahresübersicht. URL: http://www.agrar-boerse.de/Aktuelles/Jahrespreise-Ferkel/body_jahrespreise-ferkel.html (30.01.2019).

Agrarmarkt Informations-Gesellschaft mbH (AMI), Ferkelerzeugung im Oktober nicht rentabel. 25.10.2017. URL: https://www.ami-informiert.de/ami-maerkte/maerkte/ami-maerkte-agrarwirtschaft/meldungen/singleansicht?x_aminews_singleview%5Baction%5D=show&tx_aminews_singleview%5Bcontroller%5D=News&tx_aminews_singleview%5Bnews%5D=4387&cHash=f6fa75af6f11d475f50371f93fc226ad (30.01.2019).

Bach, Steffen, Wiesenhof tanzt auf vielen Hochzeiten, in: Die Fleischwirtschaft 15.11.2018. URL: https://www.fleischwirtschaft.de/produktion/nachrichten/Gefluegel-Wiesenhof-tanzt-auf-vielen-Hochzeiten-37968 (14.03.2019).

Bauernverband Uecker-Randow e. V., 3-Minuten-Informationen. URL: http://www.bauernverband-uer.de/wissenswertes/3-minuten-informationen/(16.01.2019).

Bayerischer Bauernverband, Der Verband im Überblick. URL: https://www.bayerischerbauernverband.de/der-bbv/der-verband-im-ueberblick (16.01.2019).

Bayerischer Bauernverband, Nein zum Volksbegehren! 01.02.2019. URL: https://www.bayerischerbauernverband.de/presse/nein-zum-volksbegehren-5858 (11.03.2019).

Bayerische Landesanstalt für Landwirtschaft (LfL), Forschungs- und Innovationsprojekt Schwanzbeißen in Ferkelaufzucht und Mast. Projektleitung: Christina Jais. Schwarzenau. URL: https://www.lfl.bayern.de/ilt/tierhaltung/schweine/029325/index.php (24.04.2019).

Bayerisches Landwirtschaftliches Wochenblatt, Wissenschaftler rätseln über Insektensterben. 19.10.2017. URL: https://www.wochenblatt.com/landwirtschaft/nachrichten/wissenschaftler-raetseln-ueber-insektensterben-8801399.html (23.06.2019).

Brüggemann, Christian, Tönnies-Umsatz steigt auf 6,9 Mrd. Euro, in: topagrar 16.04.2018. URL: https://www.topagrar.com/markt/news/toennies-umsatz-steigt-auf-6-9-mrd-euro-9251709.html (09.03.2019).

Deter, Alfons, »Nach Tierwohl rufen aber nichts bezahlen wollen«, in: topagrar 28.04.2016. URL: https://www.topagrar.com/management-und-politik/news/nach-tierwohl-rufen-aber-nichts-bezahlen-wollen-9603415.html (23.04.2018).

Deter, Alfons, Rukwied: »Meine Aussagen werden aus TV-Berichten rausgeschnitten«, in: topagrar 23.04.2015. URL: https://www.topagrar.com/management-und-politik/news/rukwied-meine-aussagen-werden-aus-tv-berichten-rausgeschnitten-9545319.html (16.01.2019).

Deter, Alfons, Einzel-Studie: »Fast alle Schweine haben Gelenk- und Klauenprobleme«, in: topagrar 01.04.2015. URL: https://www.topagrar.com/management-und-politik/news/einzel-studie-fast-alle-schweine-haben-gelenk-und-klauenprobleme-9580301.html (01.05.2019).

Deter, Alfons, Die Bauern müssen Massentierhaltung neu definieren, in: topagrar 30.10.2013. URL: https://www.topagrar.com/management-und-politik/news/die-bauern-muessen-massentierhaltung-neu-definieren-9578035.html (16.01.2019).

Deter, Alfons, Ferkelerzeuger stecken in schlimmster Krise seit Jahren. 25.08.2011, in: topagrar online. URL: https://www.topagrar.com/management-und-politik/news/ferkelerzeuger-stecken-in-schlimmster-krise-seit-jahren-9406226.html (10.03.2019).

Deutscher Bauernverband, Der DBV. URL: https://www.bauernverband.de/dbv (16.01.2019).

Deutscher Bauernverband, Petition #Glyphosat. URL: https://www.bauernverband.de/petition-glyphosat-679940 (24.06.2019).

Deutscher Bauernverband, Pressemeldungen. Diskussion zum Insektensterben in einer »Wolke der Unwissenheit«. 17.07.2017. URL: https://www.bauernverband.de/diskussion-zum-insektensterben-in-einer-wolke-der-unwissenheit (20.06.2019).

Deutscher Bauernverband (Hrsg.), Faktencheck Antibiotikaeinsatz in der Nutztierhaltung. Berlin 2015.

Deutscher Bauernverband, Pressemeldungen. Die Größe deutscher Tierbestände ist in Europa nur Mittelmaß. 24.01.2011.

Deutsche Landwirtschafts-Gesellschaft (DLG), Digitale Landwirtschaft – Chancen, Risiken, Akzeptanz. Ein Positionspapier der DLG. Frankfurt a. M. 2018.

Deutscher Fleischerverband, Faire Rahmenbedingungen durch sachgerechte Politik – Positionen zur Bundestagswahl 2017. 07.03.2017. URL: https://www.fleischerhandwerk.de/presse/pressemitteilungen/faire-rahmenbedingungen-durch-sachgerechte-politik-positionen-zur-bundestagswahl-2017.html (29.04.2019).

Deutscher Landwirtschaftsverlag, Bayerisches Landwirtschaftliches Wochenblatt. URL: https://www.dlv.de/media/media-finder/bayerisches-landwirtschaftliches-wochenblatt.html (16.01.2019).

Freitag, Mechthild, Kupierverzicht. Wir brauchen mehr Erfahrung, in: DLG-Mitteilungen 7, 2017, 64–67.

Fritz, Anke, Michael Horsch, Digitalisierung lohnt sich im Ackerbau nicht, in: Agrarheute 22.01.2019. URL: https://www.agrarheute.com/management/michael-horsch-digitalisierung-lohnt-ackerbau-551105 (14.04.2019).

Fritz, Anke, Nitrat im Grundwasser: Das steht wirklich in der UBA-Studie, in: Agrarheute 12.06.2017. URL: https://www.agrarheute.com/land-leben/nitrat-grundwasser-steht-wirklich-uba-studie-535364 (24.06.2019).

Hauschild, Sönke, Bauern unter Beobachtung – wie man uns sieht und was wir tun können. Rendsburg 2014. Hrsg. vom Bauernverband Schleswig-Holstein e. V.

Hiller, Peter/Meyer, Andrea, Privathof-Geflügel der Marke Wiesenhof: Ein extensives, tierschutzgeprüftes Aufzuchtkonzept – Wie sieht es mit den Nährstofffrachten aus? Landwirtschaftskammer Niedersachsen 2014. URL: http://www.lwk-niedersachsen.de/index.cfm/portal/1/nav/229/article/24182.html (23.05.2018).

Homepage Initiative Tierwohl, URL: http://initiative-tierwohl.de/ (17.07.2018).

i.m.a., Massentierhaltung – was ist das? URL: http://www.bauernverband-uer.de/fileadmin/mediapool/Wissenswertes/3-Minuten-Infos/3Min_Tierhaltung_2009.pdf (16.01.2019).

Interessensgemeinschaft deutscher Schweinehalter e. V., Tönnies: Mehr Eber, aber mit schlechterer Maske – Öffnung des 4. Weges zwingend notwendig. 28.08.2019. URL: https://www.schweine.net/news/toennies-eber-schlechtere-maske-vierter-weg.html (29.04.2019).

Interessensgemeinschaft deutscher Schweinehalter e. V., Deutschland: Zahl der Betriebe mit Schweinehaltung um 7,5 % gesunken – 15 % weniger Sauenhalter! 25.06.2013. URL: https://www.schweine.net/news/deutschland-zahl-der-betriebe-mit-schweinehaltung.html (28.01.2019).

Interview mit Folkhard Isermeyer, »Wir brauchen eine Nutztierstrategie!«, in: topagrar 4, 2016, 15.

Landwirtschaftskammer Niedersachsen (Hrsg.), Minimierung von Federpicken und Kannibalismus bei Legehennen mit intaktem Schnabel. Neue Wege für die Praxis: Managementleitfaden. Hannover 2016.

Lehmann, Norbert, Bayerische Landwirte blieben der CSU treu, in: Agrarheute 15.10.2018. URL: https://www.agrarheute.com/politik/bayerische-landwirte-blieben-csu-treu-548710 (08.03.2019).

Lehmann, Norbert, Wiesenhof setzt auf Tierwohl-Geflügel, in: Agrarheute 15.02.2019. URL: https://www.agrarheute.com/management/agribusiness/wiesenhof-setzt-tierwohl-gefluegel-542656 (14.03.2019).

Lochner, Horst/Breker, Johannes, Agrarwirtschaft. Grundstufe Landwirt. 5. Aufl. München 2015.

Lochner, Horst/Breker, Johannes, Agrarwirtschaft. Fachstufe Landwirt. 10. Aufl. München 2015.

Media-Daten topagrar 2018, URL: http://www.top-mediacenter.com/fileadmin/media/top_Mediadaten_2018.pdf (16.01.2019).

Michel-Berger, Simon, Kritik, was sag ich denen jetzt?, in: Bayerisches Landwirtschaftliches Wochenblatt 06.04.2018. URL: https://www.agrarheute.com/wochenblatt/politik/kritik-sag-denen-543954 (16.07.2018).

o. V., Bauernverband wehrt sich gegen Nitratberichte, in: topagrar online 12.05.2018. URL: https://www.topagrar.com/acker/news/bauernverband-wehrt-sich-gegen-nitratberichte-9843746.html (21.08.2019).

o. V., Niederbayern: Mäster und Ferkelerzeuger starten durch, in: topagrar 6, 2007, 4–9.

o. V., Tierhaltung: Mit dem Rücken an der Wand, in: Agrarheute 8, 2008, 104–105.

o. V., BBV: »Bauernstand wird zum Freiwild für Träumer und Halbwissende«. Rubrik Im Blickpunkt, in: Deutsche Geflügelwirtschaft und Schweineproduktion 13, 1980, 311.

Ostendorff, Friedrich/Heintz Veikko, Man kennt sich, man schätzt sich, man schützt sich… Einblicke in das Netzwerk aus Agrar- und Ernährungswirtschaft, Spitzenverbänden und Politik, in: Der kritische Agrarbericht 2015, 53–58.

QS Qualität und Sicherheit GmbH, Pressemitteilung – das QS-Antibiotikamonitoring. 30.07.2018. URL: https://www.qs-pruefzeichen.de/news/qs-antibiotikamonitoring.html (14.05.2019).

Scheffer, Mareike, Wiesenhof. Hähnchen-Wiener mit Tierschutzlabel, in: Agrarzeitung 19.04.2018. URL: https://www.agrarzeitung.de/nachrichten/wirtschaft/wiesenhof-haehnchen-wiener-mit-tierschutzlabel-82259?Crefresh=1 (14.03.2019).

Schriftleitung, Mit gerechtem Maß messen!, in: Deutsche Geflügelwirtschaft 47, 1970, 1561.

Schriftleitung, Guter Rat – sehr billig. Rubrik Aktuell und wichtig, in: Deutsche Wirtschaftsgeflügelzucht 12, 1958, 223.

Schröder, Thomas, Ausnahme als Regel. Über die anhaltende Missachtung europäischer Tierschutzgesetzgebung am Beispiel des Schwanzkupierens bei Schweinen, in: Der kritische Agrarbericht 2019. München 2019, 256–261.

Steinmann, Frank, Gibt es ein Nitratproblem, oder wird nur falsch gemessen?, in: Bauernblatt 06.09.2014. URL: https://www.schleswig-holstein.de/DE/Fachinhalte/G/grundwasser/Downloads/Bauernblatt_Artikelserie_2014_Nr_4.pdf?__blob=publicationFile&v=1 (25.06.2019).

Strauß, Walter, Die leidige Strohfrage, in: Landwirtschaftliches Wochenblatt für Westfalen und Lippe 117, 1960, 1202.

Internetquellen

Allensbach/prognos/Sparda-Bank (Hrsg.), Sparda-Studie. Wohnen in Deutschland. Bundesweite Studie. o. O. 2014. URL: https://www.prognos.com/fileadmin/pdf/publikationsdatenbank/140604_Spardastudie_Wohnen_i._D.pdf (13.03.2019).

Arbeitsgemeinschaft Landwirtschaft CSU (AGL), Über uns: Herzlich willkommen. URL: http://www.csu.de/partei/parteiarbeit/arbeitsgemeinschaften/agl/ueber-uns/ (09.05.2019).

Agrarbörse, Die Entwicklung der Ferkelpreise in der Jahresübersicht. URL: http://www.agrarboerse.de/Aktuelles/Jahrespreise-Ferkel/body_jahrespreise-ferkel.html (30.01.2019).

Agrarmarkt Informations-Gesellschaft mbH (AMI), Ferkelerzeugung im Oktober nicht rentabel. 25.10.2017. URL: https://www.ami-informiert.de/ami-maerkte/maerkte/ami-maerkte-agrarwirtschaft/meldungen/singleansicht?tx_aminews_singleview%5Baction%

5D=show&tx_aminews_singleview%5Bcontroller%5D=News&tx_aminews_singleview %5Bnews%5D=4387&cHash=f6fa75af6f11d475f50371f93fc226ad (30.01.2019).

Aktion Tier. Menschen für Tiere e. V., Landwirtschaftliche Massentierhaltung. URL: https:// www.aktiontier.org/themen/nutztiere/massentierhaltung/ (05.12.2018).

Albert Schweitzer Stiftung für unsere Mitwelt, Massentierhaltung. URL: https://albert-schweitzer-stiftung.de/massentierhaltung (26.09.2018).

Albert Schweitzer Stiftung für unsere Mitwelt, Leitbild. URL: https://www.albert-schweitzer-stiftung.de/ueber-uns/leitbild (21.04.2019).

Anti-Vegan-Forum, URL: https://www.antiveganforum.com/forum/ (28.05.2019).

Bauer Willi, Staatliche Manipulation? – oder – Wie inszeniert man einen Skandal? 30.04.2016. URL: https://www.bauerwilli.com/staatliche-manipulation/ (24.06.2019).

Bauer Willi, Massentierhaltung – organisierte Tierquälerei? 13.04.2015. URL: https://www. bauerwilli.com/massentierhaltung-organisierte-tierquaelerei/ (11.01.2019).

Bauer Willi, Lieber Verbraucher. URL: http://www.bauerwilli.com/lieber-verbraucher/ (21.11.2019).

Brot für die Welt, Sichere Ernährung braucht eine bäuerliche Landwirtschaft. URL: https:// www.brot-fuer-die-welt.de/themen/ernaehrung/ (20.06.2019).

Bund Naturschutz, Volksbegehren Artenvielfalt. URL: https://www.bund-naturschutz.de/ aktionen/volksbegehren-artenvielfalt.html (20.06.2019).

Bund Naturschutz, Über uns. URL: https://www.bund.net/ueber-uns/ (05.12.2018).

Bund Ökologische Lebensmittelwirtschaft, Umsatzentwicklung bei Bio-Lebensmitteln 2018. URL: https://www.boelw.de/themen/zahlen-fakten/handel/artikel/umsatz-bio-2018/ (14.06.2019).

Bündnis 90/Die Grünen, Fleisch in Maßen statt in Massen. 28.10.2015. URL: https://www. gruene-bundestag.de/ernaehrung/fleisch-in-massen-statt-in-massen-28-10-2015.html (15.03.2019).

Bündnis 90/Die Grünen, 6-Punkte-Plan zu einer zukunftsfähigen Landwirtschaft. URL: https://www.gruene.de/ueber-uns/2017/6-punkte-plan-fuer-eine-zukunftsfaehige-land wirtschaft.html (06.12.2018).

Bündnis 90/Die Grünen, Ferkelkastration. Agrarlobby ist Koalition wichtiger als Tierwohl. URL: https://www.gruene-bundestag.de/agrar/agrarlobby-ist-koalition-wichtiger-als-tier wohl.html (08.12.2018).

Deutscher Tierschutzbund e. V., #EndPigPain. URL: https://www.tierschutzbund.de/spenden portal/spenden/spendenprojekte/massentierhaltung/ (24.04.2019).

Deutscher Tierschutzbund e. V., Hochleistungszucht bei Tieren in der Landwirtschaft. URL: https://www.tierschutzbund.de/information/hintergrund/landwirtschaft/hochleistungs zucht/ (16.05.2019).

Deutscher Tierschutzbund e. V., Was ist Massentierhaltung bzw. Intensivtierhaltung? URL: https://www.tierschutzbund.de/information/hintergrund/landwirtschaft/was-ist-massen tierhaltung/ (26.09.2018).

Deutscher Tierschutzbund e. V., Verbot der betäubungslosen Kastration von männlichen Saugferkeln – Bewertung der aktuell diskutierten Alternativen aus Tierschutzsicht. Bonn 2017. URL: https://www.tierschutz-bund.de/fileadmin/user_upload/Downloads/ Positionspapiere/Landwirtschaft/Ferkelkastration_Alternativmethoden.pdf (29.04.2019).

Donau Soja, Über uns. URL: http://www.donausoja.org/de/ueber-uns/ueber-uns/ (20.06.2019).

Duden, Profitgier. URL: https://www.duden.de/rechtschreibung/Profitgier (27.01.2019).

Edelman Trust Barometer 2019, URL: https://www.edelman.de/trust-2019/ (15.07.2019).

Engel & Zimmermann AG, TV-Berichterstattung in der Lebensmittelbranche: Jede dritte Sendung bereits im Titel tendenziell kritisch. 02.03.2017. URL: https://engel-zimmermann. de/2017/03/tv-berichter-stattung-in-der-lebensmittelbranche-jede-dritte-sendung-bereits-im-titel-tendenziell-kritisch/ (22.10.2018).

Facebook-Auftritt »Massentierhaltung aufgedeckt«, URL: https://www.facebook.com/massen tierhaltung/ (20.01.2019).

Facebook-Auftritt »Bauernwiki – Frag doch mal den Landwirt«, URL: https://www.facebook. com/pg/fragdenlandwirt/ (20.01.2019).

Facebook-Auftritt »Bauernwiki – Frag doch mal den Landwirt«, Die zehn größten Irrtümer der Tierhaltung. URL: https://www.facebook.com/pg/fragdenlandwirt/posts/?ref=page_ internal (20.01.2019).

Flyer der Interessengemeinschaft Gesundes Trinkwasser Hohenthann, URL: https://www. hohenthann.de/Gemeinde/aktuelles_aus_der_gemeinde.html/aktuelles/flyer-der-interessen gemeinschaft-gesundes-trinkwas-ser-hohenthann-r112/ (25.06.2019).

Greenpeace e. V., Gute Gründe, weniger Fleisch zu essen. Broschüre. Hamburg 2019. URL: https://www.greenpeace.de/sites/www.greenpeace.de/files/publications/e01162-greenpeace-leporello-gruende-fleisch-20190118.pdf (14.04.2019).

Greenpeace Presseerklärung, Wiesenhof verzichtet auf Gentechnik. 07.12.2014. URL: https:// www.greenpeace.de/presse/presseerklaerungen/wiesenhof-verzichtet-auf-gentechnik (20.06.2019).

HeimatLandwirte, URL: https://www.heimatlandwirte.de/ueber-uns/ (18.09.2018).

Heinrich-Böll-Stiftung/Le Monde Diplomatique/Bund für Umwelt und Naturschutz Deutschland (Hrsg.), Fleischatlas 2014. Berlin 2015. URL: https://www.boell.de/sites/default/files/ fleischatlas2014_vi.pdf?Dimen-sion1=division_oen (14.04.2019).

Homepage des Fachbereichs Kulturwissenschaft und Europäische Ethnologie in Basel, Drittmittelprojekt »Verhandeln, verdaten, verschalten. Digitales Leben in einer sich transformierenden Landwirtschaft«. Leitung: Walter Leimgruber, Ina Dietzsch. URL: https://kulturwissenschaft.philhist.unibas.ch/de/forschung/medien-bilder-toene-filme-digitalisierung-im-alltag/ (22.02.2019).

Homepage des Regensburger Verbundprojekts »Verdinglichung des Lebendigen, Fleisch als Kulturgut«. Leitung: Gunther Hirschfelder, Lars Winterberg. URL: https://www.uni-regensburg.de/sprache-literatur-kultur/vergleichende-kulturwissenschaft/forschung/bmbf-projekt/index.html (23.07.2019).

International Service for the Acquisition of Agri-biotech Applications (ISAAA), Pocket K No. 16 Biotech Crop Highlights in 2017. URL: https://www.isaaa.org/resources/publications/ pocketk/16/ (20.06.2019).

Keckl, Georg, Volksverdummung à la »Waldsterben«: Nitrate im Wasser. 29.04.2016. URL: http://keckl.de/texte/Volksverdummung.pdf (24.06.2019).

Landtreff, Rubrik »Die Viehhaltung wird sich in Deutschland verabschieden«. URL: https:// www.landtreff.de/post1640623.html#p1640623 (20.01.2019).

Laureates Letter Supporting Precision Agriculture (GMOs), Juni 2016. URL: http://support precisionagriculture.org/nobel-laureate-gmo-letter_rjr.html (20.06.2019).

LobbyControl, LobbyPedia: Deutscher Bauernverband. URL: https://lobbypedia.de/wiki/ Deutscher_Bauern-verband#cite_note-5 (08.12.2018).

Mastanlagenwiderstand, URL: http://mastanlagenwiderstand.de/info-portal/mastanlagen-widerstand/ (23.07.2019).

Mastanlagenwiderstand, Hühnermastanlagen in Bayern – bereits genehmigt/im Bau/gebaut. URL: http://www.stepmap.de/karte/huehnermastanlagen-in-bayern-bereits-genehmigt-im-bau-gebaut-1111993 (23.07.2019).

NABU, Der lange Arm der Agrarlobby. URL: https://www.presseportal.de/pm/6347/3557477 (08.12.2018).

NABU Landesverband Niedersachsen, Wiesen und Weiden weichen Maiswüsten? URL: https://niedersachsen.nabu.de/natur-und-landschaft/landnutzung/landwirtschaft/gruen land/06671.html (17.09.2018).

PETA, Antibiotikaeinsatz in deutschen Ställen. Juli 2018. URL: https://www.peta.de/antibiotika einsatz-in-deutschen-staellen (14.05.2019).

PETA, Das System Tierquälerei. URL: https://www.peta.de/undercover-bei-bundestags abgeordneten (05.12.2018).

PETA, Tierhaltung in Deutschland – der mechanisierte Wahnsinn. URL: https://www.peta. de/grausamkeitantieren (26.09.2018).

PETA, Über 80 % befürworten Undercover-Recherchen und Tierschutzkontrollen. URL: https://www.peta.de/Emnid-Umfrage-Undercover-Recherchen-Tierschutzkontrollen (08.12.2018).

PETA, Qualzucht in Deutschland beenden! Februar 2017. URL: https://www.peta.de/qualzucht (16.05.2019).

PETA, PETA stoppt Tierquälerei: vegan. URL: http://www.peta.de/lifestyle (21.04.2019).

PHW-Gruppe, Unternehmen. Kennzahlen. URL: https://www.phw-gruppe.de/unternehmen/ kennzahlen (14.03.2019).

Pressemitteilung Universität Hohenheim, Vorstufe zum Kannibalismus: UniversitätHohenheim erforscht Federpicken bei Hühnern. 20.01.2012. URL: https://www.uni-hohenheim. de/pressemitteilung?tx_ttnews%5Btt_news%5D=11805&cHash=c716a3e9c7d644d3f458 5c2e48b8f320 (24.04.2019).

proveg, Anzahl der vegan und vegetarisch lebenden Menschen in Deutschland. URL: https:// proveg.com/de/ernaehrung/anzahl-vegan-vegetarischer-menschen/ (18.07.2020).

proveg-Vegetarierbund Deutschland (ehemals Vebu). URL: https://proveg.com/de (28.03.2020).

proveg, Massentierhaltung und die Ausbeutung von Tieren. URL: https://vebu.de/tiere-umwelt/massentierhaltung-ausbeutung-von-tieren/ (24.04.2019).

Redaktion fleischwirtschaft.de, Bei Bio ist Hack der Renner, in: Fleischwirtschaft.de 05.06.2018. URL: https://www.fleischwirtschaft.de/verkauf/nachrichten/Fleisch-Boom-Bei-Bio-Fleisch-ist-Hack-der-Renner-36835 (14.03.2019).

Redaktion fleischwirtschaft.de, Urteil. Tierschützer bleiben straffrei, in: Fleischwirtschaft.de 15.10.2017. URL: https://www.fleischwirtschaft.de/wirtschaft/nachrichten/Stalleinbruch-Tierschuetzer-bleiben-straffrei-35578 (06.12.2018).

Schering, Sydney, »Bauer sucht Frau« im Aufschwung, auf: Quotenmeter. URL: http://www. quotenmeter.de/n/81473/bauer-sucht-frau-im-aufschwung (21.04.2019).

Soko Tierschutz, Über uns. URL: https://www.soko-tierschutz.org/ueber-uns (05.12.2018).

Statista. Das Statistik-Portal, Pro-Kopf-Konsum von Schweinefleisch in Deutschland in den Jahren 1991 bis 2017 (in Kilogramm). URL: https://de.statista.com/statistik/daten/studie/38140/ umfrage/pro-kopf-verbrauch-von-schweinefleisch-in-deutschland/ (18.12.2018).

Statista. Das Statistik-Portal, Parteipräferenz von Politikjournalisten in Deutschland (August 2010). URL: https://de.statista.com/statistik/daten/studie/163740/umfrage/partei praeferenz-von-politikjournalisten-in-deutschland/ (09.12.2018).

Statista. Das Statistik-Portal, Anzahl der Biogasanlagen in Deutschland in den Jahren 1992 bis 2017. URL: https://de.statista.com/statistik/daten/studie/167671/umfrage/anzahl-der-biogasanlagen-in-deutschland-seit-1992/ (05.06.2018).

Statista. Das Statistik-Portal, Anteil von Bio-Lebensmitteln am Lebensmittelumsatz in Deutschland in den Jahren 2004 bis 2017. URL: https://de.statista.com/statistik/daten/ studie/360581/umfrage/marktanteil-von-biolebens-mitteln-in-deutschland/ (11.03.2019).

Tagung »Ländliches vielfach! Leben und Wirtschaften in erweiterten sozialen Entitäten«, 4. bis 6. April 2019, Würzburg. URL: http://landkultur.blogspot.com/2019/01/programm-landliches-vielfach-wurzburg-4.html (15.04.2019).

Tagung »Stadt, Land – Schluss. Das Ländliche als Erkenntnisrahmen für Kulturanalysen.« 1. Workshop der dgv-Kommission Kulturanalyse des Ländlichen. Regensburg/Oberpfälzer Freilichtmuseum Neusath-Perschen, 13. bis 15.09.2018. URL: http://landkultur. blogspot.com/2018/04/programm-workshop-stadt-land-schluss.html (19.03.2019).

Vegan.eu, URL: http://www.vegan.eu (28.03.2020).

Veggie-Post, Verrat am Staatsziel Tierschutz. Große Koalition will Verbot der Ferkelkastration hinauszögern. 06.11.2018. URL: https://veggy-post.de/verrat-am-staatsziel-tierschutz-grosse-koalition-will-verbot-der-ferkelkastration-hinauszoegern/ (30.01.2019).

Verbraucherzentrale.de, Tierschutz, Tierwohl und artgerechte Haltung!? 23.01.2019. URL: https://www.verbraucherzentrale.de/wissen/lebensmittel/lebensmittelproduktion/tierschutz-tierwohl-und-artgerechte-haltung-22080 (06.04.2020).

Wiesenhof Privathof-Geflügel, URL: https://www.wiesenhof-privathof.de/ (14.03.2019).

»Wir haben es satt«, URL: http://www.wir-haben-es-satt.de/start/home/ (16.07.2019).

Wir-sind-Tierarzt.de, Wackelt der Ausstieg aus der betäubungslosen Ferkelkastration? 08.01.2018. URL: https://www.wir-sind-tierarzt.de/2018/01/wackelt-ausstiegstermin-betaeubungslosen-ferkelkastration/ (25.04.2019).

World Wide Fund for Nature (WWF), Soy Report Card. Assessing the use of responsible soy for animal feed in Europe. Gland 2014. URL: https://d2ouvy59p0dg6k.cloudfront.net/downloads/soyreportcard2014.pdf (22.06.2019).

Zoetis Produktkatalog, Improvac. Injektionslösung. URL: https://www.zoetis.de/products/produktkatalog/improvac_faq.aspx (29.04.2019).

Literatur

Aka, Christine, »Jetzt mit Mindestlohn, da müssen die Langsamen eben weg.« Temporäre Arbeitsmigration in der Landwirtschaft des Oldenburger Münsterlandes, in: Burkhart Lauterbach (Hrsg.), Alltag – Kultur – Wissenschaft. Beiträge zur Europäischen Ethnologie 2, 2015, 11–34.

Aka, Christine, Sonderkulturen. Polnische Saisonarbeiter zwischen Container und Erdbeerfeld, in: Rheinisch-westfälische Zeitschrift für Volkskunde 52, 2007, 157–182.

Albæk, Erik/Jebril, Nael/van Dalen, Arjen/de Vreese, Claes, Political Journalism in comparative perspective. New York 2014.

Albers, Helene, Zwischen Hof, Haushalt und Familie. Bäuerinnen in Westfalen-Lippe (1920–1960). Paderborn 2001.

Albersmeier, Friederike/Spiller, Achim, Die Reputation der Fleischwirtschaft in der Gesellschaft: Eine Kausalanalyse, in: Schriften der Gesellschaft für Wirtschafts- und Sozialwissenschaften e. V. 45, 2010, 181–193.

Aristoteles, Schriften zur Staatstheorie. Stuttgart 1989 [ca. 335 v. Chr.].

Assmann, Aleida, Erinnerungsräume. Formen und Wandlungen des kulturellen Gedächtnisses. 3. Aufl. München 2006.

Augustynek, Marta, Arbeitskulturen im Großkonzern. Eine kulturanthropologische Analyse organisatorischer Transformationsdynamik in Mitarbeiterperspektive. München u. a. 2010.

Azevedo, Ligia B./van Zelm, Rosalie/Leuven, Rob S. E. W./Hendriks, A. Jan/Huijbregts, Mark A. J., Combined ecological risks of nitrogen and phosphorus in European freshwaters, in: Environmental Pollution 200, 2015, 85–92.

Balbuena, Maria S./Tison, Lea/Hahn, M. L./Greggers, Uwe/Menzel, Randolf/Farina, Walter M., Effects of sublethal doses of glyphosate on honeybee navigation, in: Journal of Experimental Biology 17/218, 2015; doi: 10.1242/jeb.117291.

Barber, Joseph, Das Huhn: Geschichte – Biologie – Rassen. Bern 2013.

Barlösius, Eva, Naturgemäße Lebensführung: zur Geschichte der Lebensreform um die Jahrhundertwende. Frankfurt a. M. 1997.

Bauer, Katrin/Graf, Andrea (Hrsg.), Raumbilder – Raumklänge. Zur Aushandlung von Räumen in audiovisuellen Medien. Münster/New York 2019.

Bauer, Susanne/Heinemann, Torsten/Lemke, Thomas (Hrsg.), Science and technology studies: Klassische Positionen und aktuelle Perspektiven. Berlin 2017.

Bausinger, Hermann, Heimat und Globalisierung, in: Österreichische Zeitschrift für Volkskunde 104, 2001, 121–135.

Bausinger, Hermann, Kulturelle Identität – Schlagwort und Wirklichkeit, in: Konrad Köstlin, Hermann Bausinger (Hrsg.), Heimat und Identität. Probleme regionaler Kultur. Neumünster 1980, 9–24.

Bäurle, Helmut/Tamásy, Christine, Regionale Konzentrationen der Nutztierhaltung in Deutschland. Institut für Strukturforschung und Planung in agrarischen Intensivgebieten. Vechta 2012.

Beck, Ulrich, Risikogesellschaft. Auf dem Weg in eine andere Moderne. Frankfurt a. M. 1986.

Beck, Stefan/Niewöhner, Jörg/Sørensen, Estrid (Hrsg.), Science and Technology Studies – eine sozialanthropologische Einführung. Bielefeld 2012.

Beck, Stefan/Niewöhner, Jörg/Sørensen, Estrid, Science and Technology Studies aus sozial- und kulturanthropologischer Perspektive, in: Dies. (Hrsg.), Science and Technology Studies – eine sozialanthropologische Einführung. Bielefeld 2012, 9–48.

Becker, Siegfried/Bimmer, Andreas C. (Hrsg.), Mensch und Tier. Kulturwissenschaftliche Aspekte einer Sozialbeziehung. Hessische Blätter für Volks- und Kulturforschung Band 27. Marburg 1991.

Beitl, Matthias/Schneider, Ingo (Hrsg.), Emotional Turn?! Europäisch-ethnologische Zugänge zu Gefühlen und Gefühlswelten. Beiträge der 27. Österreichischen Volkskundetagung in Dornbirn vom 29. Mai bis 1. Juni 2013. Wien 2016.

Benda, Isabel, Untersuchungen zu den Beziehungen von Federpicken, Exploration und Nahrungsaufnahme bei Legehennen. Hohenheim 2008.

Bentham, Jeremy, An introduction to the principles of morals and legislation. London 1970 [1789].

Benz-Schwarzburg, Judith, Verwandte im Geiste – Fremde im Recht. Sozio-kognitive Fähigkeiten bei Tieren und ihre Relevanz für Tierethik und Tierschutz. Erlangen 2012.

Bischoff, Christine/Oehme-Jüngling, Karoline/Leimgruber, Walter (Hrsg.), Methoden der Kulturanthropologie. Stuttgart 2014.

Blaha, Thomas/Meiners, Carolin/Tölle, Karl-Heinz/Otto, Gerald, Erprobung von praxistauglichen Lösungen zum Verzicht des Kupierens der Schwänze bei Schweinen unter besonderer Berücksichtigung der wirtschaftlichen Folgen. Braunschweig 2014.

Bock, Bettina B./Kjærnes, Unni/Higgin, Marc/Roex, Joek (Hrsg.), Farm Animal Welfare within the Supply Chain: Regulation, Agriculture, and Geography, Welfare Quality® Reports no. 8. Cardiff 2009. Website: URL: www.welfarequality.net.

Bock, Bettina B./van Huik, M. M./Prutzer, Madeleine/Kling-Eveillard, Florence/Dockes, Anne-Charlotte, Farmers relationship with different animals: The importance of getting close to the animals – case studies of French, Swedish and Dutch Cattle, Pig and Poultry Farmers, in: International Journal of Sociology of Agriculture and Food 3/15, 2007, 108–125.

Bohler, Karl Friedrich/Sinkwitz, Peter (Hrsg.), Bauernfamilien heute. 7 Fallstudien. Fredeburg 1992.

Bolhuis, J. E./Ellen, E. D./Van Reenen, C. G./De Groot, J./Ten Napel, J./Koopmanschat, R./De Vries Reilingh, G./Uitdehaag, K. A./Kemp, B./Rodenburg, T. B., Effects of genetic group selection against mortality on behaviour and peripheral serotonin in domestic laying hens with trimmed and intact beaks, in: Physiology & Behavior 97, 2009, 470–475.

Bomann, Wilhelm, Bäuerliches Hauswesen und Tagewerk im alten Niedersachsen. Weimar 1927.

Bonny, Sylvie, Corporate concentration and technological change in the global seed industry, in: Sustainability 9, 2017; doi.org/10.3390/su9091632.

Bourdieu, Pierre, Junggesellenball. Studien zum Niedergang der bäuerlichen Gesellschaft. Konstanz 2008.

Bourdieu, Pierre, The political field, the social science field, and the journalistic field, in: Rodney Benson, Erik Neveu (Hrsg.), Bourdieu and the journalistic field. Cambridge 2005, 29–47.

Bourdieu, Pierre, Narzißtische Reflexivität und wissenschaftliche Reflexivität, in: Eberhard Berg, Martin Fuchs (Hrsg.), Kultur, soziale Praxis, Text. Die Krise der ethnographischen Repräsentation. Frankfurt a. M. 1993, 365–374.

Böhm, Justus/Kayser, Maike/Nowak, Beate/Spiller, Achim, Produktivität vs. Natürlichkeit – Die deutsche Agrar- und Ernährungswirtschaft im Social Web, in: Maike Kayser, Justus Böhm, Achim Spiller (Hrsg.), Die Ernährungswirtschaft in der Öffentlichkeit – Social Media als neue Herausforderung der PR. Göttingen 2010, 103–139.

Braun, Hans, Helmut Schelskys Konzept der nivellierten Mittelstandsgesellschaft und die Bundesrepublik der 50er Jahre, in: Archiv für Sozialgeschichte 29, 1989, 199–223.

Braun, Karl/Dieterich, Claus-Marco/Moser, Johannes/Schönholz, Christian (Hrsg.), Wirtschaften. Kulturwissenschaftliche Perspektiven. Tagungsband zum 41. Kongress der Deutschen Gesellschaft für Volkskunde (dgv) 2017 in Marburg. Marburg 2019.

Braun, Karl/Dieterich, Claus-Marco/Moser, Johannes/Schönholz, Christian, Vorwort, in: Dies. (Hrsg.), Wirtschaften. Kulturwissenschaftliche Perspektiven. Tagungsband zum 41. Kongress der Deutschen Gesellschaft für Volkskunde (dgv) 2017 in Marburg. Marburg 2019, 11–12.

Braun, Karl, Der Tod des Stieres. Fest und Ritual in Spanien. München 1997.

Brednich, Rolf Wilhelm/Schneider, Annette/Werner, Ute (Hrsg.), Natur – Kultur. Volkskundliche Perspektiven auf Mensch und Umwelt. Münster u. a. 2001.

Brednich, Rolf Wilhelm, Die Spinne in der Yucca-Palme. Sagenhafte Geschichten von heute. München 1990.

Bröckling, Ulrich, Der Mensch als Akku, die Welt als Hamsterrad. Konturen einer Zeitkrankheit, in: Sighard Neckel, Greta Wagner (Hrsg.), Leistung und Erschöpfung. Burnout in der Wettbewerbsgesellschaft. Berlin 2013, 179–200.

Brunberg, Emma, Tail biting and feather pecking: using genomics and ethology to explore motivational backgrounds. Uppsala 2011.

Buchner-Fuhs, Jutta, Volkskunde/Europäische Ethnologie. Zur kulturwissenschaftlichen Erforschung des Mensch-Tier-Verhältnisses und der Mensch-Tier-Beziehungen, in: Reingard Spannring, Karin Schachinger, Gabriela Kompatscher, Alejandro Boucabeille (Hrsg.), Disziplinierte Tiere? Perspektiven der Human-Animal Studies für die wissenschaftlichen Disziplinen. Bielefeld 2015, 321–358.

Buchner, Jutta, Kultur mit Tieren. Zur Formierung des bürgerlichen Tierverständnisses im 19. Jahrhundert. Münster u. a. 1996.

Burkhart, Dagmar, Eine Geschichte der Ehre. Darmstadt 2006.

Busch, Bodo, Schweinehaltung, in: Thomas Richter (Hrsg.), Krankheitsursache Haltung, Beurteilung von Nutztierställen – Ein tierärztlicher Leitfaden. Stuttgart 2006, 112–151.

Busch, Gesa/Gauly, Sarah/Meyer-Höfer, Marie von/Spiller, Achim, Does picture background matter? People's evaluation of pigs in different farm settings, in: PLoS ONE 2/14, 2019; doi. org/10.1371/journal.pone.0211256.

Bürkert, Karin/Engel, Alexander/Heimerdinger, Timo/Tauschek, Markus/Werron, Tobias (Hrsg.), Auf den Spuren der Konkurrenz. Kultur- und Sozialwissenschaftliche Perspektiven. Münster/New York 2019.

Byrne, Richard W./Bates, Lucy A., Primate social cognition: uniquely primate, uniquely social, or just unique?, in: Neuron 65, 2010, 815–830; doi: 10.1016/j.neuron.2010.03.010.

Charmaz, Kathy, Constructing grounded theory. A practical guide through qualitative analysis. London 2006.

Charmaz, Kathy, Grounded theory, in: Jonathan A. Smith (Hrsg.), Qualitative psychology: A practical guide to research methods. London 2003, 81–110.

Chimaira – Arbeitskreis für Human-Animal-Studies (Hrsg.), Tiere. Bilder. Ökonomien. Aktuelle Forschungsfragen der Human-Animal-Studies. Bielefeld 2014.

Chimaira – Arbeitskreis für Human-Animal Studies (Hrsg.), Human-Animal Studies. Über die gesellschaftliche Natur von Mensch-Tier-Verhältnissen. Bielefeld 2011.

Chiswell, Hannah M./Wheeler, Rebecca, »As long as you're easy on the eye«: Reflecting on issues of positionality and researcher safety during farmer interviews, in: Area 2/48, 2016, 229–235.

Commandeur, Monica A. M., Styles of pig farming. A techno-sociological inquiry of processes and constructions in Twente and The Achterhoek. Wageningen 2003.

Cordts, Anette/Spiller, Achim/Nitzko, Sina/Grethe, Harald/Duman, Nuray, Fleischkonsum in Deutschland. Von unbekümmerten Fleischessern, Flexitariern und (Lebensabschnitts-) Vegetariern. Hohenheim 2013. URL: https://www.uni-hohenheim.de/uploads/media/Artikel_FleischWirtschaft_07_2013.pdf (16.10.2018).

Cox, Heinrich L./Zender, Matthias (Hrsg.), Gestalt und Wandel: Aufsätze zur rheinisch-westfälischen Volkskunde und Kulturraumforschung. Bonn 1977.

Dahan, Ofer/Babad, A./Lazarovitch, Naftali/Russak, Efrat E./Kurtzman, Daniel, Nitrate leaching from intensive organic farms to groundwater, in: Hydrology and Earth System Sciences 18, 2014, 333–341.

Darré, Richard Walther, Das Bauerntum als Lebensquell der nordischen Rasse, München 1929.

Davies, Bronwyn/Harré, Rom, Positioning: The Discursive Production of Selves, in: Journal for the Theory of Social Behaviour 1/20, 1990, 43–63.

Decker, Anja, Eine Tiefkühltruhe voller Fleisch. Selbstversorgerlandwirtschaft im Kontext sozialer Ungleichheit, in: Zeitschrift für Volkskunde 2/114, 2018, 213–236.

De Jong, Ingrid C./Gunnink, H./Rommers, Jurine M./Bracke, M. B. M., Effect of substrate during early rearing on floor- and feather pecking behaviour in young and adult laying hens, in: Archiv für Geflügelkunde 77, 2013, 15–22.

DeMello, Margo, Animals and society. An introduction to Human-Animal Studies. New York 2012.

Descartes, René, Discours de la méthode pour bien conduire sa raison et chercher la vérité dans les sciences. Bericht über die Methode, die Vernunft richtig zu führen und die Wahrheit in den Wissenschaften zu erforschen. Stuttgart 2001 [1637].

Dey, Ian, Grounding grounded theory. San Diego 1999.

Dietzig-Schicht, Sabine, Biobauern heute. Landwirtschaft im Schwarzwald zwischen Tradition und Moderne. Münster/New York 2016.

Dolata, Ulrich, Kollektivität und Macht im Internet. Soziale Bewegungen – Open Source Communities – Internetkonzerne. Wiesbaden 2018.

Dorn, Christoper/Tacke, Veronika, Einleitung: Vergleich, Leistung und moderne Gesellschaft, in: Dies. (Hrsg.), Vergleich und Leistung in der funktional differenzierten Gesellschaft. Wiesbaden 2018, 1–16.

Drascek, Daniel, »Die Zeit der Deutschen ist langsam, aber genau.« Vom Umgang mit der Zeit in kulturvergleichender Perspektive, in: Christian Scholz (Hrsg.), Identitätsbildung: Implikationen für globale Unternehmen und Regionen. München/Mering 2005 (= Strategie- und Informationsmanagement, Bd. 16), 15–20.

Dräger de Teran, Tanja, Unser Planet auf dem Teller, in: Gunther Hirschfelder, Angelika Ploeger, Jana Rückert-John, Gesa Schönberger (Hrsg.), Was der Mensch essen darf. Ökonomischer Zwang, ökologisches Gewissen und globale Konflikte. Wiesbaden 2015, 345–362.

Duncan, I. J. H./Slee, Gilian S./Seawrigh, Elaine/Breward, J., Behavioural consequences of partial beak amputation (beak trimming) in poultry, in: British Journal of Poultry Science 30, 1989, 479–488.

Duve, Karen, Anständig essen. Ein Selbstversuch. Berlin 2011.

Eggert, Alfons, Landwirtschaftliche Maschinen in Westfalen. In Bildern und Beschreibungen 1900 bis 1950. Münster 1988.

Egnolff, Mareike, Die Sehnsucht nach dem Ideal. Landlust und urban gardening in Deutschland. Saarbrücken 2015.

Eitler, Pascal, Tiere und Gefühle. Eine genealogische Perspektive auf das 19. und 20. Jahrhundert, in: Gesine Krüger, Aline Steinbrecher, Clemens Wischermann (Hrsg.), Tiere und Geschichte. Konturen einer Animate History. Stuttgart 2014, 59–78.

Endter, Cordula, Mobilität als begrenzte Ressource im ländlichen Raum oder wie ältere Ehrenamtliche eine Buslinie betreiben, in: Markus Tauschek, Maria Grewe (Hrsg.), Knappheit, Mangel, Überfluss. Kulturwissenschaftliche Positionen im Umgang mit begrenzten Ressourcen. Frankfurt a. M. 2015, 291–307.

Engel, Alexander, Konzepte ökonomischer Konkurrenz in der *longue durée*. Versprechungen und Befürchtungen, in: Karin Bürkert, Alexander Engel, Timo Heimerdinger, Markus Tauschek, Tobias Werron (Hrsg.), Auf den Spuren der Konkurrenz. Kultur- und Sozialwissenschaftliche Perspektiven. Münster/New York 2019, 45–85.

Enz, A./Schüpbach-Regula, G./Bettschart, R./Fuschini, E./Bürgi, E./Sidler, X., Erfahrungen zur Schmerzausschaltung bei der Ferkelkastration in der Schweiz. Teil 1: Inhalationsanästhesie, in: Schweizer Archiv für Tierheilkunde 155, 2013, 651–659.

Erich, Oswald A./Beitl, Richard, Wörterbuch der Deutschen Volkskunde. 2. Aufl. Stuttgart 1955.

Ermann, Ulrich/Langthaler, Ernst/Penker, Marianne/Schermer, Markus, Agro-Food Studies. Eine Einführung. Köln u. a. 2018.

Esser, Hartmut, Können Befragte lügen? Zum Konzept des »wahren Wertes« im Rahmen der handlungstheoretischen Erklärung von Situationseinflüssen bei der Befragung, in: Kölner Zeitschrift für Soziologie und Sozialpsychologie 38, 1986, 314–336.

Ewing, Jack, Wachstum über alles. Der VW-Skandal. Die Personen. Die Technik. Die Hintergründe. München 2017.

Feindt, Peter H./Ratschow, Christiane, »Agrarwende«. Programm, Maßnahmen und institutionelle Rahmenbedingungen. Hamburg 2003.

Fenske, Michaela, Elpers, Sophie, Multispecies in the Museum = Ethnologia Europaea 2/49, 2020.

Fenske, Michaela, Tschofen, Bernhard (Hrsg.), Managing the Return of the Wild: Human Encounters with Wolves in Europe. London/New York 2020.

Fenske, Michaela, Was Karpfen mit Franken machen. Multispecies Gesellschaften im Fokus der Europäischen Ethnologie, in: Zeitschrift für Volkskunde 2, 2019, 173–195.

Fenske, Michaela, Reduktion als Herausforderung. Kulturwissenschaftliche Annäherungen an Tiere in ländlichen Ökonomien, in: Nieradzik, Lukasz/Schmidt-Lauber, Brigitta (Hrsg.), Tiere nutzen. Ökonomien tierischer Produktion in der Moderne. Jahrbuch für Geschichte des ländlichen Raumes. Innsbruck u. a. 2016, 15–32.

Fenske, Michaela, Wenn aus Tieren Personen werden. Ein Einblick in die Animal Studies, in: Schweizerisches Archiv für Volkskunde 109, 2013, 115–132.

Fischer, Gabriele, Anerkennung – Modus des Ausschlusses oder eigenmächtige Praxis der Selbstaufwertung? Eine praxeologische Perspektive auf Anerkennung in sozialen Hierarchien, in: Mechthild Bereswill, Christine Burmeister, Claudia Equit (Hrsg.), Bewältigung von Nicht-Anerkennung. Modi von Ausgrenzung, Anerkennung und Zugehörigkeit. Weinheim/Basel 2018, 133–151.

Fitzgerald, Deborah, Every farm a factory. The industrial ideal in american agriculture. New Haven 2003.

Fliege, Thomas, Bauernfamilien zwischen Tradition und Moderne. Eine Ethnographie bäuerlicher Lebensstile. Frankfurt a. M./New York 1998.

Foer, Jonathan Safran, Eating animals. Boston 2009.

Fok, Oliver/Wendler, Ulf/Wiese, Rolf (Hrsg.), Vom Klepper zum Schlepper. Zur Entwicklung der Antriebskraft in der Landwirtschaft. Freilichtmuseum am Kiekeberg. Ehestorf 1994.

Foucault, Michel, Dits et Ecrits. Schriften. Bd. 4. Frankfurt a. M. 2005.

Foucault, Michel, Überwachen und Strafen. Die Geburt des Gefängnisses. Frankfurt a. M. 1994.

Foucault, Michel, Das Subjekt und die Macht, in: Hubert L. Dreyfus, Paul Rabinow (Hrsg.), Michel Foucault. Jenseits von Strukturalismus und Hermeneutik. 2. Aufl. Weinheim 1994, 243–261.

Franken, Lina, Unterrichten als Beruf. Akteure, Praxen und Ordnungen in der Schuldbildung. Frankfurt a. M. 2017.

Freedman, Paul H., Images of the Medieval Peasant. Stanford 1999.

Freyer, Bernhard (Hrsg.), Ökologischer Landbau: Grundlagen, Wissensstand und Herausforderungen. Bern 2016.

Friedrich, Beate, Lokale und regionale Konflikte um Agro-Gentechnik, in: Daniela Gottschlich, Tanja Mölders (Hrsg.), Politiken der Naturgestaltung: Ländliche Entwicklung und Agro-Gentechnik zwischen Kritik und Vision. Wiesbaden 2017, 153–169.

Fries, Ruedi/Flisikowski, Krzysztof, Molekulargenetik des Federpickens bei Legehennen. Hans Eisenmann-Zentrum. München 2009.

Fuhrmann, Bernd/Dirlmeier, Ulf, Viehhaltung, -zucht, -handel, in: Lexikon des Mittelalters 8: Stadt (Byzantinisches Reich) bis Werl. Darmstadt 2009, 1639–1643.

Gajek, Esther, Lernen vom Feld, in: Christine Bischoff, Karoline Oehme-Jüngling, Walter Leimgruber (Hrsg.), Methoden der Kulturanthropologie. Stuttgart 2014, 53–68.

Garstenauer, Rita/Schwarz, Ulrich/Tod, Sophie, Alles unter einen Hut bringen. Bäuerliche Wirtschaftsstile in zwei Regionen Niederösterreichs 1945–1985, in: Historische Anthropologie 3/20, 2012, 383–426.

Gaupp-Berghausen, Mailin/Hofer, Martin/Rewald, Boris/Zaller, Johann G., Glyphosate-based herbicides reduce the activity and reproduction of earthworms and lead to increased soil nutrient concentrations, in: Scientific Reports 5, 2015; doi: 10.1038/srep12886.

Geertz, Clifford, Deep play. Notes on the Balinese cockfight, in: Ders., Interpretation of Culture. Selected essays. New York 1973, 412–453.

Gentle, Michael J., Cutaneous sensory afferents recorded from the nervus intramandibularis of Gallus gallus vardomesticus, in: Journal of Comparative Physiology 6/164, 1989, 763–774.

Gentle, Michael J., Neuroma formation following partial beak amputation (beak trimming) in the chicken, in: Veterinary Science 41, 1986, 383–385.

Gerhard, Gesine, Das Bild des Bauern in der modernen Industriegesellschaft. Störenfriede oder Schoßkinder der Industriegesellschaft?, in: Daniela Münkel, Frank Uekötter (Hrsg.), Das Bild des Bauern. Selbst- und Fremdwahrnehmungen vom Mittelalter bis ins 21. Jahrhundert. Göttingen 2012, 111–130.

Gerndt, Helge, Abschied von Riehl – in allen Ehren, in: Jahrbuch für Volkskunde 2, 1979, 77–88.

Gesing, Friederike/Knecht, Michi/Flitner, Michael/Amelang, Katrin (Hrsg.), NaturenKulturen. Denkräume und Werkzeuge für neue politische Ökologien. Bielefeld 2018.

Gfäller, Sebastian Vinzenz, »We legalized Müsli« – Die Formierung, Institutionalisierung und Legitimierung der Bio-Branche in Deutschland, in: Gunther Hirschfelder, Angelika Ploeger, Jana Rückert-John, Gesa Schönberger (Hrsg.), Was der Mensch essen darf. Ökonomischer Zwang, ökologisches Gewissen und globale Konflikte. Wiesbaden 2015, 273–290.

Girke, Felix, Ethnologie, in: Ludwig Siep, Heikki Ikaheimo, Michael Quante (Hrsg.), Handbuch Anerkennung. Wiesbaden 2018, 1–6.

Girtler, Roland, Echte Bauern. Der Zauber einer alten Kultur. Wien u. a. 2002.

Girtler, Roland, Sommergetreide. Vom Untergang der bäuerlichen Kultur. Wien u. a. 1996.

Girtler, Roland, Aschenlauge. Bergbauernleben im Wandel. Linz 1987.

Glaser, Barney G./Strauss, Anselm L., Awareness of dying. Chicago 1995 [1965].

Glaser, Barney G./Strauss, Anselm L., The discovery of grounded theory: Strategies for qualitative research. New York 1967.

Goffman, Erving, Wir alle spielen Theater. Die Selbstdarstellung im Alltag. 10. Aufl. München 2003.

Goffman, Erving, Interaktionsrituale. Über Verhalten in direkter Kommunikation. 3. Aufl. Frankfurt a. M. 1994.

Gottschlich, Daniela/Mölders, Tanja (Hrsg.), Politiken der Naturgestaltung: Ländliche Entwicklung und Agro-Gentechnik zwischen Kritik und Vision. Wiesbaden 2017.

Gömann, Horst/de Witte, Thomas/Peter, Günter/Tietz, Andreas, Auswirkungen der Biogaserzeugung auf die Landwirtschaft. Thünen Report. No. 10. Johann Heinrich von Thünen-Institut. Braunschweig 2013.

Göttsch, Silke/Lehmann, Albrecht (Hrsg.), Methoden der Volkskunde. Positionen, Quellen, Arbeitsweisen der Europäischen Ethnologie. Berlin 2001.

Götz, Irene/Huber, Birgit (Hrsg.), Arbeit in »neuen Zeiten«. Ethnografien und Reportagen zu Ein- und Aufbrüchen. München 2010.

Götz, Irene/Lemberger, Barbara (Hrsg.), Prekär arbeiten, prekär leben. Kulturwissenschaftliche Perspektiven auf ein gesellschaftliches Phänomen. Frankfurt a. M./New York 2009.

Götz, Irene/Seifert, Manfred/Huber, Birgit (Hrsg.), Flexible Biografien? Horizonte und Brüche im Arbeitsleben der Gegenwart, Frankfurt a. M./New York 2007.

Götz, Irene/Wittel, Andreas (Hrsg.), Arbeitskulturen im Umbruch. Zur Ethnographie von Arbeit und Organisation. Münster u. a. 2000.

Götz, Irene, Unternehmenskultur. Die Arbeitswelt einer Großbäckerei aus kulturwissenschaftlicher Sicht. Münster u. a. 1997.

Götzö, Monika, Theoriebildung nach Grounded Theory, in: Christine Bischoff, Karoline Oehme-Jüngling, Walter Leimgruber (Hrsg.), Methoden der Kulturanthropologie. Stuttgart 2014, 444–458.

Graml, Christine/Niebuhr, Knut/Waiblinger, Susanne, Reaction of laying hens to humans in the home or a novel environment, in: Applied Animal Behaviour Science 113, 2008, 98–109.

Granovetter, Mark, Economic Action and Social Structure: The Problem of Embeddedness, in: American Journal of Sociology 91, 1985, 481–510.

Greenhouse, Carol J., Introduction, in: Dies. (Hrsg.), Ethnographies of Neoliberalism. Philadelphia 2010, 1–12.

Grimm, Jakob/Grimm, Wilhelm, Deutsches Wörterbuch 1854–1961. Bd. 26: Vesche – Vulkanisch. Leipzig 1971, Vieh, Sp. 50.

Grober, Ulrich, Die Entdeckung der Nachhaltigkeit: Kulturgeschichte eines Begriffs. München 2010.

Grossarth, Jan, Die Vergiftung der Erde. Metaphern und Symbole agrarpolitischer Diskurse seit Beginn der Industrialisierung. Frankfurt a. M. 2018.

Grossarth, Jan, Moralisierung und Maßlosigkeit der Agrarkritik. Gedanken zu Strukturen und Motiven in Mediendebatten und politischem Protest gegen die Agrarindustrie, in: Gunther Hirschfelder, Angelika Ploeger, Jana Rückert-John, Gesa Schönberger (Hrsg.), Was der Mensch essen darf. Ökonomischer Zwang, ökologisches Gewissen und globale Konflikte. Wiesbaden 2015, 363–377.

Groß, Matthias, Die Natur der Gesellschaft. Eine Geschichte der Umweltsoziologie. München 2001.

Grube, Angela, Vegane Lebensstile – Diskutiert im Rahmen einer qualitativen/quantitativen Studie. Stuttgart 2006.

Grunwald, Armin/Kopfmüller, Jürgen, Nachhaltigkeit. Eine Einführung. Frankfurt a. M./New York 2012.

Gyr, Ueli, Neue Kühe, neue Weiden. Kuhverkultung zwischen Nationaltherapie, Stadtevent und virtueller Viehwirtschaft, in: Zeitschrift für Volkskunde 99, 2003, 29–49.

Haack, Julia, Der vergällte Alltag: Zur Streitkultur im 18. Jahrhundert. Köln 2008.

Hafez, Kai, Hass im Internet. Zivilitätsverluste in der digitalen Kommunikation, in: Communicatio Socialis 3/50, 2017, 318–333.

Haftlmeier-Seiffert, Renate, Bauerndarstellungen auf deutschen Flugblättern des 17. Jahrhunderts. Frankfurt a. M. 1991.

Hagedorn, Konrad, Das Leitbild des bäuerlichen Familienbetriebes in der Agrarpolitik, in: Zeitschrift für Agrargeschichte und Agrarsoziologie 1/40, 1992, 53–86.

Hall, Stuart, Kodieren/Dekodieren, in: Roger Bromley, Udo Göttlich, Carsten Winter (Hrsg.), Cultural Studies. Grundlagentexte zur Einführung. Lüneburg 1999, 92–112.

Hall, Stuart, Introduction: Who needs »Identity«?, in: Ders., Paul du Gay (Hrsg.), Questions of Cultural Identity. London 1996, 1–17.

Hall, Stuart, Alte und neue Identitäten, alte und neue Ethnizitäten, in: Ders., Rassismus und kulturelle Identität. Ausgewählte Schriften 2. Hamburg 1994, 66–88.

Hallmann, Caspar A./Sorg, Martin/Jongejans, Eelke/Siepel, Henk/Hofland, Nick/Schwan, Heinz/Stenmans, Werner/Müller, Andreas/Sumser, Hubert/Hörren, Thomas/Goulson, Dave/de Kroon, Hans, More than 75 percent decline over 27 years in total flying insect biomass in protected areas, in: PLoS ONE 12/10, 2017; doi. org/10.1371/journal.pone.0185809.

Hammes, Evelyn/Cantauw, Christiane (Hrsg.), Mehr als Gärtnern. Gemeinschaftsgärten in Westfalen. Münster 2016.

Handelman, Don, Afterword: Returning to cosmology – thoughts on the positioning of belief, in: Social Analysis 1/52, 2008, 181–95.

Haraway, Donna, The companion species manifesto. Dogs, people, and significant otherness. Vol. 1. Chicago 2003.

Harré, Rom/Moghaddam, Fathali M., Positioning theory and social representations, in: Gordon Sammut, Eleni Andreouli, George Gaskell, Jaan Valsiner (Hrsg.), The Cambridge Handbook of Social Representations. Cambridge 2015, 224–233.

Harré, Rom, Positioning theory: moral dimensions of social-cultural psychology, in: Jaan Valsiner (Hrsg.), The Oxford Handbook of Culture and Psychology. New York 2012, 191–206.

Harré, Rom/Moghaddam, Fathali, M./Pilkerton Cairnie, Tracey/Rothbart, Daniel/Sabat, Steven, Recent advances in positioning theory, in: Theory and Psychology 1/19, 2009, 5–31.

Harré, Rom/Moghaddam, Fathali/Lee, Naomi (Hrsg.), Global conflict resolution through positioning analysis. New York 2008.

Harré, Rom/van Langenhove, Luk, Positioning Theory: Moral contexts of intentional action. Oxford 1999.

Hartung, Ulrich/Hörisch, Felix, Regulation vs. symbolic policy-making: Genetically modified organisms in the German States, in: German Politics 27, 2018, 380–400.

Hartung, Ulrich/Schaub, Simon, The regulation of genetically modified organisms on a local level: Exploring the determinants of cultivation bans, in: Sustainability 10, 2018; doi: 10.3390/su10103392.

Haufe, Stephan Gabriel, Die Standardisierung von Natürlichkeit und Herkunft, in: Susanne Bauer, Christine Bischoff, Stephan Gabriel Haufe, Stefan Beck, Leonore Scholze-Irrlitz (Hrsg.), Essen in Europa. Kulturelle »Rückstände« in Nahrung und Körper. Bielefeld 2010, 65–88.

Heimerdinger, Timo/Näser-Lather, Marion (Hrsg.), Wie kann man nur dazu forschen? Themenpolitik in der Europäischen Ethnologie. Wien 2019.

Heimerdinger, Timo, Wettbewerb ohne Knappheit: Elternschaftskultureller Wetteifer. Die Thematisierung von Kinderschlaf als kompetitiv-relationales Feld, in: Karin Bürkert, Alexander Engel, Timo Heimerdinger, Markus Tauschek, Tobias Werron (Hrsg.), Auf den

Spuren der Konkurrenz. Kultur- und Sozialwissenschaftliche Perspektiven. Münster/New York 2019, 105–120.

Heimerdinger, Timo, Die Schädlichkeit der Nützlichkeitsfrage. Für das Ideal der Werturteilsfreiheit, in: Österreichische Zeitschrift für Volkskunde 81/120, 2017, 81–90.

Helfferich, Cornelia, Die Qualität qualitativer Daten. Manual für die Durchführung qualitativer Interviews. 4. Aufl. Wiesbaden 2011.

Helmle, Simone, Images der Landwirtschaft. Weikersheim 2011.

Hemsworth, Paul H./Coleman, Graham J./Barnett, J. L., Improving the attitude and behaviour of stockpersons towards pigs and the consequences on the behaviour and reproductive performance of commercial pigs, in: Applied Animal Behaviour Science 39, 1994, 349–362.

Hengse, Andreas/Bücking, Mark, »Essbare Innovationen« Lebensmittel im Spannungsfeld von technologischem Fortschritt und Technikablehnung unter Verbrauchern. Berlin 2015.

Henning, Christian H., Lebensmittelqualität heute – Perspektiven und Chancen für die moderne Landwirtschaft, in: Vorträge zur Hochschultagung 2002 der Agrar- und Ernährungswissenschaftlichen Fakultät der Christian-Albrechts-Universität zu Kiel. Kiel 2002, 25–37.

Henrichsmeyer, Wilhelm/Witzke, Heinz Peter, Agrarpolitik. Bd. 2. Bewertung und Willensbildung. Stuttgart 1994.

Herbel-Eisenmann, Beth A./Wagner, David/Johnson, Kate R./Suh, Heejoo/Figueras, Hanna, Positioning in mathematics education: Revelations on an imported theory, in: Educational Studies in Mathematics 2/89, 2015, 185–204.

Herold, Ludwig, Art. Schwein, in: Eduard Hoffmann-Krayer, Hanns Bächtold-Stäubli (Hrsg.), Handwörterbuch des deutschen Aberglaubens Bd. 7. Berlin/Leipzig 1936, 1470–1510.

Herrmann, Walther, Bündnisse und Zerwürfnisse zwischen Landwirtschaft und Industrie seit Mitte des 19. Jahrhunderts. Gesellschaft für Westfälische Wirtschaftsgeschichte. Dortmund 1965.

Hess, Sabine/Moser, Johannes (Hrsg.), Kultur der Arbeit – Kultur der neuen Ökonomie. Graz 2003.

Heß-Haberlandt, Gertrud, Bauernleben. Eine Volkskunde des Kitzbüheler Raumes. Innsbruck 1988.

Hickethier, Knut, Einführung in die Medienwissenschaft. Stuttgart 2010.

Hirschfelder, Gunther/Franken, Lina, Politik mit Messer und Gabel. Ideologisiertes Essen zwischen Selbstoptimierung und Weltverbesserung, in: Historische Sozialkunde 4, 2016, 21–24.

Hirschfelder, Gunther/Schreckhaas, Markus, Qualität – eine variable Größe?, in: Journal of Consumer Protection and Food Safety 1/12, 2016, 17–22; doi:10.1007/s00003-016-1072-y.

Hirschfelder, Gunther/Wittmann, Barbara, »Was der Mensch essen darf« – Thematische Hinführung, in: Gunther Hirschfelder, Angelika Ploeger, Jana Rückert-John, Gesa Schönberger (Hrsg.), Was der Mensch essen darf. Ökonomischer Zwang, ökologisches Gewissen und globale Konflikte. Wiesbaden 2015, 1–18.

Hirschfelder, Gunther/Wittmann, Barbara, Zwischen Fastfood und Öko-Kiste. Alltagskultur des Essens, in: Praktisch-theologische Quartalschrift 2/162, 2014, 132–139.

Hirschfelder, Gunther, Das Bild unserer Lebensmittel zwischen Inszenierung, Illusion und Realität, in: Stefan Leible (Hrsg.), Lebensmittel zwischen Illusion und Wirklichkeit. Schriften zum Lebensmittelrecht. Bd. 30. Bayreuth 2014, 7–35.

Hirschfelder, Gunther/Lahoda, Karin, Wenn Menschen Tiere essen. Bemerkungen zur Geschichte, Struktur und Kultur der Mensch-Tier-Beziehungen und des Fleischkonsums, in: Jutta Buchner-Fuhs, Lotte Rose (Hrsg.), Tierische Sozialarbeit. Ein Lesebuch für die Profession zum Leben und Arbeiten mit Tieren. Wiesbaden 2012, 147–166.

Hirschfelder, Gunther/Winterberg, Lars, Das »Volk« und seine »Stämme«: Leitbegriffe deutscher Identitätskonstruktionen sowie Aspekte ihrer ideologischen Funktionalisierung in der »Volkskunde« der Weimarer Republik und des »Dritten Reichs«, in: Erik Fischer (Hrsg.), Deutsche Musikkultur im östlichen Europa: Konstellationen – Metamorphosen – Desiderata – Perspektiven. Berichte des Interkulturellen Forschungsprojektes »Deutsche Musikkultur im östlichen Europa«. Bd. 4. Stuttgart 2012, 22–44.

Hirschfelder, Gunther/Huber, Birgit (Hrsg.), Die Virtualisierung der Arbeit. Zur Ethnographie neuer Arbeits- und Organisationsformen. Frankfurt a. M./New York 2004.

Hirschfelder, Gunther, Europäische Esskultur. Geschichte der Ernährung von der Steinzeit bis heute. Frankfurt a. M. 2001.

Hirvonen, Pasi, Positioning in an inter-professional team meeting: Examining positioning theory as a methodological tool for micro-cultural group studies, in: Qualitative Sociology Review 4/9, 2013, 100–114.

Hofreiter, Anton, Wie die Massentierhaltung unsere Lebensgrundlagen zerstört und was wir dagegen tun können. München 2016.

Holling, Carolin, Untersuchungen von praxistauglichen Maßnahmen zur Verhinderung des Schwanzbeißens bei Absetzferkeln und Mastschweinen. Hannover 2017.

Hollway, Wendy, Gender difference and the production of subjectivity, in: Julian Henriques, Wendy Hollway, Cathy Urwin, Couze Venn, Valerie Walkerdine (Hrsg.), Changing the subject: Psychology, social regulation and subjectivity. London 1984, 227–263.

Holtgrewe, Ursula/Voswinkel, Stephan/Wagner, Gabriele, Für eine Anerkennungssoziologie der Arbeit. Einleitende Überlegungen, in: Dies. (Hrsg.), Anerkennung und Arbeit. Konstanz 2000, 9–28.

Homburg, Ernst/Vaupel, Elisabeth, Introduction. A Conceptual and Regulatory Overview, 1800–2000, in: Dies. (Hrsg), Hazardous Chemicals. Agents of Risk and Change 1800–2000. New York 2019, 1–59.

Honneth, Axel, Anerkennung. Eine europäische Ideengeschichte. Berlin 2018.

Honneth, Axel, Kampf um Anerkennung. Zur moralischen Grammatik sozialer Konflikte. Frankfurt a. M. 1994.

Hooda, Peter S./Edwards, Anthony C./Anderson, Hamish A./Miler, Anne, A review of water quality concerns in livestock farming areas, in: Science of the Total Environment 250, 2000, 143–167.

Hribal, Jason C., Animals, Agency, and Class: Writing the History of Animals from Below, in: Human Ecology Review 1/14, 2007, 101–112.

Inhetveen, Heide, Vorwort, in: Karin Jürgens, Tierseuchen in der Landwirtschaft. Die psychosozialen Folgen der Schweinepest für betroffene Familien – untersucht an Fallbeispielen in Nordwestdeutschland. Würzburg 2002, X.

Inhetveen, Heide, Zwischen Empathie und Ratio. Mensch und Tier in der modernen Landwirtschaft, in: Manuel Schneider (Hrsg.), Den Tieren gerecht werden. Zur Ethik und Kultur der Mensch-Tier-Beziehung. Kassel 2001, 13–32.

Inhetveen, Heide/Schmitt, Mathilde (Hrsg.), Pionierinnen des Landbaus. Uetersen 2000.

Inhetveen, Heide, Frauen in der kleinbäuerlichen Landwirtschaft. Opladen 1983.

Isermeyer, Folkhard/Ruhnau, Ilona, Lebensmittelqualität und Qualitätssicherungssysteme. München 2004.

Jais, Christina/Oppermann, Peter/Schwanfelder, Josef, Mehr Tierwohl – Maßnahmen im Bereich der Haltung: Einsatz von Gummimatten im Liegebereich tragender Sauen, in: Bayerische Landesanstalt für Landwirtschaft (Hrsg.), Schweinehaltung vor neuen Herausforderungen. Schriftenreihe 11, 2013, 49–62.

James, Melanie, A provisional conceptual framework for intentional positioning in public relations, in: Journal of Public Relations Research 1/23, 2008, 93–118.

Janowski, Bernd/Welker, Michael (Hrsg.), Opfer. Theologische und kulturelle Kontexte. Frankfurt a. M. 2000.

Joy, Melanie, Warum wir Hunde lieben, Schweine essen und Kühe anziehen. Karnismus – Eine Einführung. Münster 2013.

Jürgens, Karin, Milchbauern und ihre Wirtschaftsstile: Warum es mehr als einen Weg gibt, ein guter Milchbauer zu sein. Marburg 2013.

Jürgens, Karin, Der Blick in den Stall fehlt. Erklären agrarsoziologische Konzepte wirtschaftliches Handeln der Bauern?, in: Der kritische Agrarbericht 2008, 140–144.

Jürgens, Karin, Emotionale Bindung, ethischer Wertbezug oder objektiver Nutzen? Die Mensch-Nutztier-Beziehung im Spiegel landwirtschaftlicher (Alltags-)Praxis, in: Zeitschrift für Agrargeschichte und Agrarsoziologie 2/56, 2008, 41–56.

Jürgens, Karin, Vieh oder Tier? Dimensionen des Mensch-Nutztierverhältnisses in der heutigen Landwirtschaft, in: Karl S. Rehberg, Thomas Dumke, Dana Giesecke (Hrsg.), Die Natur der Gesellschaft. Verhandlungen des 33. Kongresses der Deutschen Gesellschaft für Soziologie in Kassel 2006. Frankfurt a. M. 2008, 5129–5144.

Jürgens, Karin, Tierseuchen in der Landwirtschaft. Die psychosozialen Folgen der Schweinepest für betroffene Familien – untersucht an Fallbeispielen in Nordwestdeutschland. Würzburg 2002.

Kaiser, Hermann, Ein Hundeleben. Von Bauernhunden und Karrenkötern. Museumsdorf Cloppenburg. Cloppenburg 1993.

Kaltenstadler, Wilhelm, Das Haberfeldtreiben: Theorie, Entwicklung, Sexualität und Moral, sozialer Wandel und soziale Konflikte, staatliche Bürokratie, Niedergang, Organisation. München 1999.

Kaschuba, Wolfgang/Kleinen, Dominik/Kühn, Cornelia (Hrsg.), Urbane Aushandlungen. Die Stadt als Aktionsraum. Berlin 2015.

Kaschuba, Wolfgang, Einführung in die Europäische Ethnologie. 4. Aufl. München 2012.

Katschnig-Fasch, Elisabeth, Das Janusgesicht des neuen kapitalistischen Geistes, in: AAS Working Papers in Social Anthropology 11, 2010, 1–11.

Katschnig-Fasch, Elisabeth, Lebensstil als kulturelle Form und Praxis, in: Elisabeth List, Erwin Fiala (Hrsg.), Grundlagen der Kulturwissenschaft. Interdisziplinäre Kulturstudien. Tübingen/Basel 2004, 301–321.

Kayser, Maike, Die Agrar- und Ernährungswirtschaft in der Öffentlichkeit. Herausforderungen und Chancen für die Marketing-Kommunikation. Göttingen 2012.

Kayser, Maike/Schlieker, Katharina/Spiller, Achim, Die Wahrnehmung des Begriffs »Massentierhaltung« aus Sicht der Gesellschaft, in: Berichte über Landwirtschaft. Zeitschrift für Agrarpolitik und Landwirtschaft 3/90, 2012, 417–428.

Kayser, Maike/Böhm, Justus/Spiller, Achim, Die Agrar- und Ernährungswirtschaft in der Öffentlichkeit – Eine Analyse der deutschen Qualitätspresse auf Basis der Framing-Theorie, in: Yearbook of Socioeconomics in Agriculture 1/4, 2011, 59–83.

Kayser, Maike/Spiller, Achim, Massentierhaltung – Was denkt die Bevölkerung? Ergebnisse einer Studie. ASG-Herbsttagung. Göttingen 11. November 2011. URL: https://www.uni-goettingen.de/de/document/download/.../ASG_MKayserASpiller.pdf (05.12.2019).

Kelle, Udo, »Emergence« oder »Forcing«? Einige methodologische Überlegungen zu einem zentralen Problem der Grounded-Theory, in: Günter Mey, Katja Mruck (Hrsg.), Grounded Theory Reader. 2. Aufl. Köln 2011, 235–260.

Kempken, Frank/Kempken, Renate, Gentechnik bei Pflanzen. Chancen und Risiken. 4. Aufl. Heidelberg 2012.

Keupp, Heiner, Das erschöpfte Selbst auf dem Fitnessparcours des globalen Kapitalismus, in: Manfred Seifert, (Hrsg.), Die mentale Seite der Ökonomie: Gefühl und Empathie im Arbeitsleben. Dresden 2014, 31–50.

Kirby, Kathryn R./Laurance, William F./Albernaz, Ana K./Schroth, Götz/Fearnside, Philip M./Bergen, Scott/Venticinque, Eduardo/Costa, Carlos da, The future of deforestation in the Brazilian Amazon, in: Futures 4/38, 2006, 432–453.

Kirchinger, Johann, »Denn ein Unterschied zwischen Menschen und Tieren soll schon sein.« Zum gegenwärtigen Gebrauch von Eigennamen in der landwirtschaftlichen Tierhaltung, in: Ders. (Hrsg.), Zwischen Futtertrog und Werbespot. Landwirtschaftliche Tierhaltung in Gesellschaft und Medien. Weiden/Regensburg 2004, 89–140.

Kohlmann, Theodor/Müller, Heidi (Hrsg.), Das Bild vom Bauern. Vorstellungen und Wirklichkeit vom 16. Jahrhundert bis zur Gegenwart. Museum für Deutsche Volkskunde Berlin. Berlin 1978.

Kolbe, Susanna, Da liegt der Hund begraben. Von Tierfriedhöfen und Tierbestattungen. Marburg 2014.

Kompatscher, Gabriela/Spannring, Reingard/Schachinger, Karin, Human-Animal Studies. Eine Einführung für Studierende und Lehrende. Münster u. a. 2017.

Kopsidis, Michael, Agrarentwicklung. Historische Agrarrevolutionen und Entwicklungsökonomie. Stuttgart 2006.

Köstlin, Konrad, Kultur als Natur – des Menschen, in: Rolf Wilhelm Brednich, Annette Schneider, Ute Werner (Hrsg.), Natur – Kultur. Volkskundliche Perspektiven auf Mensch und Umwelt. Münster u. a. 2001, 1–10.

Kölsch, Oskar, »Die spritzen doch nachts!« Zu den sozialen Beziehungen konventionell arbeitender Landwirte zu ihren ökologisch wirtschaftenden Nachbarn, in: Agrarsoziale Gesellschaft (Hrsg.), Schriftenreihe für ländliche Sozialfragen 101, 1988, 291–314.

Körner, Helge, Schwein, in: Lexikon der Biologie. Bd. 12. Resolvase bis Simvastatin. Heidelberg 2003, 370–371.

Köstlin, Konrad, »Heimat« als Identitätsfabrik, in: Österreichische Zeitschrift für Volkskunde 99, 1996, 321–338.

Köthemann, Dennis, Macht und Leistung als Werte in Europa. Über gesellschaftliche und individuelle Einflüsse auf Wertprioritäten. Wiesbaden 2014.

Kramer, Dieter, Zum aktuellen Verständnis von commons, Gemeinnutzen und Genossenschaften. Eine kulturwissenschaftliche Sicht, in: Kuckuck. Notizen zur Alltagskultur 1, 2015, 6–11.

Krammer, Josef, Das Bewußtsein der Bauern in Österreich. Analyse einer Ausbeutung II. Wien 1976.

Kreisky, Eva, Ver- und Neuformungen des politischen und kulturellen Systems. Zur maskulinen Ethik des Neoliberalismus, in: Kurswechsel. Zeitschrift für gesellschafts-, wirtschafts- und umweltpolitische Alternativen 4, 2001, 38–50.

Krieg, Hans, Deutsches Schicksal, der Bauer und das Reich. Stuttgart 1936.

Kuenzel, W. J., Neurobiological basis of sensory perception: Welfare implications of beak trimming, in: Poultry Science 86, 2007, 1273–1282.

Kurth, Markus, Ausbruch aus dem Schlachthof. Momente der Irritation in der industriellen Tierproduktion, in: Sven Wirth, Anett Laue, Markus Kurth, Katharina Dornenzweig, Leonie Bossert, Karsten Balgar (Hrsg.), Das Handeln der Tiere. Tierliche Agency im Fokus der Human-Animal-Studies. Bielefeld 2016, 179–202.

Kurth, Markus, Von mächtigen Repräsentationen und ungehörten Artikulationen – Die Sprache der Mensch-Tier-Verhältnisse, in: Chimaira – Arbeitskreis für Human-Animal-Studies (Hrsg.), Human-Animal Studies. Über die gesellschaftliche Natur von Mensch-Tier-Verhältnissen. Bielefeld 2011, 85–120.

Langthaler, Ernst, Balancing between autonomy and dependence. Family farming and agrarian change in lower Austria, 1945–1980, in: Günter Bischof, Fritz Plasser, Eva Maltschnig (Hrsg.), Contemporary Austrian Studies 21, 2012, special issue: Austrian lifes, 385–404.

Langthaler, Ernst/Tod, Sophie/Garstenauer, Rita, Wachsen, Weichen, Weitermachen. Familienbetriebliche Agrarsysteme in zwei Regionen Niederösterreichs 1945–1985, in: Historische Anthropologie 3/20, 2012, 346–382.

Latour, Bruno, Eine neue Soziologie für eine neue Gesellschaft. Einführung in die Akteur-Netzwerk-Theorie. Frankfurt a. M. 2007.

Latour, Bruno, Das Parlament der Dinge: Für eine politische Ökologie. Frankfurt a. M. 2001.

Lehmann, Albrecht (Hrsg.), Studien zur Arbeiterkultur. Beiträge der 2. Arbeitstagung der Kommission »Arbeiterkultur« in der Deutschen Gesellschaft für Volkskunde in Hamburg vom 8. bis 12. Mai 1983. Münster 1984.

Leinfelder, Reinhold/Crutzen, Paul Joseph: The »Anthropocene«, in: Claus Leggewie, Darius Zifonun, Anne Lang, Marcel Siepmann, Johanna Hoppen (Hrsg.), Schlüsselwerke der Kulturwissenschaften. (= Edition Kulturwissenschaft. Bd. 7). Bielefeld 2012, 257–260.

Lemke, Daniela/Schulze, Birgit/Spiller, Achim/Wocken, Christian, Verbrauchereinstellungen zur modernen Schweinehaltung: Zwischen Wunsch und Wirklichkeit. Beitrag zur Jahrestagung der ÖGA in Wien am 28./29.10.2006. URL: http://oega.boku.ac.at/fileadmin/user_upload/Tagung/2006/06_Lemke.pdf (27.11.2018).

Lilienthal, Volker/Neverla, Irene, »Lügenpresse«. Anatomie eines politischen Kampfbegriffs. Köln 2017.

Linhart, Eric/Dhungel, Anna-Katharina, Das Thema Vermaisung im öffentlichen Diskurs, in: Berichte über Landwirtschaft. Zeitschrift für Agrarpolitik und Landwirtschaft 2/91, 2013; doi: http://dx.doi.org/10.12767/buel.v91i2.22.g67.

Lorimer, Jamie, Gut Buddies: Multispecies Studies and the Microbiome, in: Environmental Humanities 8, 2016, 57–76.

Luhmann, Niklas, Politische Theorie im Wohlfahrtsstaat. München/Wien 1981.

Lutz, Burkart, Die Bauern und die Industrialisierung. Ein Beitrag zur Diskontinuität der Entwicklung industriell-kapitalistischer Gesellschaften, in: Johannes Berger (Hrsg.), Die Moderne – Kontinuitäten und Zäsuren. Göttingen 1986, 119–137.

Lytle, Mark Hamilton, The gentle subversive. Rachel Carson, Silent Spring, and the rise of the environmental movement. New York u. a. 2007.

Mahlerwein, Gunter, Grundzüge der Agrargeschichte. Band 3: Die Moderne (1880–2010). Herausgegeben von Clemens Zimmermann. Köln u. a. 2016.

Marell, Susanne, NGOs – Vertrauensverlust als Hinweis auf Identitätskrisen?, in: Lars Rademacher, Nadine Remus (Hrsg.), Handbuch NGO-Kommunikation. Wiesbaden 2018, 65–73.

Marquardt, Manuela, Anthropomorphisierung in der Mensch-Roboter Interaktionsforschung: Theoretische Zugänge und soziologisches Anschlusspotential. Working Papers kultur- und techniksoziologische Studien 1. Berlin 2017.

Marris, Emma, Conservation in Brazil: The forgotten ecosystem, in: Nature 437, 2005; doi: 10.1038/437944a.

Marth, Kathrin, »Auch ein blindes Huhn findet mal ein Korn …« Über die Werbewirksamkeit von Nutztieren, in: Johann Kirchinger (Hrsg.), Zwischen Futtertrog und Werbespot. Landwirtschaftliche Tierhaltung in Gesellschaft und Medien. Weiden/Regensburg 2004, 53–62.

Mauch, Christof: Slow Hope: Rethinking Ecologies of Crisis and Fear. RCC Perspectives: Transformations in Environment and Society. München 2019.

Mauch, Christof: Mensch und Umwelt: Nachhaltigkeit aus historischer Perspektive. München 2014.

Mauritz, Markus, Wenn nichts in der Zeitung steht, ist die Kuh gesund. Zur Rolle der Medien in Zeiten von BSE und anderen Katastrophen, in: Johann Kirchinger (Hrsg.), Zwischen Futtertrog und Werbespot. Landwirtschaftliche Tierhaltung in Gesellschaft und Medien. Weiden/Regensburg 2004, 63–72.

May, Günter, Erzählungen in qualitativen Interviews: Konzepte, Probleme, soziale Konstruktionen, in: Sozialer Sinn 1/1, 2000, 135–151. URL: http://nbn-resolving.de/urn:nbn:de:0168-ssoar-4471.

May, Sarah/Tschofen, Bernhard, Regionale Spezialitäten als globales Gut. Inwertsetzungen geografischer Herkunft und distinguierender Konsum, in: Zeitschrift für Agrargeschichte und Agrarsoziologie 2, 2016, 61–75.

Mayring, Philipp, Qualitative Inhaltsanalyse. Grundlagen und Techniken. 12. Aufl. Weinheim/Basel 2010.

McAdie, Tina M./Keeling, Linda J., The social transmission of feather pecking in laying hens: effects of environment and age, in: Applied Animal Behaviour Science 75, 2002, 147–159.

McGrew, William C., The cultured chimpanzee: Reflections on cultural primatology. Cambridge 2004.

McNeill, John R./Engelke, Peter, The Great Acceleration: An Environmental History of the Anthropocene since 1945. Cambridge 2014.

Mellinger, Nan, Fleisch. Ursprung und Wandel einer Lust. Eine kulturanthropologische Studie. Frankfurt a. M./New York 2003.

Mentges, Gaby, Der »König des Waldes« oder der Hirsch im Wohnzimmer. Anmerkungen zur Popularisierung eines Tiermotivs, in: Siegfried Becker, Andreas C. Bimmer (Hrsg.), Mensch und Tier. Kulturwissenschaftliche Aspekte einer Sozialbeziehung. Hessische Blätter für Volks- und Kulturforschung. Bd. 27. Marburg 1991, 11–24.

Mestemacher, Jürgen Heinrich, Altes bäuerliches Arbeitsgerät in Oberbayern. Materialien und Erträge eines Forschungsvorhabens. München 1985.

Mey, Günter/Mruck, Katja, Grounded-Theory-Methodologie: Entwicklung, Stand, Perspektiven, in: Dies. (Hrsg.), Grounded Theory Reader. 2. Aufl. Köln 2011, 11–50.

Meyer, Annette/Schleissing, Stephan, Einleitung, in: Dies. (Hrsg.), Projektion Natur. Grüne Gentechnik im Fokus der Wissenschaften. Umwelt und Gesellschaft, Bd. 12. Göttingen 2014, 7–12.

Meyer, Eckhard/Menzer, Katja/Henke, Sabine, Evaluierung geeigneter Möglichkeiten zur Verminderung des Auftretens von Verhaltensstörungen beim Schwein. Schriftenreihe des Landesamtes für Umwelt, Landwirtschaft und Geologie/Sachsen. Heft 19, 2015.

Meyer-Mansour, Dorothee/Breuer, Monika/Nickel, Bettina, Belastung und Bewältigung. Lebenssituation landwirtschaftlicher Familien. Studie im Auftrag der Landwirtschaftlichen Rentenbank. Frankfurt a. M. 1990.

Meyer-Mansour, Dorothee, Agrarsozialer Wandel und bäuerliche Lebensverhältnisse, in: Agrarsoziale Gesellschaft e. V. (Hrsg.), Ländliche Gesellschaft im Umbruch. Göttingen 1988, 240–260.

Meynhardt, Heinz, Schwarzwild-Report. Mein Leben unter Wildschweinen. 8. Aufl. Leipzig 1990.

Misoch, Sabina, Qualitative Interviews. Berlin u. a. 2015.

Moghaddam, Fathali/Harré, Rom (Hrsg.), Words of conflict, words of war: How the language we use in political processes sparks fighting. Santa Barbara 2010.

Montaigne, Michel de, Apologie für Raymond Sebond, in: Ders., Essays. Frankfurt a. M. 1998 [1580], 223–227.

Moser, Hans, Wilhelm Heinrich Riehl und die Volkskunde. Eine wissenschaftsgeschichtliche Korrektur, in: Jahrbuch für Volkskunde 1, 1978, 9–66.

Mörth, Ingo/Baum, Doris (Hrsg.), Gesellschaft und Lebensführung an der Schwelle zum neuen Jahrtausend. Gegenwart und Zukunft der Erlebnis-, Risiko-, Informations- und Weltgesellschaft. Linz 2000.

Muckel, Petra, Die Entwicklung von Kategorien mit der Methode der Grounded Theory, in: Historical Social Research 19, 2007, 211–231.

Musner, Lutz, Kultur als Textur des Sozialen. Essays zum Stand der Kulturwissenschaften. Wien 2004.

Müller-Lindenlauf, Maria, Ökobilanzen als Entscheidungshilfe für umweltbewusste Ernährung?, in: Gunther Hirschfelder, Angelika Ploeger, Jana Rückert-John, Gesa Schönberger

(Hrsg.), Was der Mensch essen darf. Ökonomischer Zwang, ökologisches Gewissen und globale Konflikte. Wiesbaden 2015, 159–172.

Münkel, Daniela/Uekötter, Frank (Hrsg.), Das Bild des Bauern. Selbst- und Fremdwahrnehmungen vom Mittelalter bis ins 21. Jahrhundert. Göttingen 2012.

Nagel, Melanie, Polarisierung im politischen Diskurs. Eine Netzwerkanalyse zum Konflikt um »Stuttgart 21«. Konstanz 2014.

Neckel, Sighard/Wagner, Greta, Burnout. Soziales Leiden an Wachstum und Wettbewerb, in: WSI (Wirtschafts- und Sozialwissenschaftliches Institut)-Mitteilungen 7/67, 2014, 536–542.

Neckel, Sighard/Dröge, Kai, Die Verdienste und ihr Preis. Leistung in der Marktgesellschaft, in: Axel Honneth (Hrsg.), Befreiung aus der Mündigkeit. Paradoxien des gegenwärtigen Kapitalismus. Frankfurt a. M. 2002, 93–116.

Neckel, Sighard, Blanker Neid, blinde Wut? Sozialstruktur und kollektive Gefühle, in: Leviathan 2/27, 1999, 145–165.

Neft, Maria-Regina, Clara Viebigs Eifelwerke 1897–1914. Imagination und Realität bei der Beschreibung einer Landschaft und ihrer Bewohner. Bonner kleine Reihe zur Alltagskultur, Bd. 4. Münster u. a. 1998.

Neumayer, Catrin, Grundlagentexte der Cultural Studies im Macht-Wissens-Kontext: Ein Überblick. München 2011.

Nickel, Richard/Schummer, August/Seiferle, Eugen, Lehrbuch der Anatomie der Haustiere. Bd. 5. Anatomie der Vögel. 3. Aufl. Berlin 2004.

Nieradzik, Lukasz, Der Wiener Schlachthof St. Marx. Transformationen einer Arbeitswelt zwischen 1851 und 1914. Wien u. a. 2017.

Nieradzik, Lukasz/Schmidt-Lauber, Brigitta (Hrsg.), Tiere nutzen. Ökonomien tierischer Produktion in der Moderne. Jahrbuch für Geschichte des ländlichen Raumes. Innsbruck u. a. 2016.

Nissenson, Marilyn/Jonas, Susan, Das allgegenwärtige Schwein. Köln 1997.

Nolten, Ralf, Ziel- und Handlungssysteme von Landwirten – eine empirische Studie aus der Eifelregion, in: Simone Helmle (Hrsg.), Selbst- und Fremdwahrnehmungen der Landwirtschaft. Hohenheim 2010, 15–30.

Noske, Barbara, Die Entfremdung der Lebewesen. Die Ausbeutung im tierindustriellen Komplex und die gesellschaftliche Konstruktion von Speziesgrenzen. Wien 2008.

Novek, Joel, Pigs and people. Sociological perspectives on the discipline of nonhuman animals in intensive confinement, in: Society and Animals 3/13, 2005, 221–244.

Oettel, Robert, Der Hühner- oder Geflügelhof. Weimar 1873.

Osten-Sacken, Elisabeth von der, Untersuchungen zur Geflügelwirtschaft im Alten Orient. Göttingen 2015.

Otterstedt, Carola/Rosenberger, Michael (Hrsg.), Gefährten – Konkurrenten – Verwandte. Die Mensch-Tier-Beziehung im wissenschaftlichen Diskurs. Göttingen 2009.

Paech, Niko, Suffizienz und Subsistenz: Therapievorschläge zur Überwindung der Wachstumsdiktatur, in: Hartmut Rosa, Niko Paech, Friederike Habermann, Frigga Haug, Felix Wittmann, Lena Kirschenmann (Hrsg.), Zeitwohlstand: Wie wir anders arbeiten, nachhaltig wirtschaften und besser leben. München 2013, 40–51.

Parsons, Talcott, The Social System. With a New Preface by Bryan S. Turner. London 1991.

Petrus, Klaus, Die Verdinglichung der Tiere, in: Chimaira – Arbeitskreis für Human-Animal-Studies (Hrsg.), Tiere. Bilder. Ökonomien. Aktuelle Forschungsfragen der Human-Animal-Studies. Bielefeld 2014, 43–62.

Pfau-Effinger, Birgit/Buschka, Sonja (Hrsg.), Gesellschaft und Tiere. Soziologische Analysen eines ambivalenten Verhältnisses. Wiesbaden 2013.

Pfeiler, Tamara M./Egloff, Boris, Examining the »Veggie« personality: Results from a representative German sample, in: Appetite 120, 2017, 246–255.

Pieper, Marianne/Panagiotidis, Efthimia/Tsianos Vassilis, Regime der Prekarität und verkörperte Subjektivierung, in: Gerrit Herlyn, Johannes Müske, Klaus Schönberger, Ove Sutter (Hrsg.), Arbeit und Nicht-Arbeit: Entgrenzungen und Begrenzungen von Lebensbereichen und Praxen. München 2009, 341–357.

Planck, Ulrich, Landjugendliche werden erwachsen. Hohenheim 1983.

Planck, Ulrich/Ziche, Joachim, Land- und Agrarsoziologie. Eine Einführung in die Soziologie des ländlichen Siedlungsraumes und des Agrarbereichs. Stuttgart 1979.

Planck, Ulrich, Der bäuerliche Familienbetrieb zwischen Patriarchat und Partnerschaft. Stuttgart 1963.

Polanyi, Karl, The Great Transformation. Boston 1944.

Pongratz, Hans, Die Bauern und der ökologische Diskurs. Befunde und Thesen zum Umweltbewusstsein in der bundesdeutschen Landwirtschaft. München/Wien 1992.

Pongratz, Hans/Kreil, Mathilde, Möglichkeiten einer eigenständigen Regionalentwicklung, in: Zeitschrift für Agrargeschichte und Agrarsoziologie 1/39, 1991, 91–111.

Pongratz, Hans, Landwirtschaft und Gesellschaft. Wandel des gesellschaftlichen Umfelds der bäuerlichen Familien, in: Herrschinger Hefte: Schriftenreihe der Bildungsstätte des Bayerischen Bauernverbandes 10, 1990, 18–31.

Pongratz, Hans, Der Bauer als Buhmann. Warum sich die Landwirte mit der Ökologie-Diskussion schwertun, in: Öko-Mitteilungen: Informationen aus d. Institut für Angewandte Ökologie 4, 1989, 34–36.

Pongratz, Hans, Bauern – am Rande der Gesellschaft? Eine theoretische und empirische Analyse zum gesellschaftlichen Bewusstsein von Bauern, in: Soziale Welt 38, 1987, 522–544.

Pretty, Jules/Benton, Tim G./Bharucha, Zareen Pervez/Dicks, Lynn V./Flora, Cornelia/Butler, Godfray H./Charles, J./Goulson, Dave/Hartley, Susan/Lampkin, Nic/Morris, Carol/Pierzynski, Gary/Prasad, P. V. Vara/Reganold, John/Rockstrom, Johan/Smith, Pete/Thorne, Peter/Wratten, Steve, Global assessment of agricultural system redesign for sustainable intensification, in: Nature Sustainability 1/8, 2018, 441–446.

Pütz, Sarah, Entwicklung und Validierung von praxistauglichen Maßnahmen zum Verzicht des routinemäßigen Schwänzekupierens beim Schwein in der konventionellen Mast. Göttingen 2014.

Rabensteiner, Alexandra, Fleisch. Zur medialen Neuaushandlung eines Lebensmittels. Wien 2017.

Radkau, Joachim, Die Ära der Ökologie. Eine Weltgeschichte. München 2011.

Randler, Christoph, Verhaltensbiologie. Bern 2018.

Reder, Michael/Pfeifer, Hanna (Hrsg.), Kampf um Ressourcen. Weltordnung zwischen Konkurrenz und Kooperation. Veröffentlichungen des Forschungs- und Studienprojekts der Rottendorf-Stiftung an der Hochschule für Philosophie München. »Globale Solidarität – Schritte zu einer neuen Weltkultur« Bd. 22. Stuttgart 2012.

Regan, Tom, The case for animal rights. Berkeley u. a. 1983.

Reichert, Tobias, Schweine im Weltmarkt und andere Rindviecher. Die Klimawirkung der exportorientierten Landwirtschaft. Berlin 2013.

Reinert, Wiebke, Rezension »Kompatscher, Gabriela/Spannring, Reingard/Schachinger, Karin, Human-Animal Studies. Eine Einführung für Studierende und Lehrende. Münster u. a. 2017.«, in: Zeitschrift für Volkskunde 1/115, 2019, 134–136.

Relyea, Rick A., The impact of insecticides and herbicides on the biodiversity and productivity of aquatic communities, in: Ecological Applications 2/15, 2005; doi.org/10.1890/03–5342.

Rennie, David L., Die Methodologie der Grounded Theory als methodische Hermeneutik. Zur Versöhnung von Realismus und Relativismus, in: Zeitschrift für qualitative Bildungs-, Beratungs- und Sozialforschung 6, 2005, 85–104.

Richner, Walter/Oberholzer, Hans-Rudolf/Freiermuth-Knuchel, Ruth/Huguenin, Olivier/Ott, Sandra/Nemecek, Thomas/Walther, Ulrich, Modell zur Beurteilung der Nitratauswaschung in Ökobilanzen – SALCA-N O3. Unter Berücksichtigung der Bewirtschaftung (Fruchtfolge, Bodenbearbeitung, N-Düngung), der mikrobiellen Nitratbildung im Boden, der Stickstoffaufnahme durch die Pflanzen und verschiedener Bodeneigenschaften. Zürich 2014.

Richter, Rudolf, Die Lebensstilgesellschaft. Wiesbaden 2005.

Riehl, Wilhelm Heinrich, Land und Leute. Naturgeschichte eines Volkes als Grundlage einer deutschen Socialpolitik. Bd. 1. Stuttgart 1853.

Rippmann, Dorothee, Bilder von Bauern im Mittelalter und in der Frühen Neuzeit, in: Daniela Münkel, Frank Uekötter (Hrsg.), Das Bild des Bauern. Selbst- und Fremdwahrnehmungen vom Mittelalter bis ins 21. Jahrhundert. Göttingen 2012, 21–60.

Rippmann, Dorothee, Herrschaftskonflikte und innerdörfliche Spannungen in der Basler Region im Spätmittelalter und an der Wende zur Frühen Neuzeit, in: Mark Häberlein (Hrsg.), Devianz, Widerstand und Herrschaftspraxis. Konstanz 1999, 199–225.

Rollin, Bernard, Farm Animal Welfare: Social, bioethical and research issues. Ames 1995.

Roscher, Mieke, Human-Animal Studies, in: Docupedia-Zeitgeschichte 25.01.2012. URL: http://docupedia.de/zg/roscher_human-animal_studies_v1_de_2012; doi: http://dx.doi.org/10.14765/zzf.dok.2.277.v1.

Roth, Jonathan, Die dunkle Seite der Macht. Themenpolitik zu politischen Themen, in: Timo Heimerdinger, Marion Näser-Lather (Hrsg.), Wie kann man nur dazu forschen? Themenpolitik in der Europäischen Ethnologie. Wien 2019, 219–241.

Rude, Matthias, Antispeziesismus. Die Befreiung von Mensch und Tier in der Tierrechtsbewegung und der Linken. Stuttgart 2013.

Sambraus, Hans Hinrich, Atlas der Nutztierrassen. 250 Rassen in Wort und Bild. Stuttgart 2001.

Sartori, Luisa/Bulgheroni, Maria/Tizzi, Raffaella/Castiello, Umberto, A kinematic study on (un)intentional imitation in bottlenose dolphins, in: Frontiers in Human Neuroscience 2005; doi: 10.3389/fnhum.2015.00446.

Sattler, Tatjana/Schmoll, Friedrich, Impfung oder Kastration zur Vermeidung von Ebergeruch – Ergebnisse einer repräsentativen Verbraucherumfrage in Deutschland, in: Journal für Verbraucherschutz und Lebensmittelsicherheit 7/2, 2012, 117–123.

Sauerberg, Achim/Wierzbitza, Stefan, Das Tierbild der Agrarökonomie. Eine Diskursanalyse zum Mensch-Tier-Verhältnis, in: Birgit Pfau-Effinger, Sonja Buschka (Hrsg.), Gesellschaft und Tiere. Wiesbaden 2013, 73–96.

Sauermann, Dietmar, Das Verhältnis von Bauernfamilie und Gesinde in Westfalen, in: Niedersächsisches Jahrbuch für Landesgeschichte 50, 1978, 27–44.

Schachinger, Karin, Gender Studies und Feminismus. Von der Befreiung der Frauen zur Befreiung der Tiere, in: Reingard Spannring, Karin Schachinger, Gabriela Kompatscher, Alejandro Boucabeille (Hrsg.), Perspektiven der Human-Animal Studies für die wissenschaftlichen Disziplinen. Bielefeld 2015, 53–74.

Schallberger, Peter, Autres articles – Bauern zwischen Tradition und Moderne? Soziologische Folgerungen aus der Rekonstruktion eines bäuerlichen Deutungsmusters, in: Schweizerische Zeitschrift für Soziologie 3/25, 1999, 519–548.

Scharf-Haggenmiller, Christine, Arbeit. Anerkennung? Geschlecht! Strategische Identitäten türkischer Migranten der zweiten Generation im Vergleich. Münster/New York 2017.

Schauff, Hermann, Der deutsche Bauer in Dichtung und Volkstum. Bochum 1934.

Scheer, Monique, Are emotions a kind of practice (And ist that what makes them have a history)? A Bourdieuian approach to understanding emotion, in: History and Theory 51, 2012, 193–220.

Scheidegger, Tobias, Der Boom des Bäuerlichen: neue Bauern-Bilder in Werbung, Warenästhetik und bäuerlicher Selbstdarstellung, in: Schweizerisches Archiv für Volkskunde 2/105, 2009, 193–219.

Schenda, Rudolf, Das ABC der Tiere. Märchen, Mythen und Geschichten. München 1995.

Schippers, Nicole, Die Funktionen des Neides. Eine soziologische Studie. Marburg 2012.

Schmidt, Judith, Zahnrad Saisonarbeit. Generationelle Ordnungsmuster in Erzählungen deutscher Landwirte über ihre polnischen und rumänischen Angestellten, in: Sarah Scholl-Schneider, Moritz Kropp (Hrsg.), Migration und Generation. Volkskundlich-ethnologische Perspektiven auf das östliche Europa. Münster/New York 2018, 171–192.

Schmidt-Lauber, Brigitta, Das qualitative Interview oder: Die Kunst des Reden-Lassens, in: Silke Göttsch, Albrecht Lehmann (Hrsg.), Methoden der Volkskunde. Positionen, Quellen, Arbeitsweisen der Europäischen Ethnologie. 2. Aufl. Berlin 2007, 165–188.

Schmitt, Mathilde, Landwirtinnen. Chancen und Risiken von Frauen in einem traditionellen Männerberuf. Opladen 1997.

Schmoll, Friedemann, Kulinarische Moral, Vogelliebe und Naturbewahrung. Zur kulturellen Organisation von Naturbeziehungen in der Moderne, in: Rolf Wilhelm Brednich, Annette Schneider, Ute Werner (Hrsg.), Natur – Kultur. Volkskundliche Perspektiven auf Mensch und Umwelt. Münster u. a. 2001, 213–228.

Scholze-Irrlitz, Leonore, Der ländliche Raum als ethnologischer Erkenntnisort – Verlust und Innovation: Das Beispiel Uckermark/Brandenburg, in: Gisela Welz, Antonia Davidovic-Walther, Anke Weber (Hrsg.), Gemeinde und Region als Forschungsformate. Frankfurt a. M. 2011, 213–232.

Scholze-Irrlitz, Leonore, Perspektive ländlicher Raum. Leben in Wallmow/Uckermark, in: Berliner Blätter 45, 2008. Sonderheft.

Schönberger, Klaus/Springer, Stefanie (Hrsg.), Subjektivierte Arbeit. Mensch, Organisation und Technik in einer entgrenzten Arbeitswelt. Frankfurt a. M./New York 2003.

Schöpp, Alexander, Alte deutsche Bauernstuben. Innenräume und Hausrat. Berlin 1934.

Schreckhaas, Markus, Soziale Netzwerke und das Problem mit der Ethik, in: Gunther Hirschfelder, Angelika Ploeger, Jana Rückert-John, Gesa Schönberger (Hrsg.), Was der Mensch essen darf. Ökonomischer Zwang, ökologisches Gewissen und globale Konflikte. Wiesbaden 2015, 261–271.

Schullehner, Jörg/Hansen, Birgitte/Thygesen, Malene/Pedersen, Carsten B./Sigsgaard, Torben, Nitrate in drinking water and colorectal cancer risk: A nationwide population-based cohort study, in: International Journal of Cancer 1/143, 2018, 73–79.

Schweiger, Wolfgang, Der (des)informierte Bürger im Netz. Wie soziale Medien die Meinungsbildung verändern. Wiesbaden 2017.

Searchinger, Timothy D./Wirsenius, Stefan/Beringer, Tim/Dumas, Patrice, Assessing the efficiency of changes in land use for mitigating climate change, in: Nature 564, 2018, 249–253.

Sebastian, Marcel, Holocaust-Vergleich, in: Arianna Ferrari, Klaus Petrus (Hrsg.), Lexikon der Mensch/Tier-Beziehungen, Bielefeld 2014, 150–152.

Seifert, Manfred (Hrsg.), Die mentale Seite der Ökonomie. Gefühl und Empathie im Arbeitsleben. Dresden 2014.

Seifert, Manfred, Die mentale Seite der Ökonomie: Gefühl und Empathie im Arbeitsleben. Eine Einführung, in: Ders. (Hrsg.), Die mentale Seite der Ökonomie: Gefühl und Empathie im Arbeitsleben. Dresden 2014, 11–30.

Seifert, Manfred/Götz, Irene/Huber, Birgit (Hrsg.), Flexible Biografien? Horizonte und Brüche im Arbeitsleben der Gegenwart. Frankfurt a. M. u. a. 2007.

Seifert, Manfred, Arbeitswelten in biografischer Dimension. Zur Einführung, in: Manfred Seifert, Irene Götz, Birgit Huber (Hrsg.), Flexible Biografien? Horizonte und Brüche im Arbeitsleben der Gegenwart. Frankfurt a. M. u. a. 2007, 9–20.

Serin, Simay/Gonullu, Mustafa/Ozbilim, G., The histopathologic effects of halothane and isoflurane on human liver, in: Anesteziyoloji Ve Reanimasyon 6/23, 1995, 281–287.

Settele, Veronika, Die Produktion von Tieren. Überlegungen zu einer Geschichte landwirtschaftlicher Tierhaltung in Deutschland, in: Lukasz Nieradzik, Brigitta Schmidt-Lauber

(Hrsg.), Tiere nutzen. Ökonomien tierischer Produktion. Jahrbuch für Geschichte des ländlichen Raumes. Innsbruck u. a. 2016, 154–165.

Shapiro, Ken J., Animal rights versus humanism: The charge of speciesism, in: Journal of humanistic psychology 30, 1990, 9–37.

Simmel, Georg, Philosophie des Geldes. Frankfurt a. M. 1991 [1900].

Simmel, Georg, Fragment über die Liebe, in: Ders., Schriften zur Philosophie und Soziologie der Geschlechter. Frankfurt a. M. 1985 [1921/22], 224–281.

Simon, Christian, DDT – Kulturgeschichte einer chemischen Verbindung. Basel 1999.

Simonsen, Henrik B./Klinken, Leif/Bindseil, Erling, Histopathology of intact and docked pigtails, in: British Veterinary Journal 147, 1991, 407–412.

Singer, Peter, Animal Liberation. Die Befreiung der Tiere. Reinbek 1996.

Singer, Peter, Animal Liberation. A new ethics for our treatment of animals. New York 1975.

Soffer, Ann Katrine, Tracing detached and attached care practices in nursing education, in: Nursing Philosophy 3/15, 2015, 201–210.

Sommer, Volker, Zoologie. Von »Mensch und Tier« zu »Menschen und andere Tiere«, in: Reingard Spannring, Karin Schachinger, Gabriela Kompatscher, Alejandro Boucabeille (Hrsg.), Disziplinierte Tiere? Perspektiven der Human-Animal Studies für die wissenschaftlichen Disziplinen. Bielefeld 2015, 359–386.

Sommer, Volker, Die Meinigkeit des Schweins. Über die Gefühle der Tiere, in: Das Plateau 136, 2013, 4–22.

Spannring, Reingard/Schachinger, Karin/Kompatscher, Gabriela/Boucabeille, Alejandro (Hrsg.), Perspektiven der Human-Animal Studies für die wissenschaftlichen Disziplinen. Bielefeld 2015.

Spannring, Reingard/Schachinger, Karin/Kompatscher, Gabriela/Boucabeille, Alejandro, Einleitung. Disziplinierte Tiere?, in: Dies. (Hrsg.), Perspektiven der Human-Animal Studies für die wissenschaftlichen Disziplinen. Bielefeld 2015, 13–28.

Spannring, Reingard, Bildungswissenschaft. Auf dem Weg zu einer posthumanistischen Pädagogik?, in: Dies., Karin Schachinger, Gabriela Kompatscher, Alejandro Boucabeille (Hrsg.), Disziplinierte Tiere? Perspektiven der Human-Animal Studies für die wissenschaftlichen Disziplinen. Bielefeld 2015, 29–52.

Speitkamp, Winfried, Vielfältig verflochten? Zugänge zur Tier-Mensch-Relationalität. Eine Einleitung, in: Forschungsschwerpunkt »Tier – Mensch – Gesellschaft« (Hrsg.), Vielfältig verflochten. Interdisziplinäre Beiträge zur Tier-Mensch-Relationalität. Bielefeld 2017, 9–34.

Sperling, Franziska, Biogas – Macht – Land. Ein politisch induzierter Transformationsprozess und seine Effekte. Göttingen 2017.

Spiller, Achim/von Meyer-Höfer, Marie/Sonntag, Winnie, Working Paper: Gibt es eine Zukunft für die moderne konventionelle Tierhaltung in Nordwesteuropa? Department für Agrarökonomie und Rurale Entwicklung Georg-August-Universität Göttingen, Oktober 2016. URL: https://www.econstor.eu/bitstream/10419/147501/1/87129009X.pdf.

Spode, Hasso, Was ist Mentalitätsgeschichte?, in: Heinz Hahn (Hrsg.), Kulturunterschiede. Interdisziplinäre Konzepte zu kollektiven Identitäten und Mentalitäten. Beiträge zur sozialwissenschaftlichen Analyse interkultureller Beziehungen. Bd. 3. Frankfurt a. M. 1999, 10–57.

Stark, Jasmin Nausika, Auswirkungen von Ohrmarken einziehen im Vergleich zu Kastration und Schwanzkupieren und Etablierung einer Verhaltensmethodik zur Beurteilung kastrationsbedingter Schmerzen beim Saugferkel. Veterinärmedizinische Dissertationsschrift. München 2014.

Stäheli, Urs, Hoffnung als ökonomischer Affekt, in: Inga Klein, Sonja Windmüller (Hrsg.), Kultur der Ökonomie. Zur Materialität und Performanz des Wirtschaftlichen. Bielefeld 2014, 283–300.

Steinfeld, Henning/Mooney, Harold A./Schneider, Fritz/Neville, Laurie (Hrsg.), Livestock in a changing landscape. Vol. 1: Drivers, consequences and responses. Washington 2010.

Stine, Marg/Walter, Franz (Hrsg.), Die neue Macht der Bürger. Was motiviert die Protestbewegungen? Bonn 2013.

Stotten, Rieke/Rudmann, Christine/Schader, Christian, Rollenverständnis von Landwirten: Produzent oder Landschaftspfleger?, in: Simone Helmle (Hrsg.), Selbst- und Fremdwahrnehmungen der Landwirtschaft. Hohenheim 2010, 41–52.

Strauss, Anselm L. im Gespräch mit Heiner Legewie und Barbara Schervier-Legewie, in: Günter Mey, Katja Mruck (Hrsg.), Grounded Theory Reader. 2. Aufl. Köln 2011, 68–78.

Strauss, Anselm L./Corbin, Juliet M., Grounded Theory: Grundlagen qualitativer Sozialforschung. Weinheim 1996.

Strauss, Anselm L., Qualitative analysis for social scientists. Cambridge 1991 [1987].

Supik, Linda, Dezentrierte Positionierung. Stuart Halls Konzept der Identitätspolitiken. Bielefeld 2005.

Sutherland Mhairi A./Tucker, Cassandra B., The long and short of it: A review of tail docking in farm animals, in: Applied Animal Behaviour Science 135, 2011, 179–191.

Sutter, Ove, Erzählte Prekarität. Autobiographische Verhandlungen von Arbeit und Leben im Postfordismus. Frankfurt a. M. u. a. 2013.

Tauschek, Markus, Konkurrenznarrative. Zur Erfahrung und Deutung kompetitiver Konstellationen, in: Karin Bürkert, Alexander Engel, Timo Heimerdinger, Markus Tauschek, Tobias Werron (Hrsg.), Auf den Spuren der Konkurrenz. Kultur- und Sozialwissenschaftliche Perspektiven. Münster/New York 2019, 87–104.

Tauschek, Markus, Knappheit, Mangel, Überfluss – Kulturanthropologische Positionen. Eine Einleitung, in: Markus Tauschek, Maria Grewe (Hrsg.), Knappheit, Mangel, Überfluss. Kulturwissenschaftliche Positionen im Umgang mit begrenzten Ressourcen. Frankfurt a. M. 2015, 9–34.

Tauschek, Markus: Zur Kultur des Wettbewerbs. Eine Einführung, in: Ders. (Hrsg.), Kulturen des Wettbewerbs: Formationen kompetitiver Logiken. Münster u. a. 2013, 7–36.

Tauschek, Markus (Hrsg.), Kulturen des Wettbewerbs. Formationen kompetitiver Logiken. Münster/New York 2013.

Tauschek, Markus, Zur Relevanz des Begriffs Heimat in einer mobilen Gesellschaft, in: Kieler Blätter zur Volkskunde 37, 2005, 63–85.

Teuteberg, Hans-Jürgen, Zur Sozialgeschichte des Vegetarismus, in: Vierteljahrschrift für Sozial- und Wirtschaftsgeschichte 81, 1994, 33–65.

Teuteberg, Hans-Jürgen, Magische, mythische und religiöse Elemente in der Nahrungskultur Mitteleuropas, in: Nils-Arvid Bringéus u. a. (Hrsg.), Wandel und Volkskultur in Europa. Bd. 1. Festschrift für Günter Wiegelmann zum Geburtstag. Münster 1988, 351–373.

Teuteberg, Hans-Jürgen/Wiegelmann, Günter, Der Wandel der Nahrungsgewohnheiten unter dem Einfluß der Industrialisierung. Göttingen 1972.

Thoms, Ulrike, Handlanger der Industrie oder berufener Schützer des Tieres? Der Tierarzt und seine Rolle in der Geflügelproduktion, in: Gunther Hirschfelder, Angelika Plöger, Gesa Schönberger, Jana Rückert-John (Hrsg.), Was der Mensch essen darf. Ökonomischer Zwang, ökologisches Gewissen und globale Konflikte. Wiesbaden 2015, 173–192.

Timmermann, Hajo/Vonderach, Gerd, Milchbauern in der Wesermarsch. Eine empirisch-soziologische Untersuchung. Bamberg 1993.

Tirado, Francisco/Gálvez, Ana, Positioning Theory and Discourse Analysis: Some Tools for Social Interaction Analysis, in: Forum Qualitative Sozialforschung/Forum: Qualitative Social Research 2/8, 2007, Art. 1–31.

Tosun, Jale/Hartung, Ulrich, Wie »grün« wurde die Agrar- und Verbraucherpolitik unter Grün-Rot?, in: Felix Hörisch, Stefan Wurster (Hrsg.), Das grün-rote Experiment in Baden-

Württemberg. Eine Bilanz der Landesregierung Kretschmann 2011–2016. Wiesbaden 2017, 223–250.

Tosun, Jale, Agricultural biotechnology in central and Eastern Europe: Determinants of cultivation bans, in: Sociologia Ruralis 54, 2014, 362–381.

Tranow, Ulf, Das Konzept der Solidarität. Handlungstheoretische Fundierung eines soziologischen Schlüsselbegriffs. Wiesbaden 2012.

Trapani, Fiona, Teacher's secret stories: Using conversations to disclose team and individual stories of planning, in: Christine Redman (Hrsg.), Successful science education Practices exploring what, why and how they worked. New York 2013, 283–301.

Trischler, Helmuth, Manufacturing landscapes: Artistic and scholarly approaches, in: Ders., Don Worster (Hrsg.), Manufacturing Landscapes: Nature and Technology in Environmental History. Special Issue, Global Environment 1/10, 2017, 5–20.

Trischler, Helmuth, The Anthropocene – A challenge for the history of science, technology, and the environment, in: N. T. M. – Journal of the History of Science, Technology, and Medicine 24/3, 2016, 309–335.

Troßbach, Werner, Viehwirtschaft, in: Enzyklopädie der Neuzeit 14: Vater – Wirtschaftswachstum. Darmstadt 2011, Sp. 314–321.

Trummer, Manuel, Das Land und die Ländlichkeit. Perspektiven einer Kulturanalyse des Ländlichen, in: Zeitschrift für Volkskunde 2/114, 2018, 187–212.

Trummer, Manuel, Zurückgeblieben? »Shrinking Regions« und ländliche Alltagskultur in europäisch-ethnologischer Perspektive – Forschungshorizonte, in: Alltag – Kultur – Wissenschaft. Beiträge zur Europäischen Ethnologie 2, 2015, 149–164.

Trummer, Manuel, Die kulturellen Schranken des Gewissens – Fleischkonsum zwischen Tradition, Lebensstil und Ernährungswissen, in: Gunther Hirschfelder, Angelika Ploeger, Jana Rückert-John, Gesa Schönberger (Hrsg.), Was der Mensch essen darf. Ökonomischer Zwang, ökologisches Gewissen und globale Konflikte. Wiesbaden 2015, 63–79.

Truschkat, Inga/Kaiser-Belz, Manuela/Volkmann, Vera, Theoretisches Sampling in Qualifikationsarbeiten: Die Grounded-Theory-Methodologie zwischen Programmatik und Forschungspraxis, in: Günter Mey, Katja Mruck (Hrsg.), Grounded Theory Reader. 2. Aufl. Köln 2011, 353–380.

Tübinger Vereinigung für Volkskunde (Hrsg.), Arbeiterkultur seit 1945 – Ende oder Veränderung? Tübingen 1991.

Türk, Henning, Das Bild des Bauern in der Kommission der Europäischen Wirtschaftsgemeinschaft in der Ära Sicco Mansholt (1958–1972), in: Daniela Münkel, Frank Uekötter (Hrsg.), Das Bild des Bauern. Selbst- und Fremdwahrnehmungen vom Mittelalter bis ins 21. Jahrhundert. Göttingen 2012, 179–198.

Uekötter, Frank, Die Wahrheit ist auf dem Feld. Eine Wissensgeschichte der deutschen Landwirtschaft. 3. Aufl. Göttingen 2012.

Uekötter, Frank, Am Ende der Gewissheiten. die ökologische Frage im 21. Jahrhundert. Frankfurt a. M. 2011.

Ullrich, Carsten G., Deutungsmusteranalyse und diskursives Interview, in: Zeitschrift für Soziologie 6/28, 1999a, 429–447.

Ullrich, Carsten G., Deutungsmusteranalyse und diskursives Interview. Leitfadenkonstruktion, Interviewführung und Typenbildung. Mannheim 1999(b).

Übel, Nicole Johanna, Untersuchungen zur Schmerzreduktion bei zootechnischen Eingriffen an Saugferkeln. München 2011.

van der Ploeg, Jan Douwe, Farming styles research: The state of the art. Keynote lecture for the Workshop on »Historicising Farming Styles«, to be held in Melk, Austria, 21.–23.10.2010.

van der Ploeg, Jan Douwe, Styles of farming. An introductory Note on concepts and methodology, in: Ders., Ann Long (Hrsg.), Born from within. Practices and perspectives of endogenous Rural Development. Assen 1994, 7–30.

van Langenhove, Luk/Harré, Rom, Introducing Positioning Theory, in: Rom Harré, Luk van Langenhove (Hrsg.), Positioning Theory: Moral contexts of intentional action. Oxford 1999, 14–31.

Verheyen, Nina, Die Erfindung der Leistung. München 2018.

Vogeding, Ralf, Lohndrescher und Maschinendrusch. Eine volkskundliche Untersuchung zur Mechanisierung einer landwirtschaftlichen Arbeit in Westfalen 1850–1970. Münster 1989.

Vonderach, Gerd/Döll, Christiane/Ahlers, Heinz-Jürgen, Wiesenvogelschutz und Landbewirtschaftung in den Fördergebieten Stollhammer Wisch und Moorriem, in: Gerd Vonderach (Hrsg.), Naturschutz und Landbewirtschaftung. Münster u. a. 2002, 26–62.

Vossen, Rüdiger/Kelm, Antje/Dietze, Katharina (Hrsg.), Ostereier – Osterbräuche. Vom Symbol des Lebens zum Konsumartikel. Hamburg 1987.

Vries de, Marion/Boer de, Imke, Comparing environmental impacts of livestock products: A review of life cycle assessments, in: Livestock science 128, 2010, 1–11.

Wagenbach, Marc, Digitaler Alltag. Ästhetisches Erleben zwischen Kunst und Lifestyle. München 2012.

Waiblinger, Susanne, Die Bedeutung der Mensch-Tier-Beziehung für eine tiergerechte Nutztierhaltung, in: Lukasz Nieradzik, Brigitta Schmidt-Lauber (Hrsg.), Tiere nutzen. Ökonomien tierischer Produktion. Jahrbuch für Geschichte des ländlichen Raumes. Innsbruck u. a. 2016, 73–87.

Warneken, Bernd-Jürgen, Rechts liegen lassen? Über das europäisch-ethnologische Desinteresse an der Lebenssituation nicht-migrantischer Unter- und Mittelschichten, in: Timo Heimerdinger, Marion Näser-Lather (Hrsg.), Wie kann man nur dazu forschen? Themenpolitik in der Europäischen Ethnologie. Wien 2019, 117–130.

Waskow, Frank/Rehaag, Regine, Ernährungspolitik nach der BSE-Krise. Ein Politikfeld in Transformation. Ernährungswende Diskussionspapier 6. Köln 2004.

Weber, Max, Die protestantische Ethik und der Geist des Kapitalismus, in: Ders., Gesammelte Aufsätze zur Religionssoziologie. Tübingen 1986 [1920], 17–206.

Weigert, Josef, Das Dorf entlang. Ein Buch vom deutschen Bauerntum. München 1919.

Weis, Tony, The Ecological Hoofprint: The Global Burden of Industrial Livestock. New York 2013.

Weiss, Jakob, Das Missverständnis Landwirtschaft. Befindlichkeit, Selbstbild und Problemwahrnehmung von Bauern und Bäuerinnen in unsicheren Zeiten. Zürich 2000.

Wellgraf, Stefan, Schule der Gefühle. Zur emotionalen Erfahrung von Minderwertigkeit in neoliberalen Zeiten. Bielefeld 2018.

Welzer, Harald/Sommer, Bernd, Transformationsdesign. Wege in eine zukunftsfähige Moderne. München 2014.

Wetzel, Dietmar J., Soziologie des Wettbewerbs. Ergebnisse einer wirtschafts- und kultursoziologischen Analyse der Marktgesellschaft, in: Markus Tauschek (Hrsg.), Kulturen des Wettbewerbs: Formationen kompetitiver Logiken. Münster u. a. 2013, 55–73.

Wilkie, Rhoda M., Multispecies Scholarship and Encounters: Changing Assumptions at the Human-Animal Nexus, in: Sociology 2/49, 2015, 323–339.

Wilkie, Rhoda M., Livestock/Deadstock: Working with Farm Animals from Birth to Slaughter. Philadelphia 2010.

Wilkie, Rhoda M., Sentient commodities and productive paradoxes: the ambiguous nature of human livestock relations in Northeast Scotland, in: Journal of Rural Studies 21, 2005, 213–230.

Winiwarter, Verena/Knoll, Martin, Umweltgeschichte. Eine Einführung. Stuttgart 2007.

Winterberg, Lars, Alltag – Gesellschaft – Utopie. Kulturelle Formationen solidarischen Landwirtschaftens, in: Manuel Trummer, Anja Decker (Hrsg.), Das Ländliche als kulturelle Kategorie. Aktuelle kulturwissenschaftliche Perspektiven auf Stadt-Land-Beziehungen. Bielefeld 2020, 185–208.

Winterberg, Lars, Die Not der Anderen. Kulturwissenschaftliche Perspektiven auf Aushandlungen globaler Armut am Beispiel des Fairen Handels. Münster/New York 2017.

Wirth, Sven/Laue, Anett/Kurth, Markus/Dornenzweig, Katharina/Bossert, Leonie/Balgar, Karsten (Hrsg.), Das Handeln der Tiere. Tierliche Agency im Fokus der Human-Animal Studies. Bielefeld 2016.

Wise, Deborah/James, Melanie, Positioning a price on carbon: Applying a proposed hybrid method of positioning discourse analysis for public relations, in: Public Relations Inquiry 2/3, 2013, 327–353; doi: 10.1177/2046147X13494966.

Wittmann, Barbara, Herr L., das Ferkelchen und ich. Forschungserfahrungen und Mensch-Tier-Beziehungen im Feld landwirtschaftlicher Intensivtierhaltung, in: Michaela Fenske, Daniel Best, Arnika Peselmann (Hrsg.), Ländliches vielfach. (in Vorbereitung).

Wittmann, Barbara, Stallbauproteste als Indikatoren eines kulturellen Anerkennungsverlustes konventioneller Landwirtschaft, in: Manuel Trummer, Manuel, Anja Decker (Hrsg.), Das Ländliche als kulturelle Kategorie. Aktuelle kulturwissenschaftliche Perspektiven auf Stadt-Land-Beziehungen. Bielefeld 2020, S. 155–172.

Wittmann, Barbara, Politisierte Ernährung. Vegane Lebensstile als kulturelle Positionierungen, in: Manuel Trummer, Sebastian Gietl, Florian Schwemin (Hrsg.), »Ein Stück weit …« Relatives und Relationales als Erkenntnisrahmen für Kulturanalysen. Eine Festgabe der Regensburger Vergleichenden Kulturwissenschaft für Prof. Dr. Daniel Drascek zum 60. Geburtstag. Münster/New York 2019, 113–128.

Wittmann, Barbara, Vom Mistkratzer zum Spitzenleger. Stationen der bundesdeutschen Geflügelwirtschaft 1948–1980, in: Lukasz Nieradzik, Brigitta Schmidt-Lauber (Hrsg.), Tiere nutzen. Ökonomien tierischer Produktion in der Moderne. Innsbruck u. a. 2016, 134–153.

Wittmann, Barbara, Vorreiter der Intensivtierhaltung. Die bundesdeutsche Geflügelwirtschaft 1948 bis 1980, in: Zeitschrift für Agrargeschichte und Agrarsoziologie 1/65, 2015, 53–74.

Witzel, Andreas, Das problemzentrierte Interview [25 Absätze], in: Forum Qualitative Sozialforschung/Forum: Qualitative Social Research 1/1, 2000. URL: http://nbnresolving.de/urn:nbn:de:0114-fqs0001228.

Witzel, Andreas, Das problemzentrierte Interview, in: Gerd Jüttemann (Hrsg.), Qualitative Forschung in der Psychologie. Grundfragen, Verfahrensweisen, Anwendungsfelder. Heidelberg 1989, 227–256.

Witzel, Andreas, Verfahren der qualitativen Sozialforschung. Überblick und Alternativen. Frankfurt a. M. 1982.

Wollny, Anja/Marx, Gabriella, Qualitative Sozialforschung – Ausgangspunkte und Ansätze für eine forschende Allgemeinmedizin. Teil 2: Qualitative Inhaltsanalyse vs. Grounded Theory, in: Zeitschrift für Allgemeinmedizin 11/85, 2009, 467–476.

Wuketits, Franz M., Die Entdeckung des Verhaltens. Eine Geschichte der Verhaltensforschung. Darmstadt 1995.

Wynne, Clive D. L./Udell, Monique, Animal Cognition. Evolution, Behaviour and Cognition. New York 2013.

Wynne, Clive D. L., Do animals think? Princeton 2004.

Zander, Katrin/Bürgelt, Doreen/Isermeyer, Folkhard/Christoph-Schulz, Inken/Salamon, Petra/Weible, Daniela, Erwartungen der Gesellschaft an die Landwirtschaft. Thünen-Institut. Braunschweig 2013.

Zehetner, Ludwig, Bairisches Deutsch: Lexikon der deutschen Sprache in Altbayern. 5. Aufl. Regensburg 2018.

Ziche, Joachim, Das gesellschaftliche Selbstbild der landwirtschaftlichen Bevölkerung in Bayern. Eine empirische Untersuchung. Bayerisches Landwirtschaftliches Jahrbuch 2/47. München 1970.

Zimmerman, Patrick H./Lindberg, Cecilia A./Pope, Stuart J./Nicol, Christine J., The effect of stocking density, flock size and modified management on laying hen behaviour and welfare in non-cage system, in: Applied Animal Behaviour Science 101, 2006, 111–124.

Zinnecker, Andrea, Romantik, Rock und Kamisol. Volkskunde auf dem Weg ins Dritte Reich. Die Riehl-Rezeption. (= Internationale Hochschulschriften, 192). Münster u. a. 1996.

Zonderland, Johan J. / Schepers, F. / Bracke M. B. / den Hartog, L. A. / Kemp, Bas / Spoolder, H. A., Characteristics of biter and victim piglets apparent before a tail-biting outbreak, in: Animal 2011, 1–9; doi:10.1017/S175173111000232.

Zschache, Ulrike / von Cramont-Taubadel, Stephan / Theuvsen, Ludwig, Die öffentliche Auseinandersetzung über Bioenergie in den Massenmedien. Diskursanalytische Grundlagen und erste Ergebnisse. Discussion Papers. Göttingen 2009.

Gesetze, Verträge und Statistiken

Amtsblatt der Europäischen Union, Punkt 10 der RICHTLINIE 2008/120/EG DES RATES vom 18. Dezember 2008 über Mindestanforderungen für den Schutz von Schweinen.

Bundesgesetzblatt Jahrgang 2013 Teil I Nr. 62, ausgegeben zu Bonn am 16. Oktober 2013: 16. Gesetz zur Änderung des Arzneimittelgesetzes vom 10. Oktober 2013.

Bundesministerium der Justiz und Verbraucherschutz, Gesetz über die Umweltverträglichkeitsprüfung (UVPG). Anlage 1 Liste »UVP-pflichtige Vorhaben«. BGBl. I 2017, 7. Nahrungs-, Genuss- und Futtermittel, landwirtschaftliche Erzeugnisse.

Ergebnisse der Sondierungsgespräche von CDU, CSU und SPD. Finale Fassung. Berlin 12.01.2018. URL: https://www.cdu.de/system/tdf/media/dokumente/ergebnis_sondierung_cdu_csu_spd_120118_2.pdf?file=1&type=field_collection_item&id=12434 (22.06.2019).

Europäische Union, Richtlinie 2010/75/EU des Europäischen Parlaments und des Rates vom 17. Dezember 2010 über Industrieemissionen (integrierte Vermeidung und Verminderung der Umweltverschmutzung). URL: http://www.bmwfw.gv.at/Unternehmen/gewerbetechnik/Documents/Industrie-emissions-RL_2010-75-EU.pdf (24.10.2019).

Europäische Union, Richtlinie 2008/120/EG des Rates vom 18. Dezember 2008 über Mindestanforderungen für den Schutz von Schweinen (kodifizierte Fassung). Amtsblatt der Europäischen Union Nr. L 047 vom 18. Februar 2009.

Koalitionsvertrag zwischen CDU, CSU und SPD. 19. Legislaturperiode.

Koalitionsvertrag für die Legislaturperiode 2018–2023. CSU/Freie Wähler.

Regulation (EC) No 1830/2003 of the European Parliament and of the Council of 22 September 2003 Concerning the Traceability and Labelling of Genetically Modified Organisms and the Traceability of Food and Feed Products Produced from Genetically Modified Organisms and Amending Directive 2001/18/EC.

Tierschutzgesetz (TierSchG) in der Fassung der Bekanntmachung vom 18. Mai 2006, zuletzt geändert durch Artikel 4 Absatz 90 des Gesetzes vom 07.08.2013. BGBl. I, 3154.

Tierschutz-Nutztierhaltungsverordnung TierSchNutzV Abschnitt 3 § 13 »Anforderungen an Haltungseinrichtungen für Legehennen«. URL: https://www.jurion.de/Gesetze/TierSch NutztV/13 (15.05.2014).

Urteil des Gerichtshofs (Neunte Kammer) vom 21. Juni 2018. Europäische Kommission gegen Bundesrepublik Deutschland ECLI:EU:C:2018:481. Aktenzeichen = C-543/16.

Verordnung (EG) Nr. 73/2009 des Rates vom 19. Januar 2009 mit gemeinsamen Regeln für Direktzahlungen im Rahmen der gemeinsamen Agrarpolitik und mit bestimmten Stützungsregelungen für Inhaber landwirtschaftlicher Betriebe und zur Änderung der Verordnungen (EG) Nr. 1290/2005, (EG) Nr. 247/2006, (EG) Nr. 378/2007 sowie zur Aufhebung der Verordnung (EG) Nr. 1782/2003.

Verordnung (EG) Nr. 834/2007 vom 28. Juni 2007 über die ökologische/biologische Produktion und die Kennzeichnung von ökologischen/biologischen Erzeugnissen und zur Aufhebung der Verordnung (EWG) Nr. 2092/91.

Verordnung zum Schutz gegen die Gefährdung durch Viehseuchen bei der Haltung von Schweinebeständen (Massentierhaltungsverordnung – Schweine). 09.04.1975, in: Bundesgesetzblatt Teil 1, Nr. 40. Ausgegeben in Bonn am 15.04.1975.

Vierte Verordnung zur Durchführung des Bundes-Immissionsschutzgesetzes (Verordnung über genehmigungsbedürftige Anlagen – 4. BImSchV). Anhang 1, Nr. 7.1.

Agrarberichte und Ministeriumsinformationen

Agrarpolitischer Bericht der Bundesregierung 2015. Kabinettfassung vom 20.05.2015. Berlin 2015.

Amt für Ernährung, Landwirtschaft und Forsten Landshut, Unsere Region. URL: http://www.aelf-la.bayern.de/region/index.php (24.06.2019).

Bayerischer Landtag, Schlussbericht Untersuchungsausschuss Bayern-Ei GmbH. Drucksache 17/22311.17.05.2018. URL: https://www.bayern.landtag.de/fileadmin/Internet_Dokumente/Sonstiges_A/091-Schlussbericht_Online_Version_300518.pdf (24.10.2018).

Bayerisches Landesamt für Statistik, Gemeinde Hohenthann. URL: https://www.statistik.bayern.de/mam/produkte/statistik_kommunal/2018/09274141.pdf (25.06.2019).

Bayerisches Landesamt für Statistik, Drei von vier landwirtschaftlichen Betrieben pachten Fläche. Pachtpreise in Bayern steigen weiter an. München, 21. Juni 2017. Pressemitteilung URL: https://www.statistik.bayern.de/presse/archiv/142_2017.php (08.06.2018).

Bayerisches Staatsministerium für Ernährung, Landwirtschaft und Forsten (Hrsg.), Anlage zu IV der Gemeinsamen Richtlinie zur Förderung der AUM in Bayern. Bayerisches Kulturlandschaftsprogramm (KULAP) Merkblatt B60 – Sommerweidehaltung (Weideprämie). München 2019.

Bayerisches Staatsministerium für Ernährung, Landwirtschaft und Forsten, Förderwegweiser – Einzelbetriebliche Investitionsförderung EIF – Teil A: Agrarinvestitionsförderprogramm. URL: http://www.stmelf.bayern.de/agrarpolitik/foerderung/003649/index.php (30.01.2019).

Bayerisches Staatsministerium für Ernährung, Landwirtschaft und Forsten, Bayerischer Agrarbericht 2018, Arbeitskräfte. URL: http://www.agrarbericht-2018.bayern.de/landwirtschaft-laendliche-entwicklung/arbeitskraefte.html (16.01.2019).

Bayerisches Staatsministerium für Ernährung, Landwirtschaft und Forsten (Hrsg.), Bayerischer Agrarbericht 2018: Tierische Produktion. Schweine (nur in Online-Version verfügbar). URL: https://www.agrarbericht-2018.bayern.de/landwirtschaft-laendliche-entwicklung/schweine.html (16.05.2019).

Bayerisches Staatsministerium für Ernährung, Landwirtschaft und Forsten (Hrsg.), Bayerischer Agrarbericht 2018: Tierische Produktion. Geflügel (nur in Online-Version verfügbar). URL: https://www.agrarbericht-2018.bayern.de/landwirtschaft-laendliche-entwicklung/gefluegel.html (16.05.2019).

Bayerisches Staatsministerium für Ernährung, Landwirtschaft und Forsten (Hrsg.), Bayerischer Agrarbericht 2014: Fakten und Schlussfolgerungen. München 2014.

Bayerisches Staatsministerium für Ernährung, Landwirtschaft und Forsten (Hrsg.), Bayerischer Agrarbericht 2014: Rinder. München 2014. URL: http://www.agrarbericht-2014.bayern.de/landwirtschaft-laendliche-entwicklung/rinder.html (09.05.2019).

Bayerisches Staatsministerium des Innern, für Bau und Verkehr, Regionalisierte Bevölkerungsvorausberechnung. München 2015. URL: https://www.statistik.bayern.de/statistik/demwa/00932. php (28.01.2019).

Bayerische Staatsregierung, Pressemitteilung BStMELF: Brunner baut Bergbauern-Förderung aus. 30.07.2014. URL: http://www.bayern.de/brunner-baut-bergbauern-foerderung-aus/ (10.03.2018).

Bericht der Bundesregierung über den Stand der Entwicklung alternativer Verfahren und Methoden zur betäubungslosen Ferkelkastration gemäß § 21 des Tierschutzgesetzes. 15.12.2016. URL: https://www.bmel.de/SharedDocs/Downloads/Tier/Tierschutz/Regierungsbericht-Ferkelkastration.pdf?__blob=publicationFile (29.04.2019).

Bundesamt für Verbraucherschutz und Lebensmittelsicherheit, Betriebliche Therapiehäufigkeit. URL: https://www.bvl.bund.de/DE/05_Tierarzneimittel/03_Tieraerzte/04_Therapie haeufigkeit/Therapiehaeufigkeit_node.html (14.05.2019).

Bundesamt für Verbraucherschutz und Lebensmittelsicherheit, Absatz an Pflanzenschutzmitteln in der Bundesrepublik Deutschland. Berlin 2017.

Bundesamt für Landwirtschaft und Ernährung, Strukturdaten zum ökologischen Landbau in Deutschland 13.07.2020. URL: https://www.ble.de/DE/Themen/Landwirtschaft/Oekologischer-Landbau/_functions/Struktur-datenOekolandbau_table.html (14.08.2020).

Bundesanstalt für Landwirtschaft und Ernährung, Bericht zur Markt- und Versorgungslage Futtermittel. Berlin 2018.

Bundesanstalt für Landwirtschaft und Ernährung, Nationaler Aktionsplan Kupierverzicht: Was kommt auf die Schweinehalter zu? URL: https://www.praxis-agrar.de/tier/schweine/nationaler-aktionsplan-kupierverzicht/ (24.04.2019).

Bundesministerium für Ernährung und Landwirtschaft (BMEL), Nutztierhaltung. URL: https://www.bmel.de/DE/Tier/Nutztierhaltung/nutztierhaltung_node.html (31.07.2019).

BMEL, Ackerbau: Düngung. URL: https://www.bmel.de/DE/Landwirtschaft/Pflanzenbau/Ackerbau/_Texte/Duengung.html (25.06.2019).

BMEL (Hrsg.), So leben Schweine. Paderborn 2018.

BMEL, Aktionsplan zur Verbesserung der Kontrollen zur Verhütung von Schwanzbeißen und zur Reduzierung des Schwanzkupierens bei Schweinen. Berlin 2018.

BMEL, Nutztierhaltung: Geflügel. URL: https://www.bmel.de/DE/Tier/Nutztierhaltung/Gefluegel/gefluegel_node.html;jsessionid=CB76FCA69863BB1A7B6D367F75AECF81.2_cid288 (23.05.2018).

BMEL, Pflanzenbau: Grüne Gentechnik. URL: https://www.bmel.de/DE/Landwirtschaft/Pflanzenbau/Gentechnik/_Texte/Gentechnik_Wasgenauistdas.html (20.06.2019).

BMEL, Arbeitsgemeinschaft Antibiotikaresistenz: Lagebild zur Antibiotikaresistenz im Bereich Tierhaltung und Lebensmittelkette. Berlin 2018. URL: https://www.bmel.de/SharedDocs/Downloads/Tier/Tiergesundheit/Tier-arzneimittel/Lagebild%20Antibiotika einsatz%20bei%20Tieren%20Juli%202018.pdf?__blob=publicationFile (14.05.2019).

BMEL (Hrsg.), Zukunftsstrategie ökologischer Landbau. Impulse für mehr Nachhaltigkeit in Deutschland. Berlin 2017.

BMEL (Hrsg.), Nutztierstrategie. Zukunftsfähige Tierhaltung in Deutschland. Berlin 2017.

BMEL, Agrarexportbericht 2017. Daten und Fakten. Berlin 2017.

BMEL, Verzicht auf Schnabelkürzen bei Legehennen und Puten. 09.07.2015. URL: https://www.bmel.de/DE/Tier/Tierwohl/_texte/Schnabelkuerzen.html (24.04.2019).

BMEL/Zentralverband der Deutschen Geflügelwirtschaft (Hrsg.), Eine Frage der Haltung. Vereinbarung zur Verbesserung des Tierwohls, insbesondere zum Verzicht auf das Schnabelkürzen in der Haltung von Legehennen und Mastputen. Berlin 2015.

BMEL/Max Rubner-Institut (Hrsg.), Nationale Verzehrsstudie II: Wie sich Verbraucher in Deutschland ernähren. Karlsruhe 2008. URL: https://www.bmel.de/DE/Ernaehrung/GesundeErnaehrung/_Texte/NationaleVerzehrsstudie_Zusammenfassung.html (18.12.2018).

Bundesministerium für Wirtschaft und Energie, Erneuerbare Energien. URL: https://www.bmwi.de/Redaktion/DE/Dossier/erneuerbare-energien.html (05.06.2018).

Bundesministerium für Wirtschaft und Energie, Infografik Dienstleistungen. URL: https://

www.bmwi.de/Redaktion/DE/Infografiken/Alt/dienstleistungen-bruttowertschoepfung-in-deutschland.html (08.03.2019).

Bundesregierung Deutschland, DART 2020 – Antibiotika-Resistenzen bekämpfen zum Wohl von Mensch und Tier. Berlin 2015.

Deutscher Bauernverband (DBV), Situationsbericht 2018/19. Trends und Fakten zur Landwirtschaft. Berlin 2018.

DBV, Situationsbericht 2014/15. Trends und Fakten. Berlin 2014.

Deutscher Bundestag, Pressemitteilung. Fristverlängerung bei Ferkelkastration. Ernährung und Landwirtschaft/Anhörung – 26.11.2018 (hib 911/2018). URL: https://www.bundestag.de/presse/hib/580676-580676 (25.04.2019).

Deutscher Bundestag Drucksache 19/3461.19. Wahlperiode 18.07.2018. Antwort der Bundesregierung auf die Kleine Anfrage der Abgeordneten Judith Skudelny, Frank Sitta, Grigorios Aggelidis, weiterer Abgeordneter und der Fraktion der FDP. URL: https://kleineanfragen.de/bundestag/19/3461-folgen-des-moeglichen-verbots-von-glyphosat.txt (24.06.2019).

Deutsches Biomasseforschungszentrum (DBFZ), Stromerzeugung aus Biomasse. Zwischenbericht Juni 2014. Leipzig 2014.

Europäische Kommission, Bericht über ein Audit in Deutschland. 12.–21.02.2018. Bewertung der Maßnahmen der Mitgliedstaaten zur Verhütung von Schwanzbeißen und zur Vermeidung des routinemäßigen Kupierens von Schwänzen bei Schweinen. DG(SANTE)-2018-6445.

European Commission, Commission Recommendation of 13 July 2010 on Guidelines for the Development of National Co-Existence Measures to Avoid the Unintended Presence of GMOs in Conventional and Organic Crops. Brussels 2010.

European Commission, Attitudes of consumers towards the welfare of farmed animals. Special Eurobarometer. 2005. URL: https://ec.europa.eu/commfrontoffice/publicopinion/archives/ebs/ebs_229_en.pdf (01.08.2019).

EU Joint Research Council (Hrsg.), Integrated pollution prevention and control (IPPC). Reference document on best available techniques for intensive rearing of poultry and pigs. o. O. 2003. URL: http://www.umweltbundes-amt.de/sites/default/files/medien/419/dokumente/bvt_intensivtierhaltung_zf_1.pdf (15.09.2018).

FAO (Food and Agriculture Organization of the United Nations), CountrySTAT: An integrated system for nutritional food and agriculture statistics. National technical conversion factors for agricultural commodities. Rom 2010.

FAO (Hrsg.), Livestock's long shadow. Environmental issues and options. Rom 2006.

FAO (Hrsg.), World livestock production systems. Current status, issues and trends. FAO animal production and health. Paper 127. Rom 1995. URL: http://www.fao.org/3/a-w0027e.pdf (15.09.2018).

Feger, Karl-Heinz/Petzold, Rainer/Schmidt, Peter A./Glaser, Thomas/Schroiff, Anke/Döring, Norman/Feldwisch, Norbert/Friedrich, Christian/Peters, Wolfgang/Schmelter, Heike, Biomassepotenziale in Sachsen. Standortpotenziale, Standards und Gebietskulissen für eine natur- und bodenschutzgerechte Nutzung von Biomasse zur Energiegewinnung in Sachsen unter besonderer Berücksichtigung von Kurzumtriebsplantagen und ähnlichen Dauerkulturen. Sächsisches Landesamt für Umwelt, Landwirtschaft und Geologie. Dresden 2010.

Helmholtz-Zentrum für Umweltforschung GmbH – UFZ (Hrsg.), Das »Globale Assessment« des Weltbiodiversitätsrates IPBES. Leipzig 2019.

Intergovernmental Platform on Biodiversity and Ecosystem Services/United Nations (Hrsg.), Global Assessment Report on Biodiversity and Ecosystem Services. Genf 2019.

Intergovernmental Science-Policy Platform on Biodiversity and Ecosystem Services (IPBES), Summary for policymakers of the global assessment report on biodiversity and ecosystem services of the Intergovernmental Science-Policy Platform on Biodiversity and Ecosystem Services. URL: http://www.ipbes.net/ipbes7 (20.06.2019).

International Panel on Climate Change/United Nations, Klimaänderung 2014: Synthesebericht. Beitrag der Arbeitsgruppen I, II und III zum Fünften Sachstandsbericht des Zwischenstaatlichen Ausschusses für Klimaänderungen (IPCC). Hauptautoren: R. K. Pachauri und L. A. Meyer (Hrsg.). Genf 2014. Deutsche Übersetzung durch Deutsche IPCC-Koordinierungsstelle. Bonn 2016.

ISWA (Institut für Siedlungswasserbau, Wassergüte- und Abfallwirtschaft Universität Stuttgart), Ermittlung der weggeworfenen Lebensmittelmengen und Vorschläge zur Verminderung der Wegwerfrate bei Lebensmitteln in Deutschland. Gefördert durch das Bundesministerium für Ernährung, Landwirtschaft und Verbraucherschutz. Stuttgart 2012.

Lechleitner, Marc, Möglichkeiten und Grenzen einer gesetzlichen Definition des Begriffs »Massentierhaltung«. (Wahlperiode Brandenburg, 6/19). Potsdam 2016: Landtag Brandenburg, Parlamentarischer Beratungsdienst. URL: http://nbn-resolving.de/urn:nbn:de:0168-ssoar-50869-0 (24.09.2018).

Niedersächsischer Landtag Wahlperiode 17, Kleine Anfrage zur schriftlichen Beantwortung mit Antwort. Drucksache 17/2370. Hannover 2014. URL: www.landtag-niedersachsen.de/Drucksachen/Drucksachen_17_5000/.../17-3047.pdf (25.04.2019).

Population Division of the Department of Economic and Social Affairs of the United Nations Secretariat (Hrsg.), World Population Prospects. The 2010 Revision. World Population change per year (thousands) Medium variant 1950–2050. o. O. 2012.

Presseinformationen des Bundesministeriums für Ernährung und Landwirtschaft Nr. 299 vom 29.12.2009. URL: http://www.bmel.de/SharedDocs/Pressemitteilungen/2009/299-LI-Ab2010keineEierAusKaefighaltung.html (15.05.2014).

Sachverständigenrat für Umweltfragen (SRU), Klimaschutz durch Biomasse. Sondergutachten. Berlin 2007.

Santonja, Germán Giner/Georgitzikis, Konstantinos/Scalet, Bianca Maria/Montobbio, Paolo/Roudier, Serge/Sancho, Luis Delgado, Best Available Techniques (BAT) Reference Document for the Intensive Rearing of Poultry or Pigs. Science for Policy report by the Joint Research Centre (JRC), the European Commission's science and knowledge service. EUR 28674 EN, European Union 2017.

Statistisches Bundesamt, Land- und Forstwirtschaft, Fischerei. Viehbestand. 03. November 2018. URL: https://www.destatis.de/DE/Themen/Branchen-Unternehmen/Landwirtschaft-Forstwirtschaft-Fischerei/Tiere-Tierische-Erzeugung/Publikationen/Downloads-Tiere-und-tierische-Erzeugung/viehbestand-2030410185324.pdf?_blob=publicationFile&v=5 (16.05.2019).

Umweltbundesamt, Beitrag der Landwirtschaft zu den Treibhausgas-Emissionen. 25.04.2019. URL: https://www.umweltbundesamt.de/daten/land-forstwirtschaft/beitrag-der-landwirtschaft-zu-den-treibhausgas#textpart-1 (26.06.2019).

Umweltbundesamt, Ökologischer Landbau. 09.04.2019. URL: https://www.umweltbundesamt.de/daten/land-forstwirtschaft/oekologischer-landbau (14.06.2019).

Umweltbundesamt, Pflanzenschutzmittelverwendung in der Landwirtschaft. 09.04.2019. URL: https://www.umweltbundesamt.de/daten/land-forstwirtschaft/pflanzenschutzmittelverwendung-in-der#textpart-1 (20.06.2019).

Umweltbundesamt, Indikator – Nitrat im Grundwasser. 29.03.2019. URL: https://www.umweltbundesamt.de/indikator-nitrat-im-grundwasser#textpart-1 (24.06.2019).

Umweltbundesamt (Hrsg.), Quantifizierung der landwirtschaftlich verursachten Kosten zur Sicherung der Trinkwasserbereitstellung. Dessau-Roßlau 2017.

Wissenschaftlicher Beirat für Agrarpolitik beim Bundesministerium für Ernährung und Landwirtschaft, Wege zu einer gesellschaftlich akzeptierten Nutztierhaltung. Gutachten. Berlin 2015.

Wissenschaftlicher Beirat Agrarpolitik, Ernährung und gesundheitlicher Verbraucherschutz
    und Wissenschaftlicher Beirat Waldpolitik beim BMEL, Klimaschutz in der Land und
    Forstwirtschaft sowie den nachgelagerten Bereichen Ernährung und Holzverwendung.
    Gutachten. Berlin 2016.
Wissenschaftlicher Dienst des Deutschen Bundestages, Zum Insektenbestand in Deutschland.
    Reaktionen von Fachpublikum und Verbänden auf eine neue Studie. Aktenzeichen WD
    8 – 3000 – 039/17. Datum: 13.11.2017.
World Health Organisation, Joint FAO/WHO Meeting on Pesticides Residues. Summary Re-
    port 20.12.2016. URL: http://www.who.int/foodsafety/jmprsummary2016.pdf (26.06.2019).

Register